Body Repair & Painting

판금 [차체수리] & 도장

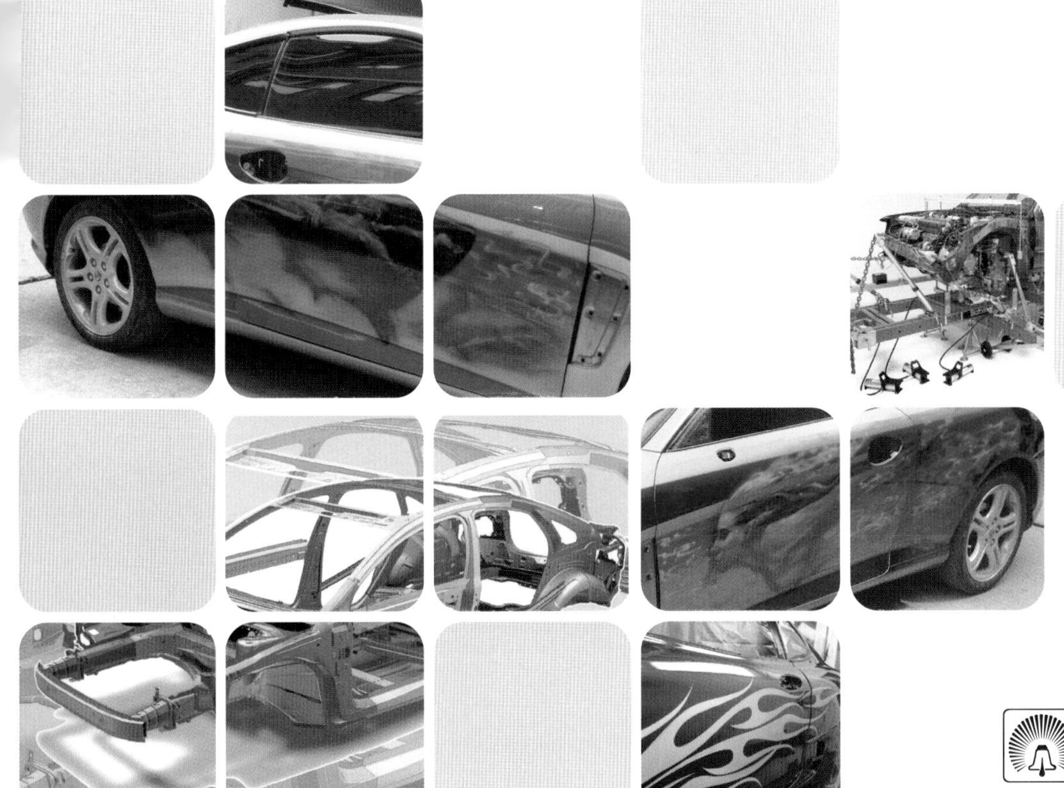

Prologue

이 책을 내면서...

현재 한국의 차체수리(판금)는 수리시스템과 규정데이터를 이용하여 수리하지 못하는 실정이다. 경미한 충격이라도 운전자는 쉽게 감지할 수 있다. 그러나 이로 인한 미세한 변형을 데이터가 아닌 눈대중으로 복원하고 있는 것이 우리나라 차체수리의 현실이다.

자동차 선진국의 경우에는 수리시스템과 규정데이터를 이용하여 수리하고 있다.

이제는 우리나라 차체수리도 선진국의 체계적인 수리 방법을 익혀 자동차 수리에 접목시켜야 한다.

본서에서는 자동차 차체수리의 전반적인 개론과 작업방법, 자동차 도장의 개요와 보수도장의 작업방법에 대하여 서술하였다.

이 책은 경험적인 요소가 많이 요구되는 기능 분야이므로 글로 표현하기에는 다소 무리가 있겠지만 차체수리(판금)와 도장의 표준을 만들고자 이에 중점을 두고 집필하였다.

처음으로 차체수리와 도장을 공부하는 초심자들도 본 서에서 요구하는 작업방법을 숙지하게 되면 숙련자와는 다소 차이가 있겠지만 차체수리와 보수도장이라는 접근성에 한결 다가설 수 있으리라 믿는다.

보수 도장을 하면서 차체수리의 개략적인 내용이라도 파악해야 올바른 차체수리와 깔끔한 도장이 완성된다.

저자는 항상 작업에 임하면서 자신의 이름과 얼굴을 내세워 책임 있게 작업에 임하는 것이 생활화되어 있다.

출간되기까지 골든벨 대표 김길현 님과 편집진 그리고 물심양면으로 격려해 주시고 도와주신 분들께 진심으로 감사드린다.

2009년 새해에

차체수리 삽입 그림 및 셀렉트 작업방법 : URO제공

이 책의 목차

01 | 차체수리

Contents

02 자동차 도장의 개요

03 자동차 보수도장

Contents

Contents

Smash

&

Spray Painting

PART 01

차체수리

제1장 자동차 보디의 구조

1 차체의 변형

자동차가 사고가 발생하게 되면 차체는 변형을 일으킨다.

이렇게 변형된 차체를 복원하는 것이 차체수리이다. 따라서 힘의 원리를 이해하여 차체 수리 작업 시 적용하여 차체 정렬을 하는데 기본적인 핵심인 것이다.

1 힘의 성질

사고 때 힘이 어떻게 전달되는가를 알면 복잡한 손상이라도 쉽게 수정, 복원할 수 있다. 따라서 충격에 의해 변형된 차체는 충격지점의 시작부터 내부로 들어갈수록 복잡하게 힘이 합성과 분산을 이루게 된다.

힘은 어떻게 나타낼 수 있을까? 정지하고 있는 물체에 힘을 주면 물체는 힘의 방향으로 운동하고 있던 물체는 속도의 변화가 생긴다. 또 용수철과 같은 물체에 힘을 가해 주면 늘어나거나 줄어들면서 물체의 모양이 변하게 된다. 이와 같이 물체의 운동 상태를 변화시켜 주거나 물체의 모양을 변형시켜 주는 모든 것을 **힘**(Force)이라 한다. 이 힘에는 3가지 성질이 있다. 힘의 크기, 힘의 방향, 힘의 작용점이 있다. 물체에 힘이 주어질 때 그 효과는 힘의 크기와 방향에 따라 방향에 따라 운동 상태가 달라진다. 또한 힘이 작용하는 점(작용점)에 따라서 물체가 회전하는 효과가 나타날 수도 있다.

따라서 힘의 작용을 비교할 때에는 힘의 크기뿐만 아니라 작용점을 생각해야 한다.

힘의 크기, 방향, 작용점을 힘의 3요소라 한다. 힘의 작용선은 힘의 작용점을 지나 힘의 방향으로 연장시킨 직선을 작용선이라 한다. 변형되지 않는 물체에서는 같은 작용선상에 힘의 작용점을 이동시켜도 힘의 효과는 같다.

힘을 그림으로 표시할 때는 벡터를 사용한다. 힘의 작용점에 화살의 꼬리를 두며, 힘의

방향으로 화살표의 머리가 향하게 하고 힘의 크기에 비례하는 화살의 길이를 그린다.

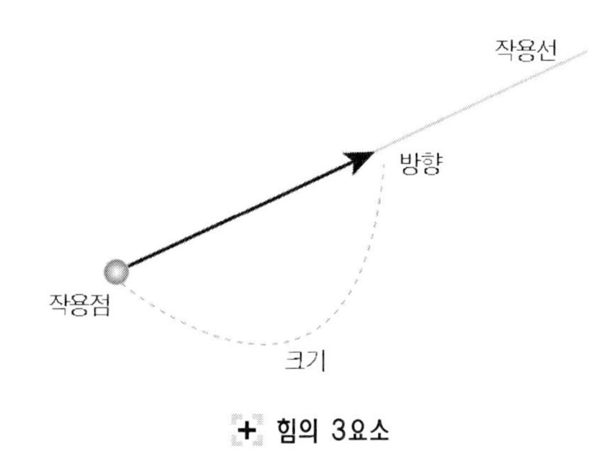

힘의 3요소

2 힘의 전달

어떤 한 점에서 받은 충격은 최초의 충격점에서 사라지는 것이 아니며 물체를 통하여 전달된다. 그러나 최초의 충격점에서 물체가 부서지면서 힘을 흡수하게 되면 더 이상 힘은 물체를 통하여 전달되지 않고 없어지게 된다.

차량이 너무 튼튼하면 힘이 흡수되지 못하고 그대로 차체로 전달되게 된다. 그래서 자동차에는 범퍼가 있다. 범퍼에서 일차적으로 충격을 흡수하게 되면 전면보디가 나머지 충격을 흡수하게 된다.

2 | 자동차 구조

자동차 차체수리란 그들의 수많은 부품을 교환하거나 수리하여 그 부품의 기능을 복원시키는 작업이다. 따라서 자동차의 부품들 중에 외관부품과 내부의 프레임 등을 이해해야 한다.

1 자동차 부품

자동차의 기본적인 기능을 간단하게 정리하면 「주행한다, 방향을 변환시킨다, 정지한다」의 3항목으로 요약할 수 있다. 따라서 이러한 기능을 발휘하는 자동차를 자동차로서

존립시키기 위해서는 차체 즉, 보디의 존재를 배제시킬 수 없다. 또한 자동차가 보디만으로는 단순히 주행하는 상자에 지나지 않는다.

예를 들면 야간에 주행하기 위해서는 헤드램프가 필요하며, 방향 지시기나 스톱 램프 등도 자동차관리법의 안전규칙상 없어서는 안 된다. 더욱이 운전자에게 쾌적한 환경을 주기 위해서 에어컨이나 카스테레오 등도 필수품이다. 이러한 것은 장비품이라는 테두리(틀)도 묶어버린다. 자동차가 자동차이기 위해서는 위에서 설명한 5개 항목의 기능, 「주행한다, 방향을 변환시킨다, 정지한다, 보디, 장비」가 필수이다.

(1) 주행을 위한 부품

첫째로 엔진은 가솔린이나 디젤 등 사용하는 연료, 2사이클과 4사이클의 원리적인 면, 기통 수나 직렬, V형 등의 구조적인 면 등 여러 가지 종류가 있다. 앞으로는 전동 모터나 다른 형식의 동력원도 이용되게 될 것이다. 그러나 어쨌든 자동차를 주행하기 위해 힘을 만들어 내는 장치이다.

엔진의 회전으로 만들어 내는 동력은 최초에 변속기에 전달된다. 변속기는 자동차가 출발에서 고속 주행까지 속도에 따라서 엔진의 회전수와 구동력의 관계를 컨트롤하는 작용을 한다. 변속기는 수동 변속기, 자동 변속기, 무단 변속기 등이 있는데 작용하는 목적은 동일하다.

엔진

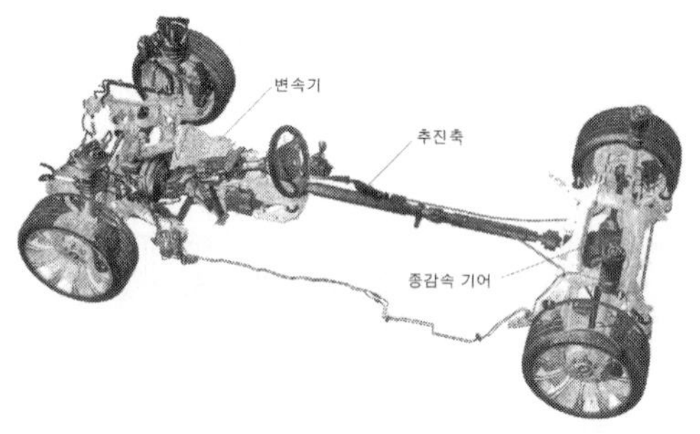

동력전달장치

둘째로 엔진의 동력은 변속기에서 회전수와 구동력을 컨트롤한 다음에 추진축을 경유하여 그대로 종감속 기어로 보내진다. 종감속 기어에서는 엔진의 회전수를 더욱 감속시켜 구동력을 증가함과 동시에 좌우 타이어에 분배한다. 자동차가 선회할 때 안쪽과 바깥쪽(좌우) 타이어에서 통과하는 거리가 달라 그대로는 어느 쪽의 타이어에서 슬립이 발생되기 때문에 이를 방지하기 위해 좌우 타이어의 회전수를 차동기어가 조정하고 있다.

차동기어에서 좌우로 분배된 동력은 드라이브 샤프트를 통해서 타이어에, 정확하게는 휠의 허브에서 휠로, 휠에서 타이어라는 방식으로 전달된다. 따라서 타이어가 회전하여 자동차를 주행할 수 있게 된다.

셋째로 회전하는 타이어는 서스펜션(suspension)에 의해서 자동차의 프레임에 연결되어 있다. 동시에 서스펜션은 자동차가 요철(凹凸)의 도로를 주행할 경우 타이어의 상하 움직임을 흡수하여 승차감을 좋게 하고 있다.

엔진은 냉각계통, 윤활계통, 연료계통 등 여러 가지 부품의 집합으로 구성되어 있으므로 엔진만으로도 하나의 완성품이라 생각되는 경우가 많다. 엔진 이후, 변속기, 추진축, 종감속기어, 드라이브 샤프트, 타이어와 휠, 서스펜션 등은 구동계통 또는 구동장치로서 정리된다. 구동계통은 나중에 정리되는 브레이크나 서스펜션 등과 함께 섀시 또는 주행장치로 불리는 경우도 있다.

(2) 방향을 변환시키기 위한 부품

자동차의 방향을 변환시키는 경우 운전자가 핸들을 회전시키면 앞의 타이어가 핸들을 회전시키는 방향으로 방향이 변환된다. 따라서 자동차도 같은 방향으로 변환되어 목적한 방향으로 변환할 수 있다. 「방향을 변환시키기」 위한 부품은 핸들의 움직임을 타이어에 전달하기 위한 부품으로 조향계통 또는 조향장치라고 불린다.

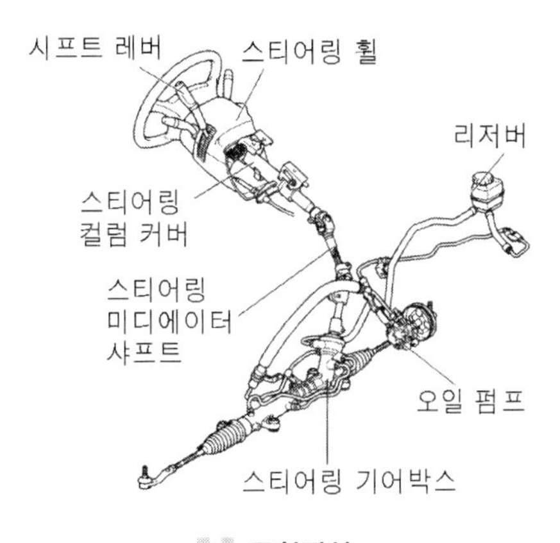

조향장치

먼저 핸들(스티어링 휠)의 움직임은 핸들의 중심에 결합되어 있는 스티어링 샤프트를 경유하여 스티어링 기어에 전달된다. 스티어링 샤프트는 사고 등으로 운전자가 핸들에 머리나 가슴을 부딪쳐도 큰 충격을 받지 않도록 또는 앞부분에서의 충격으로 스티어링 샤프트가 실내 쪽에 밀려들어오지 않도록 하기 위해 강한 힘을 받으면 길이가 짧아지게 되어

있다. 이것은 **'충격 흡수(collapsible) 스티어링'** 이라 불린다.

스티어링 기어는 핸들을 좌우 방향으로 회전시켜 타이어의 방향을 바꾸는 힘으로 변환하는 장치로서 대부분 랙(rack) & 피니언(pinion)식과 리서큘레이팅 볼식(recirculating ball type)으로 되어 있다. 스티어링 기어에 의해서 변환된 힘으로 타이로드(tie rod)를 좌우로 이동시킴과 동시에 타이로드 엔드를 통하여 타이어의 방향을 변환시킨다. 또한 파워 스티어링은 엔진에 의해서 형성된 유압에 따라 타이로드를 좌우로 움직이는 힘을 증가시킨다. 펌프, 탱크, 유압 파이프로 구성되지만, 전동 모터를 이용하는 타입도 있다.

(3) 정지를 위한 부품

엔진이 회전하지 않는 자동차는 단순한 방해자가 되지만, 브레이크의 효과가 없는 자동차는 흉기이다. 그 정도의 중요한 역할을 지닌 제동장치는 브레이크 페달, 배력장치, 브레이크 파이프, 브레이크 본체, 사이드 브레이크 등으로 구성되어 있다. 브레이크 페달은 마스터 실린더의 피스톤을 미는 것으로써 유압을 발생시킨다.

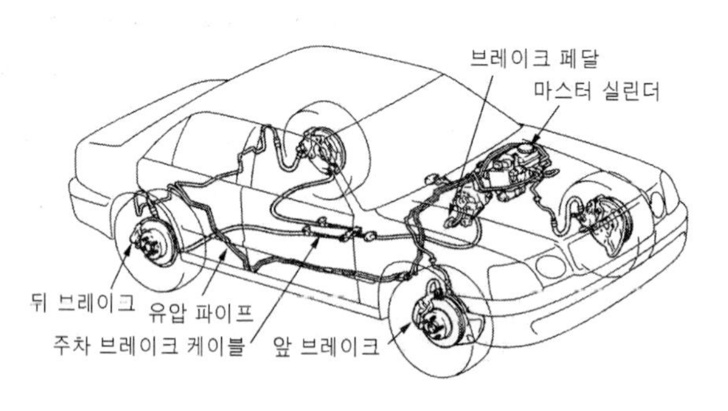

제동장치

이때 엔진의 부압이나 별도의 펌프에서 발생시킨 유압 등을 이용하여, 운전자가 브레이크 페달을 밟아 마스터 실린더 피스톤에 가해지는 힘을 증가시키는 배력장치를 활용한다. 브레이크 파이프의 반대쪽에는 브레이크 본체가 연결되어 있으며, 마스터 실린더에서 발생된 유압은 디스크 브레이크의 경우 타이어와 함께 회전하는 브레이크 디스크에 브레이크 패드를 압착시켜 회전을 억제하고, 드럼 브레이크의 경우 타이어와 함께 회전하는 브레이크 드럼 내면에 브레이크 슈를 압착시켜 회전을 억제한다. 또한 자동차가 정지하기 전에 타이어 회전이 정지되면 제동력을 유용하게 이용할 수 없기 때문에 마스터 실린더에서 휠 실린더 또는 캘리퍼에 전달되어 제동작용을 하는 유압을 컨트롤 하는 것이 **'앤티 로크 브레이크(ABS)장치'** 이다.

ABS는 타이어의 회전을 감지하기 위한 센서류, 제어용의 컴퓨터, 브레이크의 유압을 조정하는 컨트롤 모듈 등으로 구성되어 있다. 일반적으로 주차 브레이크는 손의 힘을 주차 브레이크 케이블을 통하여 브레이크에 전달하고 있다.

(4) 보디의 기능

차체 수리의 주요한 대상은 보디가 되지만, 여기서는 자동차의 전체 중에서 보디가 어떤 역할을 담당하고 있는가를 생각해 보기로 한다.

보디는 닫힌 공간을 만들어 그 내부에 지금까지 설명한 것과 같은 각종 장치를 배치하고 승무원이나 하물을 수용한다. 동시에 일부분을 개폐시켜 승무원이나 하물의 출입, 각종 장치의 메인터넌스(maintenance)를 용이하게 할 수 있는 구조를 가질 필요도 있다. 외계(外界)의 비나 바람, 먼지 등에서 정도의 차이는 있지만 내부의 승무원이나 하물, 각종 장치를 보호하는 것도 중요한 작용이다. 또한 보디는 자동차의 외관으로서 보디의 형상은 그대로 자동차의 형상으로 된다.

보디의 형상은 정해져 있는 제한된 상태에서 가능한 한 넓은 실내를 만들어 내는 디자인, 실내 공간을 무시하고 외관의 아름다움을 추구하는 디자인 중 어느 쪽인가에 편중되어 있다. 즉 보디의 형상에 따라서 그 자동차의 성질을 표현하고 있는 것이 된다.

현재 승용차의 대부분은 보디가 프레임의 역할도 겸하고 있으며, 프레임의 역할도 겸비하는 보디를 우리나라에서는 **모노코크(monocock) 보디**라고 한다. 모노코크 보디의 구조에 대해서는 별도로 설명한다.

(5) 기타 부품

「주행한다, 방향을 변환시킨다, 정지한다」는 자동차의 기본적인 기능이며, 어딘가에 불만이 있으면 자동차 전체에 대한 불만으로 연결된다. 그러나 이 세 가지가 모두 완벽하여도 100% 충족하였다고 볼 수 없다. 현재의 자동차는 장비품이 그 목적을 완전히 수행하는 역할이 크다. 적어도 상업적인 의미에서의 역할은 보디의 형상과 장비품이 차지하는 중요도가 높아지고 있다.

장비품을 분류하면 정보장치, 조명장치, 안전장치, 환경장치 등으로 정리할 수 있으며, 이 중 정보장치는 외부의 정보계통과 내부의 정보계통으로 나눌 수 있다.

외부의 정보계통은 자동차의 바깥쪽, 즉 다른 자동차나 보행자 등에 정보를 전달하는 장치이며, 방향지시기, 스톱 램프, 번호판 램프 등이 포함된다. 내부의 정보계통은 자동차의 정보를 운전자에게 전달하는 구조로서 자동차의 속도나 수온 등의 각종 미터, 경고등

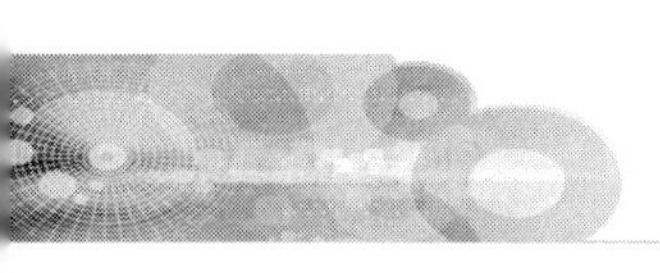

등이 여기에 해당한다. 조명장치는 헤드램프나 포그램프이며, 테일램프도 포함시키면 좋을 것이다.

안전장치는 비교적 최근에 증가하고 있지만 운전석이나 보조석의 에어백, 시트 벨트 등이다. 환경장치는 운전자가 쾌적한 상태에서 자동차를 주행할 수 있도록 하기 위한 것이며, 에어컨이나 공기 청정기, 카 스테레오 등이다.

2 차체 부품

차체외관 부품과 프레임으로 나뉜다.

차체 수리의 주요한 대상은 보디가 되지만, 여기서는 자동차의 전체 중에서 보디가 어떤 역할을 담당하고 있는가를 생각해 보기로 한다.

보디는 닫힌 공간을 만들어 그 내부에 지금까지 설명한 것과 같은 각종 장치를 배치하고 승무원이나 화물을 수용한다. 동시에 일부분을 개폐시켜 승무원이나 화물의 출입, 각종 장치의 **메인터넌스**(maintenance)를 용이하게 할 수 있는 구조를 가질 필요도 있다. 외부의 비나 바람, 먼지 등에서 정도의 차이는 있지만 내부의 승무원이나 화물, 각종 정치를 보호하는 것도 중요한 작용이다. 또한 보디는 자동차의 외관으로서 보디의 형성은 그대로 자동차의 형성으로 된다.

보디의 형상은 정해져 있는 제한된 상태에서 가능한 한 넓은 실내를 만들어 내는 디자인, 실내 공간을 무시하고 외관의 아름다움을 추구하는 디자인 중 어느 쪽인가에 편중되어 있다. 즉, 보디의 형상에 따라서 그자동차의 성질을 표현하고 있는 것이 된다.

반세기 정도 전까지는 보디의 기능은 엔진이나 승무원, 화물 등의 중량, 타이어가 만들어 내는 구동력으로 자동차 전체를 진행시키기 위한 힘을 유지하는 것은 프레임의 역할이 있다.

엔진, 서스펜션, 보디 등 은 모두 프레임에 고정되어 프레임이 모든 토대가 되었다. 그러나 현재 승용차의 대부분은 보디가 프레임의 역할도 겸하고 있으며, 프레임의 역할도 겸비하는 보디를 우리나라에서는 모노코크 보디라고 한다. 모노코크 보디의 구조에 대해서는 별도의 항을 만들어 설명한다.

(1) 자동차의 기본 구조

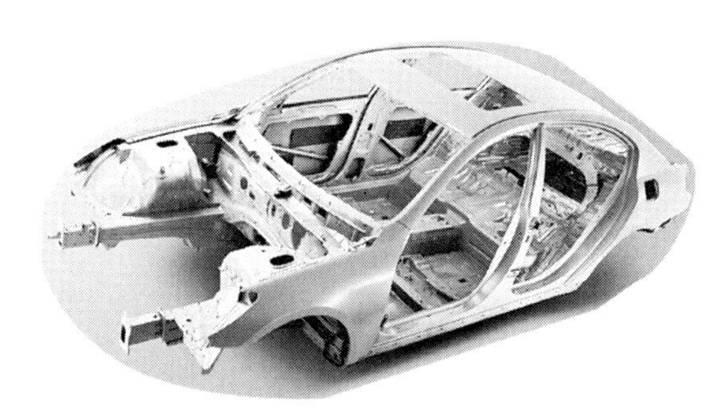

자동차 보디

◆ 일체형 차체 및 모노코크 보디

일체형 차체 및 모노코크 보디는 모든 차체가 한 덩어리로 된 형태로 여러 장의 패널이 서로 겹쳐서 용접되어 있다. 이 형태의 특징으로는 프레임과 차체가 일체로 된 형태로 엔진과 현가장치가 직접 차체에 부착되어 있다.

현재 생산되는 자동차의 대부분이 이 형태로 제작되고 있으며 대량생산이 가능하지만 사고로 인하여 충격을 받을 경우 조향장치, 현가장치 등이 손상되기가 쉽다.
국내의 모든 승용차 및 투산, 산타페, 베라쿠르즈, 윈스톰 등이 있다.

① 모노코크 보디의 구조

일체 구조형으로 균일한 얇은 껍질로 전체가 덮어 씌어져 있고 일부에 가해진 힘을 전체에 분산시켜 받아 내는 구조를 말한다.

프레임 방식의 차량보다 공차중량이 가볍고 차체로 들어오는 충격을 분산시켜준다. 또한 정밀도가 높고 생산성이 좋으며 단독 프레임이 없기 때문에 차고를 낮게 할 수 있고 차량의 무게중심을 낮출 수 있지만 소음이나 진동의 영향을 받기 쉬우며 일체형이기 때문에 차량의 충돌 손상의 영향이 복잡하여 복원 수리가 힘들고 차체의 강판이 얇아서 지면에 가까운 부품은 부식으로 인하여 강도저하의 대책이 필요하다.

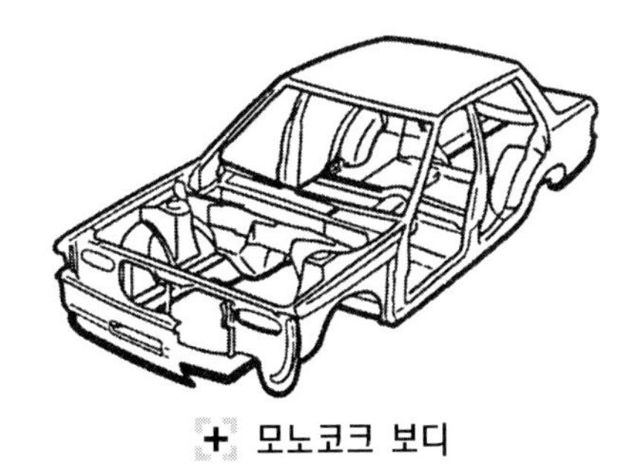

모노코크 보디

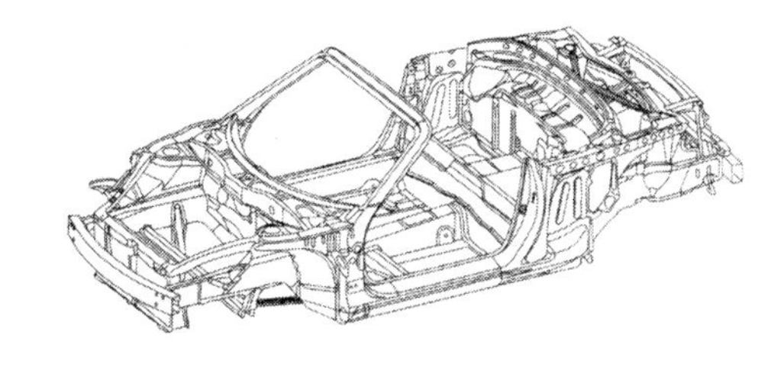

모노코크 구조

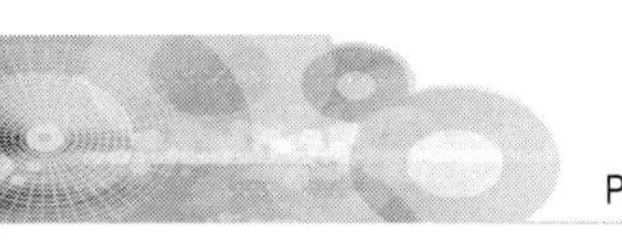

◆ 스페이스 프레임

알루미늄 등 가벼운 금속을 많이 사용하여 중량을 감소시키는 경향이 많으며, 바깥쪽의 차체는 볼트, 너트나 접착제를 많이 사용한다. 대량생산으로 저가의 자동차 보디를 생산하여 생산 원가를 절감시킬 수 있는 장점이 있으나 많은 소비를 위해 폐차시키는 단점이 있으며 스페이스 프레임은 생산비가 고가이나 차체가 튼튼하고 사고가 발생되어도 전체적으로 충격의 전파가 일체형 보디보다 작아 고급차의 보디의 형태로는 바람직하지만 생산 원가가 비싸 고가의 자동차가 되기 때문에 소비자의 부담이 커지지만 안전성이 뛰어난 장점이 있다.

(2) 자동차 프레임의 구조

◆ 조합형 프레임

① 사다리형 프레임

최초의 자동차에 적용되었고, 형태는 마차의 프레임을 그대로 사용한다. 사다리 형태로 단순하고 볼트 또는 리벳으로 조립되어 있으나 강도가 약하다.

② 페리미터 프레임

고급 대형 승용차에 사용되었고, 비틀림에 대하여 강하게 설계 되었고 프레임이 사다리형 보다 강도가 강하다. 프레임과 보디 사이에 고무를 끼워서 엔진과 노면으로부터의 진동이 차 실내에 전달되지 않고 승객의 좌석배치가 사다리형 보다 낮게 배치되어 안전성이 높다.

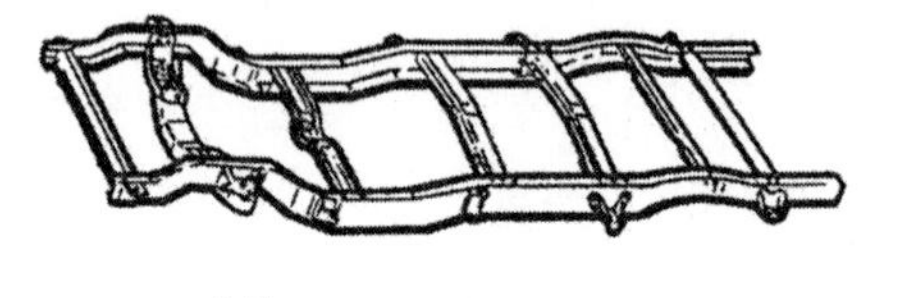

+ 사다리(H)형 프레임

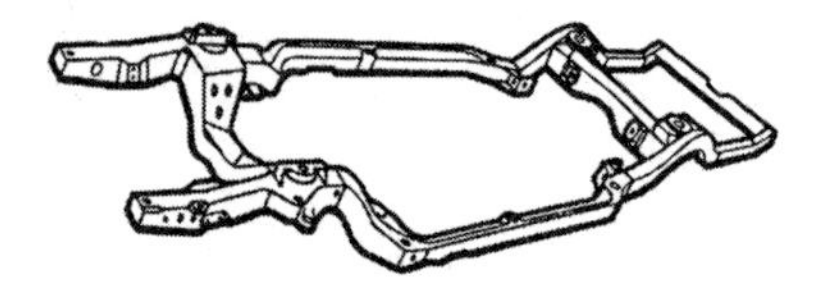

+ 페리미터 프레임

◆ 플랫 폼 프레임

모노코크 프레임과 다른 종류로 엔진이나 현가장치 부분을 강도 높게 받치고 있으며 프레임과 차체 사이에는 고무로 된 쿠션이 있어서 모노코크 프레임에 비해서 승차감이 우수하다.

◆ 스페이스 프레임

철제 파이프를 용접하여 만들어져 있으며 경량화가 가능하며 부분적인 강도변화나 설계단계에서 자유롭지만 대량생산에 적합하지 않다.

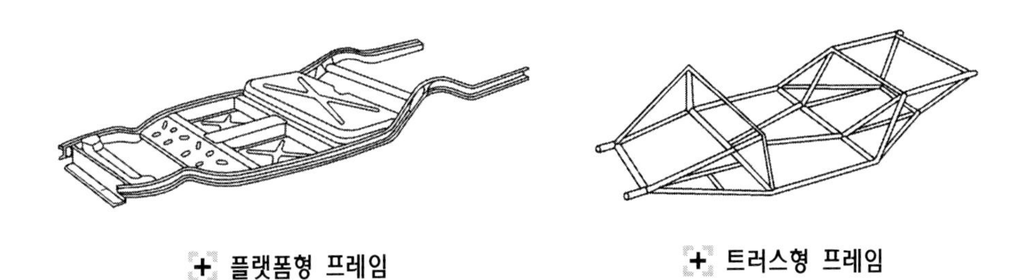

플랫폼형 프레임　　트러스형 프레임

◆ X - 프레임

속이 비어있고 직경이 큰 파이프를 중심으로 해서 전후로 Y자형 프레임을 늘여 엔진과 현가장치를 붙이는 방식으로 사이드 맴버의 간격을 중앙으로 좁혀서 X형으로 한 형식과 크로스맴버를 X형으로 설치한 것이 있고 X형재에 의해 프레임 전체의 휨 강성을 높이는 구조로 한 것으로 소량생산의 스포츠카에 사용한다.

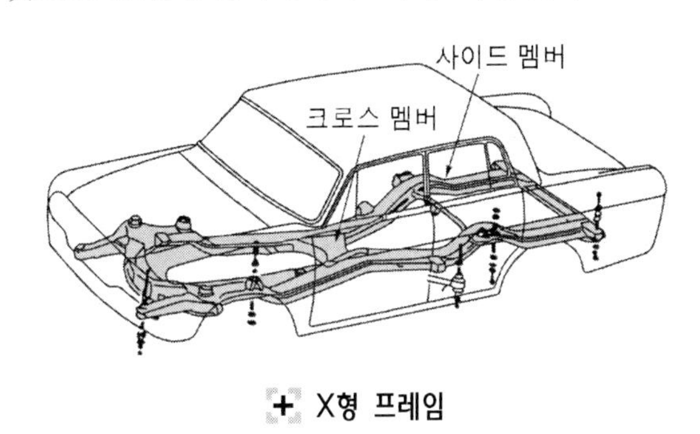

X형 프레임

제2장 자동차의 재료

자동차를 구성하는 재료에는 여러 가지 기계에 사용되는 재료와 마찬가지로 요구되는 조건은 기계적 성질 및 가공성이 우수하고 대량 생산이 가능하며 가격이 저렴하고 요구 조건을 만족시켜야 한다.

1 | 자동차 재료에 요구되는 성질

자동차에 사용되는 재료는 자동차의 구조 및 기능에 따라서 요구되는 조건에 만족하는 재료를 반드시 사용해야 한다.

재료에 요구되는 성질은 다음과 같다.

첫째, 품질이 우수하고 기계 가공성 및 열 처리성 등이 우수해야 한다.
둘째, 소성, 주조성, 표면 처리성 등이 좋아야 한다.
셋째, 재료의 경량화가 가능해야 한다.
넷째, 유기 재료 및 무기 재료의 활용이 원활해야 한다.
다섯째, 재료 보급이 원활하고 대량 생산이 용이해야 한다.

또한 특수 구조에 사용되는 재료는 요구 조건에 따라서 재료도 필히 선택을 요하게 되지만 이것은 안전 성능이나 배기가스 공해 및 인간 공학적인 면에서 바람직한 구조의 기능이 복잡함에 기인하는 것이다. 따라서 이들의 요구 조건에 만족한 재료를 엄밀하게 선택하여 사용하여야 한다.

2 | 승용차에 사용되는 재료와 중량 비율

자동차에는 여러 가지의 재료가 사용되고 있다. 그 중에 가장 많이 사용되고 있는 재료는 철강으로 78%정도이다. 보디에 한해서는 그 대부분이 철을 사용하고 있으며 현재는 경량화에 맞추어 아우디의 A8 차종은 외장 보디 부품의 전체를 알루미늄을 사용하고 있으며 차종에 따라 후드, 트렁크 등 차체 외장 부품의 일부분을 알루미늄을 적용하고 있다.

1 철강재료

철은 철광석을 용해하여 산소를 분리하여 만드는데 그대로는 단단하고 깨지기 때문에 이용하기 어렵다. 가공하지 않은 철에서 불순물을 제거하고, 탄소 등 극소량의 성분을 추가한 것이 강이며, 강을 잡아당겨 늘려서 얇은 판 모양으로 한 것이 강판이다.

자동차 보디에 사용되는 강판은 바깥 판의 경우 두께 0.6 ~ 0.8mm, 안쪽 판의 경우 0.8 ~ 1.4mm 정도의 냉간 압연 강판이다. 냉간 압연 강판이란 상온에서 압력을 가해서 끌어당겨 늘린 얇은 강판이며, 표면이 깨끗하고 상당히 얇은 판을 만들 수 있다. 이것을 800℃ 이상의 고온에서 끌어당겨 늘린 것이 열간 압연 강판이다. 너무 얇은 판은 만들지 못하지만 가격이 싼 이점도 있다. 냉간 압연 강판은 열간 압연 강판을 더욱 끌어당겨 늘려 만들어진다.

엔진 블록이나 브레이크의 캘리퍼 등에 사용되는 철은 주철이라 불리는 철이며, 탄소가 많이 함유되어 있다. 강판과 같은 탄력성은 없지만 단단하고 튼튼하며, 주형 등과 같은 유형을 만든다. 또한 스프링 등에 사용되는 철은 사용 목적에 따라서 성분이 조정되어 있는 철이며, 특수강이라고도 불린다.

◆ 철강 재료

① **강판** : 약 47% 사용(강판 중 60% 정도는 냉간압연 강판을 사용)

② **구조용 강재** : 약 15% 사용(Ni 강, Cr 강, Cr-Mo 강, 기타 고급 강재를 사용하며 최근에는 상당량이 값싼 탄소강으로 대체)

③ **주철** : 약 16% 사용(구상화 흑연주철, 가단주철, 특수주철 등)

◆ 비철금속 재료

약 5% 비철금속 재료가 사용되고 있다.

① **알루미늄(Al)합금** : 약 3% 사용

② **동(Cu), 아연(Zn) 기타의 합금** : 약 2% 사용

◆ 비금속재료

약 17%의 비금속 재료가 사용되고 있다.

① **고무 재료** : 약 6% 사용

② **합성 수지 재료** : 약 5% 사용

③ **유리 재료** : 약 4% 사용

④ **기타(페인트, 좌석 등)** : 약 2% 사용

2 철강제품 생산공정

강재를 만드는 공정은 크게 제선공정, 제강공정, 압연공정의 3단계로 나뉜다.

◆ 제선공정

철광석을 넣고 코크스를 혼합하여 고로에 투입하고 열을 가하면 코크스가 타면서 고열을 발생시키게 된다. 이때 철광석을 녹여 선철이라는 쇠가 만들어 진다. 철광석중의 산소를 제거하고 용해시켜 선철로 만드는 공정이지만 철광석을 사전 처리하는 소결이나 코크스를 만드는 과정도 포함한다.

◆ 제강공정

제선공정에서 만들어진 선철은 인(P), 황(S), 규소(Si)와 같은 불순물이 함유되어 있어 경도가 높고 취약한 성질이 있고 탄소함유량이 많기 때문에 탄소의 양을 줄이고 유해한 불순물을 제거하여 잘 늘어나지 않고 강인한 강을 만든다. 선철이나 고철 등을 전기로에 투입 후 전기의 합선(아크)을 이용하여 철제품의 원료를 만드는 공정이다. 사용되는 노의 종류로는 평로, LD전로, 전기로 등이 있다.

◆ 압연공정

제강공정에서 만들어진 원료를 가지고 1,200℃정도의 열을 가하여 로울러로 눌러서 철근, 철판 등을 만드는 공정이다.

강에는 연성과 전성이 있으므로 힘을 가하면 상온에서도 길게 늘리거나 얇게 넓힐 수가 있으며 고온으로 가열하면 쉽게 형태를 바꿀 수 있다. 이와 같은 특성을 이용하여

사용목적에 맞도록 편리한 모양으로 가공 변형한 것이 강재이다. 강괴를 1차 가공하여 필요한 강재로 제조하는 방법에는 압연, 단조, 주조 등 크게 3가지 방법이 있다.

① 압연

강괴 또는 강편과 같은 소재를 회전하는 2개의 롤(roll) 사이에 끼우고 롤의 간격을 점차 좁히면서 연속적인 힘을 가하여 늘리거나 얇게 성형하는 소성가공이다.

② 단조

강괴를 강력한 프레스(press)기계로 누르거나 해머(hammer)로 때려서 원하는 형상으로 만드는 것이다. 단조의 경우에는 재료의 낭비를 없애고 조직이 치밀해 지기 때문에 우수한 기계적 성질을 만들어 낼 수 있는 특징이 있다.

③ 주조

용강을 틀에 주입하여 원하는 형상으로 만드는 것이다. 제품의 특성을 고려하여 철의 화학성분을 변화시킨 후 만들고자 하는 모양으로 틀에 쇳물을 부어서 성형하는 공정이다.

3 철강의 성질

(1) 탄성과 소성

탄성이란 외력이 작용하여 생긴 변형이 그 외력을 제거하면 본래의 상태로 되는 물체의 성질이며 소성이란 탄성한도를 넘어서 변형시키면 마치 점성이 큰 유체와 같은 성질을 나타내는 것이다. 따라서 처음의 상태로 되돌아가도록 하는 변형을 탄성변형이라 하고 처음 상태로 되돌아가지 않는 변형을 소성 변형이라고 한다. 탄성 변형에서 소성 변형으로 바뀌는 점을 **탄성한계**라 한다.

예를 들면 자동차의 패널이 여러 가지 모양을 하고 있는 프레스를 이용하여 탄성한계를 초과 하여 힘을 가하여 소성 변형시켰기 때문이다. 또한 사고 등으로 패널이 변형되는 것은 사고시에 가해진 힘으로 패널이 소성 변형이 된 것이다. 그리고 변형된 패널에 해머 등으로 힘을 가하여 원래의 모양으로 돌아가게 하는 것도 소성 변형이다. 하지만 사고시의 변형은 소성 변형과 탄성 변형이 혼합되어 있다. 따라서 소성 변형된 부분만 수정하면 탄성 변형의 부분은 자연스럽게 원래의 모양으로 돌아가게 된다.

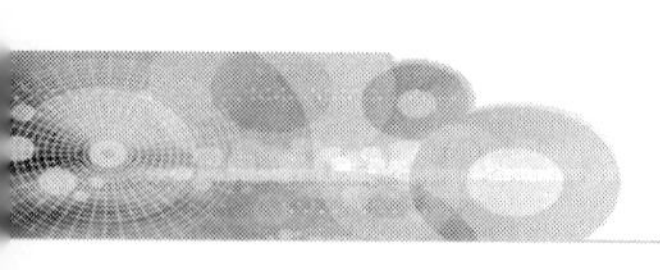

(2) 변형에 의한 강도의 변화

예를 들어 얇은 강판의 양끝을 잡고 한가운데서 2개로 구부린다. 다음에 반대 방향으로 힘을 가하여 강판을 원래의 상태로 되돌리고자 하여도 쉽게 잘 되지 않고, 되돌아갔다 하여도 실은 최초에 구부린 부분은 그대로이며, 그 주위가 변형되어 있는 경우가 많다. 이것은 최초의 변형으로 구부러진 부분의 강판 내부의 구조가 변화하여 탄성이 소멸되어 그만큼 경도가 증가되기 때문이다. 이러한 강판의 성질을 '**가공 경화**'라 한다.

강판이 변형되면 반드시 가공 경화가 발생한다. 평탄한 강판에 프레스 등을 이용하여 꺾어 접으면 접힌 부분의 라인은 가공 경화되어 프레스 라인은 선명하게 나타난다. 보디 앞뒤에 있는 프레스 라인은 디자인상의 악센트(accent)가 됨과 동시에 패널의 강도를 높이는 작용도 한다. 또한 일반적인 가공 경화는 패널의 수정을 방해하는 작용도 한다. 이 항의 최초에 서술한 바와 같이 단순하게 가해진 힘과 반대 방향으로 힘을 가하여도 패널은 원래의 상태로 되돌아가지 않는다.

가공 경화에 의해서 소멸된 탄성을 부활시켜 강판을 원래의 상태로 되돌아가게 하려면 풀림(annealing)이라는 방법이 사용된다. **풀림**이란 가공 경화된 부분을 빨갛게 가열한 후 서서히 냉각시키는 작업이다. 실제, 열을 가하면서 해머 등을 이용하여 힘을 가하는 방법은 패널의 수정에서 많이 사용된다. 그러나 현재의 자동차는 열을 가하면 가공 경화가 소멸될 뿐만 아니라 본래의 성질까지 변화되는 강판이 사용되고 있기 때문에 함부로 열을 가해서는 안된다. 특히 멤버나 필러 등 자동차의 구조재로 사용되고 있는 강판에는 결코 높은 열을 가해서는 안된다.

(3) 강도와 강성

강도(strength)와 강성(rigidity)은 어느 쪽이나 「강함」을 나타내는 말이며, 혼동하여 사용되고 있는 경우도 많다.

강도란 부재나 구조물이 그 기능을 유지하면서 받을 수 있는 최대 하중 또는 응력의 크기이다. 즉, 어느 정도의 힘에 견딜 수 있는가를 나타내며, 주로 재료에 사용한다. 견딜 수 있는 힘의 크기로서 객관적으로 측정하여 나타낼 수도 있고 힘으로 표현될 경우 단위는 [N]단위를 사용하고 응력으로 표현될 경우 일반적으로 MPa(N/㎟)단위를 사용한다. 그리고 강성이란 하중을 받는 구조물이나 부재가 변형에 저항하는 성질로서 어느 정도 추상적이며 높고 낮은, 크고 작은 정도로 밖에 표현할 수 없다. 강성은 주로 가공품에 사용되며 휨강성(flexural rigidity)의 경우 탄성계수에 단면 2차모멘트를 곱하게 되므로 응력의 단

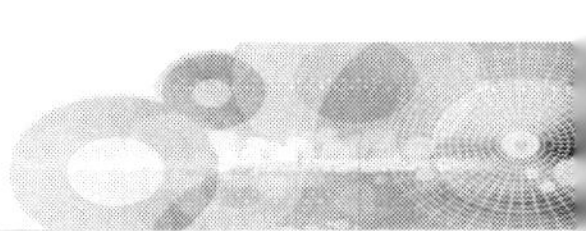

위(Pa)로 표현된다.

강도는 같은 재료라면 어떤 모양이라도 항상 같다. 그러나 강성은 어떤 모양으로 하는가, 어떠한 상태로 편성하는가에 따라서 변화한다.

4 고장력 강판과 방청 강판

(1) 강판의 세기

강판의 강도는 끌어당겨 늘리는 힘에 어느 정도 견딜 수 있는가가 기준으로 되어 있으며, **인장 강도**라고 불린다. 승용차에 사용되고 있는 일반적인 강판의 인장 강도는 대략 28 ~ 30kg/mm^2 정도이며, 이것은 1mm^{2}당 28 ~ 30kg의 힘에 견딜 수 있다는 것을 나타내고 있다.

강판의 한쪽을 고정시키고, 다른 한쪽에서 힘을 가하여 끌어당기면 최초에는 가하는 힘의 크기에 비례하여 강판이 늘어난다. 그러나 힘이 어느 한계를 초과하면 강판의 내부 구조가 변화되어, 힘을 증가시키지 않아도 급격히 늘어남이 커진다.

늘어남이 커졌을 때의 힘의 크기가 탄성 한계이며, 늘어나게 하였을 때 힘의 크기를 **항복점**(降伏點) 이라 한다. 실제로는 늘어남이 크게 되기 직전까지가 탄성 변형으로서 이때까지 가해진 힘을 제거하면 강판은 원래 상태로 되돌아간다. 그러나 탄성 한계를 초과하는 힘을 가하면 힘을 제거하여도 어느 정도는 원래의 상태로 되돌아가지만(탄성의 범위) 일정량의 변형은 복원되지 않게 된다. 이 복원되지 않는 변형이 **소성 변형**이다.

탄성 한계를 초과하여 더욱 힘을 가해가면 늘어남도 완만하게 증가하여 멀지 않아 강판의 일부에 국부적으로 늘어남이 발생되어 끊어진다. 즉, 처음에 힘을 크게 함에 따라 늘어남도 증가하지만 어느 시점부터는 보다 적은 힘이 가해져도 늘어남이 증가한다. 강판을 늘어나게 하기 위해서 필요한 힘이 최대로 되었을 때 힘의 크기가 그 강판의 인장 강도가 된다.

(2) 고장력 강판의 성질

자동차의 보디에 고장력 강판을 사용하게 된 것은 오일 쇼크로 인한 자동차의 저연비화, 경량화가 강하게 요구된 시점부터이다.

고장력 강판이란 동일한 두께에서 보다 더 강도가 높은 강판으로서 인장 강도가 40 ~ 50kg/mm^2 또는 그 이상의 것이 이용된다. 충돌 안전 구조를 사용하는 보디에는 일부에 100kg/mm^2 이상의 초고장력 강판도 사용되고 있다.

고장력 강판은 특히 새로운 소재라는 것은 아니지만 인장 강도가 높고 항복비도 높다는 성질이 있기 때문에 프레스 성형성이 나쁘고, 용접 강도가 나오지 않는 것 등으로 인해 보디용으로서는 사용되지 않았다. 그러나 필요에 따라서 이루어진 여러 가지 개량으로 보디의 바깥 판에도 이용된다.

또한 초기에 자동차용 고장력 강판은 사고시에 변형량이 크고(찌그러진 상태), 용접성이 나쁜 것도 있었지만 최근에는 수리성에서 거의 일반적인 강판과 변함없다.

자동차 메이커의 지침서에서도 고장력 강판의 사용 부위에 대한 설명이 처음에는 구별하여 기록하였지만 현재는 없어지고 있다. 또한 탄성한계가 높기 때문에 끌어당기는 작업 후에 되돌아가는 양이 커졌다든지, 얇은 만큼 늘리기 쉽다는 것 같은 문제도 있다.

참고로 1000MPa급 고장력 박강판은 차체의 mm^2 당 100kg의 하중을 견딜 수 있는 고베제강소의 신 개발품으로 프런트 필러, 센터 필러에 적용된다.

(3) 고장력 강판의 종류

자동차용으로 이용되고 있는 고장력(高張力) 강판에는 다음과 같은 것이 있다.

① 고용체 강화형 강판

저탄소 강에 탄소(C), 규소(Si), 망간(Mn), 인(P) 등을 첨가하여 강의 성질을 강화한 것.

② 석출 강화형 강판

티탄(Ti), 니오브(Nb), 바나듐(V), 몰리브덴(Mo) 등을 탄소(C)나 질소(N)와 연결(결부하다)시켜, 미세한 성분으로서 강에 첨가한 것.

③ 복합 조직 강판

듀얼 페이즈 강판(dual phase steel plate)이라고도 불린다. 생산시에 프레스를 성형할 때 가공성이 좋고, 그 후에 열처리 등으로 강도를 높인 것.

수리할 경우 이들의 강판을 구별하여 취급할 필요 없고 구별하기에도 어렵다. 석출 강화형 강판과 복합 조직 강판은 가열하면(600 ~ 800℃) 강의 내부 조직이 변화되어 강도가 저하된다. 이들의 강판은 멤버나 필러 등 골격계통의 패널에도 사용되고 있기 때문에 보디를 수정할 경우 끌어당기는 작업 등에서 열을 가하여서는 안된다.

(4) 방청강판의 구조

강판에 한정되지 않고 철을 재료로 하는 소재(素材)에서의 최대 단점은 녹(산화부식)이 발생되는 것이다. 녹은 철의 원자와 산소가 결합하여 발생되므로 철에 녹이 발생되는 것을 방지하기 위해서는 철이 직접 산소와 접촉하지 말아야 한다. 따라서 철을 사용한 제품에

반드시 도장(塗裝)되어 있는 것은 도막에 의해서 산소와 접촉되지 않도록 하기 위함이다. 철은 녹이 발생되기 쉬운 금속이므로 도금에 의해서도 녹의 발생을 효과적으로 방지할 수 있기 때문에 사용되는 강판은 아연도금 강판이 사용되고 있다.

아연 도금 강판을 녹이 발생하는 환경에 두면, 우선 아연에 녹이 발생된다. 철은 한번 녹슬면 내부까지 녹이 진행하여 너덜너덜하게 되지만 아연은 표면이 녹슬면 녹슨 부위 이외에는 녹이 진행되지 않기 때문에 그 안쪽의 강판까지 녹이 진행되는 경우는 없다.

따라서 방청강판은 특수 강판 중의 하나로서, 내부식성을 향상시키기 위해 강판 표면에 아연, 주석, 알루미늄 등의 금속을 도금하여 표면 처리를 한 강판을 말한다. 그 중에도 아연도금 강판은 비교적 싸고, 또 신뢰성 높은 방청이 가능한데서 가장 대량으로 생산되고 있다. 이 때문에 차의 보디에도, 특히 방청을 필요로 하는 곳에는 아연 도금 강판이 사용되고 있다.

(5) 방청 강판의 종류

아연의 도금 방법에는 전기 도금법과 용융 도금법이 있다. 전기 도금은 표면도 깨끗하게 마무리되지만 도금 층은 약간 얇다. 용융 도금은 그 반대로 표면이 약간 거칠지만 두꺼운 도금 층이 형성된다.

아연만으로 도금을 하면 도료의 부착이 나빠지기 때문에 바깥 판에 사용되는 방청 강판은 철과 아연의 합금을 도금한 합금화 아연 도금 강판이 사용된다. 더욱이 철의 함유량이 많은 합금과 아연의 함유량이 많은 합금을 2층으로 나누어 도금한 것이나 도금은 1층이지만 그 속에서 표면 쪽에 철의 함유량이 많아지도록 가공되어 있는 것 등 여러 가지 타입의 방청 강판이 준비되어 있다. 또한 방청강판은 일반적으로 강판의 앞뒤 양면에 도금된 양면 아연 도금 강판으로 되어 있다. 방청 강판도 외관상으로는 보통의 강판과 구별하기 어렵지만, 특별히 구별하여 취급할 필요는 없다.

에어 샌더 등으로 도막을 벗기면, 도금 층이 벗겨져서 방청 강판의 효과를 발휘할 수 없기 때문에 보통의 강판이나 방청 강판이라 해도 다시 도장할 때 방청 처리를 정확히 하여야 한다. 단, 퍼티가 전용이라도 조심하여야 한다.

고장력 강판은 인장 강도뿐만 아니라, 항복점 및 탄성 한계도 높다. 따라서 항복점과 인장 강도의 힘의 비율(항복비=항복점/인장 강도)도 높게 되어 있다. 동일한 두께에서 보다 큰 강도를 가지고 있기 때문에 같은 강도를 필요로 하는 부품에 사용할 경우 일반적인 강판에 비하여 보다 얇은 판 두께에서도 강도는 변화되지 않는다. 얇은 강판으로 부품이 제작된다는 것은 그 만큼 가볍게 만들 수 있다는 것이 된다.

5 기타 재질

(1) 플라스틱

20C는 석유의 세기라고도 할 수 있다. 자동차나 비행기 등의 연료로서 또는 발전용 등 대량으로 석유를 소비하는 문명이 발전되어 왔다. 석유는 연소하여 동력원으로 사용할 뿐만 아니라 각종 플라스틱의 원료로서 사용되고 있다.

모든 산업 분야에 생활의 구석구석까지 플라스틱이 활용되고 있는 것은 역시 현대 사회의 특징이라 할 수 있을 것이다. 자동차에도 각종 다양한 플라스틱(수지)이 이용되고 있다.

플라스틱이란 자유자재로 성형할 수 있다는 것으로서 대부분 석유를 원료로 합성된다. 모양이 자유스러울 뿐만 아니라 기능이나 성능도 필요에 따라서는 여러 가지 타입을 만들 수 있으며 철보다 강도가 높은 플라스틱도 있다. 공업용으로서 특정한 성질을 발휘할 수 있도록 설계된 엔지니어링 플라스틱은 첨단소재로서 그 가치가 매우 높다.

가열하여 부드러워지고, 자유스러운 모양으로 성형할 수 있는 플라스틱은 **열가소성 플라스틱** 이라 한다. 현재 사용되고 있는 대부분의 플라스틱은 열가소성이지만, 가열하여도 부드러워지지 않고 갑자기 녹아버리는 플라스틱도 있는데 이것을 **열경화성 플라스틱** 이라 한다.

(2) 자동차에 사용되는 플라스틱

자동차에 플라스틱이 많이 사용된 것은 역시 오일 쇼크 이후이다. 그 때까지는 핸들이나 미터 주변, 스위치류 정도였지만, 오늘날에는 범퍼나 그릴 등의 외장 부품, 헤드램프나 아웃 미러 케이스, 트림, 몰딩 등 넓은 범위까지 이용되며, 바깥쪽 패널마저 플라스틱으로 된 차종도 드물지 않다.

1대의 자동차에 사용되고 있는 플라스틱은 약 10% 정도이다. 이것은 중량비이므로 비교적 가벼워 플라스틱의 비율 범위는 작다. 체적비로 생각하면 플라스틱과 같은 종류의 화학 섬유를 포함하여 50%를 초과할지도 모른다. 이용되고 있는 플라스틱의 종류도 많다. 대부분은 열가소성 플라스틱이며, 처음에는 우레탄과 PP의 2개 성분으로 된 범퍼도 오늘날에는 대부분 PP제로 되어 있다. 외판(外板)에는 SMC라고 하는 FRP나 RIM 우레탄이 사용되는데 이것은 어느 쪽도 열경화성이다. 그 외 ABS, PET, PE, 폴리염화비닐 등이 주로 사용된다.

각종 플라스틱의 약칭이나 특징은 다음과 같다.

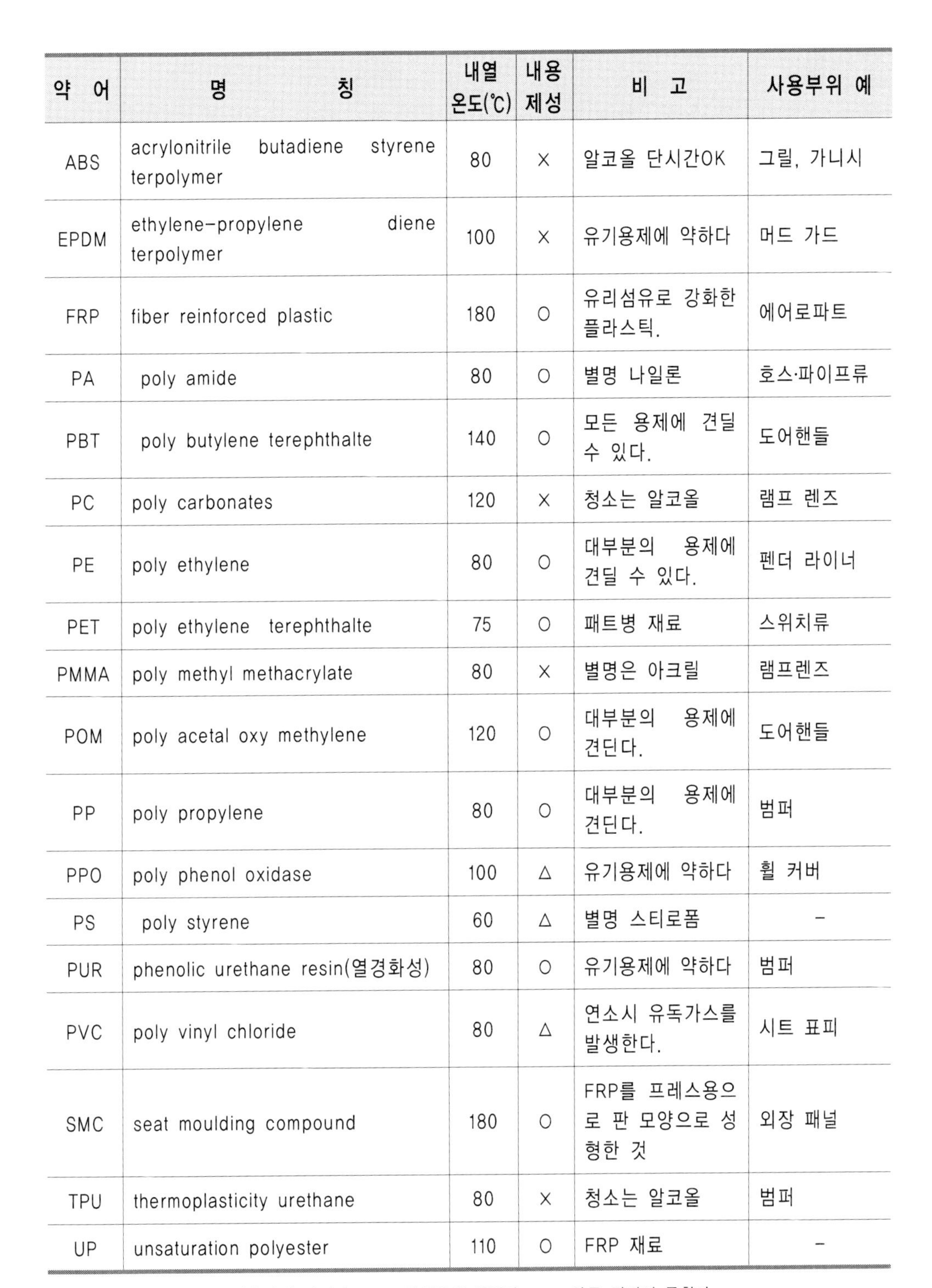

약 어	명 칭	내열 온도(℃)	내용 제성	비 고	사용부위 예
ABS	acrylonitrile butadiene styrene terpolymer	80	×	알코올 단시간OK	그릴, 가니시
EPDM	ethylene-propylene diene terpolymer	100	×	유기용제에 약하다	머드 가드
FRP	fiber reinforced plastic	180	○	유리섬유로 강화한 플라스틱.	에어로파트
PA	poly amide	80	○	별명 나일론	호스·파이프류
PBT	poly butylene terephthalte	140	○	모든 용제에 견딜 수 있다.	도어핸들
PC	poly carbonates	120	×	청소는 알코올	램프 렌즈
PE	poly ethylene	80	○	대부분의 용제에 견딜 수 있다.	펜더 라이너
PET	poly ethylene terephthalte	75	○	패트병 재료	스위치류
PMMA	poly methyl methacrylate	80	×	별명은 아크릴	램프렌즈
POM	poly acetal oxy methylene	120	○	대부분의 용제에 견딘다.	도어핸들
PP	poly propylene	80	○	대부분의 용제에 견딘다.	범퍼
PPO	poly phenol oxidase	100	△	유기용제에 약하다	휠 커버
PS	poly styrene	60	△	별명 스티로폼	-
PUR	phenolic urethane resin(열경화성)	80	○	유기용제에 약하다	범퍼
PVC	poly vinyl chloride	80	△	연소시 유독가스를 발생한다.	시트 표피
SMC	seat moulding compound	180	○	FRP를 프레스용으로 판 모양으로 성형한 것	외장 패널
TPU	thermoplasticity urethane	80	×	청소는 알코올	범퍼
UP	unsaturation polyester	110	○	FRP 재료	-

내용제성 ○ : 용제류나 가솔린에 견딘다. △ : 단시간에 견딘다. × : 아주 견디지 못한다.

※ 부품이 보이지 않는 부분에 약칭이 각인되어 있는 경우가 많다.

(3) 유리

유리는 고체임에도 불구하고 액체의 성질을 겸비한 소재의 총칭이며, 일반적으로 사용되는 유리는 모래 속에 많이 포함되어 있는 규소(Si)에 첨가시키는 성분은 재(災)에 포함되어 있는 소다(NaO_2), 석회(CaO) 등을 가하여 만들 수 있다. 주원료는 용융(溶融)된 규소로서 소다는 규소의 용융 온도를 낮추기 위해 사용되며, 석회는 유리가 물에 용융되지 않도록 하기 위해 사용된다. 그 외 유리의 이용 목적에 따라서 극히 약간의 금속 등도 첨가되어 있다. 투명하고 아름다운 유리는 실제 모래와 재로 만들어지고 있는 것이다.

유리의 기본적인 성질은 무색 투명하며, 산이나 알칼리에도 강하다. 고체와 같은 내부 구조는 액체에 가깝기 때문에 실제 온도를 높이면 용융되어 액상(液狀)으로 된다. 역사도 기원 전 1,500년경, 지금부터 약 3,500년 전의 이집트에서 이미 유리 제품이 이용되고 있었다.

자동차에서 사용되는 판유리는 약 1,600℃에서 재료를 용융시킨 다음 그 후 1,300℃에서 잠시 대기하면 무색투명의 표면이 만들어진다. 이때 용융된 재료를 표면과 동일한 정도의 온도로 유지시켜 양이나 온도를 엄밀하게 조정하여 금속 위에 흐르도록 하면 두께나 폭이 균일하고 표면의 정도(精度)가 높은 판유리로 만들어진다. 그리고 이 유리의 표면을 더욱 연마함으로서 비틀림이 없는 완전한 평면유리가 만들어진다. 자동차에 사용되는 것은 이 종류의 고품질 유리이다.

① 자동차의 유리

자동차에는 「**안전유리**」를 사용하는 것이 의무화되어 있다. 안전유리는 깨지기 어렵고, 깨질 경우에는 인체에 부상이 없어야 하며, 깨져도 어느 정도의 시계(視界)를 확보할 수 있어야 된다는 조건이 부가되어 있다.

실제로 자동차에 사용되고 있는 안전유리는 접합유리와 강화유리 2종류가 있으며, 앞면 유리는 **접합유리**가 사용되고 그 외의 창유리는 **강화유리**로 사용된다. 접합유리는 2장의 유리 사이에 얇고 튼튼한 플라스틱 필름을 끼운 것으로서 깨져도 파편이 흩어지지 않으며, 충격물에 관통하기 어려운 특징을 가지고 있다. 즉, 바깥쪽에서 무엇인가 부딪쳐도 실내에 날아들지 않으며, 반대로 승객이 실내 쪽에서 부딪쳐도 밖으로 방출되기 어렵다. 동일한 접합유리에서도 중간의 플라스틱 필름이 두껍고 내충격성이 높은 것을 **HRP 접합유리**라 하며, 자동차 앞 유리에 사용되는 것이 이 타입이다.

도어나 리어의 유리에는 강화유리가 사용된다. 강화유리는 판유리를 약 600℃로 가열한 후 급냉시키는 방법으로 만들며, 유리가 깨지는 것은 충격이 있을 때의 인장력이

다. 강화 유리는 내부에 강한 압축력이 봉입되어 있기 때문에 대단히 깨지기 어렵고 깨진 경우도 하나하나의 파편이 작은 동그라미 띠(帶) 모양으로 되기 때문에 사람에게 상처를 입히는 경우가 적다. 조금 오래된 차에서는 앞 유리에도 강화유리가 사용되고 있었으며 운전석의 앞부분은 큰 파편으로 되어 시야를 확보할 수 있는 부분 강화유리가 사용되고 있었다. 우리나라에서 앞 유리에 접합유리의 장착이 의무화된 것은 1985년 7월부터이다.

자동차 유리는 단지 창으로서의 경계만이 아니라 여러 가지의 기능이 부가되어 있는 것이 많다. 접합유리는 중간의 막과 함께 안테나선을 넣은 안테나 봉입 유리, 중간 막의 상부를 착색한 블렌딩(blending) 유리 등이 있다. 또한 강화유리를 비롯한 극소량의 금속 성분을 첨가시키는 것으로서 적외선을 흡수한다든지 반사하는 열선 흡수유리와 열선 반사유리, 도전성 도료를 프린트한 열선 프린트 유리, 색이 짙은 프라이버시 유리, 우천시 시아 확보가 용이하도록 코팅된 발수 유리 등이 이용되고 있다.

(4) 비철 금속

일반적으로 자동차의 재료는 철이 압도적으로 많이 사용되고 있지만 그 외의 금속도 이용되고 있다. 그 중에서도 많이 사용되는 것이 알루미늄과 동으로서 동은 대부분 전선으로 이용되고 있다. 최근 승용차의 1/2은 전기로 움직이고 있다고 할 수 있는데 그 수많은 장비품을 컨트롤하기 위해 대량의 전선이 사용되고 있다.

알루미늄은 사용 목적에 따라서 조정된 합금으로서 사용된다. 사용량이 많은 부분은 엔진의 주변으로 실린더 블록이나 헤드에 알루미늄 합금을 사용하는 엔진이 주류로 되어 있다. 차종에 따라서는 서스펜션의 부품에도 이용되고 있지만, 보디의 바깥 판에서의 이용도 알루미늄 합금이 사용되는 쪽의 하나이다. 후드나 펜더, 테일 게이트 등 스포티 계통의 차종에서 자주 사용되고 있다.

혼다의 NSX는 골격계통도 포함한 모든 보디 패널이 알루미늄 합금으로 제작되고 있다. 유럽의 소량 생산 스포츠카도, 보디의 바깥 판은 알루미늄 합금이나 플라스틱이 사용되고 있다.

알루미늄 외판 패널의 사용상황

메이커	차 종	그레이드	형 식	사용 패널
도요타	스프라		A30	후드
	셀리카	GT-FOUR	T200	후드
	알테자 지터	왜건	E10	백도어
닛산	세드리/글로리아		Y34	후드
	스카이라인	GT-R계통	R32/33/34	후드/프런트 펜더
	J페리		Y32	후드
	페어레이디Z		Z32	후드
혼다	NSX		NA	보디 전체
	인사이트		ZE	보디 전체
	S2000		AP	후드
마쯔다	코스모		JC	후드
	센타리		HD	후드
	RX-7		FC/FD	후드
	로드스터		NA/NB	후드
미쯔비시	낸서볼루션	1992년 이후	각 형식	후드
	낸서볼루션	V이후	각 형식	후드/프런트 펜더
스바루	래거시	GT계통	BH	후드
	임프레서	WRX계통	GC/GF	후드
	임프레서		GD/GG	후드
스즈끼	카프치노		EA	후드

※ 2001년 10월 기준

제3장 공 구

공구는 차체 수리에서 사용되는 전용 공구와 부품이나 패널의 탈·부착에 사용되는 일반 공구로 분류된다.

1 공 구

1 일반 공구

(1) 수공구

스패너나 렌치를 이용하여 조이거나 푼다.
플라이어, 바이스 등을 이용하여 철사, 철판을 구부리거나 자른다.
가위를 이용하여 철판을 자른다.

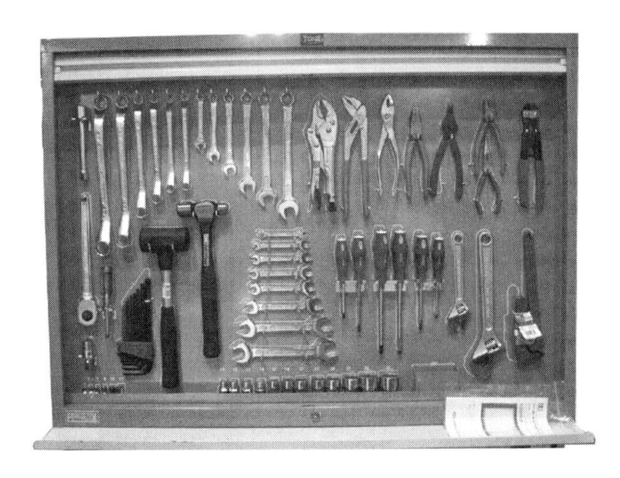

(2) 전동공구

에어 툴을 사용하여 수공구로 작업했을 때의 작업속도를 향상시킨다.
대표적으로 임팩트 렌치, 에어 톱이 있다.

2 전용 공구

해머와 돌리, 스픈 등이 있다.

(1) 해머(hammer)

타격면의 모양이나 편성하는 크기에 따라 크게 거친면 내기용, 표준 범핑 해머(고르기 해머), 피크 해머, 목제(플라스틱) 해머로 나뉜다.

판금용 해머의 수명은 타격면으로 항상 이물질, 흡집 등이 없는 상태로 유지해야 하며 이 면에 조금이라도 상처가 있거나 일그러짐이 있으면 사용할 수 없게 된다.

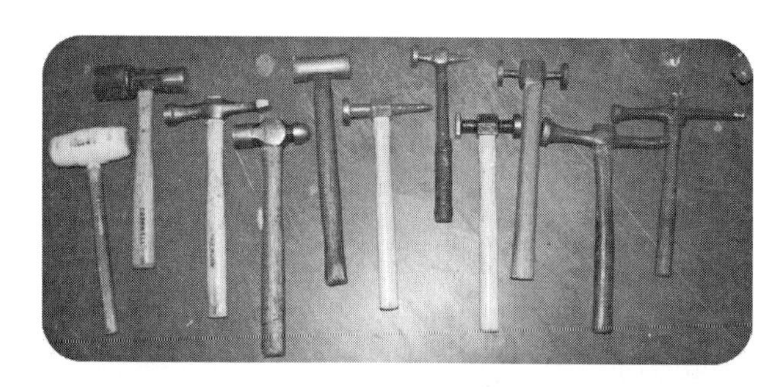

① **고르기 해머** : 고르기 해머는 한쪽은 4각이며, 반대쪽을 둥근 양두용 해머와 한쪽만 사용하는 2가지가 있다. 중량은 300 ~ 450g 정도이며, 자루는 균형을 이루기 위해 자루의 머리 부분이 약간 가늘게 되어 있다.

② **표준 해머**(standard hammer) : 표준 해머는 맨 처음 거친 부분에서부터 마지막 고르기까지 사용한다.

③ **딘킹 패머**(dinking hammer) : 딘킹 해머는 자루 목이 길며, 정밀 고르기 용으로 사용한다.

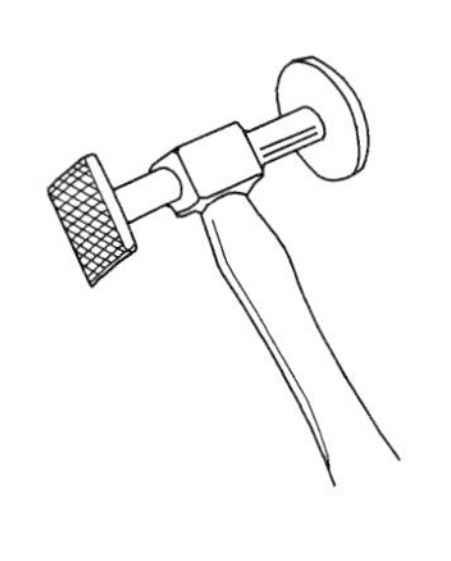
(a) 드로잉 해머

(b) 범핑 해머

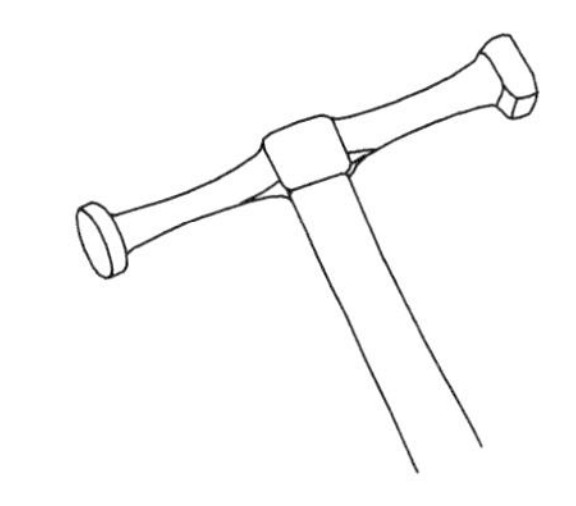
(c) 딘킹 해머

판금 해머(1)

④ **픽 해머**(pick hammer) : 픽 해머는 움푹 들어간 곳을 펴는데 사용한다.

⑤ **크로스 페인 해머**(cross pein hammer) : 크로스 페인 해머는 픽 해머와 동일한 목적으로 사용되며, 해머 머리 반대쪽은 고르기 용으로 사용할 수 있도록 되어 있다.

⑥ **조르기 해머** : 조르기 해머는 머리에 꺼칠꺼칠한 이가 붙어 있으며, 늘어지거나 늘어난 철판을 수축(오므리는 작업)시키는데 사용한다.

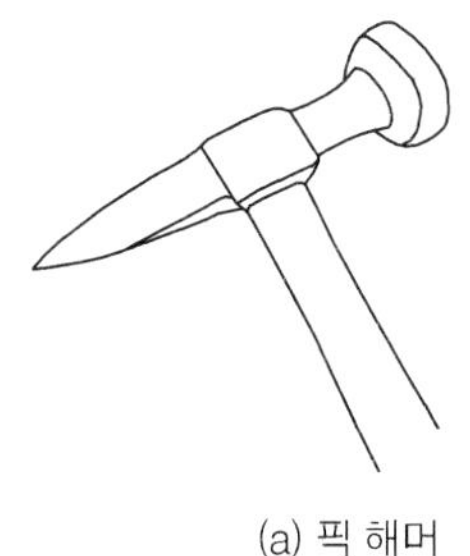
(a) 픽 해머

(b) 크로스 페인 해머

(c) 조르기 해머

판금 해머(2)

⑦ **펜더 범핑 해머**(fender bumping hammer) : 펜더 범핑 해머는 길게 휘어진 모양이며, 머리가 둥글게 되어 있어 거친 부분 작업용으로 깊은 부분의 작업에 적합하다.

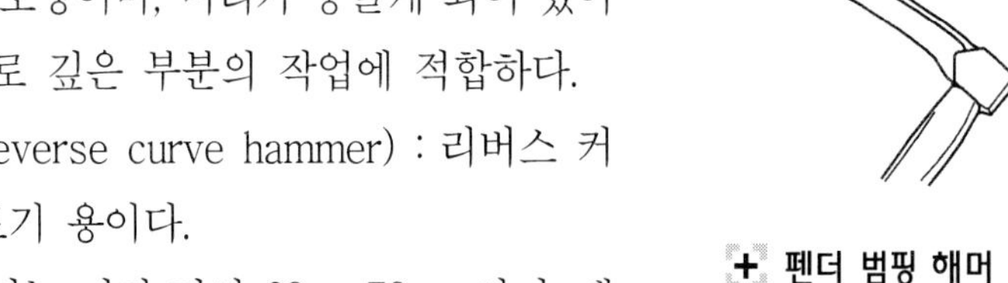
펜더 범핑 해머

⑧ **리버스 커브 해머**(reverse curve hammer) : 리버스 커브 해머는 특수 고르기 용이다.

⑨ **나무 해머** : 나무 해머는 머리 면이 60 ~ 70mm이며, 패널의 거친 고르기와 위치 잡는 작업에 사용되는데 나무이므로 패널에 상처나 흔적이 생기지 않고 철판이 늘어나는 경우가 없다. 보디의 정형 작업에 알맞다.

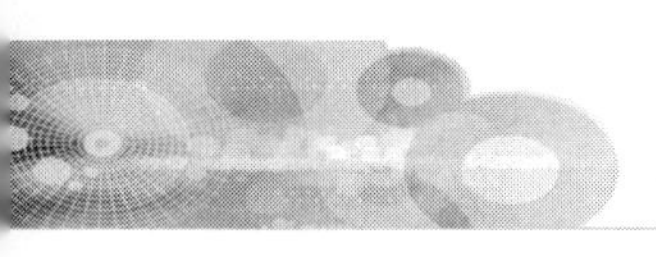

⑩ **고무 해머**(rubber hammer) : 고무 해머는 나무 해머보다 무거워 알루미늄 패널 등의 작업에 알맞다.

(2) 돌리(dolly)

해머의 밑받침 역할을 하며 표면을 편평하고 매끄럽게 하는데 사용된다. 면의 모양을 수정하고자 하는 패널 면에 맞는 것을 사용하며 표면에 불순물이 없도록 깨끗하게 청소하고 상처가 발생되지 않았는가를 점검하면서 사용한다.

① **양두 돌리** : 양두 돌리는 양면으로 된 돌리이며. 한쪽은 로 크라운(low crown), 다른 한쪽은 하이 크라운으로 되어 있어 두드려 펴거나 고르기 작업에 사용된다.

② **만능 돌리** : 만능 돌리는 가장 널리 사용되는 돌리이며, 하이 크라운, 로 크라운, 오목 면이나 각 내기, 에지(edge) 등에서 사용하며, 소형물이나 좁은 곳에서 사용할 수 있는 장점이 있다.

③ **범용 돌리** : 범용 돌리는 레일을 절단하여 놓은 형상이며, 가늘고 긴 면과 4각 베드면의 로 크라운 양면을 갖춘 넓은 평면 패널의 정형 작업에 적합하다.

(a) 양두 돌리 (b) 만능 돌리 (c) 범용 돌리

돌리 블록(1)

④ **힐 돌리**(heel dolly) : 힐 돌리는 낮은 평면과 둥근형의 각을 지닌 것이며, 모서리와 각 작업에 적당하다.

⑤ **레드우스 돌리 및 신트 돌리** : 편평하고 매끄러운 면과 로 크라운 면을 가진 얇은형의 돌리이며, 좁은 곳이나 창의 내부 작업에 사용된다.

⑥ **조르기 돌리** : 조르기 돌리는 늘어난 철판의 냉간 조르기나 용접 부위를 편평하고 매끄럽게 하는 등의 성형에서 사용한다.

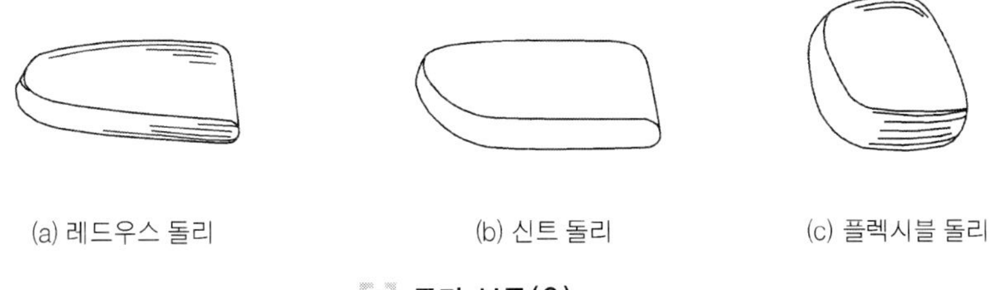

(a) 레드우스 돌리 (b) 신트 돌리 (c) 플렉시블 돌리

돌리 블록(2)

⑦ **곡면 돌리**(cure dolly) : 곡면 돌리는 긴 곡면과 하이 크라운 및 로 크라운의 양면을 조합하여 전체가 테이퍼 되어 있어 보디의 곡면 및 좁은 부분의 정형 작업에 사용한다.

⑧ **라운드 돌리**(round dolly) : 라운드 돌리는 하이 크라운과 로 크라운의 둥근 헤드면을 가진 장구 모양의 소형 돌리로서 좁은 곳의 작업에 사용한다.

⑨ **앤빌 돌리 및 돔 돌리**(anvil dolly & dome dolly) : 넓은 로 크라운 면을 가진 자루가 달린 돌리이며, 가열 철물 작업시 손을 뜨겁게 하지 않아 작업이 편리하다.

⑩ **그리드 돌리**(grid dolly) : 그리드 돌리는 냉간 조르기 작업의 전용으로 사용한다.

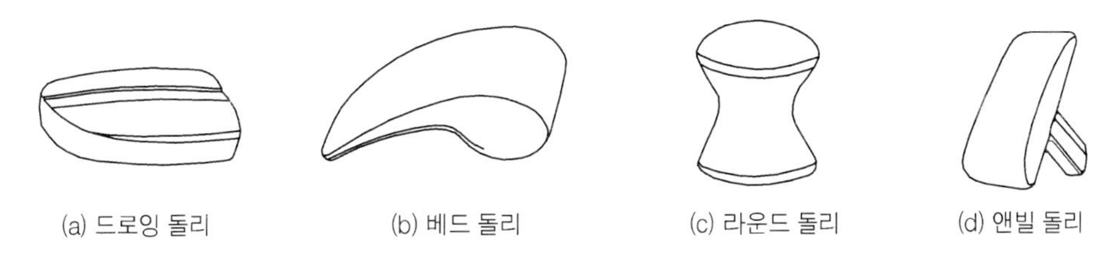

(a) 드로잉 돌리 (b) 베드 돌리 (c) 라운드 돌리 (d) 앤빌 돌리

돌리 블록(3)

(3) 스픈(spoon)

손잡이가 부착된 돌리이다. 손을 넣어서 돌리를 잡을 수 없는 좁은 부분에 돌리 대용으로 사용하거나 지렛대 대용으로 사용하여 안쪽에서 밖으로 패널을 밀어거나 할 때 사용하며 표면에 불순물이 없도록 깨끗하게 청소하고 상처가 발생되지 않았는가를 점검하면서 사용한다.

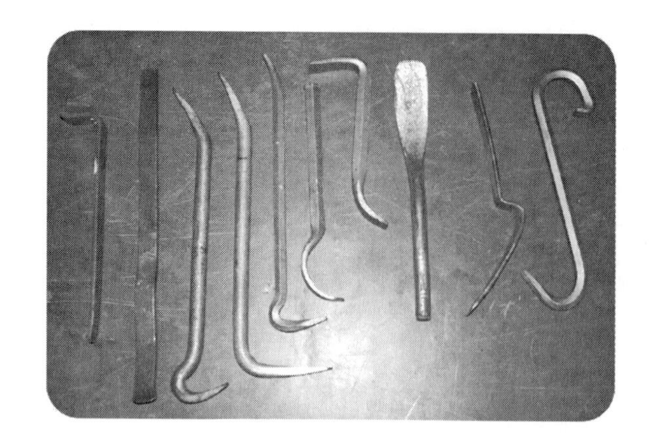

① **범퍼용 스푼** : 날카로운 양 끝으로 되어 있어 로 크라운과 하이 크라운을 적당히 선택해서 작업을 할 수 있다.

② **중(重) 작업용 플라이 스푼** : 길이가 길고 튼튼해 힘이 많이 드는 거친 작업에 적합하다.

③ **숏 플라이 다듬질 스푼** : 자루가 짧으며, 보디 내부의 부품에 틈이나 패널 에지 등의 좁은 곳의 작업에 적합하다.

④ **하이 크라운 스푼** : 폭이 넓고 바짝 구부러진 스푼이며, 루프 레일과 패널 사이에 끼워서 루프 패널의 하이 크라운 부분 등의 정형 작업에 적합하다.

⑤ **낫형 다듬질 스푼** : 낫 모양으로 된 스푼이며, 길고 오목한 곳의 고르기 작업에 적합하다.

⑥ **드립 몰딩 스푼** : 스푼의 끝이 약간 우그러져 물받이 밑 부분과 같이 좁은 곳의 작업에 적합하다.

⑦ **초박형 스푼** : 끝이 얇으며, 패널 등의 이중벽 부분 등 일반적인 스푼이 들어가지 못하는 좁은 곳의 작업에 적합하다.

⑧ **스프링 해머 스푼** : 얇은 강판을 프레스 성형하여 제작한 것이며, 스프링 해머 작업의 전용 스푼이다.

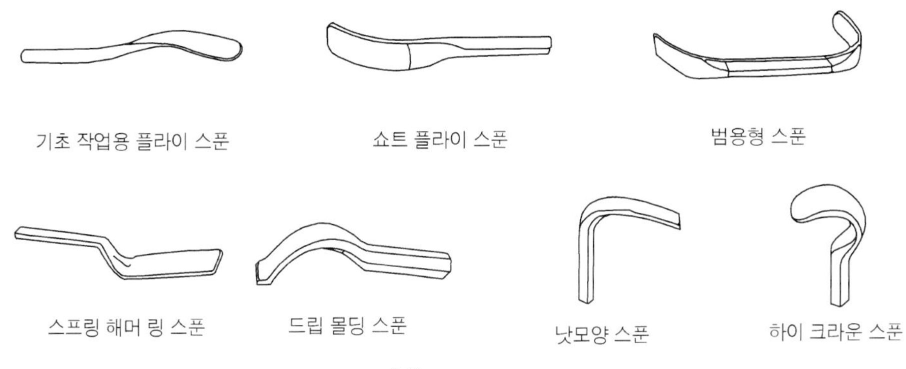

보디 스푼

(4) 줄

인출 후 돌출 된 부분을 제거하기 위한 연삭 도구이다.

(5) 보디용 줄칼(body file)

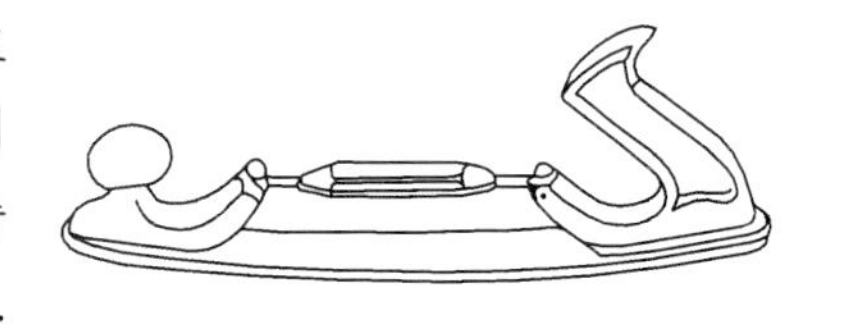

보디용 줄칼은 주로 보디 수리 후 마지막 퍼티 고르기 작업, 연납 피막. 플라스틱 펴기 연마 작업에 사용되며, 평형의 만능 줄칼, 곡면 줄칼, 반달형 줄칼, 변형 곡면 줄칼, 곡면 반월형 줄칼 등이 있다. 줄칼의 홀더는 대패 모양이며. 두 개의 손잡이로 작업 시 균형을 잡게 된다.

(6) 정

3 인출 공구

(1) 스터트 용접기

해머나 돌리로 패널을 두드려서 수정하는 것을 '**타출 판금**' 이라 하고, 움푹 패인 패널을 밖에서 끌어당겨 내어 수정하는 것을 '**인출 판금**' 이라 한다.

타출 판금은 해머의 취급법이나 타격력의 크기 조정, 균일함 등 숙련을 요하는 것이 많고, 습득함에 시간이 걸린다.

타출 판금에 비하여 인출 판금은 패널의 표면을 늘리기 어렵고, 여러 가지 보조 도구도 준비되어 있으므로 비교적 짧은 기간에 기술을 익힐 수 있다. 특히 자동차의 패널에 많은 자루 모양의 폐단면으로 된 부분, 도어나 리어 펜더, 사이드 실 등은 바깥쪽에서 만이라도 수정할 수 있는 간편함이 있다.

인출 판금은 패널 면을 인출하기 위해 근본이 되는 와셔나 스터드 핀 등을 용접하고 그 것에 슬라이드 해머 등을 사용하여 힘을 가할 수 있는 것이 기본적이다. 그 때문에 여러 가지 공구류가 준비되어 있다.

(2) 슬라이드 해머

인출 판금에서는 인출 작업의 근본이 되는 스터드 핀이나 와셔가 필요하기 때문에 그들을 패널에 부착하는 것이 스터드 용접기이다. 이것은 일종의 용접기이며, 대개는 어태치먼트(attachment)를 교환하여 사용할 수 있으며, 스터드 핀이나 와셔 등 어느 쪽에도 사용할 수 있는 것 외에 전기 조리개나 한쪽면의 스폿(spot) 등 여러 가지 용도에 사용된다.

원리는 좁은 범위에 큰 전류가 흐르도록 하여 그 때 발생되는 열로 스터드 핀이나 와셔를 용접한다. 스폿 용접기와 동일하지만 일반적으로 출력이 작기 때문에 패널의 용접에는 사용하지 않는다.

따라서 패널의 표면에 용착된 스터드 핀이나 와셔는 인출할 때 정면에 가해지는 힘에는 견딜 수 있지만 작업이 완료되어 탈착하는 경우 가볍게 비틀거나 측면방향으로 힘을 가하면 간단하게 떼어낼 수 있다.

2 | 작업방법

1 작업기구의 사용법

(1) 해머 잡는 법

팔과의 각도는 120° 정도를 유지하며 해머자루의 끝부분과 손과의 거리는 1~2cm 정도 남기며 새끼손가락을 자루에 꼭 붙이고 엄지손가락과 둘째손가락을 가깝게 붙인다.

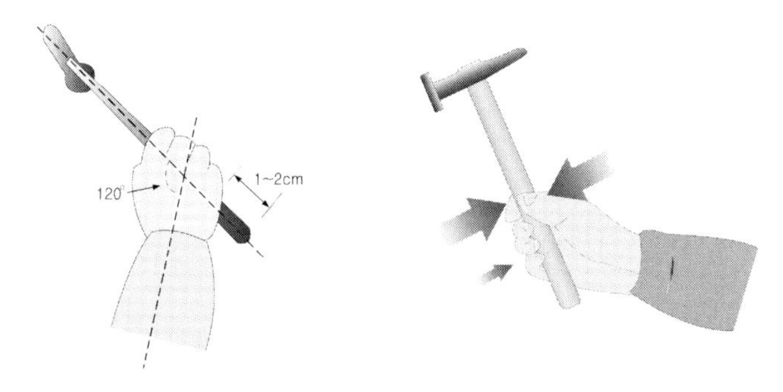

해머 잡는 법

(2) 해머 사용법

① 손목만을 이용한 타격법 : 강도가 약하다.

② 팔꿈치를 이용하여 타격한다 : 손목만을 이용하여 타격하는 것에 비하여 강도가 높으며 어깨까지 흔들면서 타격하면 안된다.

③ 올바른 타격법

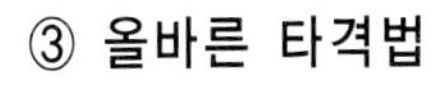

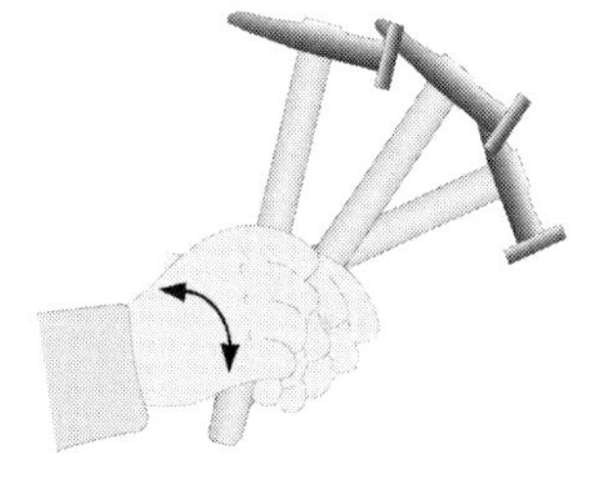

손목을 이용한 타격법

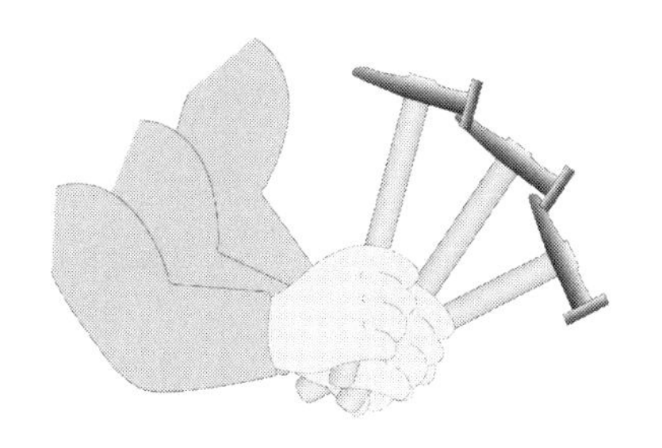

팔꿈치를 이용한 타격법

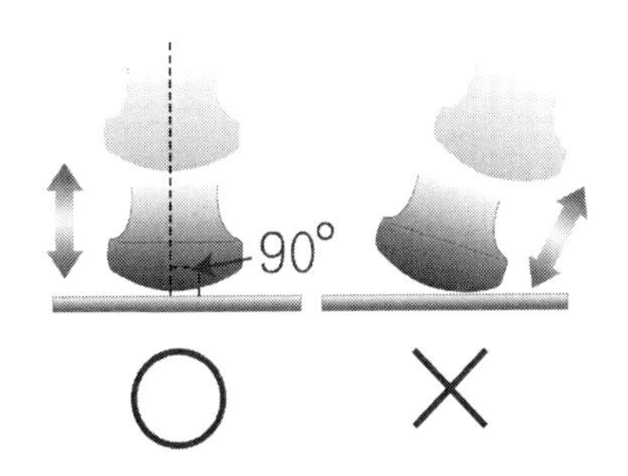

올바른 타격법

(3) 돌리 잡는법

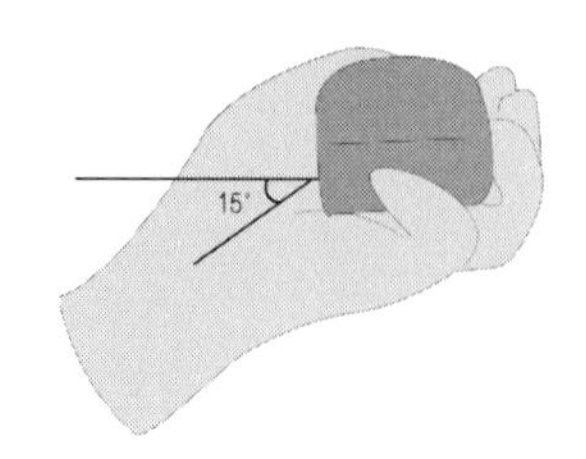

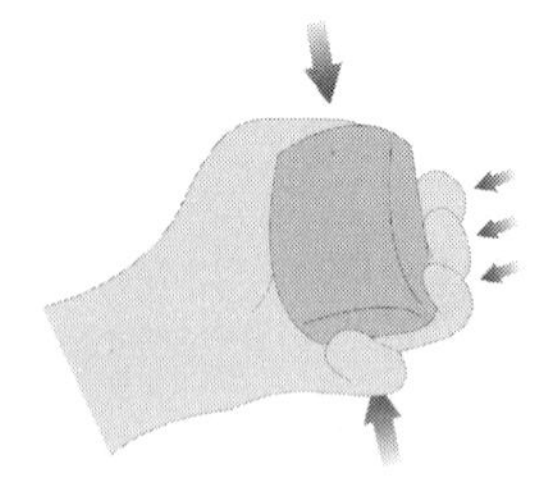

2 해머, 돌리를 사용한 패널의 수정법

(1) 해머의 원리

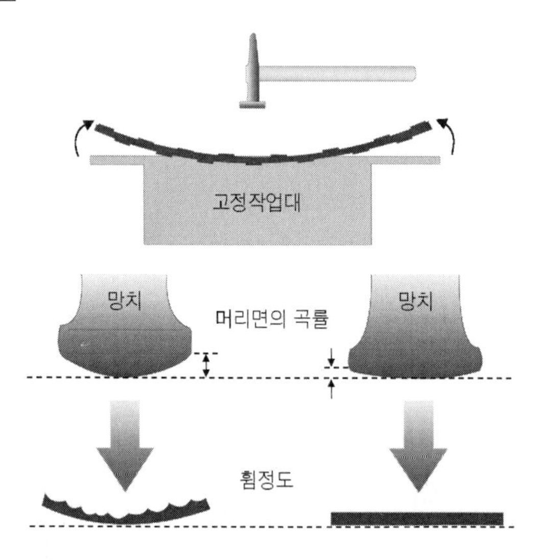

평평한 강판을 바이스나 작업대에 올려 놓고 작업을 하면 강판의 양측이 올라가게 된다. 이렇게 올라가는 현상은 해머가 패널 면의 곡률을 크게 하는 정도 차이 때문에 발생하게 된다.

작업 후 면을 살펴볼 때 망치 면의 곡률에 따라 틀려지게 된다. 이러한 이유로 가급적 작업할 때 곡률이 적은 해머를 사용하여 패널이나 강판의 휨을 방지하도록 한다.

(2) 해머와 돌리의 올바른 선택

패널을 수정할 때에는 해머와 돌리를 사용하게 된다. 해머의 사용면은 가급적 평평하면서도 균일한 곡면이 최적의 상태라고 할 수 있다. 하지만 돌리와 스푼은 수정하는 패널의 곡면과 같은 곡면이여야 한다. 작업하고자 하는 패널의 형상에 따라 패널의 곡면과 비슷한 돌리나 스푼을 사용하여 펴널의 변형이 생기지 않도록 하자. 가장 이상적인 돌리의 곡면은 수정하고자 하는 패널의 정상치의 곡면대비 80% 정도이다.

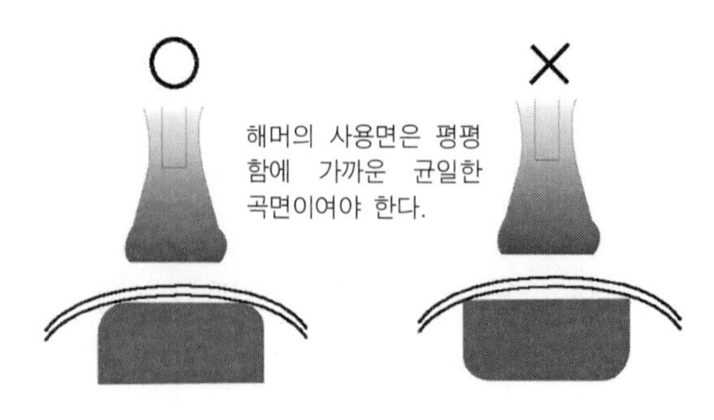

최적의 곡면은 정상 곡면의 80%이다.

(3) 돌리사용 방법

패널의 손상에 따라서 2가지 방법이 있다.

① **오프돌리(off dolly)**

돌리의 위치와 해머의 위치가 틀리며 돌출되어 있는 부분의 해머링을 하여도 패널은 패널의 탈력에 의해 잘 들어가지 않는다. 돌리를 적절한 위치에 위치하고 해머로 타격하면 패널의 탈력이 떨어지면서 높은 부분은 낮아지게 된다.

패널의 넓은 부분 수정을 할 때 사용한다.

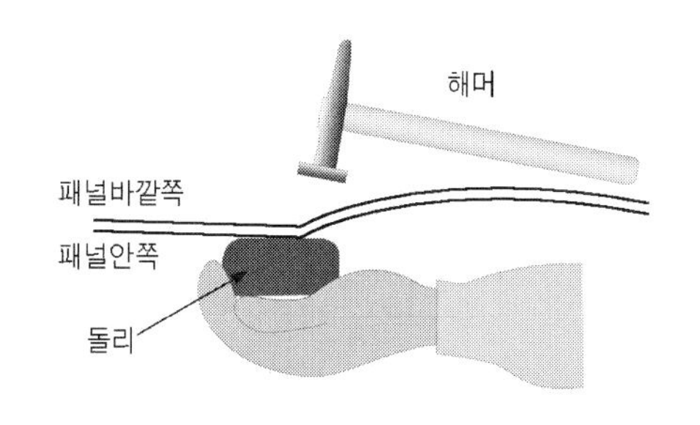

② **온돌리(on dolly)**

돌리의 위치와 해머의 위치가 일치하는 방법으로 돌출되어 있는 부분의 아래쪽에 돌리를 위치하고 위에서 해머로 때리는 방법이다.

큰 요철을 수정한 후 정밀한 요철수정을 할 때 사용하는 방법이다.

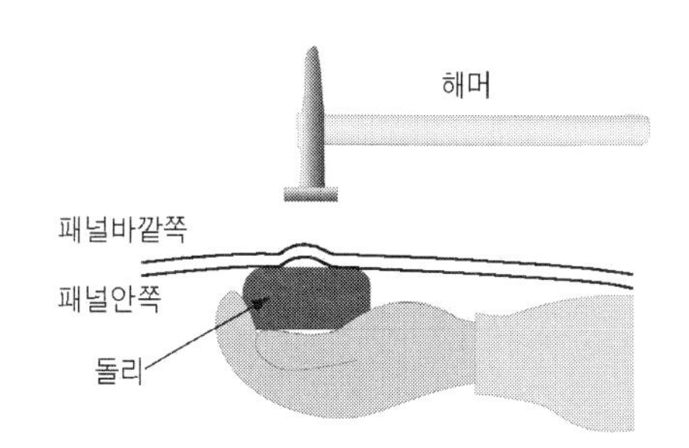

3 기구를 이용한 패널 수정법

해머를 이용하여 패널 수정이 불가능한 부분에 적용하는 방법으로 현장에서는 대부분 용접 칩을 부착한 슬라이딩 해머를 이용하며 용접을 하여서 패널을 수정해야 하기 때문에 작업부분에 샌더나 그라인더를 이용하여 페인트를 제거해야 하고 차체에 접지를 시켜야 한다.

(1) 용접칩 슬라이딩 해머로 수정하기

수정하고자 하는 부분에 대고 전기를 통전시켜 패널에 붙인다. 슬라이딩 해머를 당겨서 들어간 부분의 패널을 복원시킨다.

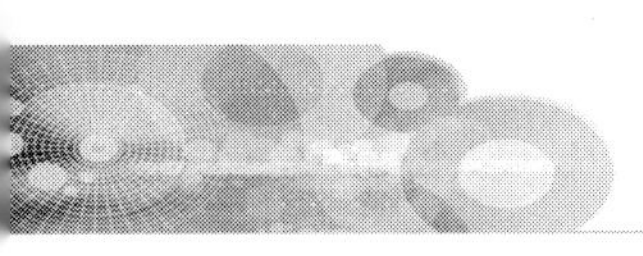

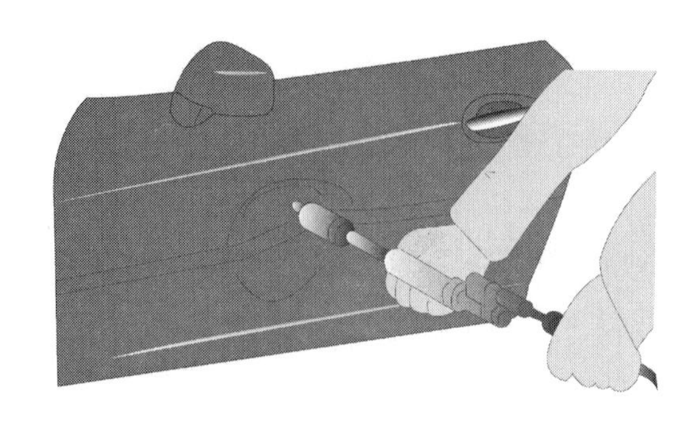

(2) 와셔 용접기

수정하고자 하는 면에 와셔를 용접하여 인출하는 방법이다.

수정하는 방법 2가지가 있는데 용접와셔를 당겨서 수정하는 방법과 용접된 부분을 당기고 있으면서 해머를 이용하여 돌출된 부분을 해머링하여 수정하는 방법이 있다.

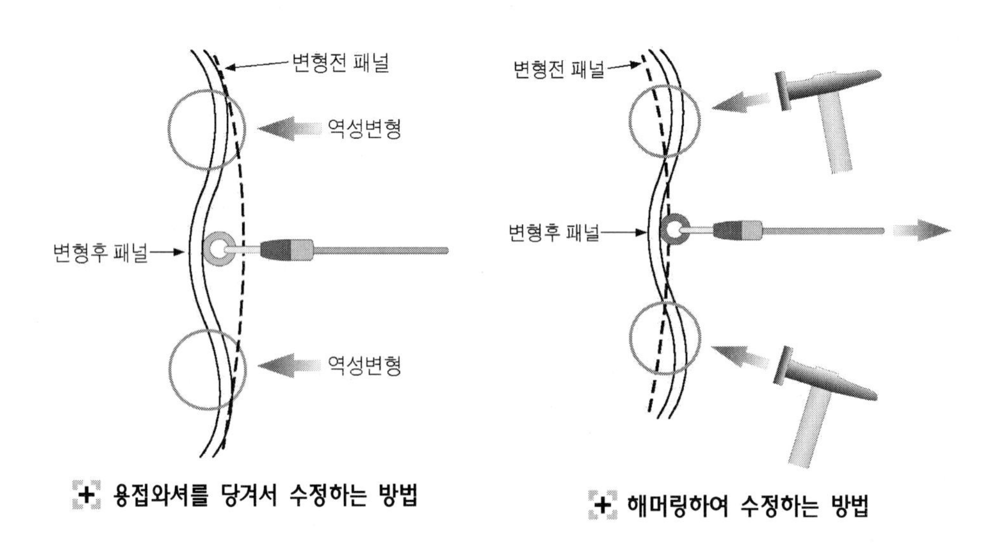

용접와셔를 당겨서 수정하는 방법

해머링하여 수정하는 방법

(3) 팬 드라이버로 인출하기

와셔 용접기로 와셔를 용접한 후 팬 드라이버를 당기고 해머를 이용하여 수정하는 방법이다.

(4) 슬라이딩 해머로 인출하기

(5) 록 체인을 이용하여 인출하기

넓은 면적을 수정하고 할 때 사용하는 방법으로 많은 와셔를 붙이고 큰 힘으로 잡아당긴다.

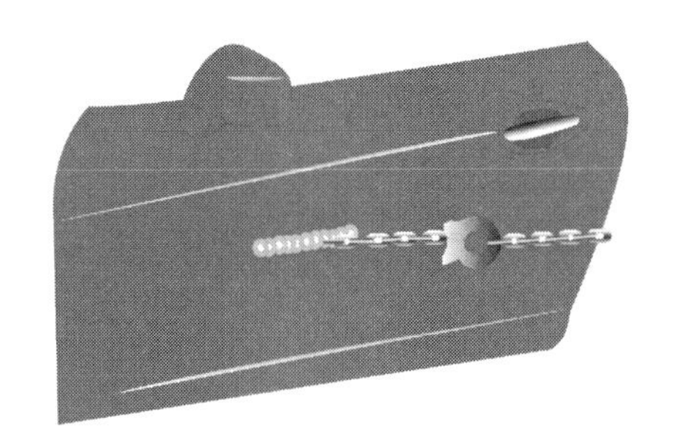

4 수축을 이용한 패널 수정법

열을 가한 후 냉각시키면 수축하는 것을 이용한 방법이다.

(1) 패널수정시 사용하는 수축법

가열한 후 물 등을 이용하여 급랭시킨다.

① **조이기** : 손상부분을 점 상태로 조이기로서 한 번에 조이는 면적을 작게 하여 이동하면서 조이는 방법이다.

② **카본** : 연속작업으로 손상부위를 소용돌이치듯이 조이는 방법으로 넓은 부분을 한 번에 가열하여 수축시키는 방법이다.

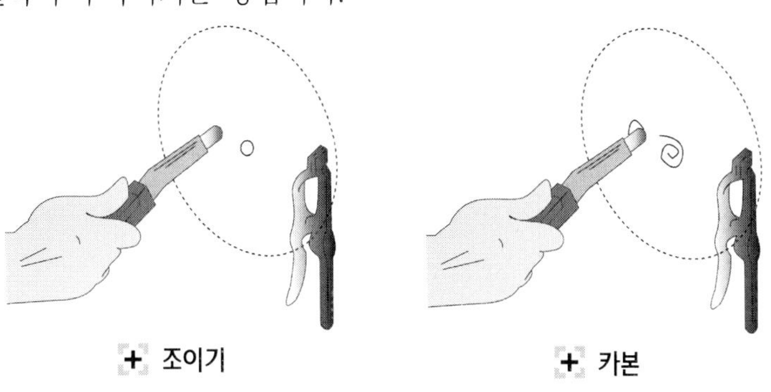

조이기 카본

제4장 차체수리 작업 기구

1 | 차체구조의 변화

1 단체 구조(monocoque body)

별도의 프레임(frame)을 사용하지 않고 차체를 이루는 강판들을 점용접(spot welding)으로 이어 붙인 구조로서 현재 대부분의 승용차에 사용한다.

(1) 장 · 단점

① 장점

- 별도의 프레임이 없어 중량이 가볍다(연비 향상).
- 차체의 높이가 낮아 실내공간이 넓고 회전력이 우수하다.
- 얇은 강판을 사용하여 정밀도가 높고 생산이 용이하다.
- 외부로부터의 충격이 차체 전체에 분산, 흡수되어 충돌 사고 시 탑승자를 보호한다.

② 단점

노면으로부터의 진동이 차체에 직접 전달되며, 차체 바닥이 낮아 노면과의 충돌에 의한 손상이나 녹, 부식 발생의 우려가 있다.

(2) 특징

단체구조의 차체는 차체의 골격을 이루는 강판들을 점용접으로 이어 붙여 전체가 하나의 구조물을 이루고 있으므로 차체의 어느 한 부위에 충격이 가해지면 그 충격이 차체의 전 부위에 분산, 흡수되어 차 실내의 탑승자를 보호할 수 있도록 설계된 것이 가장 큰 특징 주의 하나이다. 이밖에도 현재의 승용차는 외부의 충격이 차 실내로 전달되는 것을 최소화하기 위해 차체의 앞부분과 뒷부분에 의도적으로 약한 부분을 설정하여 충돌 시 그 부분이

찌그러들면서 충격을 흡수하도록 하고(스폰지 효과), 승객 탑승 부분은 특별히 강화하여 충돌 시 승객 보호에 최대의 역점을 두고 있다.

2 정밀한 차체 복원의 중요성

(1) 단체 구조 차체

차체의 구조가 단체 구조로 발전, 변화함에 따라 판금 작업에 있어서도 종전의 프레임형 차체와는 달리 보다 정밀하고 완벽한 상태로의 차체 복원이 필수적인 조건이 되었다. 즉, 단체 구조의 특징인 충격의 분산, 흡수가 제대로 이루어지지 않아 외부의 충격이 차 실내에 그대로 전달됨으로써 승객의 안전에 심각한 위험을 초래할 우려가 증대되기 때문이다. 바로 이러한 이유에서 선진 외국에서는 보험회사들이 현대적 판금장비에 의한 정밀한 차체 복원 작업을 의무화하고 있는 것이다.

이와 같은 재 사고시의 위험 증대는 얇은 껍질로 둘러싸인 달걀을 손에 쥐고 힘을 가할 때 그 압력이 전 표면에 분산되어 웬만한 힘을 가해도 잘 깨지지 않으나, 만약 달걀 표면의 한 부분에 조그마한 균열이 생긴 경우에는 조금만 힘을 가해도 쉽게 껍질이 깨져버리는 것과 같은 원리이다.

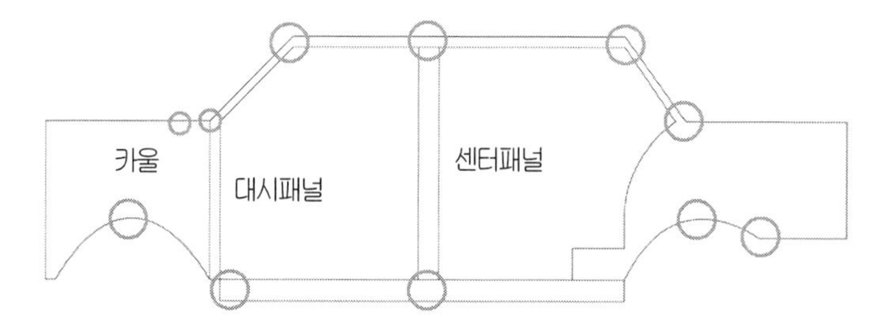

또한 근대 대부분의 승용차에 FF방식, 즉 전륜 구동 방식이 채택되고 있으며 차량 제조 기술의 발달로 각 부품의 생산 및 차량조립시의 험용 오차범위가 보다 엄격하게 적용됨에 따라, 차체의 전체적인 균형에 조금이라도 이상이 있는 경우 이는 곧 차의 주행상태에 민감하게 영향을 주어 심각한 사고의 원인이 되기도 한다. 즉, 주행 중 차가 한쪽으로 쏠린다거나 핸들이 떨리는 현상, 타이어의 이상 마모 현상, 브레이크 작동 시 차가 한쪽으로 쏠리는 현상, 차에서 잡소리가 나는 현상 등이 그것인데 차량 출고 시와 똑같은 상태로 차체를 완벽하게 복원해줌으로써만 해결할 수 있는 것이다.

따라서 가벼운 충돌사고의 경우라도 눈에 보이지 않는 차체의 미세한 뒤틀림까지 완벽하게 고정해 줄 필요가 있는 것이다.

3 현대적 차체수리 장비의 중요성

이상과 같이 차체 구조의 변화와 승객의 안전보호 측면에서 차체의 완벽한 균형이 판금 작업에 있어서 필수적인 조건이 되었음을 알 수 있으며, 이를 위해서는 손상부위의 정확한 진단과 함께 차체 전 부서가 출고 시와 같은 상태로 정확히 복원되어야 하는 바, 이는 단순히 작업자의 경험이나 눈짐작에 의한 작업만으로는 그 한계가 있다 할 것이다.

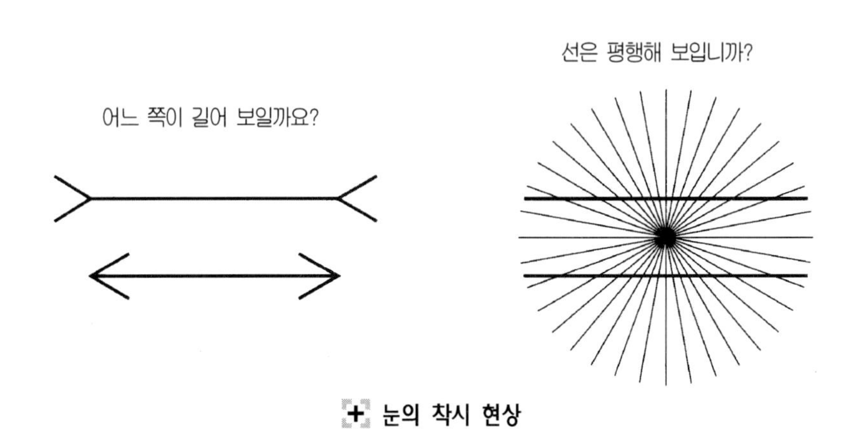

눈의 착시 현상

(1) 손상부위의 진단

① 직접 손상

충격에 의해 직접 손상을 입은 부위로서 육안으로 쉽게 판별이 가능

② 간접 손상

충격에 의한 직접 손상 외에 차체를 통해 전달된 힘에 의한 손상으로 문짝, 후드, 트렁크의 어긋남, 상도 및 하도의 훼손, 플랜지의 변형 및 파손, 봉합 부의 파손, 판넬 표면의 이상 흔적 등을 통해 손상여부를 판단할 수 있으나 차체 특히, 언더보디의 미세한 뒤틀림 등은 육안으로 확인이 불가능하며, 이의 정확한 측정 및 교정을 위해서는 현대적 판금장비의 사용이 필수적이라 하겠다.

(2) 계측의 필요성

골격부위까지 충격이 미친 손상 차량을 복원 수리할 경우 관찰이나 실물을 맞추어 보는 등, 외관만을 수리할 경우 안전, 쾌적한 주행을 할 수 없는 경우가 있다. 모노코크 보디에서의 서스펜션은 차체에 직접 연결되어 차를 지지하고 있기 때문에, 이것의 부착위치나 치수가 정확히 수리되지 않으면 올바른 휠 얼라인먼트는 기대할 수 없기에 주행 중 핸들이

떨린다든지 타이어의 편 마모 등의 이상이 발생한다.

더욱이 필러 부분의 손상은 외판 패널의 부착(조립)에도 영향을 끼치고 도어 각 부의 개폐 상태의 불량과 단차 및 간극 발생, 누수 등의 원인이 된다. 따라서 골격 부위 손상 차량은 이러한 문제점을 미연에 방지하기 위해서도 차체 수정 시 차체 정밀도를 충분히 확보하는 것이 중요하다. 현재, 각 메이커에서는 생산하는 전 차량에 대해서 차종별, 차형별로 차체 치수도를 작성하고 있다. 작업을 실시할 때 손상 정도가 관찰만으로 불충분할 경우는 계측기기를 사용해서 손상을 알기 쉬운 수치로 바꾸어 파악함으로써 확실한 작업을 해야 한다.

사람의 눈은 착각을 일으키기 대단히 쉽다. 예를 들면 같은 길이의 봉이 다르게 보인다든지, 똑바르게 곧은 선이 비뚤어져 보이는 경우도 있다. 그러나 계측기기에 의해 선의 길이도, 굽음도 곧바로 판단할 수 있다. 보디의 계측도 이와 같이 눈으로 보는 것만으로는 정확한 판단을 할 수 없다. 보디를 계측(측정) 하는 것에도 각종 계측기기가 사용되고 있다. 각종 보디는 선이나 봉에 따라 단순한 모양의 것은 없으며, 입체 구조물이기 때문에 줄자를 이용하여 길이를 측정하는 것으로는 적합하지 않다.

(3) 트램 게이지에 의한 계측

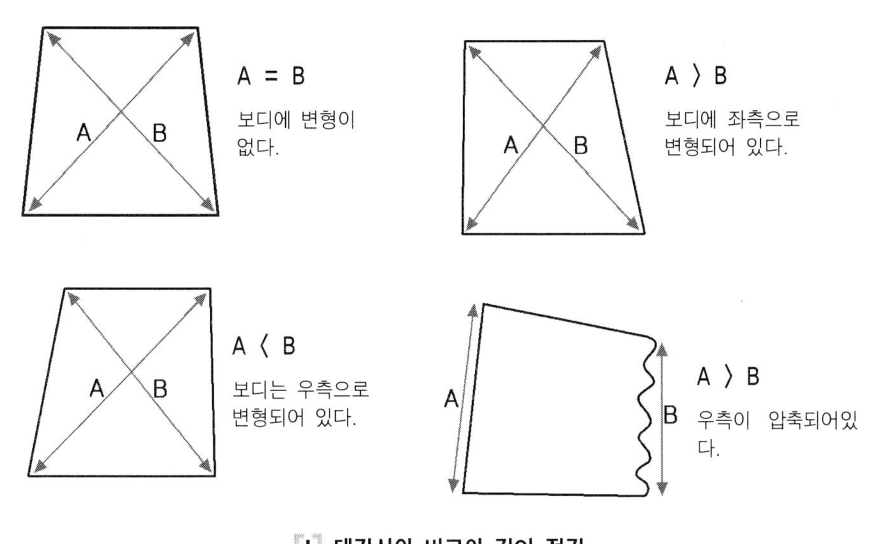

대각선의 비교와 길이 점검

대각선이나 특정부위의 길이는 트램 게이지를 사용하면 정확하게 측정할 수 있다. 최근에는 대부분의 제품이 메이저를 부착하기도 하고, 비교에 의한 실제 치수를 판독할 수 있게 되어 있으며 사용 범위는 대단히 넓다. 보디 치수의 자료가 무한하더라도 대각선의 비교나 길이의 점검으로서 보디의 상태(변형의 상태), 특히 엔진룸이나 윈도우 개구부 등의 변형을 알 수 있다.

본래의 보디가 좌우 비대칭 되어 있다든지, 보디가 나사로 되어 있으면 정확한 계측을 할 수 없다.

(4) 작업 전의 점검

트램 게이지는 치수를 읽는 부분과 계측하는 측정자의 두 부분으로 나뉘어 진다. 따라서 작업을 실시할 때에는 측정자의 변형이나 움직이는 부분에 유격이 있으면 정확한 계측 작업이 안 되기 때문에 작업 전에 다음의 점검을 하지 않으면 안 된다.

① 유동부의 유격

유동부분을 확실히 고정하고, 측정자나 유동부에 유격이 없는 가를 확인한다.

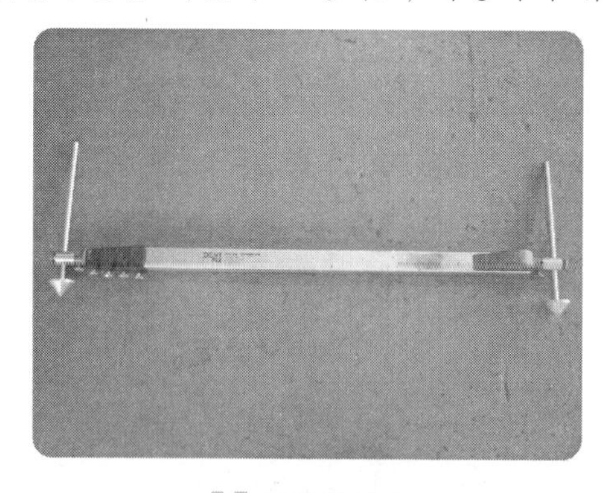

트램 게이지

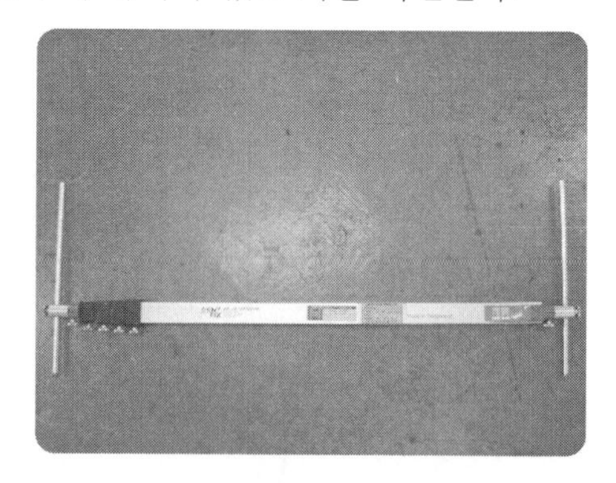

측정자와 유동부 점검

② 측정자의 변형 확인

측정자를 분해해서 평면 위에 놓이게 했을 때 변형여부를 확인할 수 있게 되고 다음 그림과 같이 좌우의 측정자를 같은 길이로 맞추어 측정자 선단의 치수를 비교해서 그 치수와 트램 게이지가 나타내는 치수를 비교해 보면 쉽게 변형의 여부를 확인할 수 있게 된다.

③ 측정자 끝의 마모 확인

측정자의 끝은 측정 점을 나타내는 경우가 많기 때문에 중심점이 틀린다든지 변형되어 있으면 안 된다.

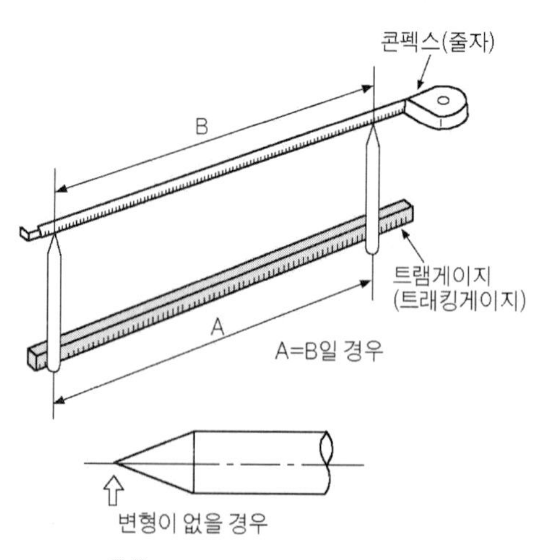

측정자 선단의 치수 비교

④ **트램 게이지의 측정자 조정**

트램 게이지의 측정자 조정은 평면 투영 치수와 직선거리 치수가 아래와 같이 서로 다르다.

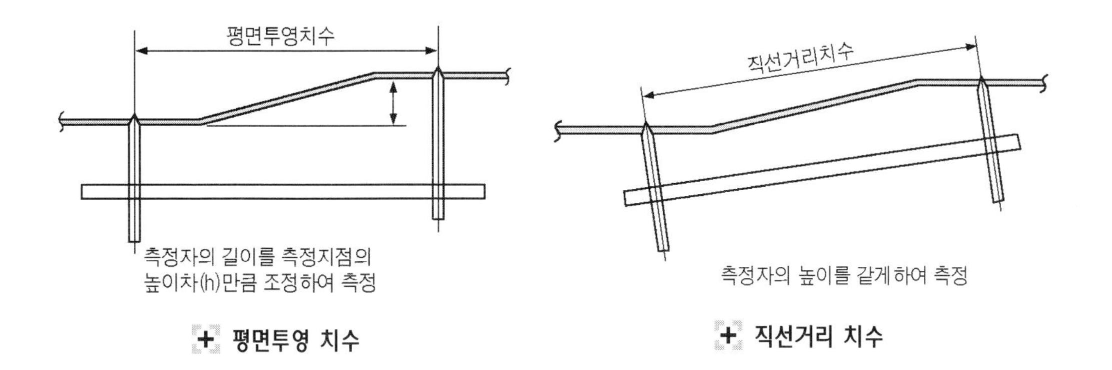

평면투영 치수

직선거리 치수

⑤ **작업상의 주의**

- **측정자는 계측할 홀에 확실하게 고정 한다.**

홀에 확실하게 고정함으로써 홀 중심 간의 거리를 구할 수 있다.

- **측정자는 필요이상으로 길게 하지 않는다.**

너무 길게 되면 휘어짐이 발생해 읽는 부분과 측정 부분의 오차가 발생하게 된다.

- **홀 중심을 측정하기 어려울 때는 홀 끝 부분을 이용한다.**

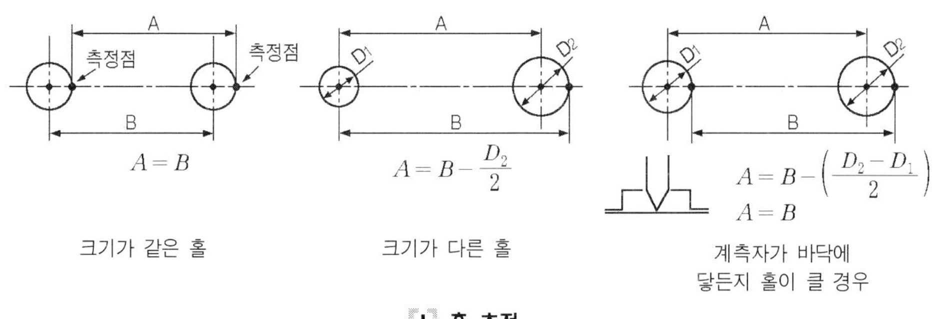

홀 측정

계측은 홀과 홀 사이의 중심 거리를 측정하나 장소에 따라 계측할 수 없는 장소나 계측이 어려운 곳이 있다. 이런 경우에는 홀의 끝 부분을 계측하여 홀 중심 간의 거리로 대처한다.

- **측정점의 높이차가 있으면 오차가 생기기 쉽다.**

높이 차이가 있는 장소를 직선 치수로 측정하면, 그 치수는 경사각 및 홀의 크기 차이 등으로 기준치와 다른 치수가 나오게 된다. 다음 그림은 측정자 선단 부의 상세도를 나타낸 것으로써 홀 중심과 측정자의 계측 점에 차이가 생기는 것을 알 수 있다.

아래그림은 계측 점 높이차의 대소 및 홀 크기의 차이에 의해 생기는 측정자의 계측 점과 홀 중심 위치 차를 비교한 것으로, 높이 차이가 클수록(트램 게이지의 경사가 심하다) 홀의 크기 차이가 클수록, 측정자의 계측 점과 홀의 중심 위치에 차이가 나는 것을 나타내고 있다.

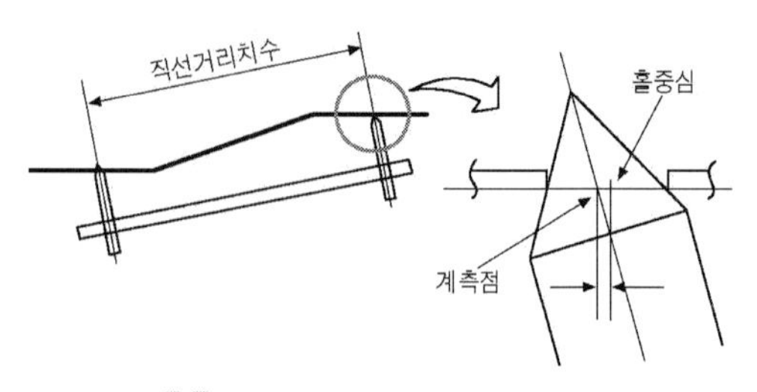

측정점의 높이차간의 계측점

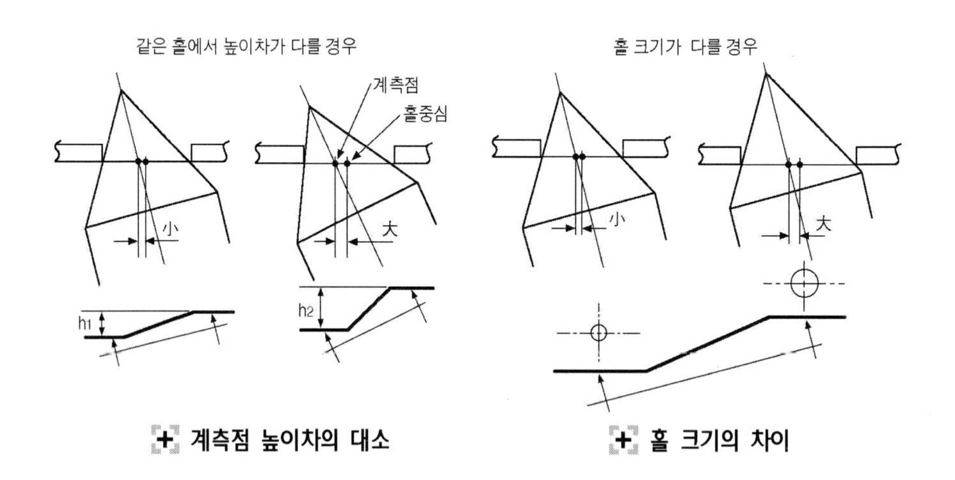

계측점 높이차의 대소 **홀 크기의 차이**

아래의 표는 계측점의 경사각과 홀의 크기 차이에 의해 생기는 계측기 치수와 기준치수의 오차를 표시한 것이다.

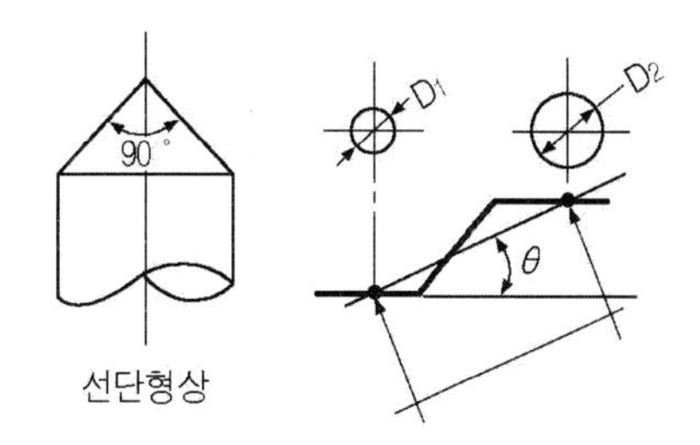

D_2-D_1 / ° (도)	0mm	5mm	10mm
0°	0	0	0
10°	0	0.5	1
15°	0	1	1.5

- 경사각 10° 이상에서는 1mm 이상의 오차가 생긴다.
- 경사각 10°를 기준으로 1000mm의 길이에서 높이차가 약 200mm 정도로 기억해두면 좋다.
- 한 지점으로부터 2 ~ 3방향의 치수를 동시에 계측한다.
- 투영 치수가 있는 차체치수도 에는 최종 치수의 확인은 투영치수로 실시한다.

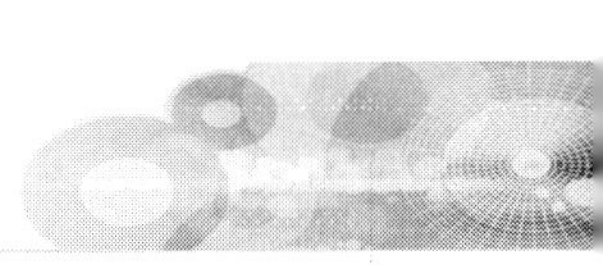

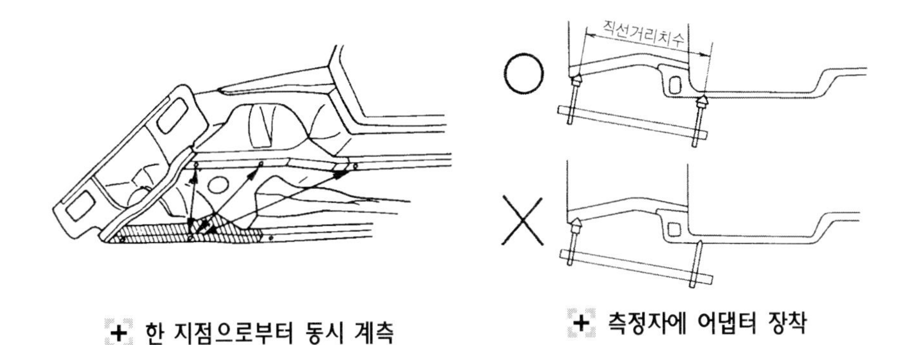

한 지점으로부터 동시 계측

측정자에 어댑터 장착

⑤ 측정자에 어댑터를 붙일 경우

양쪽 홀의 크기가 측정자보다 클 경우에 어댑터를 장착하면 정확한 작업이 가능하다. 그러나 직선거리 치수로 계측할 경우 양쪽 측정자에 어댑터를 붙여, 계측한 오차의 크기를 감안한다. 한쪽만 사용하면, 계측한 수치의 오차가 크게 나기 쉽다.

(5) 센터링 게이지에 의한 계측

센터링 게이지는 좌우 대칭인 멤버의 기준 홀 등에 장착하면 자동적으로 중심을 나타내는 것으로 통상 보디의 4 ~ 5개소에 장착하여 보디의 중심선의 변형(휨)이나 비틀림 손상을 판별한다.

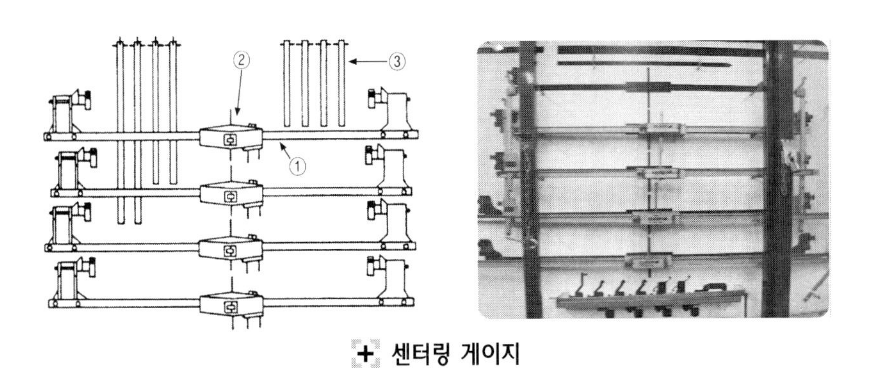

센터링 게이지

우측(RH)은 아래로 좌측(LH)은 위로 변형되어 있음을 알 수 있다.

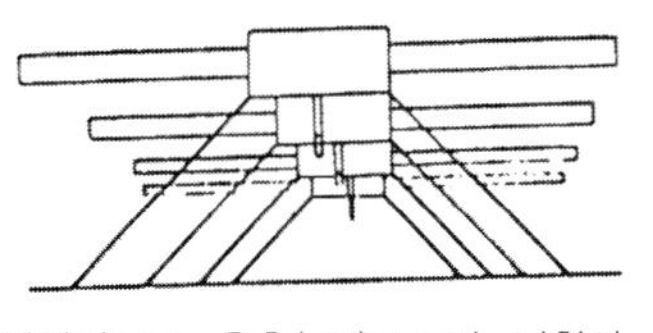

전체적으로 우측(RH)으로의 변형이 있음을 알 수 있다.

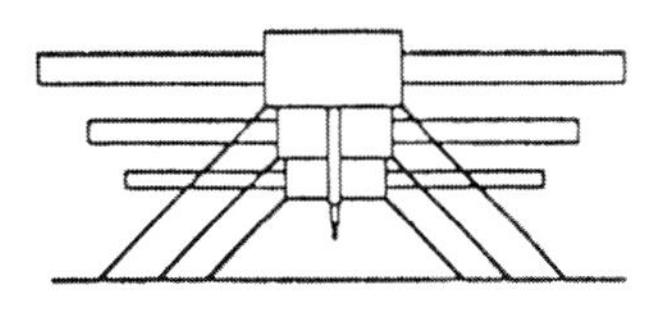

전체가 직선상으로 병렬되어 있으며 변형이 없다.(정상)

센터링 게이지의 계측

① 종 류

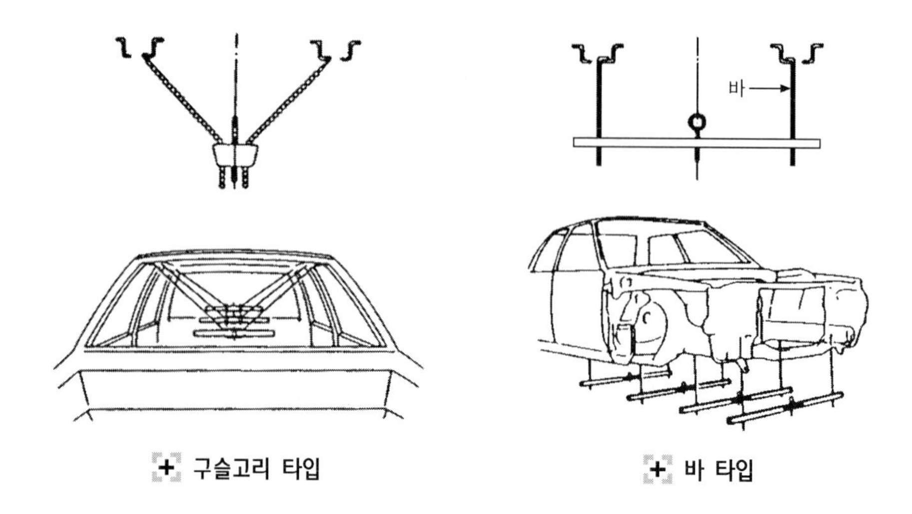

구슬고리 타입　　　　바 타입

② 설치개소

기본적인 설치장소는 우선 손상이 없는 장소에 3곳, 손상이 있다고 보여 지는 장소에 1 ~ 2곳을 설치한다.

주된 설치 장소는 다음과 같다.

- 프런트 크로스 멤버 또는 프런트 사이드 멤버 전면부
- 프런트 사이드 멤버의 바닥 부분
- 센터 사이드 멤버
- 리어 사이드 멤버 전면부
- 리어 사이드 멤버 후면부 등이다.

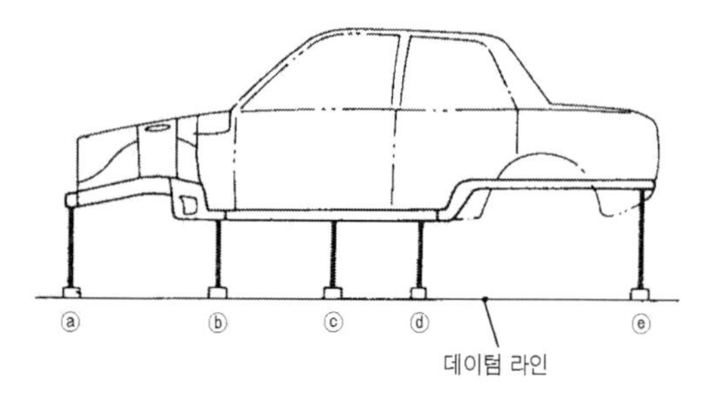

기본적 설치장소

센터링 게이지를 설치할 때에는 자동차 메이커에서 발행되는 차체 치수도 등을 이용한다.

③ 사용상의 주의

- **게이지 부착 부분의 확인**

게이지를 부착하는 홀에 변형이 있을 경우에는 사용하지 않는 것이 원칙이나, 변형의 정도에 따라 수정해서 사용할 수 있다.

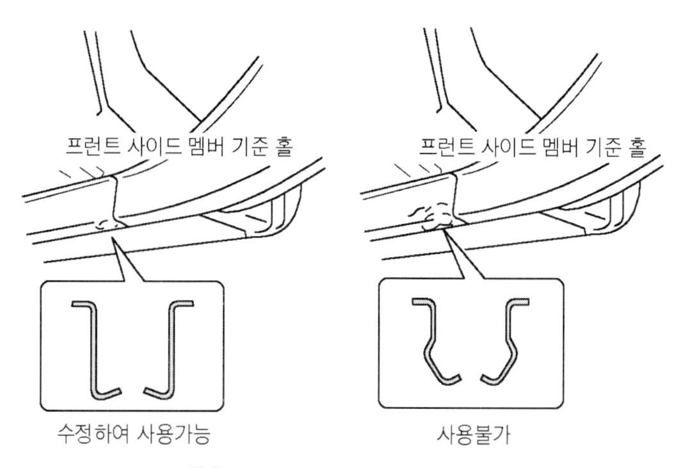

게이지 설치부의 변형 상태

- **좌우 대칭 위치의 확인**

센터링 게이지의 부착 위치는 좌우 대칭인 것이 기본이다. 최근의 차량은 상하 좌우 사이드 멤버가 5 ~ 10mm 정도의 차이가 있는 비대칭형이 있기 때문에 작업 시에는 반드시 「차체수리 지침서」 등을 정확히 확인하는 습관이 필요하다.

- **설치 확인**

항상 「차체수리 지침서」의 치수를 기준으로 하여 설치한다.

- **변형 상태의 판단**

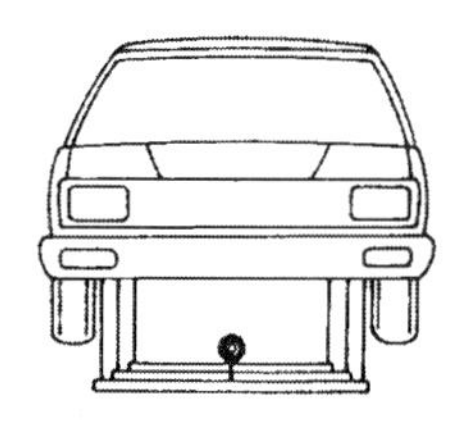

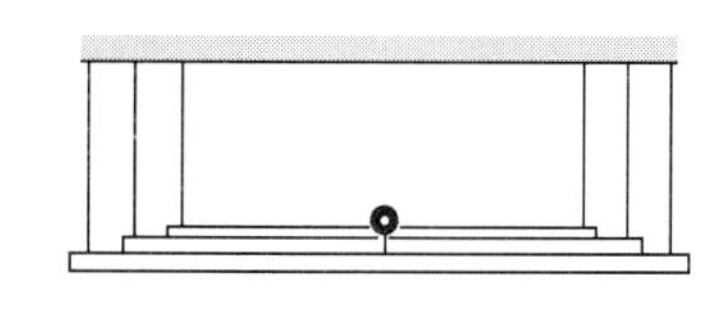

평행도 - 센터의 변형이 없다.

이 경우는 평행도를 나타내는 크로스 - 바 및 차량 중심을 나타내는 센터 핀이 어긋남 없이 정렬된 상태를 나타낸다.

정상시

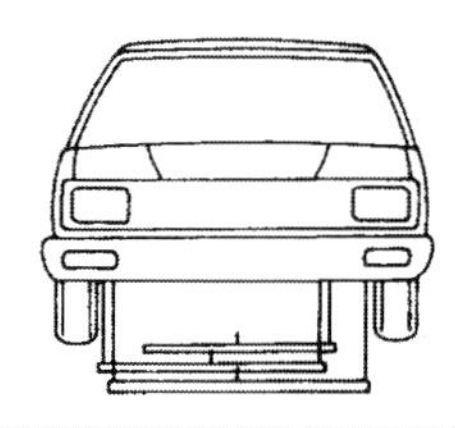

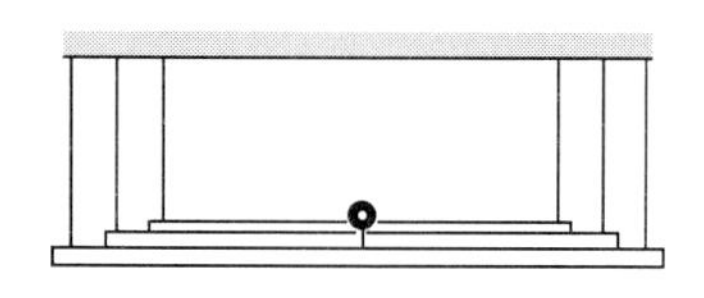

평행도를 나타내는 크로스 - 바는 정렬되어 있으나, 센터 핀은 변형되어 있다.

좌우변형

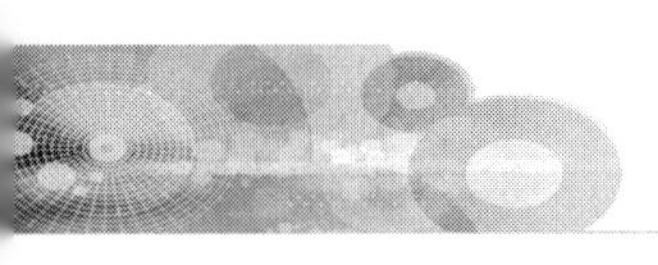

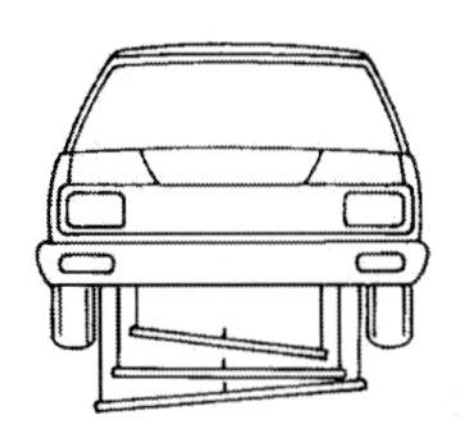

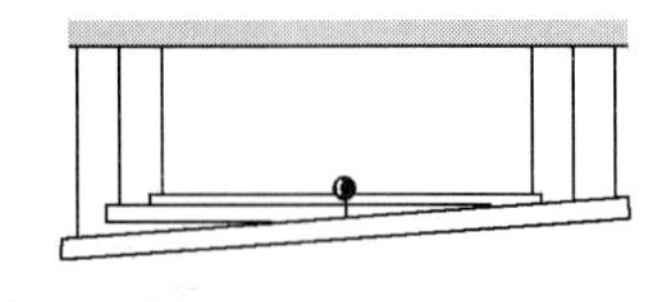

크로스-바에 좌우 차이가 있다.

뒤틀림

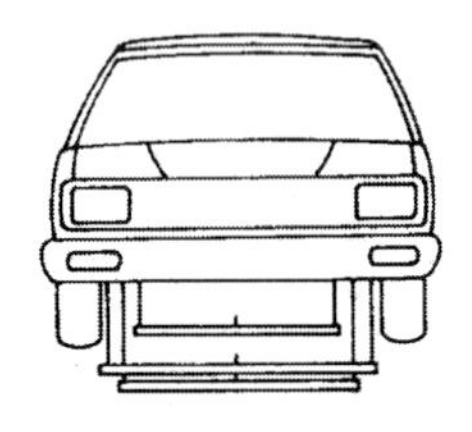

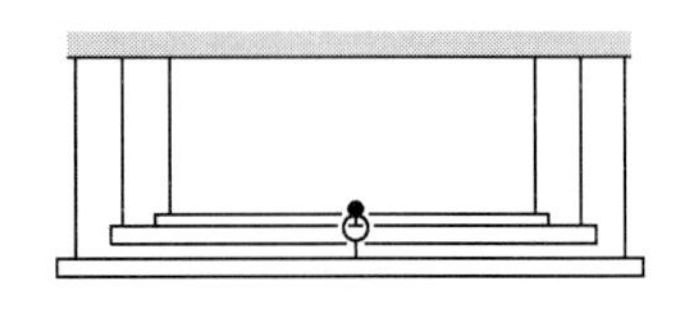

크로스 바에 상하의 어긋남이 발생한다.

상하변형

(6) 줄자를 이용한 계측

① 줄자의 가공

줄자를 사용하여 홀 끝 간의 거리를 측정할 경우 줄자의 끝을 그림과 같이 가공 하면 측정 시에 홀에 걸기 쉽고, 계측 오차를 줄일 수 있다.

② 계측 상의 주의

- 비틀림, 휨 등이 생기지 않도록 할 것.
- 측정 점을 확실하게 누를 것, 필요에 따라서 2인이 함께 측정한다.
- 장착부위 금속 형태에 의한 오차를 고려한다.
- 줄자의 기점은 100mm로 하고 홀 중간의 거리를 측정하면 정확한 측정이 가능하다.

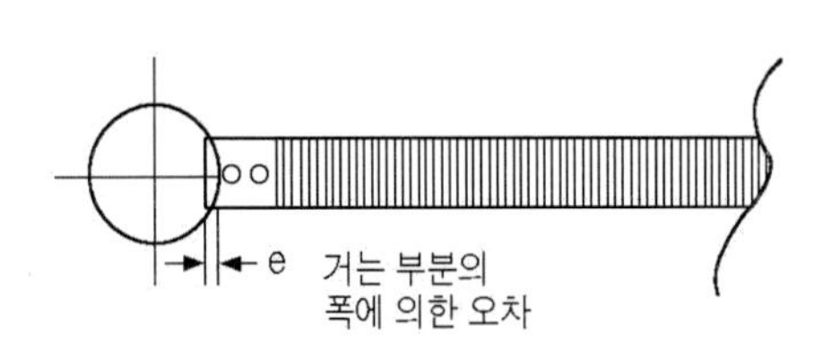

폭에 의한 오차

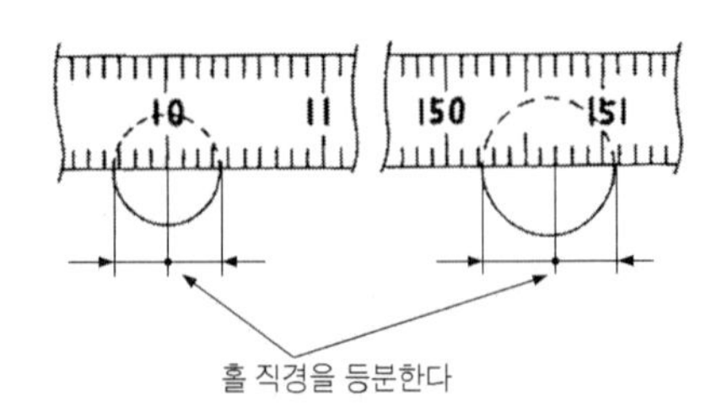

홀 직경 등분

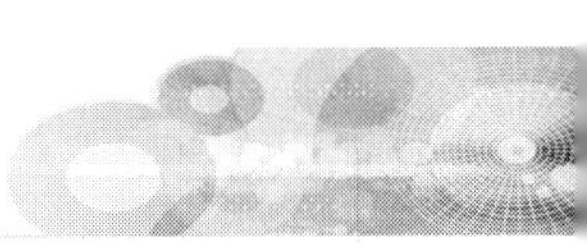

(7) 지그에 의한 계측

지그(Jig)는 센터링 계측에 다소의 시간이 걸리지만 취급은 누구 나도 사용할 수 있도록 간단하여 눈으로 보면 곧바로 결과가 나오게 되어 있다.

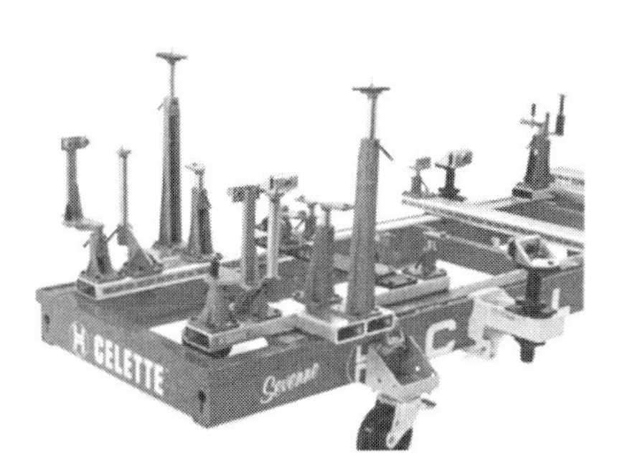

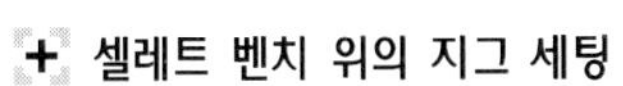
셀레트 벤치 위의 지그 세팅

차체에 지그 설치 후 변형 확인 모습

지그에 의한 계측으로 인해 쉽게 손상의 범위와 위치를 파악할 수 있으므로 작업은 상당히 간단한 정도이다. 물론 세팅을 빨리 하는 숙련도 필요하겠지만 이러한 숙련은 어느 계측기기에나 공통적으로 적용된다고 할 수 있겠다.

(8) 차체 치수도의 종류

차체 치수도는 프런트 보디, 사이드 보디, 언더보디, 리어 보디 등을 기본으로 하여 정리되어 있다.

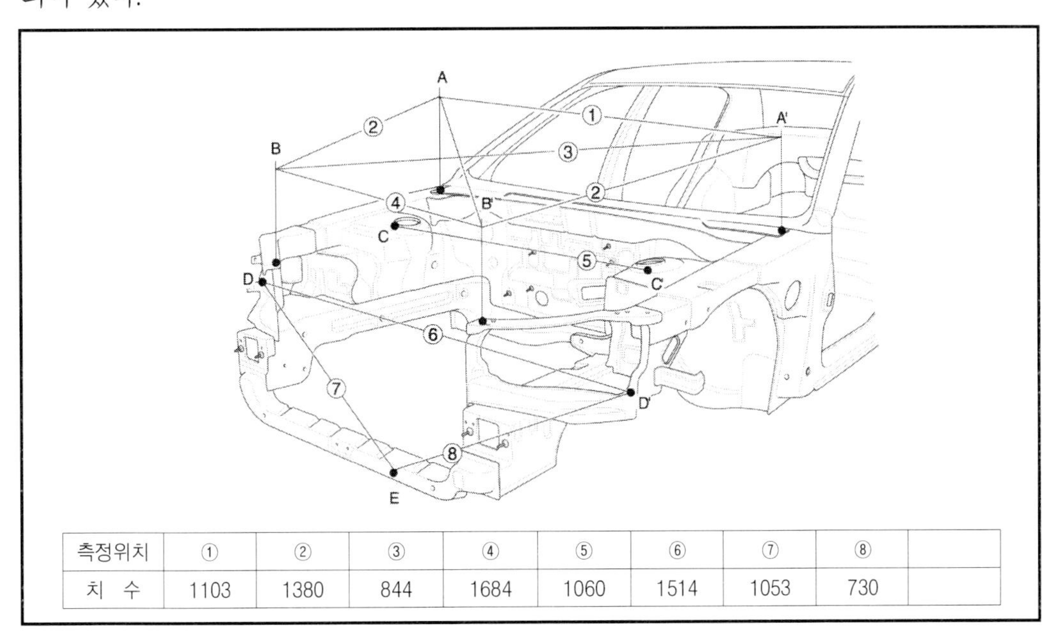

측정위치	①	②	③	④	⑤	⑥	⑦	⑧	
치 수	1103	1380	844	1684	1060	1514	1053	730	

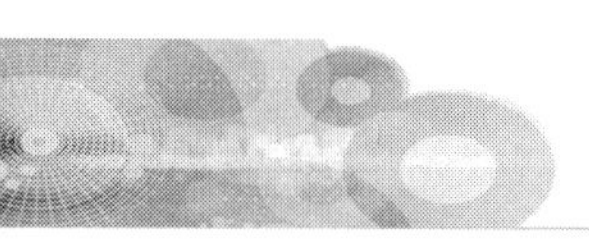

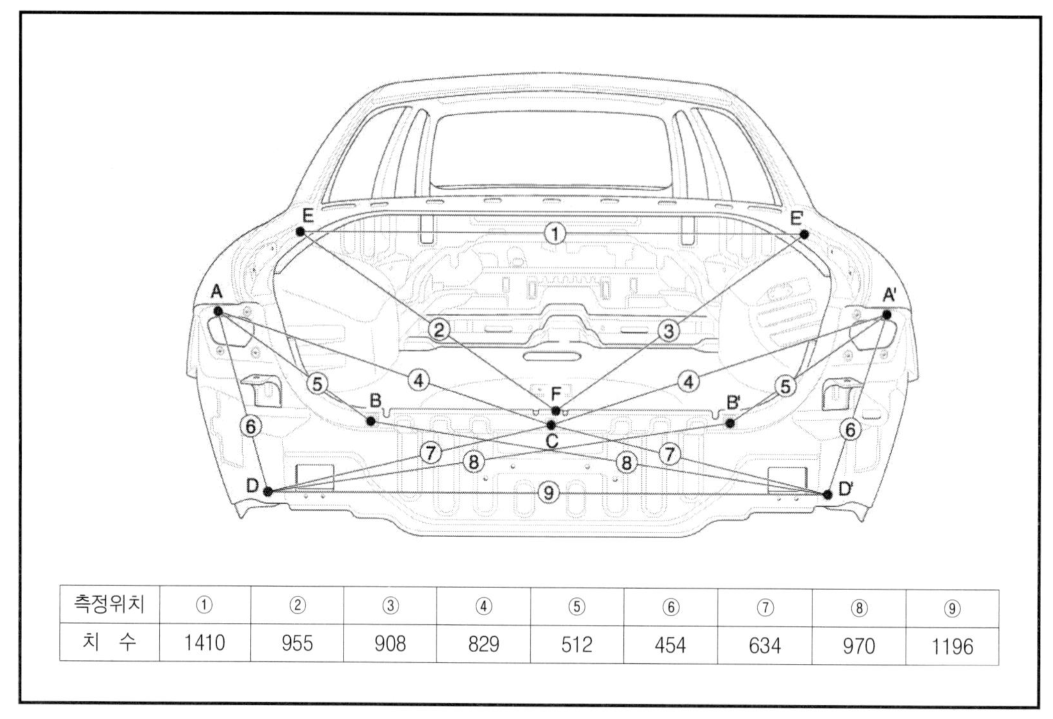

측정위치	①	②	③	④	⑤	⑥	⑦	⑧	⑨
치 수	1410	955	908	829	512	454	634	970	1196

차체치수도(리어 보디)

① 차체치수도의 표시법

계측하는 2점 간의 거리 표시에는 직선거리 치수와 평면 투영 치수의 2가지 방법이 사용되고, 직선거리 치수는 프런트 보디, 사이드 보디, 양쪽 모두를 병용한 언더 보디가 있다.

- **직선거리 치수**

직선거리 치수라는 것은 측정하려는 2개의 측정 점을 직선으로 연결하는 치수를 말한다. 이 경우 트램 게이지의 측정자는 양측 모두 같은 길이로 한다.

일반적인 트램 게이지는 계측 오차가 발생하기 쉽기 때문에 정확한 기준 평면이 설계되어 있는 계측 시스템을 이용하는 것이 원칙이다. 보통 직선거리 치수 법은 측정용 포인트 사이를 똑바르게 연결한 치수 법으로서 트램 게이지로서도 정확한 측정이 가능하다.

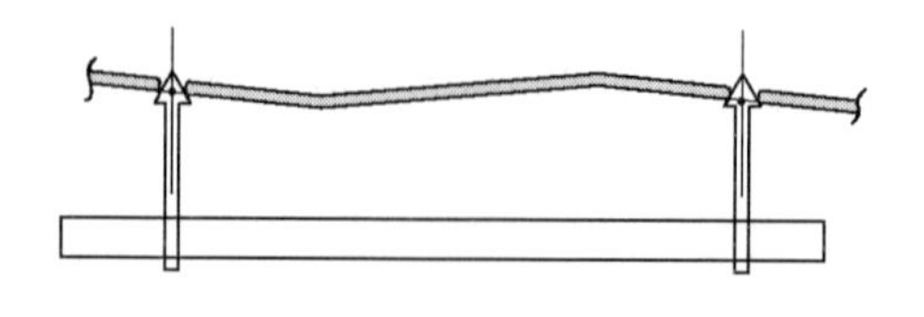

직선거리 치수

• **평면 투영 치수**

평면 투영이란 물체를 상, 하, 옆, 전, 후로부터 보고 그 형태를 평면 위에 나타낸 모습을 말한다. 이것은 보디의 중심선에 대하여 평행한 수평선의 길이를 나타내는 치수법이다. 때문에 높이나 좌우의 차이는 무시되고 평면상의 치수법이라 할 수 있다.

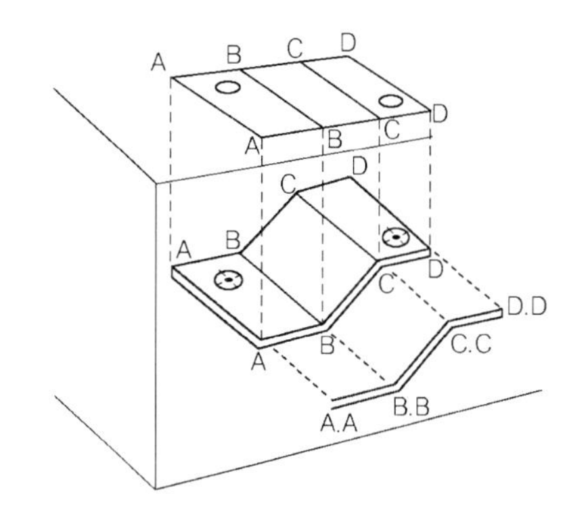

평면 투영 치수

② 기 준 점

• **홀의 기준점** : 홀의 중심으로 나타낸다.
• **부품 선단의 기준점** : 부품의 플랜지 선단의 각도를 나타낸다.

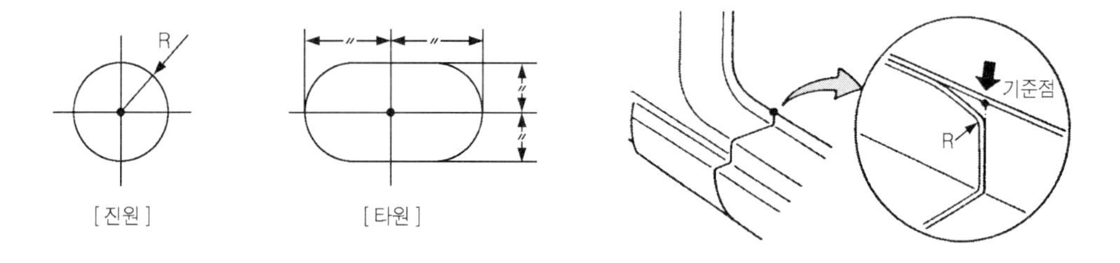

• **돌기 엠보싱의 기준점** : 돌기 엠보싱의 정점(頂點)에서 나타낸다.
• **계단부의 기준점** : 표면 계단 부위의 단부(端部)를 나타낸다.

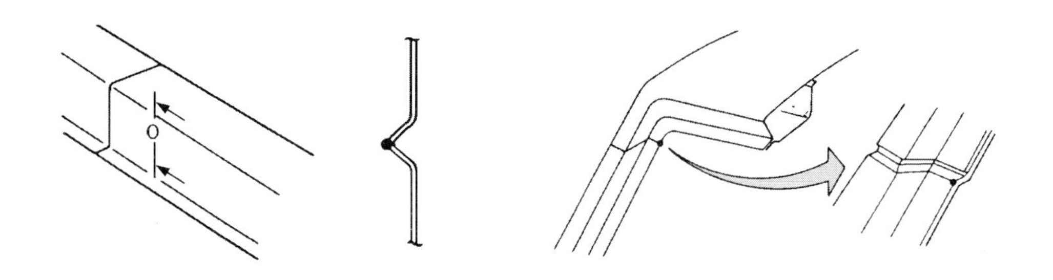

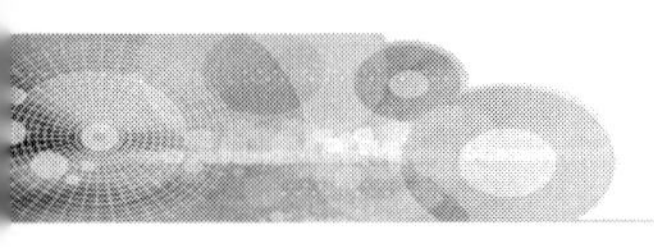

• **2중 겹침 패널의 기준점** : 2중 겹친 부분의 맞댄 부분을 나타낸다.

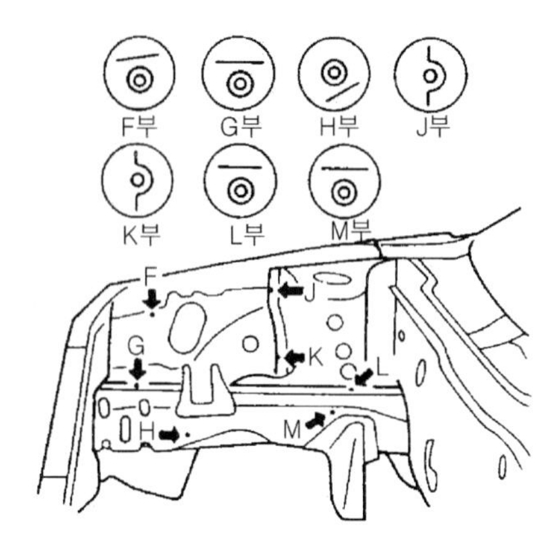

아래측 패널은 엠보싱을 위측 패널은 잘려 진 부분을 나타낸다.

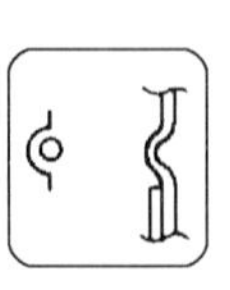

상하 패널 모두 기준 홀이 비워져 있음을 나타낸다.

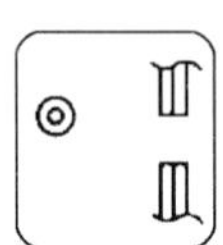

2 | 차체수리 공구 및 장비의 종류

1 차체수리 공구의 종류

(1) 공구류

① 프레임(frame) 정형공구

- 체인블록(chain block)
- 유압잭(hydraulic jack)
- 체인(chain), 클램프(clamp)
- 기타

② 강판 정형 공구

- 해머(hammer)
- 돌리(dolley)
- 스푼(spoon)
- 기타

③ 표면 처리 공구

- 판금 줄(body file)
- 샌더(sander)
- 기타

④ 기타

- 절단기 : 에어톱, 바리오드릴, 프라즈마절단기
- 용접기 : 금속 불활성 가스실드 용접기(mig & tig welder) 점용접기(spot welder)

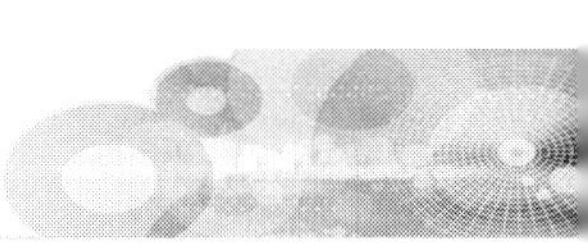

2 차체수리 장비의 종류

(1) 재래식 장비

작업장 바닥에 박힌 고리(anchoring hook)에 체인을 걸어 당겨서 차체를 지지, 고정한 상태에서 체인블로(chain block) 등을 사용하여 파손 부위를 당겨서 펴주는 방식. 고리와 위치의 수에 따라서 당기는 방향, 각도, 위치 등에 많은 제한을 받으며, 근본적으로 정확하고 효율적인 작업을 하는 데는 한계가 있다. 대부분의 기존 공장에서 사용하고 있는 작업 방식으로서 차체 수리 "장비"라고 할 수 없으며 작업장 환경개선도 기대하기 어렵다.

가반식 유압 보디 잭

가반식 유압 보디 잭은 다음 그림과 같이 펌프, 스피드 커플러, 램(유압 실린더), 어태치먼트 등으로 구성되어 있다.

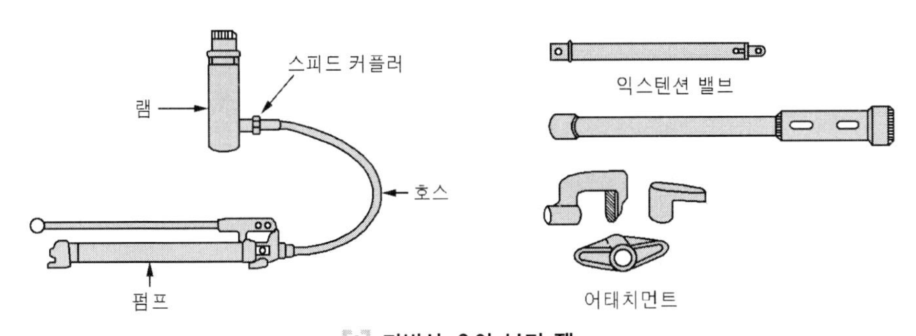

+ 가반식 유압 보디 잭

보디 프레임 수정용으로의 세트는 4톤 유닛(밴텀 유닛), 10톤 유닛(표준 유닛)이 일반적으로 사용 되고 있으며, 이외에도 트럭 프레임 등 중 작업에 쓰이는 20톤 유닛, 대형 트럭 프레임 수정기에 사용하는 50톤, 건설용 차량 등에 쓰이는 100톤 유닛 등이 있다.

그러면 가반식 유압 보디 잭의 각 구성품에 대한 구조를 살펴보자.

① 유압 펌프는 램의 구동원이 되는 유압 펌프로 소형 경량 밴텀형, 표준형 중 작업용, 대형 펌프 및 기타 압축공기에 의해 구동되는 에어펌프 및 전동식 펌프 등이 있다.

② 고압 호스는 펌프와 램을 연결해 펌프에서 발생한 유압을 램으로 보내는 내압 내유성의 호스이다.

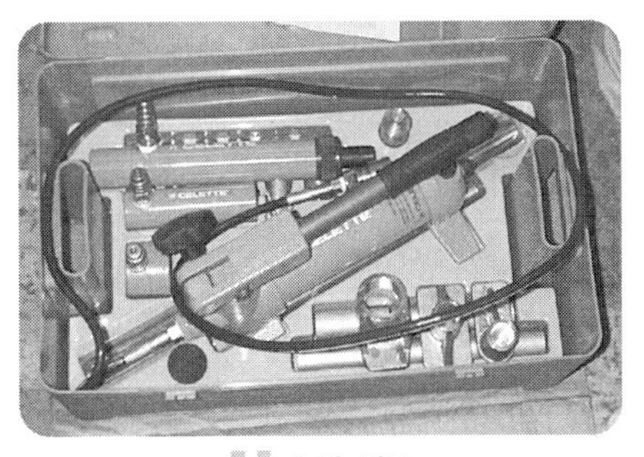

+ 유압 펌프

③ 스피드 커플러는 호스와 램을 연결하는 것이다.

④ 펌프의 유압을 받아 상하로 움직이는 플런저로서 램에는 미는 작업용, 잡아끄는 작업용, 좁은 데를 넓히는 작업용 또한 깊은 곳을 넓히는 작업용 등 그 종류가 많다. 표준의 10톤 램에는 스트록이 긴 롱 램, 스트록이 짧은 쇼트 램과 미제트 램, 펌프의 유압이 걸리면 거꾸로 오므려져 당기는 램 등이 있다. 기타 변형의 램으로는 웨이지 램과 스플리트 램 등 용도에 따라 여러 종류가 있다.

⑤ 램에 부착시키는 여러 가지 형상의 어태치먼트는 보디 각 부분의 복잡한 형상에 적합 하도록 여러 가지가 있다.

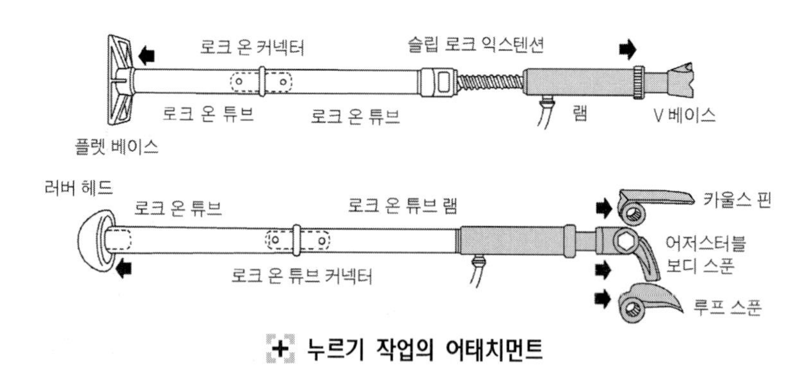

누르기 작업의 어태치먼트

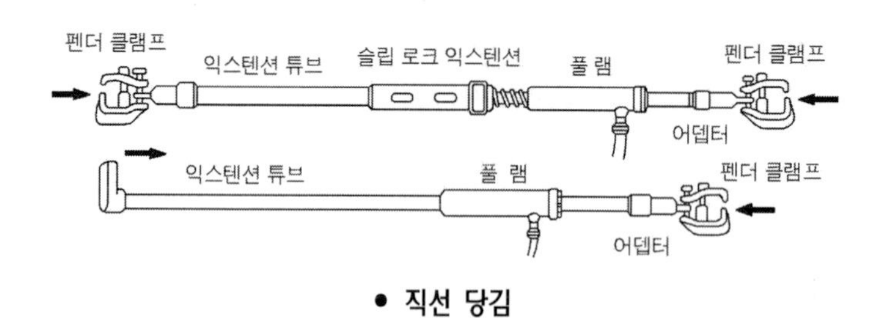

• 직선 당김

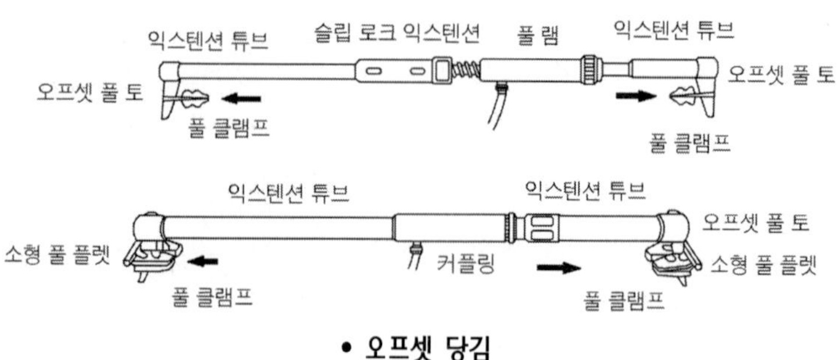

• 오프셋 당김

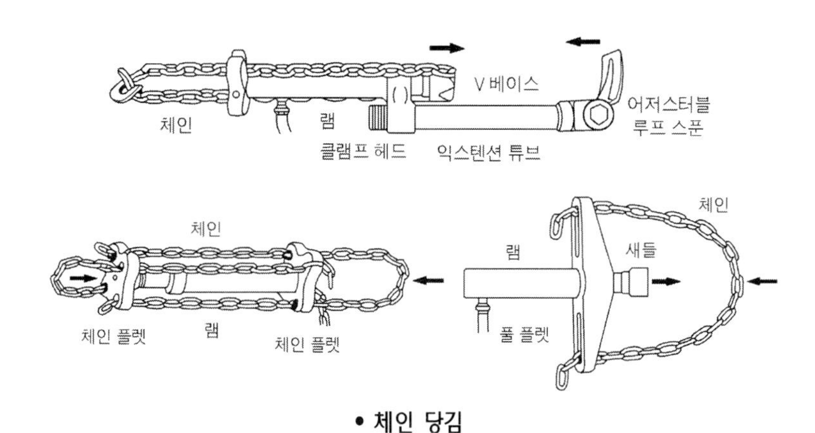

• 체인 당김

+ 당기기 작업의 어태치먼트

유압 보디 잭의 사용상 주의사항

① 램에 무리한 부담을 주지 말 것
② 램 플런저가 늘어나면 유압을 올리지 말 것
③ 나사 부분을 보호할 것
④ 유압 계통에 먼지가 들어가지 않도록 할 것
⑤ 호스의 취급에 주의할 것
⑥ 고열에 의한 펌프 실린더의 패킹 등의 변질에 주의할 것

(2) 플로어 시스템(floor system)

① 작업장 바닥에 고리(anchoring hook)를 박는 대신 레일(rail frame)을 설치하는 방식으로 고정을 용이하게 하고 당기는 위치도 다양하게 선택할 수 있다.
② 별도의 차체 고정 장치(sill clamp) 및 유압 견인 장치(hydraulic jack or pulling unit)를 사용하면 보다 손쉽고 빠른 작업이 가능하나, 정밀한 차체 복원 작업 및 중 대파 차량의 수리에는 한계가 있다. 전반적으로 승용차의 정밀한 수리보다는 미니버스 이상의 중 · 대형차량 수리에 적합하다.

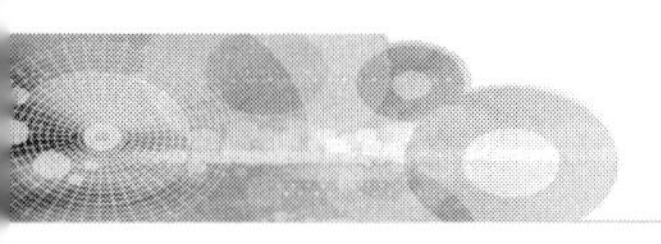

(3) 벤치형(bench type) 차체수리 시스템

차체를 작업장 바닥의 고리나 레일을 통해 고정시키는 대신 별도의 작업대(bench)위에 사이드 실 클램프(side sill clamp)를 통해 고정시키고, 체인블록(chain block)대신 에어 유압 견인장치(air-hydraulic pulling unit)를 사용하여 어느 위치에서나 원하는 방향과 각도로 자유롭게 당겨줄 수 있는 본격적인 현대적 차체 수리 장비, 계측 시스템 또는 지그(jig or bracket)시스템이 있다. 벤치의 평면위에서 차량 제조시의 제원대로 x, y, z측을 보정하는 방식으로 보다 정확한 측정 및 수리가 가능하다.

유 베이스

EZ 라이너

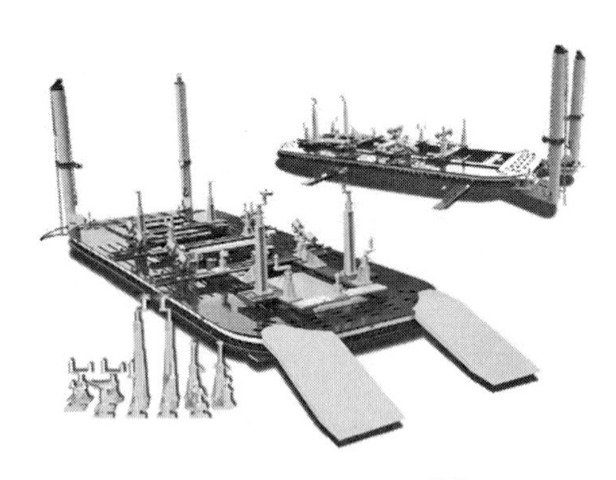

벤치식 보디 프레임 수정기

① 강력한 타워가 수정을 하므로 작업 효율이 높다.

② 다른 수정 장비에 비하여 넓은 설치 공간이 필요하다.

③ 벤치를 정반으로 사용할 수 있으므로 언더 보디의 정확한 높이 측정이 가능하다.

3 현대적 차체수리 장비의 소개

오늘날 현대적 차체수리 장비라고 하면, 통상 에어유압 견인장치를 사용한 벤치(bench) 타입의 차체수리 시스템(pulling system)을 말하며, 보다 정확한 계측 및 고정작업을 위해 사용하는 작업 방식에 따라 계측 시스템(measuring system)과 브래킷 또는 지그 시스템(bracket or jig system)으로 나눌 수 있다.

1 차체수리 장비 사용의 장점

- 파손 부위의 정확한 진단 및 복원
- 작업 능률 향상
- 작업 환경 개선
- 기술자 양성 용이(기술습득 및 전수)
- 대고객 이미지 향상

2 차체수리 장비 선정 시 고려사항

비단 차체수리 장비뿐 아니라 장비를 선정할 경우 필수적으로 고려해야 할 사항들이 있다. 사실 정비업체의 입장에서는 여러 가지 장비 중에서 어떤 장비가 가장 우수하고 실정에 맞는 장비인지를 정확하게 비교, 검토하여 판단을 내리기란 그리 쉬운 문제가 아닐 것이다. 가격, 성능, 내구성, 등등 일일이 따지자면 한이 없을 것이나, 기본적으로 고려되어야 할 사항들을 간추려 보면 대략 다음과 같다.

- 장비의 성능
- 기술 습득 및 전수의 용이성
- 정확한 작업의 가능 여부
- 작업의 효율성
- 사용 실태(사용업체에서의 활용도)
- 투자액에 대한 수익성(생산성, 인건비 등)
- 제조업체 및 판매업체의 신용도 및 업계에서의 위치, 평판
- 교육 및 A/S 문제
- 가격

3 계측 차체수리 시스템

(1) 계측 차체수리시스템이란(measuring system)?

계측 차체수리시스템이란 문자 그대로 손상 부위를 정확하게 계측(측정)하기 위한 장비이다. 재래식 작업방식의 경우 작업자의 경험에 의 한 눈짐작에 의존함으로써 발생할 수 있는 작업상의 오차, 차체 특정 부위의 정확한 좌표, 즉 가로 세로 높이를 동시에 측정할 수 있는 3차원 계측자를 사용하여 각 부위의 손상여부 및 손상정도를 1mm 단위까지 정확히 측정함에 따라서 엄밀한 의미에서 계측 시스템 자체를 판금장비라고 할 수는 없으며, 판금작업을 보다 정확하게 해주기 위한 보조수단이라고 할 수 있을 것이다.

(2) 셀렉트 계측 판금 시스템의 구성

셀렉트(celette)계측 판금 시스템은 일반적인 계측시스템과는 달리 가로, 세로, 높이, 어느 방향으로나 자유롭게 이동(sliding)이 가능한 좌우 분리형 계측자를 사용함으로써 손상 부위의 측정이나 교정이 한결 간단하게 이루어질 수 있도록 설계되었으며, 각 계측 포인트에 꼭 맞게 제작된 어댑터는 고강도 특수 크롬 재질로 되어있어 측정 오차를 방지하고 작업도중의 손상을 방지할 수 있다.

① **벤치(bench)**

차체를 올려놓는 작업대. 바퀴 조립식으로 되어 원하는 장소로의 이동이 가능하며 작업 공간 활용을 극대화할 수 있다.

② **사이드 실 클램프(side sill clamp)**

작업대에 차를 고정시키는 역할. 일일이 볼트로 조립할 필요가 없어 설치가 매우 간단하며 차의 크기에 따라 가로, 세로, 높이 어느 방향으로나 쉽게 조정이 가능하다.

③ **유압 견인 장치**

벤치의 어느 부분이나 직접 연결, 고정되어 체인과 클램프를 사용해 차체를 당겨주는 에어 작동식 유압견인장치. 당기는 위치, 방향, 각도를 자유로이 조정할 수 있으며, 유압 실린더를 추가로 사용할 경우 여러 방향과 각도로 동시에 밀거나 당길 수 있음.

④ **계측자**

벤치 위에 설치하여 차체의 각 부위를 가로, 세로, 높이의 3차원 좌표로 정확히 측정할 수 있는 계측자.

좌/우 분리형 셀레트 계측자 (metro 2000)

⑤ **도면**(data sheet)

차량 각 부위의 제원이 표시되어 있는 도면. 통상 22개 지점의 제원이 각각 가로, 세로, 높이로 구분되어 1mm 단위로 표시되어 있으며, 계측자를 사용하여 측정한 차체 각 부위의 실 계측 수치와 도면상의 수치를 비교하여 이상 유무 및 변형 정도를 판단하는 기준이 된다.

(3) 계측 차체수리시스템의 장 · 단점

① **장점**

- 작업자의 경험이나 눈짐작에 의한 측정이 아닌 도면상에 나타난 제원에 근거하여 3차원 계측자에 의해 각 부위를 정확하게 측정함으로써 작업 오차를 줄일 수 있다.

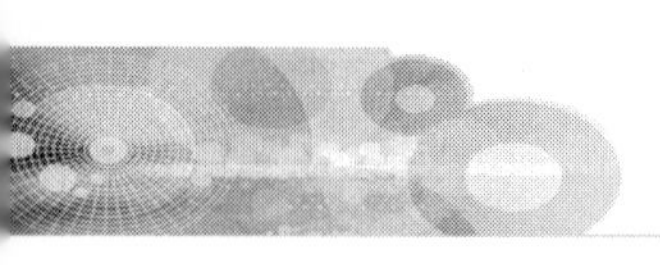

- 육안으로 쉽게 드러나지 않는 언더보디의 뒤틀림 현상 등 미세한 변형부위도 정밀 측정 가능하다.
- 맥퍼슨 계측 장치를 사용할 경우 쇽업소버 헤드 부위를 분해하지 않고도 측정 가능하다.
- 사고 차량의 견적 및 작업 완료 후 차체 각 부위의 이상 유무를 확인하는데 편리하다.

② 단점

- 계측자 사용방법이 복잡하며, 숙달되기 까지 상당한 시간이 소요된다.
- 작업준비(기준 점 설정-callibration)에 많은 시간이 소요되며, 사고 부위에 따라 정확한 기준점 설정에 한계가 있다.
- 작업자의 기술수준 및 숙련도에 따라 작업 결과가 상이(측정과 교정은 별개).
- 기준 점 설정, 계측, 도면판독의 과정에서 작업자의 오류 발생 우려가 있다.
- 각 부위별 고정 포인트가 없어 심한 측면 충돌이나 언더 보디가 뒤틀린 경우 등 대파 차량의 완벽한 복구에는 한계가 있다.

4 지그차체수리시스템(jig system) 또는 브래킷 시스템(bracket system)

(1) 원리

지그시스템의 가장 큰 특징은 차량 메이커에서 차체를 제작할 때 사용하는 조립 지그의 원리를 그대로 채택하여 차체수리 작업에 알맞게 응용했다는 점이다. 즉, 계측차체수리시스템이 진흙을 손으로 빚어서 형상을 만들어 낸다면 지그차체수리시스템은 일정한 틀에서 그대로 찍어내는 것에 비유할 수 있을 것이다. 따라서 계측차체수리시스템에서처럼 차체의 각 부위의 이상유무 및 손상정도를 일일이 측정하여 도면상의 수치와 비교할 필요 없이, 차체의 각 포인트가 지그(틀)에 맞는지 맞지 않는지 만을 눈으로 확인하여, 맞지 않는 부분은 하나씩 차례로 끼워 맞추어 고정 시켜 나가는 매우 간단하고, 확실한 작업방식을 갖고 있다.

셀레트 지그를 이용하여 차체수리작업을 하면, 생산라인에서 요구하는 정밀도가 자동으로 보장된다.

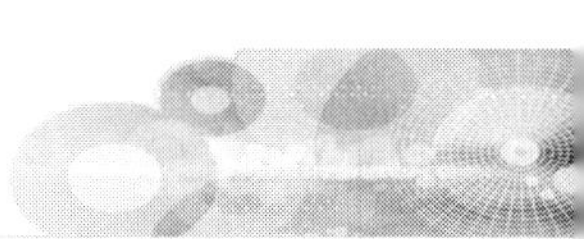

(2) 셀레트 지그차체수리시스템의 구성

벤치, 실 클램프, 유압 견인 장치 등은 계측 판금시스템의 것과 차치가 없으나 계측자 대신 각 차종별 측정 포인트에 꼭 들어맞게 제작된 지그를 사용하여 교정 및 고정이 동시에 이루어진다.

① **벤치**(bench)

② **실 클램프**(sill clamp)

③ **유압 견인 장치**(sevenne pulling unit)

④ **크로스멤버**(crossmember)

5개가 한 세트로서 그 위에 지그 또는 mz타워가 설치된다. 벤치 위에서 볼트로 공정되며 자유롭게 위치를 이동 할 수 있다.

⑤ **mz 타워세트**

지그(mz head)를 설치하도록 제작도니 받침대. 22개의 mz 타워와 2개의 연결판(tv.400) 등으로 구성되어 있다. 크로스멤버 위에 볼트로 고정시키며 차종에 따라 설치 위치를 자유로이 조정할 수 있다.

⑥ **차종별 지그세트** : 차체의 각 포인트에 꼭 들어맞게 제작된 지그세트

셀레트 지그(브래킷) 차체수리시스템

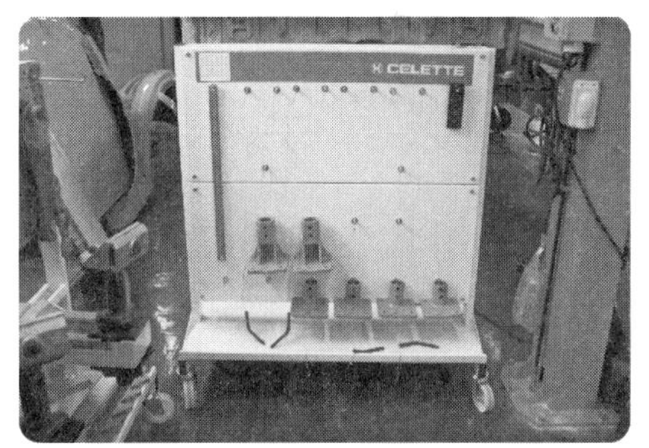

mz 타워 세트

(3) 지그 시스템의 장 · 단점

① **장점**

- 복잡한 측정과정과 나해한 도면 판독의 어려움이 없어 작업이 매우 쉽고 간단하다.
- 각 부위의 측정, 교정, 고정이 동시에 이루어지므로 작업시간이 크게 단축된다.

- 각 부위별 지그가 차체 각 포인트의 가로, 세로, 높이는 물론 각도까지도 정확하게 잡아주므로 어떠한 대파된 차량도 완벽한 원상 복구가 가능하다.
- 기술 습득과 전수가 용이하며, 특별한 숙련기술을 요하지 않아 누구나 손쉽게 사용할 수 있다.
- 차체의 각 포인트를 지그로 하나씩 차례대로 끼워 맞춰 고정시켜 나감으로써 수리중 발생하는 2차 변형이 거의 없이 단 1회의 작업으로 완벽한 원상복구가 이루어진다.
- 엔진을 부착한 상태에서 작업 가능하다.
- 차체 부품 교체의 필요성 대폭 감소로 원가가 절감된다.
- 새 차체 부품 용접 시 용접지그의 역할을 함으로써, 별도의 고정 장비나 반복적인 측정이 필요가 없으며, 열 변형의 우려가 없다.
- **작업 표준화 가능** : 작업자의 기술 수준에 관계없이 항상 정확한 작업 결과 보장된다.
- **분업화 가능** : 작업 도중 작업자를 교체해도 연속 작업이 가능하다.
- 계측자만을 추가하면 계측 판금 시스템으로도 사용 가능하다.

② 단점

유럽, 일본, 미국 등과 같이 차종이 무수히 많은 경우 차종별 지그 확보에 어려움이 있다. 따라서 선진 외국에서는 지그대여시스템(jig rental system)이 일반화되어 있으며, 자동차보험회사에서는 지그차체수리시스템으로 수리함으로써 완벽한 원상복구가 이루어져 승객의 안전을 보장할 수 있으므로 정비 업체에 지그 대여료 까지 지급하고 있는 실정이다.

5 차량의 파손 정도에 따른 수리 방법

상기 도표에서 볼 수 있듯이 대파차량의 완벽한 수리는 브라켓 차체수리 시스템으로만 가능하다. 따라서 benz, bmw, audi / vw 등 세계 일류 자동차 메이커들은 셀렉트 지그 차체수리시스템을 통해서만 수리할 수 있도록 의무화하고 있다.

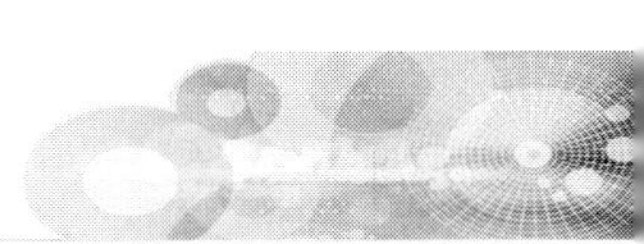

4 | 견인 장치 및 각종 액세서리

이상으로 현대적 차체수리 장비에 대해 상세히 알아보았다. 이러한 차체수리 장비들은 보다 쉽고, 빠르고, 정확하게 판금 작업을 하기 위해 제작된 장비들로서, 견인장치 및 각종 액세서리들을 유효적절하게 사용함으로써 보다 효율적인 작업성과를 얻을 수 있을 것이다.

1 에어 유압 견인 장치

자유로운 이동이 가능하며 벤치의 어느 위치에서나 견인이 가능하다. 당기는 방향과 각도를 자유로이 조정할 수 있으며, 유압 잭을 추가로 사용하여 2개 부위 이상을 동시에 다른 방향과 각도로 밀거나 당길 수 있다.

2 기타 액세서리

가타 다양한 액세서리를 사용하여 어떠한 부위도 손쉽게 밀고 당기거나 지지해 줄 수 있다.

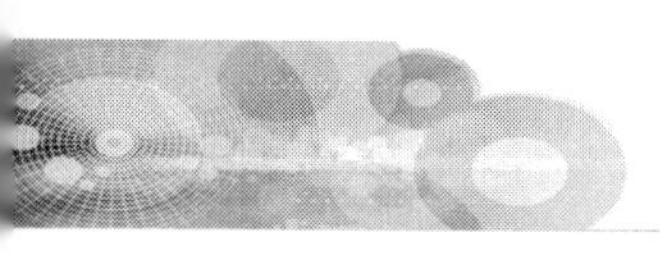

5 셀레트 지그 시스템의 사용법

1 sevenne 벤치

mz 차체수리시스템과 metro 2000에서 공통으로 사용하는 벤치이다. 이 벤치의 윗면은 정반 처리되어 있어서 정밀도 높은 수정작업에 가장 적합하다. 또, 벤치의 윗면은 mz차체수리시스템과 metro 2000을 사용하기 위한 볼트 구멍이 있다. 특히, sevenne 벤치에는 대형캐스터(바퀴)가 4개 부착되어 있어 이동이 편리하다.

2 풀링 유닛

벤치 주위에 간단하게 세팅할 수 있으며 유압램 및 액세서리를 이용하여 밀고 당기는 작업을 동시에 할 수 있다.

3 실 클램프

스크류 조절기구가 부착된 실 클램프는 차체 하부의 사이드 실 부를 맞물리게 하여 차체를 간단하게 벤치위에 고정 시킬 수 있다. 또한 지주의 나사를 이용하여 잭 역할도 한다.

벤치주위에 자유롭게 슬라이딩되며 쐐기 하나로 신속히 세팅할 수 있다.

부속 플레이트를 이용하여, 측면 손상부위를 고정시키는 경우, 그림 a와 같이 세팅하고 모듈라 크로스멤버가 간섭하는 경우 등은 그림과 같이 세팅한다.

인테그랄 타입의 지그와 마찬가지로 지그 브래킷 윗면에는 화살표가 되어 있고 이 화살표를 따라 부착한다.

화살표 방향이 벤치의 앞쪽으로 향하도록 세팅한다. mz세트에는 복수의 핀 구멍이 세개 있고 데이터 시트의 지시에 따라 쉽게 체크할 수 있게 되어있다.

각각의 지그헤드에는 헤드 바닥에 차체 번호가 새겨져 있다.

통상 데이터 시트에 기재되어 있는 번호는 헤드의 고유번호 아래 두 자리를 읽는다.

4 mz 타워 세트

22개의 기본 타워는 특별히 강화된 스틸로 정교하게 제조되었다. 이 타워 세트는 모든 메이커의 차에 대응할 수 있도록 만들어져 있다.

5 모듈라 크로스 맴버

인테그랄 및 mz지그는 모듈라 크로스멤버와 함께 사용한다. 모듈라 크로스멤버는 고품질 강재로 제조하여 만들기 때문에 뒤틀림과 구부러짐에 강한 견고함이 있다. 패턴은 차의 중요 부위 수리에 대해 5개의 크로스멤버만으로 필요 부분을 커버할 수 있도록 설계되어 있고, 언더보디의 작업성을 해치는 일은 없다.

6 셀레트 스페셜 지그 보디 리페어 시스템

1 셀레트 전용지그 차체수리시스템의 구성

(1) 이동식 벤치 SEVENNE과 고정식 벤치 GRIFFON

벤치(Bench)계측차체수리시스템과 전용지그차체수리시스템에서 공통으로 사용하며 이동식 벤치인 SEVENNE과 고정식 벤치인 GRIFFON으로 구성 할 수 있다.

SEVENNE 벤치 계측차체수리시스템-METRO2000

SEVENNE 벤치 계측차체수리시스템-NAJA

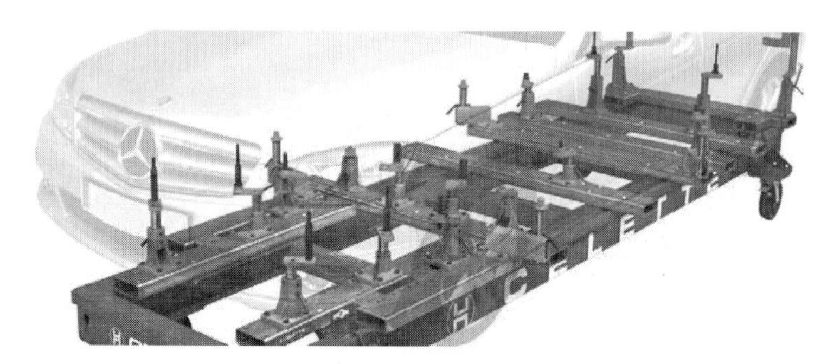

SEVENNE 벤치 전용지그차체수리시스템

GRIFFON 벤치 계측차체수리시스템-NAJA

GRIFFON 벤치 전용지그차체수리시스템

벤치의 윗면은 정반 처리되어 있으며 계측수리시스템과 전용지그 차체수리시스템을 장착하여 사용할 수 있도록 볼트 구멍이 있다. 또한 모듈라 크로스멤버를 설치 할 수 있도록 벤치의 앞에서 뒤까지 10cm 간격으로 Ø10의 Hole이 가공되어 있다.

벤치의 중간부위에는 리프트를 설치할 수 있도록 되어 있으며 상단 측면에는 사이드 실 클램프와 SEVENNE 벤치로 사용할 때 장착하는 휠, Multifunction Support, 핸들 등을 슬라이딩 이동시켜 가며 설치할 수 있도록 레일방식으로 제작되어 있다.

모듈라 크로스멤버를 설치하기 위한 Hole

사이드 실 클램프

휠

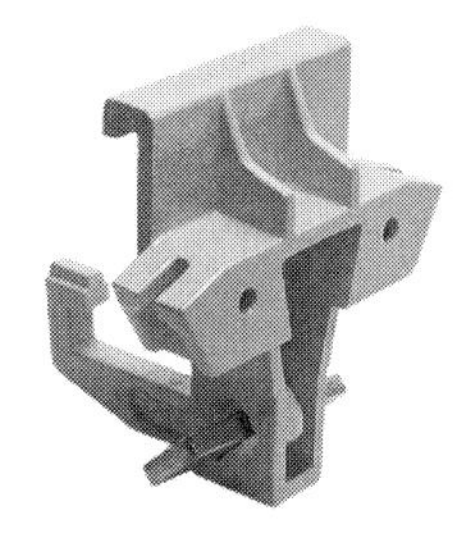

Multifunction support

핸들

(2) 풀링 유닛(Pulling Unit)

벤치에 간단하게 설치 할 수 있으며 SEVENNE Puller, CAIMAN Puller, ALLIGATOR II 등의 종류가 있어 선택하여 사용할 수 있으며 1개에서 2개를 동시에 설치 운용하기도 한다.

풀링 유닛-SEVENNE Puller

① SEVENNE Puller와 마찬가지로 벤치에 장착하여 사용하며 동시에 밀고 당기는 작업 등을 할 때 SEVENNE Puller의 보조 견인 장치역할을 한다. 측면 충돌 작업 차량을 작업 할 때 사용하면 유용하다.

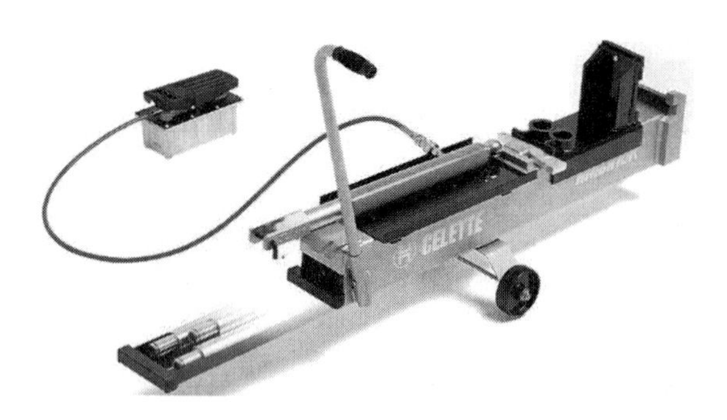

ALLIGATOR II

② 벤치의 모든 방향에 설치가 가능하며 다양한 풀링 방향과 각도의 조절이 가능하다.

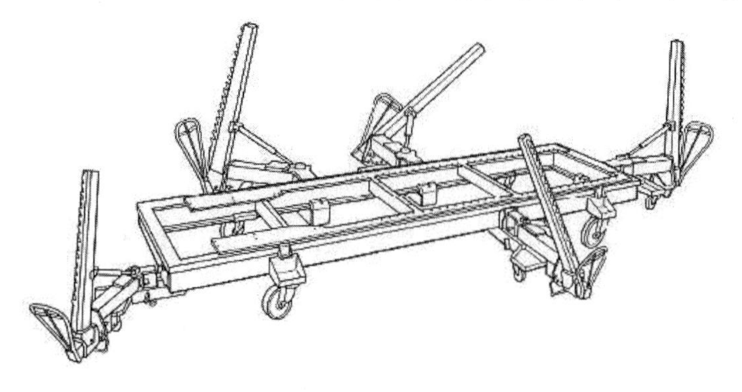

풀링 유닛-SEVENNE Puller

③ 유압램을 이용하면 당기는 작업은 물론 미는 작업도 가능하며 동시에 2Pont 이상의 밀고 당기는 작업도 가능하다.

④ 설치하는 방법은 간단하며 쉽다. 쐐기를 박거나 풀링 유닛의 각도를 조절할 때 안전에 유의해야 한다.

풀링 유닛 - 미는 작업

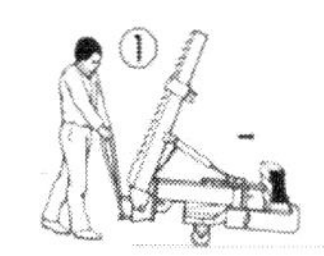

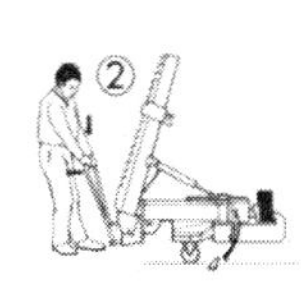

풀링 유닛 - 설치 순서

⑤ SEVENNE Puller의 방향 조절은 쐐기를 제거한 후 조절 손잡이를 뒤로 당긴 뒤 원하는 방향으로 Puller를 조정하면 된다. 방향 손잡이를 밀어 넣고 쐐기를 박는다.

⑥ SEVENNE Puller의 각도 조절은 Puller의 핸들을 앞으로 밀어주고 좌우로 원하는 각도를 조정하면 된다. 이때 조정하고자 하는 방향에서 Puller의 Tower를 완벽히 지지하며 작업해야 한다.

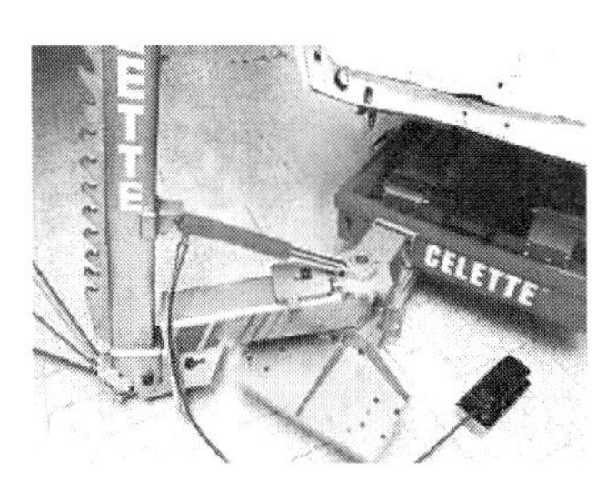

풀링 유닛 - 당김 방향 조정

풀링 유닛 - 당김 각도 조절

⑦ 풀링 작업을 할 때는 클램프의 미끄러짐이나 CHAIN의 파손 등에 안전사고가 발생할 가능성이 있어 안전사고에 각별히 조심해야 한다. 필히 안전 케이블을 설치하여야 한다. 작업자는 당기는 작업의 전면을 피해서 펌프 등을 작동시켜야 한다.

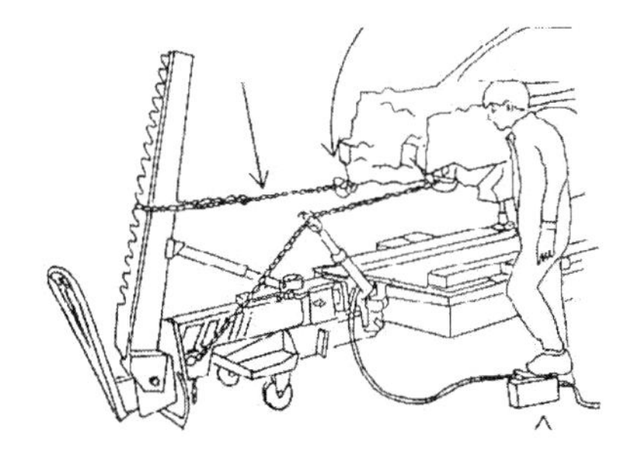

(3) 사이드 실 클램프(Side Sill Clamp)

가로, 세로, 높이를 조정할 수 있도록 눈금이 표시되어 있으며 높이 조절을 위해 Screw 방식의 Tower 형태로 되어 있다. 상단에 있는 클램프를 이용하여 사이드 실부위를 Clamping 한다. 고정용 훅과 쐐기를 이용하여 벤치에 고정한다. 전용지그차체수리시스템에서는 거치대가 차체를 영점 조정하고 고정을 한다.

사이드 실 클램프는 풀링 작업 동안 거치대가 차체를 고정하는 것을 도와주고 거치대를 보호한다.

사이드 실 클램프-SEVENNE

일부 차종(MERCEDES, BMW 등)은 사이드 실 클램프로 Clamping 할 수 없는 구조로 되어 있어 별도로 고안된 Anchoring Kit를 사용하여 고정한다.

사이드 실 클램프 전용 Trolley는 사이드 실 클램프를 보관과 이동이 편리하며 각종 풀링 클램프 및 Accessories를 간편하게 보관할 수 있다.

Anchoring KIt

사이드 실 클램프 전용 Trolley

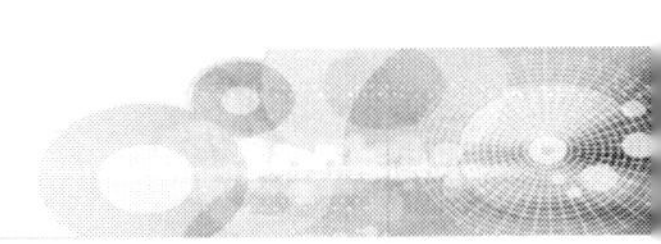

사이드 실 클램프 설치 방법

① 쐐기와 고정용 훅을 제거하고 사이드 실 클램프를 벤치의 레일위에 내려놓는다.

② 사이드 실 클램프 뒷부분을 받쳐 들고 레일 위로 슬라이딩시켜 설치하고자 하는 위치에 놓는다.

+ 레일 위에 놓는다.

+ 설치 위치로 이동시킨다.

③ 설치 위치는 가능하면 기준 거치대를 넘지 않는, 차량의 사이드 실 부위 중 가장 강한 부위가 좋다. 또한, 후속 작업에 방해를 주지 않아야 한다.

④ 설치 위치가 결정되면 높이 조절 Screw의 하단을 무릎으로 받치고 높이 조절용 너트를 이용하여 높이를 조절한다. 차체의 사이드 실의 상단에 클램프가 닿지 않도록 한다.

⑤ 30mm의 클램프 너트를 조인다.

⑥ 고정용 훅을 걸고 쐐기를 박는다.

+ 클램프 높이 조절

+ 앞부분 파손 차량의 설치 위치

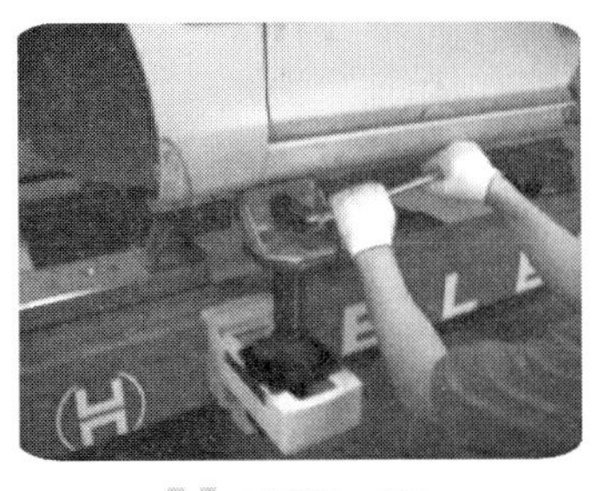

+ 클램프 너트

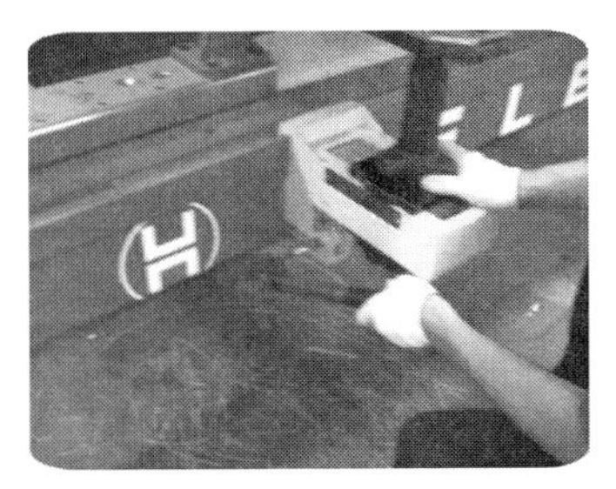

+ 고정용 훅과 쐐기

⑦ 높이 조절용 Lever를 높이 조절용 너트의 홈에 넣고 좌우로 돌려 보며 기준 거치대의 Pin을 확인, 적당한 높이를 조절한다. 손상 부위에서 멀거나 손상이 적은 부위의 사이드 실 클램프부터 작업한다.

⑧ 부품이 장착되는 Point의 기준 거치대는 Pin이 가장 자유롭게 움직이면 된다. Pilot 홀에 장착된 기준 거치대는 약간의 저항이 있는 높이가 좋다. 주의하지 않으면 지나치게 높이를 올려 기준 거치대의 영점을 틀어 놓을 가능성이 있다.

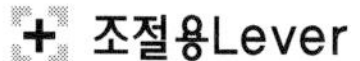
조절용Lever

잘못 조정된 사이드 실 클램프 예

(4) 엠젯 지그 헤드(MZ 거치대 Head)

각각의 MZ 거치대 Head는 차종에 따라(Under Body Platform) 전용으로 구성되며 언더보디용과 Upper Body의 DoorHinge 등에 사용하는 거치대로 구분된다.

일반적으로는 언더보디용을 지칭하며 줄여서 거치대라고 부른다. 데이터 시트를 참조하여 MZ Tower와 조립하여 사용한다. 최근에는 MZ Head의 Head부분과 피스톤부분을 구분한 MZ+ System이 개발되었다.

MZ Jig Head

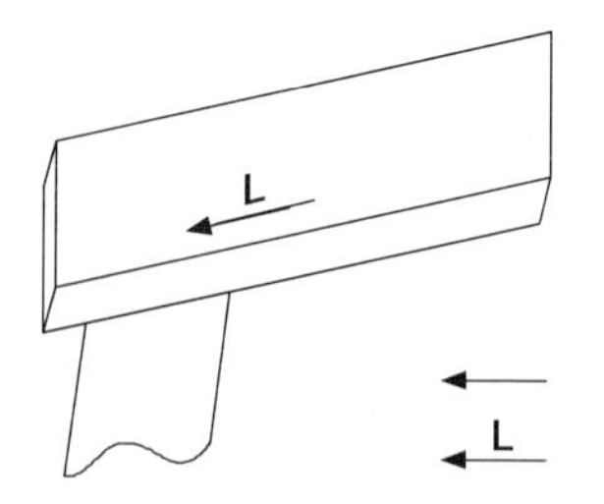

MZ Jig Head 방향 표시

MZ Jig Head의 윗부분에는 화살표가 표시되어 있으며 화살표 방향이 벤치의 앞부분을 향하게 설치해야 한다. 벤치의 좌측에 설치되는 MZ Jig Head에는 알파벳 L자로 표시되어 있으며 우측에 사용하는 MZ Jig Head에는 화살표 표시만 되어있다.

+ MZ JIG HEAD 고유 번호

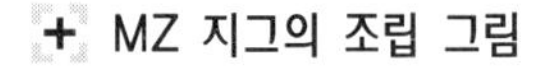

+ MZ 지그의 조립 그림

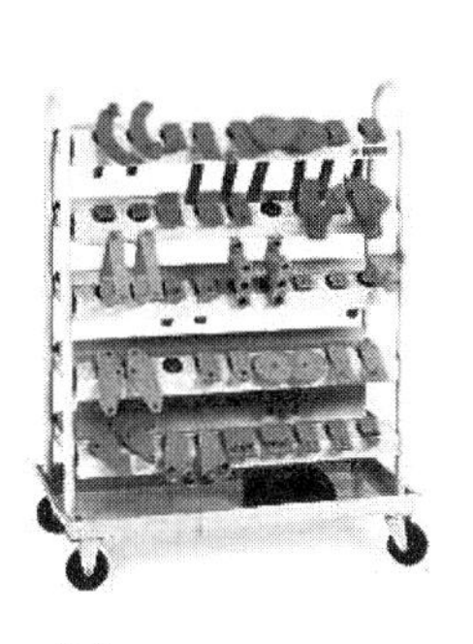

+ 전용 Trolley

각각의 MZ Jig Head에는 고유 식별 번호가 새겨져 있는데 일반적으로 데이터 시트에 표시되어 있는 번호와 MZ 지그의 고유 식별 번호 2자리가 일치하게 되어 있어 2자리만 읽는다. 일반적으로는 MZ 지그의 피스톤 하단에 새겨져 있다.

MZ Jig Head를 사용이 편리하도록 보관할 수 있는 전용 Trolley가 있다. 약 90개의 MZ Jig Head를 보관 할 수 있는 홀이 있어 일반적으로 3개 차종의 보관이 가능하다.

(5) 엠젯 플러스(MZ+)

지그 방식은 여러 차례 발전을 거듭하여 최근에는 MZ 지그 방식에서 MZ+로 발전하였다.

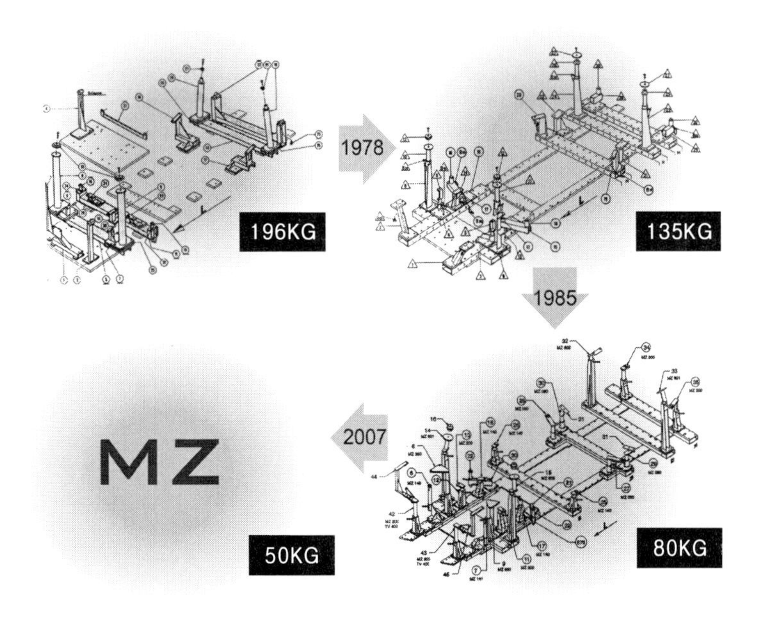

+ 지그의 Type 변화

기존의 MZ 시스템은 가격 및 제품의 무게로 인한 운송 및 보관에 어려움이 있었는데 헤드(Head)부분과 용접되어 있던 크롬 라운드 형 피스톤 윗부분을 분리한 MZ+시스템의 개발로 이를 해결 할 수 있게 되었다.

직경 40mm의 크롬 피스톤을 헤드에서 분리하여 제품 자체의 무게를 40~50% 줄일 수 있게 되었다. 이러한 기능으로 34개의 피스톤들을 네 종류의 피스톤으로 MZ System 으로 사용가능하게 했다.

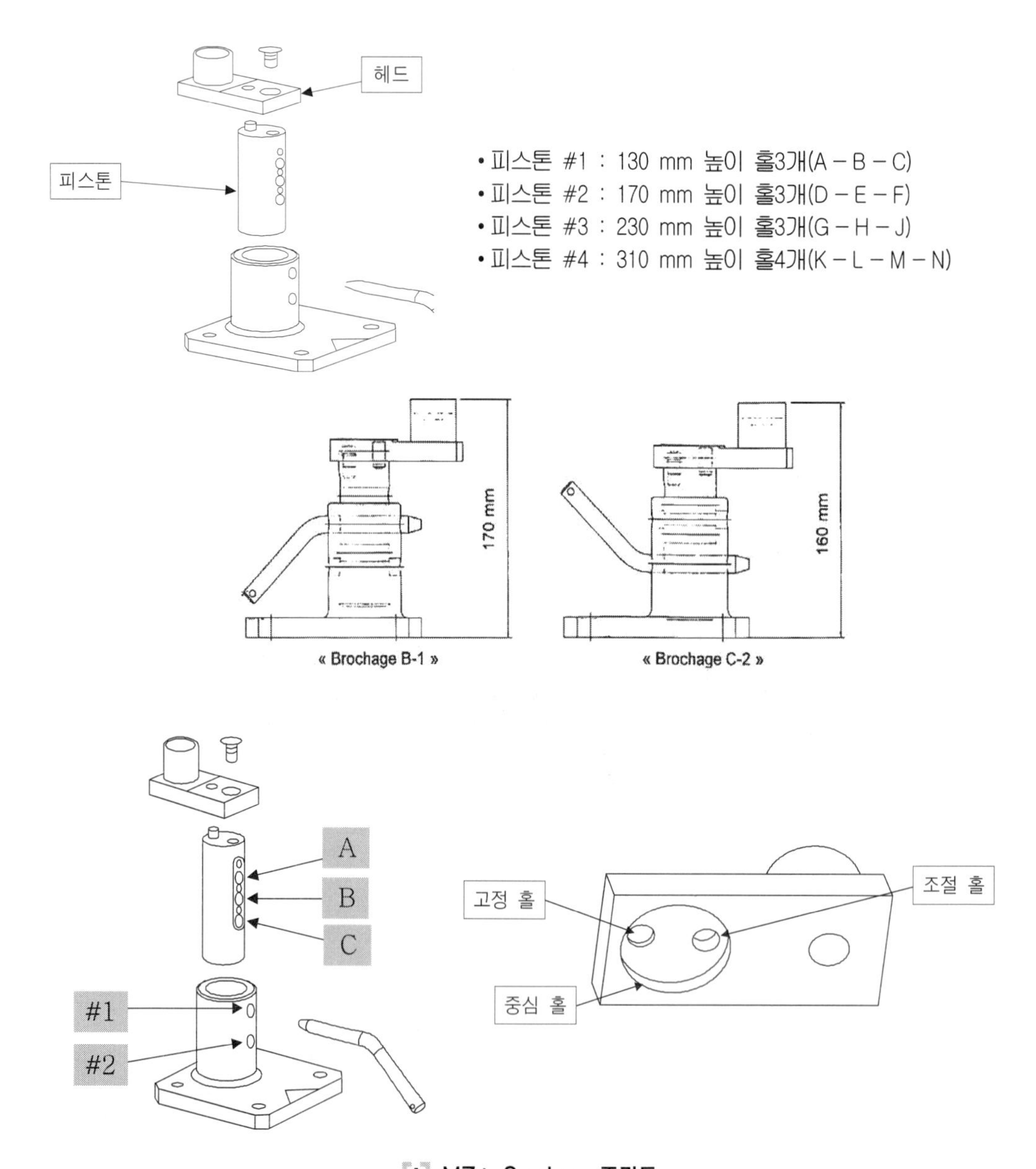

MZ+ System 조립도

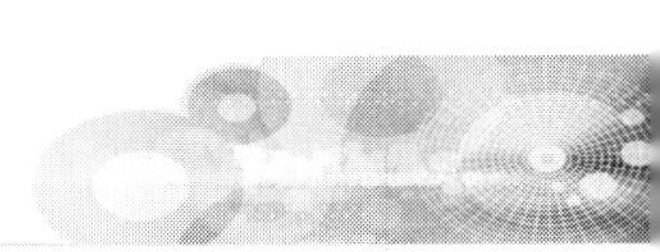

- 피스톤의 홀과 홀 사이에 20mm의 간격이 있고 MZ 베이스부분의 홀은 30mm로 10mm단위의 높이 조정이 가능하다.
- 피스톤에 명시되어 있는 홀의 이름과(A, B, C …) MZ 홀의 이름을 참고하여 핀을 꽂아 사용한다(예 : Brochage b-1은 피스톤의 B와 MZ 타워의 1홀을 핀으로 연결).
- 피스톤조립 시에는 상단 예시의 <Brochage B-1>과 같이 도면을 보고 잘 결합해야 한다.
- 각 헤드 부분은 하나의 원형으로 눌려 들어간 부분이 있다.
- 중심 홀은 피스톤 위쪽에 조립할 때 센터를 맞춰준다.

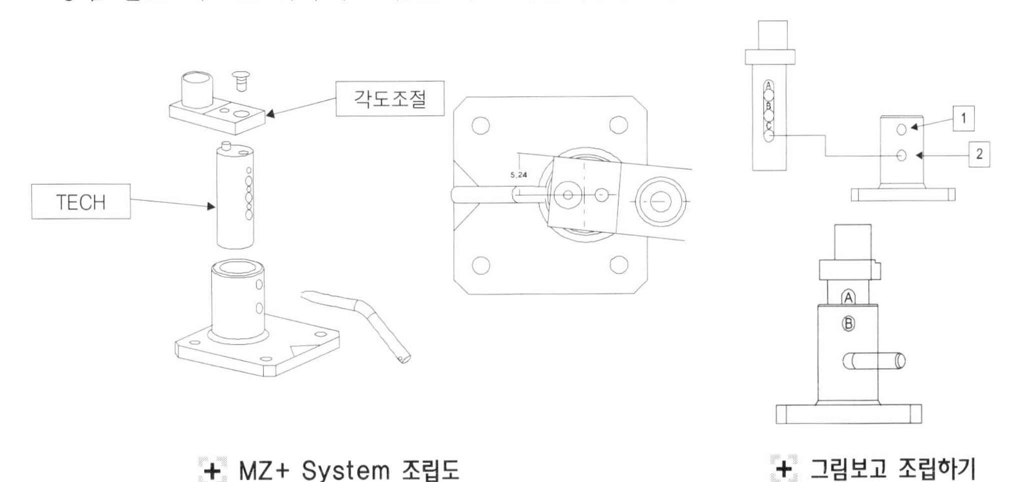

MZ+ System 조립도

그림보고 조립하기

- 오리엔테이션 홀은 포지션 각도를 조정해 준다.
- 고정 홀은 TFHC 나사를 끼워 고정할 수 있게 해준다.
- TV 400을 쓰기 위해서는 MZ홀 아래쪽에 쐐기 부품이 필요하다.

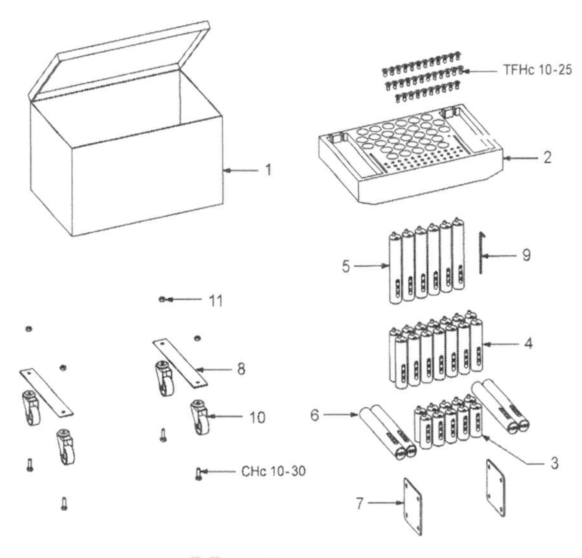

유니버셜 피스톤

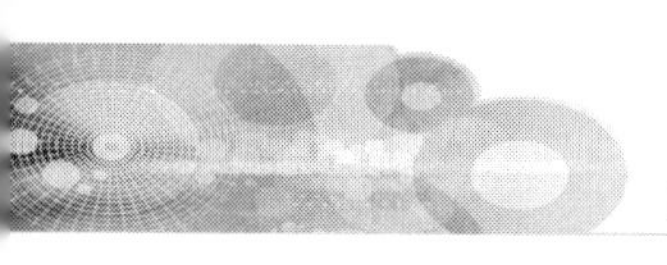

(6) 엠젯 타워(MZ Tower)

22개의 Tower와 TV 패널로 구성되어 있으며 차종에 따라 추가하여 사용한다. 모든 자동차 메이커의 모든 차종에 사용 가능하도록 설계 제작되어 있다. 전용 Trolley는 보관과 사용이 편리하도록 돕는다.

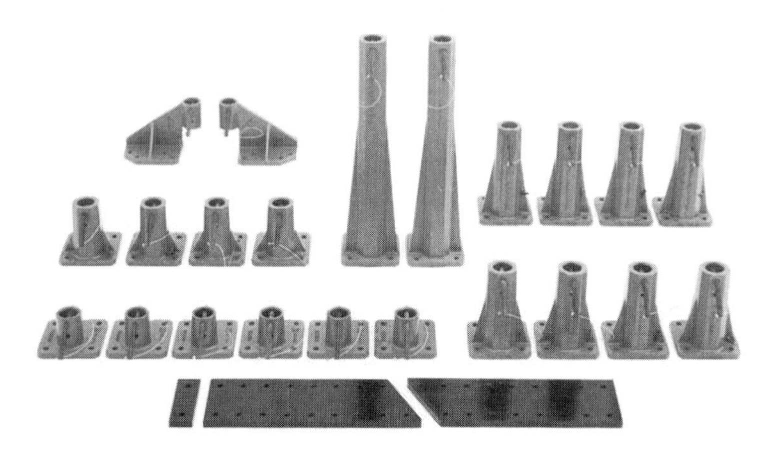

MZ Tower Sets

MZ Tower의 하단에 표시되어 있는 화살표와 데이터 시트에 표시되어 있는 화살표는 같은 방향으로 향하게 하고 데이터 시트에 표시되어 있는 위치를 찾아 크로스멤버나 TV 패널 위에 볼트를 사용하여 설치하면 된다. MZ Tower 조임 볼트의 Torque는 Max.6kg/kg f로 지나치게 꽉 조일 경우에는 볼트 및 너트의 손상이 발생 할 수 있다. 또한 볼트의 지나친 조임으로 인하여 다른 부위의 기준 값에도 영향을 줄 수 있다.

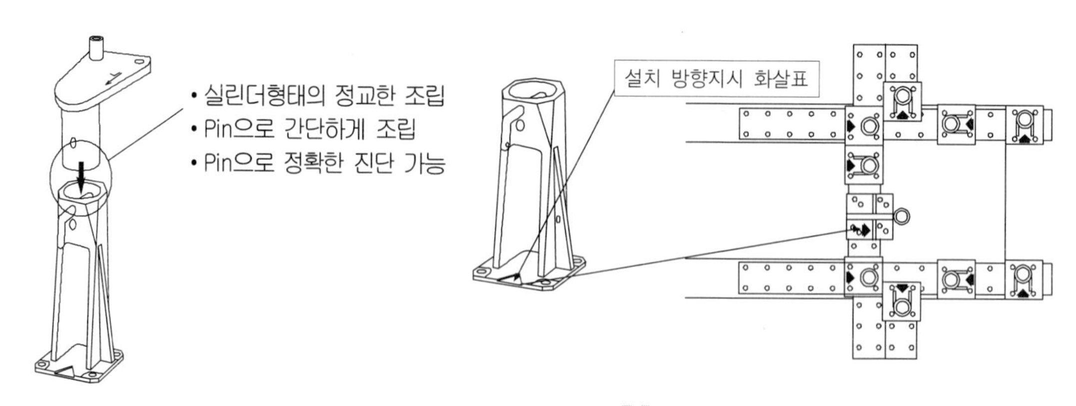

MZ Jig Head와 MZ Tower 조립

MZ Tower의 설치 방향

TV 패널는 크로스멤버를 연장시키는 역할을 하며 TV 패널 위에 MZ Tower를 설치하는 경우에는 높이(Z축)의 변화가 있어 데이터 시트에 지시되어 있는 핀 홀의 결합 위치를 확인해야 한다.

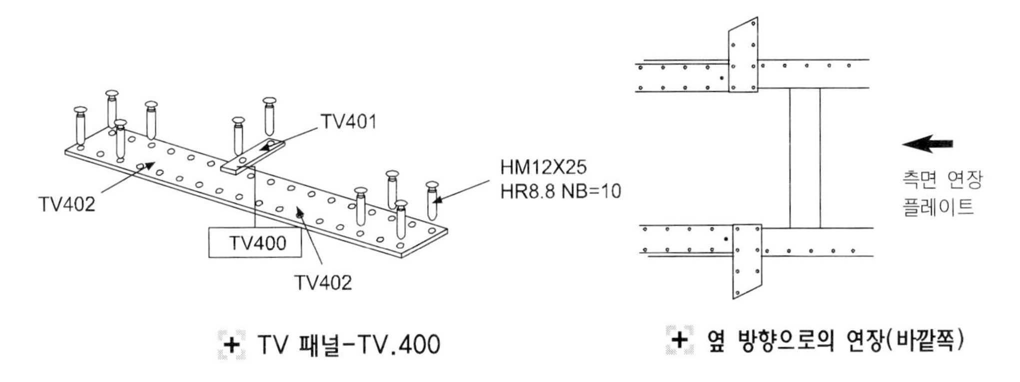

TV 패널-TV.400

옆 방향으로의 연장(바깥쪽)

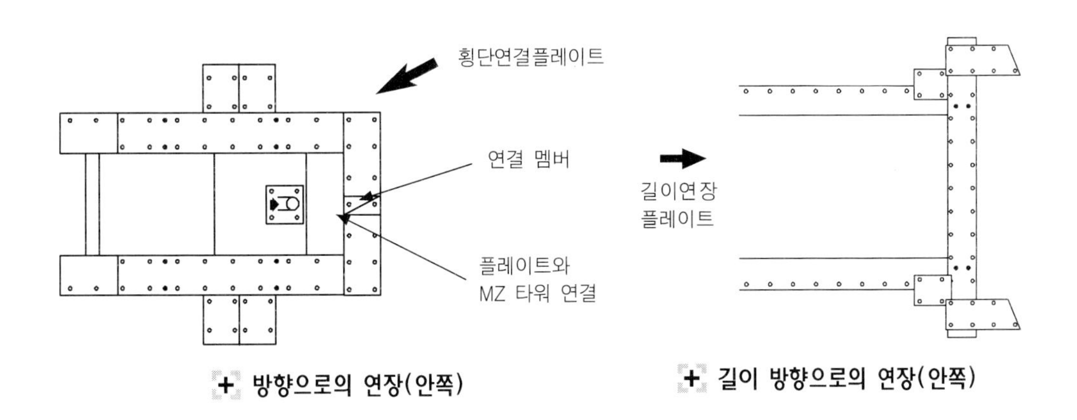

방향으로의 연장(안쪽)

길이 방향으로의 연장(안쪽)

MZ Tower를 크로스멤버나 TV 패널에 설치하기 위한 볼트는 세 가지가 있으며 너트는 크로스멤버의 안쪽 Plate에 특수하게 고안 설계되어 장착되어 있다. 볼트의 재질 강도가 지나치게 강하면 크로스멤버의 안쪽 패널에 장착되어 있는 너트의 손상이 오며, 지나치게 약하면 너무 쉽게 마모되거나 너트와 조립되어 있는 상태에서 변형이 올 수 있다. 수시로 볼트의 마모 및 변형 상태를 확인해야 한다. MZ Tower 조임 볼트의 재질 강도는 10.8이 적당하다.

- MZ Tower와 TV 패널, 크로스멤버를 함께 조립 할 때 사용하는 볼트다. MZ Tower 조임 볼트 중 가장 긴 볼트이다.

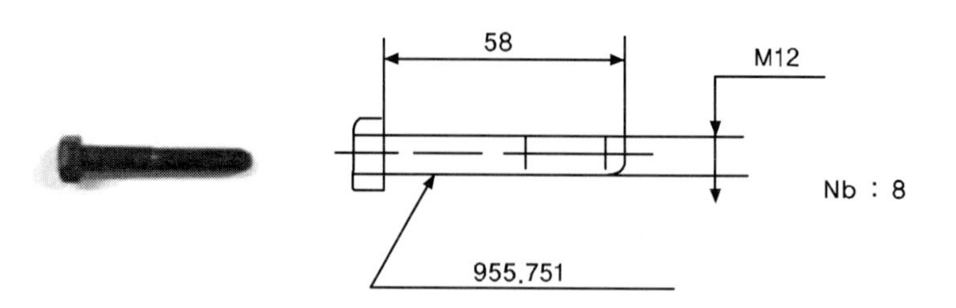

- MZ Tower와 크로스멤버와 조립할 때 사용하는 볼트로 가장 많이 사용되는 볼트다. TV 패널을 크로스멤버에 설치할 경우에도 사용한다.
- MZ Tower와 TV 패널을 조립할 때 사용하는 볼트다.

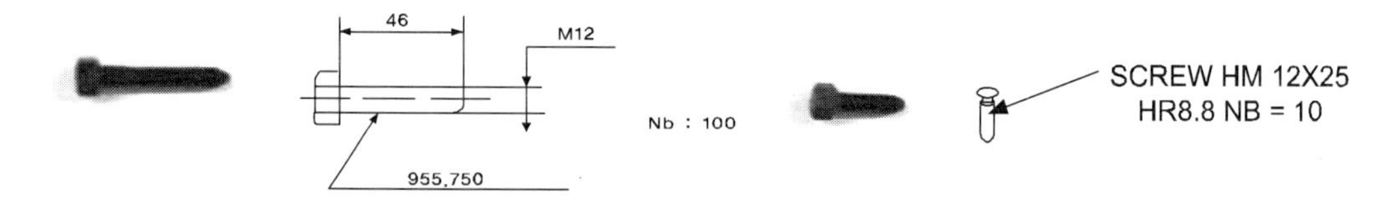

(7) 모듈라 크로스멤버(Modula Crossmember)

일반적으로 크로스멤버라고 부르며 MZ 지그 및 MZ+ 지그 모두 크로스멤버에 설치하여 사용하도록 되어 있다. 5개의 크로스멤버가 기본 Sets로 구성되어 있으나 차종에 따라 1~3개 추가하여 사용하기도 한다.

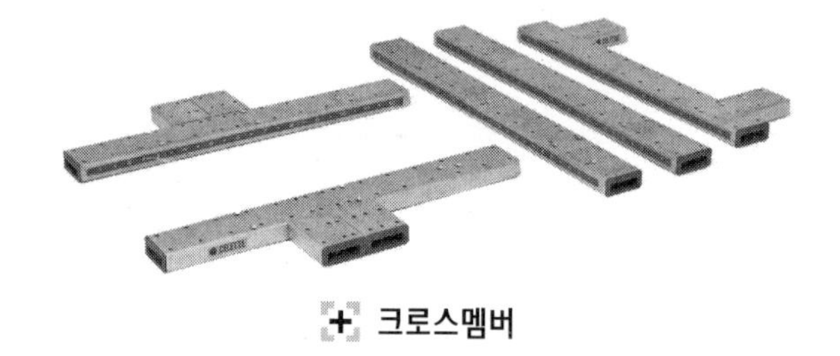

크로스멤버

T자형 Front Crossmember는 2개가 1조로 구성되어 있으며 항상 같은 위치에 설치하여 사용한다. 차종에 따라서는 좌우를 바꾸어 사용하기도 한다.

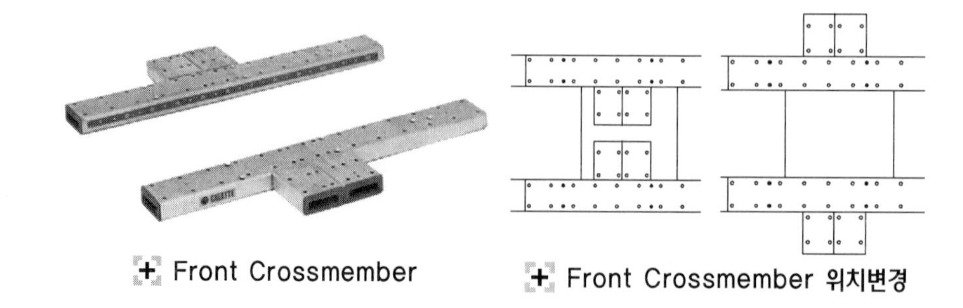

Front Crossmember

Front Crossmember 위치변경

MERCEDES의 경우에는 Front Crossmemeber의 T자 부분이 연장되어 있는 크로스멤버를 사용한다.

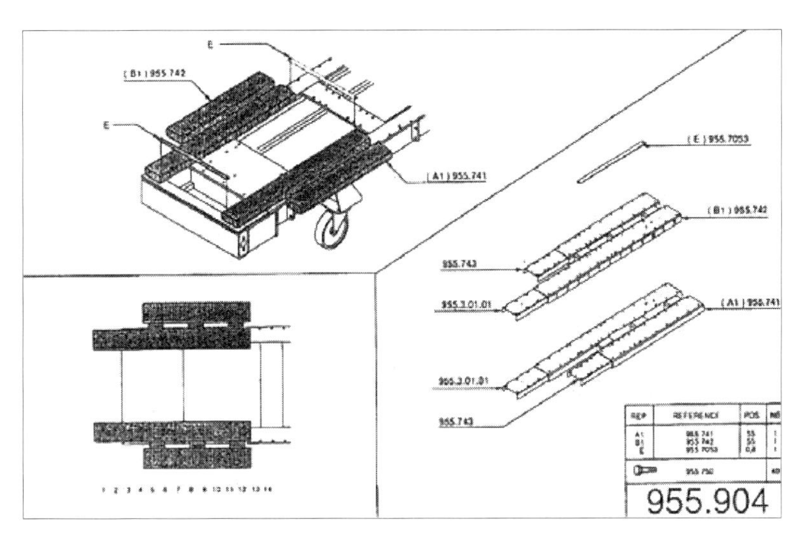

MERCEDES 전용 크로스멤버

일자형 크로스멤버와 U자형 크로스멤버는 차종에 따라 데이터 시트에 지시된 14-36 위치로 변경 설치 사용한다. 크로스멤버를 벤치에 설치하기 위해 사용하는 볼트다.

기타 크로스멤버

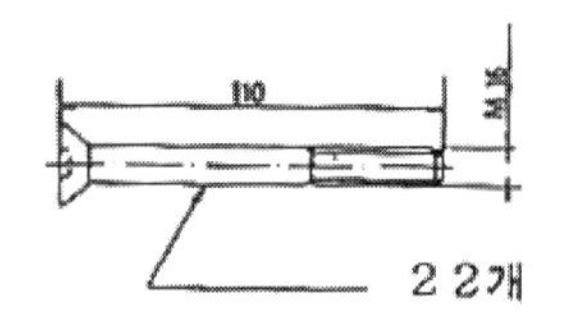

크로스멤버 조임 볼트

크로스멤버 안쪽에는 패널에 부착되어 있는 특수 설계 제작된 MZ Tower 조임 너트가 부착되어 있는데 위의 그림처럼 쉽게 교환 할 수 있도록 되어 있다. 크로스멤버 전용 Trolley를 사용하면 보관과 이동이 편리하다.

- Lock Pin을 제거한다.
- 너트 부착 패널을 잡아 뺀다.
- 손상되거나 마모된 너트를 교환한다.
- 너트 부착 패널을 크로스멤버에 다시 넣고 Lock Pin을 박는다.

크로스멤버 전용Trolley

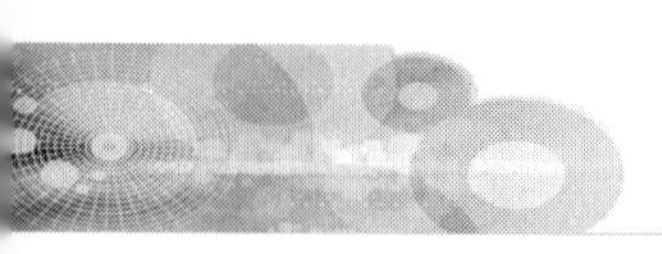

(8) 도면(Data Sheet)

각 메이커별, 차종별로 되어 있다. 일반적으로 부품을 탈거하고 작업 할 경우와 부품이 장착되어 있는 상태에서 작업을 할 경우의 도면이 있다. 최근에는 MZ + 지그가 개발되어 Universal Piston의 사용 방법이 함께 지시되어 있으며 특히 모든 지그 Point의 결합 Pin Hole의 지시가 있다.

HYUNDAI SONATA NF Typ. EU / ET

자동차 회사명, 차명, 형식

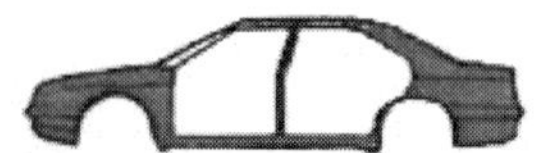

부품(서스펜션 관련)이 장착되어 있는 차량의 데이터 시트

부품(서스펜션 관련)이 탈착되어 있는 차량의 데이터 시트

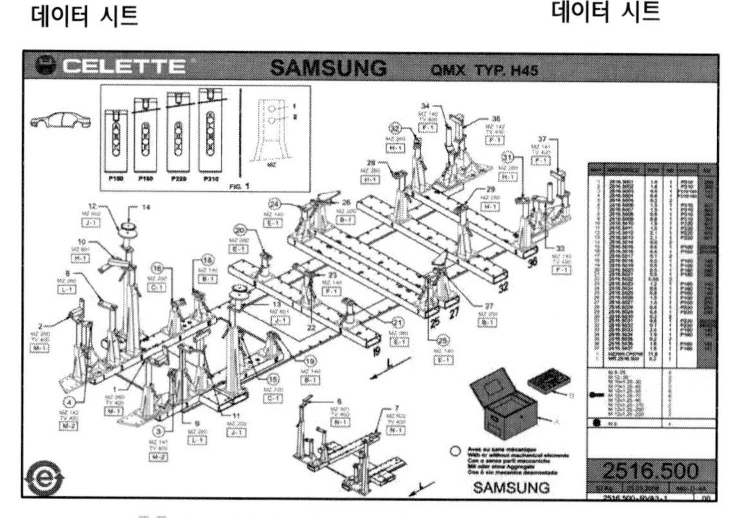

르노삼성자동차 QM5 MZ 지그 데이터 시트

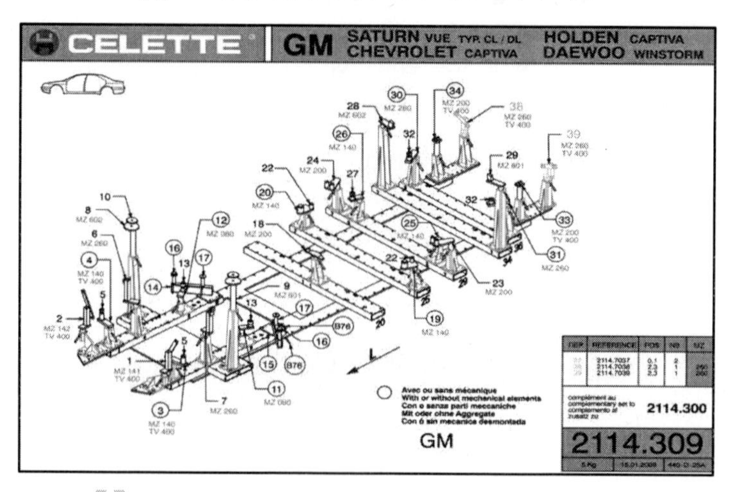

지엠대우자동차 WINSTORM MZ 지그 데이터 시트

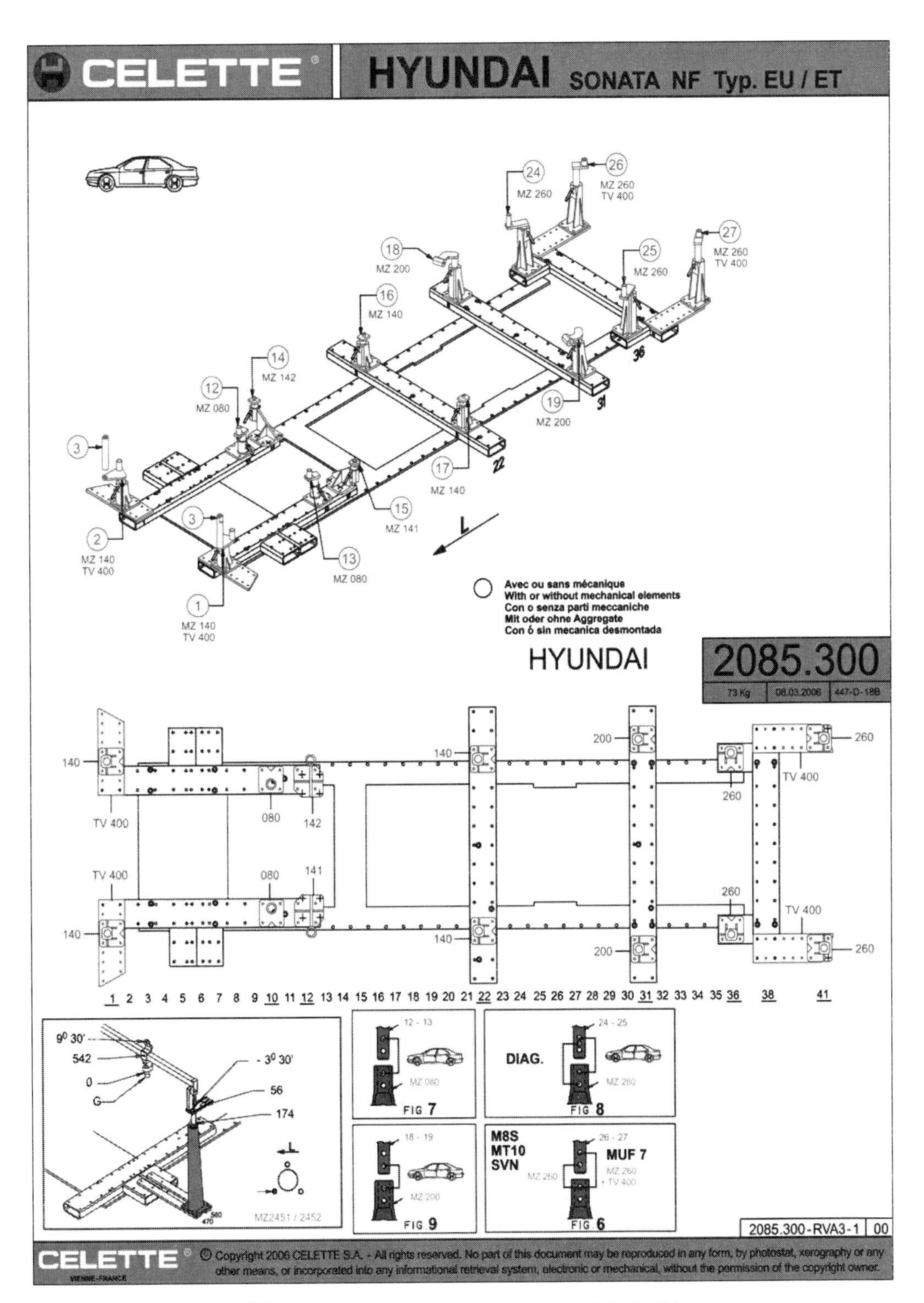

현대자동차 NF SONATA MZ 지그 데이터 시트

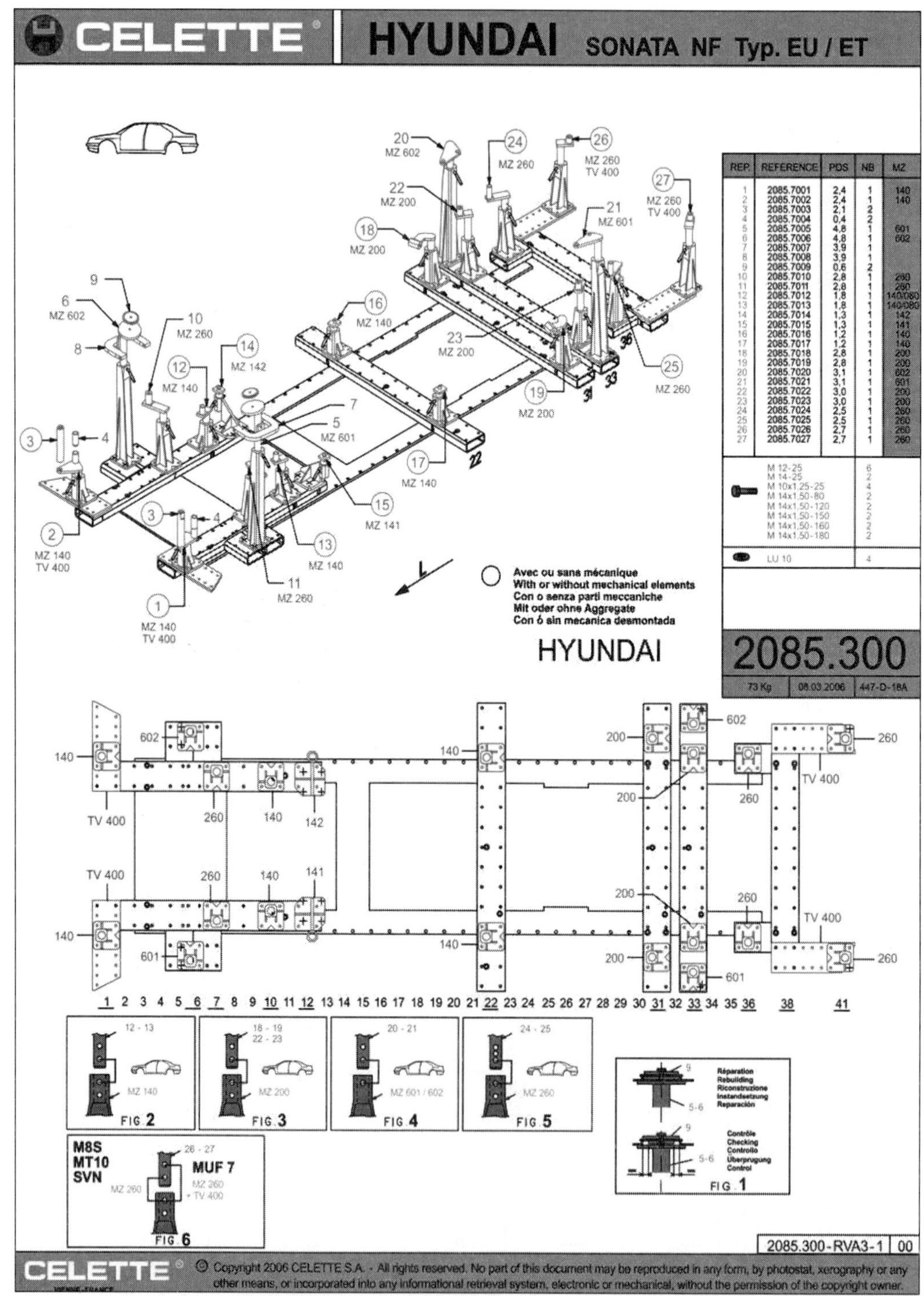

REP.	REFERENCE	PDS	NB	MZ
1	2085.7001	2,4	1	140
2	2085.7002	2,4	1	140
3	2085.7003	2,1	2	
4	2085.7004	0,4	2	
5	2085.7005	4,8	1	601
6	2085.7006	4,8	1	602
7	2085.7007	3,9	1	
8	2085.7008	3,9	1	
9	2085.7009	0,6	2	
10	2085.7010	2,8	1	260
11	2085.7011	2,8	1	260
12	2085.7012	1,8	1	140/080
13	2085.7013	1,8	1	140/080
14	2085.7014	1,3	1	142
15	2085.7015	1,3	1	141
16	2085.7016	1,2	1	140
17	2085.7017	1,2	1	140
18	2085.7018	2,8	1	200
19	2085.7019	2,8	1	200
20	2085.7020	3,1	1	602
21	2085.7021	3,1	1	601
22	2085.7022	3,0	1	200
23	2085.7023	3,0	1	200
24	2085.7024	2,5	1	260
25	2085.7025	2,5	1	260
26	2085.7026	2,7	1	260
27	2085.7027	2,7	1	260
	M 12-25		6	
	M 14-25		2	
	M 10x1,25-25		4	
	M 14x1,50-80		2	
	M 14x1,50-120		2	
	M 14x1,50-150		2	
	M 14x1,50-160		2	
	M 14x1,50-180		2	
	LU 10		4	

현대자동차 NF SONATA MZ 지그 데이터 시트

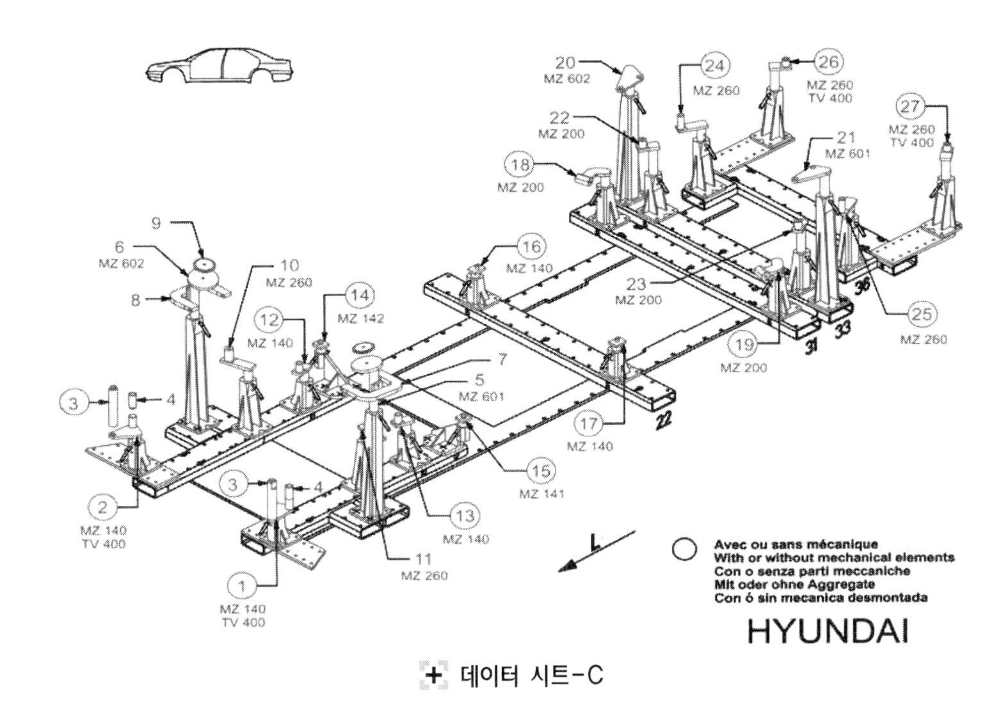

MZ Jig Head와 MZ Tower의 조립을 지시한다. 데이터 시트의 숫자에 동그라미가 그려져 있는 것은 부품이 부착되어 있을 경우와 탈착되어 있는 경우 함께 사용한다. 크로스멤버를 벤치에 설치하는 위치를 지시한다. 크로스멤버가 벤치의 상단에 표시되어 있는 숫자의 중앙에 위치하면 된다.

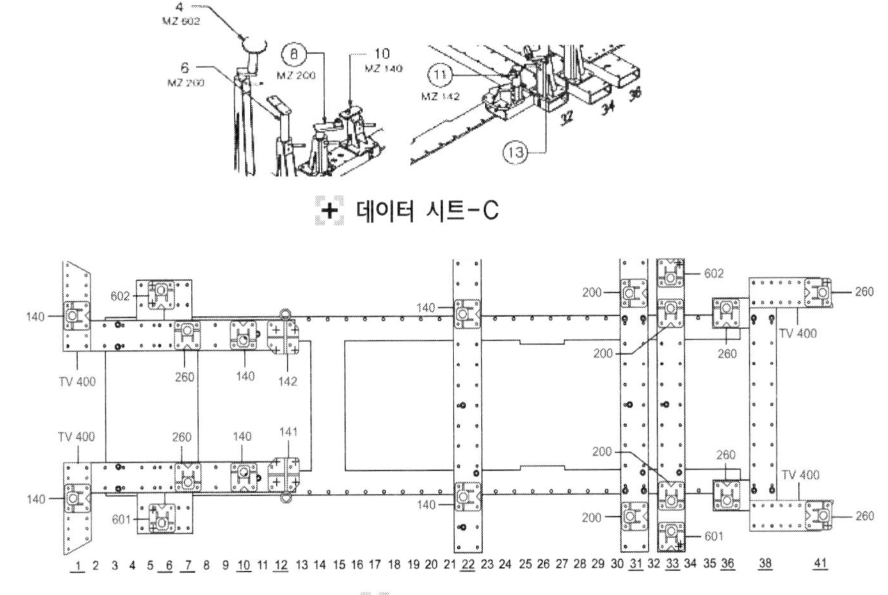

데이터 시트-C

데이터 시트-C

데이터 시트-D

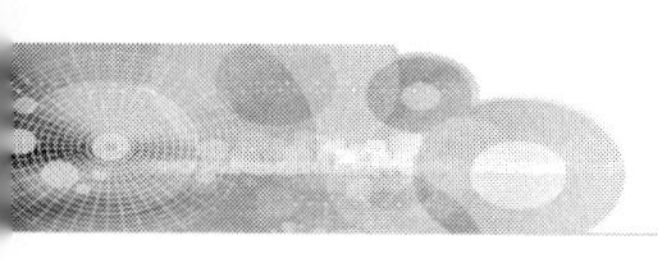

① MZ Tower의 방향을 △로 지시한다.

② MZ Tower의 크기 번호가 지시되어 있다.

③ 위 데이터 시트의 하단에 표시되어 있는 1-39번호는 벤치의 길이 방향을 표시하며 숫자 밑에 언더라인이 되어 있는 숫자는 MZ Tower와 크로스멤버의 길이 방향 설치 위치를 지시한다. 언더라인 되어있는 숫자의 중앙에 설치하면 된다.

④ MZ Tower 141,142,601,602는 다른 MZ Tower와 다르게 조임 Hole이 4개 이상이 있어 사용하지 않는 조임 Hole의 위치를 +로 지시한다.

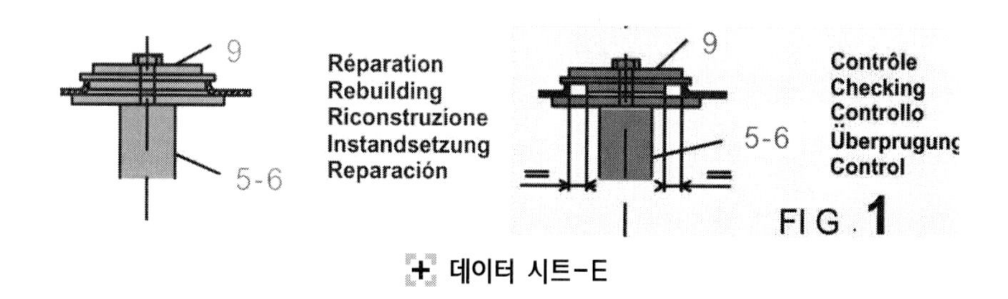

데이터 시트-E

⑤ MZ Jig Head의 피스톤에 2이상의 Pin Hole이 있으면 데이터 시트의 하단에 반드시 위 그림과 설명의 지시가 있다.

⑥ TV 패널과 사용과 사용 장비(MUF-MUF 7, MT10, SVN-SVENNNE)를 표시한다.

⑦ MZ Jig Head의 피스톤에 2이상의 Pin Hole이 있으면 데이터 시트의 하단에 반드시 위 그림과 설명의 지시가 있다.

⑧ TV 패널과 사용과 사용 장비(MUF-MUF 7, MT10, SVN-SVENNNE)를 표시한다.

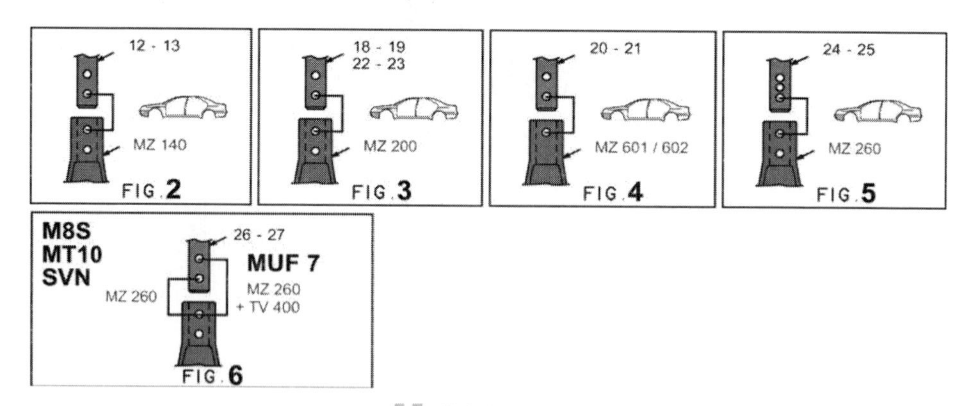

데이터 시트-F

REP.	REFERENCE	PDS	NB	MZ
1	2085.7001	2,4	1	140
2	2085.7002	2,4	1	140
3	2085.7003	2,1	2	
4	2085.7004	0,4	2	
5	2085.7005	4,8	1	601
6	2085.7006	4,8	1	602
7	2085.7007	3,9	1	
8	2085.7008	3,9	1	
9	2085.7009	0,6	2	
10	2085.7010	2,8	1	260
11	2085.7011	2,8	1	260
12	2085.7012	1,8	1	140/080
13	2085.7013	1,8	1	140/080
14	2085.7014	1,3	1	142
15	2085.7015	1,3	1	141
16	2085.7016	1,2	1	140
17	2085.7017	1,2	1	140
18	2085.7018	2,8	1	200
19	2085.7019	2,8	1	200
20	2085.7020	3,1	1	602
21	2085.7021	3,1	1	601
22	2085.7022	3,0	1	200
23	2085.7023	3,0	1	200
24	2085.7024	2,5	1	260
25	2085.7025	2,5	1	260
26	2085.7026	2,7	1	260
27	2085.7027	2,7	1	260
	M 12-25		6	
	M 14-25		2	
	M 10x1,25-25		4	
	M 14x1,50-80		2	
	M 14x1,50-120		2	
	M 14x1,50-150		2	
	M 14x1,50-160		2	
	M 14x1,50-180		2	
	LU 10		4	

2085.300		
73 Kg	08.03.2006	447-D-18A

- 데이터 시트의 MZ Jig Head 번호
- MZ Jig Head에 새겨져 있는 번호
- MZ Jig Head의 무게
- MZ Jig Head의 개수
- MZ Jig Head와 조립되는 MZ Tower 번호
- MZ Jig Head에 사용되는 볼트, 너트, washer 제원과 개수
- MZ Jig Head Set 번호
  2085.300
- MZ Jig Head Set(complate set)의 무게
- 발행일
- 데이터 시트 번호

+ 데이터 시트-G

2 차량의 세팅

차량의 메이커 및 차명, 형식 등을 확인하여 데이터 시트 및 MZ Jig Head Set를 준비한다. 손상 정도를 파악하여 교환할 부품과 작업에 방해가 되는 부품을 탈거한다.

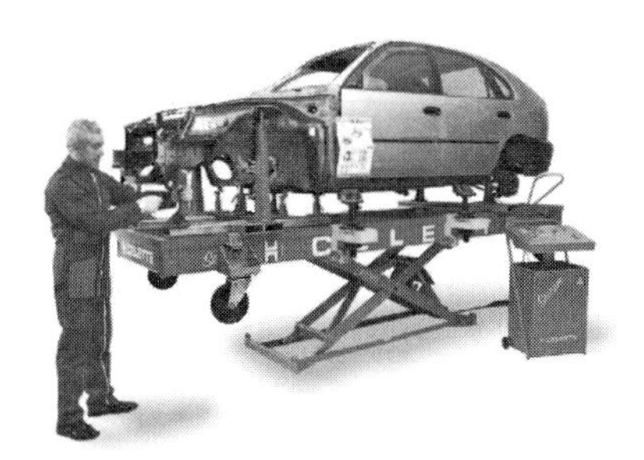

+ 손상 정도파악

- 데이터 시트를 보면서 크로스멤버를 설치한다.
- 차량을 벤치에 올리는 장치에 올려놓고 차량이 손상되지 않았다고 판단되는 지그 Point 3~4개를 선택하여 MZ Jig Head와 MZ Tower를 준비한다.
- 차량에 부착이 가능한 지그는 차량에 부착한 뒤 MZ Tower와 조립하고 MZ Tower 조임 볼트를 끼워 놓는다.
- 차량에 부착 할 수 없는 지그는 MZ Jig Head와 MZ Tower를 조립하고 데이터 시트를 참조하여 벤치의 설치 할 위치에 MZ Tower 조임 볼트를 끼워 놓는다.

기준 지그 선정 기준

- 차량이 손상되지 않은 지그 Point를 선택한다.
- 가능하면 차량에 부품이 장착되는 지그 Point는 Wheel align에 영향을 주는 것이 좋다.
- 최소 3 Point이상 선정한다.
- 기준 지그의 간격이 멀수록 좋다.

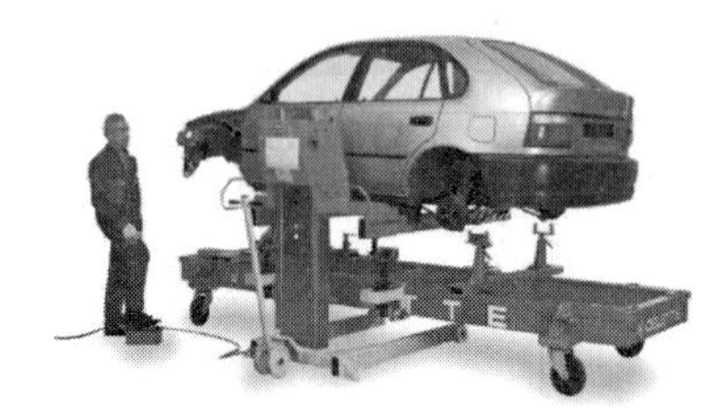

작업 차량을 벤치에 올리는 다양한 방법

① 차량을 벤치 위로 내린다. 이때 MZ Tower가 벤치 5mm정도까지 내려오면 벤치나 차량을 흔들면서 MZ Tower 조임 볼트를 임시로 잠근다.

② 차량을 완전히 벤치 위로 내린 뒤 모든 MZ Tower 조임 볼트를 잠근다. MZ Tower와 MZ 지그를 결합시키는 Pin을 돌려봐서 Pin이 빡빡하게 돌거나 돌지 않으면 손상이 있을 가능성이 있으므로 다른 지그의 Point를 다시 선택하여 작업한다.

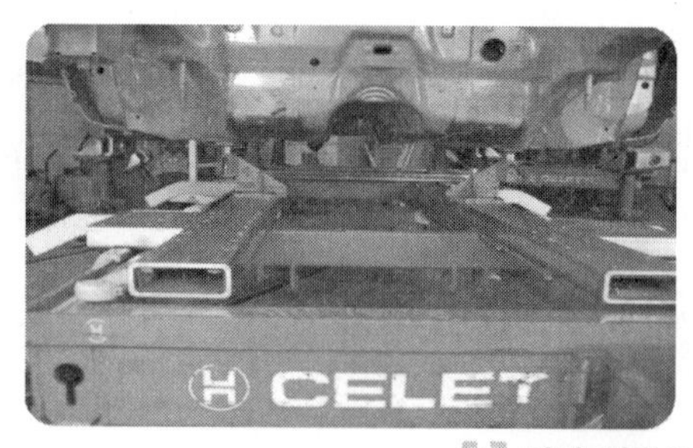

작업 차량의 Up 벤치-A

③ 사이드 실 클램프를 적합한 위치로 이동시켜 고정한다.

④ 4개의 기준 지그와 4개의 사이드 실 클램프 설치가 완료되면 차량을 벤치에 고정시키는 작업과 영점(Calibration) 작업이 완료된다. 손상 분석 작업 후 차체 복원 작업을 시작하면 된다.

사이드 실 클램프 설치

3 손상 분석

차량을 완벽하게 복원시키기 위해서는 정확한 손상분석이 필수적이다. 지그를 이용하여 가로(X축), 세로(Y축), 높이(Z축)의 손상분석을 할 수 있다.

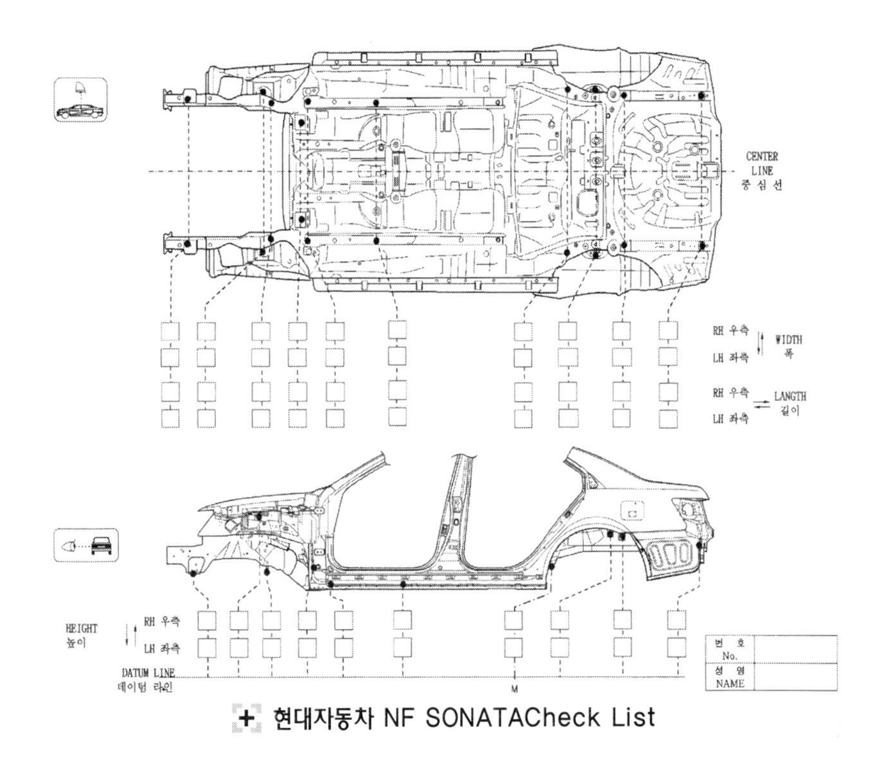

현대자동차 NF SONATACheck List

Check List 작성 방법

① 차량을 설치 방법에 따라 정확하게 설치하여 0점(Calibration) 작업을 완벽하게 끝낸다.

② 손상이 적은 부위(기준 지그에서 가까운 지그 Point)부터 데이터 시트를 참조하여 MZ Tower와 지그를 조립하여 손상 분석한다.

③ 손상이 된 방향으로 → ←↑↓로 표시하며 손상이 없는 Point는 0을 표시한다.

④ 손상 여부의 기준은 각 자동차메이커에서 정한 허용오차를 기준으로 한다.

⑤ 일반적으로는 MZ Tower와 지그를 결합시키는 Pin을 좌우로 돌려 돌아가면 손상이 없는 것으로 본다.

⑥ Pin이 돌아가면 가로(X축), 세로(Y축), 높이(Z축)의 손상이 ±1mm이내로 본다.

손상 분석하는 다양한 방법

① 지그와 차량의 조립 Point를 보고 판단

② MZ Tower와 MZ 지그의 피스톤에 있는 핀의 구멍을 보고 판단

③ MZ Tower와 크로스멤버에 있는 조립 볼트의 구멍을 보고 판단 할 수 있다.

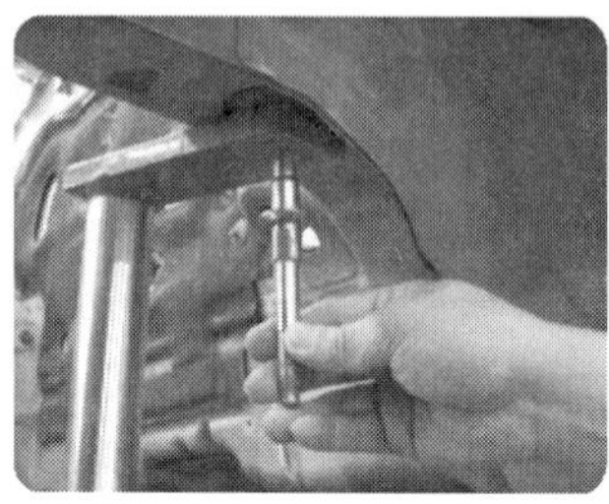

손상을 분석하는 다양한 방법

4 MZ Jig System에 의한 차체 복원

① 4개의 기준 지그와 4개의 사이드 실 클램프 설치가 완료되면 차량을 벤치에 고정시키는 작업과 영점(Calibration) 작업이 완료된다. 손상분석 작업 후 차체 복원 작업을 시작하면 된다. 기준 지그에서 가까운 손상이 적은 부위부터 복원한다.

② 데이터 시트를 보면서 손상부위의 MZ Tower와 MZ 지그를 설치해 나간다.

MZ 지그 시스템에 의한복원 작업

손상 부위의 지그 설치

③ 손상이 없거나 복원이 완료된 Point의 지그는 2차 손상을 방지하기 위해 MZ Tower 조임 볼트를 조이고 차체에 고정시키는 볼트도 지그 Set에 있는 특수 볼트 사용설명서를 참조하여 체결한다.

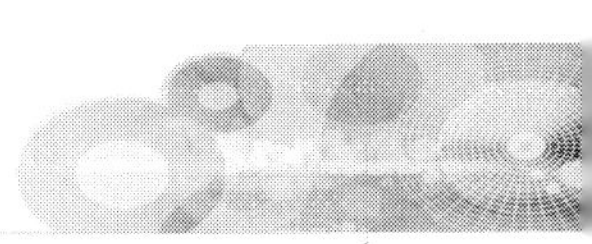

④ 손상이 있는 지그 Point를 수정할 경우 지그를 기준으로 앞에서 설명한 풀링 유닛으로 수정하는데 탄성을 고려하여 풀링한다. 풀링 작업에 방해가 되는 경우 MZ 지그 체결 Pin을 빼고 지그 Head를 내린 후 풀링한다. 마지막으로 모든 MZ Tower 체결 Pin을 돌려서 부하가 없는지 확인한다.

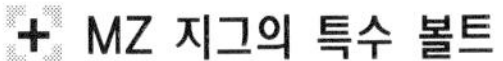

MZ 지그의 특수 볼트

손상부위 복원

⑤ 부품을 교환할 경우 도면의 부품 탈거 시 도면을 참조하여 작업한다. 용접작업에 의한 뒤틀림을 막기 위해 부품을 지그 볼트로 고정한 후 용접한다.

부품 교환작업

제5장 차체 손상진단 및 수리

1 차체 손상 진단의 목적

차체 손상 진단의 목적은 사고에 의한 손상 발생이 상대 물체의 종류, 충돌속도, 충돌각도, 충돌부위 등에 의해서 손상 범위가 다양하므로 이를 정확하게 진단하려함에 있다.

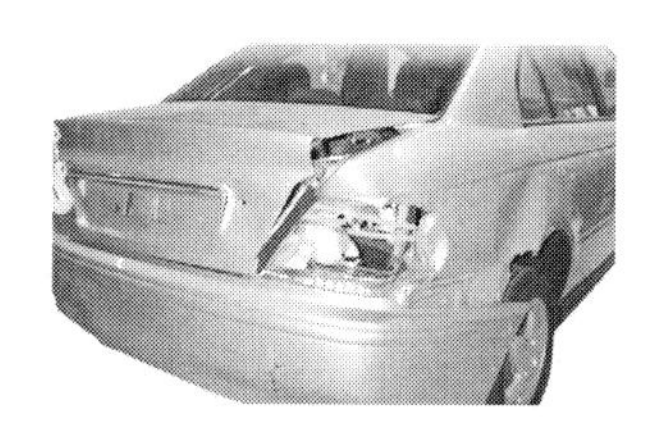

차체 손상 진단

2 차체 손상의 발생

차체 손상의 발생은 가해진 외력의 크기, 방향, 힘이 와서 닿는 부분 및 그 분포상태가 집중적인 경우와 분산된 경우 등에 의해 그 상태가 달라진다. 또한, 차체에 사용된 부재의 성질, 판 두께, 생김새, 조립상태 등에 의하여 손상 발생의 경향도 틀려지며, 모노코크 보디의 경우는 충격을 받아들이는 효과가 뛰어나 보디 심부까지의 손상은 비교적 적은 편에 속한다.

일반적으로 충격력은 프레임 즉, 보를 통해 전해지며 충격력이 전달되는 보에 충격을 흡수하는 부분이 있으면 그 충격력은 손상을 주기는 하지만, 손상은 급격히 감소된다. 정확한 차체수리 작업을 위해서는 차체수리 작업이 이루어지기 이전에 모든 파손은 구분되어져야 한다. 제대로 구분이 되지 않은 상태에서 차체수리 복원 작업을 하게 되면 완벽한 조정이 이루어지지 않으므로 차체 복원 작업에 크나 큰 영향을 미치게 된다.

차량 구조의 충돌 파손의 분석은 반드시 충돌 지점에서 시작을 해야 하고 충돌 지점은 파손 변형에 직접적인 영향을 미친다는 것을 명심해야 할 것이다.

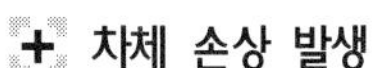

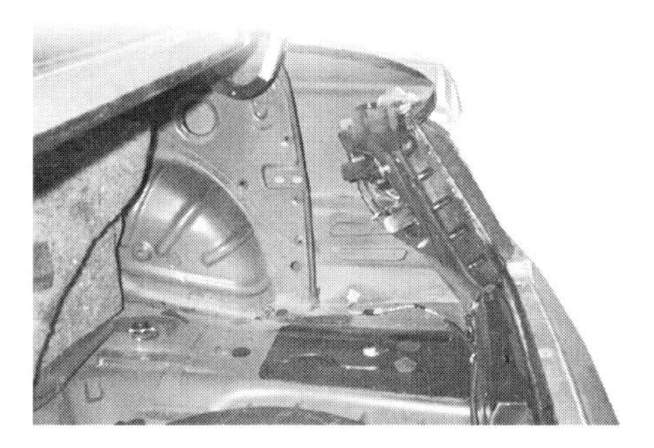

차체 손상 발생

충돌 지점

3 | 차체 파손의 분석

파손분석의 원리는 사고가 처음이냐 재발이냐의 판정에 의해 파손을 구분 지을 수 있다. 반드시 어떤 수리를 할 것인가 결정하기 이전에 파손지점에서 차량 전반의 힘의 확산을 파악해야 한다. 파손을 분석하는데 있어 충돌 점에서 그 힘이 퍼져나가는 파손 형태인 **외부파손**과 현저한 파손의 내면에는 잘 보이지 않는 변형으로 또 다른 파손을 초래하는 **내부파손**이 있다.

(1) 외부 파손의 분석 영역

충돌의 흡수는 차체로부터 큰 비율로 흡수가 되는 1차원 파손과 직접 충돌로 인한 힘의 전달이 계속되어 또 다른 파손을 초래하는 2차원 파손, 엔진 및 서스펜션 부품들의 파손인 3차원파손, 전기장치 및 실내장식 부품들의 파손인 4차원 파손, 외관상 부품의 파손인 5차원 파손으로 구분되어 진다.

① 1차원 파손

1차원 파손은 직접적인 충돌에 의한 파손의 형태로 범퍼나 패널의 변형, 후드, 도어, 트렁크 리드 등의 변형과 프레임의 변형 등을 들 수 있다.

② 2차원 파손

2차원 파손은 직접적인 충돌영향을 받은 부분의 힘의 전달로 간접적인 충돌 변형 형태로 변형된 패널이나 루프, 금이 간 유리, 비틀어진 도어 등이 이에 해당한다.

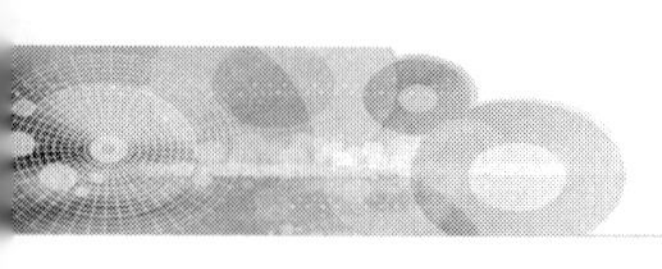

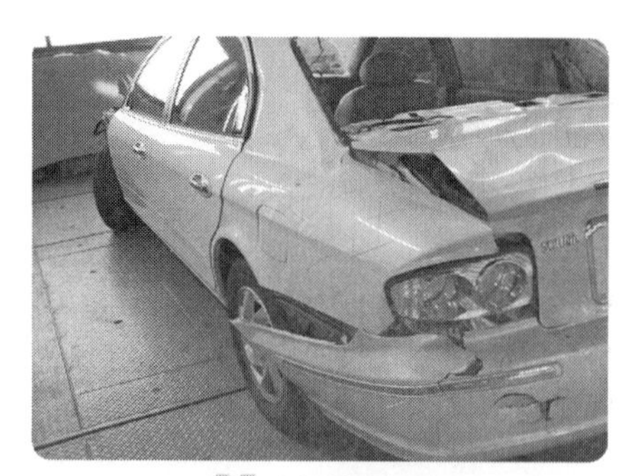

1차원 파손

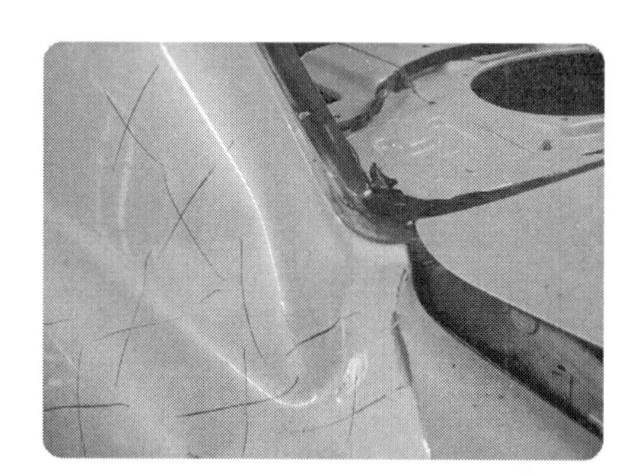

2차원 파손

③ 3차원 파손

3차원 파손은 엔진 및 하체 부품들의 기계적인 파손 형태로 엔진 블록, 트랜스 액슬 케이스, 드라이브 샤프트 등의 변형 등을 들 수 있다.

④ 4차원 파손

4차원 파손은 차량 인테리어의 파손 형태로 전기장치의 파손 및 인스트루먼트 패널 파손 및 변형 등을 들 수 있다.

3차원 파손

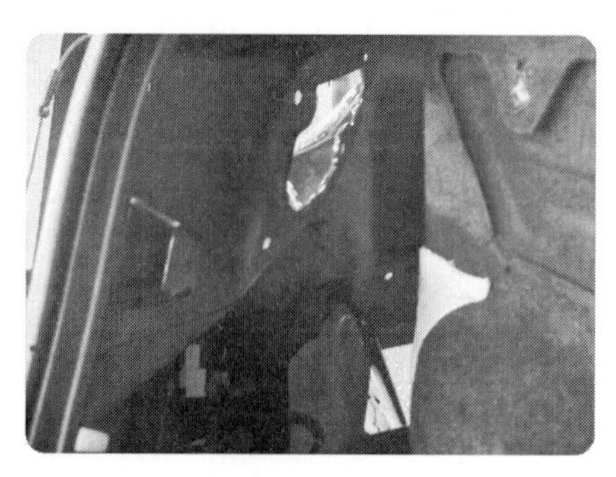

4차원 파손

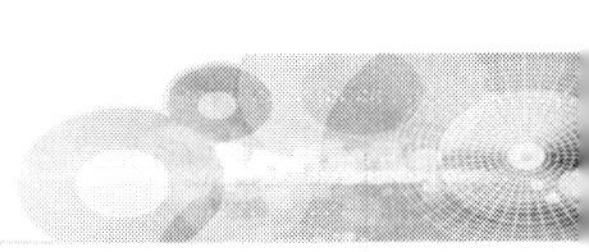

⑤ **5차원 파손**

5차원 파손은 외관상 부품의 파손으로 몰딩의 파손, 벗겨진 페인트 등의 손상 등을 들 수 있다.

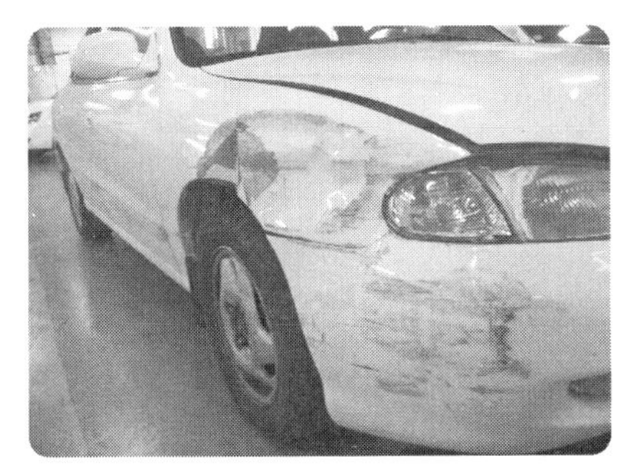

5차원 파손

(2) 내부 파손 분석

외형적인 파손의 형태를 분석 하는 데는 그렇게 오랜 시간이 걸리지 않는다. 전면부의 손상과 후면부위, 측면부위의 손상 형태와 함께 어느 정도의 파손이 진행되었는지 파악하는 데는 그렇게 어려운 일이 아니지만 가장 중요한 것은 파손된 범위가 어디까지이며, 힘이 전달된 경로가 어디까지인지 파악하는 것이 무엇보다 중요하다. 외형적으로 보이는 파손으로 어느 정도의 파손이 이루어졌는지 이야기하는 것은 대단히 큰 오류를 범할 수 있다.

차체수리 작업을 시작하기에 앞서 파손의 분석은 내부파손까지의 분석이 끝이 난 다음 분석 작업의 종료와 함께 어떤 방법으로 복원작업을 진행해야 할지 생각해야 할 것이다.

복원작업의 진행 계획

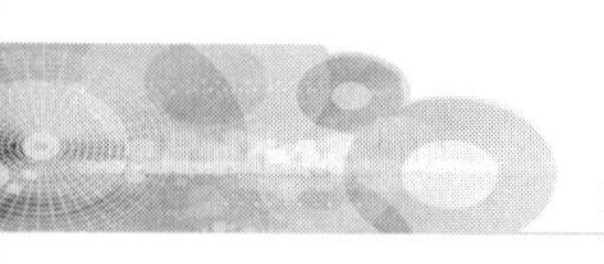

그렇다면 내부파손의 종류에는 어떤 것들이 있으며, 내부 파손의 분석은 어떻게 이루어지는지 살펴보자.

① 내부 파손의 형태

내부파손의 대표적인 변형 형태에는 스웨이(Sway)변형, 새그(Sag)변형, 붕괴(Collapse)변형, 꼬임(Twist)변형, 다이아몬드(Diamond)변형의 5가지 변형 형태로 구분할 수 있다.

파손된 차체에는 각 부품마다 변형이 있으며, 파손 부위를 포함해서 다른 곳에도 영향을 미치므로 길이, 높이, 넓이 등 많은 상황에서 동시 다발적으로 일어나는 변형에 대한 작업을 생각하는 것이 중요하다.

- **스웨이(Sway) 변형** : 스웨이 변형은 센터라인을 중심으로 좌측 또는 우측으로의 변형을 말한다.
- **새그(Sag) 변형** : 새그 변형은 프런트 사이드 멤버의 변형에서 흔히 볼 수 있는 변형 형태로 사이드 멤버에 현저히 나타나는 휨의 상태를 표현한 것이다. 새그는 데이텀 라인 차원에서 수직적으로 정렬이 되지 않고 휘어진 것이다. 사이드 멤버의 두면이 그림과 같이 똑 같이 위로 휘어진 상태를 **킥 업**(Kick-up) **변형**이라 하고, 똑같이 아래로 휘어진 상태를 **킥 다운**(Kick-down)**변형**이라고 한다.

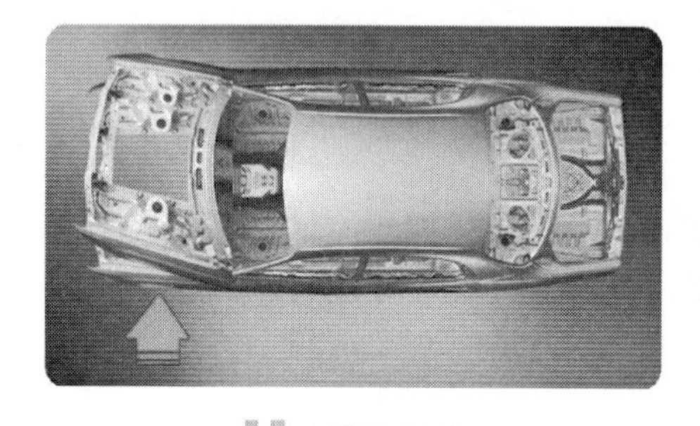

+ 스웨이 변형

+ 새그 변형

- **꼬임(Twist) 변형** : 꼬임 변형은 데이텀 라인에서 평행하지 않은 상태를 말한다. 그림에서 보듯이 프런트 사이드멤버의 변형이 한쪽은 내려가고, 한쪽은 올라가는 변형으로 서로 엇갈린 변형 형태를 말한다.
- **붕괴(Collapse) 변형** : 붕괴변형은 건물이 붕괴될 때의 형태 변화로 그림과 같이 사이드 멤버 한쪽 면 또는 전체 면이 붕괴된 형태의 변형으로 한쪽 면 또는 전체 면의 길이가 짧아진 형태의 변형을 말한다.

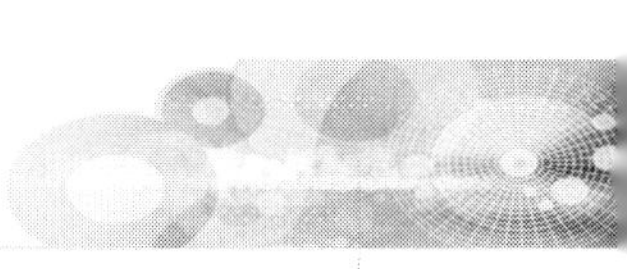

꼬임 변형

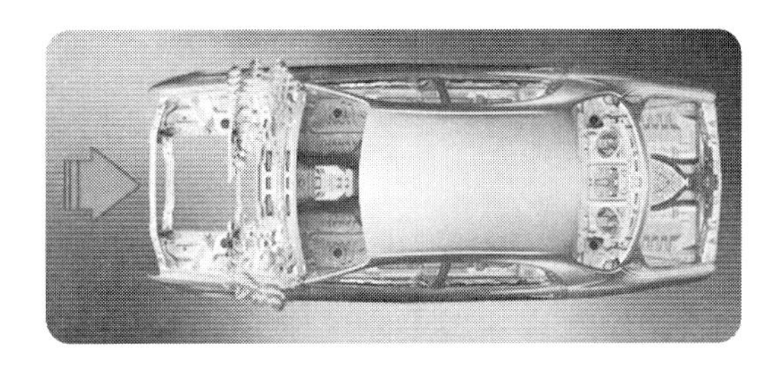

붕괴 변형

- **다이아몬드(Diamond) 변형** : 다이아몬드 변형은 차체의 한쪽 면이 전면이나 후면 쪽으로 밀려난 형태를 말하는 것으로 사각형의 구조물이 다이아몬드 형태로 변형을 일으킨 것이라 보면 이해가 쉽게 될 것이다. 이러한 현상은 차체 전체를 통해서 일어난다. 다이아몬드 상태는 차량의 한 코너에 충격이 가해짐으로써 파생되는데 이 현상은 비교적 심각한 파손 변형 형태라 할 수 있다.

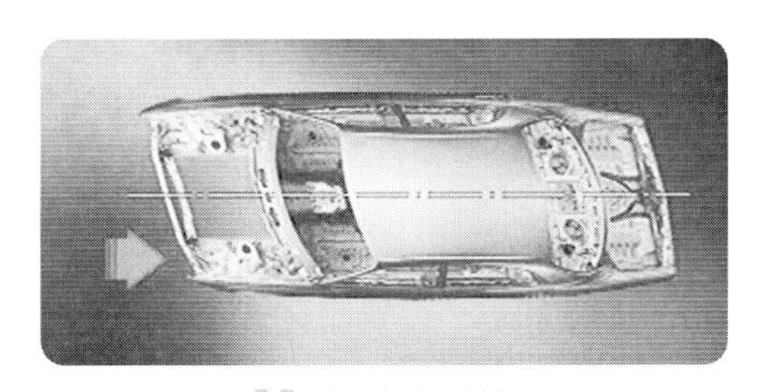

다이아몬드 변형

② 측정 포인트

차량 파손의 연장 여부를 결정하는데 있어서 측정은 빼놓을 수 없는 중요한 일이며, 필히 모든 파손 차량에 있어 측정은 정확한 차체수리 작업을 진행하기에 앞서 반드시 선행되어야 할 작업이다.

여기에서의 측정 포인트란 그림에서 보듯이 차체 치수도에서 지정한 치수 및 측정 지점을 말한다.

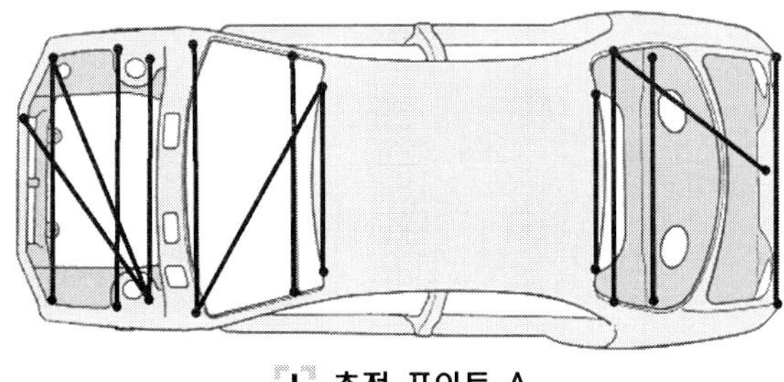

측정 포인트 A

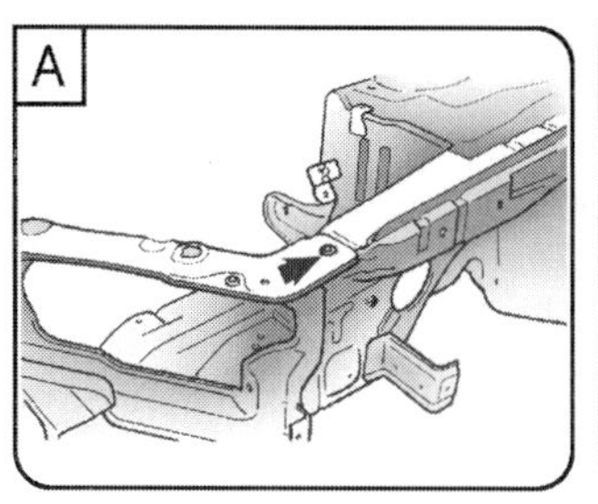

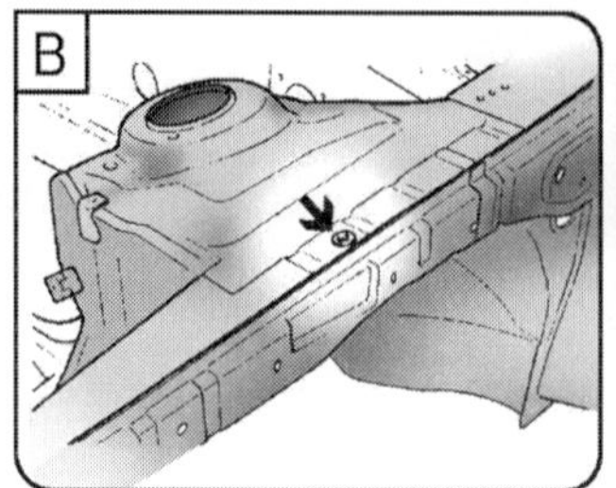

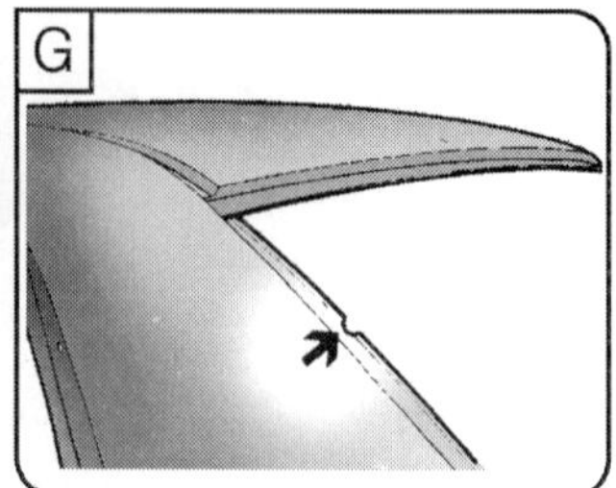

측정 포인트 B

4 | 충돌 손상 분석의 4개 요소

파손 분석 및 측정 포인트 못지않게 중요한 것이 충돌 손상 분석의 4개 요소이다. 게이지 판독과 파손 분석의 모든 관점은 이 4개의 기본적인 중요 요소에 기초를 두고 있다.

충돌 손상 분석의 4개 요소는 **센터라인**, **데이텀 라인**, **레벨**, **치수**로 분류된다.

(1) 센터라인(Center Line)

센터라인은 그림에서 보듯이 차량 전후 방향 면에서 그 가상 중심축을 말하는 것으로 차량의 중심을 가로지르는 데이텀의 길이에 해당하는 것이다.

언더 보디의 평형 정렬 상태 즉, 센터 핀의 일치여부를 확인하여 차체 중심선의 변형을 판독하는 것이다. 센터라인에서 변형된 파손을 분석할 수 있는 대표적인 것은 스웨이 변형이다.

센터 라인

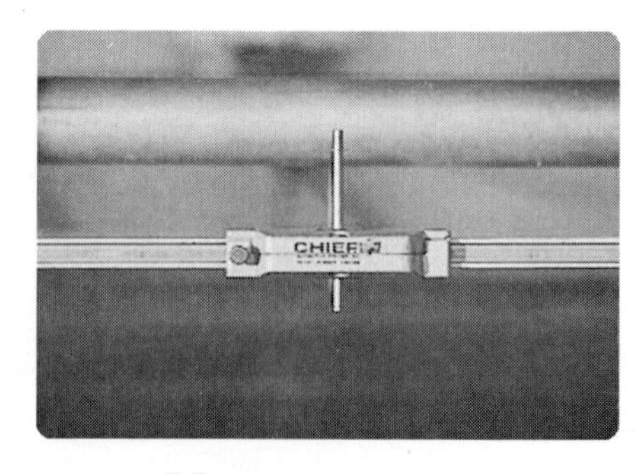

센터 핀의 일치 확인

(2) 데이텀 라인(Datum Line)

데이텀은 센터링 게이지 수평바의 높낮이를 비교 측정하여 언더보디의 상하 변형을 판독하는 것으로서 높이의 치수를 결정할 수 있는 가상 기준선(면)을 말한다.

데이텀 라인은 상황에 따라 조절이 가능하며, 데이텀 라인이 정해지면 그에 따라 더하거나 감할 수가 있다는 것이다.

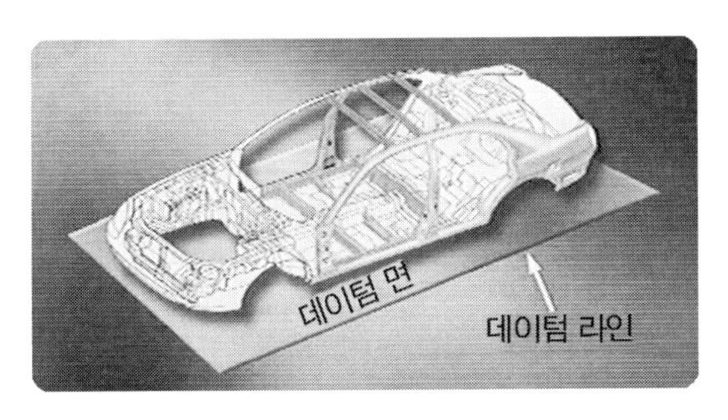

+ 데이텀 라인

(3) 레벨(Level)

레벨은 센터링 게이지 수평바의 관찰에 의해 언더 보디의 수평상태를 판독하는 것으로 차량의 모든 부분들이 서로 서로 평행한 상태에 있는가를 고려하는 높이 측면의 가상 기준축이다. 레벨은 단지 수평인지 아닌지, 그리고 앞, 뒤로 평행인지 아닌지만 고려하면 된다. 레벨로 측정이 가능한 변형은 꼬임(Twist)변형, 새그(Sag)변형이다.

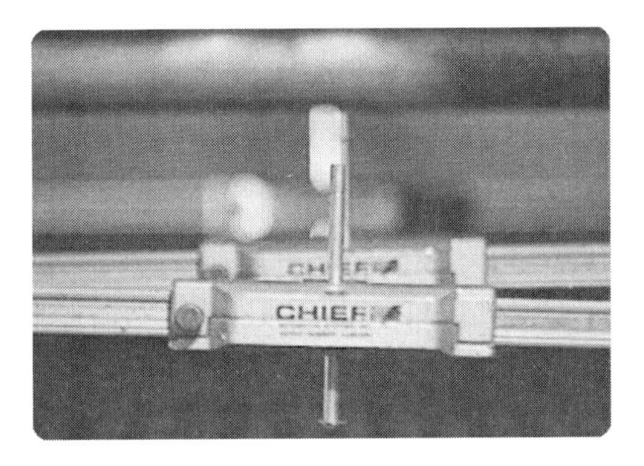

+ 레벨

(4) 치수

치수는 차량이 제작되어 나올 때 제작사에서 만든 차체 치수도를 말한다.

5 | 계측 작업

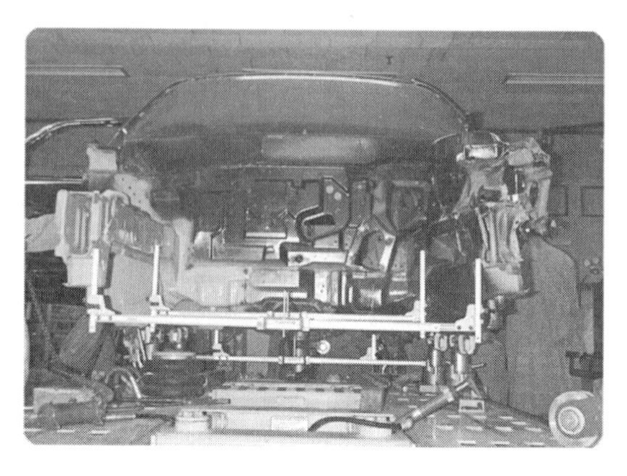
계측 작업

손상된 차체의 점검은 육안 점검과 계측기에 의한 점검으로 나눌 수 있다. 계측기에 의한 점검이 육안 점검보다는 더욱 정밀성을 띄게 된다. 차체의 손상은 외부적으로 보이는 외형적인 파손의 형태로도 판단이 가능하지만 내부적으로 손상된 모습은 육안으로 점검하기가 어렵다. 그래서 반드시 계측장비를 사용한 계측이 동시에 이루어져야 한다.

(1) 육안 점검의 오류

그림에서 보여 지는 것처럼 육안 점검 시 나타나는 착시현상 때문이다. 예를 들면 같은 길이의 봉이 다르게 보인다든지, 똑바르게 곧은 선이 비뚤어져 보이는 경우가 있다는 것이다. 육안 점검만으로도 충분히 작업이 이루어 질 수 있지만 보다 정확한 작업을 하기 위해서는 계측작업이 동시에 이루어져야 한다는 것이다.

계측기기에 의해 측정하게 되면 선의 길이도, 굽음도 곧바로 판단할 수 있기 때문에 계측기기에 의한 측정이 얼마나 중요한가를 인식할 필요성이 있다.

각종 보디는 단순한 선이 아니라 입체물이기 때문에 줄자를 이용하여 길이를 측정하는 것은 '그리 적합하지 않다' 라고 말할 수 있다.

착시 현상

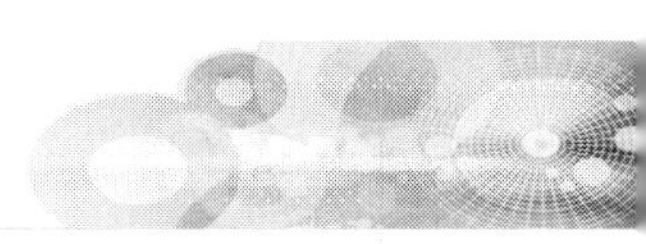

(2) 계측기에 의한 측정 방법

계측기에 의한 계측에는 트램 트래킹 게이지에 의한 측정과 센터링 게이지에 의한 계측 방법이 주로 많이 사용된다.

① 트램 트래킹 게이지에 의한 측정

보디의 대각선이나 특정 부위의 길이를 측정하는데 사용 되며,보디의 변형 부위 즉, 엔진룸이나 윈도우 개구부의 측정에 사용된다.

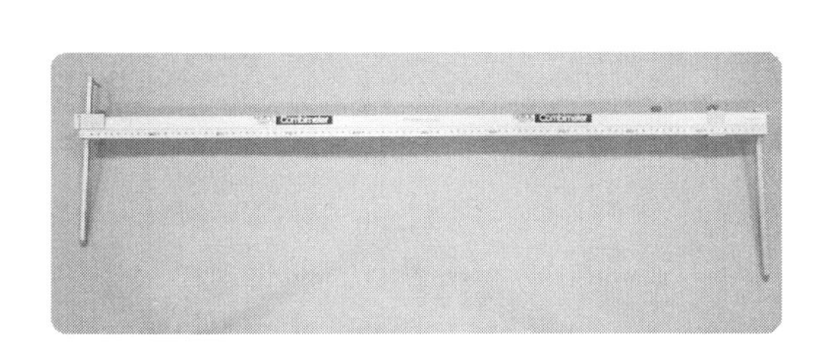

트램 트래킹 게이지에 의한 측정

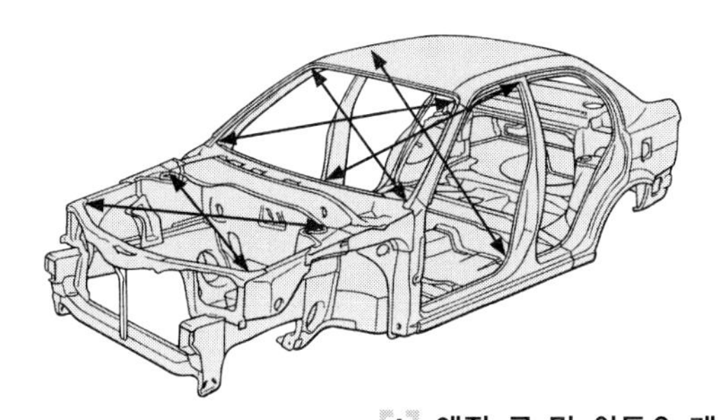

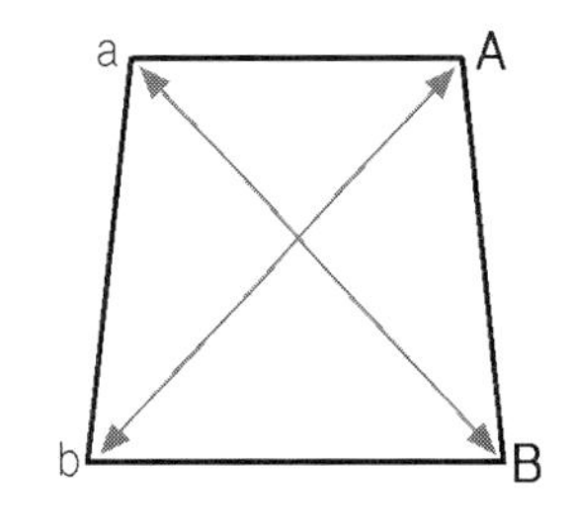

엔진 룸 및 윈도우 개구부 측정

② 센터링 게이지에 의한 측정

언더 보디의 중심부를 측정하여 프레임의 이상 상태를 측정한다. 센터링 게이지로 측정할 수 있는 변형은 상하, 좌우, 비틀림 변형을 측정할 수 있다.

센터링 게이지의 구조는 좌우의 폭을 조절할 수 있는 수평 바의 중심에 센터 핀이 있고 신축성이 있는 수평 바의 끝에는 차체 언더보디 및 사이드 멤버에 부착시키는 행거로드로 구성되어 있다.

다음 그림에서 보여 지는 것은 현재 현장 작업에서 많이 사용되는 것으로 센터링 게이지라기 보다는 수평을 측정할 수 있는 수평 수포게이지이다. 수평 수포게이지의 센터 핀을

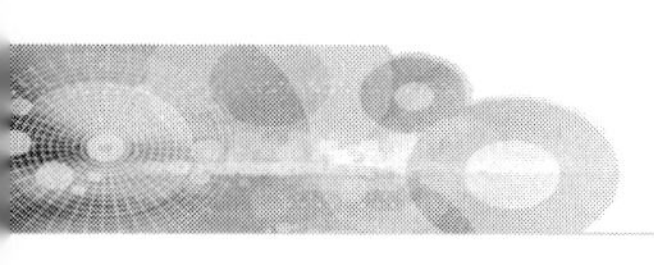

보고도 변형여부를 확인할 수도 있지만 센터에 있는 물방울 형성의 수포를 통해 수평을 확인할 수 있고 가격 면에서 센터링 게이지에 비해 훨씬 저렴하기 때문에 현장 작업에 많이 공급되며 활용되어지고 있다.

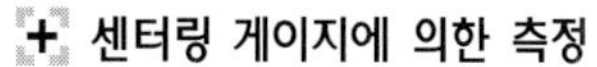
센터링 게이지에 의한 측정

수평 수포게이지

③ 센터링 게이지의 점검 요령

센터링 게이지의 점검 요령은 양쪽 수직바를 두 손으로 잡고 가운데로 이동하여 수직바 하단부가 중앙부에 일치하는 가를 점검하고 점검이 끝나면 행거로드를 센터 사이드 핀과 좌우로 똑같은 거리에 놓이게 한다. 좌우로 마주 보이는 8개소의 측정 기준점에 부착시켜 센터 사이드 핀을 겨냥함으로써 언더보디(프레임)의 중심선을 확인하게 된다.

④ 변형 측정

센터링 게이지를 언더보디(프레임)의 측정 기준점에 부착시키고 수평 바의 높이가 가지런하지 않은 것이 관찰되면 프레임이 상하로 굽은 상태를 확인할 수 있으며, 수평바가 어느 쪽으로든 기울어진 현상을 나타낼 경우에도 프레임에 상하 굽음이 있음을 알 수 있다.

변형 측정

센터 핀을 중심으로 좌우 쌍방으로 교차할 때에는 프레임에 비틀린 변형이 있음을 알 수 있고, 센터 핀이 일직선상에 놓이지 않을 경우에는 프레임은 좌우로 굽어 있음을 알 수가 있다.

⑤ 계측 작업 시 주의사항

계측작업을 정밀하게 하기 위해서는 다음의 사항들을 주의할 필요가 있다.

- 수평으로 확실하게 고정을 해야 한다. 수평으로 확실히 고정되어 있지 않고 움직이게 되면 정확한 측정을 할 수 없다.
- 계측기기에 손상이 없어야 한다. 트램 게이지의 측정 눈금이나 센터링 게이지의 센터 핀과 수직 바 및 센터링 게이지 본체가 비뚤어져 있다든지 하면 정확한 측정 결과를 기대할 수 없게 된다.
- 계측기기와 함께 차체 치수도를 함께 활용해야 한다. 프레임 수정에 있어 가장 중요한 자료는 차체치수도이다. 차체 치수도를 잘 활용해서 계측기기와 함께 활용해야 할 것이다.

6 | 차체수리 작업 순서

그림과 같이 손상된 차량이 입고되었다. 가장 먼저 선행되어야 하는 작업은 무엇일까?

손상된 차량의 모습

손상된 차체를 원래의 상태 즉, 신차 출고시의 상태와 동일한 기능과 성능, 외관을 복원시키기 위해서는 다음과 같은 5단계의 작업 순서에 따른 표준 작업을 실시함으로써 복원수리가 가능하게 된다.

제 1 단계 : **차체 손상 진단 및 분석**

제 2 단계 : **차체 고정**

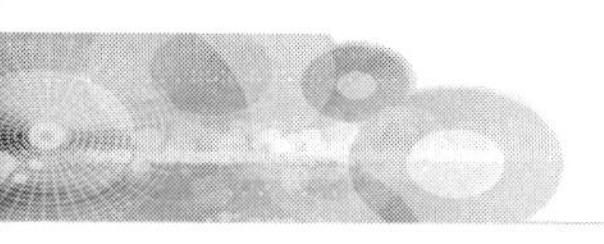

제 3 단계 : **차체 인장**

제 4 단계 : **패널 절단 및 탈거**

제 5 단계 : **패널 부착 및 용접**의 순서로 복원작업을 진행하게 된다.

이렇게 이루어지는 차체수리 작업의 순서를 차례로 살펴보도록 하자.

1 차체 손상 진단 및 분석

차체 손상 진단 및 분석 작업은 손상된 차체를 어떤 종류의 차체 수리 장비와 공구를 사용하여 어떠한 순서와 방법으로 수리 할 것인가에 대한 계획을 수립하는 사항이 되기 때문에 정확한 진단과 분석 작업은 차체 수리 작업의 성패를 결정하는 중요한 요소가 된다.

손상 진단의 방법에는 크게 나누어 **육안 검사**와 **계측 장비에 의한 검사** 두 가지 방법이 일반적으로 많이 사용되고 있다.

(1) 육안 검사

육안 검사란 차체수리 작업을 시작하기에 앞서 차체의 손상을 직접 눈으로 확인하여 손상 정도와 변형 여부를 검사하는 방법이다.

육안 점검의 순서로는 첫째, **최초의 충격 지점을 확인**하고 둘째, **힘의 전달 경로를 확인**하며 셋째, **최종 손상 부위를 확인**한다.

최초의 충격지점으로 확인하는 가장 일반적인 방법은 손상이 제일 큰 부위, 패널 및 관련 부품들이 파손되어 있는 부위 등으로 외관으로 쉽게 확인이 가능하다.

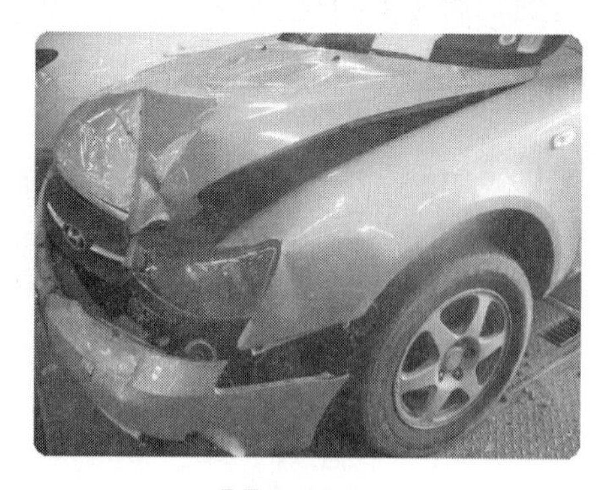

육안 검사

최초로 가해진 충격력은 일반적으로 차체에 대응하여 똑바른 방향으로 힘이 전달되면서 손상이 진행되기 때문에 패널과 패널 사이의 틈새 간극, 단차, 구부러짐, 주름 현상 등을 파악함으로써 손상 진행 방향의 추적이 가능하게 된다. 이와 같이 손상을 파악하여 더 이

상 손상의 진행이 없고, 힘의 진행 방향으로부터 마지막으로 발생한 손상을 확인한다.

따라서 **차체 수정의 순서와 인장(당김) 방향**은 힘이 전달되어간 방향의 **역방향**으로 수정해 주는 것이 가장 효과적인 수정 방법이라 할 수 있다.

또한, 모노코크 차체의 구조에는 승객의 안전을 위해 충격 흡수 지점(크러쉬 존)이 되는 손상되기가 쉬운 장소가 설계되어 있어서 육안 검사로 변형 판단을 쉽게 하는 장소가 있다. 이러한 장소는 곡면이 있는 부위, 단면적이 적은 부위, 구멍(홀)이 있는 부위, 패널과 패널이 겹쳐져 있는 부위 등이 여기에 해당한다.

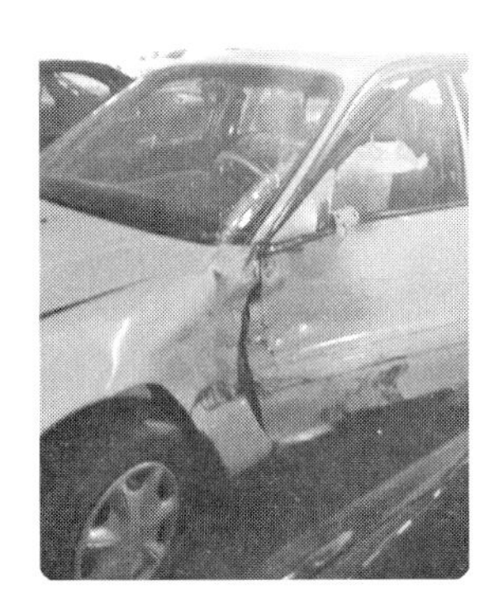

힘의 진행 방향 확인

손상되기 쉬운 장소

(2) 계측 장비에 의한 검사

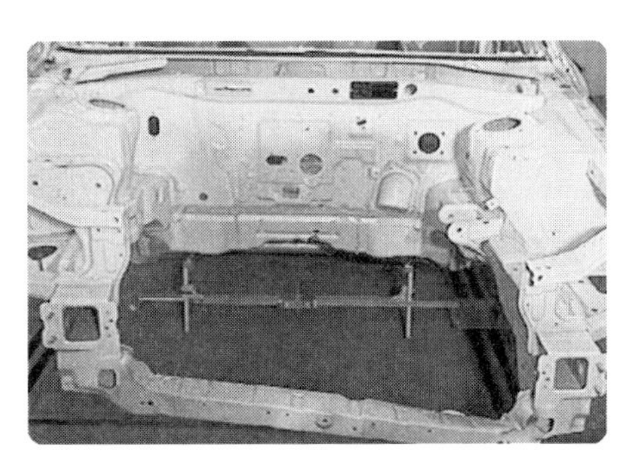

센터링 게이지의 설치

손상된 차체를 완벽하게 수리하기 위해서는 보다 정밀한 진단과 분석을 해야 하며, 반드시 계측 장비에 의한 계측 작업으로 차체 품질에 대한 신뢰성을 회복해야 한다. 계측 장비에는 앞서 살펴 본 센터링 게이지와 트램 게이지가 가장 많이 사용되고 있다.

센터링 게이지를 사용해서 차체의 베이스 부분에 해당하는 언더보디 즉 객실룸의 전후 두 곳에 센터링 게이지를 설치한다. 설치 위치는 플로어 패널(객실룸)의 앞쪽과 뒤쪽에 좌우 대칭이 되도록 하여 수직스케일을 설치한다. 센터링 게이지를 설치할 때 주의할 사항은 **게이지 설치 지점이 되는 홀이나 패널 멤버 표면이 손상되지 않은 곳을 선택**하여 설치해야만 한다. 손상이 있는 곳에 게이지를 설치하게 되면 정확한 손상 진단 및 측정이 불가능하기 때문이다.

차체 베이스 부분의 비틀림 변형을 판독하기 위해서는 차체의 앞쪽 또는 뒤쪽에서 눈의 위치와 전후 센터링 게이지의 수평 바의 중심이 지면과 수평이 되는 지점에서 전후 수평 바의 어긋남을 관찰하여 어느 방향으로 어떤 변형이 발생하였는지의 변형 여부를 판독한다.

특히 관찰하는 작업자의 시야에 따라 서로 다른 변형으로 판독이 된다는 것을 주의하기 바란다. 육안점검 만으로는 차체에 발생된 비틀림 변형의 확인이 어렵기 때문에 반드시 게이지를 사용해서 변형을 함께 판독하여야 한다. 이러한 변형이 조금이라도 남아있는 상태에서 신품 패널의 교환 작업을 실시하게 되면 아무리 해도 잘 맞추어 지지가 않는다. 가령 어떻게 하여 패널의 틈새와 단차를 잘 맞추었다고 해도 차량이 출고된 후에 주행 중 핸들의 떨림, 타이어의 편 마모, 롤링 등의 이상 증상이 나타나는 경우가 대부분이다. 따라서 계측기에 의한 언더보디의 정밀한 측정은 차체 수리 작업에 있어서 가장 중요한 부분에 해당하기 때문에 수리 시간 단축은 물론 차체 품질, 주행 안전성을 좌우하는 중요한 부분이 되는 것이다.

(3) 패널과 패널의 단차 및 틈새 점검

그림과 같이 도어 부분의 변형 상태를 보고 어떤 변형이 발생되었는지 살펴보자.

도어의 상단 부분은 좁아져 있으며, 도어의 하단 부위는 넓어져 있다.

+ 패널과 패널의 단차

어떤 변형이 발생 되었는가? 리어 도어와 쿼터 패널 사이의 틈새 간극과 단차는 정상이고 프런트 도어와 리어 도어 사이의 틈새 및 간극은 위 부분이 좁고, 아래 부분이 넓은 것으로 봐서 좌측 프런트 필러의 상부가 뒤쪽으로 이동되었음을 짐작할 수 있다. 이처럼 차체 측면의 변형 여부를 패널과 패널의 단차와 틈새 점검으로도 변형 상태를 확인할 수 있다.

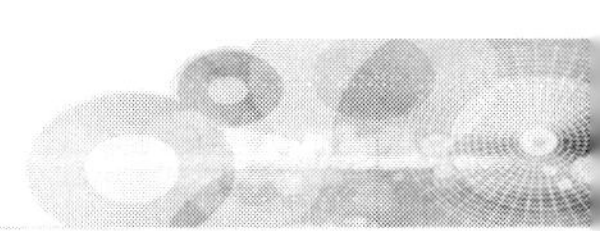

2 차체의 고정

손상된 차체에 대해 손상 진단 및 분석이 완료되면 차체를 어떻게 수리 할 것인가에 대한 작업 진행을 구상하여야 한다.

손상 차체의 정확한 현상 파악과 작업 진행 계획의 결정은 작업 요소 시간 및 작업 품질에 대하여 50% 이상의 비중을 차지한다고 해도 과언은 아니다.

그러므로 차체 수리 작업의 제 2 단계에 해당하는 차체 고정은 인장(당김) 작업 시 패널에 최소한의 인장력으로 최대한의 효과를 발휘할 수 있는 고정 작업만이 작업 시간의 단축은 물론 차체 인장 작업 시 패널에 손상을 방지할 수 있는 지름길이 된다.

차체를 고정하는 방법을 분류하여 보면 2가지로 나눌 수 있다. 첫 번째는 차체 수리 작업 시 항상 기본적으로 설치해야 하는 **기본고정**이 있고 두 번째는 인장력을 향상시키기 위해서 추가적으로 고정 시켜 주는 **추가 고정**이 있다.

엔진룸이나 트렁크 룸이 충격 손상을 받아 변형된 차체를 원래의 상태로 복원시키기 위해 실시하는 기본 고정의 설치 위치는 객실 룸이 되는 언더 보디 사이드 실 플랜지 부위의 좌우 4 곳에 수정 작업에 방해가 없는 한 가급적 양끝 쪽에 연결 시켜 줌으로써 객실 룸의 언더보디와 차체 수정 장비인 지그레일 또는 벤치가 일체로 고정되기 때문에 차체의 전후, 좌우, 상하 어느 방향으로도 인장 작업이 가능하다.

+ 차체 고정

+ 기본 고정 위치

(1) 기본 고정의 효과

전면의 엔진룸이나 트렁크 룸에 충격 손상이 발생한 모노코크의 경우에는 기본 고정 만으로도 인장력에 대한 차체 수정 효과는 다음과 같다.

- 차체의 미끌림을 방지한다.

- 차체의 무게 중심점을 기준으로 하여 차체가 회전하려고 하는 모멘트 발생을 억제시킨다.
- 힘의 작용 범위를 최소화시킴으로써 인장력의 분산을 방지하여 인장 효율을 극대화 시킬 수 있다.
- 손상되지 않은 패널에 대한 비틀림 변형을 방지한다.
- 차체의 전후, 좌우, 상하 어느 방향에서도 자유롭게 인장 작업이 가능한 이점을 가지고 있다.

(2) 추가 고정

추가 고정은 인장 작업과 같은 것으로 체인과 클램프, 체인 블록이나 유압램을 이용해서 사고 유형에 따라서 힘의 범위를 제한 할 수 있는 곳에 고정한다.

수정 작업에서 큰 힘을 필요로 할 때 기본 고정 외에도 추가 고정은 반드시 필요하다. 추가 고정의 효과를 살펴보면 다음과 같다.

추가 고정

- **기본 고정의 보강**
- **지나친 인장 방지**
- **힘의 범위를 제한**
- **모멘트 발생 제거**
- **용접 부 보호**

3 차체의 인장 작업

인장 작업은 힘이 전달된 방향이 확인되고 나면 인장 방향과 지점을 결정한다. 안전 인장 방향의 원칙은 힘이 전달되어진 방향의 반대방향(역방향)으로 인장하는 것이 원칙이다. 즉, 원래의 패널 위치에서 보디에 대응하여 똑바르게 역방향으로 인장하는 것이다.

인장 작업 시 반드시 선행 되어야 하는 작업은 클램프의 미끄러짐이나 체인의 파손 등으

로 인해 발생할 수 있는 사고를 미연에 방지하고 작업자를 안전하게 보호하기 위해 안전 고리를 설치한다. 또한 인장 작업 중 체인의 파손을 방지하기 위해서 체인의 꼬임 현상 등이 없어야 한다.

+ 인장 작업

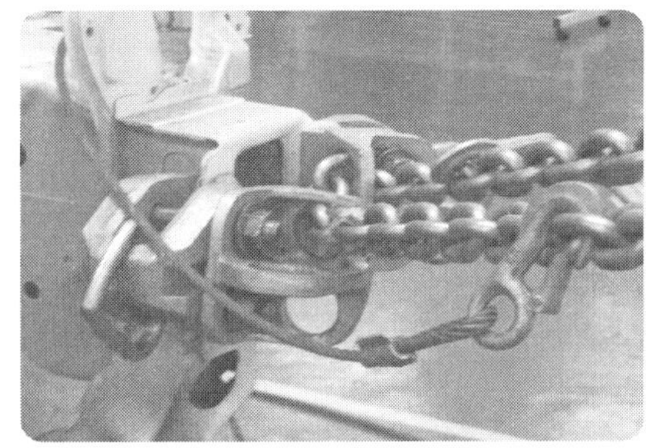

+ 안전 고리 설치

변형된 차체 패널을 원래의 위치로 인장하였다 하여도 인장력을 해제시키면 변형되어진 부분에 발생한 잔여 응력에 의하여 변형되어 있던 원래의 상태로 되돌아가려고 한다. 따라서 인장 작업 시에는 규정의 위치보다 조금 더 당겨주는 것이 좋다. 인장력을 유지한 상태에서 변형되어진 부위를 가볍게 해머링 하여 줌으로써 강판 내부에 남아 있던 응력이 제거된다.

+ 응력 제거 작업

4 절단 및 탈거 작업

절단 작업을 쉽게 하기 위해서는 먼저 교체 대상이 되는 패널에 대충 절단 표시를 해주는 것이 효과적이다. 대충 절단 위치는 패널의 접합 이음부위에서 30 ~ 50mm정도의 여유를 두고 절단한다. 30 ~ 50mm정도의 여유를 두고 절단하는 이유는 차체에 남아 있는 잔여 응력을 제거하기 위한 2차적인 인장 작업을 위한 것이다.

절단 작업에서는 플라즈마 절단기, 에어 톱, 산소-아세틸렌가스를 이용한 절단작업이 있다. **플라즈마 절단 작업**은 작업의 효율성은 우수하지만 화재의 위험과 인너 패널의 절단 손상 등이 발생하기가 쉬우므로 신중히 작업을 해야 한다.

산소-아세틸렌가스 용접기를 이용한 절단 작업은 차체에 전달되는 많은 열의 영향으로 부식현상을 현저하게 발생할 수 있으므로 사용을 자재해야 한다.

스폿 드릴 커터를 이용한 탈거작업

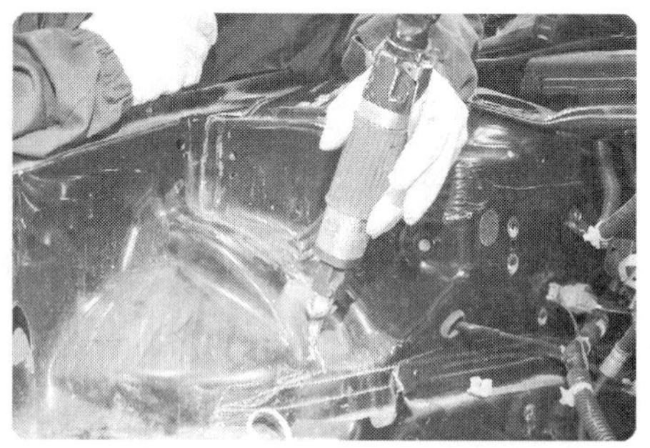

에어 톱을 이용한 절단 작업

에어 톱을 이용한 절단 작업은 작업의 효율성이 상당히 우수하며, 열을 발생하지 않으므로 절단 작업에서 가장 많이 활용되고 있다.

절단 작업 시 주의해야 할 사항은 교환되는 부품이라 해서 그냥 절단하는 것이 아니라 신품 패널의 부착 시를 고려하여 사전에 교환되는 **부품의 위치를 표시**해 두면 신품 패널의 맞춤 작업이 편리해진다.

스폿 용접 너겟의 위치를 정확하게 찾아서 스폿 드릴 커터를 이용하여 남아 있는 기존의 패널에 손상이 없도록 하면서 너겟을 절삭 한 후 남아 있는 패널 조각을 탈거한다.

그림과 같이 스폿 용접점 위로 실러가 도포되어 있어서 스폿 용접 너겟의 위치를 파악하기 힘든 경우에는 도포된 실러를 일정 부분을 회전 와이어 브러시를 이용해서 제거해 준 후 드릴 작업을 하여 남아 있는 잔여 패널을 모두 탈거해 준다.

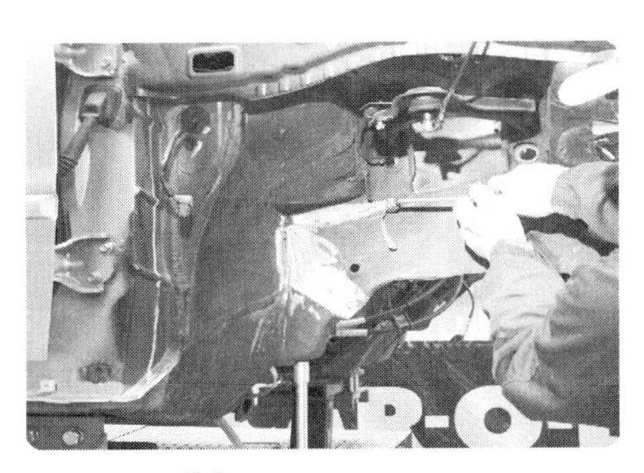

용접 점 확인작업

5 패널 부착 및 용접

탈거 작업이 완료되면 이제 차체수리의 마지막 공정으로 패널 부착 및 용접 작업을 실시한다. 패널을 부착하기 이전에 반드시 패널과 패널 부위의 접착 면에 부식 발생 방지를 위해 용접용 방청제를 도포해 준다.

신품 부착 위치에 방청제 도포 작업

신품 패널 부분에도 방청제를 도포해 주기 위해 신품패널의 구 도막을 제거해 준다.

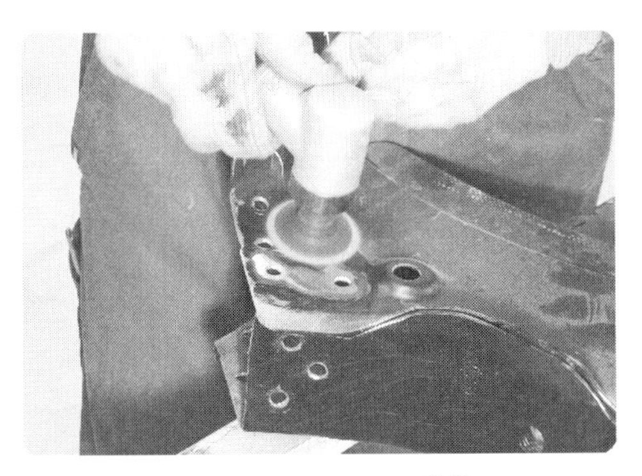

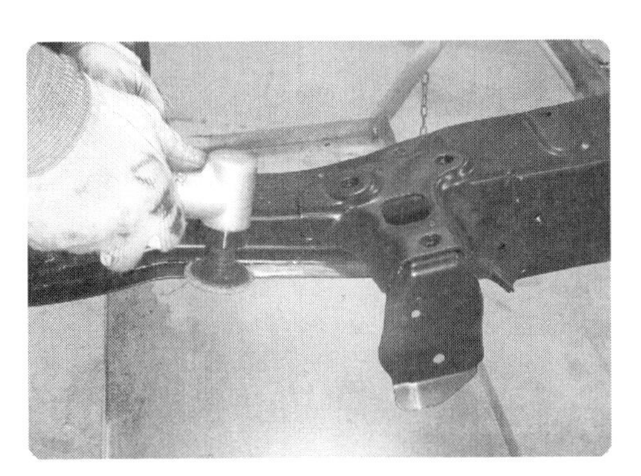

신품 패널 구도막 제거작업

사이드 멤버 부분의 신품 패널에도 구 도막을 제거하고 드릴링 작업으로 홀을 뚫어 준 후 방청제를 도포해 준다.

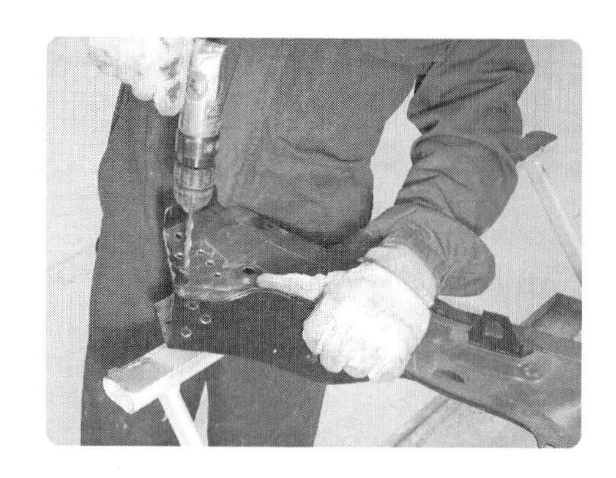

드릴링 작업

방청제 도포

방청제를 도포한 후 새로운 부품을 원래의 위치에 맞추어서 임시 고정을 해 준다. 임시 고정 후 교환 작업의 관련된 부품들을 차체에 조합하여 패널과 패널의 간격과 길이, 높낮이의 이상 유무 등을 파악한다.

관련된 부품들의 위치 확인

임시적으로 고정된 패널들의 단차 및 틈새 유무를 파악한 후 원래의 위치와 동일할 때 용접되어져야 할 모든 패널에 용접작업으로 접합해 준다. 차체수리 용접에 많이 사용되고 있는 것은 MIG/MAG용접과 SPOT용접이다.

용접 작업이 완료된 후 용접 비드를 그라인더를 사용해서 깨끗하게 연마해 준다.

모든 연마 작업이 끝이 나면 패널과 패널의 부착된 부위에 수분이나 습기의 침투를 막기 위한 작업으로 실러를 도포해 준다.

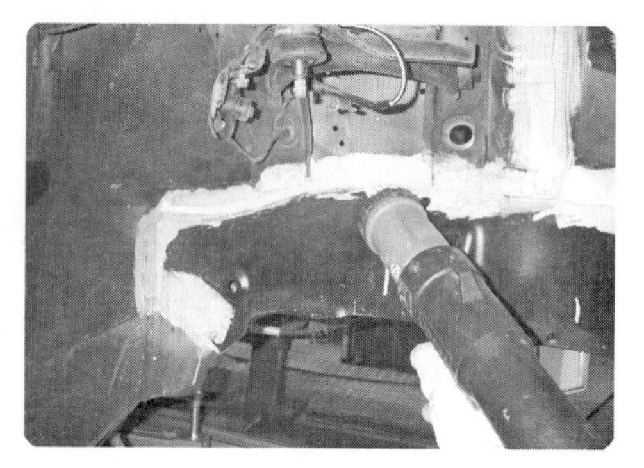

실러 도포 작업

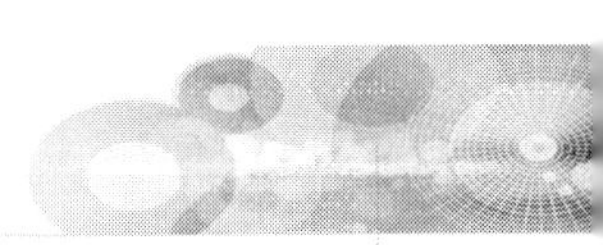

실러를 도포한 후 패널 내부의 습기 침투로 인한 부식 방지를 위해 인너 왁스를 도포해 준다. 실러 및 왁스의 도포가 끝이 난 후 다시 금 관련된 부품들을 차체에 장착하고 용접 및 연마에 의한 패널의 변형이 없는지를 확인한다. 확인 작업이 완료되면 이제 도장 작업으로 넘어가기 전 차체수리의 모든 작업은 완료가 된 것이다.

작업이 완료된 모습

MEMO

제6장 알루미늄 패널 수정

1 알루미늄 패널의 수정

(1) 연마

알루미늄 패널은 비중이 일반 스틸 패널과 비교하면 약 1/3정도밖에 되지 않은 상당히 연한 재질이므로 패널 연마 시 연마재의 신중한 선택이 중요하다. 즉 현장에서 일반 스틸 연마용으로 많이 사용되는 연마제(디스크 페이퍼 #50 ~ #80)를 사용하는 것 보다는 연마제(디스크 페이퍼 #100 ~ #150)를 사용하는 것이 알루미늄 패널의 연마 후 패널 면에 나타나는 깊숙한 패임 흔적과 패널수정 종료 후 패널 두께 차이에 의한 강도가 보장 되어 진다.

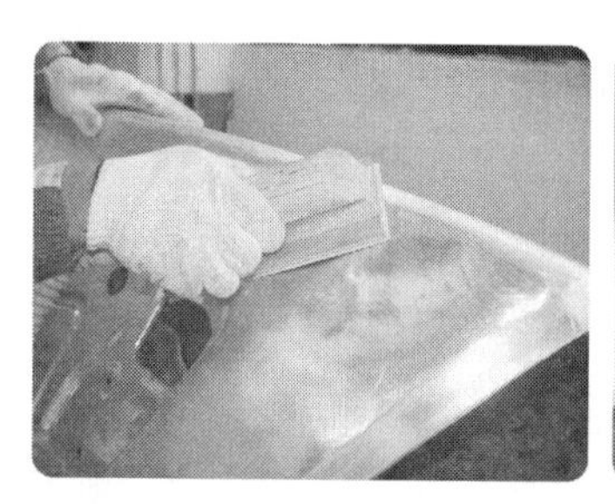

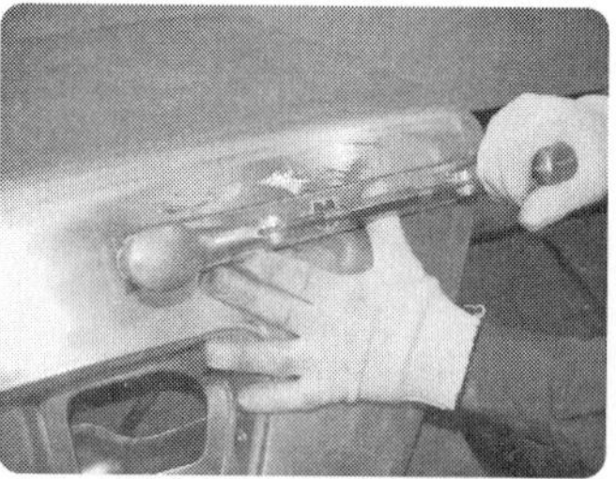

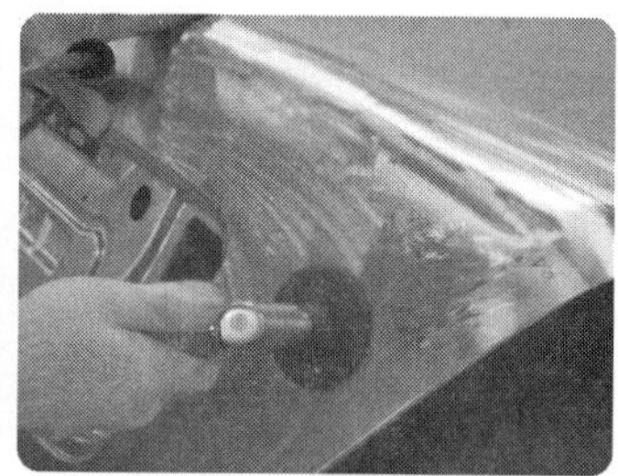

알루미늄 패널 연마

용도별 연마제 선택 기준

연마작업	알루미늄 패널	용　도	스틸 패널
손상 분석	#320	초기 손상분석	#80
초기연마	#100 ~ #120 (부직포 갈색)	초기 연마	#50 ~ #80
마무리연마	#150 ~ #180 (부직포 적색)	단차 조정 마무리연마	#100 ~ #120

(2) 변형량 확인

알루미늄 합금 패널에서, 핸드 파일(#320 연마지)을 사용하여 변형 량을 확인하여 그림 검색을 한다. 그리고 핸드 파일을 이용하여 그림 검색을 할 경우 파일 작업에 숙련이 되지 않으면 작업이 어려우므로 신중히 작업을 해야 한다.

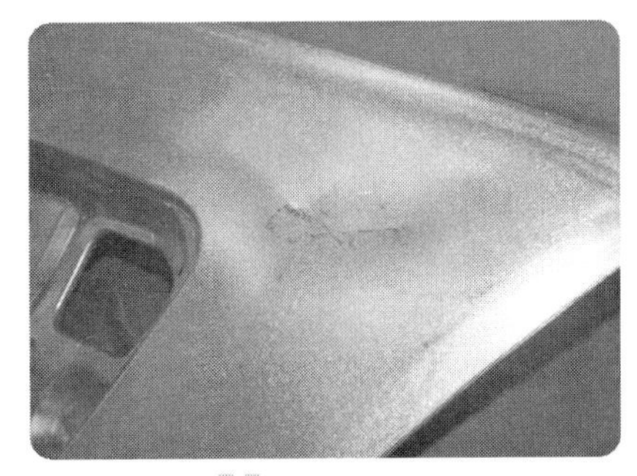

변형량 확인

(3) 해머의 사용 기준

알루미늄 패널 수정 시 사용된 해머의 종류에 의해 선상된 패널의 복원에 상당한 영향을 미친다. 알루미늄 패널과 스틸 패널과 비교 시 알루미늄 패널의 비중이 스틸패널과 비교하면 약 1/3정도이므로 일반적인 스틸 패널 수정하듯이 해머링 작업을 실시하면 패널의 늘어나는 현상 및 해머링 작업과 동시에 발생되는 가공경화 현상이 발생된다.

이러한 가공경화 현상과 패널의 늘어나는 현상을 억제하기 위해서는 가급적 차체 패널과 동일한 재질의 해머를 사용하거나, 연한 재질의 해머 즉 알루미늄 또는 나무, 고무 해머를 사용하여한다.

그러나 위의 스틸 해머를 사용하여 패널수정을 할 경우에는, 가급적 해머링 작업 시 손목의 힘을 줄여 비교적 적은 힘을 사용하여야 하며, 패널의 늘어남 현상 및 가공경화 현상을 필히 확인하여야 한다.

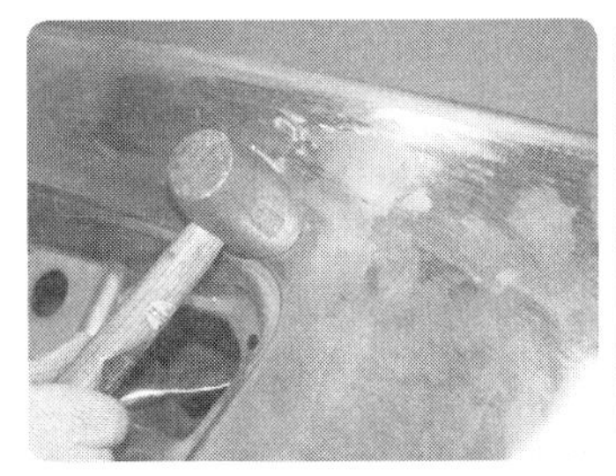

알루미늄 해머

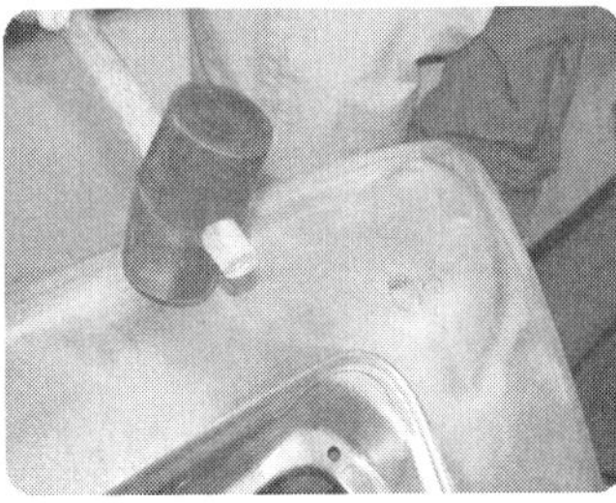

고무 해머

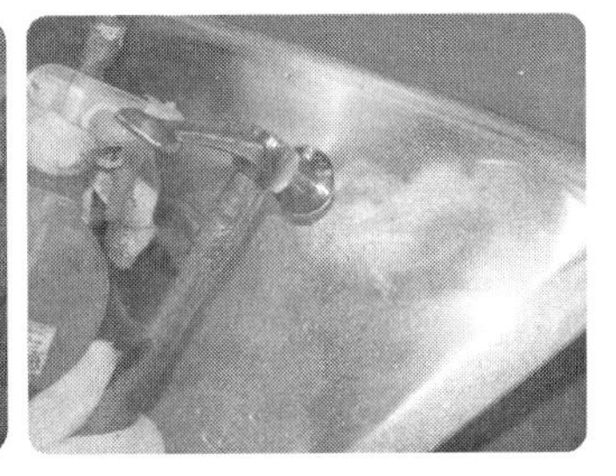

스틸 해머

(4) 가열 수정

변형이 적은 곳의 수리는 가열 수정하며, 가열방법은 수정부의 뒷면에 장갑을 낀 손을 대서 뜨겁다고 느껴질 정도의 온도까지 알루미늄 패널의 손상 부위 전체를 가스 토치나 히터 건 등을 사용하여 가열한다.

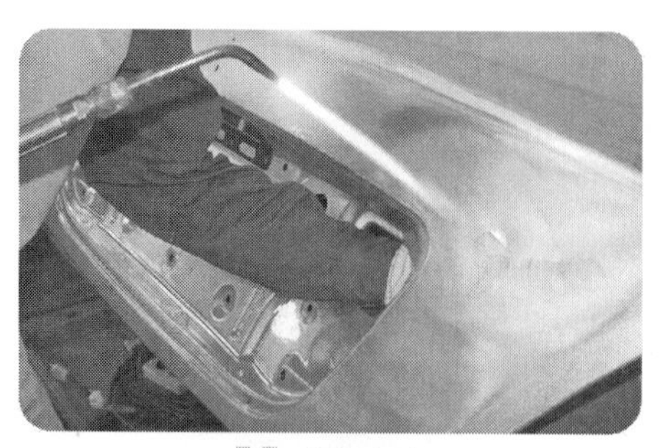

가열 수정

가열 방법

※ 저온에서 가열하지 않고 작업을 하면 알루미늄 패널에 균열이 일어날 가능성이 있으므로 특히 주의 하여야 한다,

(5) 수축 작업

알루미늄 합금 패널의 풀림 온도는 약 250 ~ 300도 전후이나, 일반적이 스틸 패널과 달라 가열하면 패널의 변화되는 현상 즉 적열현상이 나타나지 않는 특징이 있다. 그러므로 이러한 알루미늄 패널은 가열 시 발생되는 현상 즉 패널 변형을 주의 깊게 살펴보면서 수정작업을 진행하여야 한다.

작업 현장에서 보다 수축작업을 원활히 진행하기 위해서는 열을 감지하여 색상이 변화하는 열 감지용 페인트 또는 일정한 열에 도달하면 스스로 녹아서 온도를 알 수 있게 하는 열 감지용 크레용 등을 활용하는 것이 수축작업에서 발생되는 문제점 등을 줄일 수 있다.

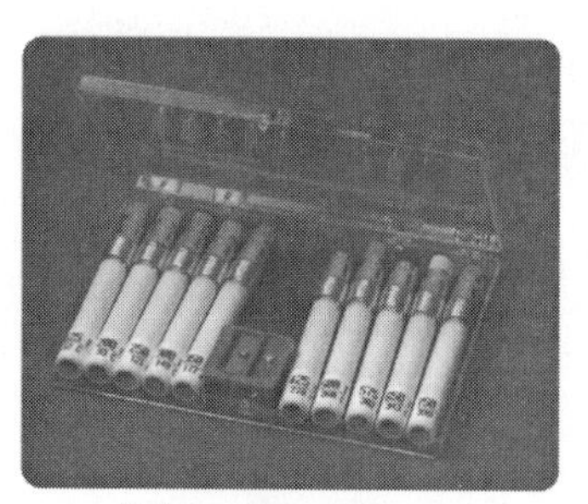

열 감지용 크레용

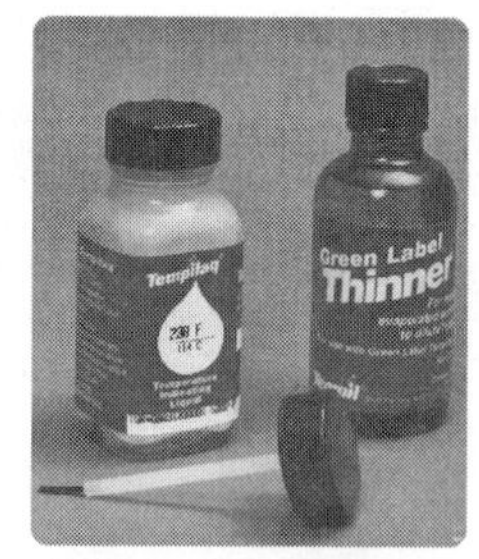

열 감지용 페인트

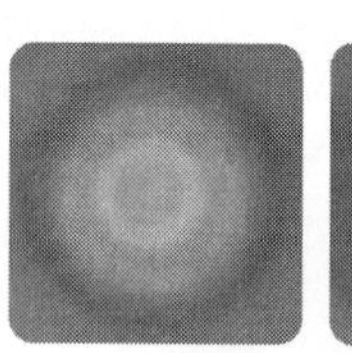

페인트 적용 예

스틸 패널 가열

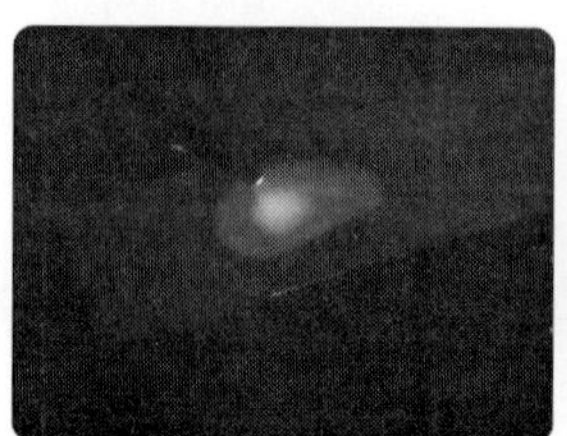

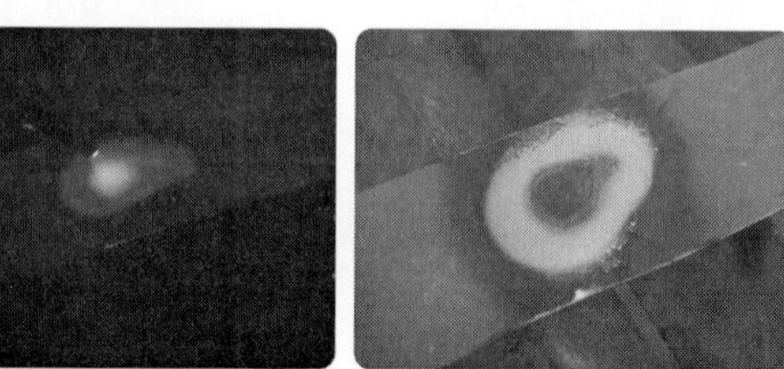

패널의 변화

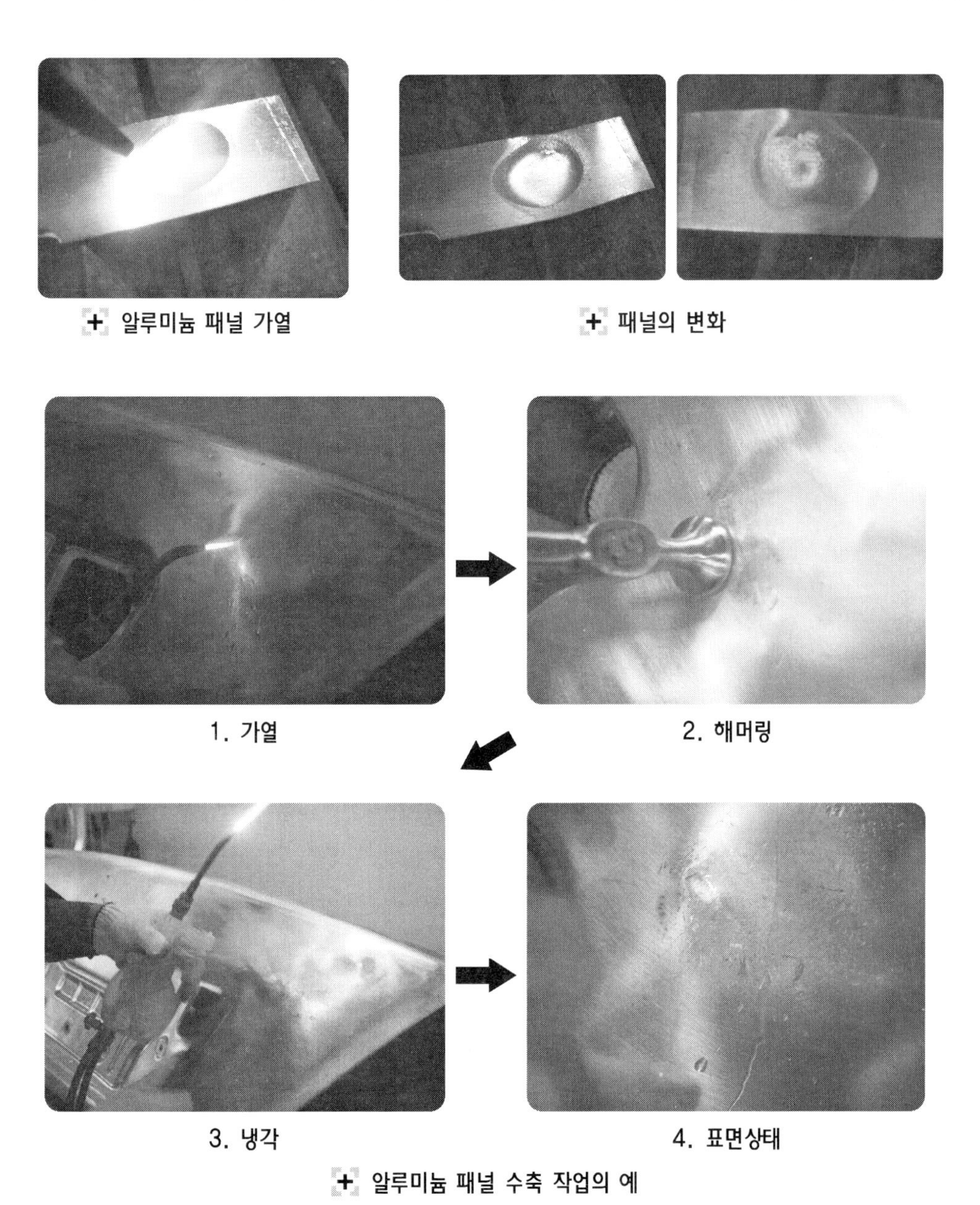

알루미늄 패널 가열

패널의 변화

1. 가열

2. 해머링

3. 냉각

4. 표면상태

알루미늄 패널 수축 작업의 예

(6) 조립 시 주의사항

서로 다른 두 금속이 결합이 되어 지면 대기 중의 수분은 전해질의 성질을 가지게 되어서 각각의 금속은 전극에 의해 하나의 전지가 되고, 틈 사이에 수분 등이 부착 되면서 전기회로가 형성이 된다.

위의 전기적인 성질에 의해 두 금속 사이에서 부식현상이 발생되는데 스틸과 알루미늄

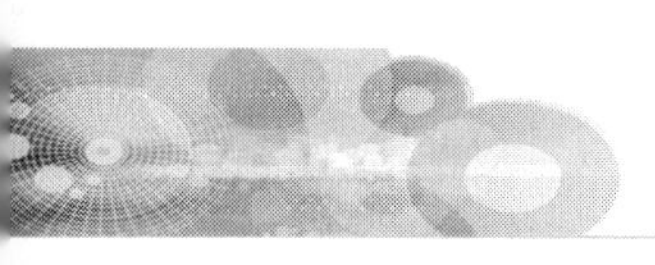

을 비교 하면 알루미늄이 먼저 부식된다. 이를 전위차에 의한 부식현상이라 한다. 이러한 전위차에 의한 부식현상을 방지하기 위해서는 반드시 알루미늄 패널과 일반 스틸패널의 접촉부 사이에 절연체(수지 와셔, 부식 방지용 실러) 등을 삽입 또는 도포하여 두 금속을 결합시켜야 한다.

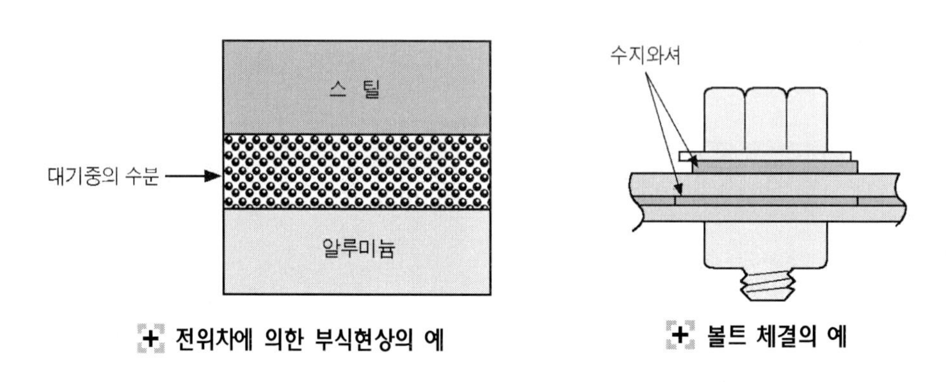

전위차에 의한 부식현상의 예

볼트 체결의 예

※ 스틸 패널과 알루미늄의 체결에서는 알루미늄이 먼저 부식된다.

MEMO

제7장 덴트 리페어

1 덴트(DENT)

덴트(DENT)란 패널 표면에 발생한 아주 작은 변형을 말한다. 차량을 운행하다 보면 운전자가 알지 못하는 사이에 크고 작은 변형들이 패널 표면에 적지 않게 나타나게 되는데 이것은 운전자의 잘못이 아니라 주위의 환경으로 인해서 발생하는 작은 변형들이 자주 발생되는 것을 확인할 수 있다.

비포장도로를 달리다가 날아오는 작은 돌멩이에 맞아서 패널이 패인 다든지, 할인 마트의 주차장에서 주차 하려 하는 차량에 의해 도어를 여는 순간, 패널 표면에 부딪쳐서 조그마한 변형이 발생하는 등 예상치 못한 부분에서 생길 수 있는 패널 표면의 작은 변형을 덴트라고 한다.

덴트라는 원어를 살펴보면 두들겨 생긴 표면의 움푹한 곳 또는 두드린 자국을 말하며 적당히 말을 풀이하자면 요철(凹 凸) 또는 굴곡(屈曲)이라고 하기도 한다.

덴트의 변형은 그 의미에서도 알 수 있듯이 도막의 손상이 없는 변형이라 할 수 있다.

1 덴트의 유형

덴트의 유형은 그림에서 보듯이 어느 장소를 불문하고 나타날 수 있는 변형으로 가장 많이 나타나는 곳은 패널 표면이라는 것이다. 이렇게 발생한 덴트 변형은 아주 미세하게 발생되었다 하더라도 차량의 외관상 보기 좋은 모습은 아닐 것이다. 또한, 덴트 변형은 한 곳이 아닌 여러 곳에 발생 될 수도 있다는 것이다. 예를 들어 프런트 도어의 상단 부위와 하단 부위에 여러 개의 덴트 변형이 있을 때 미관상 큰 차이가 있음을 알 수 있다.

그렇다면 이렇게 발생한 덴트 변형을 어떻게 수정할 것인가?

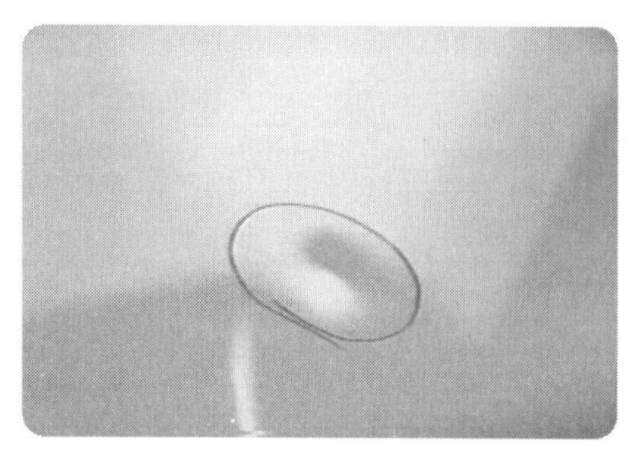

덴트 변형

2 덴트의 변형

덴트 변형을 어떻게 수정할 것인가? 를 고민하지 않을 수 없다. 덴트 변형을 수정하는 것은 결코 쉽지 않기 때문이다. 그렇다면, 왜 덴트 변형의 수정이 어려운가? 를 한번 생각해 봐야 할 것이다.

위에서도 잠시 설명한 바 있지만 이번에는 덴트 리페어란 무엇인지 알아보자.

2 | 덴트 리페어

1 덴트 리페어(DENT REPAIR)

덴트 리페어란 도장된 패널 부분에 변형이 있는 경우에 도막 면에 상처를 남기지 않고 수정하는 방법이다. 즉, 도막의 손상 없이 변형된 부위를 원래의 상태로 복원시키는 수정 방법이다. 덴트 된 부위가 도막에 손상이 있어서는 안 된다.

이렇듯, 도막의 손상 없이 변형된 덴트 부위를 수정해야 함이 결코 쉬운 일은 아니라는 것이다. 단순하게 생각해서 변형된 부위를 패널 수정 작업과 동일하게 생각해서 도막을 벗겨내고 변형된 부위에 인출용 장비를 사용해서 수정하고자 생각한다면 그처럼 쉬운 방법은 없을 것이다. 또한, 해머와 돌리를 사용해서 패널 표면에 수정한 자국을 남기면서 수정한 후 도장작업이 이어진다면 또 다르게 해석할 수도 있는 부분이지만 덴트 리페어란 덴트 변형을 도막의 손상 없이 원래의 모습으로 그대로 복원해야 한다는 점이 수정 작업의 또 다른 한 방법이 된다는 것이다.

2 패널 수정과 덴트 리페어의 차이점

패널 수정이란 차량의 추돌이나 충돌에 의해 변형된 패널을 수정하는 것을 말한다. 즉, 패널을 수정하는데 있어서 사용되는 공구에는 해머와 돌리, 스푼을 사용한 타출 수정이 있고, 스터드(STUD) 용접기를 사용한 인출 수정이 있으며, 볼트 온 패널을 교환하는 작업과 용접된 패널을 교환하는 작업 등으로 나눌 수 있는 것이 패널 수정이다.

타출 수정

인출 수정

용접된 패널 교환

볼트 온 패널 교환

이와 반대로 덴트 리페어는 다양한 툴(TOOL)을 이용해서 덴트 변형을 수정한다. 물론 패널 수정과 같이 해머를 사용하지만 사용되는 해머가 다르며, 스푼(Spoon)을 사용하지만 스푼의 용도와는 조금 다른 툴을 사용한다는 것이다.

스푼의 용도는 변형된 부위를 밀어 올리는 역할과 해머의 밑받침 역할을 동시에 수행하

Tool을 이용한 수정

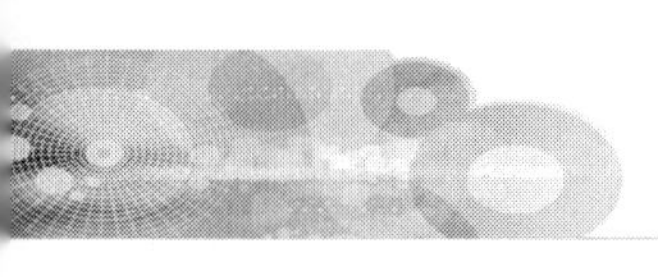

지만 덴트 변형된 부위를 수정하는 툴의 역할은 덴트 변형을 밀어 올리면서 수정하는 역할을 하는 차이점이 있다. 또한, 덴트 툴은 미세한 변형 부위까지 수정해야 하는 어려움이 있기 때문에 툴을 사용한 변형 부위의 수정은 그렇게 쉬운 일이 아니다. 외판 패널의 변형된 모습을 원래의 모습으로 복원하기 위해서 사용되는 툴의 사용은 오랜 경험을 필요로 하는 연습을 필요로 한다. 왜냐 하면, 대충 펴기식 복원 방법이 아닌 조그마한 변형 부위까지 수정해야 하는 어려움이 있기 때문이다.

일반적으로 패널 수정은 패널 수정 작업 후에 퍼티 작업으로 표면을 평활 하게 해 줄 수 있지만, 덴트 변형의 수정은 퍼티 작업을 필요로 하지 않기 때문에 완벽한 복원이 되지 않으면 패널 표면에 남아 있는 변형을 쉽게 확인할 수 있다.

패널 표면에 조그마한 변형이 남아 있다는 것은 수정 작업이 제대로 되지 않았다는 미완성작업이 될 수 있기 때문에 그 만큼 어려운 작업이라 할 수 있다.

덴트 리페어 작업이라고 해서 무조건적으로 도막의 손상 없이 복원을 해야 한다는 것은 아니다. 덴트 변형된 부위를 수정하다 보면 도막의 손상이 있을 수도 있다. 이때는 퍼티작업과 함께 도장 작업으로 연계가 되어야 한다. 하지만, 원칙적으로는 도막의 손상 없이 복원해야 하는 작업이 덴트 리페어 작업이다.

덴트 리페어 작업 범위가 어디까지인지는 정확하지 않다. 분명히 패널 수정작업과 덴트 리페어 작업은 범위에 있어서 차이점이 있다는 것이다. 패널 수정 작업을 해야 하는 부위를 덴트 리페어 작업으로 수정하고자 한다면 그것은 시간적인 낭비임과 동시에 작업자의 수고가 2배로 증가하는 고생만 따를 뿐이다. 도막에 손상이 있다거나 도막에 손상은 없지만 패널 표면에 급격한 꺾임이 있다든지, 한번 이라도 수정 작업이 이루어져서 퍼티가 도포된 곳은 사실상 덴트 리페어 작업으로는 곤란한 부분이다.

단지, 패널 수정하는 부분에 즉, 퍼티 작업이 들어가는 도장 공정 속에 퍼티의 양을 최소화하고 작업시간의 단축을 위해 덴트 리페어 작업이 병행이 된다면 가능한 일일지는 모르지만 단순히 덴트 리페어 작업만으로 억지 수정은 반드시 피해야 할 사항임을 명심해야 한다. 도장 작업이 필요한 수정 작업은 반드시 도장 작업을 하는 것이 훨씬 좋은 작업 방법임을 명심하자.

덴트 리페어 작업은 도막에 손상이 가지 않아야 하는 조건도 있지만, 그만큼 빠른 시간 안에 작업을 마쳐야 하는 시간의 신속성 또한 무시하면 안된다.

생각해 보자. 요즘처럼 모든 것이 빠르게만 돌아가는 시장 경쟁 속에서 퀵 서비스(quick service)란 어색한 단어가 아니다. 자동차를 수리하고 수정하는 부분에서도 마찬가지이다.

시간적인 업데이트(update)를 위해 덴트 리페어 작업으로 고객의 차량을 수정하고자 할 때 패널 수정과 같은 시간이 소요된다면 어떻게 될까? 그것은 생각하지 않아도 답을 알 수 있다.

덴트 리페어 작업은 차체 수정 및 패널 수정과 같은 어느 정도 일정 부분의 시간의 소요가 필요한 작업이 아니라 몇 분 만에 수정 작업을 완료해야 하는 경 수리 작업 부분에 속하는 것이다.

덴트 리페어 작업 또한 경 수리 부분과 중 수리 부분으로 나눌 수는 있지만 소요되는 시간만큼은 퍼티 공정이 들어가는 도장 작업과 차이가 있음을 분명히 인식할 필요가 있다. 그렇기 때문에 결코 쉬운 작업은 아니다. 하지만, 결코 쉬운 작업이 아니라고 해서 반드시 어려운 작업은 또한 아니다. 왜냐하면, 얼마만큼 열의와 성의를 가지고 연습이 되었느냐에 따라 쉬울 수도, 어려울 수도 있다는 것이다.

모든 것은 연습을 얼마나 했으며, 얼마나 노력을 했느냐에 따라 성패가 좌우된다.

10번 수정 연습을 한 사람과 100번 수정 연습한 사람과의 차이는 말로 설명하지 않아도 될 것이다. 물론 사람마다 각자가 가진 재능이나 역량이 다를 수 있다. 또한, 사람마다 가진 성격의 차이가 있기 때문에 쉽게 습득하는 사람이 있는가하면, 같은 내용이라 하지만 시간이 어느 정도 필요로 하는 사람이 있다. 각자가 가진 천성이나 생활 습관, 처해진 환경, 생각, 마인드(MIND) 등이 모두 다 다르기 때문이다.

하지만, 노력하는 사람 앞에 어떠한 어려움이란 있을 수 없다 라고 본다.

서론 부분에서 결론적인 이야기가 나올 수도 있지만, 꾸준하게 열심히 연습과 실무를 병행하다 보면 언젠가는 모든 부위를 수정할 수 있는 기술자가 되어 있을 것이다.

하지 않고 앉아 있는 사람보다는 새로운 것을 찾아 떠나는 사람이 새로운 것을 발견한다는 것은 당연한 사실인 것이다.

3 덴트 리페어의 종류

덴트 리페어 툴(TOOL)은 그림에서 볼 수 있듯이 여러 가지 모양으로 제작이 가능하며, 여러 종류의 툴이 제작되어 사용되고 있다. 덴트 리페어 수정 작업을 위한 툴은 자동차 메이커가 다르듯이 툴 또한 어떤 모형으로 제작 되어 져야 한다는 표준 적인 데이터는 없다. 툴은 수량에 관계없이 사용하는 사람이 가장 편안하게 사용할 수 있는 것으로 제작하는 것이 가장 좋은 툴이 될 것이다.

다시 말해서 툴을 사용하는 사용자가 가장 잘 활용할 수 있는 것이면 가장 좋은 것이라는 것이다. 툴이 아무리 많아도 활용할 수 없다면 그것이 무슨 소용이 있겠는가? 물론 수량이 많다는 것은 그만큼 활용도가 높다는 것일 수도 있지만, 활용도가 높지 않는 툴의 개수 보다는 활용도가 높은 툴이 많음은 더 없이 좋은 공구가 될 것이다.

덴트 리페어 툴

또 한 가지 가장 좋은 툴은 이미 제작되어 활용되어 지는 툴도 많겠지만 각각의 차량에 맞는 툴이 가장 좋다는 것이다. 물론 중복되어 사용되는 툴이 없지 않아 있겠지만 중복되어 사용되는 툴이 많다는 것도 좋지만, 각각의 차량에 맞는 툴의 사용은 작업 시간의 단축은 물론 고객의 시간 또한 업데이트 하는 좋은 결과를 가져 올 것이다.

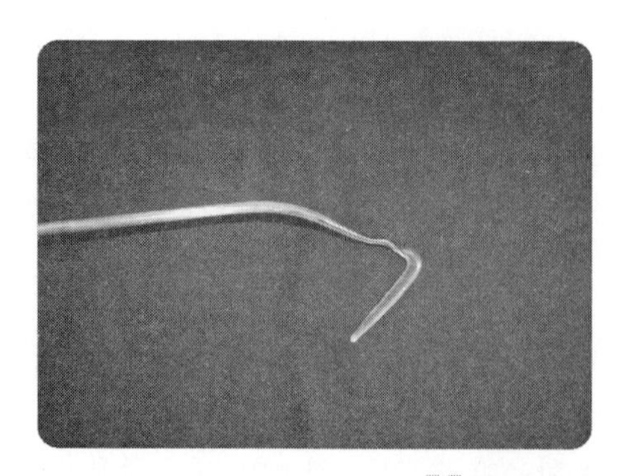
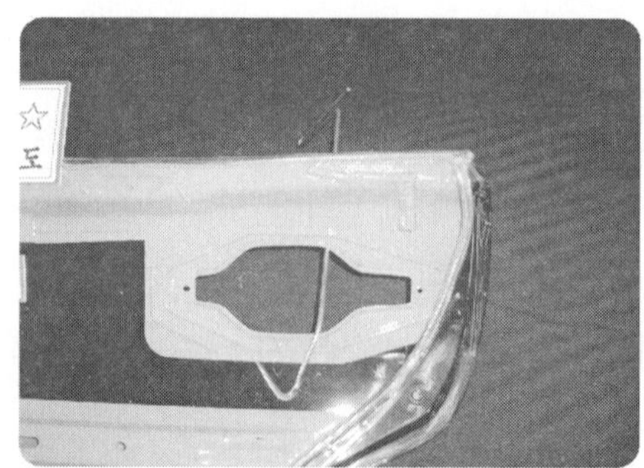

패널 형상에 맞는 툴의 사용

차종 마다 각각 다른 툴을 보유하고 있다면 작업 시간의 단축에 있어 시간적인 SAVE가 유리할 것이다. 차종 마다 조금은 다른 패널의 형태를 보유하고 있기 때문에 패널에 맞는 툴의 제작이 필요하다.

패널에 맞는 툴의 제작

예를 들면, 도어의 형태에 따라 도어의 인너 부위에 임팩트 바가 있기도 하고, 소음을 줄이기 위해 패드가 장착 된 부분, 2중 구조로 되어 있어 툴이 들어가지 않는 부위, 보강판이 있어 툴의 사용이 제한되는 부위 등, 여러 가지 구조로 된 도어의 형태에 따라 각각에 맞는 툴의 제작과 작업 방법의 개발은 실무 작업에서 병행이 되어야 할 것이다.

4 덴트 리페어 툴의 사용방법

툴의 사용 방법은 어느 위치에 어떤 변형을 수정하느냐에 따라 달라지지만, 대체적으로 덴트 변형에 따라 사용되는 툴의 사용 방법은 다르다.

툴의 사용 방법에 있어 어떤 툴이 변형 부위의 작업에 있어 자신에게 가장 적합한 것인가를 꾸준한 연습과 실무 경험을 통해 습득하고 선택해야 한다.

동일한 TIP의 구조라고 할지라도 툴의 굵기나, 길이가 다른 것이 있기 때문에 툴의 사용 방법은 지속적인 연습을 통해 제작된 툴의 사용 방법이 가장 좋은 툴의 사용 방법이 될 것이다.

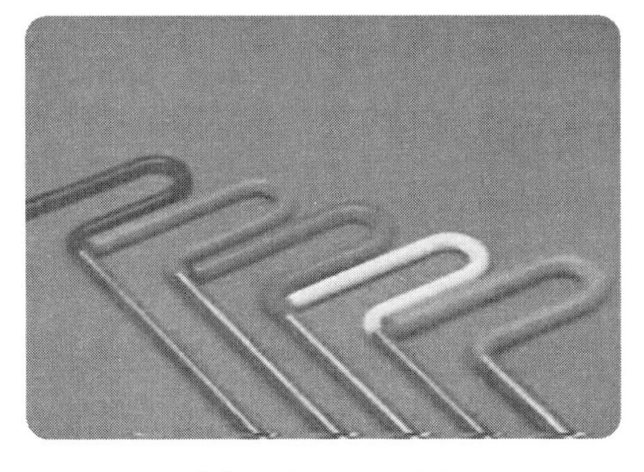

툴의 손잡이 형상

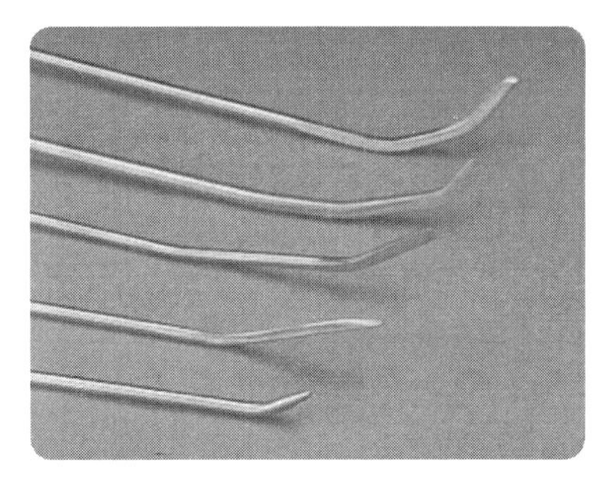

Tip의 형상

① KNIFE TIP(**나이프 팁**) : 끝이 날카로우므로 수정 작업 시 주의해야 한다. 잘못하면 수정 하는 패널 뒷면에 수정 자국이 생기거나 세운 줄처럼 미세한 자국이 패널 표면에 남을 가능성이 있기 때문이다.

② CUTTER TIP(**커터 팁**) : 나이프 팁과 마찬가지로 패널 표면에 미세한 자국이 발생할 가능성이 있으므로 수정 작업 시 주의를 해야 한다.

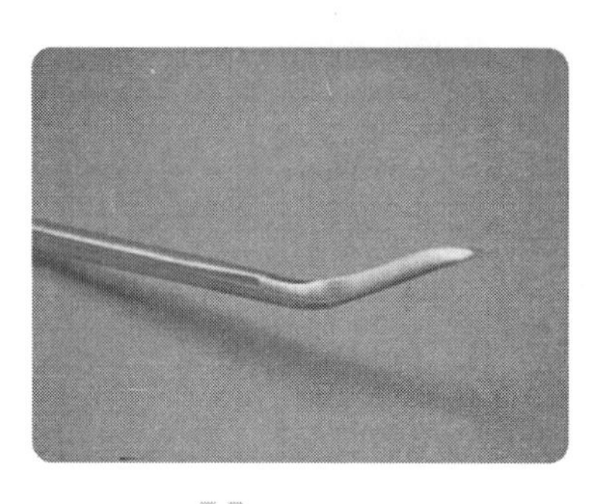

나이프 팁

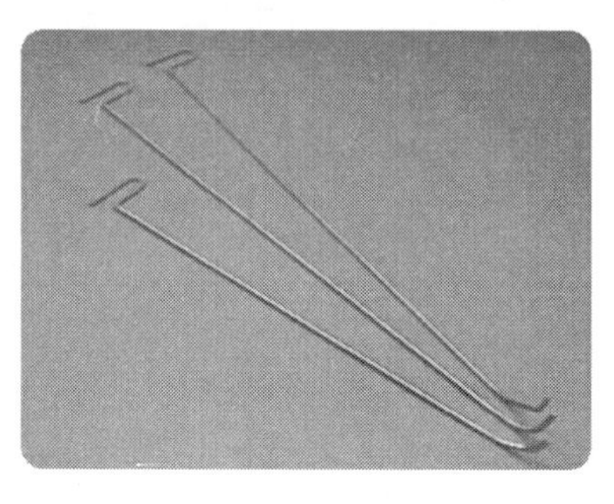

커터 팁

③ BALL TIP(**볼 팁**) : 끝이 둥글고 매끄러우며 부드럽기 때문에 손쉽게 작업이 가능하다. 가장 많이 사용되는 툴이며, 마무리용으로 사용된다.

④ BLADE TIP(**블레이드 팁**) : 각각의 길이가 다르며 초기 수정 작업 에 많이 사용된다, 수직선상의 패널 변형 면을 옆으로 밀어 낼 때 많이 사용된다.

⑤ TRI POINT TIP(**트리 포인트 팁**) : 두껍고, 단단한 패널 부위에 적합하다.

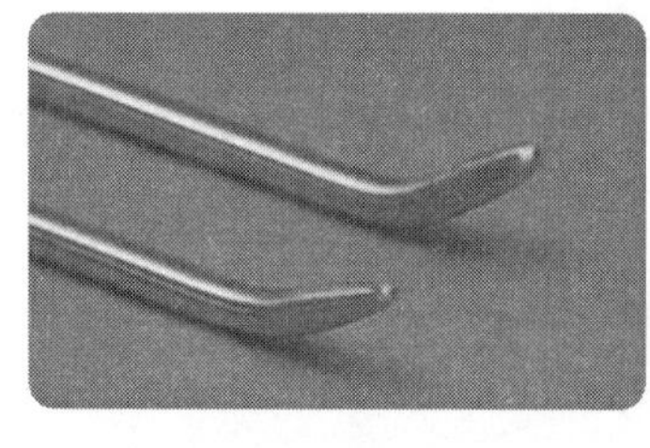

볼 팁

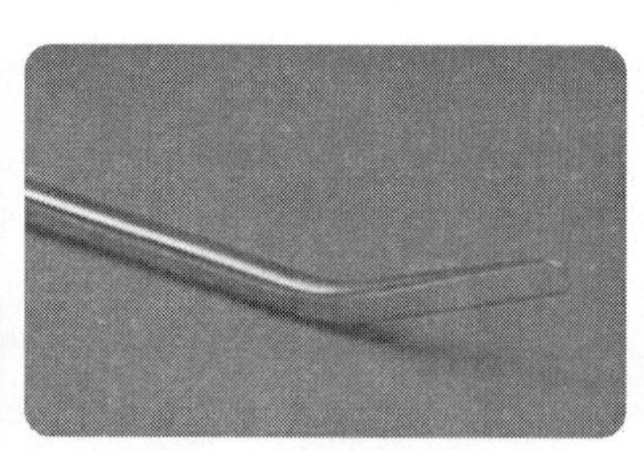

블레이드 팁

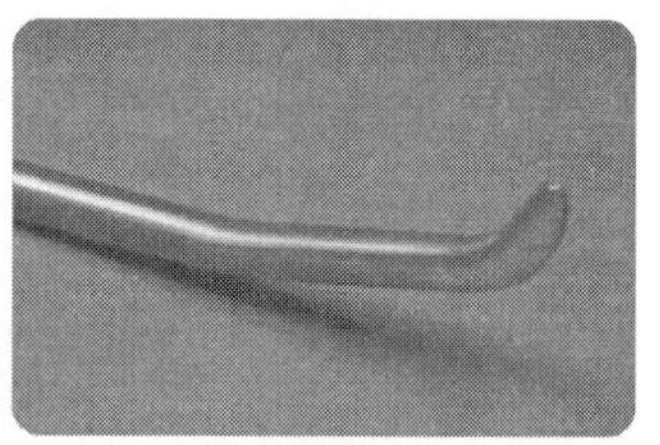

트리 포인트 팁

⑥ 제작된 툴의 모습

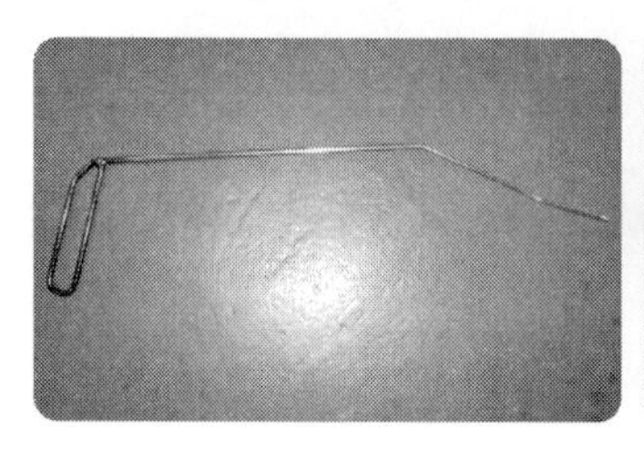

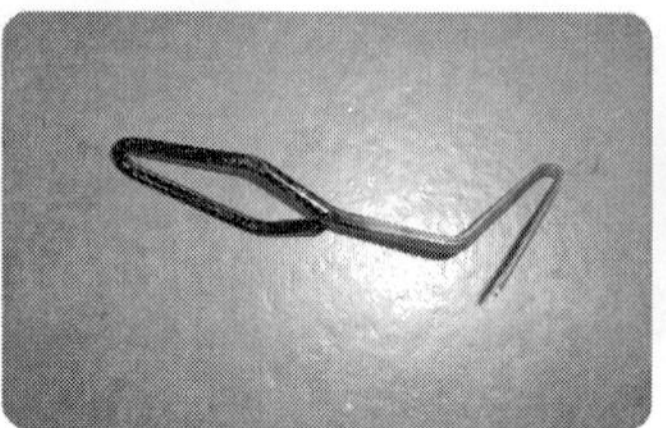

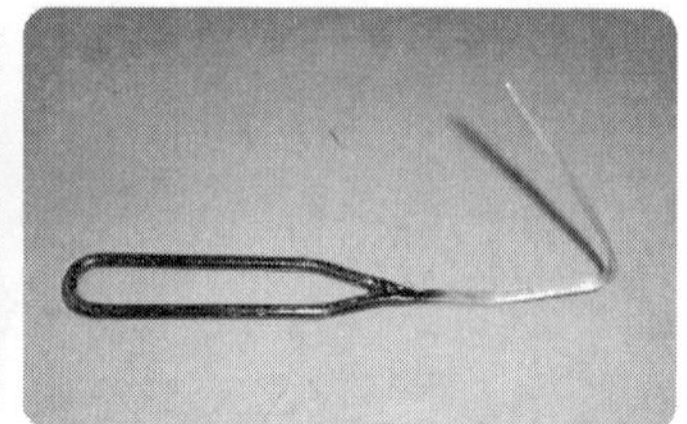

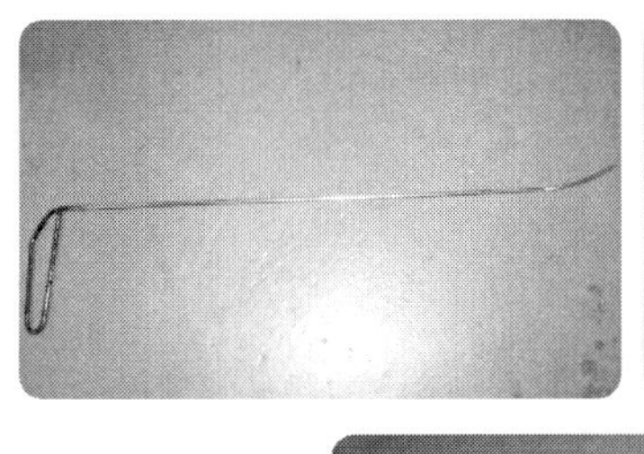
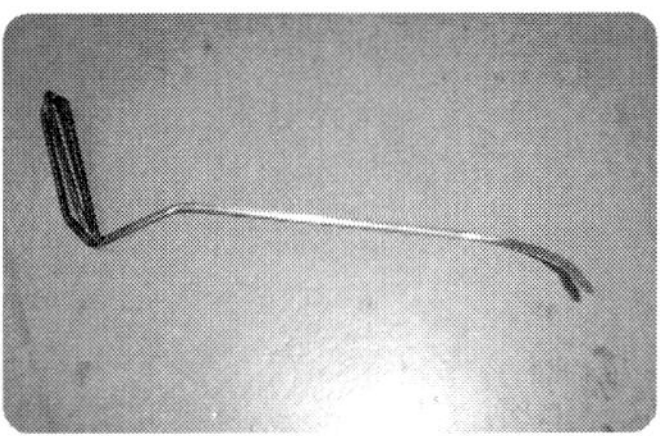
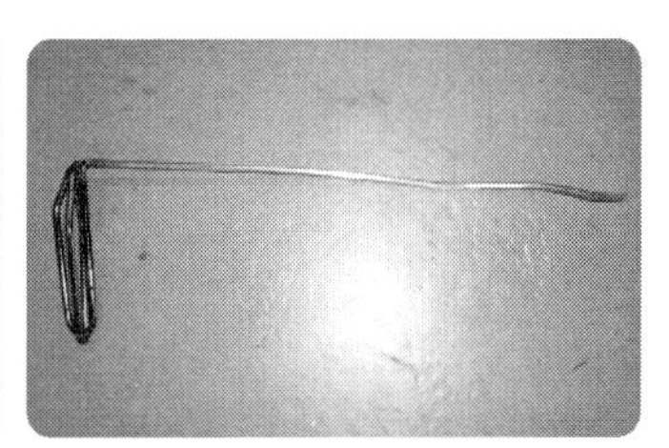
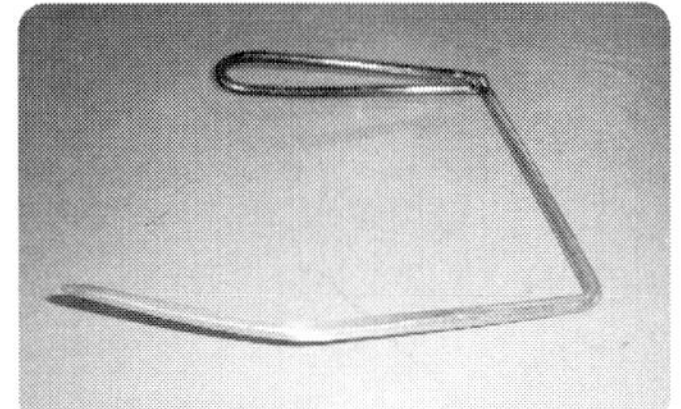
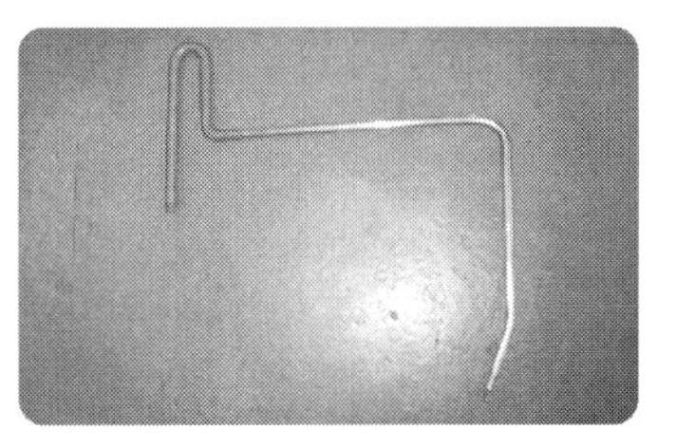

제작된 툴의 모습

5 덴트 리페어 보조 공구의 종류

1. 고 리	2. 펀 치
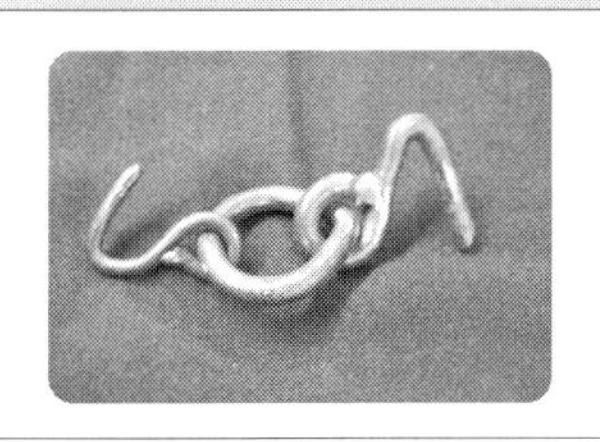	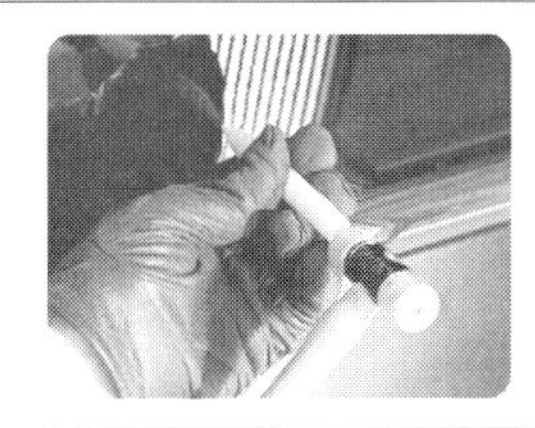
TOOL를 지지할 수 있는 곳에 고리를 걸어서 사용한다.	재질은 아크릴로서 패널이 솟아 오른 부위를 수정할 때 사용한다. 도장된 패널의 표면에 충격을 주는 공구이므로 항상 표면을 깨끗이 연마하여 도막에 상처를 입히지 도록 해야 한다.
3. 해 머	4. 콤파운드
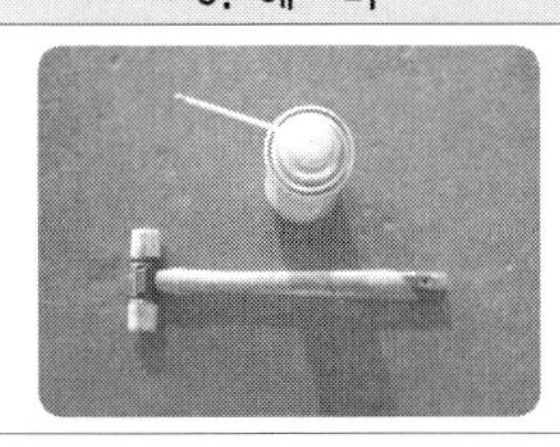	
해머는 최대한 가벼운 것이 좋으며, DENT 변형을 수정하는 해머는 펀치와 마찬가지로 패널 표면의 도막 면을 타격하는 공구이므로 해머의 마찰 면은 항상 깨끗이 관리하여 수정 작업 시에 도막에 상처를 입히지 도록 해야 한다.	작업 전에는 변형 부위의 확인을 위해서 패널 표면을 깨끗이 하는데 사용 되며, 작업 후에는 수정 공구에 의해 미세한 상처 부위를 깨끗이 연마하는데 사용된다.

5. 테이프 및 장갑	6. 연습용 작업대
변형된 부위를 수정하기 위해 TIP끝 선단에 테이프로 감아줌으로써 패널 뒷면의 도막 손상을 방지하며, 장갑은 TOOL을 사용할 때 미끄러짐과 손을 보호할 수 있으므로 잘 미끄러지지 는 가죽용 장갑을 사용하는 것이 좋다.	DENT 변형을 수정하기 위해서는 은 연습이 필요하다. 도어 패널이나, 후드 패널 등을 이용해서 연습할 때 필요한 연습용 작업대이다. 작업대의 높이는 허리 선 높이로 연습하기에 가장 적당한 높이로 제작하면 된다.
7. 형광 작업등	**8. 왁스**
DENT 변형은 아주 국부적인 변형이므로 반드시 형광등을 이용한 수정 작업이 병행되어야 한다. DENT 수정 시 가장 필요한 보조 공구 중 하나이다.	TOOL 및 변형된 부위에 왁스를 도포해 줌으로써 TOOL의 움직임을 양호하게 할 수 있고, 변형된 부위에 도포된 왁스로 인해서 변형 부위를 조금 더 쉽게 수정할 수 있도록 해준다.

★ **보조 공구의 손질** : 해머의 손질과 같이 그 외의 덴트 리페어에 사용되는 공구에 대해서도 손질의 좋고 나쁨에 따라서 작업의 정밀도에 큰 영향을 미친다. 공구는 정기적으로 점검하여, 상처나 변형의 유무를 조사하여 깨끗이 다듬질 해 놓지 으면 안 된다.

MEMO

3 | 덴트 리페어 작업

1 덴트 리페어의 표준작업 순서

작업 순서는 손상부의 크기나 수정 부위에 따라 약간의 차이는 있지만, 기본적으로는 큰 차이가 없다. 여기에서 이야기 하는 작업순서는 대략적인 작업 순서이다.

변형 부위 확인

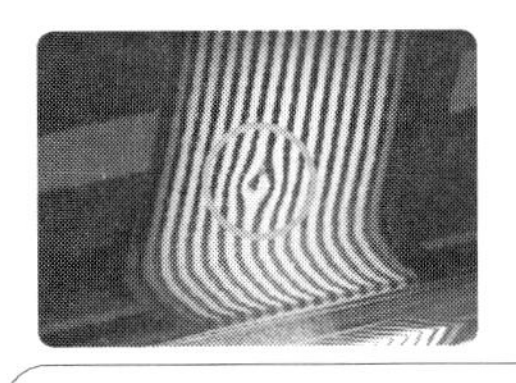

변형부위, 손상크기, 손상원인 확인

변형 부위가 어디이며, 손상의 크기가 어느 정도인지, 손상의 원인이 무엇인지에 대해 정확하게 파악할 필요가 있다.

수정 위치 확인

덴트 변형의 수정을 위해서는 수정 하고자 하는 위치가 수정 부위에서 가장 가까운 곳을 선택하는 것이 좋다. 너무 멀리 있으면 툴의 사용도 힘들 뿐만 아니라 수정되는 모습 또한 판단하기가 어렵다.

툴을 사용한 수정 위치 선정

툴의 사용에 있어서 패널 형태에 따른 툴의 사용 방법을 숙지해 두는 것은 중요한 일이다. 패널의 형태에 맞게 적절히 잘 사용해야 하며, 패널의 모든 공간을 잘 활용하는 것도 수정의 한 방법이다.

수정 공구 선택

변형부위에 따른 각각의 툴의 사용 방법이 다르다. 변형 부위에 맞는 툴의 사용으로 작업의 용이성과 편리성, 시간 단축의 경제성을 도모할 수 있다.

TIP 선단에 테이프 처리

숙련된 기술자라면 TIP선단에 테이프처리를 하지 아도 되겠지만 숙련되지 못한 상태라면 TIP선단에 테이프 처리를 하는 것이 좋다. 테이프 처리를 하면 변형 부위의 수정에 있어 확인 작업이 조금은 어려운 점이 없지 아 있지만 패널 뒷면에 도포된 전착 도장 면의 손상을 방지하기 위해서는 반드시 선행될 작업이다.

빛을 이용한 수정

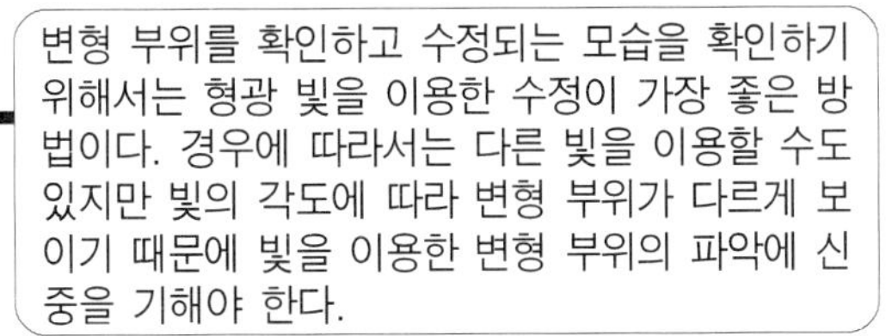

변형 부위를 확인하고 수정되는 모습을 확인하기 위해서는 형광 빛을 이용한 수정이 가장 좋은 방법이다. 경우에 따라서는 다른 빛을 이용할 수도 있지만 빛의 각도에 따라 변형 부위가 다르게 보이기 때문에 빛을 이용한 변형 부위의 파악에 신중을 기해야 한다.

수정 마무리

변형 부위를 수정한 후 패널 뒷면에는 방청제를 도포해 줌으로써 TOOL의 사용으로 인한 도막 벗겨짐에 따른 부식을 방지해 주고, 수정된 패널 표면은 컴파운드 및 광택 처리로 깨끗하게 마무리 해줌으로써 원래의 패널 표면과 동일하게 해준다.

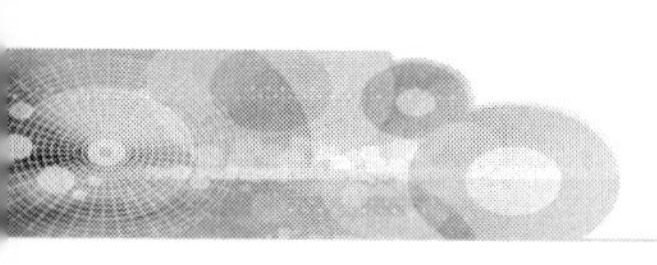

2 수정 개소의 확인

모든 손상부가 덴트 툴을 이용한 수정이 가능하지는 않다. 비슷한 크기의 변형도 발생 부위에 따라 부품의 탈착이 필요한 것과 그렇지 않은 것, 수공구가 전혀 필요 없는 것 등이 있다. 그렇기 때문에 수정 개소의 확인에 의해 작업 방법을 판단해야 한다. 그 판단을 잘못하게 되면 불필요한 시간을 소비하게 된다. 따라서 수정 개소의 위치나 손상 부위를 확인한다는 것은 그 손상 부위가 덴트 툴을 가지고 수정이 가능한지의 여부를 판단함과 동시에, 수정할 경우 가장 좋은 수정 순서를 결정하는 것이다.

어느 범위까지 수정이 가능하다, 가능하지 않다 라는 결론은 아직 내릴 수 없다. 왜냐하면 덴트 변형의 대략적인 기준은 있지만 그 대략적인 기준이 정확하지 않기 때문이다. 물론 툴이 들어가지 않는 곳의 수정 작업은 대단히 어려운 작업임에는 틀림이 없다.

하지만, 툴이 들어가지 않는 곳에 또 다른 수정 공구가 사용되는 것은 사실이다. 툴 대용으로 사용되는 공구에는 우리가 흔히 접할 수 있는 고무펌프(pump)가 있다. 일명 압축기라는 것이다.

이것은 덴트 변형을 수정하고자 사용하는 것이 아니라 패널의 넓은 평면 부위의 변형된 부위를 임시적으로 당겨내기 위해 사용하는 것이다. 이것을 사용해서 패널이 들어간 부위를 당겨 낼 수는 있지만 수정의 개념하고는 너무나 다르다는 것을 인식해야 한다.

이것으로 잘못 당겼을 경우에는 패널에 또 다른 변형으로 인해 울퉁불퉁한 표면을 만들어 더 보기 싫게 될 가능성이 많다.

또 다른 공구에는 우리가 잘 알고 있는 것 중에 하나로 에어를 사용하는 것으로 압축공기를 채워서 변형된 부위를 당겨내는 공구이다. 이것을 원어로는 PNEUMATIC 덴트 PULLER(뉴-매틱 덴트 풀러)라고 한다. 변형 된 부위에 압축 공기로 채워서 변형 부위를 잡아당기는 방식이다. 이 또한 펌프와 마찬가지로 변형된 부위를 임시적으로 당겨낼 수는 있지만 수정의 개념은 아니다. 반드시 알아야 할 것은 이 모든 보조용 공구들이 수정을 하기 위한 하나의 작업 공정이라는 것이다.

조금 더 손쉽게 수정하기 위해서 일차적인 수정 방법이라는 것이다. 일차적인 수정은 수정의 개념이 아니라 수정하기 위한 보조적인 역할을 한다는 것을 기억해야 할 것이다. 이렇게 일차적인 수정이 끝이 나면 다음 단계로 정확한 수정을 위해 반드시 툴을 사용한 마무리가 병행이 되어야 한다는 것이다. 항상 마무리 정밀 작업은 툴로서만 가능하다.

그렇다면 툴로서 수정이 불가능한 곳은 어떻게 수정을 해야 하는가? 의 의문이 남아있을 것이다. 툴이 들어가지 않는 곳은 툴이 들어갈 수 있도록 조치를 취해야 한다는 것이다.

그것이 어떤 방법이냐고 궁금해 할 수도 있지만, 실제적으로 덴트 변형을 수정하고자 한다면 취해야 할 방법 중 하나이다.

물론 생산된 차량 그대로의 모습을 유지시켜 주는 것이 무엇보다 중요하지만 덴트 변형을 수정하기 위한 임시적인 작업 방법에 있어서 크게 차량의 기계적 성질과 차량의 모습을 변경시키는 것이 아닌 수정하고자 하는 하나의 방법으로 작은 홀(구멍)의 생성이다. 하지만, 그것을 받아들이는 고객의 입장에서는 납득이 되지 않을 수도 있다. 어떤 방법으로 작업을 할 것인가는 모든 것이 작업하는 작업자의 선택에 달려 있다.

고객이 홀을 내는 것에 대해 신뢰하지 않는 다면 홀을 내지 않고 할 수 있는 작업 방법을 찾아야 할 것이며 홀을 가공해서 수정할 수밖에 없는 상황이라면 충분히 설명이 이루어지고 난 뒤에 작업을 진행해야 할 것이다.

결론을 내리자면, 여러 가지 작업 방법이 있다고 하지만, 툴의 사용이 익숙지 못한 상태에서 보조 공구를 사용하는데 익숙해져 있으면 안 된다는 것이다. 툴을 이용한 충분한 수정 상태가 되었을 때 보조 공구는 변형 부위를 수정하는데 크나 큰 역할을 할 것이다.

덴트 변형의 수정은 조그마한 수정 부위를 확인하는 것이 최우선이며, 변형된 부위를 어떻게 효율적으로 수정할 수 있느냐는 충분한 연습과 노력밖에 없음을 명심하자.

위에서도 잠시 언급했지만, 덴트 변형을 어느 정도의 범위까지 수정할 수 있느냐는 아직 결론적으로 이야기 할 순 없지만, 대략적인 기준은 정해져 있다.

(1) 덴트 리페어가 가능한 굴곡 부위의 대략적 기준

① 주위가 비슷하게 굴곡이 져 있는 곳으로서, 지름이 약 30mm 이내로 굴곡부의 높이와 깊이가 패널의 두께 정도의 것.(凹, 凸의 윗부분이 날카롭게 각이 져 있지 않은 것)

② 굴 곡부가 타원형으로 지름이 약 30mm 이내로 굴곡부의 높이와 깊이가 패널의 두께정도의 것.

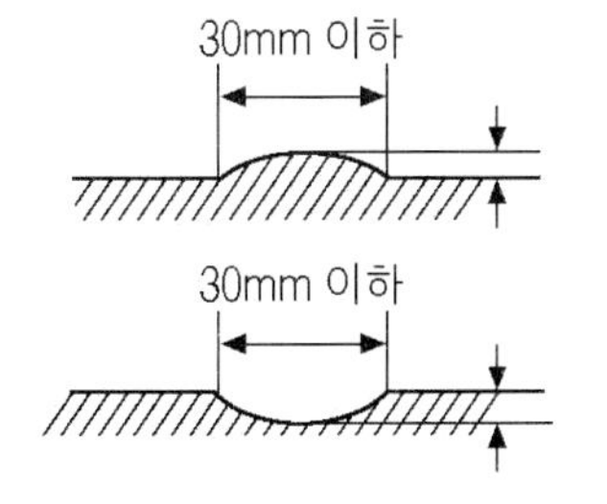

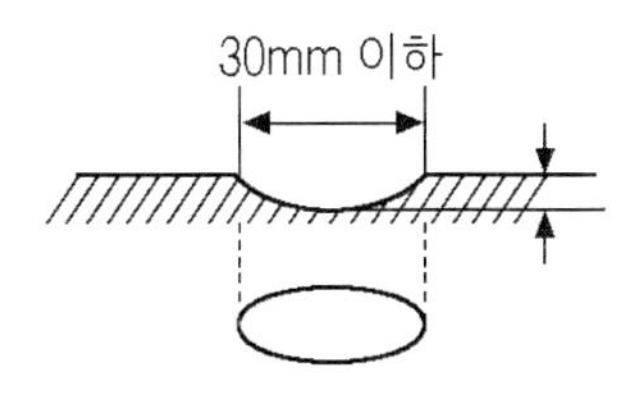

③ 굴곡의 정도가 ①, ②에 해당하고, 발생 위치가 폐단부나 강판이 2장 이상 겹치지 않는 곳.

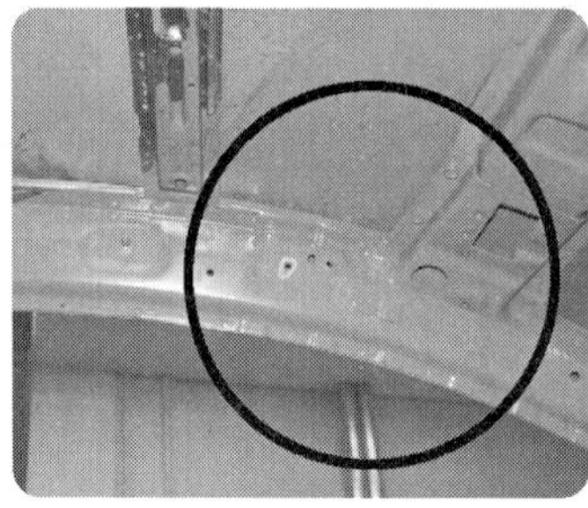

수정작업이 어려운 곳

(2) 손상의 확인 방법

큰 변형은 누가 보아도 쉽게 판단할 수 있지만, 문제는 잘 보이지 않는 작은 변형과 수정작업이 끝이 난 후 패널에 남아있는 변형을 발견함이 중요하다. 패널의 변형을 확인하는 방법에는 다음의 방법 들이 있다.

덴트 변형은 패널 수정 작업과 달리 패널 표면에 미세하게 발생된 덴트 변형도 찾아내야 하는 어려움이 있다. 덴트 변형을 확인하기 위해서 다음의 방법들이 사용되지만 패널 수정 작업의 확인 방법과는 조금의 차이점이 있다.

① 눈으로 확인(육안점검, 시각)

변형 부위를 비스듬하게 직시하면서 빛(자연 광, 형광 빛)을 이용하여 눈으로 확인한다. 눈으로 확인하기 전에 반드시 도막 표면에 부착되어 있는 먼지나 진흙과 같은 이 물질을 깨끗이 제거한다.

덴트 변형은 다시 한 번 말하지만, 아주 미세한 변형을 확인하는 작업이다. 수정하고자 하고자 하는 부위는 반드시 표면을 깨끗이 한 후에 작업에 들어가야 한다. 패널 표면에 먼지와 같은 이물질이나 흙과 같은 물질들이 묻어 있으면 빛의 분산으로 인해 변형 부위가 쉽게 발견되지 않을 뿐 아니라, 변형 부위의 위치 파악에도 어려움이 따른다.

★ 손상된 부위를 확인하기 위해서는 자연 빛 및 형광 빛을 이용해서 변형 부위를 확인하지만 DENT 부위를 수정하고자 할 때에는 반드시 이동형 형광등을 이용해서 변형 부위 확인 및 수정 작업을 진행 해햐 한다. 변형 부위를 수정하고자 할 때에는 반드시 패널 표면을 깨끗이 해야 한다.

② 손으로 확인(촉각)

패널 표면에 손바닥을 가볍게 대고 상하, 좌우로 움직여 손바닥에 닿는 감촉으로 변형을 확인한다. 손이 움직이는 방향은 손상이 없는 면에 손을 대고 손상 면을 통과 하여 손상이 없는 반대편 부분을 지나치면서 손바닥의 감각으로 변형을 확인한다.

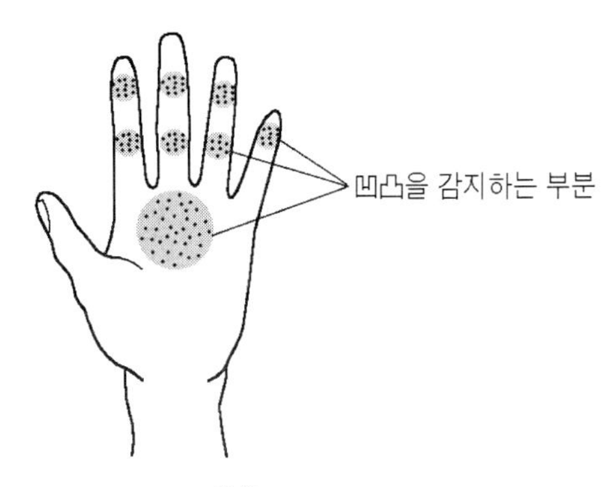

손으로 확인

덴트 변형의 수정이 끝이 난 후에 육안상으로는 변형된 모습을 확인할 수 없다 할지라도 손바닥을 이용해서 변형 부위를 확인하면 미세하게 변형된 부분을 확인할 수 있다.

육안으로 확인해서 수정이 완료되었다고 생각이 든다면 다시 한 번 손바닥으로 확인해서 변형의 유무를 확인할 필요성이 있다. 왜냐하면, 육안으로 보았을 때 한쪽 방향으로서의 확인은 수정이 되어 있는 모습일지는 모르지만 형광 빛뿐만 아니라 주위의 여러 가지 사물들을 이용해서 변형 부위를 확인해 보면 변형되어진 곳이 표시가 난다.

이처럼, 이러한 부분까지 확인할 수 있는 기술자가 되기 위해서는 많은 시간과 노력이 필요한 것이다.

③ 형광 빛을 이용한 확인 방법

형광 빛을 이용해서 확인 하는 각도는 빛을 이용해서 자세를 낮추고, 차량 보디 형태에 따라 몸을 움직이며 확인한다.

- 수평면은 25~40° 의 각도로 확인한다.
- 수직부는 20~40° 의 각도로 확인한다.
- 위의 각도를 기준으로 빛(조명)을 이용하면 굴곡부의 발견이 쉽다.
- 어두운 장소에서는 종횡의 형광등을 사용한다. 형광등을 이용할 경우에는 반사 판을 검게 칠해 두면 그림자가 잘 나타나므로 굴곡의 발견이 쉽다.

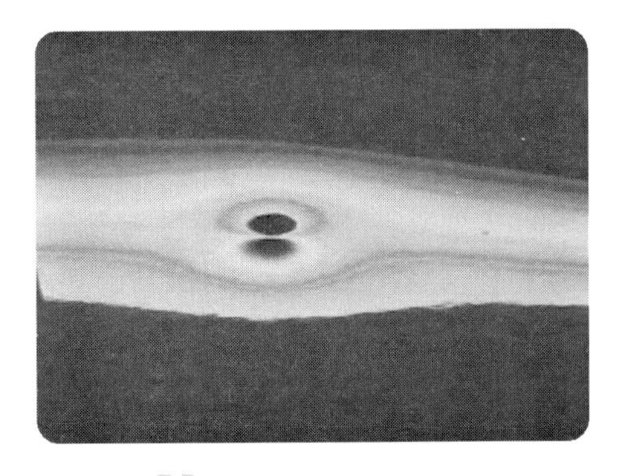

형광 빛을 이용한 방법

형광 빛을 이용해서 변형 부위를 확인하는 작업이 가장 중요하다. 물론 어느 하나 중요하지 않은 부분이 없겠지만 수정 작업과 곧바로 연결될 수 있는 부분이 형광 빛을

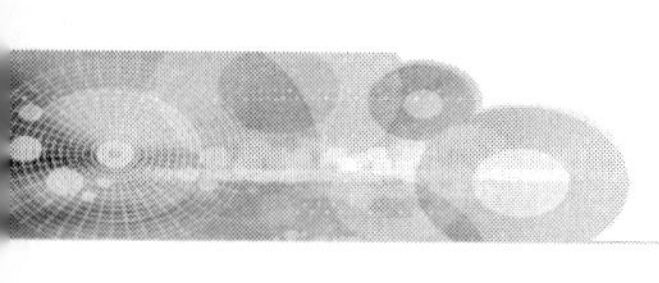

이용한 확인 방법과 수정 방법이다. 자연 빛을 통해서 발견 되지 않은 변형 부위가 형광 빛을 이용하면 발견되는 부분이 적지 않다. 또한 도장된 칼라 색상에 따라 자연 빛에서의 변형된 부분이 보이긴 하지만 막상 수정하고자 할 때에는 툴의 움직임을 확인할 수 없는 색상들이 한 두 가지가 아니라고 봤을 때 형광 빛을 이용한 변형 부위의 확인 작업은 덴트 변형을 수정하고자 할 때 가장 중요한 역할을 한다.

3 덴트 리페어의 포인트

(1) 덴트 리페어의 난이도

덴트 리페어의 난이도는 변형의 크기나 발생 부위에 따라서 다르다.
크기가 일정한 경우, 발생 부위와 난이도는 아래와 같다.

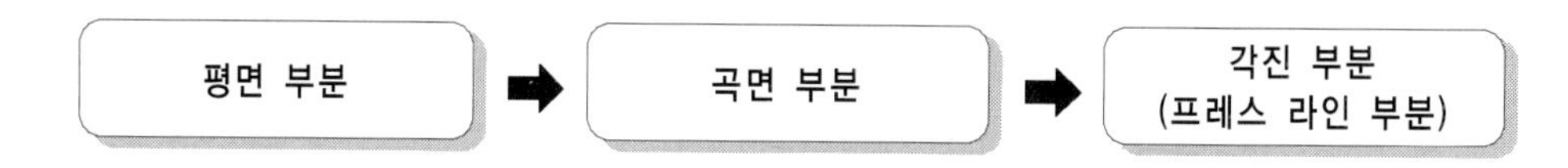

(2) 수정 가능한 3원칙

덴트 리페어는 변형 정도가 작다고 반드시 수정이 가능한 것은 아니다. 일반적으로 수정 가능한 3원칙은 다음과 같다.

① **덴트 툴이 들어갈 수 있는 부위에 변형이 있을 것** : 凸의 경우는 덴트 툴의 사용으로 수정하지 않기 때문에 상관은 없으나, 凹 부분은 凹부에 툴를 이용해서 수정을 해야 하기 때문에 중간에 폐 단면인 경우나 패널이 겹쳐진 2중 구조에는 수정이 어렵다.

② **지렛대의 이용이 가능한 부분일 것** : 수정개소와 근접한 패널이나. 보강판 등이 덴트 툴의 받침으로 이용되지 않으면 힘이 전달되지 않기 때문에 수정이 어렵다.

③ **보이는 부분일 것** : 수정 부위를 덴트 툴로 이동하면서 찾은 상황에서는 수정이 어려우므로 수정 상태를 눈으로 확인할 수 있는 부위에 변형이 있어야 한다.

위에서도 이야기 했지만 수정 가능한 3원칙은 대략적인 기준에 의한 것이다. 어느 부분을 어떻게 수정해 나가야 하며, 어느 범위의 어떤 변형까지 가능한지는 아직도 숙제로 남아있다.

4 | 덴트 형상

1 변형의 종류

(1) LOW(로우) 변형

LOW 변형은 자연적인 현상으로 물체에 의한 변형과 아이들이 주차장에서 놀이를 하면서 패널 표면에 발생 시킬 수 있는 작은 변형을 말한다. 특히 요즘처럼 차량의 이동이 많은 쇼핑센터에서나 할인 마트점에서 주차할 때 발생할 수 있는 작은 변형이다.

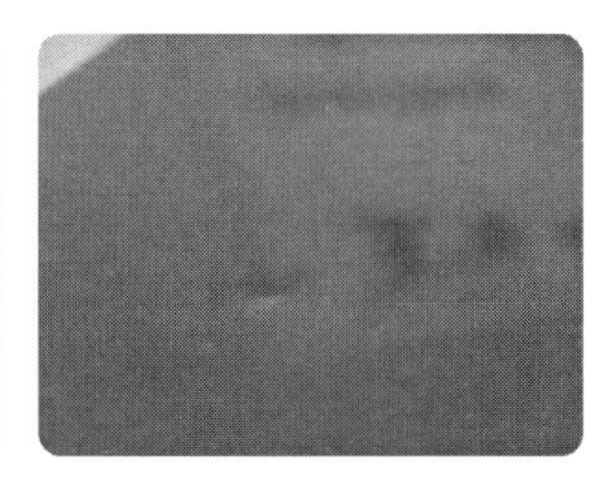

로우 변형

2) HIGH(하이) 변형

HIGH 변형은 LOW변형의 반대 개념으로 패널 표면보다 더 높게 솟아 오른 변형을 말한다. 이러한 변형은 좀처럼 발생하지 않지만, LOW변형을 수정하다 보면 예상치 못한 곳에 이러한 HIGH 변형이 나타날 수 있으며, 덴트 변형이 여러 곳 발생되면서 LOW변형의 주위에는 전부 HIGH변형이 동시에 일어날 수 있다.

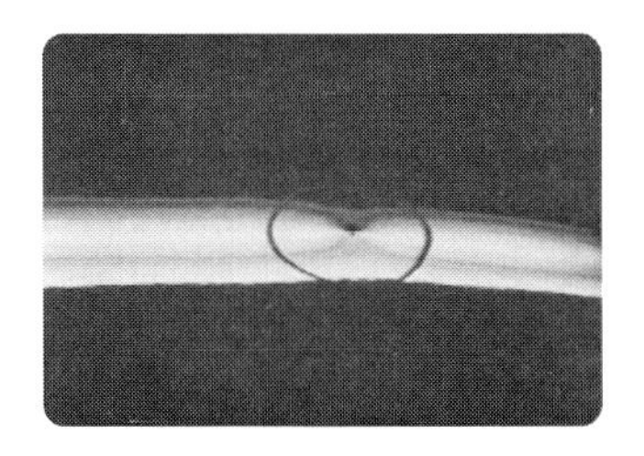
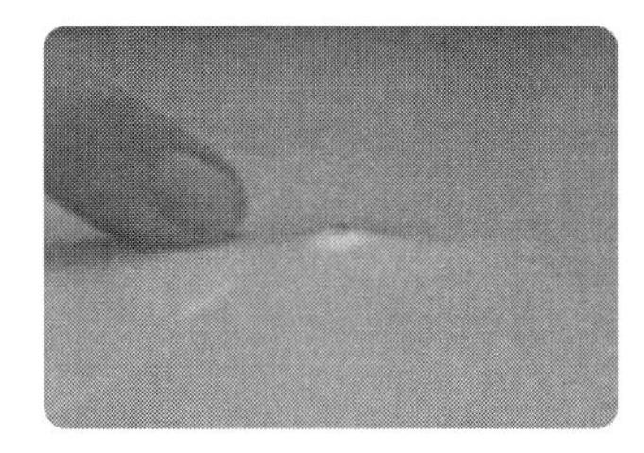

하이 변형

(3) CREASE(크리스) 변형

CREASE 변형은 종이를 접었다 폈을 때 접혀진 자국처럼 조금은 길게 변형된 것을 말한다. 둥근 원형처럼의 변형이 아니라 길게 각이진 것처럼 변형이 발생되었기 때문에 수정하기가 조금은 어렵다. 수정 범위가 어느 정도 이냐에 따라서 수정 여부를 판단 할 수 있겠지만 완벽하게 수정하기 까다로운 변형이다. 수정하기가 여간 까다롭지 않은 변형이지만 변형되었을 때보다는 보기 좋게 수정할 수는 있다.

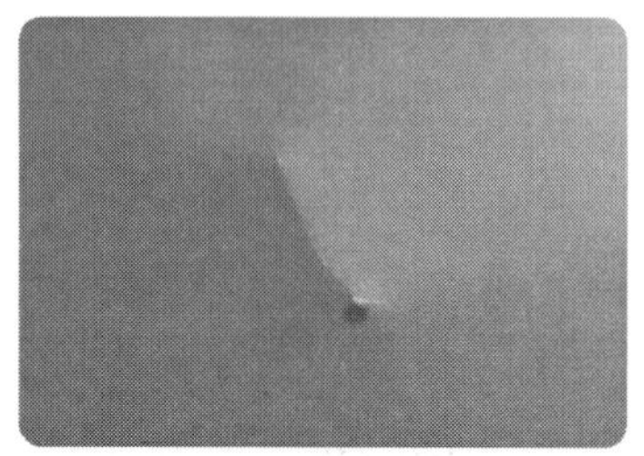

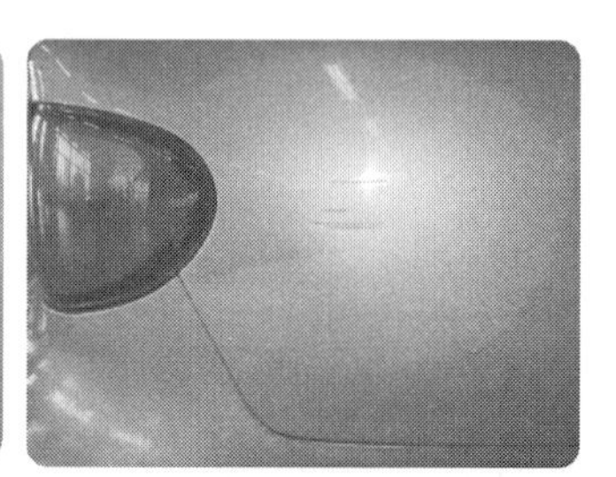

크리스 변형

(4) 페퍼드(PEPPERED) 변형

페퍼드 변형은 자연 현상인 우박 등에 의해 수많은 덴트 변형들이 발생하여 하나의 패널 표면에 다량으로 덴트 변형이 흩어져 있는 현상을 말한다. 이러한 덴트 변형들이 발생하였을 때 과연 어떻게 할 것인가? 그리고 어떻게 수정할 것인가도 하나의 과제이다.

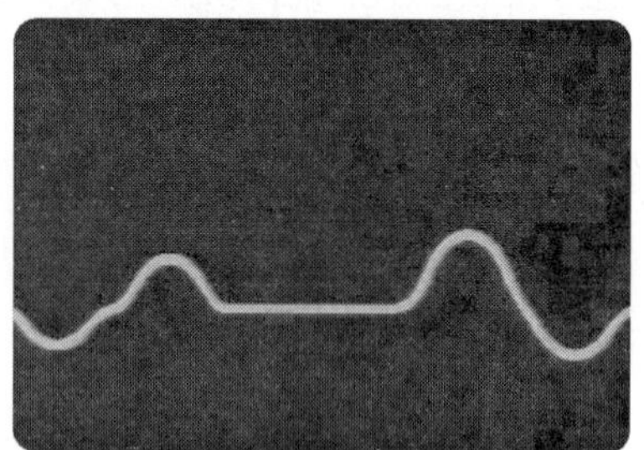

페퍼드 변형

(5) FLAT(플랫) 변형

FLAT 변형은 둥근 타원의 변형이 아니라 조금은 계단 형식으로 편평한 변형을 말한다. 이러한 변형은 강판의 성질 중 탄성의 성질을 조금은 잃은 소성의 변형과 동일하다 할 수 있다.

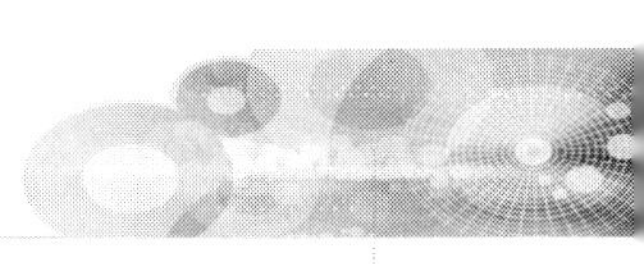

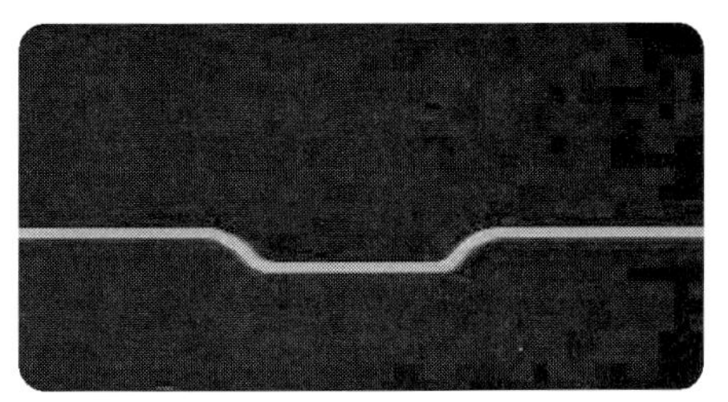

플랫 변형

2 변형 부위 확인 방법

보통 덴트 변형은 육안으로도 확인이 가능하지만, 일반적으로 형광 빛을 이용한 변형 부위의 확인이 가장 많이 사용되는 방법이다. 형광 빛의 확인으로 변형 부위를 파악하고 변형 부위를 수정해 나가야 하는 또 다른 하나의 작업 방법이라 할 수 있다.

아래의 그림에서 볼 수 있듯이 약간 둥글게 나타나 보이는 부분이 덴트 변형된 부분임을 알 수 있다. 또 한 가지의 방법으로는 단지 형광 빛뿐만 아니라 패널 표면의 변형 부위를 확인할 수 있는 어떤 물체도 상관은 없다. 패널 표면이 비추어져서 변형 부위를 확인 할 수 있다면 어떤 것이든 상관은 없지만 그것은 아주 오랜 경험이 축적이 된 상태에서만이 가능하고 숙련되지 못했거나 숙련된 기술자라 할지라도 형광 빛을 이용한 변형 부위의 확인이 가장 적합하다.

단지, 형광 빛은 여러 가지 색상이 있지만, 백색의 빛을 이용하는 것이 눈의 피로도를 줄이는데 가장 효과적이며, 시력 보호에도 상당히 도움이 된다. 오랜 시간 한 곳만을 응시하며 빛을 통한 수정 작업에 있어서 시력 보호 차원에서도 백색의 형광 빛을 사용하는 것이 가장 좋은 방법이다. 여러 가지 형형색색의 빛을 이용한 수정도 가능하겠지만 어느 정도의 색상을 가진 형광 빛은 오히려 눈의 피로 도를 증가시키며 시력 저하에도 영향을 미치므로 상당히 주의해야 한다.

그림에서처럼 LOW변형은 형광 빛을 이용해서 확인했을 때 넓게 퍼져 보이는 현상을 나타내며 아래 그림처럼 HIGH 변형은 형광 빛을 이용해서 확인했을 때 넓게 퍼져 보이는 현상이 아닌 모래시계 모양처럼 중간 부분이 좁게 모아져 있는 현상을 확인할 수 있다.

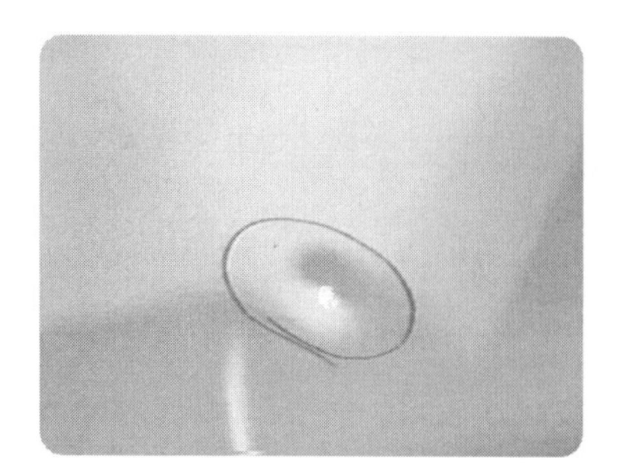
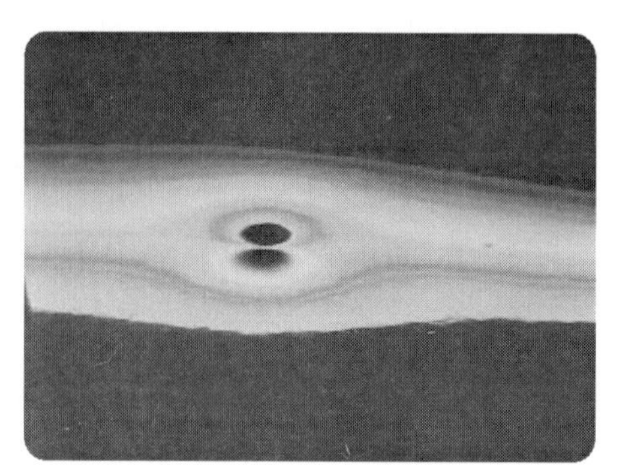

LOW 변형 확인

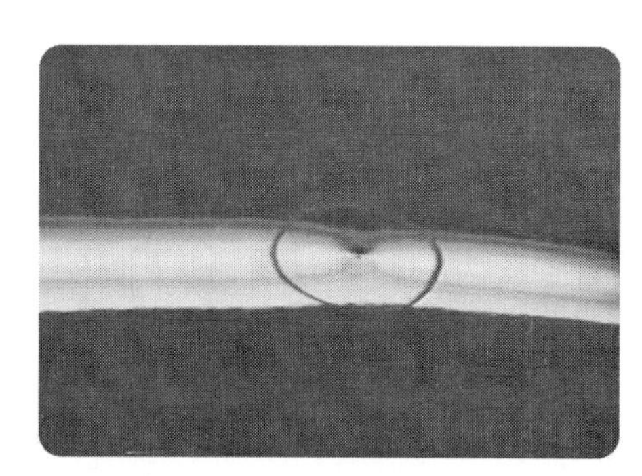
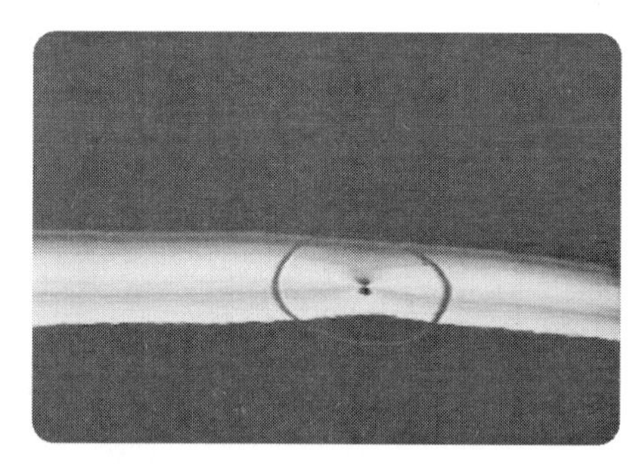

HIGH 변형 확인

위의 HIGH변형은 좀처럼 나타나지 않은 변형 이라고 해도 과언은 아니다. 대부분 LOW 변형이 가장 주된 변형이라고 생각하면 된다. LOW변형의 범위가 어디까지이다 라고 정의를 내리기에는 어려운 부분이지만 덴트 변형은 거의 LOW변형 형태가 가장 많으며 그 다음으로는 CREASE변형과 같이 종이를 접었다 펼쳤을 때 나타나는 현상처럼 길게 패인 부분의 변형이 많다. HIGH변형은 LOW변형을 수정할 때 패널이 패널 표면보다 높게 돌출되는 부분의 변형이라 해도 틀린 말은 아니다.

3 凹 변형의 수정

툴의 끝 부분을 凹 부분의 중심 가까이에 대고 지렛대의 원리를 이용하여 가볍게 힘을 가하여 凹 부분 주위부터 조금씩 밀면서 중심부로 접근한다. 도막 표면의 움직임을 보고 凹 부분에 툴의 끝부분이 닿아 있는지 확인하면서 손목 힘으로 툴을 조심스럽게 움직여 凹 부분을 밀어낸다. 한 번에 힘을 가하면 도막이 갈라질 위험이 있으므로 여러 번으로 분할하여 밀어낸다. 처음부터 너무 무리한 힘을 가하여 변형 부 중앙을 밀어 올리게 되면

도막의 손상뿐만 아니라 변형 부위 주변 부위가 솟아오르는 변형을 초래할 수 있으므로 항상 툴이 들어가는 방향을 기준으로 하여 변형 부위의 가장 먼 곳에서 가까운 곳으로 변형을 수정해 준다. 툴은 항상 툴의 전면 방향에서 상하로 움직이며 수정해 주는 것이 가장 좋은 방법이다. 툴을 좌우로 비틀면서 수정해 줄 수도 있겠지만 TIP선단에 맞추어진 툴의 방향은 항상 상하로 움직이는 것이 가장 안전하며 정확한 수정 방법이다.

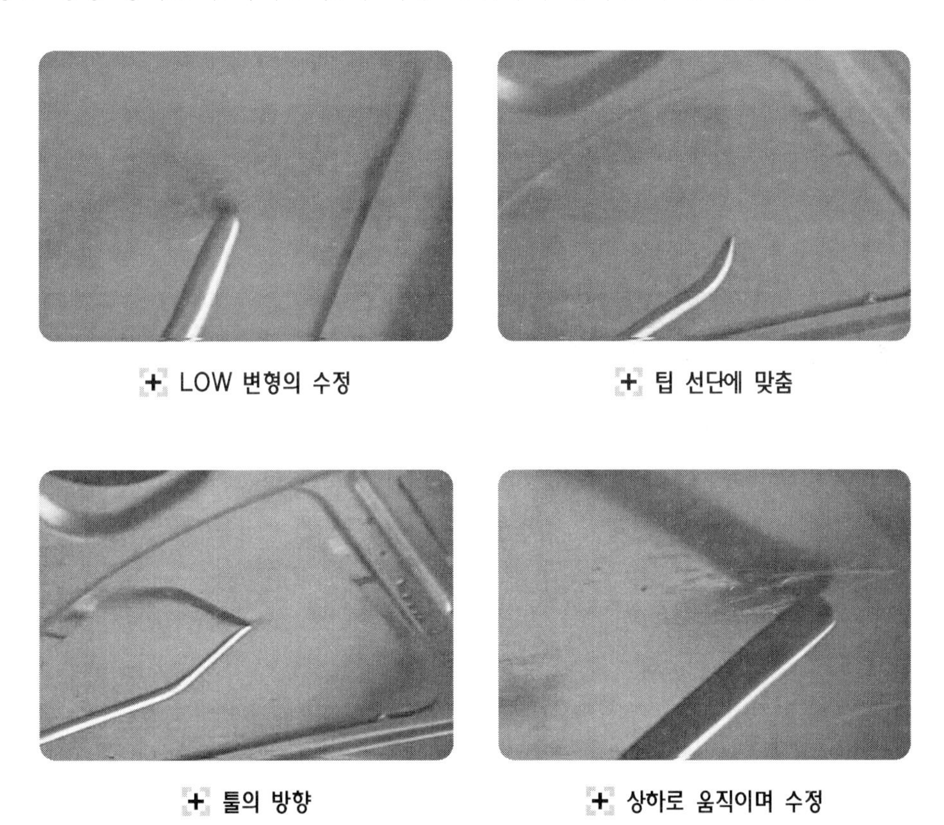

LOW 변형의 수정

팁 선단에 맞춤

툴의 방향

상하로 움직이며 수정

凹 변형을 수정할 때 주의할 사항은 절대적으로 凸 변형이 생기지 않도록 주의를 해야 한다. 凸 변형이 발생된다는 것은 변형된 패널이 수정이 되는 것이 아니라 또 다른 하나의 변형이 일어났음을 의미하기에 수정 작업이 곤란해진다. 凸 변형은 아주 작은 미세한 변형이라 할지라도 패널 표면의 또 다른 변형이 발생되었기에 수정한 부분이 확연하게 드러나게 된다. 凹 덴트 변형의 수정은 힘을 이용한 강제 수정이 아니라 툴을 사용한 미세 조정에 의해 수정되는 것이다. 강제적인 어떠한 힘으로의 수정이 아닌 정밀한 툴의 미세조정을 요구하는 작업이기에 그렇게 쉬운 작업은 아니다. 패널 수정 작업에 있어서 해머와 돌리를 사용한 타출 수정에서 알 수 있듯이 덴트 변형을 수정함에 있어서 강판의 성질을 잘 알고

있는 것 또한 중요한 하나의 요소이다. 일반적으로 강판이 가지고 있는 성질 중에 탄성과 소성 부분을 잘 알고 있어야 할 것이며, 도장된 면을 도막의 손상 없이 수정해야 하는 작업이기에 도막의 성질 부분도 잘 알고 있는 것이 중요하다. 패널 표면에 전착된 도막의 성질과 강판의 성질을 잘 이해한 상태에서의 수정 작업은 무엇보다 중요하다.

주로 덴트 변형은 각진 변형 보다는 凹 변형처럼 완만한 원형 변형이 주로 많이 발생된다. 완만한 LOW 변형은 아래 그림처럼 순차적으로 밀어 올리면서 수정을 하되 절대적으로 무리한 힘을 사용해서 수정하면 안 된다.

아래의 그림은 LOW 변형을 수정할 때의 수정 순서이다.

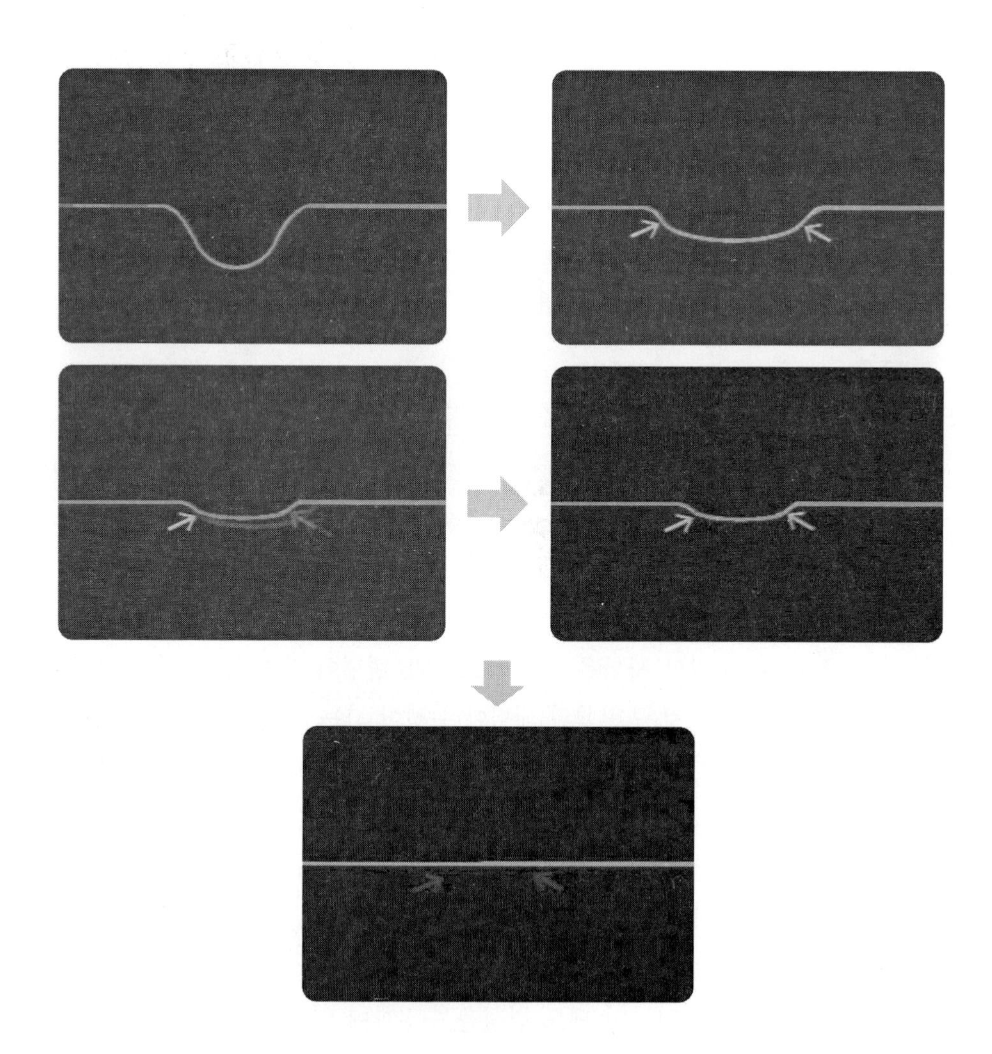

그림처럼 LOW변형은 툴을 이용해서 변형 부 중앙을 먼저 수정하는 것이 아니라 변형부 주변을 먼저 수정해 준다. 항상 자신의 위치에서 가장 먼 곳에서 가까운 곳으로 수정을 해 주어야 한다. 다시 한 번 말하지만, 덴트 변형의 수정은 단숨에 패널 전체를 밀어오리는 작업이 아니라 변형된 부위의 아주 미세한 부분까지 한 POINT 한 POINT 툴을 이용해서 밀어 올려야 하는 수정 작업이기에 신중하지 않으면 안 된다. 또한, 인내심과 집중력을 가지고 수정하지 않으면 안 되는 부분이기에 인내심을 가지고 반복적인 연습과 노력이 뒷받침 되지 않으면 수정하기가 여간 어려운 작업이 아님은 사실이다.

LOW변형의 수정은 덴트 변형의 수정에 있어서 가장 기본이 되며, 가장 많이 발생하는 변형인 동시에 가장 많이 수정하는 작업이다. 때문에 LOW변형의 수정이 어떻게 이루어지는지에 대해서 살펴보기로 하자.

아래의 그림은 LOW변형을 수정해 나가는 과정이다.

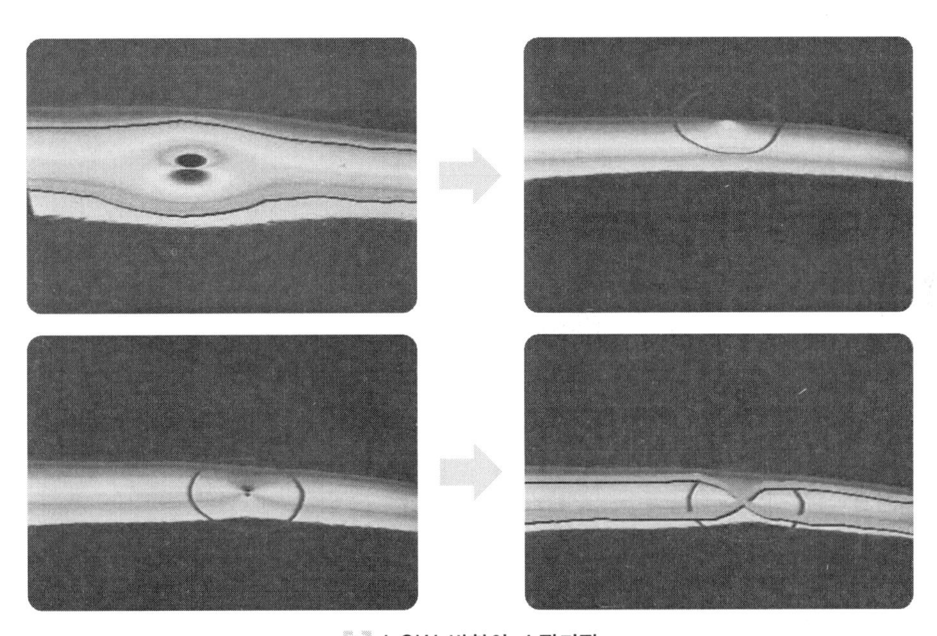

LOW 변형의 수정과정

형광 빛을 이용해서 수정할 때 그림처럼 하나의 형광 빛이 모래시계 모양으로 되었을 때 더 이상 밀어 올리지 않고 다른 주변 부분을 반복해서 수정해 주면 된다. 모래시계 모양이 생겼을 때 TOOL을 더 이상 밀어 올리게 되면 HIGH변형을 초래할 수 있으므로 반드시 모래시계 모양 이상으로 밀어 올리지 않도록 주의한다.

4 좁은 Low 변형의 수정

완만한 LOW 변형과 좁은 LOW변형의 수정 방법에는 별 다른 차이가 없다. 다만, 아래 그림처럼 좁은 LOW변형을 수정할 때 주의할 점은 바로 HIGH변형이다. 넓고 완만한 LOW 변형은 어느 정도 편평하게 수정하기가 용이하지만 좁은 LOW변형은 바로 패널이 솟아오르는 HIGH변형을 일으킬 수 있으므로 주의해야 한다. 변형 부위의 중앙을 수정하다 보면 변형 부 주위가 솟아오르는 HIGH변형이 바로 발생할 수 있으므로 주의해야 한다. HIGH변형의 발생은 도막이 깨어질 수 있으므로 주의해야 한다.

좁은 LOW 변형의 수정

좁은 LOW변형은 완만한 LOW변형의 수정처럼 변형 부위의 주위를 먼저 수정할 수도 있지만 때로는 변형 부위의 중앙을 먼저 수정해 줄 수도 있다.

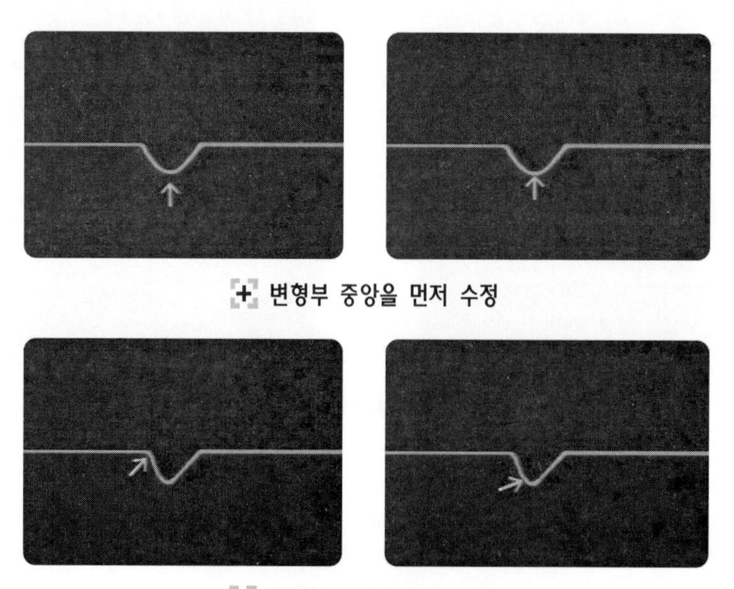

변형부 중앙을 먼저 수정

변형부 주변을 먼저 수정

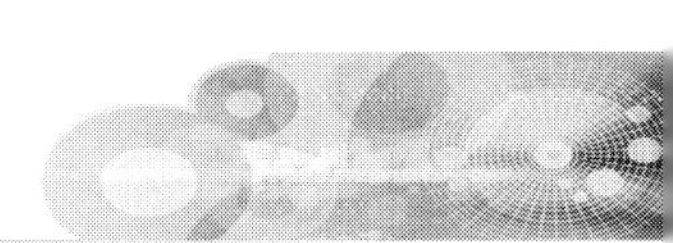

5 돌출(凸) 변형의 수정

① 凸 부의 정상을 해머나 펀치 등으로 가격하여 凸부 주위가 전체 면보다 약간 凹 되도록 한 뒤에 수정한다. 전체적으로 약간 들어간 상태에서 툴을 사용하여 凹 부분을 밀어 올리면서 수정한다.

② 凸 부위의 수정을 위해 해머의 밑받침 역할을 하는 수공구는 아크릴 재질로 만들어진 연석과 비슷한 종류로서 도장 된 패널의 표면에 해머로 힘을 가하여도 도막이 쉽게 손상되지 않는 성질을 가지고 있다.

③ 완만한 凸 의 경우에는, 해머로 凸의 중심을 가볍게 두드려 주위의 도막 면과 맞추는 방법도 있고, 凸 부의 중심부에 펀치를 대고, 가볍게 두드려 주위의 도막 면과 맞추는 방법도 있다.

凸 변형이라는 HIGH변형은 좀처럼 일어나지 않는 변형이라 해도 과언은 아니지만 패널면이 많이 솟아오른 변형은 언제든 있을 수 있다. HIGH 변형의 수정에서 가장 중요한 POINT는 위에서도 언급된 내용이지만 펀치를 이용해서 가볍게 두드려 줌으로써 패널 표면을 동일하게 해 줄 수도 있지만 좀처럼 쉬운 작업은 아니다. 그렇기에 가장 많이 사용되는 방법은 펀치를 사용해서 HIGH 변형을 좁은 LOW변형으로 만든 다음 다시 LOW변형을 수정하는 것과 동일하게 패널을 천천히 밀어 올려 주면 된다.

HIGH변형을 LOW변형처럼 낮추어 줄 때 너무 무리한 힘을 가하게 되면 예상치 못한 넓은 범위의 LOW변형을 초래할 수 있으므로 LOW변형을 수정하는 것과 동일하게 HIGH 변형의 수정 또한 무리한 힘을 이용한 수정이 아니라 적절한 힘의 안배가 필요하다. HIGH 변형을 LOW변형으로 만들어 줄 때에도 마찬가지로 HIGH부분의 중앙을 펀치를 사용해서 먼저 내려주는 것이 아니라 HIGH주변 부분을 시작으로 중앙 부분을 펀치 작업으로 조심스럽게 내려주어야 한다.

툴의 감각이 손에 익을 때까지 연습하듯이 펀치를 사용한 HIGH변형의 수정 또한 계속적인 반복 연습 만이 해머와 펀치를 적절히 사용할 수 있는 힘의 조화를 만들어 낼 수 있을 것이다.

아래 그림은 HIGH 변형을 수정하는 순서이다.

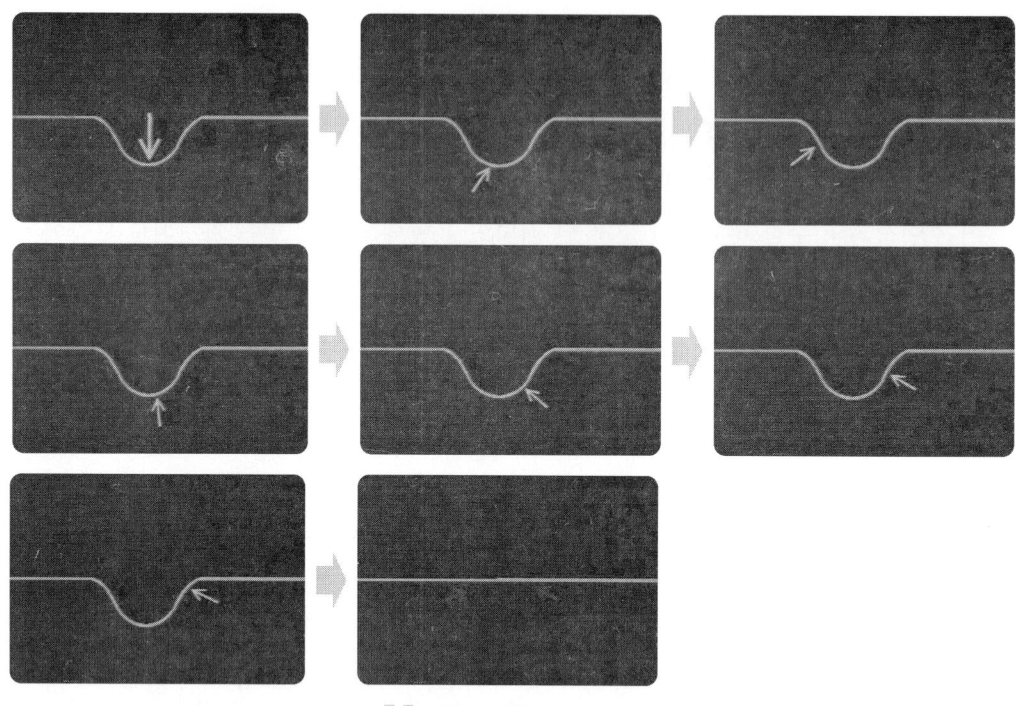

HIGH 변형 수정 순서

6 플랫 변형의 수정

플랫 변형의 수정 방법은 아래 그림에서 보듯이 HIGH 변형의 수정 방법과 동일한 방법으로 해머와 펀치를 사용해서 변형 부위의 주변을 패널 면 보다 먼저 낮추어 준 후 LOW 변형의 수정 방법과 동일하게 변형 부위를 천천히 밀어 올리면서 수정해 준다. 밀어 올리면서 수정함과 동시에 해머와 펀치로 패널 표면을 낮추어 주는 작업의 반복 작업으로 변형 부위를 수정해 나간다.

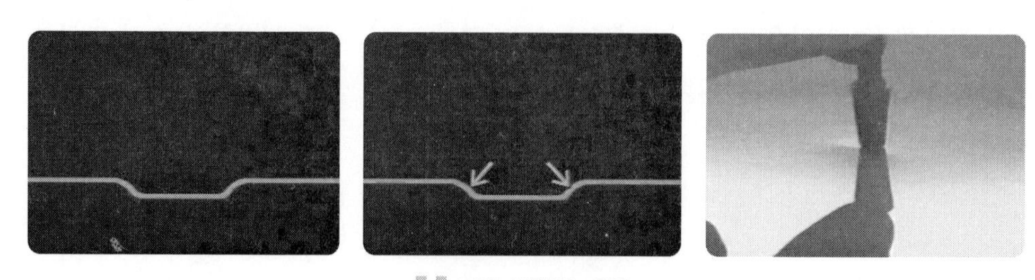

플랫 변형의 수정

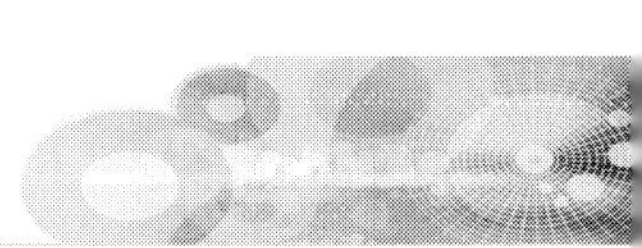

7 단계별 연습(기초 훈련)

1. 작업대 준비

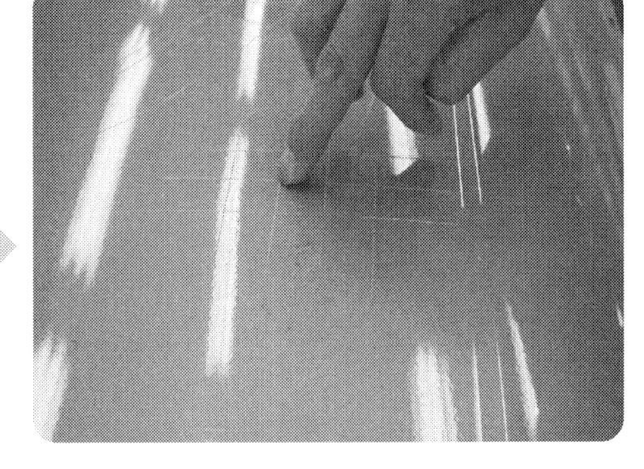

2. 연습하고자 하는 패널 판에 바둑판 모양 선 그림

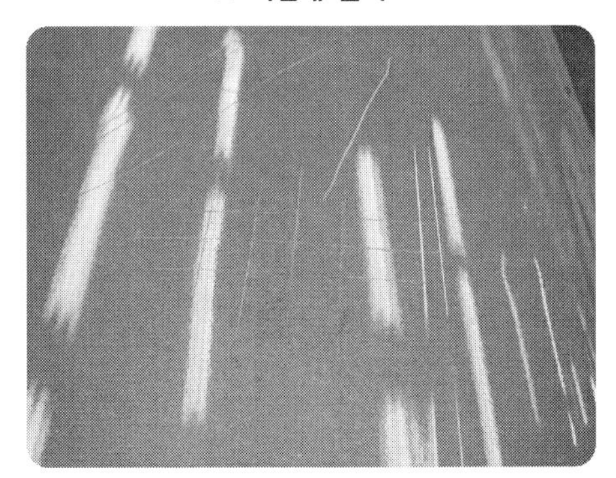

3. 꼭지점 위에 변형을 줌

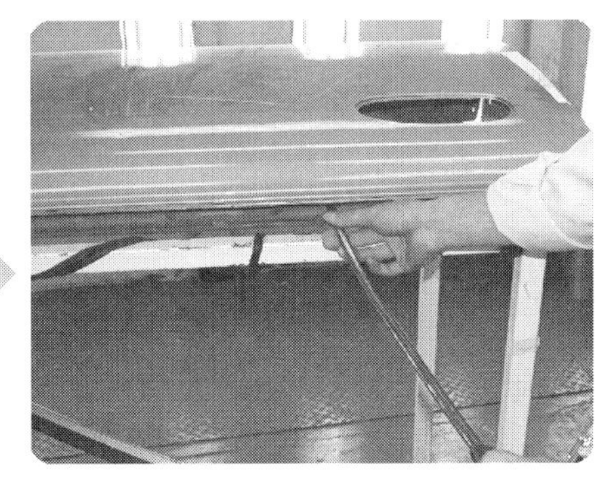

4. 변형 위치에 맞게 툴을 맞춤

5. 형광 빛을 이용해 변형부위 수정(밀어올림)

반복 연습

+ 기초 훈련

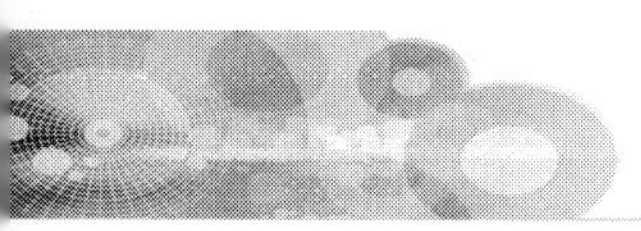

MEMO

PART 02

자동차 도장의 개요

제1장 도장 일반

1 | 도료 일반

1 정의

인류는 역사가 시작되면서 생활의 편리를 위해 도구를 사용하였고 점차 도구의 발달이 이루어지면서 도구의 보호와 장식을 위하여 오래 전부터 물체의 표면에 부식예방과 아름다운 색을 부여하기 위하여 도료를 사용하였다.

도장은 피도물의 표면에 도료를 도포함으로써 피도물의 표면에 얇은 막을 형성시키고 도료별 건조방법에 따라 액상에서 도막으로 변화하여 피도물을 보호하고 특수한 기능을 갖게 하며 상품가치를 향상시키는데 있다. 피도물에 방청기능, 방식기능, 내마모성, 내충격성, 내유성 등을 향상시켜 보호하며, 절기절연, 방화기능, 결로 방지기능 등의 특수한 기능을 갖고, 미려한 색을 부여하여 상품가치를 높이고 쉽게 식별이 가능하도록 한다.

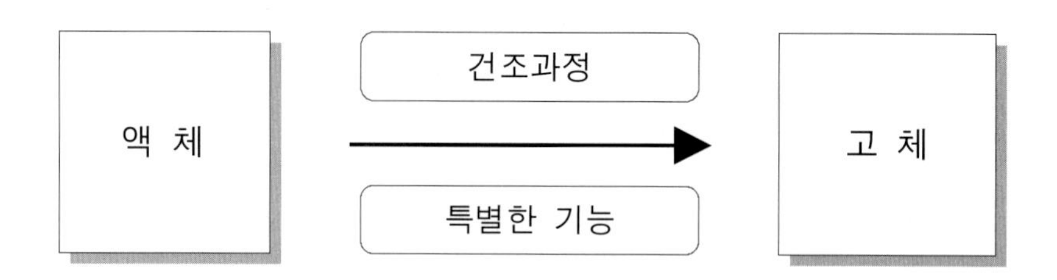

2 목적

(1) 물체의 보호

물체의 표면을 보호하여 오염물이 되지 않도록 하며 금속과 같은 경우에는 녹이 발생하여 부식이 되지 않도록 한다.

자동차의 경우 현재 비철금속 재질의 재료를 사용하지만 일반적인 차의 경우에는 녹이 발생하는 재질의 금속을 사용한다.

움직이는 자동차가 녹이 발생하여 물체의 강성이 저하되어 사고가 발생하였을 경우 약한 충격에도 운전자에게 충격(damage)이 전달되거나 운전자를 보호하지 못하고 큰 사고로 이어진다면 이러한 재질의 자동차는 실용성이 없을 것이다. 그러한 이유로 금속표면에 도장을 하여 녹이 발생하는 것을 억제하고 녹이 발생시킬 수 있는 물질이 묻는 것을 방지한다.

(2) 물체의 미관

세상의 모든 자동차에 도장이 되어 있지 않다고 생각해 보자.

주차장에 몇 천대의 자동차가 서 있을 경우 자신의 차량을 쉽게 찾을 수 있겠는가?

고급 세단(sedan)형 자동차에 빨강색 컬러나 노란색 컬러가 적용되어 있거나 경차에 검정색이나 회색(gray)계열의 색상이 도장되어 있다면 상품가치가 떨어질 것이다.

그러한 이유로 도장은 각각의 목적에 맞게 아름다운 컬러를 이용하여 자동차의 미관을 보기 좋고 아름답게 한다. 제품의 상품가치를 향상시켜 소비자가 구매하고 싶은 욕망을 증진시킨다. 자동차의 경우 솔리드컬러(solid color)에서 메탈릭컬러(metallic color), 2코트 펄컬러(2coat pearl color), 3코트 펄컬러(3coat pearl color)가 주도적인 색상이였지만 질라릭컬러(xirallic color), 특수컬러(special color) 등이 사용되어 고객의 취향과 선호도를 충족시키기 위해 발전해 왔으며 현재에는 일부 마니아(mania)층에서 독특한 자신만의 차의 색상을 위해서 도장횟수나 도장하는 방식을 틀리게 하여 도장하는 도료도 계발되며 차량에 커스텀페인팅(custom painting)이라고 예술적인 공정을 가미하여 기존 자동차의 색상을 탈피하여 새로운 이미지를 심어주는 작업을 하고 있다.

현재 자동차도장을 하고 있는 기술자들도 에어브러쉬(airbrush)나 핀스트라이핑(pinstriping) 등을 이용하여 기존의 자동차 도장면 위에 작업하는 커스텀 페인팅(custom painting)에 관심을 갖고 새로운 영역에 도전하고 하는 사람들이 생겨나고 있다.

(3) 특별한 기능

특정색상에 따라서 도장물을 구별할 수 있어서 이해를 쉽게 한다.

예를 들면 산업안전 표시나 소방차, 구급차 등이 있고 현재에는 기업색상(corporate color)과 기업이미지통합전략(corporate identity) 등에 사용하는 컬러를 기업 차량에 적용하여 기업의 이미지컬러 도장에 사용되고 있다.

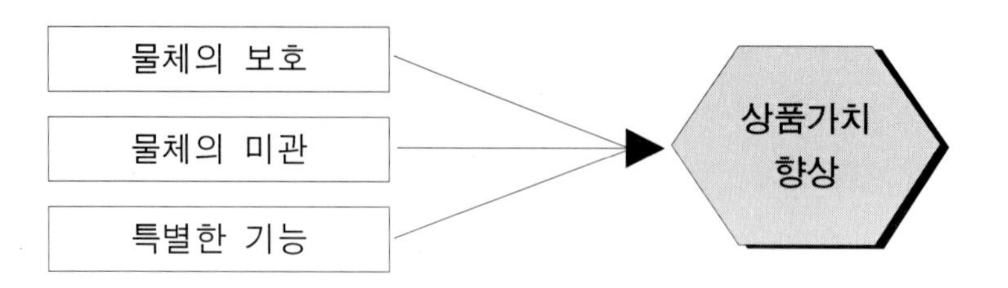

3 도장의 분류

도장하고자 하는 피도물의 종류와 방식에 따라 분류되고 있다. 일반적으로는 도장에 사용하는 도료의 이름에 따른 분류(래커도장, 에나멜도장, 우레탄도장)나 공정(중도, 상도)이나 건조방법(자연건조, 가열건조도장)등 여러 가지가 있고 특별한 기능을 부여하기 위하여 전기절연, 방화, 온도표시등에 도장할 때 사용되는 도료를 분류한다.

자동차에서는 종류별 분류로는 솔리드도장, 메탈릭도장, 펄도장 등이 있으며 건조 형태별 분류로는 자연건조, 가열건조, 경화건조 등이 있다.

4 도장공정

피도물의 전처리작업에서 시작하여 하도, 중도, 상도로 이어지는 작업을 수행한다.

하도공정은 피도물의 표면에 묻어있는 오염물을 제거하며 표면에 발생되어 있는 요철을 평활하게 만들며 중도공정은 상도가 하도로 스며드는 것을 방지하며 상도는 제품의 독특한 색상과 이미지를 살려 미려한 광택과 소재의 계속적인 보호를 한다. 그 어떤 공정이라도 소홀히 작업한다면 마지막 공정인 상도공정에서 좋은 품질의 작업물이 나오지 않을 것이다. 도장을 하는 작업자는 공정별로 아주 작은 흠집이나 먼지 등이 있을 때 그것을 제거하고 도장하는 마음가짐이 선행되어야 한다. 단지 돈만을 쫓아 가는 기술자의 생명은 오래가지 못할 것이다. 언제나 자신이 작업한 차량에 최선을 다하고 자신 있게 자신이 도장했다고 말할 수 있는 기술자가 되어야 한다.

5 도장계획

피도장물의 도장방법과 재료를 선정하여 도장하고자 하는 피도장물의 사용 목적에 부합되도록 결정해야 한다. 자동차보수도장의 경우 재보수를 하는 경우이므로 전에 작업했던 도장물의 형태, 작업할 부위, 사용 도료의 용량 등을 미리 파악하여 도장중에 부족하지 않고 잘못 도장하는 오류를 범하지 않도록 계획한다.

제2장 도 료

1 | 도료 일반론

1 도료의 정의

액체나 분체상태의 도료를 소재의 표면에 도장하여 자연건조, 경화건조, 가열건조의 과정을 거치면서 도막을 형성하여 제품의 미관을 좋게 한다. 미관을 좋게 하기 위해서는 아름다운 색채의 도료를 사용하여 도장하여 피도장물의 상품가치를 향상시키고 녹이나 기타 오염물질 등이 붙어 부식이나 오염되는 것을 방지하며 생물들이 부착되는 것을 방지하기 위하여 독성이 있는 방오도료, 전기를 통하지 않게 하기 위하여 전기절연도료, 열손실을 방지하는 단열도료, 실내의 습기를 조절하는 하거나 원적외선을 방출 또는 특정한 무늬를 지닌 도료도 있다.

피도장물에 사용 할 도료의 용도를 파악한 후에 적절한 도료를 선정하여 해당도료의 도장 횟수, 사용희석제, 도장방법 등을 정하며 작업 중 발생할 수 있는 안전에 유의하며 올바른 작업방식을 채택하여 공정별로 최선을 다한다면 최상의 도장품질을 만들어 낼 수 있을 것이다.

2 도료의 구성

도료는 도장 후 도막에 존재 유무에 따라 크게 도막형성 주요소, 부요소, 조요소로 나뉜다. 도막형성 주요소로는 피도장물에 안료와 함께 남아서 보호와 미관에 직접적인 역할을 하는 수지(resin)와 아름다운 색을 부여하는 안료(pigment)가 있으며 부요소로는 도막에 소량 첨가하여 도료나 도막에 성능을 향상시키는 첨가제(additive)가 있으며 조요소로는 도료를 사용함에 있어 도장별 용구에 따라 사용하기 편리하게 하기 위하여 점도를 조정하기 위하여 용제(solvents)가 있다.

도료의 구성

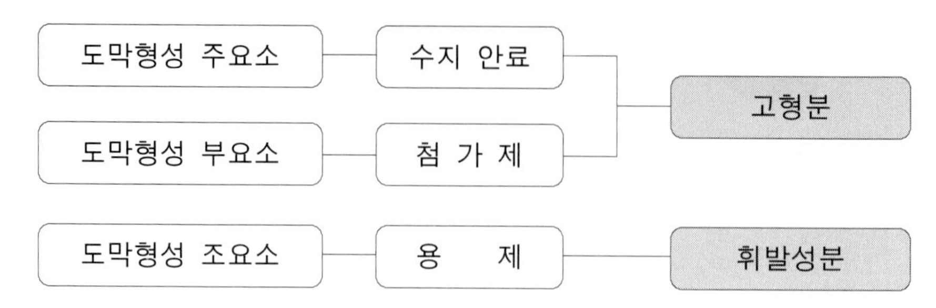

3 도료의 분류

도료는 일반적으로 전색제의 종류, 도료의 도장방법, 상태, 성능, 장소, 용도, 건조조건, 피도물의 종류 등에 따라 분류된다.

	분 류 방 법	종 류
1	수지에 의한 분류	유성 도료, 유성에나멜, 수용성 도료, 우레탄수지 도료 등
2	안료에 의한 분류	광명단 페인트, 메탈릭 도료, 펄 도료 등
3	도장공정에 의한 분류	하도용 도료, 중도용 도료, 상도용 도료 등
4	도료의 건조 형태별 분류	자연 건조형 도료, 가열 건조형 도료 등
5	피도장물에 의한 분류	건축용 도료, 금속용 도료, 플라스틱용 도료 등
6	도막에 성상에 의한 분류	투명 도료, 무광도료, 반광 도료 등
7	도막의 성능에 의한 분류	전기절연 도료, 방화 도료, 내열 도료, 시온 도료 등
8	도장 장소에 의한 분류	내부용 도료, 외부용 도료 등
9	용도에 의한 분류	자동차용 도료, 건축용 도료, 선박용 도료 등

2 | 도료의 구성 원료

도료를 구성하는 원료로는 수지, 안료, 첨가제, 용제가 있으며 도막이 이루어지는 과정에서 남아 있는 물질이 있으며 도막이 형성되는 과정에서 도막으로서 사용하기 쉽게 도와주는 요소가 있다.

1 도막형성 주요소

도막형성 주요소는 도료를 도장한 후에 도막으로 남아 있는 수지(resin)와 안료(pigment)가 있다.

(1) 수지(resin)

고체 또는 반고체의 물질로 나뉘는데 크게 침엽수 등의 수액의 휘발성분이 휘발하여 남은 고화한 수지인 천연수지(natural resin)와 열이나 압력을 가하여 성형이 가능하도록 인공적으로 만든 수지인 합성수지(synthetic resin) 두 가지가 있다. 수지는 안료를 균일하게 분산시키고 도료의 성질과 능력은 수지가 좌우하게 되며 유기화합물 및 그 유도체로 이루어진 비결정성 고체 또는 반고체로서 도막으로 남는 성분이다.

● **천연수지**(natural resin)

천연수지는 자연의 동 · 식물 등에서 얻어지는 것으로 고온에 연화 또는 용해되며 로진(rosin), 셀락(shellac) 등이 있다.

● **합성수지**(synthetic resin)

합성수지는 화학적으로 얻은 수지로서 거의 모든 합성수지는 석유화학에서 얻어지는 여러 가지 원료로 제조되어지며 고분자 화합물이다. 이 합성수지는 크게 열가소성 수지(thermoplastic resin)와 열경화성 수지(thermosetting resin)로 나뉜다. 가열건조형 도료에는 열경화성 수지를 사용하며 락카계열의 상온에서 자연건조 또는 가소제를 이용한 것이 열가소성수지이다.

• **열가소성 수지**(thermoplastic resin)

열을 가하여 성형한 후 다시 열을 가하면 형태를 변형시킬 수 있는 수지로서 그 종류로는 염화비닐수지, 아크릴수지(자동차용), 질화면(NC), 셀롤로즈, 아세테이드, 부칠레이트(CAB) 등이 있다.

• **열경화성 수지**(thermosetting resin)

열을 가하여 성형한 후 다시 열을 가해도 형태가 변하지 않는 수지로서 경도가 높고 용제에 강한 성질을 갖는 수지로서 그 종류로는 에폭시수지, 멜라민수지, 불포화 폴리에스테르수지, 폴리우레탄, 아크릴 우레탄수지 등이 있다.

수지의 종류

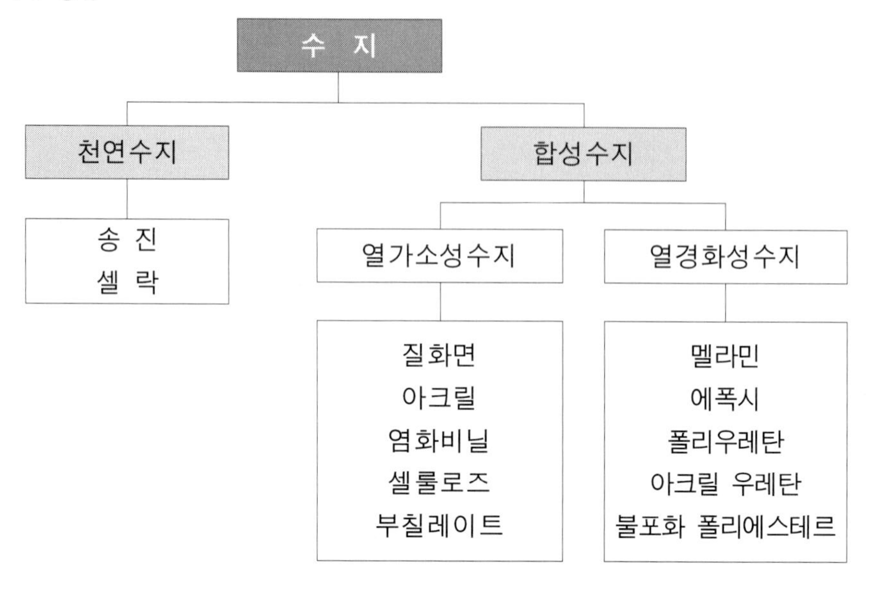

◆ 천연수지의 종류

① 송진(rosin)

소나무과의 나무가 손상을 입었을 때 분비되는 물질로서 미국이 대표적인 산지이다. 제조방법에 따라 검로진(gum Rosin), 톨유로진(tall Rosin)으로 분류된다. 성분은 수지분(로진)이 70 ~ 75%, 테레빈유는 18 ~ 22%, 물과 기타 불순물 5 ~ 7%인데, 그 중 송진산은 전체의 60 ~ 65%로 레보피마르산 · 네오아비에틴산 등으로 되어 있으며 산가가 높기 때문에 그 자체로서 사용하지 않으며 글리세린이나 펜타에리스리톨 등의 다가알코올로 에스테르화하여 에스케르검으로 사용된다.

② 셀락(shellac)

천연수지의 일종으로 인도에 많이 사는 깍지벌레의 분비물에서 얻는다. 담황색 또는 황갈색이며 물에 녹지 않는다. 건조가 빠르고, 살오름성 및 광택이 좋고, 가격도 싸서 옛날부터 목재의 상도용으로 사용되어 왔으나, 내후성과 내수성이 나쁘고, 균열이 생기기 쉬운 단점이 있다.

③ 담머(dammer)

인도 수마트라 지방의 수목에서 나오는 수액을 채취한 것으로 비교적 용제에 가용성이며 색상이 양호하여 용제로 용해시켜 휘발성 바니시로 주로 사용한다.

④ **에스테르검(ester gum)**

각종의 로진을 원료로 하여 다가알코올로 에스테르화시킨 것으로 가격이 싸고, 각종 수지와의 상용성이 좋으나, 내수성, 내알칼리성, 건조속도 및 도막경도가 나쁜 단점이 있다.

◆ 합성수지의 종류

① **아크릴 수지(acrylic resin)**

아크릴산이나 메타크릴산 등의 에스테르로부터의 중합체로 무색 투명하며, 빛이나 자외선이 보통유리보다 잘 투과한다. 자외선에 강하여 옥외에 노출시켜도 변색하지 않고 내약품성 · 내수성 · 전기절연성 등이 양호하다.

- **열가소성 아크릴수지**(thermo plastic acrylic resin) : 열가소성 아크릴수지는 단독 또는 초화면, 염화비닐, 초산비닐 공중합수지 등과 혼합하여 상온건조형 도료로 사용되고 있다. 투명도막은 무색투명, 착색도막은 색이 선명하고, 고온에서도 변색이 잘 되지 않으며 광택이나 광택보유성이 매우 좋고, 내수성, 내후성, 내약품성 등도 우수하기 때문에 자동차, 차량 등 금속용 도료, 플라스틱 도료 등에 많이 사용되고 있다.
- **열경화성 아크릴수지**(thermo setting acrylic resin) : 열경화성 아크릴수지의 도막은 경도, 부착성, 광택, 내수성, 내약품성, 내오염성, 내후성 등이 우수하여 자동차, 전기기기 도장에 쓰인다.

② **알키드 수지 (alkyd resin)**

다염기산과 다가알코올을 에스테르화시켜 축합하여 얻어진 폴리에스테르수지라고 하며 무수프탈산, 글리세린 및 건성유 지방산을 주성분으로 하는 도료용 수지를 알키드 수지 또는 프탈산을 다량 사용하기 때문에 프탈산 수지라고 하며 합성섬유 등에 널리 이용되고 있다. 종류로는 단유성으로 유장이 35 ~ 45%정도, 중유성 45 ~ 55%정도, 장유성은 55 ~ 65%정도이며, 그 외 유장이 35%이하인 것을 초단유성, 65%이상인 것을 초장유성 알키드수지라고 한다.

③ **페놀 수지(phenolic resin)**

석탄산 수지라고도 하며 합성수지 중 가장 오래된 것으로서 페놀 종류와 포름알데히드를 축합시켜 만든다. 제조 시 촉매를 산으로 사용하면 열가소성인 노볼락(novolac)형이 되며, 알칼리를 사용하면 열경화성인 레놀(resol)형 페놀수지가 된다. 내열성, 내약품성, 방식성, 내용제성은 좋지만 도막이 변색하기 쉬운 특징이 있다.

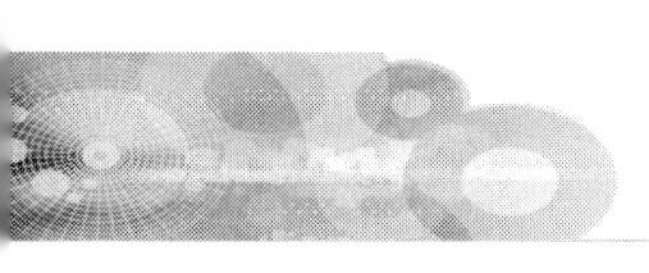

④ 에폭시 수지(epoxy resin)

비스페놀A(Bisphenol A)와 에피클로로히드린(Epichlorohydrine)을 알칼리 촉매 존재 하에 60~120℃에서 가열축합하여 얻어지는 비스페놀 A형수지이다. 도료로서는 에폭시수지에 멜라민수지, 요소수지, 페놀수지 등의 열경화형 수지를 조합하여 만든 소부도료가 방청 방식도장, 관내면 도료, 전선도장 등에 쓰이며 아민 폴리아마이드(polyamide)를 경화제로 하여 상온, 저온 건조 도료로 방청, 방식도장에 사용되고 있다.

⑤ 아미노 수지(amino resin)

요소, 멜라민 등의 아미노 화합물과 포름알데히드와의 축합하여 만든 수지를 아미노 수지라고 한다. 대표적인 레졸(resol)형의 축합수지로 알키드 수지, 아크릴 수지, 에폭시 수지와의 조합에 의해 공업용 도료에 많이 사용되고 있으며 현재 주로 쓰이고 있는 아미노 수지는 알키드 수지와 조합하여 가열 건조용의 공업용 도료로 사용되는 멜라민 수지(melamine resin), 산 촉매의 작용으로 경화하는 상온 건조용의 목공용으로 사용되는 요소 수지 등이 있다.

⑥ 비닐 수지(vinyl resin)

초산비닐 단독의 것과 초산비닐, 염화비닐의 공중합수지가 있으며, 공중합수지는 염화비닐수지의 강인성, 내화학 약품성과 초산비닐수지의 가소성, 부착성 등을 도료에 적절하게 응용하기 위해 공중합 시킨 것이다. 소량의 무수말레인산이나 알코올성 OH기를 도입한 것도 있다. 상온건조 도료이지만 각종 아미노수지와 조합하여 소부 건조용으로 내약품도료, 방식도료, 콘크리트도료, 스트립퍼블(strippable) 페인트, 전선도료 등에 사용된다.

⑦ 폴리에스테르수지(polyester resin)

도료에 사용되는 폴리에스테르 수지는 불포화폴리에스테르수지(unsaturated polyester rosin) 라고도 하며, 일반수지중에서 가장 높은 결정성을 가지고 있으며 내열성, 내부식성, 전기적 특성이 우수하여 절연저항과 내알칼리성이 뛰어나다. 불포화폴리에스테르수지는 구성원료는 불포화 2염기산으로 하는 무수말레인산, 푸말산과 포화 2염기산으로 하는 무수프탈산 등, 글리콜으로 하는 EG, PG, DEG, DPG가 있다. 용도는 살오름성이 좋은 도막을 얻을 수 있으므로 두껍게 칠하는 바니시나 퍼티에 사용한다.

⑧ 폴리우레탄 수지 (polyurethane resin)

분자구조에 우레탄 결합(-NH · CO · O-)을 함유한 수지를 폴리우레탄 수지로서 3가지 종류가 있다. 첫 번째는 폴리에스테르나 폴리에테르와 이소시아네이트(-NCO)를

가진 화합물을 반응시키는 형태로서 보통 2액형이며, 사용할 때는 지정된 비율로 혼합하여 사용한다. 거의 모든 종류의 소재에 대해서 부착성이 우수하고, 물성, 화학성도 우수하다. 과거에는 황변하는 경우가 많았지만 현재에는 많이 개량되어 있다. 두 번째는 공기 중의 수분을 이용하여 경화시키는 형태로서 습기경화형이라고도 하며 1액형 수지이다. 폴리올(ployol)과 이소시아네이트로 된 프레폴리머(prepolymer)로 말단에 (-NCO)를 남겨 공기 중의 수분과 반응하여 경화하며 경화속도는 공기 중의 습기의 양에 의해 좌우된다. 세 번째는 건성유 유도체와 이소시아네이트로 된 우레탄 화유로서 도막은 알키드수지나 에폭시수지보다도 딱딱하며 내마모성, 내후성, 내약품성이 우수하지만 실내에서 황변하는 경향이 있다. 바닥, 벽, 실외 등 건재용 외에도 선박·공업용 방식도료 등에 사용된다.

⑨ 합성수지 에멀젼(synthetic resin emulsion)

고분자량의 합성수지 미립자를 수중에 현탁 시킨 유백색 액체로서 물로 희석이 가능하며 일반적으로 수성페인트라고 한다. 합성수지 에멀젼은 자연건조형으로 물의 증발과 함께 입자가 융착하여 도막을 형성한다. 용제형의 합성수지보다 고분자량화가 가능하기 때문에 내약품성이 우수하고 기계적 강도도 크지만 온도가 낮아지면 동결되어 에멀젼이 파괴되거나, 도막이 갈라지기 쉬운 결점이 있다.

⑩ 수용성 수지(water soluble resin)

합성수지 에멀젼이 고분자입자의 수중 현탁체이지만 수용성 수지는 일반유기 용제 대신에 물로 용해할 수 있도록 설계된 합성수지이다. 분자 구조 내에 유리산기를 도입하여 이것을 암모니아 또는 휘발성아민으로 중화시켜 수용성을 부여하여 아미노 수지, 아크릴 수지, 알키드 수지, 페놀 수지가 사용되고 있다. 수용성 수지는 도막 형성 후에도 남아있는 유리산기의 영향으로 내알칼리성 등에 결점이 있으며 용제형 수지와 같은 불휘발분에 비교하면 점도가 높은 경향이 있다. 하지만 유기용제에 대한 대기오염이 없기 때문에 현재 자동차용 도료로서 개발되어 시판되고 있다.

(2) 안료(pigment)

염료와 안료를 사용하는 목적은 물체에 색상을 부여하기 위해서이다. 안료는 물이나 용제에 녹지 않은 착색된 미세한 분말(powder)이며 입자의 크기는 대략 0.3 ~ 40㎛정도이며 200㎛가 넘는 메탈릭 안료도 있으며 염료와 비교하면 불투명하다. 전색제(vehicle)와 함께 혼합되어 착색도막의 두께, 도막의 내구성을 주기 위하여 이용되며 화학적 성질과

물리적 성질도 안료에 따라 좌우된다. 도료에 사용되는 안료는 색과 은폐력을 부여하는 착색안료라 하며 이 안료들은 유기안료와 무기안료로 나뉘게 된다. 단단한 도막을 얻을 수 있어 내구성을 향상시키며 살오름성을 좋게 하는 체질안료, 금속재질에 부식을 방지하는 방청안료, 다양한 색상과 광휘감의 부여하는 금속분안료, 특수한 목적으로 사용하는 특수안료로 나뉘게 된다.

도료에 있어서 안료의 역할은 도막에 색채와 은폐력을 부여하며 내구성과 강도를 높여주고 도료에 유동성을 주어 도장하는데 적당한 점도가 되게 하며 경우에 따라서는 무광효과를 갖도록 한다. 이러한 안료가 갖추어야하는 구비요건으로는 은폐력, 착색력이 좋아야 하며 인체에 해가 없고 분산성, 내광성, 내후성, 내수성, 내용제성 등이 좋아야 하며 도료의 사용목적에 따라 내약품성, 내열성 등이 요구되기도 한다.

안료의 분류

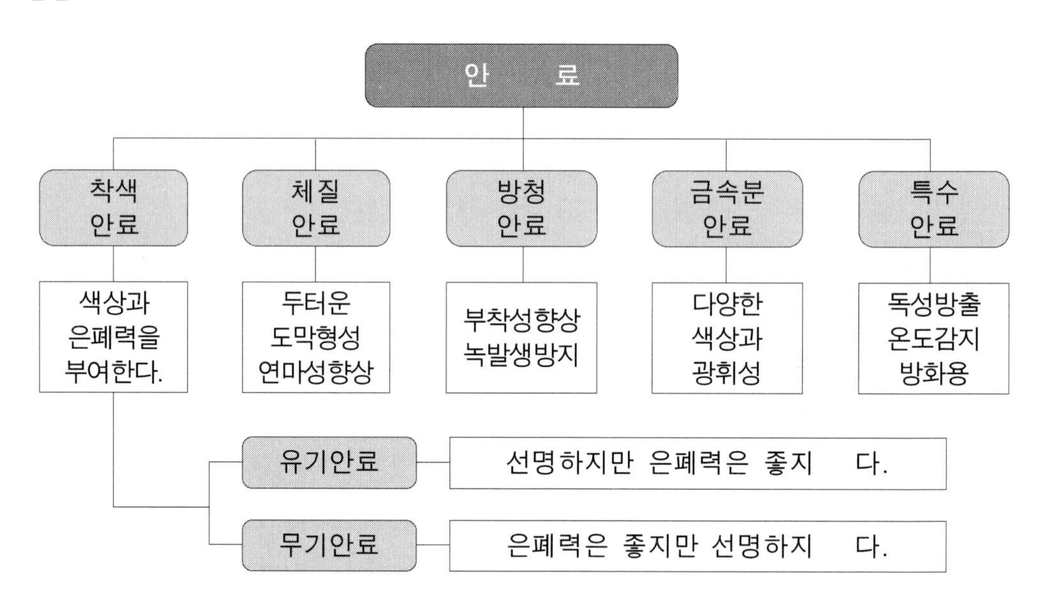

◆ 착색안료(color pigment)

착색안료는 도막을 착색하는 목적으로 사용하는 안료이다. 대부분의 유기안료는 유기합성에 의하여 제조된 것이 주종을 이루고 있으며 색상은 선명하지만 은폐력이 부족하고 내구성이 약하다. 무기안료는 아연, 티탄, 납, 철, 동 등의 금속화합물에서 생겨나며 내구성 은폐력이 좋은 금속산화물이며 선명성이 부족하며 인체에 무해한 안료를 사용한다.

① **백색안료**

- **티탄백**(Tio2) : 이산화티탄(TiO_2)의 결정을 주로 사용하며 농황산으로 처리하여 황산티탄으로 하고 이것을 분해하여 침전시켜 배소하여 제조된 것으로 내쵸킹성, 분산성, 은폐력, 흡유량 등을 개선하기 위해 AI_2O_3, SiO_2, ZnO 등의 수화물과 Ti, Al, Zr, Zn 등의 인산염으로 처리한 것이다. 결정에 따라 2가지로 분류하는데 아나타제(anatase)형은 백색순도는 좋지만 은폐력, 내쵸킹성이 나쁜 특성을 가지고 있으므로 내부용도료나 하도용도료에 많이 사용며 루틸(rutile)형은 약간의 황미는 있으나 은폐력, 착색력이 좋고 내후성도 좋은 특징이 있으며 외부용, 합성수지도료에 많이 사용된다.
- **아연화**(ZnO) : 아연광석을 가공한 산화아연의 미세한 분말로 이루어져 있다. 백색안료 중에서 자외선을 가장 잘 흡수한다. 착색력은 연백의 2배 정도이며 은폐력은 백색티탄의 1/3~1/4 정도로 떨어지고 산, 알카리에 좋으며 독성이 없다. 보일유, 유성바니쉬, 유용성 페놀수지바니쉬, 알키드수지바니쉬 등의 유지계의 전색제와 조합하면 건조가 좋고 점착성이 없는 도막을 얻을 수 있는 장점이 있고 겔화가 촉진되거나 옥외에서 폭로시킨 도막에 균열이 생기기 쉬운 결점이 있기 때문에 연백과 혼용하여 사용한다. 그리고 티탄백과 혼합하면 도막의 경화나 건조성이 좋아지고 쵸킹화가 적고 보색성도 개량 된다.
- **리토폰**(lithopone) : 황산바륨(BaSo4)과 황화아연(ZnS)의 혼합물로 황화아연의 함유량은 15~50%정도이며 표준품은 30%정도로 제조되고 있다. 중성으로 산가가 높은 유바니쉬와도 반응하지 않으므로 안전하며 무기산에서 황화수소를 발생하나 알칼리 황화수소에는 안전하다. 아연화처럼 건조성을 촉진시키는 일은 거의 없기 때문에 황연, 연백 등을 함유하고 있는 도료와의 혼합은 하지 않도록 한다. 일반적으로 하도용 도료나 내부용 도료로 사용된다.
- **연백**($2PbCO_3$, $Pb(OH)_2$) : 실버화이트(silver white)라고도 하며 염기성탄산납을 주성분으로 하는 백색안료이다. 연에 초산과 탄산가스를 작용 시 제조되며 제조법으로는 오랜티법과 독일법이 있다. 보통 독일법에 의하여 제조된 것이 은폐력이 좋기 때문에 많이 사용하고 있다. 연백을 첨가하여 만든 도료는 부착성이 좋으며 강한 도막을 만들어 단독 사용해도 내구력이 우수한 도막을 얻을 수 있다. 그리고 도료의 건조를 촉진시키기 때문에 퍼티의 건조제로도 사용하며 목재의 하도용이나 외부용 상도도료로도 사용 되고 있다. 하지만 연백을 사용한 도료는 어두운 곳에서 황변하기 쉽

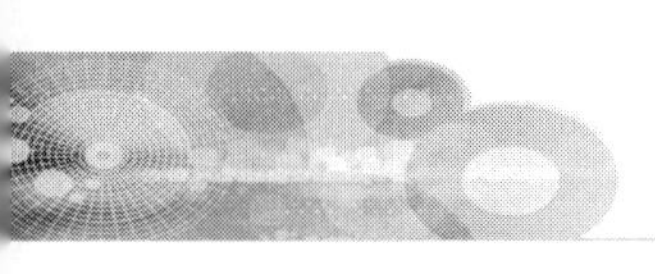

고 황화물계와 혼합하면 황화현상을 일으켜 흑변하게 된다. 백색 아연계 도료의 균열은 연백도료를 혼합하여 방지시킬 수 있다.

② **흑색안료**

- **카본블랙**(carbon black) : 탄소의 초미립자로 천연가스나 타르 등을 불완전 연소시켜 생긴 그을음이다. 제조법으로는 채널법, 디스크법, 휘네스법 등이 있으며 색, 은폐력, 착색력, 내구력이 뛰어나므로 일반적인 흑색안료로 사용된다. 제조 방법에 따라 비중이 1.8 ~ 2.1로 변하고 회색을 나타내는 것을 그레이 블랙(gray black)이라고 한다. 도료용으로는 입자경이 10 ~ 30㎛ 정도의 것이 좋다.
- **철흑**(Fe_3O_4) : 산화철흑이라고도 하며 내열성, 내광성이 좋으므로 내열도료 등에 많이 사용된다. 비중이 크고 착색력, 은폐력은 카본블랙보다 못하지만 산에는 약하고 알카리에는 강하다.
- **본블랙**(bone black) : 아이보리 블랙(ivory black)이라고 하며 상아를 태워서 만든 검은색 안료이다. 탄소분이 적으며 인산 칼슘을 함유하고 있다. 참고로 복숭아를 태워서 만든 검정색 안료를 피치블랙이라고 한다.

③ **적색안료**

- **철적**(Fe_2O_3) : 인도의 벵갈라지방에서 산출되는 산화제2철을 안료로 사용하기 때문에 벵갈라(bengala)라고도 한다. 제조 시 가열온도에 따라 색상이 달라지며 입자의 크기에 따라 달라진다. 화학적으로 매우 안정한 안료로 착색력, 내후성, 은폐력은 크지만 비중이 크기 때문에 쉽게 침전된다.
- **몰리브덴 레드**(Molybdenium Red) : 크롬산연($PbCrO_4$), 몰리브덴산연($PbMoO_4$)과 미량의 황산연($PbSO_4$)을 함유하고 있는 적색안료로 착색력, 은폐력이 크고 내광성도 좋으나 햇빛에 의해 검게 변하는 경향이 있다. 선명도나 은폐력이 약하고 내알칼리성이 약해 다른 안료와 혼용하여 사용된다.
- **카드뮴 레드**(cadmium red) : 황화카드뮴과 세렌(selen)화카드뮴 및 중정석을 혼합하여 만들며 조성 비율의 변화에 따라 레드오렌지 색상을 띠며 세렌이 많을수록 색상이 짙어진다. 햇빛이나 공기에 의하여 잘 퇴색되지 않기 때문에 내약품이나 내열용 등의 특수용으로 사용하나 독성을 가지고 있고 가격이 비싸다.
- **퍼머넌트 레드**(permanent red) : 아조계의 붉은 색 유기안료로 블리딩(bleeding)이 없으며, 착색력이 크고, 내광성이 좋다.

④ 황색안료

- **황연**(chrome yellow, chrome orange) : 금속 납을 질산 또는 아세트산에 용해하고, 중크롬산나트륨 수용액을 가하면 침전되어 만들어 진다. 크롬산 연($PbCrO_4$)이 주성분으로 하여 녹색에 가까운 황색(황연 10G)에서 적미가 있는 황색(황연 5R)까지 있다. 비교적 가격이 저렴하며 착색력, 은폐력이 좋고 햇빛에 강하며 알칼리에서도 침식되지 않지만 황화수소를 첨가하면 검게 변하고 내약품성이 약한 단점이 있다. 감청을 섞어 크롬그린을 제조하는 데에도 사용한다.
- **철황**(FeO/OH) : 산화철적 제조시 중간공정에서 황갈색의 안료이다. 250℃정도에서 탈수시키면 철적으로 변화하며 내광성, 내약품성이 우수하지만 착색력이 약한 단점이 있다. 합성수지 에멀젼도료에 사용된다.
- **카드뮴엘로**(cadmium yellow) : 황화카드뮴을 주성분으로 하는 안료로서 조성의 변화에 따라 엷은 노랑, 노랑, 주황색 등의 색상이 나온다. 색의 선명도가 좋고 은폐력이 강하지만 내알칼리성이나 내후성에 약하다.
- **티탄엘로**(titan yellow) : 티탄, 니켈, 안티몬의 3가지 성분을 가지고 있는 새로운 황색안료이다. 내열성, 내후성, 내약품성이 우수하며 독성이 없기 때문에 완구용 도료나 합성수지 도료에 많이 사용된다.
- **크롬산 바륨**(Chrom산barium) : 크롬산 수소 원자 대신 바륨 원자가 결합 된 유독한 노란색 안료로서 염산에는 녹지만 알칼리에는 불용이다. 현재 방청도료로 많이 사용되고 있다.

⑤ 녹색안료

- **에메랄드 그린**(emerald green) : 산이나 알칼리에는 약하고 유화수소에 의하여 흑색으로 변한다. 독성이 있기 때문에 선저도료로 사용된다.
- **크롬 그린**(Chrome Green) : 산화 제 2크롬으로 만드는 짙은 녹색의 안료로 황연과 감청을 섞어서 제조한다. 은폐력과 착색력이 크며, 내광성이 좋지만 황연의 내산성이 좋지 않은 점과 감청의 내알칼리성이 좋지 않은 단점이 있다. 크롬그린을 배합한 도료를 공기 중에 방치하면 황연이 공기 중의 이산화황(SO_2), 물과 반응하여 백색의 황산연이 되고 그 이유로 청색으로 변하는 경우가 있다.
- **산화크롬**(chromium oxide) : 크롬은 초록색을 내는 안료이며 착색력은 좋지 않지만 내열성, 내약품성, 내후성이 우수하여 특수도료에 많이 사용된다.
- **그린골드**(green gold) : 녹황색을 띠고 있는 안료로서 내광성이 매우 좋으며 내열성,

내약품성이 우수하고 명성이 크기 때문에 금속광택 도료의 착색제로 이용된다.

⑥ 청색안료

- **군청**(ultramarine blue) : 울트라마린블루라고도 하며 초기 제조 시에는 천연광석이 유리로부터 만들었지만 현재에는 합성하여 만들어지고 있다. 제조공정에 따라 규산분이 많이 첨가되고 알루미나분이 적게 첨가되면 적미가 난다. 무기안료로서 내광성, 내열성, 내알칼리성 등이 강하지만 산에는 약하다. 이 안료가 많이 첨가될 경우 광택이 잘 나지 않는다.
- **감청**(Milori Blue) : iron blue, iron blue pigment Prussian blue, Milon blue, Berlin blue라고 하며 프러시안화제이철을 주성분으로 한 파란색 안료로 $Fe_4(Fe(CN)_6)_3 \cdot nH_2O$의 구조를 갖고 있다. 금속광택이 있는 것은 브론즈, 없는 것은 논브론즈라 하며 브론즈 현상은 감청의 농도가 높을 때 생기고 담색은 생기지 않는다. 착색력이 크며, 산에는 강하며 알칼리나 열에는 약해 150℃ 이하에서도 분해되어 적갈색으로 변하기 때문에 고온에서 건조가 이루어지는 도료에서는 사용할 수 없다. 자연건조형도료에 사용하며 유성도료에서는 건조가 지연되는 경향이 있으며 황색과 혼합하여 사용하면 색분리 현상이 쉽게 나타난다.
- **프탈로시아닌 블루**(phthalocyanine blue) : 선명한 청색의 유기안료로 테트라벤조프로핀이라고도 한다. 착색력이 뛰어나다. 감청의 수배, 군청의 20배 이상이다. 내광성, 내수성, 내산성, 내알칼리성이 우수하지만 벤젠계 아세톤계의 용매에 녹아 결정이 생겨 변색하거나 착색력이 저하되는 단점이 있다.

◆ 체질안료(extender pigment)

착색안료나 방청안료와 함께 사용하여 양을 늘리거나 농도를 묽게 만들기 위하여 사용하는 무채색의 안료로 탄산칼슘, 황산바륨 등을 많이 사용한다. 착색의 역할은 하지 못하며 기존도료에 첨가되거나 단독으로 사용하여 도막의 경도를 높이며, 연마성을 좋게 하며 광택을 없애는 기능을 한다. 분말상태에서는 빛을 반사하여 백색으로 보이나 아마인유나 수지액을 섞으면 반투명으로 보인다.

① 탄산칼슘($CaCO_3$)

비결정성의 분말로 입자는 편평상의 형태이며 조개 등의 껍질을 분쇄하여 만들어서 호분이라고도 한다. 분산성이 좋아서 프라이머, 퍼티 의 중량제로 사용되고 비중이 크며 분말을 조합페인트에 혼합하면 붓 작업성이 좋아지는 특징이 있다. 소광제, 침강방지제로도 사용되고 있으나 산에는 약하기 때문에 요소수지의 산성경화제와 반응하여

발포하거나 경화하는데 지장을 준다. 아주 적은 알칼리성으로 감청 등의 내알칼리성이 약한 안료등과 혼합하여 사용하면 백악화(chalking)나 퇴색의 원인이 되기도 한다.

② 크레이(Clay)

규소알미늄을 주성분으로 한 천연 규산염으로 암석이 열이나 물의 풍화작용으로 생긴 것이다. 일반적으로 활력분(talc) 등의 도료에 사용되고 있으며 화학적으로 안전하다.

③ 규조토(diatomaceous earth)(SiO_2/nH_2O)

백색 또는 회백색의 이산화규소화합물로서 규조의 유해로 만들어진 연질의 암석과 토양을 뜻한다. 다공질로 액체에 흡수가 잘된다. 서페이셔나 방화도료에 많이 사용되며 침강방지제나 소광제, 흐름방지제로도 사용된다.

④ 황산바륨(barium sulfate, $BaSO_4$)

천연산 중정석(barite)을 분쇄하는 과정에서 석고와 함께 산출된다. 순수한 것은 바륨염 수용액에 황산이온을 함유한 수용액 또는 묽은 황산을 첨가하면 흰색 침전이 생겨 얻어진다. 이렇게 물 대신 화학적으로 침전시킨 것을 침강성 바라이트(중정석)라 하며 산과 알칼리에는 안정하며 내열성도료의 체질안료로 사용된다.

⑤ 황토

산화철이 섞인 점토를 물 또는 청각재의 액으로 반죽하여 덩어리로 건조시킨 것으로 입자의 크기와 산지에 따라 황색에서 황갈색을 띤다. 바탕 도료나 착색 결메꿈제로 사용된다.

◈ 방청안료

금속은 산성의 물 등이 표면에 닿게 되면 산화 작용을 하게 되어 녹이 발생하게 된다. 이것을 방지하기 위하여 방청안료를 사용하여 금속면과 닿기 전에 방청안료와 반응하여 산성을 제거하거나 용해시켜 산성을 알칼리로 변화시켜 금속표면에 녹이 발생하는 것을 방지하는 안료로 금속의 하도용 도료에 사용된다.

① 광명단(red lead)

사산화연(Pb_3O_4)을 주성분으로 하는 적색안료로 광택이 쉽게 나고 약간의 리사지(PbO)가 함유되어 있어 화학적으로는 활성이며, 방청력이 매우 우수하다. 공기 중에 방치하면 공기중의 수분 및 탄산가스와 반응하여 부분적으로 희게 된다. 단독 또는 징크크로메트와 병용해서 사용한다. 광명단 중의 일산화연(PbO)의 함량이 많아지면 염

의 생성이 많이 줄어들며 튼튼한 도막을 만들어 내습, 내수성이 좋아지나 저장성이 나빠진다.

② 염기성 크롬산 연(chrom red)

일산화연(PbO)을 핵으로 하여 그 주위를 염기성크롬산연으로 둘러싼 구조를 갖는 연한 귤색의 방청안료이다. 알칼리성을 나타내며 건성유와 반응하여 금속비누를 만들어 녹을 방지한다. 도료의 저장성이 좋아 장기 저장이 가능하다.

③ 아연 황

징크 크로메이트(zinc chromate)라고도 하며 염기성 크롬산 아연칼륨(K_2O, $4ZnO/4CrO_3/3H_2O$)을 주성분으로 하는 황색의 방청안료이다. 수용분 6~8%를 갖고 있으며, 물에 용출되어 금속면에 크롬산 이온을 방출하여 녹막이 피막이 된다. 주로 합성수지 바니쉬와 혼합하여 속건성 프라이머로 사용하는데, 특히 경금속의 하도에 적합하며 징크 크로메이트(zinc chromate)나 에칭프라이머(etching primer)로 판매되고 있다.

④ 아연말(zinc powder)

금속아연(Zn)의 미세한 분말로 무독하며, 은폐력은 크지만 착색력이 작다. 전색제 중의 지방산과 반응하여 금속비누가 되어 튼튼한 도막을 만들어 유해가스의 침입을 방지하며 자외선을 잘 흡수하여 도막이 노화하는 것을 방지할 수 있다. 아연화와 아연말의 함유량에 따라 징크더스트페인트(아연말 함유량 20~60%), 징크리치페인트(아연말 함유량 60%)로 나누어진다.

◆ 금속분 안료

① 알루미늄 안료

은분이라고도 하며 금속알루미늄의 엷은 판을 비늘조각처럼 분쇄한 것이다. 건식법으로 만들어진 분말형의 은분과 습식법으로 알루미늄페이스트가 있는데 페이스트형은 혼합하기가 쉬워 최근에 많이 사용되고 있으며 도장 후 알루미늄이 표면에 떠올라와 있는 리핑형과 가라앉아있는 논리핑형 두 가지가 있다.

- **리-핑**(Leafing)**형** : 바니쉬와 섞어서 도장하면 알루미늄분이 표면에 떠올라서 알루미늄의 독특한 금속광을 내는 형태로서 은분의 비늘조각 표면의 스테아린산 피막 때문이며, 이 현상 때문에 공기 중의 유해가스, 일광, 습기 등이 도막에 침투하는 것을 방지한다. 기름탱크 · 난방용의 라지에이타 등의 표면도장에 많이 사용된다.
- **논리-핑**(Non-Leafing)**형** : 이것은 바니쉬에 섞어서 도장하면 알루미늄분이 가라앉아서 은은한 알루미늄 광을 낸다. 현재 전자제품의 케이스로 사용되는 플라스틱 사

출품의 고급 도장에 많이 쓰이며 함마톤에나멜 등에도 사용된다. 입자가 큰 것을 사용하면 메탈릭 효과를 얻을 수 있다.

② 동분

금분이라고도 하며 동과 아연의 합금을 분말로 만든 것인데 합금의 성분에 따라 색상이 달라진다. 리핑성은 알루미늄 안료보다 적은편이며 바니쉬의 산가에 따라 변색하는 수가 있다

◆ 특수 안료

① **아산화 동**(Cu_2O) : 적색안료로 은폐력이 크지만, 독성이 있어 선저도료의 원료로 사용된다. 배의 밑바닥에 조개, 해초 등의 해양 생물이 부착하는 것을 방지한다. 방오효과를 오랫동안 지속하기 위하여 산화수은과 병용하여 사용하고 있다.

② **황색 산화수은** : 누런색 가루로 아산화 동과 혼합하여 선저도료로 사용되며 공기 중에서 빛을 받으면 분해되며 독성이 강하지만 단독으로서는 방오력이 떨어진다.

③ **산화안티몬**(antimony oxide) : 방화도료용 안료로 염화파라핀과 병용하여 사용하며 백색안료이다.

④ **형광안료** : 눈에 잘 띄는 선명한 형광색을 내지만 내광성이 좋지 않다.

⑤ **발광안료** : 약한 방사선을 내는 성분이 있어서 밤에 빛을 받지 않아도 선명하게 보인다.

⑥ **축광안료** : 태양광이나 형광체등의 빛을 흡수 또는 축적해 두었다가 어두운 곳에서 축적해 두었던 에너지를 서서히 방출 · 발광하는 성질을 가진 안료로서 방사선물질을 포함하고 있지 않다.

⑦ **시온안료** : 온도에 따라 색상이 변화하는 안료이다. 9가지 종류의 표준색상이 있으며 -15℃에서 65℃ 까지 각 온도별로 색깔이 변하는 종류가 있다. 20℃에서 2℃ 상승할 때 변하는 안료, 31℃, 43℃, 65℃에서 각각 변하는 종류가 있다.

2 도막형성 부요소

(1) 첨가제의 정의 및 기능

도료를 만드는 과정에서 완전히 건조되어 도막이 되기까지 도료나 도막의 성질을 조절하고 보호하며 필요한 기능을 충분히 발휘하기 위하여 도료 중에 첨가되어 지는 첨가제이다. 도료 중에 첨가제의 함유량은 적지만 도료의 물성의 개량이 가능하게 되어진다.

도료를 만드는 과정에서 안료 분산성을 좋게 하며 필요한 도막 물성을 부여, 도료 제조시나 보관 수송시 안정성을 부여하기 위하여 첨가되는 습윤제, 분산제, 증점제 등이 있으며 이렇게 만들어진 도료를 보관 할 경우 만들어진 도료를 사용하기 전까지 처음과 같은 형태를 유지하기 위하여 첨가되는 침전방지제, 피막방지제, 방부제 등이 있고 도장 작업시 편한 작업을 할 수 있도록 첨가되는 소포제 등이 있으며 도장 후 도막이 형성되는 과정에서 색분리방지제, 흐름방지제, 표면평활제, 소포제 등이 있으며 도막 형성 후에 도장의 목적을 유지하기 위하여 가소제, 자외선방지제 등이 첨가되어 지며 특수한 목적을 위하여 첨가되는 경우도 있다.

(2) 첨가제의 종류

① **방부제**(preservative) : 도료의 저장 중에 곰팡이 균에 의한 도료의 부식을 방지한다.

② **색분리 방지제**(anti-flooding agent) : 도료의 저장 중에 분산된 안료가 입자경, 비중, 응집력의 차이로 색이 분리되어 전체의 색과 다른 반점이나 무늬모양을 일으키게 되는 색분리 현상을 방지하여 목적하는 색상을 얻기 위해 첨가한다.

③ **흐름 방지제**(anti-sagging agent) : 도장 작업 중이나 건조되는 과정에서 도료가 흘러내리는 것을 방지한다.

④ **침전 방지제**(anti-settling agent) : 도료의 저장 시 안료 응집하여 바닥에 가라앉는 것을 방지한다.

⑤ **분산제**(dispersing agent) : 고체인 안료 미립자를 수지상에 분산이 쉽도록 사용하는 첨가제로서 재응집 방지와 안정한 분산 도료를 유지한다.

⑥ **가소제**(plasticizer agent) : 도막에 내구성, 내한성, 유연성을 부여한다.

⑦ **표면평활제**(leveling agent) : 도료의 평활성을 원활하게 해준다.

⑧ **소포제**(deformer agent) : 도료에 기포가 발생하게 되면 점도가 묽게 되므로 도료의 기포 발생을 억제하여 기포가 발생하지 않도록 한다.

⑨ **증점제**(thickner agent) : 도료의 점도를 높이고 흐름성을 방지하고 안료의 침강을 방지한다.

⑩ **습윤제**(wetting agent) : 고체와 액체가 접하는 경우 표면장력을 변화시켜 젖음의 특성을 크게 개선하기 위해 사용하는 첨가제이다. 점도에 영향을 미치지 않고 레벨링성에만 영향을 준다.

⑪ **소광제**(matting agents) : 도료의 광택을 제거하기 위하여 첨가된다.

⑫ **건조지연제**(retarders) : 건조를 지연시켜 준다.

⑬ **안티스케닝제**(anti-skinning agent) : 도료의 저장 중에 생기는 윗부분의 피막을 제거한다.

⑭ **건조제**(Drier) : 유성도료나 유변성 합성수지도료에 첨가되어 산화중합을 촉진시켜 경화건조를 빠르게 한다.

⑮ **촉매**(catalyst agent) : 불포화 폴리에스테르 수지 도료나 산경화형 아미노 알키드 수지 도료에 첨가되어 중합반응을 일으켜 도막을 경화시킨다.

⑯ **경화제**(hardener agent) : 이소시아네이트의 다리결합을 일으켜 경화시키는 약제이다.

⑰ **난연제** : 도막이 고온에서 가열되었을 때 타는 것을 방지한다.

⑱ **동결방지제**(anti-freezing agent) : 수성도료나 수용성도료의 경우 물을 다량 함유하고 있기 때문에 저온에서 오랫동안 방치하게 되면 동결되어 에멀션이 파괴되기 때문에 기온이 낮은 겨울철에 어는 것을 방지하기 위하여 사용한다.

⑲ **대전방지제**(anti-static agent) : 정전기를 방지할 목적으로 사용한다.

⑳ **황변방지제** : 외부 폭로 도료나 자외선을 많이 받는 자동차용 도료나 UV경화 투명도료 등과 같이 장기 폭로로 인하여 도막이 황색으로 변하는 황변현상을 막아준다.

㉑ **자외선 흡수제**(UV absorber) : 플라스틱, 고무 등 고분자에 대해 유해한 자외선을 흡수하여 변색을 막아주어 내구성을 증대시킨다.

3 도막형성 조요소

(1) 용제(solvents)

도료는 도장할 때 유동상태에서 사용된다. 수지가 액상이고 도료자체에 유동성이 있으면 그대로 사용할 수 있으나 실온에서 유동성이 없거나 혹은 도료 자체의 점도가 높아 그대로는 도장하기 어려울 경우에는 용제로 희석하여 도장하기에 적당한 유동성을 갖도록 한다. 이러한 목적 때문에 도료에 따라서는 물을 사용하는 경우도 있으나, 물을 용제에 포함하지 않은 유기용제만을 용제 또는 신너라 하는 것이 일반적이다. 하지만 분체도료와 같이 용제가 없는 무용제 도료도 있지만 대부분의 도료는 도료 중에 용제를 70% 이상 함유하고 있다.

용제는 용해력, 증발속도, 비점에 따라 크게 좌우되기 때문에 좋은 도장 결과물을 얻기 위해서는 도장시의 조건을 일정하게 유지하여야 하며 이러한 조건을 충족시킬 수 없을 경

우 용제를 조절하여 도료의 도장특성을 유지시켜 주어야 한다.

용제는 다음과 같은 성질이 있어야 한다.

① 도막형성 주요소인 수지를 잘 용해해야 한다.
② 적당한 증발 속도를 가져야 한다.
③ 전 공정 도료나 소재에 침투하지 말아야 한다.
④ 불순물이 섞여있지 않아야 한다.

(2) 용제의 분류

용제의 분류는 용제의 끓는점에 의한 분류와 화학 구조에 의한 분류, 증발속도, 성질 및 용도에 의한 분류가 있다.

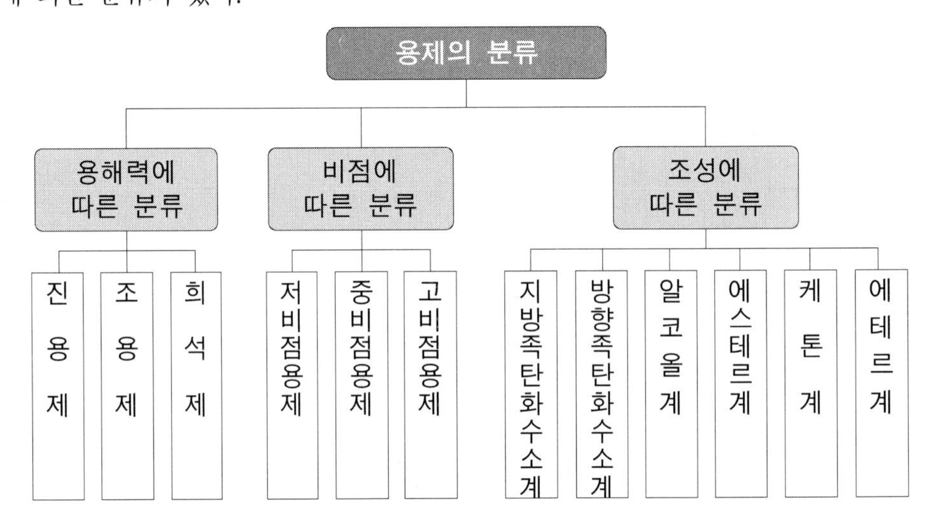

◆ 용해력(solvency) 에 의한 분류

① **진용제** : 단독으로 수지류를 용해하는 성질이 있으며 용해력이 크다.

② **조용제** : 단독으로는 용질을 용해하지는 못하지만 다른 성분과 병행하면 용해력을 나타낸다.

③ **희석제** : 수지에 대하여 용해력은 없고 단지 도료의 점도를 낮추는 기능을 하여 작업성이나 도료의 양을 늘리는 증량제 기능만 한다. 래커용 희석제에는 톨루엔, 초산에틸, 이소프로필알코올, 메틸에틸케톤, 부틸셀로솔브 등이 사용되고 있으며 아크릴우레탄 희석제에는 크실렌, 톨루엔, 초산에틸, 셀로솔브아세테이트, 메틸이소부틸케톤 등이 사용된다. 그리고 열경화아크릴 희석제는 크실렌, 톨루엔, 부틸아코올, 초산에틸, 부틸셀로솔브 등이 사용되고 있다.

◆ 비점(boiling point)에 따른 분류

① **저비점용제** : 끓는점이 100℃ 이하의 것으로 아세톤, 초산에칠, 이스프로필알코올, 메틸에칠케톤 등이 있다.

② **중비점용제** : 끓는점이 100 ~ 150℃ 정도의 것으로 톨루엔, 크실렌, 부틸알코올 등이 있다.

③ **고비점용제** : 끓는점이 150℃ 이상의 것으로 부틸셀로솔브, 부틸셀로솔브아세테이트등이 있다.

◆ 조성에 따른 분류

① 지방족 탄화수소계

- **등유**(kerosine) : 원유를 분류하여 얻어진 정유분을 재분류하여 정제한 것으로 끓는점 160 ~ 300℃, 비중은 0.780, 비점은 170 ~ 250℃, 초류점은 150℃, 증류점은 230℃ 주로 보일유, 유성도료 등에 사용된다. 특징으로는 연소성이 뛰어나고 악취물질을 포함하지 않으며 인화점이 높고 취급이 안전한 것 등이 필요하다.
- **미네랄 스피리트**(mineral Spirits) : 비점 140 ~ 220℃의 각종 탄화수소의 혼합물로서 방향족을 많이 함유한 것은 용해역이 크고, 이소파라핀이 주성분인 것을 무취 미네랄스피리트라고 한다. 비교적 값이 저렴하기 때문에 유성도료, 합성수지조합페인트의 용제 및 신너로 많이 사용된다.

분 류	품 명	비점(℃)	인화점(℃)	사용 도료
지방족 탄화수소계 (석유계)	등유	170 ~ 250	52	보일유, 유성도료 유변성 합성 수지도료
	미네랄스피리트	140 ~ 220	26~38	
방향족 탄화수소계 (벤졸계)	톨루엔	110 ~ 112	7~13	래커계도료, 섬유소도료 합성수지도료, 에폭시 수지도료 실리콘 수지도료 베이킹형아미노알키드 수지도료
	크실렌	137 ~ 142	23	
	솔벤트나프타	110 ~ 160	15이하	
알코올계	메탄올	64 ~ 65	6	주정도료, 래커계 도료 애칭 프라이머 아미노 알키드 수지도료
	에칠알코올	78 ~ 79	18	
	이소프로필알코올	79 ~ 82	18~20	
	부칠 알코올	114 ~ 118	35	
	이소부칠알코올	104 ~ 107	22	

분 류	품 명	비점(℃)	인화점(℃)	사용 도료
에스테르계	초산에칠 (에칠아세테이트)	74 ~ 77		섬유소도료 아크릴 수지도료 염화비닐 수지도료 아미노알키드 수지도료
	초산부칠 (부칠아세테이트)	124 ~ 126		
	초산아밀 (아밀아세테이티트)	138 ~ 142		
케톤계	아세톤	55 ~ 60	−20	섬유소도료, 래커계 도료 아크릴 수지도료 염화비닐 수지도료 아미노 알키드수지도료
	메칠에칠케톤(M.E.K)	77 ~ 80	0° 이하	
	메칠이소부칠케톤 (M.I.B.K)	115 ~ 118	23	
에테르계	셀로솔브	128 ~ 157	40	페놀수지도료, 알키드수지도료, 리무버, 리타다신너

② 방향족 탄화수소계

- **톨루엔**(toluene, $C_6H_5CH_3$) : 방향족 탄화수소의 기본물질인 벤젠은 독성 때문에 도료에는 사용하지 않는 대신 용제로써 널리 사용되고 있다. 무색투명하고 독성이 적으며, 벤젠보다 약한 냄새를 갖는다. 휘발성은 초산부칠의 2배, 부탄올보다 4배 빠르며, 용해성은 벤젠과 비슷하며 알코올, 에스테르, 케톤, 탄화수소 등의 많은 유기용제와 혼합하여 사용한다. 순수한 톨루엔의 비점은 110.6℃이나 공업용은 100~120℃이다. 합성수지도료, 래커 등의 용제로 널리 사용되고 있다. 톨루엔의 제조 방법은 석유 나프타 유분을 개질하거나 콜탈 경유분을 분류하여 만들어진다.
- **크실렌**(xylene, $C_6H_4(CH_3)_2$): 무색투명의 액체로 톨루엔에 비해 비점(137~142℃)과 인화점이 높고 증발속도는 늦다. 물에 부용이며 톨루엔과 같이 많은 유기용제와 혼합한다. 유지, 에스테르 검, 알키드 수지, 페놀수지, 염화고무 등을 용해한다. 크실렌은 유성바니쉬, 합성수지도료, 방청페인트의 용제 및 비닐수지, 아크릴수지, 래커 등의 희석제로 톨루엔과 같이 대량 사용되며 종류로는 다음과 같은 3가지가 있다. 무수프탈산, 합성화학의 원료로 사용되는 올소 크실렌이 있으며 이소프탈산, 크실렌 수지의 원료로 사용되는 메타크실렌이 있다. 그리고 마지막으로 테레프탈산, 폴리에스테르 섬유 등에 사용되는 파라크실렌(o−, m−, p−)의 3가지 이성체가 있고 석유계 크실렌의 조성은 올소 크실렌 20%, 메타크실렌 40%, 파라크실렌 20%, 에칠벤젠 20%이다. 제조 방법은 석유 나프타 유분을 개질하거나 콜탈 경유분을 분류하여 만들어진다.
- **솔벤트 나프타**(solvent naphtha) : 무색투명하고 끓는점은 120~200℃이다. 석탄계

의 가스경유나 타르경유를 원료로 하는 것은 벤젠계 탄화수소가 주성분이고, 석유계의 가솔린을 원료로 하는 것은 파라핀계 및 나프텐계 탄화수소로 이루어져 있다.

③ 알코올계

- **메탄올**(methyl Alcohol, CH_3OH) : 무색 투명하고 특유의 방향이 있는 휘발성 액체이다. 비점 64 ~ 66℃의 휘발성이 높은 용제로 독성이 있고 용해력은 에탄올보다 작다. 래커의 조용제, 속건니스, 리무버에 사용되며 포르마린의 세정제로도 사용되고 있다. 수성가스의 고압접촉반응 또는 천연가스의 부분산화에 의해 제조된다.
- **에탄올**(ethanol, CH_3CH_2OH) : 특유한 향기와 맛이 있는 무색 투명한 액체로서 녹는점 −114.5℃, 끓는점 78.32℃, 비중은 0.818이다. 제조 방법은 옛날부터 녹말이나 당류를 발효시키는 방법으로 제조되었다.
- **이소프로필알코올**(isopropylalcohol, IPA, $(CH_3)_2CHOH$) : 독특한 냄새가 나고 물보다 약간 점성이 있는 무색의 휘발성 액체이다. 지방족 포화알코올류의 하나로서 2—프로판올이라고도 한다. 분자량 60.10, 녹는점 −89.5℃, 끓는점 82.4℃, 비중 0.7864이다. 제조 방법은 크래킹으로 얻어지는 프로필렌을 진한 황산에 흡수시키고 이것에 물을 작용시켜 만들게 된다. IPA로 약칭되는 석유화 제품으로 특유의 향기를 가지고 있으며 비점은 81 ~ 83℃로 부치랄수지, 세락, 로진 등의 용제이다. 셀락 니스, 워시 프라이머의 용제, 래커의 조용제로 사용된다.
- **부칠알코올**(butanol, C4H9OH) : 비점 114~118℃로 자극적인 냄새가 나며, 물에는 상온에서 약간 녹는다. 세락, 부치랄수지, 로진, 에스테르 검 등을 용해한다. 아세트알데히드를 축합시켜 아세트알돌로 만들고 이것을 탈수하고 수첨하여 증류 · 정제한다. 래커, 멜라민수지, 요소수지도료, 워시프라이머의 용제로 사용되며 초산부칠, 가소제 제조시 원료가 된다.

④ 에스테르 및 에테르계

- **초산에칠**(ethyl acetate, $CH_3COOC_2H_5$) : 상온에서 숙성한 과일향기를 가지는 무색 투명한 가연성 액체로 많은 drl용제와 혼합하여 사용된다. 녹는점 −83.6℃, 끓는점 76.82℃, 비중 0.9005이다. 초화면, 초산셀룰로오스, 장뇌, 고무, 로진 등을 용해하며 특히 초화면의 진용제이므로 래커의 용제로도 사용되며, 비점이 74 ~ 77℃로 낮아 래커 신너의 저비점 부분으로 많이 사용된다. 아세트알데히드를 촉매의 존재 하에서 축합반응하여 제조한다. 래커의 용제로 래커 신너에 다량 사용되며 폴리우레탄, 염화비닐수지도료에도 사용된다.

- **초산부칠**(butyl acetate, $CH_3COOC_4H_9$) : n−Butyl Acetate의 비점은 126℃이며, 과일과 같은 향기를 가지고 있는 용제로 많은 유기용제와 자유로이 혼합하며, 초화면의 진용제로 증발속도도 적당하기 때문에 래커용제 및 래커신너에 많이 사용되고, 내백화성이 있는 중비점 용제이다. n−butano1을 초산과 황산 촉매 하에서 가열 반응시켜 정제 · 제조한다. 래커의 용제로 래커 신너에 다량 사용되며 비닐수지, 아크릴수지, 에폭시수지 도료 등의 용제로도 사용된다.
- **3-methoxy butyl acetate** ($CH_3COOCH_2CH_2CH(OCH_3)CH_3$) : 3− M.B.A는 물에 대한 용해도가 6.5%이며, 거의 모든 유기용제에 용해한다. 비점이 171℃로 고비점용제임에도 불구하고 증발속도가 비교적 빠른 것이 특징이다. 수지에 대한 상용성이 양호하고 초화면, 염화비닐, 알데히드수지, 페놀수지, 멜라민수지, 알키드수지 등을 용해한다.
- **셀로솔브 아세테이트**(cellusolve acetate, $CH_3COOCH_2CH_2OC_2H_5$) : 셀룰로오스의 아세트산에스테르. 아세틸셀룰로오스 · 셀룰로오스아세테이트 · 초산섬유소라고도 한다. 비점 135~160℃의 무색투명한 액체로 물에는 약 23%가 용해한다. 많은 유기용제와 혼합하며 수지에 대한 용해력은 셀로솔브보다 크고 초화면, 세락, 로진 등을 용해한다. 제조 방법은 셀로솔브를 초산으로 에스테르화 시켜 만들며 래커신너, 리타다 신너에 주로 사용된다.
- **부틸셀로솔브**(butyl cellosolve, $C_4H_9OCH_2CH_2OH$) : 비점 171℃의 무색투명한 액체로 온화한 향기가 있으며, 물에 사용할 수 있다. 거의 모든 유기용제와 혼합하며 초화면, 페놀수지, 에폭시수지 등을 용해하고 래커의 백화방지, 도막 평활화에 효과가 있다. 제조 방법으로는 부탄올과 에칠렌글리콜을 산촉매하에서 축합하여 수세중화 후 분류하여 얻어진다. 리무버 및 래커의 백화방지용 용제로 사용된다.
- **에칠셀로솔브**(ethyl cellusolve, $C_2H_5OCH_2CH_2OH$) : 비점 136℃의 온화한 향기가 있는 무색투명한 액체로 물에 녹으며 초화면, 페놀수지, 알키드수지, 에폭시수지 등을 용해한다. 내수성 · 내광성 · 내약품성 등 안정성이 뛰어나기 때문에 도료 · 필름 등에 사용되며 산촉매하에서 에탄올과 에칠렌옥사이드를 축합하고 중화 후 정류하여 얻어진다. 래커, 페놀수지, 알키드, 에폭시 수지 도료의 용제, 리무버에 주로 사용된다.

⑤ 케톤계

- **아세톤**(acetone, CH_3COCH_3) : 비점 55~60℃의 증발속도가 매우 빠른 저비점 용제이다. 녹는점 −94.82℃, 끓는점 56.3℃, 비중 0.7908, 인화점 −18℃이다. 에테르와 비슷한 냄새를 가지며 마취작용이 있으며 박하와 같은 향기가 있고, 물과 많은 유기

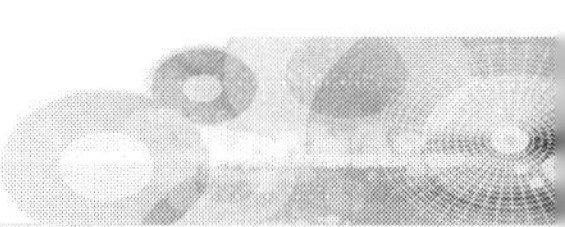

용제에 잘 축합한다. 제조 방법은 2 – propanol법 프로필렌을 에스테르화시켜 가수분해하여 얻은 2 – propanol을 탈수소 또는 산화시켜 얻어진다. 각종 수지, 셀룰로오스 유도체에 대한 용해력이 크지만 휘발성이 높아 다량으로 사용하면 백화현상을 일으키며 래커, 아크릴수지도료, 리무버 등에 사용된다.

- **메칠에칠케톤**(methyl ethyl ketone, M. E. K. , $CH_3COOC_2H_5$) : 향기와 성상이 아세톤과 거의 같다. 비점이 77~80℃로 아세톤보다 높고 초산에틸과 거의 같으며 초화면, 염화비닐수지, 에폭시수지, 아크릴수지에 대한 용해력이 좋다. 제조 방법은 sec–butyl alcohol을 접촉적으로 탈수소 반응시켜 만들며 래커, 염화비닐수지, 에폭시수지, 아크릴수지 용제로 주로 사용되며 접착제, 인쇄잉크의 용제로도 사용된다.
- **메칠이소부칠케톤**(methyl Isobutyl ketone, M. I. B. K. , $CH_3COCH_2CH(CH_3)_2$) : 아세톤이나 메칠에칠케톤 보다도 순한 냄새로 비점 115~118℃이다. 초산부칠과 함께 중비점 용제로 널리 사용된다. 초산부칠과 비교하여 증발속도가 조금 빠르고 용해성은 좋다. 제조 방법은 아세톤을 축합, 탈수시켜 메칠옥사이드로 만들고 이것을 수소 첨가시켜 제조하며 래커, 비닐 수지도료, 폴리우레탄 수지도료에 주로 사용된다.
- **시크로헥사논**(cyclo hexanone, Anone, $CH_2(CH_2)_4CO$) : 비점 152~157℃, 박하향의 환상케톤이다. 분자량 98.1, 녹는점 –32℃, 끓는점 156℃, 비중 0.9478이며 용해력은 크나 증발속도는 초산부칠의 약 1/5정도로 느리기 때문에 래커의 백화방지나 리타다신너, 합성수지도료의 도막평활성 향상에 사용된다.

도료의 분류

도료를 분류하는 방법으로는 일반적으로 수지의 종류, 도료의 상태, 성능, 도장방법, 피도물의 종류와 건조방법 등에 따라 분류된다.

분 류 방 법	종 류
수지의 종류에 따른 분류	유성도료, 유성에나멜, 알키드수지도료, 우레탄수지도료, 아크릴수지도료, 에폭시수지도료, 수용성도료, 폴리에스테르수지도료 등
도료의 성능에 따른 분류	속건도료, 가소성도료, 분체도료 등
도막의 상태에 따른 분류	조합페인트, 에멀션페인트, 분체도료 등
도막의 성능에 따른 분류	방화도료, 방청도료, 방오도료, 내열도료, 방균도료, 내약품도료, 전기절연도료, 형광도료 등

분 류 방 법	종 류
피도물의 종류에 따른 분류	철재용도료, 목재용도료, 경금속용도료, 콘트리트용도료, 플라스틱용도료 등
피도물의 명칭에 따른 분류	자동차용도료, 항공기용도료, 선박용도료, 가구용도료, 바닥용도료 등
도료의 상태에 따른 분류	유광도료, 무광도료, 착색도료, 투명도료, 함마톤도료 등

PART 03

자동차 보수도장

제1장 자동차 보수도장 일반

1 | 도장 목적

자동차는 전 세계 각지에서 다양한 기후와 환경조건하에서 장기간 사용되기 때문에 오랜 기간 동안 견딜 수 있도록 품질과 기술이 도장에 적용되어 자동차 차체를 보호해야 한다.

자동차 차체는 자외선과 염분 등 각종의 오염물과 화학물질에 견딜 수 있도록 도장이 된다. 즉 자동차에서의 도장은 물체를 보호하고 상품가치를 향상시키기 위하여 차체에 도료를 피복하는 것으로 건조 후 도막을 형성시키기 위하여 하는 작업을 말한다.

일반적인 자동차를 구성하고 있는 주재료는 철판을 사용하며 철판은 그 자체로 외부에 노출되었을 경우 공기 중의 수분이나 산소와 반응하여 녹이 발생하게 된다. 녹이 발생하게 되면 차체의 강도가 약해지며 사고가 발생 시 안전을 보장 받지 못하게 된다. 그리고 자동차의 디자인은 나날이 발전하여 미적 아름다움을 갖추고 있다. 이러한 디자인에 아름다운 색상을 입혀 입체적인 색채감과 함께 자동차의 미관을 향상시키며 소방차나 경찰차 등 특수한 용도를 식별할 수 있도록 색상을 표시하기도 한다.

자동차도장은 하도, 중도, 상도로 이루어지며 각 공정이 도장계에서 소홀히 할 수 없는 공정이다. 그러므로 각 공정에 최선을 다하여 작업에 임한다면 작업이 끝난 후 최고의 품질이 도출되게 된다.

각각의 공정의 목적을 보면 먼저 하도공정은 차체의 요철을 수정하고 녹이 발생하지 않도록 하는 작업이며 중도공정은 상도가 하도에 침투하지 않게 미세한 요철을 수정하는 공정이며 마지막 공정인 상도공정은 미적 아름다움을 갖도록 하며 오염물 등이 하도로 침투하여 소재를 보호하는 기능을 한다.

2 신차 도장(OEM도장)

신차도장라인 공정은 판금라인 공정으로부터 도장 공장으로 들어간 화이트보디(white body)는 표면처리(제청, 탈지, 화성피막)공정을 걸치고 수세를 거쳐 하도도장(전착도장, 수세, 제정)을 한다. 도장이 완료 된 보디(body)는 가열 건조를 통해 완전히 건조 된 후 언더코트(under coat), 차체 실링 작업, 아스팔트 시트 깔기 공정을 거친 후 차체의 손상부위는 연마를 한 후 정전 도장에 의해서 중도 도장 공정에 들어가게 된다. 중도 도장 후 가열 건조가 이루어지며 완전 건조 후 도막의 먼지나 상처, 흐름 부분을 수정하여 상도 도장 공정으로 이어진다. 차량의 색상에 맞게 도장 된 도장 후 가열 건조하여 조립라인으로 차량을 이동하게 된다.

1 표면처리공정

차체 조립 공장에서 방청유가 묻어 있는 차체로서 조립이 완료 된 차량을 탈지와 화성처리를 통해 기름성분을 완전히 제거하고 부착력과 방청력을 갖도록 화성피막처리가 이루어진다.

① **제청공정**

겨울철이나 장마철에 생기기 쉬운 차체의 녹을 제거한다.

② **탈지공정**

판금라인에서 조립 시 묻어있던 방청유와 프레스 오일, 지문자국, 분필 등의 제거를 한다. 샤워방식으로 이루어지며 약알칼리성 탈지제를 사용한다.

탈지공정

③ **화성피막공정**

강판의 녹 발생을 방지하며 후속공정인 전착도장 시 금속면과의 부착을 증진시키고 내구성을 증가시키기 위하여 화학적인 약품(인산아연계)이 가득 찬 욕조에 차량을 담근다(deepping). 건조 도막 두께는 0.7㎛정도이다.

2 하도도장

표면처리를 한 차체를 수세를 거쳐 방청력을 목적으로 도장하기 힘든 부분을 포함하여 전체적인 면을 균일한 도막 두께로 도장한다. 전착용 도료 속에 차체를 담가서 전기화학적으로 도막을 형성시키는 방법을 사용한다. 열경화형의 수용성 도료를 사용하며 도장 후의 도막 두께는 약 20 ~ 30㎛이다.

(1) 전착도장(electro-deposition coating)

전착용 수용성 도료 용액 중에 피도물을 양극 또는 음극으로 하여 피도물과 그 대극 사이에 직류 전류를 통하여 피도물 표면에 전기적으로 도막을 석출시키는 도장방법이다.

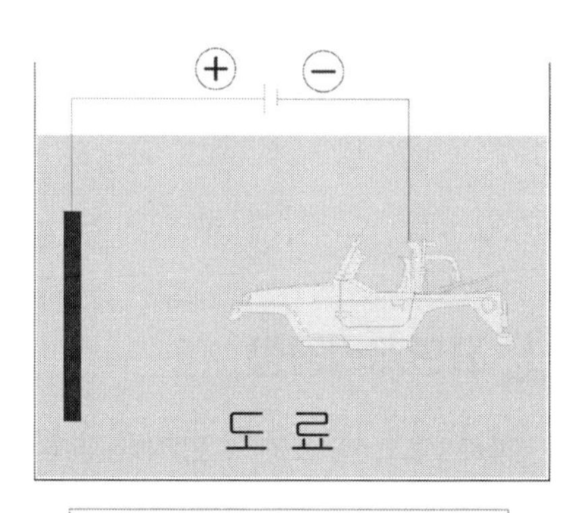

cation electro-deposition coating

음이온 전착도료의 경우 아크릴(acryl)계 수지를 사용하여 알루미늄(Al) 등의 비철 금속에 적용하였으며 전착도장의 초기에 사용했던 방식이다.

캐티온 전착도료의 경우 에폭시(epoxy)계 수지를 사용하여 내식성이 우수하여 철강 등 자동차 및 부품 전착용으로 1980년 이후부터 자동차 하도 도장용으로 90%이상 적용하고 있다.

전착도장의 특징으로는 자동화 생산으로 인한 생산성 증가, 복잡한 형상도 균일한 도막을 얻고, 도료의 손실이 적어 경제적이며, 도막두께는 시간이나 전압의 조정에 의해서 조절이 가능하다.

음이온 전착 도장 anion electro-deposition coating	피도물에 양(+)극을 통하게 하여 도장 도료에는 음(-)극을 통하게 한다.
양이온 전착 도장 cation electro-deposition coating	피도물에 음(-)극을 통하게 하여 도장 도료에는 양(+)극을 통하게 한다.

(2) 인산 아연계 피막

내식성이 우수한 인산 아연계 피막 입자인 Phosphophyllite 피막[$Zn_2Fe(PO_2)_4$] 얻고자 아연 이외의 조 금속으로 MG, Ni 등을 첨가함으로서 Phosphophyllite계 피막입자 [$Zn_2MeO_2)_4$] 형성을 극대화함으로서 내식성과 내수성, 도막과의 부착성을 향상시킨다. 하지

만 화성피막이 과도한 피막중량이 형성되는 경우 기계적인 물성의 약화를 일으킨다. 일반적으로 냉연압연 강판의 경우 1.5~2.5g/m^{2}을 추천하고 있다. 도금 강판의 경우 일차적으로 아연성분이 소재에 도포 되어 있어 피막입자 [$Zn_2Fe(PO_2)_4$] 형성이 다소 어렵다. 아연도금 강판의 사용 목적은 관통부식 방지 및 적녹(red rust) 발생방지를 위하여 자동차용 강판으로 많이 적용되고 있다.

3 중도도장

정전도장에 의하여 도장을 하며 폴리에스테 멜라민(polyester melamine) 수지 도료가 사용된다. 150℃×30분 가열건조를 하며 건조도막 두께는 약 30 ~ 40㎛이다.

차종에 따라 중도도장을 생략하는 경우도 있다.

중도도장은 소재의 스크래치나 평활성을 부여하며 상도도막이 하도도막으로 침투하는 것을 방지하여 광택과 선영성을 부여하며 내구성, 내수성, 내치핑성 등을 향상시킨다.

건조가 완료 된 도막을 평활성 확보와 먼지, 상처, 흐름 부분의 수정과 부착성 향상을 위해 샌더(sander)나 수연마를 시행한다. 상도 도장에 들어가기 전에 연마가루를 제거하기 위하여 샤워식 세척과 건조과정을 거친다.

4 상도도장

자동차에 아름다움과 내구성을 확보하기 위하여 행하여지는 마무리 공정이다.

에어스프레이(air spray)방식과 현재 많이 사용하고 있는 자동 도장 건(bell)도장 2가지 종류가 있다. 이러한 자동 도장 건 방식도 고정식 bell 도장과 현재의 이동식 bell 도장으로 변화하고 있다. 고정식의 경우에는 메탈릭(metallic)도장을 살펴보면 안료 입자가 적으면서 반짝반짝 빛나는 형태이면서 밝은 색감을 띄며 도장을 할 경우 메탈릭 안료 입자들이 평활하게 다 누워야 하는 특징이 있다. 하지만 이동식의 경우 안료의 입자들이 정면이 밝으면서도 측면에서 보면 메탈릭 입자감이 크게 나타나는 형태로서 도장을 할 경우 메탈릭 안료 입자들이 세워져 있는 특징이 있다.

컬러(color)종류, 도장법 종류에 따라 상도도장이 이루어지며 색상은 컴퓨터 조색에 의해 자동 도장 건으로 도장된다. 멜라민(melamine)도료를 사용하며 완료된 도장은 130 ~ 150℃에서 20분 정도 가열건조 하며 1coat의 건조 도막 두께는 약 30 ~ 50㎛이다. 2coat의 건조 도막 두께는 베이스코트가 10~20㎛, 클리어코트가 35 ~ 40㎛ 정도이다.

솔리드 컬러의 경우 일반적으로 아미노 알키드 수지 도료(멜라민 수지 도료)를 사용하

며 광택, 경도, 내후성, 내용제성 등이 우수하다. 메탈릭 컬러의 경우 열경화성 아크릴 수지 도료를 사용하며 색상이 선명하고 내후성, 광택복원성이 우수하다. 불소 수지 도료의 경우에는 열경화성 불소 수지 도료를 사용하며 내후성, 내자외선, 내산성, 내알칼리성에 우수하다.

도장 방식에 따른 분류

1coat 1bake	일반승용차	솔리드(solid)
2coat 1bake	일반승용차	메탈릭(metallic), 펄(pearl)
2coat 2bake	고급승용차	솔리드, 메탈릭, 펄
3coat 2bake	일반, 고급승용차	3coat pearl 차종

5 검사

도장이 완료 된 자동차를 검사 후 조립라인으로 이동하게 된다.

6 신차라인의 도장구성

유색도료(30~40㎛)
중도도장(30~40㎛)
전착도장(20~30㎛)
인산아연계피막(0.7㎛)
철판(0.8T)

1coat1bake 도장면

크리어코트(35~40㎛)
베이스코트(10~20㎛)
중도도장(30~40㎛)
전착도장(20~30㎛)
인산아연계피막(0.7㎛)
철판(0.8T)

2coat1bake 도장면

크리어코트(35~40㎛)
펄베이스코트(10~20㎛)
칼라베이스코트(10~20㎛)
중도도장(30~40㎛)
전착도장(20~30㎛)
인산아연계피막(0.7㎛)
철판(0.8T)

3coat2bake 도장면

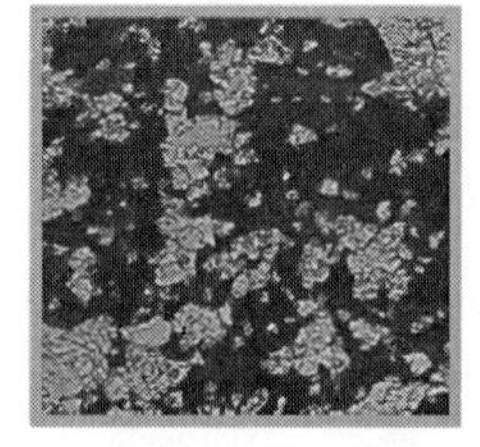

메탈릭(metallic)안료

펄(pearl)안료

신차도장면의 구성

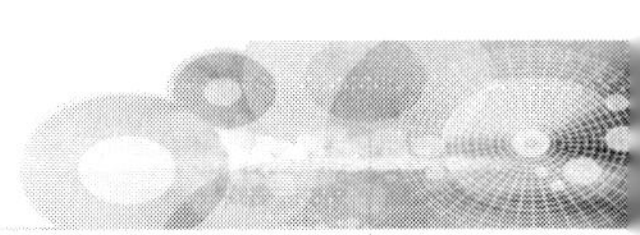

3 | 자동차 보수도장

신차가 소비자에게 인도된 후 주행을 하던 중 사고가 발생하여 원래의 모습으로 복원해야 하고 장기간의 관리 부족으로 인해 차량의 고유의 색상과 광택이 소멸되어 외관을 다시 향상시키기 위하여 작업을 한다. 신차도장에서 사용하는 도료와는 물성과 작업방법이 틀리지만 자동차가 한번 공장에서 출고 된 이후 다시 자동차 공장으로 들어가서 고칠 수 없는 실정이므로 자동차는 출고장이나 정비공장, 해당자동차의 정비사업소 등에서 작업이 행하여지고 있다.

보수도장을 함으로써 본래의 색상과 아주 근접하게 맞추어야 하며 보수한 도장 면이 기존 면과 비교하여 표시가 나지 않도록 작업하며 광택이 잘 나도록 하여 소비자가 수리한 차량이 신차와 같은 기분이 들도록 기술과 경험을 집합하여 작업을 해야 한다.

1 보수도장의 목적

자동차가 주행 중이나 주차 중 접촉 등으로 손상 된 자동차를 판금 정형 후 도장하여 복원한다. 복원이 가능한 패널은 요철을 수정하는 퍼티(putty)를 도포하고 중도, 상도를 도장하여 복원하며 복원이 불가능한 패널(panel)은 신품의 패널로 교체하여 복원한다. 그리고 자동차는 장시간의 사용으로 자동차 도막이 열화되어 균열(crock), 벗겨짐(flaking), 환경오염으로 인한 산성비, 오염물질 등으로 변색이 되었거나 소재에 녹이 발생 또는 중고차의 상품성을 높이기 위하여 도장을 함으로써 상품가치를 올릴 수 있으며 자신만의 개성 있는 색상으로 도장을 하기 원할 때 자동차 원래의 색상을 조색하고 조색된 도료를 도장하여 기존의 색상과 광택을 맞춘다.

2 보수도장의 공정

자동차 보수 도장의 기본 공정은 신차라인 도장과의 공정은 비슷하지만 자동 로봇 도장이 아닌 사람의 손으로 이루어지고 있다. 많은 차종과 사고 부위의 다양화로 자동화가 거의 불가능하다고 볼 수 있다. 이 장에서는 공정별 대략적인 내용만 집고 넘어가도록 하겠다.

(1) 하도공정

주로 사고로 인한 요철을 메우거나 녹 또는 결함요소를 제거하는 공정으로 자동차 보수도장 도장계에서 가장 많은 노력과 기술을 요하는 공정으로 볼 수 있다. 하도작업의

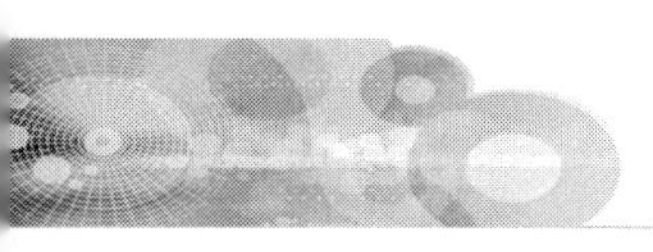

불충분은 사상누각(砂上樓閣) 같은 형태이기 때문에 좋은 품질을 얻기 위해서 노력해야 한다.

(2) 중도공정

하도공정을 완료 후 하도도막을 보호하기 위하여 하는 공정이다. 중도공정은 상도도료가 하도로 흡습되는 것을 방지하여 상도도장 시 광택이 나도록 하며 하도공정에서 수정하지 못한 요철을 수정하며 내치핑성을 향상시킨다.

(3) 상도공정

중도공정을 완료 후 자동차 본연의 색상과 광택을 맞추기 위하여 하는 공정으로 아름다움과 내구성을 증진시키기 위하여 행하는 공정이다.

(4) 광택공정

상도공정 후 도장 면에 이물질이나 결함이 발생하였을 경우 도장 면을 평활하게 만들고 광택을 증진시키는 공정이다.

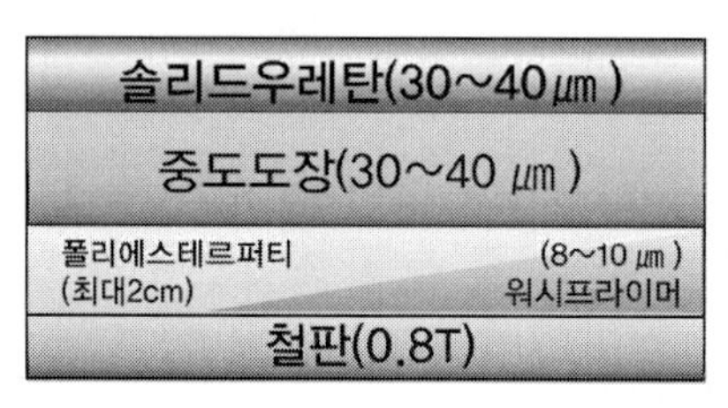

1coat 솔리드(solid) 도장면

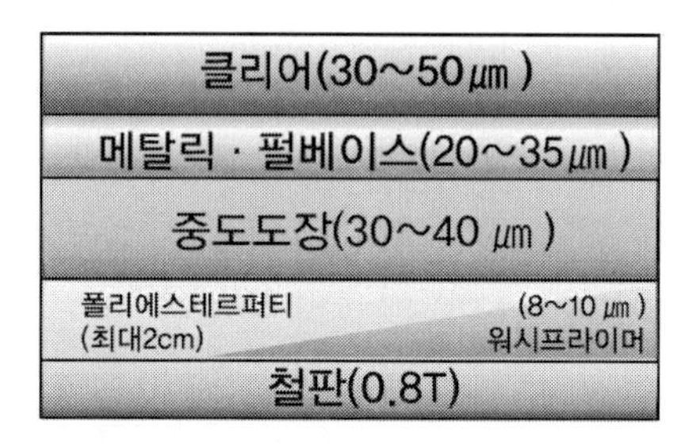

2coat 메탈릭, 펄도장면

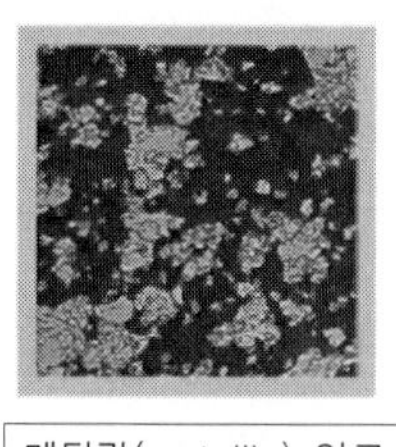

메탈릭(metallic) 안료

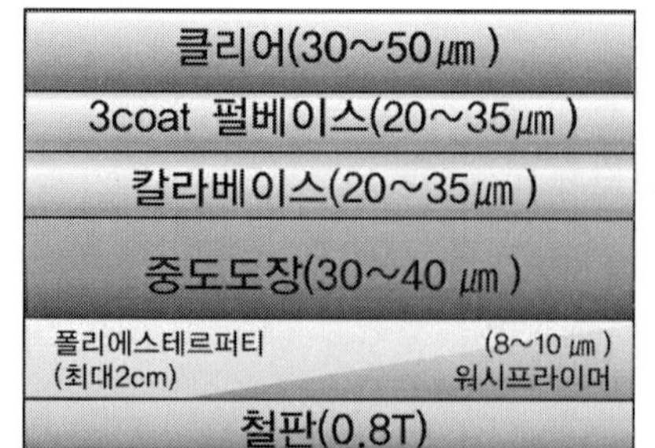

펄(pearl) 안료

3coat 펄도장면

자동차 보수 도장면 구성

4 | 최근의 자동차 도장의 변천

이전의 방식을 벋어나 자동차의 내구성과 환경오염을 막기 위하여 새로운 방식들이 나오고 있다. 외국의 신차라인에서는 이미 클리어(clear)의 강도를 높이기 위하여 내스크래치성이 강하고 광택이 오래가도록 하는 클리어를 도장하고 있으며 보수도장에서도 그러한 차종들의 내구성을 지속시켜주기 위하여 개발하고 시판하고 있다.

현재 신차라인 도료의 개발방향은 방청성(anti corrosion), 납이 들어가지 않고(lead free), 환경 친화적인(environmentally resistant), 내스크래치성 클리어코트(scratch resisting clear coat), 낮은 온도에서 건조가 이루어지는(lower temperature drying), 수용성 언더코트와 베이스코트(waterborne undercoats and basecoat), 색이 바라지 않은 고광택컬러(anti-fade direct gloss colors)를 추구하고 있다.

소수의 자동차 오너들은 자기만의 개성을 살려 세상에 단 한 대뿐인 자동차를 원하고 있다. 이러한 현실에 자동차보수도장은 현재 3코트(coat) 도장 방식으로 새로운 컬러(color)를 개발하고 도장법 또한 기존의 도장법을 변칙적으로 이용하여 새로운 컬러와 아름다운 색들을 만들어내고 있다.

5 | 자동차보수도료의 조성

이 책에서는 공정별로 사용되는 도료의 종류와 특성 등에 대해서 서술하겠다.

1 하도용 도료

자동차보수도장에서 사용하는 하도용 도료로는 도료 중에 체질안료가 많이 함유되어 있어 살오름성이 좋은 퍼티(putty)를 들 수 있다.

퍼티(putty)는 폴리에스테르 퍼티(polyester putty)이며 줄여서 폴리퍼티(poly putty)라고도 한다. 이 퍼티는 주제와 경화제를 혼합하여 경화 건조되는 형태로서 강판위에 직접 도포한다.

국내 애프터 마켓(aftermarket)에서는 폴리퍼티(poly putty)를 가장 많이 사용하며 요철이 심한 부분에 사용하는 판금퍼티의 경우 거의 사용하지 않고 있다. 또 기공제거용 퍼티

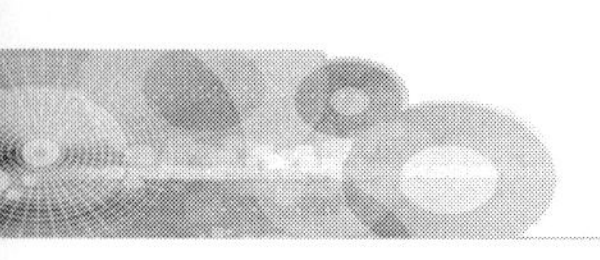

(일명 레드퍼티)는 하도 공정인 퍼티의 기공을 제거할 때 사용해야 하지만 현재 현장기술자들은 중도도장 후 기공제거 퍼티를 사용하고 있는 실정이다. 이 책을 읽고 모든 기술자들이 퍼티 도포 건조 후 폴리퍼티 연마와 같은 방법으로 더블액션샌더기(double action sander)나 오비탈샌더기(orbital sander)를 이용하여 건식연마한 후 중도도장을 하여 시간단축과 도장의 품질을 올리기를 바란다.

퍼티의 특징을 보면 거의 모든 금속에 적용이 가능하며 후속도장에 우수한 부착력과 방청력을 가진다. 1회 도장에 최적의 도막을 얻을 수 있지만 너무 두껍게 도장하면 부착력이 저하되고 습도에 민감하기 때문에 습도가 높은 때에는 가급적 사용하는 것을 피한다. 부득이하게 사용해야 할 경우에는 소재 면에 묻어 있는 습기를 제거하고 도장하도록 한다. 그리고 제품에 따라서는 도포를 일정하고 편하게 하기 위한 스프레이 방식도 있지만 스프레이건의 노즐을 부식시키기 때문에 사용 후 즉시 세척하는 습관을 갖도록 하자.

종 류	장 점	단 점	최대도막두께
판금 퍼티	철판과 부착성을 좋게 한다.	건조성과 연마성이 좋지 않다.	3 ~ 5cm
폴리에스테르퍼티	용제휘발이 없고 100% 도막형성	약한 내용제성과 철판과의 부착불량	2cm
래커 퍼티	건조가 빠르다.	유연성이 적고 수축이 있다.	1mm 이하
스프레이 퍼티	쉽게 사용할 수 있다.	공구의 노즐을 부식시킬 수 있다.	1cm

(1) 퍼티(putty)

강판에 직접 도포하여 요철을 메우는 기능을 하는 도료로서 후속도장에 우수한 방청성과 부착성을 갖는 도료이다.

① 판금퍼티(metal putty)

제품에 따라 최대 3 ~ 5cm까지 도포가 가능하며 철판과의 부착성을 좋게 하면서 두꺼운 도막을 형성한다. 하지만 완전히 건조 되는 시간이 오래 걸리고 건조 후 연질(soft)이라서 연마성이 좋지 못하다. 그러한 이유로 소프트 퍼티(soft putty)라고도 한다. 교환하는 리어펜더(rear fender)의 접합부나 요철의 깊이가 큰 부분 등에 이 퍼티를 먼저 사용하고 어느 정도 요철을 메우고 다시 마무리 퍼티인 폴리에스테르 퍼티를 이용하여 기공과 퍼티의 평활성을 확보하는 작업으로 이루어진다.

② 폴리에스테르 퍼티(polyester putty)

경화제의 색상에 따라 퍼티의 색상이 틀리지만 경화 건조된다. 주제와 경화제의 혼

합은 100 : 1 ~ 3 정도이며 경화제의 량이 규정량 보다 적게 들어가면 건조가 너무 늦어지고 부착성이 나오질 않는다. 그리고 경화제의 량이 규정보다 많으면 건식연마공정시 연마지에 퍼티의 경화제가 끼어 연마가 잘되지 않고 시간이 흐른 뒤 퍼티가 깨지는 결함이 나올 수도 있으며 형광색이나 밝은 메탈릭 색상의 상도에서는 블리딩(bleeding)이 발생할 수 있으므로 너무 많이 첨가하지 않도록 하자.

일반적으로 사용할 경우에는 5mm 정도의 요철이나 퍼티면의 굴곡 등을 수정하며 마무리 타입으로 사용할 경우에는 퍼티면의 기공이나 거친 연마자국을 제거하기 위하여 사용한다. 하지만 일반적인 폴리에스테르 퍼티의 경우 아연도금강판에서는 부착성이 잘 나오지 않기 때문에 아연도금강판용 폴리에스테르 퍼티를 사용하여 철판에 부착을 만들고 후속작업에서는 저렴한 일반적인 폴리에스테르 퍼티를 사용해도 된다.

기존 강판은 외부에 노출될 때 아주 짧은 시간에 녹이 발생된다. 하지만 아연도금강판의 경우에는 철(Fe)은 그대로 있고 아연(Zn)이 먼저 부식을 일으키기 때문에 사고 후 아연이 부식되는 과정에 보수 작업이 이루어지면 녹 발생을 방지할 수 있는 특징이 있다.

아연도금강판 보수작업의 경우 작업할 부분에 일반적인 폴리에스테르퍼티를 도포하면 폴리에스테르퍼티의 경화제 성분이 철판의 아연(Zn)을 다 말라버리게 된다.

따라서 아연도금강판을 보수할 경우 아연도금 강판에 일반 폴리에스테르퍼티를 직접사용하지 말며, 아연도금강판용 퍼티를 사용하도록 한다.

용제 휘발이 없고 100% 도막으로 형성되지만 내용제성이 약하며 철판과의 부착이 좋지 않다. 폴리에스테르 퍼티에 점도를 묽게 하기 위하여 신너를 첨가하지 않도록 하자. 폴리에스테르 퍼티는 이소시아네이트(Isocyanate)의 화학반응으로 건조 되면서 단단한 도막을 형성하는데 신나(thinner)나 안료를 첨가할 경우 사슬결합이 제대로 되지 않아 도막 형성에 좋지 않다.

KCC 슈퍼퍼티

- KCC 슈퍼 퍼티는 하절용과 동절용이 있으며
- 혼합비는 혼합주제 : 경화제(928(T)C.A) = 100 : 1 ~ 3(무게비)이다.

작업성 하절형(30℃ 기준)

주제 / 경화제	100/1	100/2	100/3
연마가능시간	30분	20분	15분
가사시간	10분	5분	3분

작업성 동절형(20℃ 기준)

주제 / 경화제	100/1	100/2	100/3
연마가능시간	30분	20분	15분
가사시간	10분	5분	3분

아연도금강판 및 알루미늄재질용 퍼티

- 적용소지 : 철판, 알루미늄, 아연도금판, 유리섬유 강화 플라스틱
- 혼합비율
  주제 : 경화제 = 100 : 2 ~ 3(무게비)
- 가사시간 및 건조시간

가사시간	자연건조	적외선건조
3 ~ 5min/20℃	20 ~ 30분/20℃	중파장 5분, 단파장 3분

플라스틱용 폴리퍼티

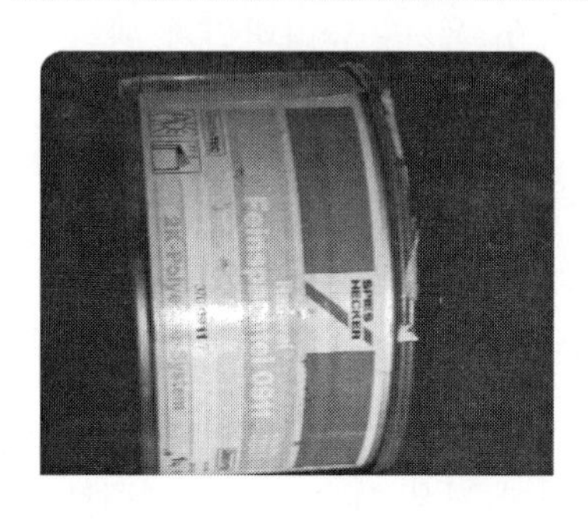

- 유연성이 있기 때문에 유리섬유 강화 플라스틱에 사용
- 혼합비율 주제 : 경화제 = 100 : 2 ~ 3(무게비)
- 가시시간 : 3 ~ 5분(20℃)
- 건조시간 : 20 ~ 30분/20℃

유리섬유 퍼티

- 유리섬유를 포함한 퍼티로서 200㎛ 도포 후 45° 로 구부려도 갈라지지 않는다.
- 혼합비율 주제 : 경화제 = 100 : 2 ~ 3(무게비)
- 가시시간 : 4 ~ 10분(20℃)
- 건조시간 : 20 ~ 30분/23℃

③ 1액형 래커계 퍼티

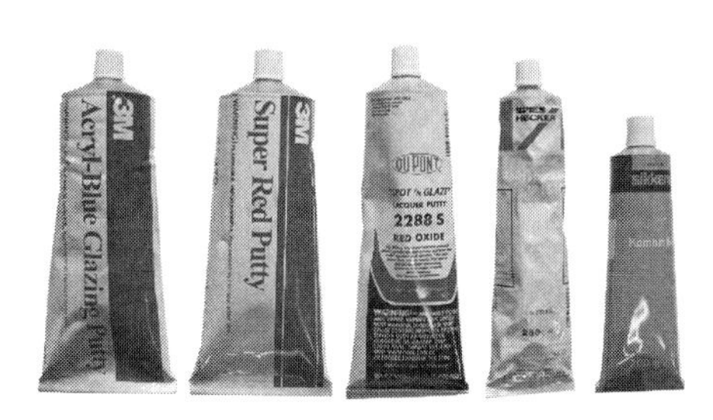

각종 래커퍼티

폴리에스테르 퍼티 사용 후 아주 작은 기공이나 거친 연마자국이 있을 경우 사용하는 제품으로 용제가 휘발하면 바로 건조되기 때문에 건조가 빠르지만 유연성이 적고 수축이 발생하며 도장계에서 도막의 성능을 저하시키므로 가급적 사용을 하지 않는 것이 좋다. 현재 현장에서 중도 도장 후 건조성이 좋아서 많이 사용하고 계시지만 하도용 퍼티임을 망각해서는 안 된다. 퍼티 위에 상도를 도장할 수는 없는 것이 아닌가? 사용을 하지 않고도 충분히 다른 제품을 사용해서 보다 좋은 품질과 작업성을 만들어 낼 수 있음을 간과하지 말자. 또한 제품의 색상에 따라 블리딩이 발생할 수 있기 때문에 후속도장을 할 때 참고한다.

퍼티 작업이 끝난 후 중도도장을 하기 전에 기공이나 연마자국이 있을 경우 폴리에스테르 퍼티를 얇게 도포하고 가열건조 시킨 후 더블액션샌더를 이용하여 연마하고 중도도장을 하는 습관을 가지길 바란다. 시간적으로 볼 때 위와 같은 방법으로 작업 할 경우 기공제거 퍼티를 중도에 사용하거나 퍼티 공정 후 사용을 한다고 하더라도 폴리에스테르 퍼티를 사용하고 연마하는 시간과 얼마나 차이가 나겠는가? 이제부터라도 내후성을 생각해서 표준도장 방법을 지켜 도장하도록 하자.

④ 스프레이 퍼티(spray putty)

폴리에스테르 퍼티는 도포를 하기 위해서는 주걱(헤라)을 이용하여 도포를 해야 하지만 이 제품들의 경우에는 퍼티 작업부위가 넓은 부분이나 손으로 퍼티를 도포를 하기 힘든 굴곡 부위나 초보자에게 편리한 제품이다. 특히 마무리 퍼티 대용으로 사용한다면 보다 좋은 품질의 도장 면을 만들 수 있다. 하지만 2액형 타입의 경우 스프레이 건(spray gun)의 노즐(nozzle)을 손상시키므로 사용 후 바로 세척하는 습관을 갖도록 하자.

(2) 프라이머(primer)

강판에 직접 도포하여 녹 방지 및 부착성을 증대시키는 도료로서 자동차보수도장에서는 퍼티 연마 후 노출 된 강판에 도장한다. 이것이 다른 도장과 자동차보수도장과 틀린 점이다. 퍼티를 도포하면 전 작업의 도료를 용해 시켜 들뜨게 하기 때문에 퍼티를 도장하기 전에 도포하지 않고 퍼티완료 후에 도장하는 것이다. 그리고 퍼티 작업 후 강판이 노출되

지 않은 경우에는 도포하지 않아도 된다. 퍼티의 후속도장인 중도도장이 녹 방지 기능을 갖추고 있기 때문이다. 이 내용은 중도도료에 가서 자세히 설명하도록 하겠다. 자동차 보수도장에서 현재 가장 많이 사용하고 있는 프라이머는 워시 프라이머이며 프라이머들의 도장계에 미치는 영향과 중요성을 잊고 작업하는 경우가 많다.

① 워시 프라이머(wash primer)

에칭프라이머(etching primer)라고도 하며 금속을 도장할 때 바탕 처리에 사용하는 프라이머 성분의 일부분인 징크크로메이트가 함유된 도료를 말하며 바탕의 금속과 반응하여 화학적 생성물을 만든다. 비철금속의 경우 철에 비해 부착성이 떨어지므로 에칭프라이머로 사용한다. 철판면이 드러난 부위에 사용하며 이 후의 후속도장으로 인해 부착성이 증가하고 녹 방지 기능이 있다. 절대 단독으로 사용해서는 충분한 물성을 내지 못하며 인산, 크롬산을 함유하고 있다.

1액형 타입과 2액형 타입이 있다. 1액형의 경우 신너만 첨가하여 점도를 조정하여 사용하고 2액형의 경우 주제와 경화제를 넣고 신너를 첨가하여 점도를 조정한다.

1액형 워시프라이머

- 점도 : 포드컵 No. 4로 18 ~ 20초 (20℃)
- 건조도막두께 30㎛

2액형 워시프라이머

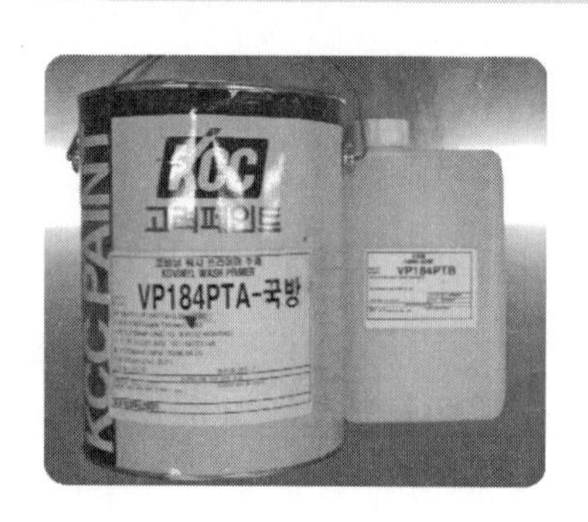

- 주제 / 경화제 = 2 / 1 (부피비)
- 가 사 시 간 : 8시간 (20℃)
- 점도 : 포드컵 No. 4로 14 ~ 16초 (20℃에서)
- 건조도막두께 10㎛(초과하면 부착력이 감소)

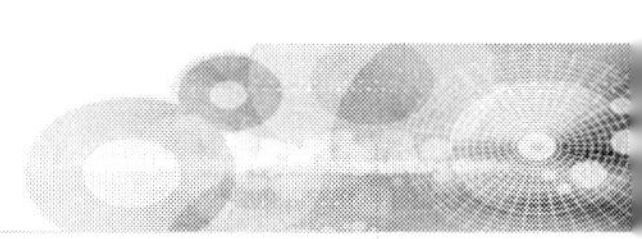

② 래커 프라이머(lacquer primer)

니트로셀룰로오즈(nitrocellulose)를 주요소로 하며 자연건조형 도료로서 건조성이 빠르고 연마하기 쉬운 도막이 형성되므로 작업성이 우수하다. 하지만 내후성, 부착성, 살오름성이 좋지 않다. 니트로셀룰로오즈, 수지, 가소제를 용매에 녹여서 만든 전색제에 안료 등을 분산시켜 만든다. 신너 50%정도 첨가하여 점도를 맞추고 살오름성이 좋지 않기 때문에 2회 도장하여 완성한다. 건조시간은 30분 ~ 1시간 정도이다.

③ 오일 프라이머(oil primer)

래커 에나멜, 프탈산 수지 에나멜 등을 도장 할 때 하도에 적합한 액상 · 불투명 · 산화 건조성의 페인트로 건성유와 수지를 주요 도막 형성 요소로 하여 자연 건조 도막을 형성한다. 유성 바니쉬에 안료를 분산시켜서 만들며 내후성, 부착성이 우수하지만 도막에 주름 현상이 발생한다. 도장 시 신너를 20%정도 첨가하여 점도를 맞추고 건조시간은 12 ~ 20시간 정도이다.

④ 우레탄 프라이머(urethane primer)

알키드 수지로 구성된 2액형 타입을 주제로 이소시아네이트가 포함된 경화제를 혼합할 때 경화된다. 침투력이 우수한 저점도의 도료로 우수한 상도 부착력과 녹방지 기능을 가진 우레탄 도료로서 상온에서 경화 반응이 늦어 60℃ × 20분 정도 강제 건조가 필요하다.

⑤ 에폭시 프라이머(epoxy primer)

에폭시 수지를 사용한 프라이머로 대부분이 2액형 타입으로 아민계열의 경화제를 혼합할 때 경화된다. 부착성과 녹 방지에 아주 좋지만 상온에서 경화 반응이 늦어 60℃ 정도에 20분 정도의 강제 건조가 필요하다. 신차(OEM)공정에서는 수용성 에폭시를 전착도장으로 사용되며 150℃정도에 30분 정도 가열건조 시킨다.

	장 점	단 점
워시프라이머	밀착성, 내부식성을 좋게 함	사용 후 빠른 세척
래커프라이머	빠른 건조성, 작업성우수	내후성, 부착성, 살오름성이 떨어짐
오일프라이머	내후성, 부착성이 우수	도막의 주름현상 발생
우레탄프라이머	부착성, 녹 방지가 우수	강제건조가 필요
에폭시프라이머	부착성, 녹 방지가 우수	강제건조가 필요

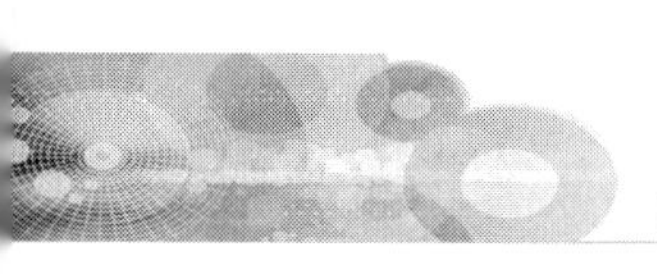

2 중도용 도료

중도는 도장계에서 하도도료와 상도도료와의 부착성을 향상시켜주며 상도가 하도도료로 흡습되어 광택이 없어지는 것을 방지해 주고 주행 중 돌 등에 의해 페인트가 떨어져 녹이 발생하는 것을 막아주는 기능(내치핑)을 한다. 보통 2 ~ 3회 도장하여 마무리 하며 1액형 타입의 자연건조 형태가 있으며 1액형 타입에 비해서 물성이 좋은 2액형 타입의 도료가 있다. 2액형의 경우 가열건조가 필요하며 1액형의 경우는 건조성이 빠르며 연마성이 좋지만 자동차 보수도장에서 사용하는 상도도료가 흡습되는 경우가 빈번하므로 가능하면 사용을 피하고 2액형 타입의 중도도료를 사용하는 것을 추천한다.

도료 회사별로 많은 종류의 프라이머 서페이서가 출시되어 시판하고 있으며 페인트 별로 특성이 있으며 작업 방법은 항상 페인트통의 측면의 사용지침서나 도료회사의 기술자료집을 참고하여 사용함에 있어 오류를 범하지 않고 빠른 작업이 이루어지도록 하자.

현재 자동차 보수도장에서 사용하는 중도용 도료는 프라이머(primer)의 기능인 녹 방지 기능과 서페이서(surfacer)의 충진과 차단성을 동시에 겸한 프라이머 서페이서를 사용하고 있다. 중도 건조 완료 후 연마를 하여 평활성을 목적으로 할 경우 서페이서의 기능을 강조해서 사용한 것이고, 연마를 하지 않고 바로 상도를 도장할 경우에는 프라이머의 녹 방지 기능을 강조해서 사용하는 것이라고 보면 된다. 프라이머 서페이서의 글이 길어 줄여서 프라-서페라고도 하며 현장에서는 사훼사, 시다지 등의 용어를 사용하기도 한다. 현재 자동차 보수도장업체에서는 중도를 퍼티 도장 된 부위만 도장을 하는 경우가 빈번하다. 이러한 작업은 프라이머 위에 중도공정이 생략되어 시간이 경과한 후에 중도를 도장하지 않은 부분에서 먼저 광택이 감소하고 녹이 발생하고 부착이 잘 나오지 않는 경우가 발생하므로 시간적 여유가 된다면 도장하는 패널(panel) 전체에 중도를 도장하여 결함이 발생하지 않도록 작업하여야 한다.

하도용과 중도용에 가장 많이 함유되어 있는 체질안료는 도막의 살오름성을 좋게 하기 때문에 도료 중에 많이 함유된다. 중도용에 사용되는 체질안료(이하 탈크라고 함)는 퍼티에 사용되는 탈크와는 전혀 틀린 모양을 갖는다. 하도용에 사용되는 탈크는 구상탈크가 많이 사용된다. 구상탈크는 건조 후 용제나 수분의 침투가 용이한 구조로 되어있다. 하지만 중도의 경우에는 편상탈크가 많이 사용된다. 편상탈크는 건조 후 용제나 수분이 침투가 잘 되지 않는 구조이다. 다음의 그림을 참고한다.

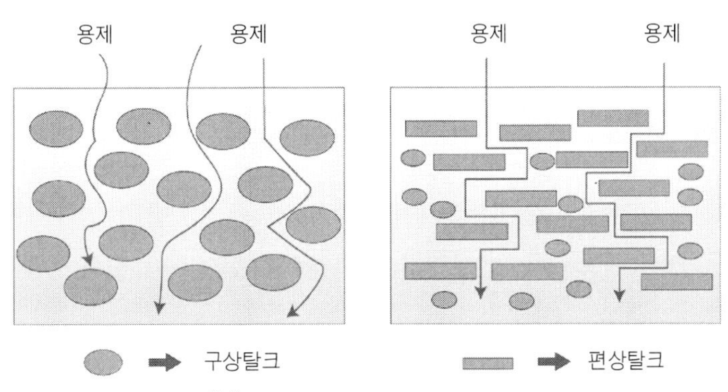

구상탈크와 편상탈크의 차이

① 서페이서(surfacer)

도료의 용제 침투를 방지하고, 상도 도장 시 용제침투로 인한 리프팅(lifting), 내수성과 내구성을 증대시키고 주름이 지는 것을 방지하며 특히 하도도료에 상도도료가 흡습되는 것을 방지한다.

② 프라이머 서페이서(primer-surfacer)

프라이머(primer)의 녹 방지 기능과 서페이서(surfacer)의 충진 기능과 차단 기능을 강조하고 작업의 편의성을 위해서 만든 제품으로 1액형 타입의 래커(lacquer)계와 2액형 타입의 우레탄(urethane)계 2가지가 있으며 현재 UV 관련 서페이서도 시판 예정 중이다.

1액형 타입이 2액형 타입에 비해서 작업성이 우수하나 내후성이 2액형 타입에 비하여 많이 떨어진다. 하지만 작업이 편하기 때문에 많이 사용하고 있지만 모든 자동차보수도장 관련 현장에서 2액형 타입의 중도를 사용하기를 바란다.

프라이머 서페이서의 특징을 보면 첫 번째로 보호기능을 들 수 있다. 상도도막이 외

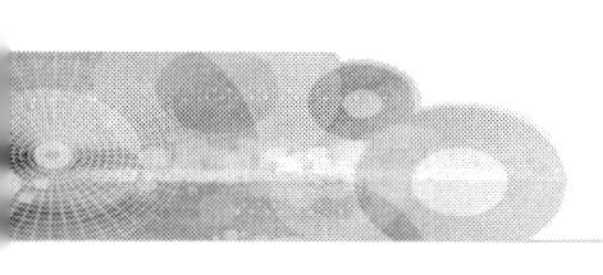

부의 충격에 쉽게 떨어지지 않도록 하도에 충분한 부착성능을 지니고 상도도료가 떨어지지 않도록 잡아주는 기능을 한다. 두 번째로 **요철수정 기능**을 들 수 있다. 소재 면의 미세한 요철을 수정하여 평활성과 우수한 살오름성을 갖게 하여 상도도료가 요철이 없는 평활한 면에 도장 되어 광택이 많이 나도록 하는 기능을 한다. 세 번째로 **부식방지 기능**을 들 수 있다. 방청안료가 도료 중에 함유 되어 있기 때문에 금속면에 발생하는 녹을 방지시킨다. 대부분의 페인트는 방청기능을 함유하고 있다. 네 번째로 **차단성**을 들 수 있다. 용제가 하도에 침투되는 것을 방지하여 상도 도장 후 광택을 지속시켜 품질이 떨어지는 것을 방지시켜 준다. 특히 퍼티가 도포된 도장면의 경우 퍼티가 다공질로서 흡습이 우수하여 프라이머 서페이서를 적용시에 저급의 도료를 사용하면 퍼티도포 부분만 특히 광택이 소실되는 경우가 있다.

마지막으로 **하도 보호기능**을 들 수 있다. 상도를 통과하여 들어오는 자외선을 차단한다. 이러한 기능들 때문에 도막구성에서 절대 빠지면 안 되는 도료로서 현장기술자분들이 신품의 패널교환 때 전착도장 된 프라이머 위에 바로 상도를 도장하는 오류를 범하기 않기를 바라며 도장이 된 도막의 경우에도 중도도장이 된 면과 도장이 되지 않은 면과의 흡습이 틀리기 때문에 좋은 품질의 결과물을 얻기 위해서는 도장하는 패널 전체에 중도도료를 도장하여 좋은 결과물을 얻기를 바란다.

프라이머-서페이서의 주요 기능

1. 보호　2. 평활성　3. 녹 방지　4. 차단성　5. 하도 보호

2액형 프라서페

◆ e-프라서페(gray)

- 아크릴폴리올수지와 황변성 이소시아네이트를 주성분으로 한 2액형 도료로서, 자동차 보수 도장시 하도 및 중도 겸용으로 사용 가능하다.
- 혼합비
  주제 : 경화제 : 희석제 = 100 : 20 : 30 (부피비)
  주제 : 경화제 : 희석제 = 100 : 15 : 20 (무게비)
  로 하여야 하며 반드시 주제와 경화제를 정해진 비율대로 먼저 혼합한 후 희석제를 혼합하여야 한다.
- 점도 : 16 ~ 20초(Ford Cup #4, 20℃ 기준)
- 건조 도막 두께 : 40 ~ 50 ㎛

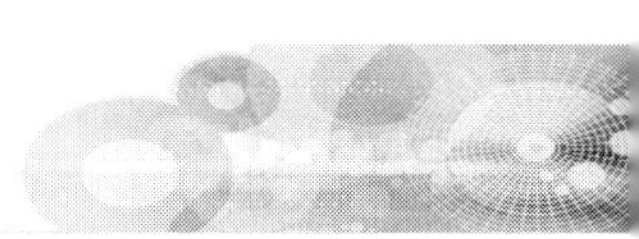

◆ spies hecker 8590

- 2액형 아크릴릭 서페이서로서 웨트 온 웨트(wet on wet) 방식으로 사용가능하며 오버스프레이 흡수성이 좋다. 자동차 보수 도장시 하도 및 중도 겸용으로 사용 가능하다.
- 혼합비
  주제 : 경화제 = 2 : 1 (부피비)
  희석제는 5 ~ 10% 첨가한다.
- 점도 : 20 ~ 25초 (Ford Cup #4, 20℃ 기준)
- 가사시간 : 20 ~ 45분
- 건조 도막 두께 : 2회 도장 시 50 ~ 80㎛
  3회 도장 시 100 ~ 120㎛

◆ 칼라 서페이서(color surface)

- 6가지 색상의 서페이서로서 백색, 흑색, 황색, 적색, 녹색, 청색이 있으며 첨가제를 20% 넣어 광택이 나도록 할 수도 있다.
- 인테리어 컬러(내판색상)로도 사용가능하며 상도칼라와 비슷한 색상을 만들어 스톤칩에 의한 손상자국이 들어나지 않으며 베이스코트를 절약할 수 있는 장점이 있다.
- 혼합비율 주제 : 경화제 = 2 : 1
- 점도 : 16초 (Ford Cup #4, 20℃ 기준)
- 가사시간 : 60분
- 건조 도막 두께 : 인테리어칼라로 사용 70㎛
  웨트온웨트로 사용 30㎛
  샌딩작업으로 사용 60 ~ 200㎛

3 상도도료

자동차의 본연의 색상과 광택을 살리기 위해서 페인팅(painting) 작업 중 마지막에 사용되는 도료이다. 특히 색채, 광택, 경도 등을 고려하여 선정하는 것이 중요하며 작업 한 도막이 자동차 소유자의 눈에 직접 보이게 되므로 미적 효과를 위한 가장 큰 역할을 한다.

자동차 보수도장에서 사용하는 도료를 보면 여러 가지 종류가 있다. 각각의 도료별 색상에 따라 작업 방법이 틀려지며 도료의 도장 횟수에 따라, 도료의 조성에 따라 나뉜다.

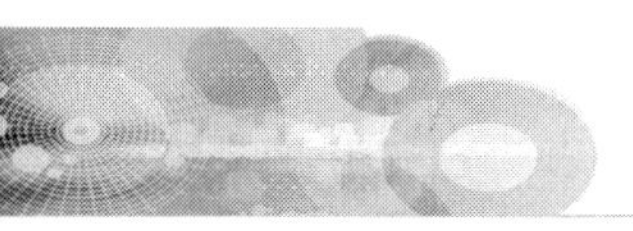

(1) 도장 횟수에 따른 분류

자동차의 색상에 따라 크게 3가지의 도장방식이 있다. 중도 도장 후 상도를 1회 도장하는 1coat 방식과 2회 도장하는 2coat 방식, 마지막으로 3회 도장하는 3coat 방식이 있다.

1coat의 경우 대부분 솔리드컬러(solid color)를 들 수 있다. 도료 중에 메탈릭(metallic), 펄(pearl)이 함유되어 있지 않고 유색안료가 2액형 수지상에 분산되어 있는 종류로서 2액형 우레탄 클리어(urethane clear)를 도장하지 않아도 된다. 클리어(clear)를 도장하지 않아도 광택이 나온다. 솔리드 우레탄(solid urethane)을 잘 못 도장하여 광택이 나지 않은 경우 클리어(clear)를 다시 도장하는 경우가 있다. 이렇게 도장 할 경우 건조되는 시간과 경화제의 차이와 도막의 두께가 두꺼워 결함이 발생할 수 있다.

2coat는 광택이 나지 않는 컬러 베이스(color base)를 도장 후 2액형 클리어(clear)를 도장하는 방법으로 컬러 베이스에 메탈릭(metallic)안료와 펄(pearl)안료들이 함유되어 있다. 컬러베이스에 메탈릭과 펄이 함유되면 아름다운 색상이 만들어지기 때문에 현재 자동차 컬러에서 많이 사용되고 있다. 하지만 컬러베이스의 경우 단독으로는 도막의 성능을 발휘할 수 없기 때문에 컬러베이스코트를 보호해 주는 클리어(clear)가 도장된다. 이렇게 컬러베이스코트 도장 후 클리어코트가 도장되므로 2coat 방식이라고 한다.

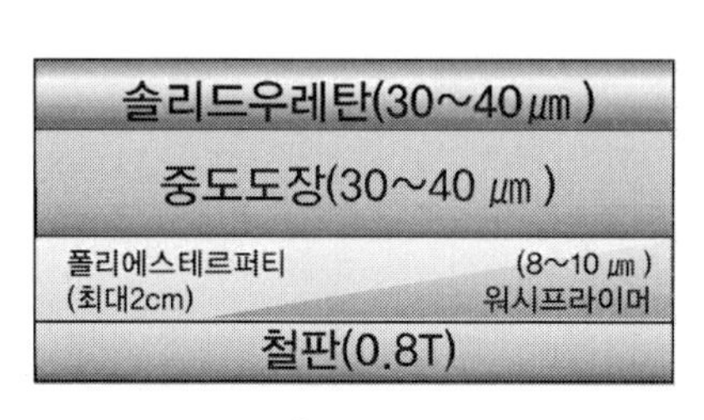

1coat

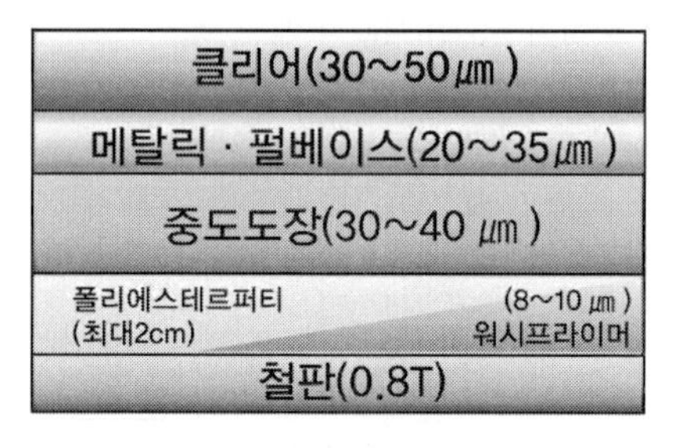

2coat

메탈릭(metallic) 안료

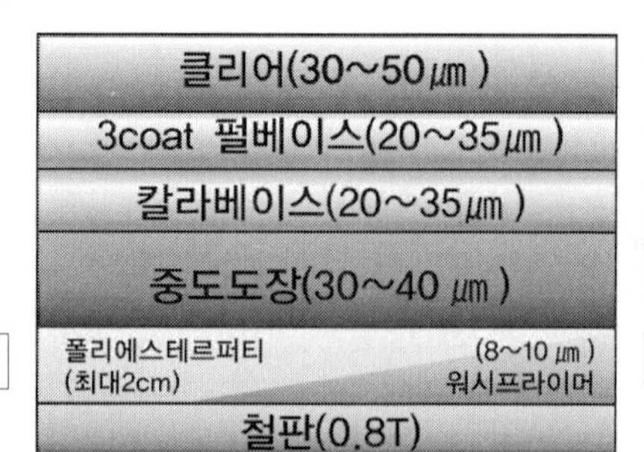

3coat

펄(pearl) 안료

도장횟수에 따른 분류

3coat는 컬러베이스를 도장 후 다시 은폐가 되지 않는 펄 베이스를 도장하여 컬러베이스의 색상과 동시에 펄 베이스의 색상이 보이도록 한다. 펄 안료의 특징을 간단히 설명하면 보는 각도에 따라 아름다운 색상을 나타내는 도료이다. 이 내용은 펄 조색 편에서 자세히 다루도록 하겠다. 펄 베이스 도장 후 2coat 방식과 같이 클리어(clear)가 도장되어야 한다. 자동차 보수도장에서 사용하는 컬러베이스의 경우 단독으로는 도막의 성능을 발휘 못하므로 항상 컬러베이스 도장 후에는 클리어를 도장해야 한다.

(2) 도료 조성에 따른 분류

자동차에 사용되고 있는 도료의 주성분의 종류에 따른 분류이다.

① 우레탄 도료(urethane paint)

폴리우레탄 도료(polyurethane paint)라고도 하며 도막 중에 우레탄 결합(−OCONH−)을 갖고 있는 도료를 말한다. 우레탄 도료는 부착성, 내마모성이 우수하고 내약품성도 강한 특징이 있지만 이소시아네이트(isocyanate)의 환 구조 때문에 쉽게 황변할 수 있지만 지방족 이소시아네이트(무황변)인 HMDI(hexamethylene diisocyanate)나 IPDI (isophorone diisocyanate)를 사용하면 황변을 방지할 수 있다.

- **2액형 우레탄 수지 도료** : 이소시아네이트(−N=C=O)기를 가진 경화제와 수산기를 다수 가진 폴리올 성분의 주제를 사용 직전에 혼합하여 사용하는 타입으로 지금 현재 자동차 보수도장에서 가장 많이 사용하고 있는 형태로서 도장하면 건조과정에서 $R{-}NCO{+}HO{-}R \rightarrow R{-}NH{-}\overset{\overset{\displaystyle O}{\|}}{C}{-}O{-}R'$ 와 같이 우레탄 결합을 형성하여 도막이 생성된다. 부착성, 내약품성, 내마모성이 우수하기 때문에 모든 분야에서 많이 사용하고 있으며 자동차 보수용 도료 이 형태의 도료를 사용한다.
- **블록형 폴리우레탄 도료** : 이소시아네이트의 폴리포리마의 유리 −NCO기를 페놀 또는 알코올(alcohol)성 수산기로 차단시켜 −NCO기가 수산기와 반응할 수 없도록 차단하기 때문에 실온에서는 안정적이지만 가열하면 페놀이 떨어져 나와 이소시아네이트가 다시 활성화되어 도료 중에 들어있는 수산기와 반응하여 건조된다.
- **습기 경화형 폴리우레탄 도료** : TDI(toluene diisocyanate)를 다가 알코올(polyhydric alcohol) 또는 유변성품과 반응시키고 일부 남겨놓은 유리 이소시아네이트기가 도장 후에 공기 중의 습기와 반응하여 가교 결합을 일으켜 도막을 형성하는 도료이다. 1액형 도료이면서도 2액형 우레탄 도료와 비슷한 물성이 나오기 때문에 저장 안정성이

좋지 않음에도 불구하고 많이 이용하고 있다.

- **유변성 폴리우레탄 도료** : 알키드(alkyd) 수지에 TDI(toluene diisocyanate)를 도입하여 분자 중에 우레탄 결합을 갖도록 한 수지로서 유리 이소시아네이트기가 없어 1액형 도료로 사용되고 시중에 우레탄 바니시(urethane varnish)라 칭하여 판매되고 있다.

② 불소도료(fluorine paint)

현재 보수도장 시장에서 클리어에서만 적용하고 있으며 고급차의 경우 옵션(option)으로 도장되어 판매되고 있으며 보수도장에서 소비자가 해당 클리어를 원하기 때문에 작업이 이루어지고 있다. 신차라인의 불소수지 클리어의 보수용으로서 이소시아네이트의 반응경화형이다. 불소수지의 특징으로는 발수성 및 광택을 장기간 유지하는 특성과 내오염성이 매우 좋다.

③ 수용성도료(waterborne paint)

대기환경의 오염으로 인해 자동차생산라인(OEM)에서는 VOC(volatile organic compounds)를 줄이기 위하여 VOC함량이 적은 수용성 제품을 사용하고 있는 추세이다. OEM 도장에서는 하도에서 상도까지 전체를 수용성제품을 사용하고 있다. 이에 보수도장에서도 환경오염이 대두 되어 수용성 제품 중 베이스코트만 시판되고 있고 하도, 중도는 판매하고 있지 않은 실정이다. 이미 유럽이나 선진국에서는 수용성 도료를 자동차보수도장 적용하여 사용하고 있으며 국내도 서울특별시 대기 오염물질 배출 허용기준을 마련하여 규제하고 있으며 훗날 유성계 도료의 특성상 VOC배출기준을 충족시킬 수 없기 때문에 VOC함량이 적은 하이솔리드타입의 클리어나 수용성 도료가 나오게 되었다. 하지만 국내 자동차보수용 도료 생산 업체에서는 기술력과 자동차보수도료시장의 한계에 처해있다.

2008년 8월 VOC배출기준을 자동차보수용 베이스코트로 예를 들면 지금 현제 620g/ℓ로 VOC 37종 물질만을 규제하지만 2009년 7월부터는 배출허용치는 같은 620g/ℓ와 VOC 37종 물질외에 {탄화수소(HC)유기화합물 - (아세톤 + PCBTF)}의 규제도 들어가며 2010년 1월부터는 500g/ℓ, 2014년 1월부터는 420g/ℓ이기 때문에 현제의 유성계 도료로는 VOC 배출기준을 맞출 수 없는 실정이다.

제품의 특징을 보면 다음과 같다.

- **수용성 수지** : 전색제(binders)들이 작은 입자(0.1 ~ 0.5㎛)의 형태로 존재하며 색상은 유성계와 비교하였을 때 우유처럼 뿌옇다. 신너를 용매로 사용하지 않기 때문에 유기용제 냄새도 적고 화재의 위험도 없어 일반인들도 쉽게 다룰 수 있다.

- 현재 1coat 방식의 상도도료는 없으며 솔리드 색상의 경우에도 2coat 방식으로 도장해야 한다. 그리고 수용성 베이스코트가 완전히 건조 된 후 후속도장인 클리어코트를 도장해야 한다.

▲유성계 수지 ▲수용성 수지

- 유용성베이스코트에 비해서 은폐력이 높다. 유용성베이스코트의 경우 완전 은폐를 위해서 2 ~ 4회 정도 도장해서 20 ~ 30㎛의 도막두께가 나오지만 수용성베이스코트의 경우 1.5 ~ 2.5회 도장으로 20 ~ 30㎛의 도막두께가 나와 은폐가 가능하여 작업시간을 단축시킬 수 있다.
- 메탈릭 도장 시 발생할 수 있는 메탈릭 얼룩이 거의 발생하지 않는다. 1회 도장시 미디움코트(medium coat)를 하고 플래시오프타임(flash-off time)이 없이 즉시 2회 웻코트(wet coat)를 한다. 촉촉이 젖은 도막의 건조속도가 유성계에 비해서 8배정도 늦어 메탈릭 입자들이 자리를 잡을 시간이 충분하여 안료들이 도장 된 도료 중에 골고루 퍼지게 된다.
- 수분증발에 의해 건조가 되기 때문에 도장실의 유속이 기존 도장실에 비해 빨라야 하거나 에어드라이건(air dry gun)을 사용해서 건조시킨다.
- 겨울철 동결되기 때문에 춥지 않은 곳에서 보관해야 한다.
- 사용한 스프레이건은 신너를 사용하지 않고 물을 이용해서 깨끗이 세척한다.

작업자의 건강과 대기환경오염을 막기 위한 수용성제품의 도장법과 도장공구들은 보수도장 공정과 도장장비 부분에서 자세히 다루도록 하겠다.

④ 래커 도료(lacquer)

용제의 증발에 의해서 건조되며 독특한 광택과 윤기가 나타나며 살붙임이 없고 금속면과의 부착도 별로 좋지 않지만 건조가 빠르고 먼지가 덜타는 장점이 있어 많이 사용하고 있다. 하지만 현재 자동차 보수도장에서는 사용하고 있지 않으며 우레탄 방식의 도료가 나오기 전에 가장 많이 사용했던 도료이다.

(3) 상도 첨가제

자동차 보수도장에서 사용되는 첨가제로는 레벨링제, 건조제, 가소제, 분산제 자외선 흡수제, 침전 방지제, 색분리 방지제 등이 첨가되고 있다. 이외에도 첨가제의 종류는 많지만

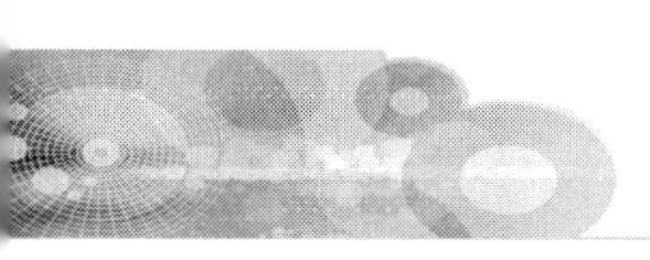

자동차 보수도장에 사용되는 도료들의 주된 첨가제라 꼭 알고 넘어가도록 하자.

① **레벨링제**(leveling agent) : 도료가 스프레이 도장이 된 후 도료가 잘 퍼지도록 한다. 즉 도료의 편평성을 높여 거울과 같은 면을 만들도록 도와주는 첨가제이다.

② **건조제**(dryer agent) : 산화 중합형 도료에 첨가되어 산화중합을 촉진시켜 경화건조를 빠르게 한다.

③ **가소제**(plasticizer agent) : 도막에 노화를 방지시켜 내구성, 내한성을 좋게 하며 유연성을 부여한다.

④ **분산제**(dispersing agent) : 고체인 안료 미립자를 수지상에 분산이 쉽도록 사용하는 첨가제로서 재응집 방지와 안정한 분산 도료를 유지한다.

⑤ **자외선 흡수제**(UV absorber) : 플라스틱, 고무 등 고분자에 대해 유해한 자외선을 흡수하여 변색을 막아주어 내구성을 증대시킨다.

⑥ **침전 방지제**(anti-settling agent) : 안료가 침전되는 것을 방지시켜 도료의 저장성을 향상시킨다.

⑦ **색분리 방지제**(anti-flooding agent) : 도료의 저장 중에 분산된 안료가 입자경, 비중, 응집력의 차이로 색이 분리되어 전체의 색과 다른 반점이나 무늬모양을 일으키게 되는 색분리 현상을 방지하여 목적하는 색상을 얻기 위해 첨가한다.

4 경화제

자동차 보수도장용 도료에 사용되는 경화제는 수지와 화학적으로 반응하여 액체 상태에서 고체 상태로 만들어주는 역할을 한다.

(1) 우레탄 경화제(urethane hardener)

가격이 저렴하면서 황변이 있고 속건 타입으로 하도나 중도용으로 사용하는 경화제로는 TDI(toluene diisocyanate)와 MDI(methylene diphenyl diisocyanate) 타입의 경화제가 있으며 가격이 하도나 중도용에 비해 비싸지만 내후성이 우수하며 반응성이 우수하고 황변을 일으키지 않는 HMDI(hexa methylene diisocyanate)와 IPDI(isophone diisocyanate) 타입의 경화제가 주로 사용된다.

(2) 에폭시 경화제(epoxy hardener)

에폭시 수지는 내후성이 나쁘기 때문에 주로 하도용 도료로 사용되며 에폭시 경화제로는 아민(amine)류, 폴리아마이드(polyamide) 수지나 이것을 변성시켜 사용된다.

(3) 불포화 폴리에스테르 경화제(unsaturated polyester hardener)

과산화벤조익산, MEKPO(methyl ethyl ketone peroxide), 싸이코로헥사논, 퍼옥사이드 등이 경화제로 사용된다.

6 | 도료의 건조

액체의 도료를 도장 후 도막을 형성하는 과정을 말하며 자연 건조형 도료, 열중합 건조, 2액 중합 건조가 있다. 이 중에서 열중합 건조는 자동차신차라인(OEM)에서 건조하는 형태이며 자동차 보수도장에서 사용되는 도료의 건조는 자연 건조형 및 2액 중합 건조형이 있다.

열중합 건조 형태는 크게 가열온도에 따라 3가지로 구분되는데 60 ~ 80℃에서 건조시키는 **저온가열법**, 120℃정도에서 건조시키는 **중온가열법**, 150 ~ 160℃정도에서 가열건조시키는 **고온 건조법**이 있으며 도료 사용 목적과 용도에 따른 도료를 선정하고 도료별 요구하는 온도까지 가열시켜 시간이 경과해야 건조가 이루어지며 해당온도까지 올라가지 않으면 건조가 이루어지지 않기 때문에 가열건조 온도까지 상승시켜 건조시킨다.

자동차 보수도장에서 강제건조는 우레탄 결합을 촉진시키고 내구성을 개선시키기 위해서 사용된다. 그리고 페인트 제조사에서 말하는 가열건조시간은 도장이 끝난 후 세팅타임(setting time)을 준 후 가열건조 스위치를 누르는 시간부터 계산하는 것이 아니라 물체의 온도가 추천하는 온도에 도달한 다음부터 계산되어야 함을 잊지 말자. 이러한 이유로 외국의 스프레이 부스(spray booth)의 경우에는 사용자가 지정하는 온도에 도달한 다음부터 시간이 계산되는 형태로 제작되어 있지만 물체의 실제온도는 계절에 따라 틀려지므로 가열건조 시에 주의 깊게 생각하자.

1 도료 건조의 기본 조건

도료가 건조 되는 장소는 다음과 같은 장소이여야 한다.

① 도장하는 장소 및 사용하는 공기는 먼지나 수분이 없는 깨끗한 장소에서 도장해야 한다.

② 자연 건조형 도료의 건조는 공기의 흐름이 빠르면 건조는 잘되나 표면이 거칠어지기 때문에 적당한 공기의 흐름이 있으면서 환기가 잘되는 곳 이여야 하지만 수용성

도료의 경우에는 수분을 건조시켜야 하기 때문에 유성계 도료의 건조 시의 공기흐름보다 빨라야 건조 시간을 단축시킬 수 있다.

③ 자연 건조의 경우 건조실의 온도 및 습도를 적당히 유지하여야 한다.

④ 중복 도장을 할 경우에는 도장 후 충분하게 건조한 후에 도장해야 건조시간을 단축시킬 수 있다. (flash-off time)

⑤ 가열 건조의 경우 일정한 세팅타임(setting time) 후에 가열 건조하고 휘발성 유기용제를 배출해야 한다.(화재 및 핀홀 예방)

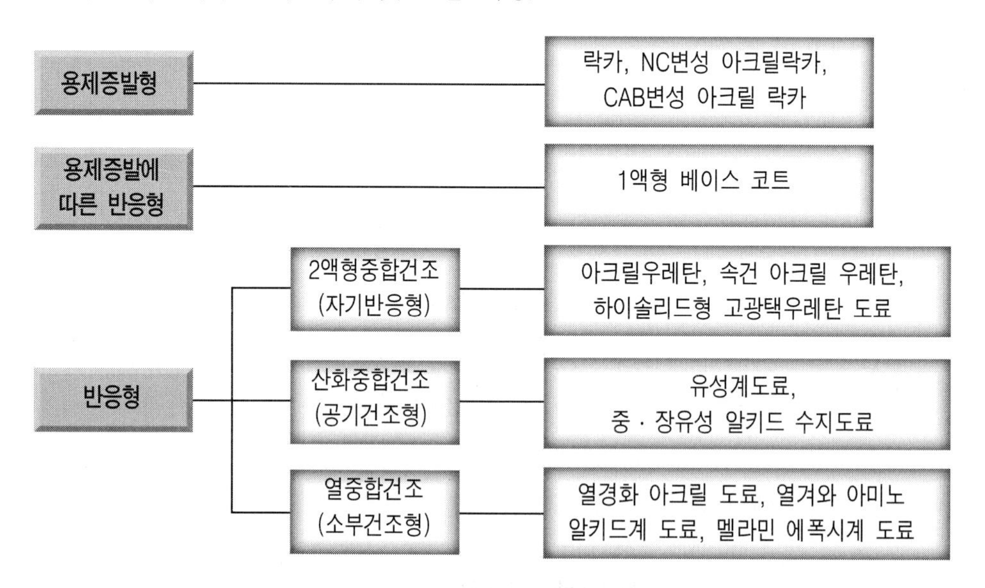

2 건조의 종류

(1) 자연 건조용 도료

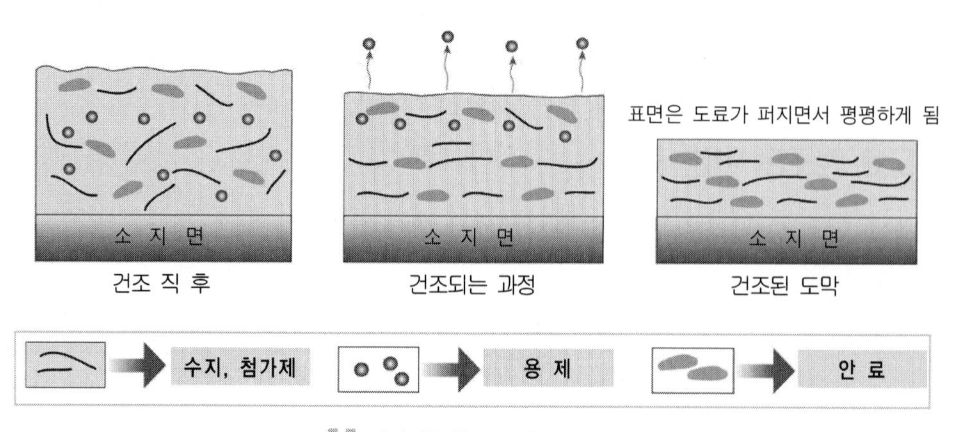

자연건조형 도료의 건조과정

도장 후 용제가 증발하면 도막으로 형성되는 도료로서 래커도료(lacquer paint)를 들 수 있고 자동차 보수용 베이스코트 도료도 자연 건조용 도료이다. 작업의 빠른 진행을 위해서는 가열 건조를 하면 건조시간이 단축되지만 너무 높은 온도를 올리면 도료의 성질이 파괴되므로 주의해야한다.

(2) 열중합 건조

도장 후 일정한 건조시키기 위하여 가열건조를 한다. 이때의 온도는 약 120 ~ 160℃로 20 ~ 30분 정도로 하여 화학반응을 일으켜 도료가 건조되도록 한다.

OEM 도료의 종류와 적용

도료의 종류	적 용 범 위
에폭시 도료	언더코트
폴리우레탄 도료	플리스틱재질
가열건조형 아크릴 도료	메탈릭, 펄의 상도도장
가열건조형 아미노알키드 도료	중도도장 및 솔리드 상도도장

(3) 2액 중합 건조

자동차 보수도장에서 2액형 도료에서 볼 수 있는 건조법으로 대부분의 우레탄수지, 에폭시수지가 함유된 도료로서 사용 직전에 경화제를 혼합하여 사용하며 도장완료 후 건조시키는 형태이다. 하지만 이 건조법의 경우 열중합건조와는 달리 건조가 이루어지는 온도까지 상승시키지 않아도 건조가 이루어진다. 즉 자연건조상태에서도 건조가 이루어지며 용제증발 함께 가교반응이 진행되면서 건조가 된다. 자연건조를 하면 건조되기 위한 시간이 너무 오래 걸리기 때문에 온도를 올려 화학반응을 활발하게 하여 건조를 촉진시키기 위해서 사용하는 방법으로 이해하면 되겠다.

자동차 보수용 도료의 종류와 적용

도료의 종류	적 용 범 위
에폭시 도료	언더 코트
아크릴 우레탄 도료	언더코트 및 상도도장
불소 우레탄 수지 도료	불소 클리어

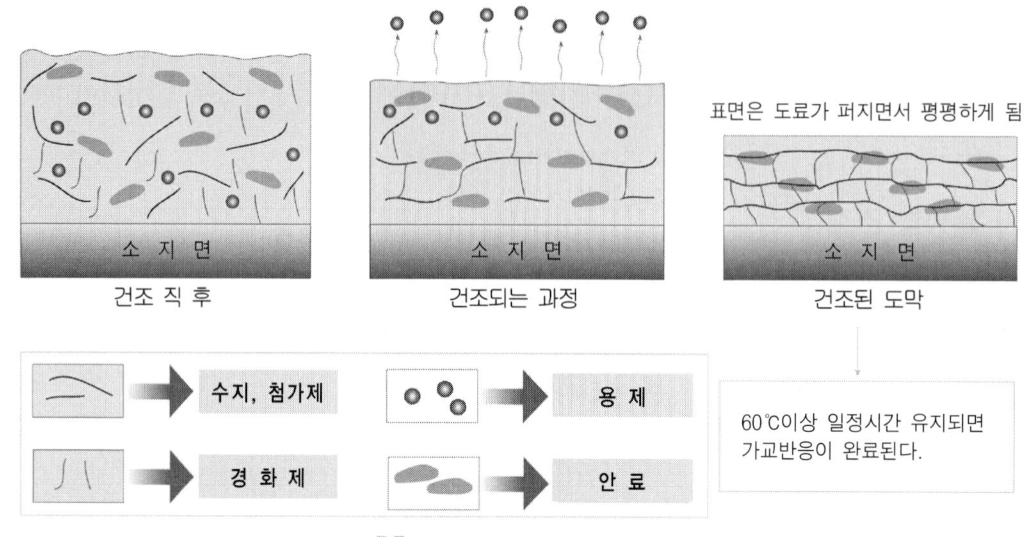

2액 중합 도료의 건조과정

(4) 산화중합건조

공기 중의 산소를 흡수하여 산화하여 중합을 일으켜 건조되는 형태의 건조로서 건조시간이 오래 걸리고 분자구조가 약하여 자동차용 도료로는 사용하지 않는다.

3 건조시간

대부분의 자동차 보수용 도료의 건조시간은 해당제품에 보면 상세히 설명되어 있다. 아래 도료의 캔 라벨을 참고하면 사진과 같이 페인트에 대한 모든 작업방법이 명시되어 있으므로 꼭 참고하여 작업한다. 그리고 픽토그램에 대한 설명은 도장공정에서 자세히 설명하겠다.

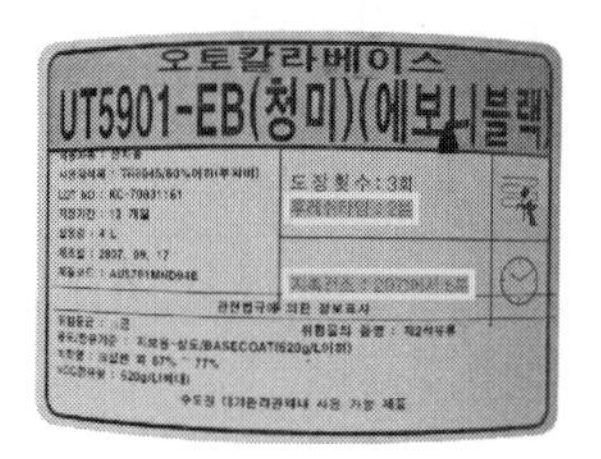

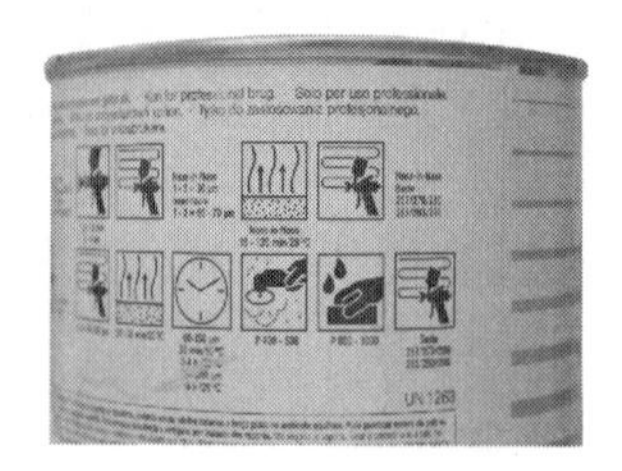

페인트 라벨의 건조 시간표시 예

작업을 빨리 마무리 하고 싶은 마음에 충분한 플래시 오프 타임(flash-off time)과 세팅 타임(setting time)을 지키지 않고 작업했을 경우 도장결함이 발생할 확률이 급격히 증가한다.

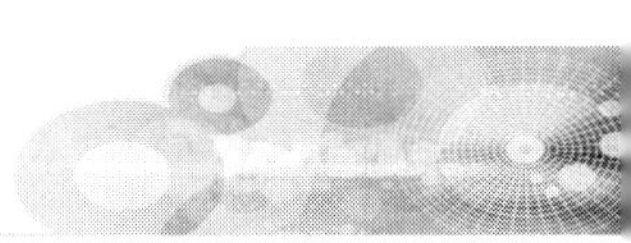

(1) 플래시 오프 타임(flash-off time)

플래시 오프 타임은 도장과 도장사이에 용제가 증발할 수 있는 시간을 부여해주는 것으로 충분한 플래시 오프 타임이 없이 진행되는 후속도장은 건조시간을 더욱 더 느리게 만들며 도료 중이 용제의 휘발이 원활하지 않아 건조 완료 후 핀 홀(pin hole)이 발생하거나 흐름(sagging), 광택감소 등의 결함이 발생하게 된다. 이러한 현상을 막기 위하여 도장과 도장사이에 아주 간단한 것이지만 플래시 오프 타임이 도장 후의 품질을 많이 좌우하기 때문에 항상 플래시 오프 타임을 주는 습관을 갖자.

플래시 오프 타임(flash-off time)은 5분 정도 시간을 도장과 도장사이에 주며 특히 2코트(2coat)도장에서 베이스코트(basecoat)를 완료하고 클리어코트(clearcoat)를 도장하기 전에 주는 플래시 오프 타임은 다른 도장에서 주는 시간보다 2배 이상 주어야 한다.

(2) 세팅타임(setting time)

세팅타임(setting time)은 도장 완료 후 가열 건조를 하기 전에 주는 시간으로 10분정도 준다. 세팅타임을 부여하지 않고 본 가열에 들어갔을 경우 도장 결함이 핀홀(pin hole)이 발생하기 때문에 빠뜨리지 말고 꼭 시간을 갖는 습관을 기른다.

건조시간

1. 플래시 오프 타임 : 도장과 도장 사이에 부여하는 시간으로 약 5분
2. 세팅타임 : 도장완료 후 가열건조하기 전에 부여하는 시간으로 약 10분

이 시간은 도료들의 평균적인 시간이며 도료별로 증감이 있기 때문에 해당 기술자료집과 페인트통의 정보를 참고하여 작업하도록 한다.

4 건조 7단계

도장 완료 후 완전 건조가 될 때까지의 단계이다.

① **지촉건조**(set to touch) : 손가락 끝을 도막에 가볍게 대였을 때 점착성은 있으나 도료가 손가락 끝에 묻어나지 않는 상태의 건조이다.

② **점착 건조**(dust free) : 손가락 끝으로 도막을 눌러 가볍게 스쳤을 때 도료가 손가락에 묻지 않는 상태의 건조이다.

③ **정착 건조**(tack free) : 인지나 검지로 최대의 압력으로 눌렀을 때 도막이 벗겨지지 않으며 가볍게 마찰하여도 마찰한 흔적이 나지 않는 상태의 건조이다.

④ **고착 건조**(dry free) : 도막을 손가락 끝으로 약간의 압력으로 눌렀을 때 지문이 남

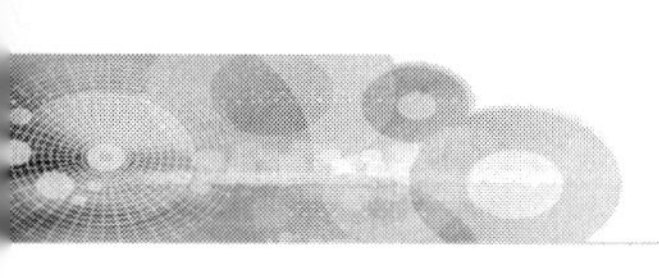

지 않는 상태의 건조이다.

⑤ **경화 건조**(dry to handle) : 도막 면에 팔이 수직이 되도록 하여 힘껏 엄지손가락으로 누르면서 90° 각도로 비틀어 보았을 때 도막이 늘어나거나 주름이 생기지 않고 또한 도막에 다른 이상이 생기지 않는 상태의 건조이다.

⑥ **고화 건조**(dry through) : 엄지와 인지 사이에 시험판을 잡고 도막이 엄지 쪽으로 향하도록 하여 힘껏 눌렀다가 떼어내어 부드러운 헝겊으로 가볍게 문질렀을 때 도막에 지문자국이 없는 상태의 건조의 건조이다.

⑦ **완전(경화) 건조**(full handle) : 손톱으로 도막을 벗기기가 곤란하고 칼로 자르더라도 충분히 저항을 나타낸 때의 상태 건조이다.

이와 같은 검사는 숙련자가 판정하면 재현성이 있지만 검사자에 따라 계속 달라질 수 있다.

제2장 도장장비와 공구

자동차 보수 도장에 사용되는 설비, 장비, 공구의 특성과 사용법 등을 이해하여 적절한 설비, 장비, 공구를 사용해야 한다. 도장을 하는 작업장은 항상 깨끗이 유지 관리 되어야 함을 잊지 말자.

1 | 보수도장 설비

자동차 보수 도장의 설비로는 도장실과 연마실, 공압 설비가 있다.

(1) **도장실**(spray booth)

자동차 보수 도장 시 스프레이 건(spray gun)을 이용하여 액체의 도료를 안개모양으로 만들어 도장하고자 하는 부위에 도장할 때 도료의 전체가 도착하지 않고 비산되는 도료가 발생하게 된다. 도착하지 않은 도료는 유기용제로서 인체에 유해하며 비산되는 도료로 인하여 작업의 능률이 덜어지고 대기환경을 오염시키며 인화나 폭발 등의 위험성이 있기 때문에 배기장치가 필요하다. 이러한 이유와 도장을 함에 있어 먼지나 이물질 등이 도장 면

에 부착되어 도장품질이 떨어지는 것을 방지는 목적이 있다. 자동차 보수 도장에 이용하는 스프레이부스(spray booth)는 건식방식의 도장실을 사용하고 있다. 도장실은 항상 깨끗이 유지하여 도장 시 분진이 와서 붙는 것을 방지하고 차량의 입고와 출고, 작업자의 출입을 제외하고는 항상 닫아 놓도록 하여 벌레들이 들어가는 것을 방지한다.

현재에는 유성도료 도장용 도장실과 수용성도료 도장용 도장실 2가지가 있으며 유성용 도장실과 수용성용 도장실의 가장 큰 차이점은 도장실내의 공기흐름이다. 수용성용 도장실의 경우 바람을 이용하여 베이스코트(base coat)를 건조시키기 때문에 공조장치의 모터(motor)마력이 유성용 도장실보다 높아야 한다. 그리고 수용성도장실의 경우 먼지가 도장면에 붙을 경우 제거하는데 어려움이 있기 때문에 정전기 억제장치를 설치해야하고 습도를 조절하기 위하여 습도 조절 장치가 필요로 한다.

자동차 보수도장에서 가장 많이 사용하고 있는 건식 도장실에 대해서 설명하겠다.

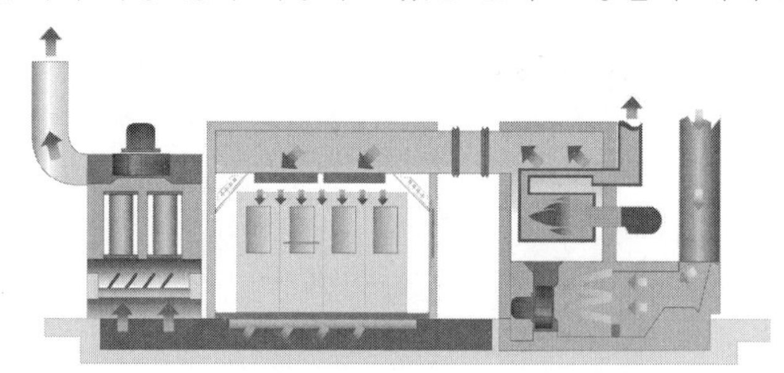

도장부스의 공기흐름도

(2) 구비요건

① 흡기필터는 먼지나 이물질 등이 도막에 붙지 않도록 깨끗한 공기를 공급해야 한다.

② 배기필터는 도장중 발생하는 유기용제나 분진을 포집하고 외부로 유출되는 것을 방지해야 한다.

③ 강제배기는 작업자가 도장중 유해가스와 분진을 흡입하는 것을 방지해야 한다.

④ 도료의 부착성을 높이기 위해서 도장실 내부 공간의 온도는 일정하고 균일한 온도를 확보해야 한다.

⑤ 인화성 물질을 사용하므로 화재방지 기능이 있어야 한다.

⑥ 조명은 분진의 날림으로 오염이 잘 되지 않도록 고려해야 하고, 색상식별이 용이하며 적당한 조도를 확보해야 한다.(600~800Lux, 30 ~ 50W/1m²)

⑦ 각종 필터의 교환이 용이해야 한다.

⑧ 내부공기의 유속은 0.3~0.5m/sec가 되도록 설계한다(도장실의 종류에 따라 조금씩 차이가 있다).

수용성 도장부스의 경우 기존의 부스요건에서 공기의 유량과 유속을 증가시켜 사용해야 합니다. 기존의 도장부스에서 사용하실 때에는 바람을 불어주는 드라이젯(dryjet)을 이용하여 도장 후 도료를 건조시키는 것이 작업시간 단축에 도움이 된다.

※ 수용성 도장실에서 요구되는 사항

기본적인 도장실의 구비요건을 충족시켜야 하고 아래의 요건을 만족시켜야 한다.

- 유속이 빨라야 한다.

  기존의 유성도장실의 유속 평균이 0.3 ~ 0.5m/sec인 것에 비해 수용성 도장실은 2m/sec 정도를 만족해야만 생산성이 증가된다.

- 건조 시 따뜻한 공기를 흘려보내는 장치가 있어야 한다.

  물을 건조시키기 때문에 온도가 높아지면 더욱 더 빨리 건조된다. 또한 겨울철과 같은 경우에는 유성도료는 건조가 늦어지는 반면 수용성도료의 경우에는 빨라지는 특징이 있다.

(3) 도장실의 조건

① 도장실내의 유속

도장실 내의 바람이 상부에서 하부로 내려오는 경우 바닥면에서 1.5m 정도의 높이로 하여 풍속을 측정한다. 또한 도장실내의 공기는 실내의 유동이 상부에서부터 하부로 내려오는 구조이다.

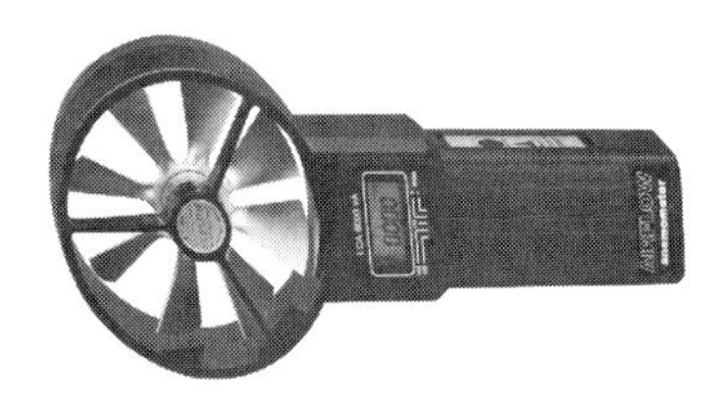

유속측정기구

② 온도 및 습도

도장실 내의 온도나 습도를 조절하기 위하여 냉·난방장치를 갖추고 있어야 한다. 도료는 온도와 습도에 매우 민감하기 때문에 작업 시나 작업 후에 결함이 발생할 수

있어 양호한 도막을 얻는데 도움이 된다.

도장실 내의 온도는 가능한 표준도장온도인 20℃정도에 맞추고 도장하는 것이 좋다. 온도가 올라가면 도료자체의 점도가 묽어지며 겨울철과 같은 경우에는 도료의 점도가 높아지기 때문에 항상 일정한 온도를 유지하는 것이 좋다. 또한 습도의 경우 도료에 수분이 응착할 수 있기 때문에 습도조절기를 이용하여 습도를 항상 75%정도에서 작업을 하도록 하여 결함 발생을 줄여 좋은 품질의 도장면을 만들 수 있도록 해야 한다.

③ 조도

도장실 내의 조도는 일반적으로 제품의 위치에서 측정한다. 최하 600~800 Lux, 30~50 W/m^{2}이며 가능하면 1,000Lux이상 되어야 하고 자연광에 가까운 데일라이트(daylight) 전구를 사용하는 것이 좋다.

아래의 사진과 같이 상단과 허리에 형광등을 위치하게 하여 도장실내의 그늘이 발생하지 않도록 하는 것이 좋다.

도장부스의 내부

도장실 바닥 모습

④ 도장실의 크기

무엇보다도 작업하고자 하는 제품이 들어가서 어떤 부위라도 걸리는 것이 없게 설계되어야 한다. 제품과 벽면과의 거리는 70cm 이상 되어야 하며 가능하면 100cm 정도가 좋다.

대부분의 자동차용 도장실의 경우 4,000(W) × 7,000(L) × 3,300(H) 정도는 되어야 하며 작업의 편의성을 위해서라면 조금 큰 것이 좋다. 현재 자동차들이 대형화 추세이기 때문에 미래를 생각하신다면 약간 큰 제품을 구입하여 설치하는 것을 추천한다.

⑤ 분진 발생 방지

분진은 도장함에 있어 없으면 없을수록 좋다고 할 수 있다. 도장 시에 가능하면 분진의 즉시 배출될 수 있는 구조를 갖추어야 한다.

- **도장실의 내부에 공기가 맴도는 곳이 없어야 한다.**

도장 시에 도장 후 남은 도료인 미스트(mist)가 바닥을 통해 외부로 배출되어야 하는데 도장실의 구석에서 맴도는 경우가 발생한다. 이것을 방지하기 위해서는 작업을 하는 공간에만 배출되는 것보다는 바닥 전체가 배출되는 형태의 도장실을 추천한다. 도장실 제작회사에 따라 천정필터 내부의 공간에 댐퍼(amper)를 설치하여 천정필터 내부의 공기가 입구에서 먼 곳까지 골고루 갈 수 있도록 해준다.

- **도장 시 자동차의 출입이나 작업자의 출입에 외부의 먼지가 내부로 들어가는 것을 방지한다.**

도장실은 외부에 비해서 약간의 (+)압을 가지고 있다. 즉 상부에서 유입되는 공기가 하부에서 배출시키는 공기보다 약간 높다는 것이다. 이 형태가 되어야만 출입문을 열어도 외부의 공기가 도장실 내부로 들어가는 것을 막을 수 있다. 하지만 사용을 하다 보면 배출되는 곳의 필터가 서서히 막히게 되어 배출하는 압력이 약해 질수 있다. 이것을 보안하기 위하여 도장실 제작회사에 따라 내부의 압력을 조정할 수 있는 장치가 설치되어 있는 것도 있으니 설치할 때 참고하자.

- **천정필터는 점성이 있는 것으로 사용한다.**

도장실내의 천정필터는 다른 필터와는 달리 약간의 점성이 있는 제품을 사용한다. 도장 중 발생한 미스트(mist)나 유입되는 공기 중에 포함되어 있는 먼지를 달라붙게 하여 도장 중 도장 면에 묻는 것을 방지할 수 있다. 또한 천정필터를 교환하였을 경우 빈 곳이 없도록 꼼꼼하게 살펴 공기의 유동이 골고루 될 수 있도록 하자.

- **도장실 진동 방지를 위하여 진동을 일으키는 것은 도장실에 부착하지 않는다.**

도장실 내에 진동이 발생하면 도장실 내부에 부착되어 있던 먼지나 이물질 등이 떨어져 도장을 할 때 도장 면에 붙게 되므로 모터를 비롯한 열풍장치는 도장실 케이스에 직접 부착하지 않도록 한다.

⑥ 공기 유입 장치

도장실 내의 온도나 습도를 조정하고 깨끗한 공기를 유입시켜 먼지가 없는 작업공간을 만들기 위해서 필요하다.

- 급기량은 20,000㎥/hr 이상의 제품을 사용한다.
- 흡입되는 공기에 온도와 습도를 제거하기 위하여 가열이나 가습을 통한다.
- 송풍기는 원심송풍기 형식을 많이 사용하며 터보팬(turbo fan)방식과 시로코팬(siroco fan)방식 2가지를 많이 사용하고 있다.

(4) 유지관리

도장실은 항상 깨끗한 상태로 유지 관리되어야 하며 각종 필터류들은 오염정도에 따라 교환주기를 선택해야 한다. 교환 할 경우에는 도장실 제조 메이커에서 요구하는 필터를 이용하여 교체해야 한다.

도장실 내부의 오염방지를 위하여 내부에 비닐을 붙이거나 부스코팅 등을 이용하여 도장실 내부의 오염을 방지하여 도장 시 먼지가 달라붙는 것을 방지하며 내벽에 페인트가 묻더라도 쉽게 제거할 수 있기 때문에 여건이 된다면 사용하는 것이 좋다.

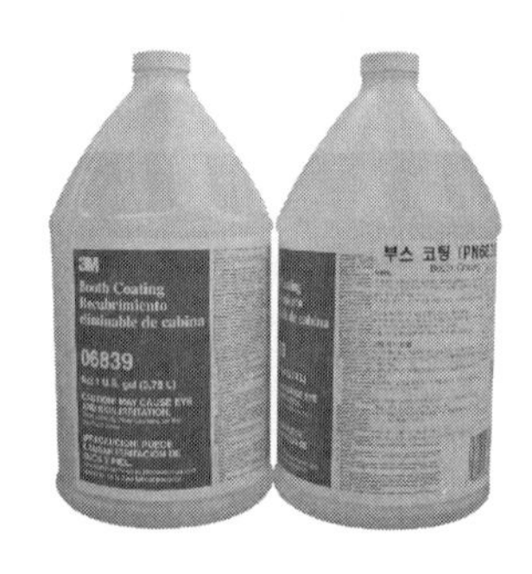

부스코팅

2 | 연마실(sanding room)

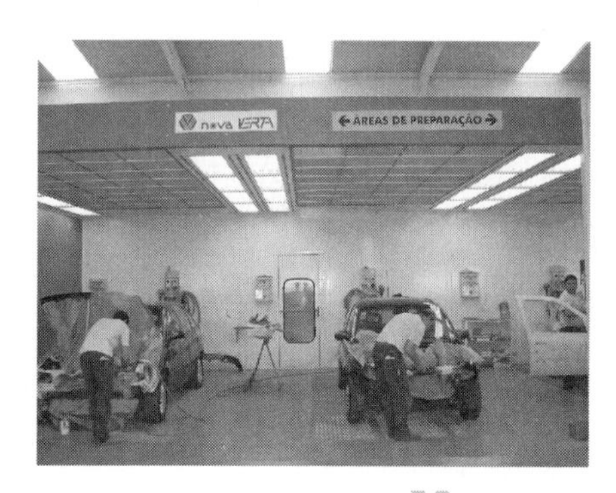

상도도장 하기 전 준비작업장

자동차 보수 도장에서 상도도장을 하기전의 준비작업장이다.

상도도장 전의 하도공정인 퍼티(putty)연마 시의 분진이 작업장에 비산되는 것을 막아주며 중도공정 시의 중도도료의 비산과 중도연마 시의 분진을 포집하여 분진이 없는 깨끗한 작업장을 만들 수 있다.

대부분의 연마실은 개방형 형태를 갖추고 있으며 작업을 할 때 커튼을 닫아서 먼지나 도료가 외부로 날리는 것을 방지하며 바닥에는 그레이팅(grating)으로 되어 있으며 배기송풍기가 설치되어 도장실과는 달리 배기만 있는 형태를 가진다.

하도와 중도를 건조시킬 경우에는 적외선 건조기를 사용하여 건조시킨다. 이때 다음의

적외선 건조기가 설치되어 있는 사진을 참고한다. 또한 다음 사진과 같이 최근에는 연마실 바닥에 리프트를 설치하여 자동차의 하단 부분 연마할 경우 작업자가 힘들게 연마하는 것을 방지하고 작업의 품질을 올리기 위하여 설치하고 있다.

도장실과 연마실

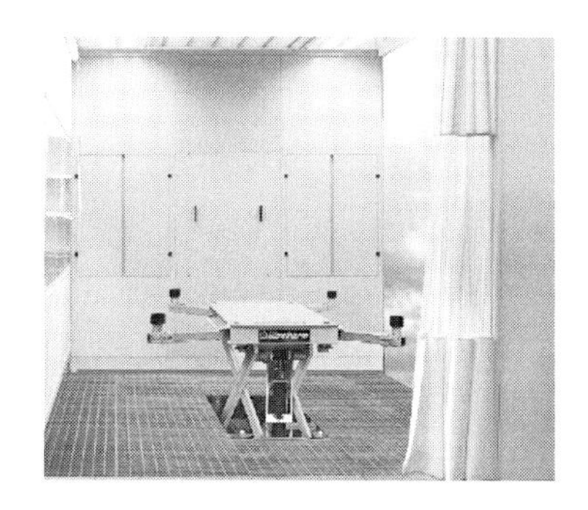

연마실 리프트

3 | 공압설비(air piping)

공기 압축기(air compressor)에서 만들어진 높은 압력의 압축공기를 공압 라인(air line)을 통해 도장 작업장에 보내지게 된다.

이 책에서는 공기압축기의 종류와 특성, 공압 라인에 대해서 설명하겠다.

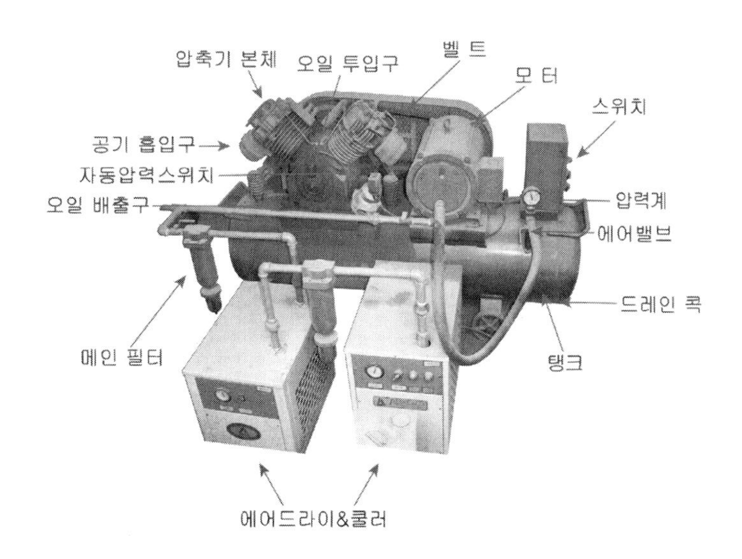

1 공기압축기(air compressor)

공기압축기는 압축 공기를 만들어 공기의 압력으로 도장 작업 시 필요한 장비와 공구를 구동시킬 수 있게 공급하는 장치이다. 공기압축기의 구조는 왕복동식과 회전전식 두 가지가 있다.

공기압축기의 원리는 일정온도에서 기체의 압력과 그 부피는 반비례하여 공기 용적은 작게 된다는 보일의 법칙(Boyle's law)과 공기의 용적은 종류에 관계없이 온도가 1℃ 올라갈 때마다 0℃일 때 부피의 1/273 씩 증가한다는 샤를의 법칙(charles' law)을 이용하여 만들었다.

공기압축기의 하단에 드레인 콕에서 수분이 나오는 원리도 이러한 원리 때문에 생기는 것이다. 대기 중의 공기에 수분이 압축될 때에 에어탱크나 배관 중에서 냉각되기 때문이다. 이러한 수분이나 이물질 등을 제거하여 깨끗한 공기를 내보는 장치가 에어 트랜스포머(air transformer)이며 에어 드라이와 쿨러는 탱크에서 나오는 공기의 온도를 상승, 하강시켜 압축공기 중의 수분을 제거하여 공기배관을 통해 보내지게 된다.

(1) 종류

가장 많이 사용하고 있으며 가격이 저렴한 왕복동식이 있으며 고가이기 때문에 많은 곳에서 사용하지는 않지만 효율이 좋은 회전식이 있다.

① 왕복동식 공기압축기

왕복동하는 피스톤(piston)에 의해 흡입 밸브에서 공기를 실린더(cylinder)안으로 흡입하고 이 공기를 압축하여 토출밸브를 거쳐 탱크(tank)로 보내진다.

피스톤타입 공기압축기

- 1단 공기압축기는 최고 압력이 10kg/㎠ 이하의 제품에 사용되며 그 보다 높은 압력을 사용할 경우에는 2단 압축기를 사용하여 1단 압축된 압축공기를 실린더 사이에서 냉각, 재압축의 공정을 걸쳐 고압의 공기를 만드는 데 사용한다. 압축압력이 10kg/㎠ 이 넘어가면 공기의 온도가 상승하여 압축 효율이 감소하게 된다.
- 실린더의 수는 보통 2기통을 사용하며 V형, W형으로 조합하여 사용하며 토출 공기량 증가에 따라 실린더 수를 늘린다.
- 냉각방식은 수냉식과 공랭식이 있다. 대부분 공랭식을 채택하고 있다.

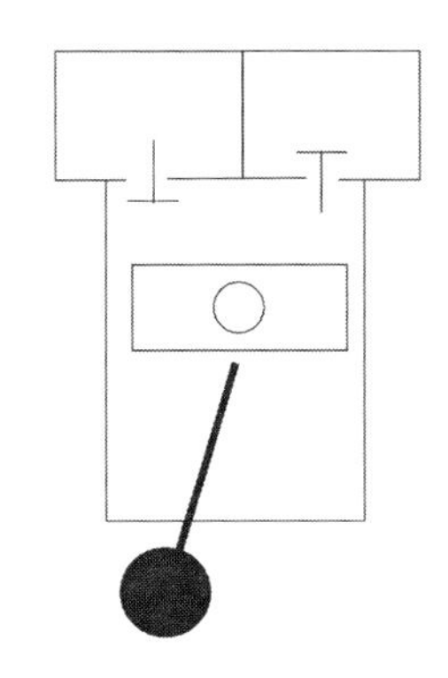

✚ 왕복동식 공기압축기

② 회전식 공기압축기

왕복동식에 비하여 고속화, 소형화가 가능하고 진동도 작게 되어 있으며 그 종류로는 공사용으로 사용되는 가동 날개형과 도장용으로 사용되는 나사형이 있다.

특징으로는 많은 공기를 생산하지만 오일과 오일 수증기가 파이프로 유입된다. 많은 공기를 필요로 하는 사업장에서 사용한다.

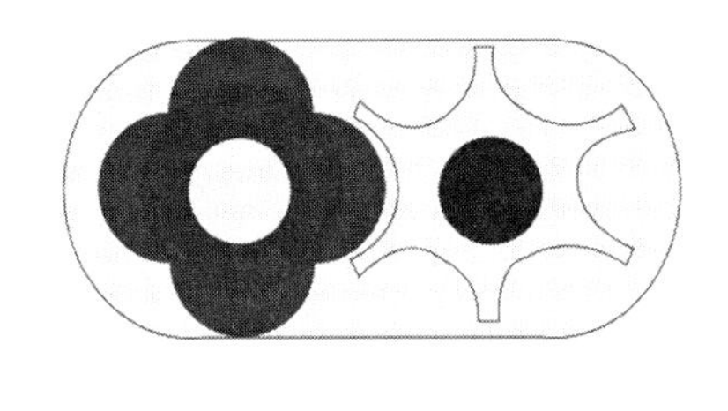

✚ 회전식 공기압축기

✚ 왕복동식공기압축기와 회전식의 비교

종류	설치가격	오일소비량	작동소음	압축효율
왕복동식	저렴하다	적 다	크 다	낮 다
회전식	비싸다	많 다	적 다	높 다

③ **다이어프램식 공기압축기**

생산하는 공기량은 적지만 압축공기내의 오일이 유입되지 않기 때문에 공기를 많이 소모하지 않는 도구사용에 적당하다.

✚ 다이어프램식 공기압축기

(2) 설치장소

① 실내온도는 5~60℃를 유지한다.
② 직사광선을 피하고 환기가 가능해야 한다.
③ 습기나 수분이 없는 장소
④ 수평이고 단단한 바닥에 설치
⑤ 먼지, 오존, 유해가스가 없는 장소
⑥ 방음이고, 보수점검을 위한 공간 확보

(3) 주의사항

① 왕복동식의 경우 V벨트의 중심부를 손으로 눌러 15 ~ 25mm 정도의 장력이 필요하며 V벨트의 장력이 크면 순간 회전할 경우 모터에 무리한 힘이 가해지므로 점검이 필요하다.
② 공기 흡입구의 필터는 주 1회 정도 청소하며 6개월에 한 번씩 교환한다.
③ 실린더에 들어가는 윤활유는 정기적으로 점검하고 교환을 해야 할 경우에는 지정된 윤활유를 사용한다.
④ 실린더 헤드의 방열부는 수시로 청소하여 분진이나 기타 퇴적물로 인하여 방열에 지장이 없도록 한다.
⑤ 하루에 한 번은 꼭 드레인 밸브를 열어 공기탱크 내의 수분을 배출시킨다.

(4) 구조

공기압축기는 모터(motor)의 회전 운동에 의하여 왕복동식의 경우 피스톤(piston)의 왕복운동으로 공기를 압축하고 회전식의 경우 회전을 하면서 공기가 만들어진다. 회전식의 경우 진동이 적은 이유로는 좌우 대칭이 가능하기 때문에 진동이 상쇄된다. 즉 왕복동식의 경우 자동차의 내연기관에서 피스톤이 움직이면서 배기 행정에서 생기는 압력을 깨끗한 공기를 압축시켜 배출시킨다고 이해하며 회전식의 경우에는 방켈기관의 경우를 이해하면 되겠다.

① **흡기구**

외부의 공기를 흡입하여 소음을 줄여주며 불순물과 습기제거하고 실린더로 보내진다.

② **실린더**

공기를 압축하여 공기탱크로 보내진다.

③ **압력제어장치**

- 언로더(unloader) : 규정압력이 되면 자동 언로더가 작동하여 흡입 밸브를 개방한 상태에서 공기압축기를 정지 시킨다. 규정압력 이하가 되면 다시 언로더가 해제되면서 공기압축이 이루어진다.
- 안전밸브 : 공기 탱크 내의 압력이 너무 높아질 경우 안전밸브 내의 스프링을 밀어 올려 공기를 빼는 방법이다.
- 압력 개폐기 : 규정 압력에 도달하면 압력 개폐기가 작동하여 전기를 차단한다.

(5) 공기압축기의 이상원인 조치방법

고장 현상	고장 원인	조치 방법
압력 상승 불량	흡입구 막힘	교 환
	에어밸브 작동불량	교 환
	흡배기밸브 고장	교 환
	압력계 파손	교 환
	압축배관 공기누출	누출부위 교체나 수리
	언로더 작동불량	핸들을 풀어주고 리프트 확인
공기압축기 작동 불량	피스톤 로드 이상	교 환
	크랭크 축 베이링 이상	교 환
	흡 · 배기 밸브 이상	교 환
	피스톤 카본 부착	분해 청소 후 조립
	벨트 중심 이상	벨트는 중심을 잡음
	수평으로 설치 불량	수평을 잡고 고정시킴
	나사의 풀림으로 인한 진동	조 임
공기압축기의 과열	흡기구의 막힘	교 환
	흡 · 배기 밸브 이상	교 환
	크랭크 케이스의 오일 부족	보 충
	실린더 헤드에 먼지 고착	청 소

고장 현상	고장 원인	조치 방법
공기압축기의 압력 저하	시트 부분의 마모	교 환
	언로드 나사의 이완	압력조절나사 조절
압축공기에 기름 혼입	피스톤 링의 마모	교 환
	흡입구 막힘	교 환
	규정량 이상의 윤활유 주유	배출시켜 맞춤

2 공압 배관(air pipe)

공기압축기에서 만들어진 압축공기를 사용하는 작업장까지 도달함에 있어 수분이나 불순물들이 들어가지 않도록 하며 압축공기 내의 수분과 유분을 분리하여 작업하기 충분한 공기와 깨끗한 공기를 공급하기 위하여 적절한 배관을 설계하고 설치해야 한다.

따라서 도장을 하기 위한 압축공기의 조건은

- 먼지와 실리콘이 없는 상태의 깨끗해야 한다.
- 응축액과 기름이 없는 상태의 건조한 공기이여야 한다.
- 사용기구를 구동 시킬 수 있는 지속적이고 일정한 압력을 가져야 한다.
- 기구마다의 성능을 발휘할 수 있도록 충분한 공기량을 유지해야 한다.

이러한 요건을 만족시켜주지 못할 때 작업면의 결함이나 작업자의 스트레스, 불량제거를 위한 시간낭비 및 재료의 사용 등이 발생할 수 있기 때문에 항상 압축공기를 유지 관리해야 한다.

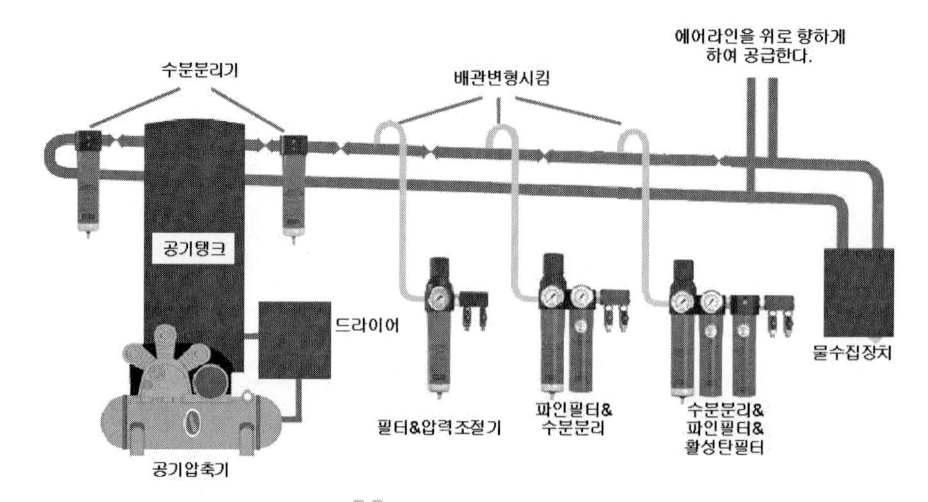

에어라인 설치도

압축공기 배관의 설치 시 다음의 사항을 만족시켜야 한다.

① 공압 배관은 공기 흐름 방향으로 1/100정도의 기울기로 설치한다.

② 주배관의 끝부분은 오염물 배출이 용이한 드레인 밸브를 설치한다.

③ 이음은 적게 하고, 공기압축기와 배관의 연결은 플렉시블 호스로 연결하여 진동에 의한 손상을 방지한다.

④ 배관의 중간에 사용하는 기기에 적합한 감압밸브나 에어트랜스포머(air transformer)를 설치한다.

④ 배관의 지름을 여유 있게 하여 압력저하에 대비한다.

⑤ 냉각효율이 좋아야 한다.

(1) 주변기기

공기압축기실

① 에어쿨러(air cooler)

공기압축기에서 만들어진 압축공기는 고온으로 공기 중에 수분을 많이 들어가 있게 된다. 수분의 양은 온도가 올라갈수록 증가하게 되기 때문에 고온의 압축공기를 -20℃까지 급격히 냉각하여 수분을 제거한다.

② 에어드라이(air dry)

에어쿨러에서 나온 차가운 압축공기를 직접 공압라인을 통해서 공급하면 관내나 외부에 이슬이 맺히게 되기 때문에 차가운 압축공기를 다시 상온으로 만들어 수분이 제거된 압축공기를 공급하게 된다.

③ 에어 트랜스포머(air transformer)

에어드라이에서 보내진 압축공기가 공급되면서 다시 수분이 생기고 유분이 함유되어 있기 때문에 수분이나 유분을 제거하기 위하여 공압라인의 마지막에 플렉시블 호스(flexible hose)를 장착하는 말단에 설치하게 된다. 몸체의 하단에 드레인 콕을 열어 에어트랜스포머내부의 수분과 유분을 배출시킨다.

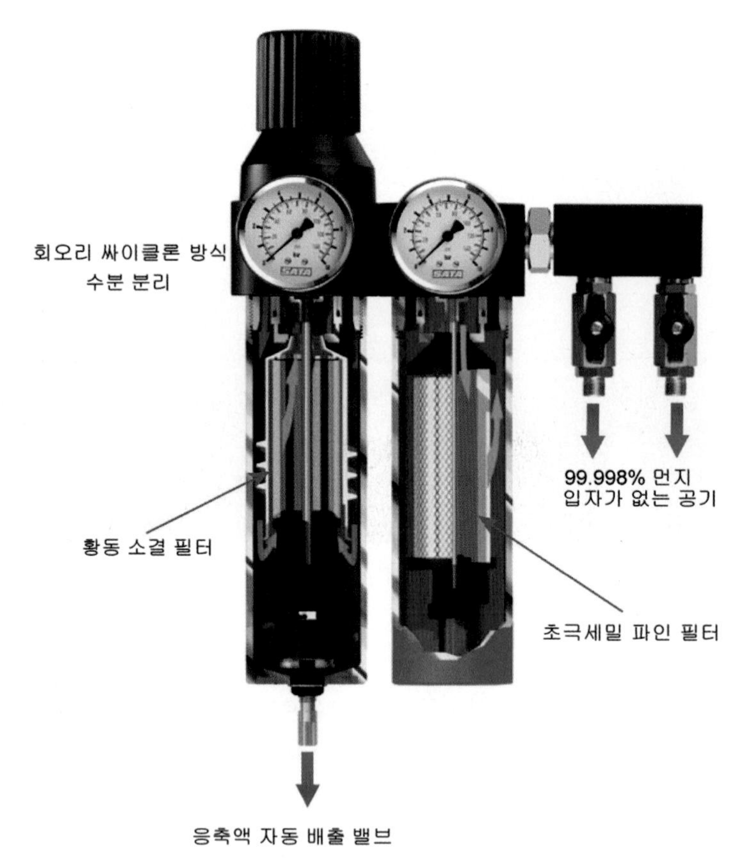

에어트랜스포머 구조

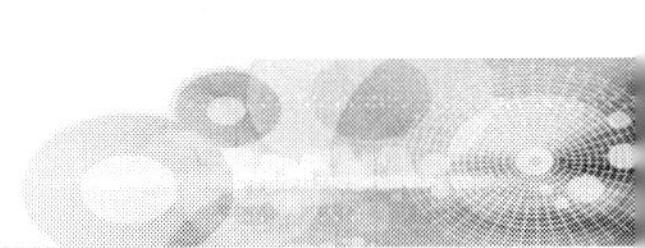

3 압축공기의 관내에서의 문제점

- 압축 공기 탱크의 불충분한 작동으로 인하여 압력이 요동친다.
- 압축 공기 라인의 직경이 너무 좁다.
- 공기 건조기 쪽으로 메인 경사가 없고 배출관의 목변형을 하지 않았다.
- 적합한 필터를 사용하지 않고 필터의 수가 적기 때문이다.

4 | 기타 장비 및 공구

(1) 스프레이건 세척기

스프레이건을 사용 후 깨끗이 세척해 두어 차후 작업에 스프레이건의 사용 시 무화가 잘 될 수 있도록 세척해주는 장비이다.

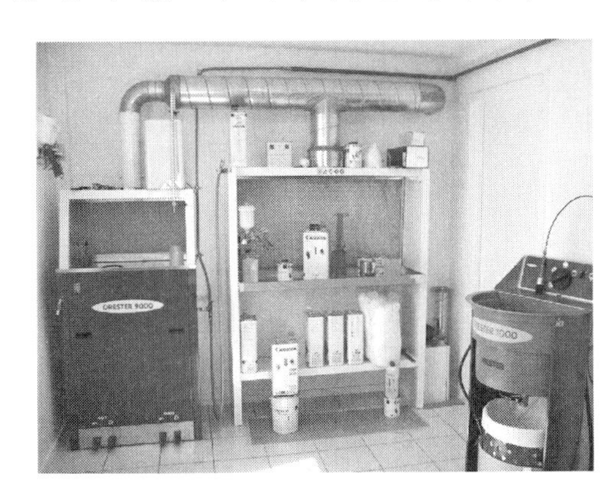

(2) 폐신너 재생기

오염된 신너를 재생시키며 신품의 신너와 같이 깨끗한 신너를 기대할 수 없기 때문에 도료에 첨가하여 도장작업을 하지 않는 범위에서는 보통 신너와 같이 사용가능하다.

(3) 신너 디스펜서

신너를 사용 시 편리하도록 되어 있다.

(4) 페인트쉐이커

도료를 사용하지 않고 오랜 기간 방치 하였다가 쓸 경우 안료가 바닥에 가라앉아 있기 때문에 교반봉을 이용하여 교반하기가 곤란한 경우가 있다. 이런 경우 쉐이커에 장착하여 약 5분정도 교반 후 리드기를 부착해서 사용하면 작업능률이 향상된다.

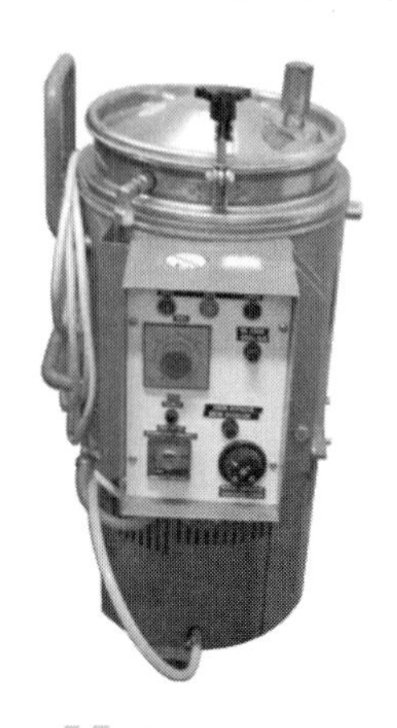

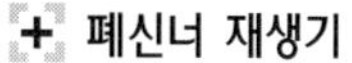
폐신너 재생기

신너 디스펜서

페인트 쉐이커

(5) 패널 거치대(jig)

교환하는 부품의 경우 패널을 거치해야 할 경우 사용한다.

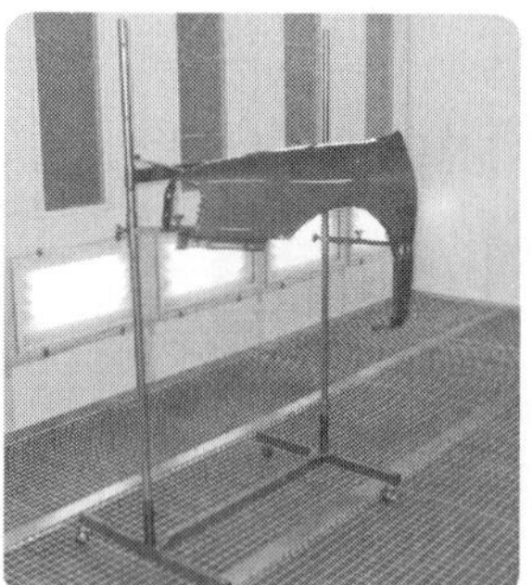

5 | 공정별 사용 장비 및 공구

자동차 보수 도장 작업을 할 경우 스프레이건, 샌더기, 건조기와 같이 모든 공정에 사용하는 대표적인 공구가 있으며 해당 공정에서만 사용하는 장비, 공구가 있기 때문에 이 책에서는 대표적인 공구와 공정별 사용하는 장비, 공구에 대해서 설명하겠다.

대표적인 공구

1 스프레이 건(spray gun)

스프레이 건을 선택할 경우 선택기준으로는 어떠한 도료를 사용할 것인가? 공기압축기의 압축공기량, 작업방식이나 습관에 따라 스프레이건을 선택하여 사용한다.

도장 작업에 매우 중요한 공구로서 구조가 정밀하기 때문에 취급에 주의해야 한다.

사용 후 항상 신품과 같이 내 · 외부를 깨끗이 세척하여 둔다.

중력식 스프레이건

흡상식 스프레이건

(1) 종류

① 도료 공급방식에 따른 분류

	특 징	장 점	단 점
중력식	도료 용기가 노즐 위에 위치되어 있다.	적은 양의 도료도 사용 사용 후 처리가 용이하고 가볍다.	컵 용량이 적어 넓은 면적 도장에 부적합하다.
흡상식	도료 용기가 아래에 위치되어 있고 압력차에 의해서 도료 공급	중력식에 비해 도료 컵이 크고 큰 면적에 유리하다.	중력식에 비해서 무겁고, 도료 용기의 바닥의 도료는 도장할 수 없고, 건의 세척이 어렵다.

※ **압송식** : 넓은 부위 작업에 적합하고, 점도가 높은 도료 작업에 유리하지만 도료의 보충과 색상 교체시 세척 시간이 이 소비된다.

② 건의 구경에 따른 분류

	구　경	특　징
상도용	1.3 ~ 1.7mm	균일하고 얇은 도막을 얻을 수 있다.
중 · 하도용	1.7 ~ 2.5mm	두꺼운 도막이 필요한 경우 사용

③ 패턴에 따른 분류

	특　징	적용 도료
튤립형	미립화가 좋고 도막이 매끄럽다.	2액형 우레탄수지 도료 (건조가 늦은 메탈릭 등의 도료에 적합)
세미 튤립형	튤립형보다 약간 두꺼운 도막	2액형 우레탄 수지 도료 (솔리드도료와 클리어 도장에 적합)
스트레이트형	건조가 빠르고 비교적 두꺼운 도막	하도 도장에 적합

(2) 구조

① 흡상식 건

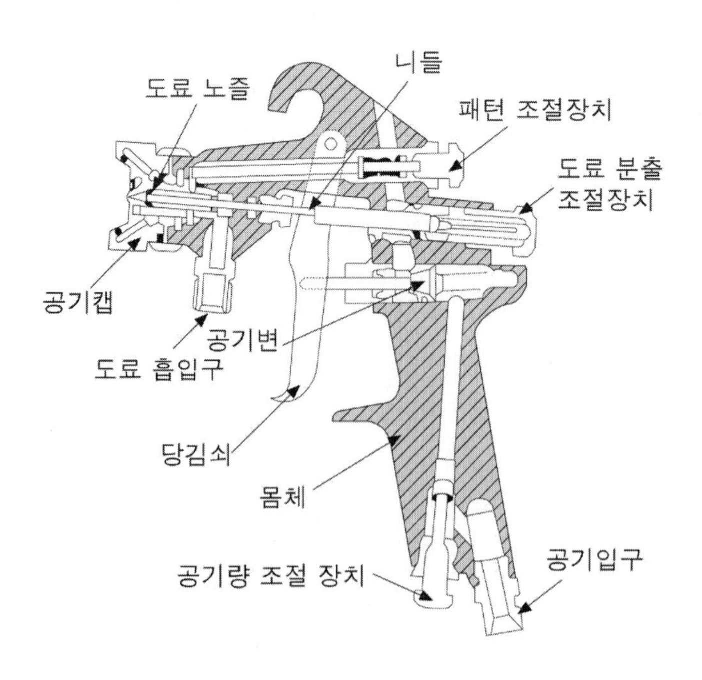

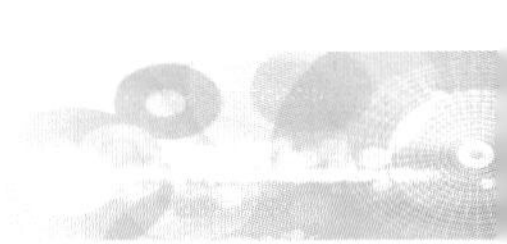

② 중력식 건

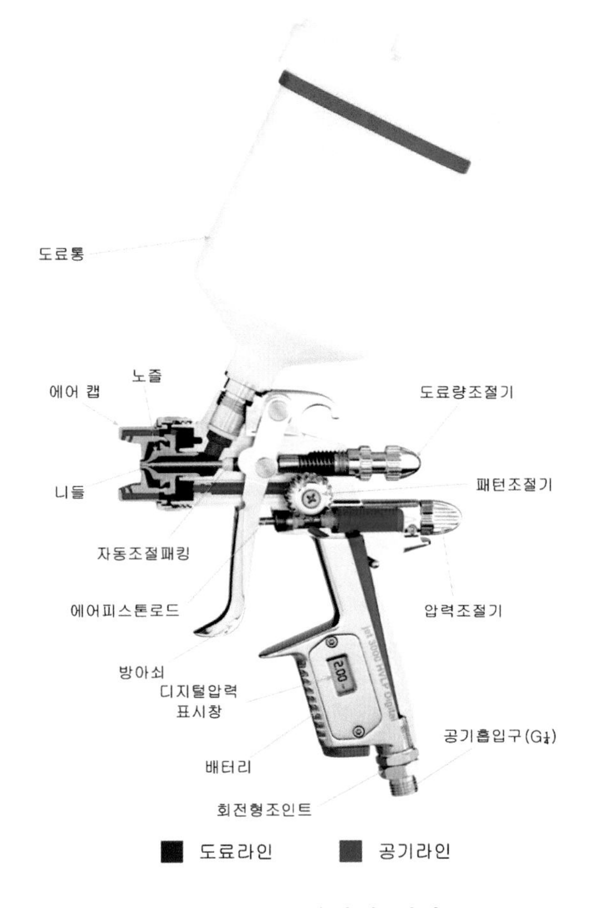

- 도료 노즐 : 도료 통로와 공기 통로로 구성되어 있다.
- 공기 캡 : 중심 공기 구멍, 측면 공기 구멍, 보조 공기 구멍으로 구성되어 있다.
- 조절부 : 공기량 조절 장치, 도료 분출량 조절 장치, 패턴 조절 장치로 구성되어 있다.

(3) 고장원인 및 대책

현 상	원 인	대 책
도료 토출의 불규칙	① 도료 통로로 공기유입 ② 도료 조인트의 풀림, 파손 ③ 도료의 점도가 높다 ④ 도료 통로의 막힘 ⑤ 니들 조정 패킹의 파손, 풀림	① 도료 통로로 유입공기 차단 ② 조이고 교환한다 ③ 신너를 희석하여 점도 유지 ④ 분해 세척한다. ⑤ 교환 또는 조인다.

현 상	원 인	대 책
패턴 불완전	① 공기 캡, 도료 노즐 이물질 ② 공기 캡, 도료 노즐 흠 발생	① 이물질 제거 ② 교환한다.
패턴 치우침	① 공기 캡과 도료 노즐과의 간격에 부분적으로 도료가 고착 ② 공기 캡이 느슨해졌다 ③ 공기 캡과 도료 노즐의 변형	① 이물질 제거 ② 조인다 ③ 교환
패턴의 상하부 치우침	① 부분 압력이 높다 ② 도료 점도가 낮다 ③ 도료 분출량이 적다	① 적정압력으로 조정 ② 도료첨가로 점도를 높인다 ③ 분출량을 많게 한다
분무화 불충분	① 도료 점도가 지나치게 높다 ② 도료 분출량이 많다	① 신너를 희석 ② 분출량 조절

① 노즐을 교체해야 할 경우 공기캡과 노즐, 니들을 같이 교체해야 한다.

② 사용에 따른 스프레이건의 종류 참고

- 왼쪽부터 수용성 스프레이건으로 노즐지름(WSB), 중앙 베이스코트 전용건(1.4mm HVLP), 오른쪽 클리어코트나 다목적용 건(1.3mm RP)
- 노즐 지름이 크면 클수록 같은 시간동안 많은 량의 도료를 흘려보낸다.

(4) 저압식 스프레이건

HVLP 방식과 RP 방식이 있다.

현재 자동차 보수도장 현장에서 HVLP 방식은 중도, 상도(베이스코트)에 사용하며 특히 상도 베이스 코트 도장 전용 건으로 사용하며 RP 방식은 클리어코트 전용 건으로 사용되고 있다. 대용량 공장이나 페인트를 절감하기 위해서는 HVLP 방식이 좋으며 공기압축기의 용량이 작거나 규모가 작은 곳은 RP 방식의 건을 추천한다.

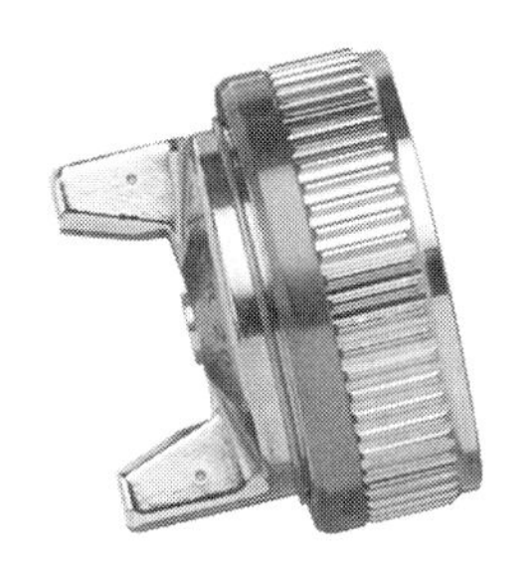

HVLP 방식

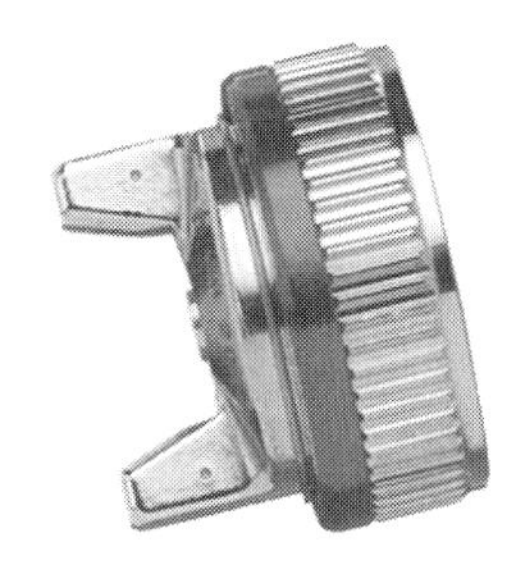

RP 방식

〈 특징 〉

- 공기유속이 늦어서 도장 면에 도료가 닿고 되돌아오는 것이 적다.
- 토착효율이 높아서 환경선진국 법적한계 전달효율이 65%이상이다.
- 작업자에게 유기용제의 노출을 줄이고 재료의 절감을 할 수 있다.

① HVLP (high volume low pressure)

현재 생산라인에서 하는 도장 방법으로 벨(bell)도장을 한다. 벨도장의 장점은 도료의 도착효율을 증가하여 도료의 사용량을 줄이고 필터의 수명을 연장하여 결국 대기환경 오염을 방지하는 도장방법이지만 자동차 보수 도장에서는 사용하기가 어려워 벨도장과 유사한 HVLP 방식의 스프레이건을 개발하였다.

스프레이 도장 시 무화(atomization)된 도료가 일반적인 스프레이건의 경우 높은 압력으로 인하여 도장 면에 붙지 못하고 리바운드(rebound)나 오버 스프레이(over spray) 되는 것을 줄이기 위해 유입 된 2bar 압력을 에어캡에서는 0.7bar까지 떨어뜨려 도료가 비산되는 것을 방지하는 스프레이방식이며 공기압축기의 압축공기를 430 ℓ 정도 소모하기 때문에 용량이 큰 공기압축기가 필요한 단점이 있다.

토출 되는 압력이 줄어들면 무화가 잘 되지 않기 때문에 충분한 공기를 공급시켜 무화가 이루어지도록 한다.

일반적인 스프레이건의 도착효율이 35 ~ 40%정도이고, 에어레스(airless)스프레이

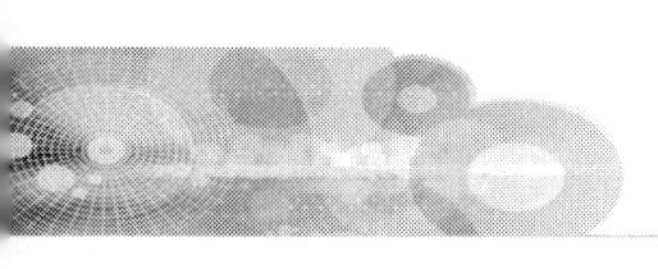

의 경우 약 35 ~ 55%인 것에 비해 HVLP 방식의 스프레이건의 도착효율은 65%이상으로 환경 친화적이며 일반적인 스프레이건 도장법으로 도장할 경우 제대로 도장되지 않으며 결함이 발생하게 된다(흐름, 핀홀, 광택감소 등). 따라서 HVLP 방식의 건은 유입되는 공기압력을 최대 2bar이다.

〈 특징 〉

- 높은 점도의 도료나 넓은 부위를 작업 할 경우 일반적인 스프레이건에 비해 도장면이 거칠다.
- 오버스프레이가 적어 도착효율이 증가하여 낭비되는 도료를 줄일 수 있다.
- 오버스프레이가 적어 작업자를 보호할 수 있다.
- 도장실의 필터 교환 주기를 늘릴 수 있다.
- 환경오염이 감소된다.

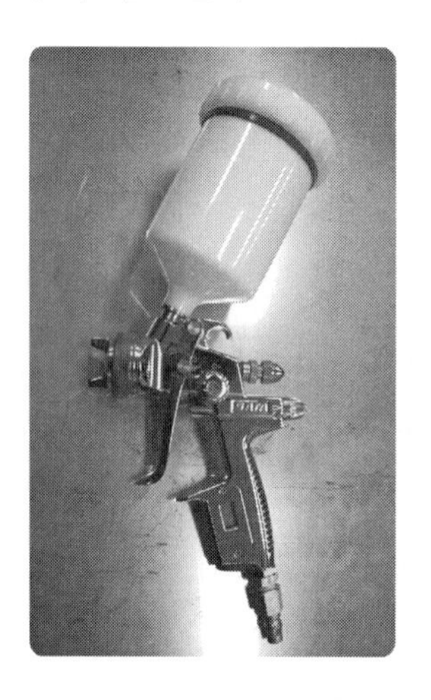

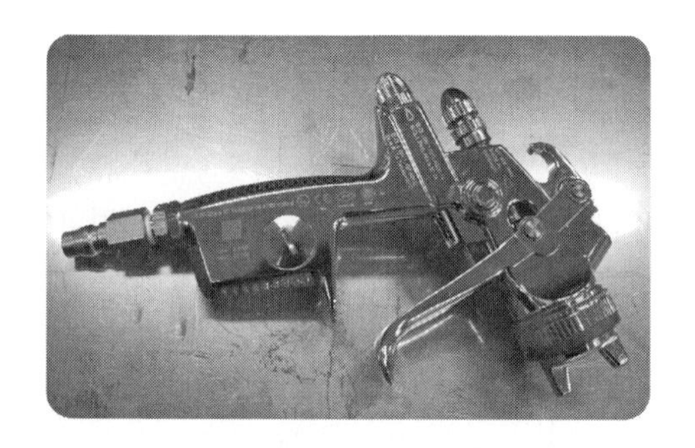

뒷면을 보면 스프레이건에 대한 내용들이 있다.

SATA HVLP 3000	
에어 인입 압력	2bar
에어소모량	430ℓ / min
스프레이거리	13 ~ 21cm

※ 상기 기술사양은 메이커에서 추천하는 사양이며 실제 작업에서는 스프레이거리가 변동될 수 있습니다.

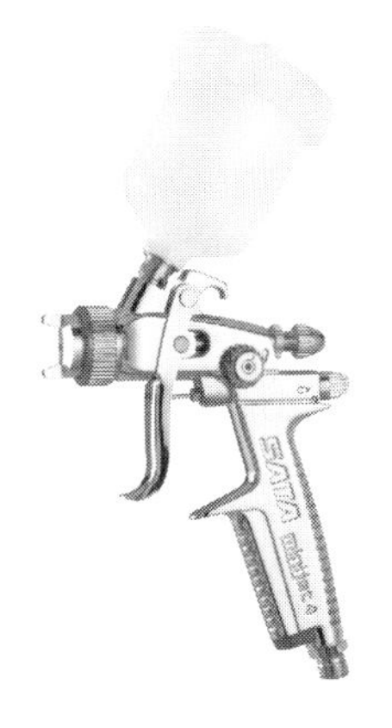

SATA minijet HVLP	
에어 인입 압력	2.bar
에어소모량	115ℓ /min
스프레이거리	12~15cm

※ 상기 기술사양은 메이커에서 추천하는 사양이며 실제 작업에서는 스프레이 거리가 변동될 수 있습니다.

부분도장이나 그래픽 작업 용 스프레이건으로 일반적인 스프레이건에 비해 크기가 적으며 오버스프레이가 적은 특징이 있다. 건의 크기가 소형이기 때문에 손이 닿기 어려운 부분도 쉽게 도장할 수 있다.

◆ 수용성 도료 도장 전용 스프레이건

유성도료 도장용 건에 비해 노즐 지름이 가늘고(WSB 1.27mm정도) 녹이 잘 생기지 않는다.

② RP(reduced pressure)

HVLP건 방식과 일반적인 스프레이 건의 중간정도의 압력으로 도장하는 스프레이방식이다. 이 방식의 경우 압력을 일반적인 스프레이건에 비해 압력을 적당히 낮추어 사용하게 된다. 일반적인 스프레이 건의 경우 일반적인 사용압력이 4bar 이상에서 사용하지만 RP 방식의 경우 최대 2.5 bar 정도의 압력을 사용한다. 분당 280ℓ의 공기가 필요하며 2bar의 압력이 유입되면 토출되는 압축 공기는 1.7~1.8bar 정도로 감소된 압

력으로 토출된다.

HVLP 건 방식의 오렌지 필(orange feel)이 발생하는 것을 방지하기 위하고 대기환경오염도 방지하고자 출시된 방식이다.

HVLP 건의 경우 클리어(clear)를 도장할 경우 오렌지 필이 심하기 때문에 현재 현장에서는 베이스코트(base coat) 도장할 경우에만 사용한다. 하지만 RP 방식의 건의 경우 도착효율에만 치중하는 HVLP건을 보안하여 오렌지 필이 발생하는 것을 줄이고 클리어를 도장할 경우에도 사용 가능 하도록 설계되어 있다.

뒷면을 보면 스프레이건에 대한 내용들이 있다.

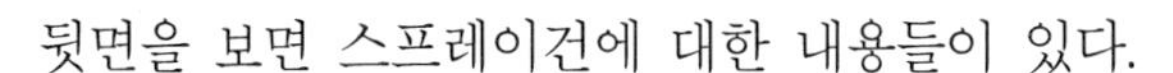

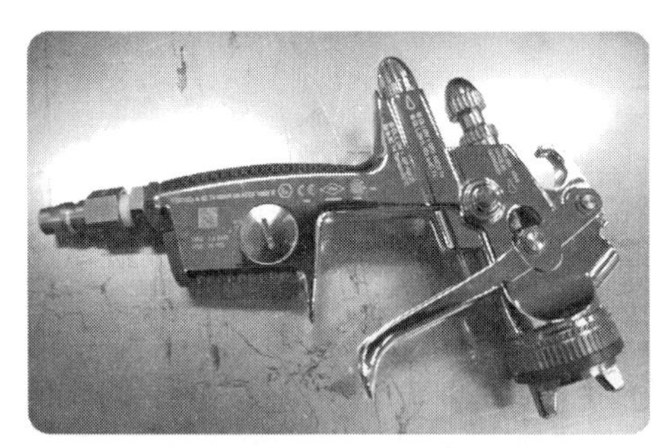

SATA RP 3000	
에어 인입 압력	2.5 bar
에어 소모량	295ℓ / min
스프레이 거리	18~23cm

※ 상기 기술사양은 메이커에서 추천하는 사양이며 실제 작업에서는 스프레이거리가 변동될 수 있습니다.

◆ 작업에 따른 노즐크기

SATA jet 3000 HVLP	
노즐지름	사 용 부 분
1.0	부분도장
1.2	베이스코트
1.3	베이스 / 클리어코트
1.4	클리어코트
1.5	베이스 / 클리어코트, 솔리드우레탄도료
1.7	포드컵 No.4 26초 이상의 도료
1.9	
2.2	

SATA jet 3000 RP	
노즐지름	사 용 부 분
1.0	부분도장
1.2	베이스코트
1.3	베이스/클리어코트, 솔리드우레탄도료
1.4	
1.6	점도가 높은도료
1.8	
2.0	
2.5	구조물 도장

SATA minijet 3000 HVLP	
노즐지름	사 용 부 분
0.3	디자인작업
0.5	디자인 작업 및 도자기 작업
0.8	도자기 작업 및 베이스 / 클리어코트
1.0	베이스 / 클리어코트 및 좁은 표면도장
1.1	수용성 도료 및 좁은 표면도장
SR노즐 0.8 1.0 1.2 1.4	부분도장 및 좁은 표면 도장

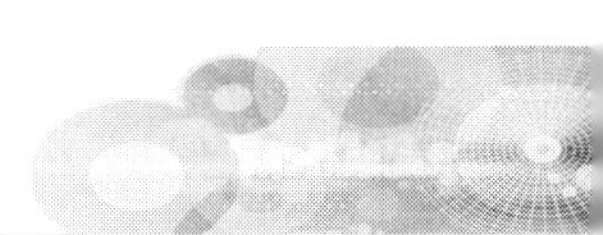

※ 디지털게이지 스프레이건 사용시 주의사항

- 신너에 담그거나 필요 시간 이상으로 길게 세척하지 않는다.
- 건 세척기에 장기간 저장하지 않는다.
- 초음파 세척기를 사용하여 세척하지 않는다.
- 정면의 디스플레이 유리부분을 열지 않는다.
- 떨어뜨리거나 날카로운 도구를 이용하여 유리부분을 세척하지 않는다.
- 배터리 교환 시 정품의 배터리와 씰링, 리드를 사용한다.

2 샌더(sander)

(1) 용도에 따른 분류

① 디스크 샌더(disk sander)

자동차 보수 도장에서 판금 정형 후 구도막의 박리와 녹 제거를 하기 위하여 하는 작업으로 사용하는 샌더로서 전기식과 에어식이 있으며 저속에서 연마력이 강하다.

- 연마력이 강하므로 구 도막 제거, 녹 제거 등에 사용한다.
- 패드형상 : 원형
- 운동방식 : 모터의 회전이 패드로 그대로 전달된다.
- 약간 기울여서 바깥부분으로 연마한다.
- 스월마크가 일정하게 나온다.
- 딱딱한 패드를 사용한다.

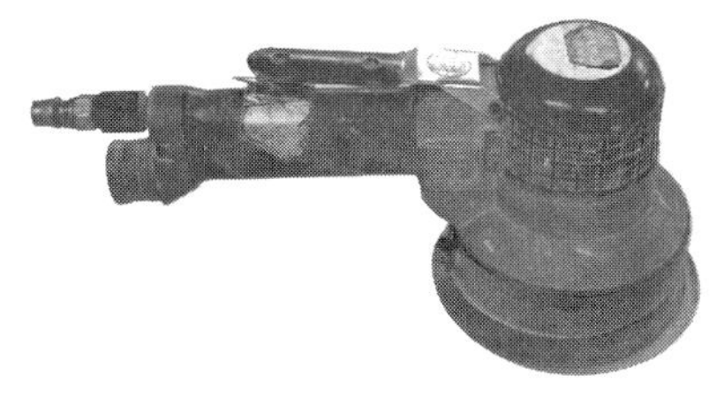

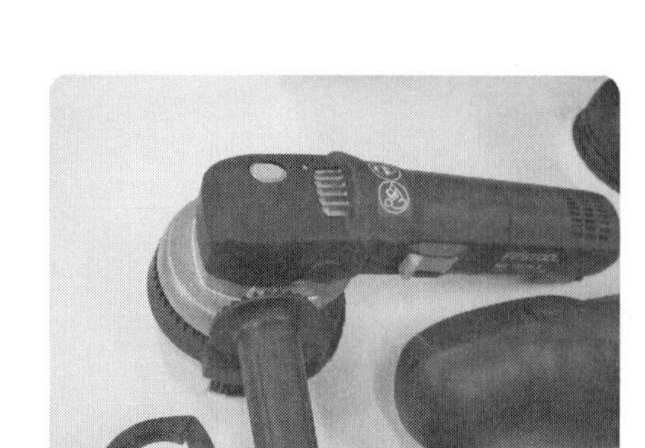

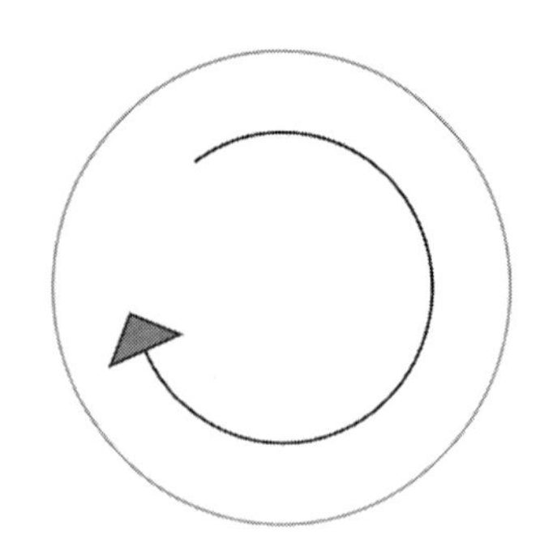

② **더블액션 샌더(dual action sander)**

싱글액션 샌더의 단순 원운동으로 연마되지만 더블액션 샌더는 이중 회전을 하면서 연마를 한다. 샌더 패드의 회전축이 중심에서 어긋나 있어 이중 회전하는 샌더기이다. 오버다이어(샌더기의 중심축과 패드의 중심이 어긋난 거리)가 크면 클수록 연삭력이 좋아지지만 표면이 거칠게 된다. 중도연마 할 경우 3mm 정도를 사용하며 퍼티는 5 ~ 7mm 정도를 사용한다. 또한 광택공정에서 인터베이스 패드를 부착하여 P1,200 ~ 1,500 연마지를 이용하여 칼라 샌딩을 할 때도 사용되고 있다.

- 퍼티연마나 단 낮추기에 사용한다.
- 패드형상 : 원형
- 운동방식 : 편심축을 사용한다(오버다이어 : 중심축과 패드중심과의 어긋난 거리이며 오버다이어가 크면 클수록 연삭력이 좋아진다).

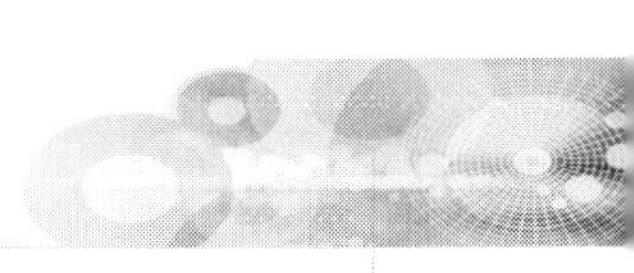

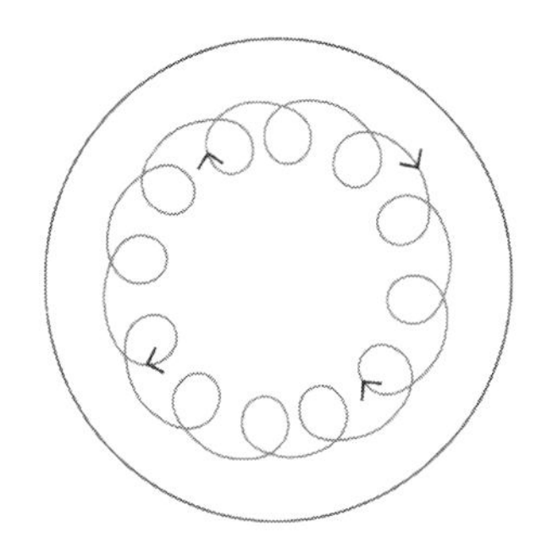

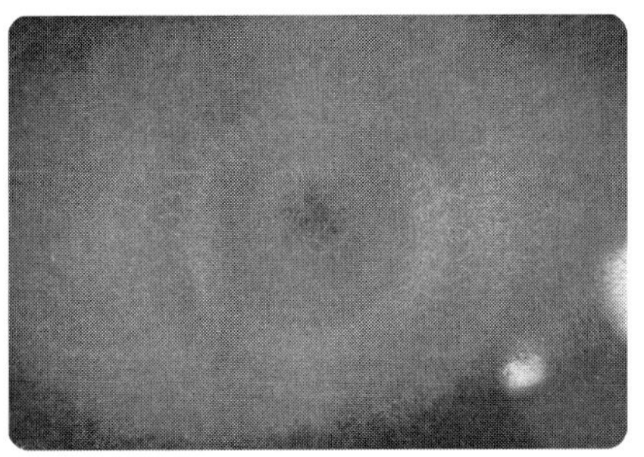

③ 기어액션 샌더(gear action sander)

더블액션 샌더는 연마면 쪽으로 많은 힘을 주면 회전력이 감소하지만 기어액션 샌더는 힘을 주어도 회전속도가 일정한 장점이 있다.

- 연마력과 작업속도가 빠르다.
- 더블액션 샌더의 연삭력을 높이기 위해서 강한 힘을 주면 회전을 하지 못하는 것을 보완한 연마기(저속회전운동)
- 현재에는 오버다이어를 조정할 수 있도록 만들어진 제품도 있다.

+ 오버다이어 조정 가능 샌더

④ 오비털 샌더(orbital action sander)

패드가 사각형이며 패드는 타원형으로 움직인다. 평편한 넓은 면을 연마 할 경우 좋지만 연삭력이 약한 단점이 있다.

- 대부분이 사각형이고 패드가 넓다.
- 연삭력은 약하지만 패드가 사각형이고, 평면연마에 적합
- 구도막의 가장자리 연마에 사용

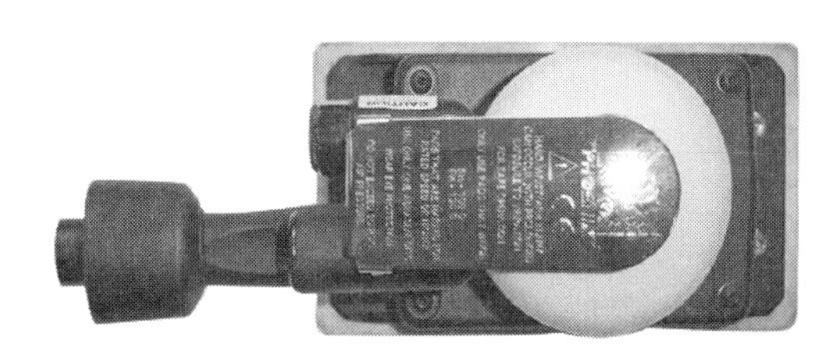

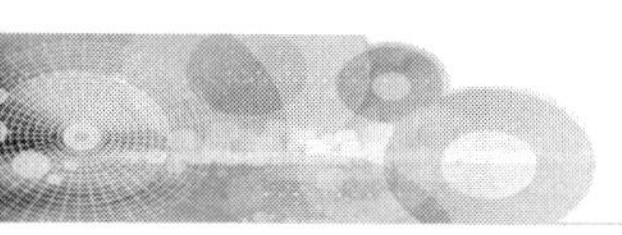

⑤ **스트레이트 샌더**

- 작은 요철제거에 적합

⑥ **샌더기 사용 방법**

- 연마 도장 면에 수평으로 유지한다.
- 샌더기를 도장 면 쪽으로 힘을 주지 않고 가볍게 쥐고 연마한다.
- 회전수를 줄여서 사용한다.
- 굴곡 부위나 프레스 라인은 사용을 하지 않는다.
- 가장자리 연마 시에 회전수를 줄여 연마하고 가능하면 손 연마를 하는 것이 좋다.

⑦ **건식연마(dry sanding) VS 습식연마(water sanding)**

구 분	건식연마	습식연마
작업성	양호	보통
연마상태	매끈한 마무리	거친 마무리
연마속도	빠르다	늦다
연마지 사용량	많다	적다
먼지발생	있다	없다
결점	분진의 흡입을 위해 집진장치의 필요	연마 중 사용한 물을 완전 건조시켜야 함
현재 작업 추세	많이 사용하고 있다	점차 줄어들고 있다

(2) 샌더용 패드의 종류

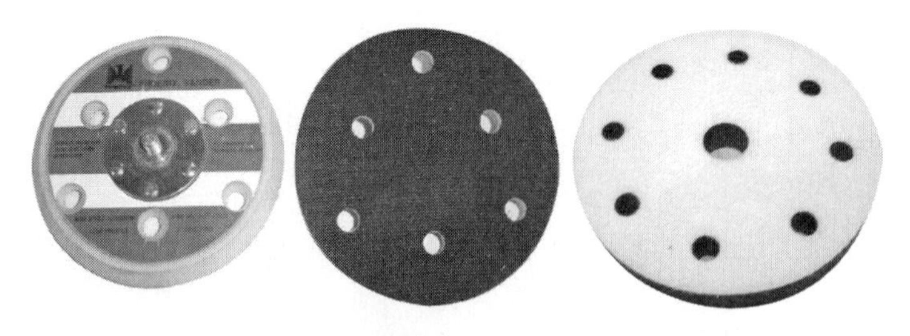

인터페이스패드(중간패드)

딱딱한 패드, 부드러운 패드, 인터페이스패드가 있으며 디스크의 크기는 5인치, 6인치가 주로 사용되고 있다.

딱딱한 패드는 싱글액션 샌더, 더블액션샌더를 사용하여 구도막을 박리하거나 퍼티면의

평활성을 확보하기위하여 사용하며 패드가 딱딱하기 때문에 요철을 타고 넘지 못하고 깎아 편평한 면을 만들기가 용이하다.

연질의 소프트한 패드는 더블액션샌더의 마무리용으로 사용되며 요철을 타고 넘기 때문에 중도연마와 칼라 샌딩에 적합하다.

마지막으로 인터페이스 패드는 소프트한 재질의 패드에 중간패드를 하나 더 붙여 사용함으로서 패널의 굴곡이나 프레스라인이 한 번에 박리되는 것을 방지하기 위하여 사용된다.

3 흡진기

연마작업시의 연마분진을 집진하여 분진이 비산하는 것을 방지한다.

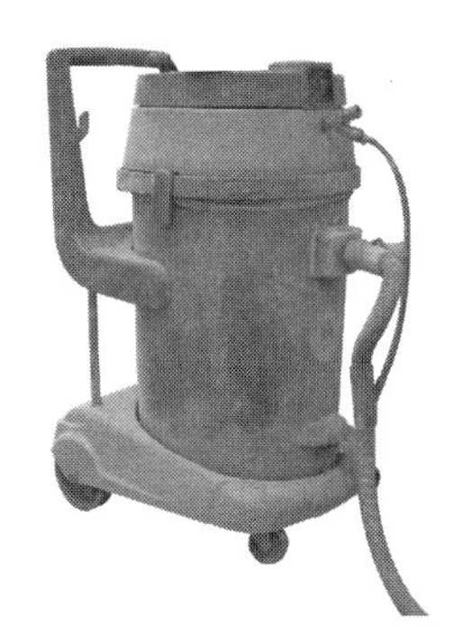

4 건조기(dryer)

자동차 보수 도장용 도료는 자연 건조를 시키는 도료보다는 우레탄 결합을 일으켜 경화 반응에 의해 건조되는 도료가 대부분이다. 경화 반응은 앞에서 다루었듯이 온도가 올라가면 이소시아네이트의 반응을 촉진시켜 빨리 건조되게 된다. 이러한 이류로 자연 건조를 하면 건조시간이 너무 오랜 시간이 걸리기 때문에 가열건조를 시킨다. 가장 많이 사용하는 방식으로 석유계 연료를 사용하여 온도를 상승시키는 열풍대류형과 전기를 이용하여 건조시키는 적외선 건조기가 있다.

+ 적외선 건조기로 중도를 건조하고 있는 모습

(1) 열풍대류형 건조기

등유를 열원으로 하여 버너의 불꽃 등으로 가열한다. 집중적인 가열보다는 넓은 범위로 퍼지는 특징이 있다.

(2) 적외선 건조기

열효율이 좋고 건조속도가 빠르며 취급이 용이하고 화재의 위험이 적기 때문에 소규모 건조를 하는 공장에서 사용한다. 적외선에는 근적외선에서 원적외선까지 있으며 근적외선은 적외선전구를 사용하여 열을 발생시키고 원적외선의 경우에는 반사소자를 열원으로 사용한다.

파장의 길이에 따라 근적외선(0.8 ~ 2㎛), 중적외선(2 ~ 4㎛), 원적외선(4㎛ 이상)으로 분류되며 램프의 숫자에 따라 건조부위가 커지므로 작업에 맞게 사용하도록 한다. 근 · 중적외선의 경우 흰색광이 나오지만 흰색광의 파장이 안정성에 좋지 않기 때문에 대부분의 램프에 루비를 코팅하여 붉은 빛을 발산하게 된다.

근적외선의 경우 처음에 의료용으로 사용되었다. 하지만 원적외선의 경우 파장이 길기 때문에 침투가 되지 않는다. 근적외선의 파장이 짧기 때문에 인체의 외부보다는 내부의 기관 등을 치료의 목적으로 사용하였다. 이러한 원리 때문에 자동차 보수 도장에서 도료의 건조 시에 사용하게 되었다. 자동차 보수 도장의 경우 도막이 건조 될 경우 내부의 온도를 상승시키고 외부는 열을 이용하여 내부와 외부를 복합적으로 건조시켜 도장결함을 방지할 수 있어 사용하게 되었다.

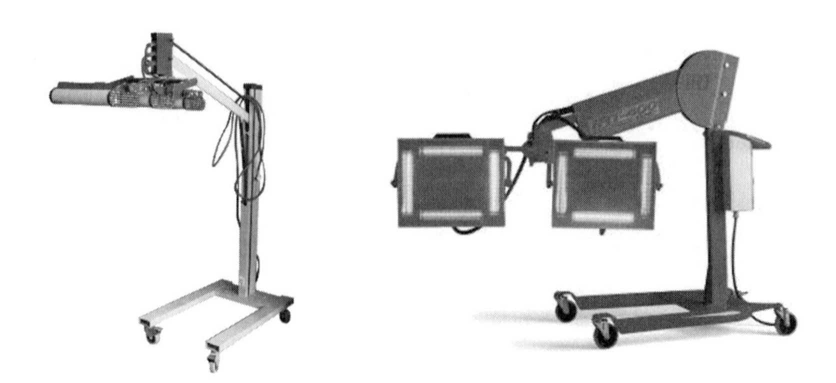

① **근적외선 건조기**

가장 짧은 파장으로 전원을 공급하면 붉은 빛을 발산하며 조사각도를 피도체와 직각으로 배치하는 것이 좋다. 온도가 급격히 상승하기 때문에 피도물에 따라 건조속도가 빠르지만 열효율이 떨어지는 단점이 있다.

② **중적외선 건조기**

원적외선과 근적외선의 중간의 파장을 가지고 있으며 건조기로 근적외선과 많이 사용되고 있다.

③ **원적외선 건조기**

원적외선의 경우 복사선이 직선이기 때문에 피도장물의 위치와 건조기의 조사방향에 따라 큰 차이가 발생한다. 복작한 피도물 건조를 피한다. 온도 상승이 빠르기 때문에 많이 사용하고 있다. 내열 섬유나 철판 위에 특수 점토나 카본 등을 칠하고 열선에 전기를 통하게 하여 가열하는 방식이다.

(3) 자외선 건조기

도료 분자 중 연쇄 반응을 활발하게 하는 분자를 발생시켜 중합 반응으로부터 가교가 진행되어 경화가 이루어진다.

+ 조사거리 및 조사시간

	램 프	등 수 : 오븐길이 1m	조사거리	조사시간
예비 경화존	케미칼 형광등	10개	100mm	1분
경화존	고압수은등	4개	2000mm	30초

공정별 공구

1 하도 공정

하도공정에서는 위에서 설명한 스프레이건과 샌더기를 비롯하여 대표적인 공구로는 퍼티를 도포할 때 사용하는 공구를 들 수 있겠다.

(1) 주걱

퍼티를 도포할 때 사용한다. 주걱(헤라)의 소재에 따라 여러 가지가 있으나 자동차 보수 도장에 사용하는 주걱으로는 일반적으로 플라스틱주걱으로 연질과 경질이 있으며 굴곡이 심한 부위에 도포할 때 사용하는 고무주걱이 있다.

① 플라스틱 주걱

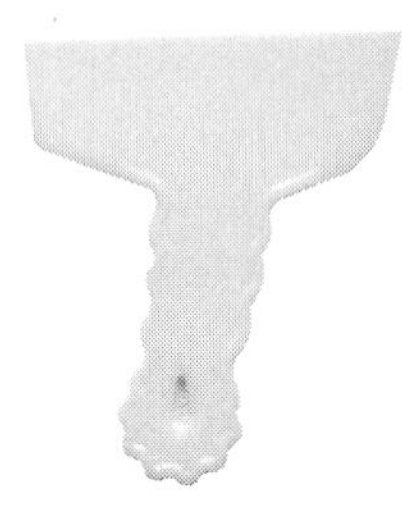

일반적으로 가장 많이 사용하고 있으며 평편한 면에 도포할 때 사용한다. 좌측과 우측 끝단의 5 ~ 10mm 정도는 퍼티를 묻지 않도록 하는 것이 퍼티도포 시에 퍼티의 산을 줄일 수 있다. 사용 시에는 주걱의 끝을 연마지로 갈아서 사용한다. #600 정도의 연마지를 유리창이나 굴곡이 없는 면에 대고 퍼티를 묻히는 면만 연마한다. 뒤쪽을 연마할 경우 퍼티를 도포 할 때 퍼티가 주걱을 타고 뒤로 넘어가 퍼티 면이 매끄럽게 되지 않기 때문에 항상 퍼티가 묻는 면만 연마해야 한다.

② 고무주걱

플라스틱 주걱으로 도포하기 힘든 굴곡진 부분 도포 시에 사용한다. 또한 현장에서는 래커퍼티(기공제거퍼티)를 도포할 때도 사용하고 있으며 폴리에스테르 퍼티를 도포할 경우 사용하면 기공이 적게 발생하고 도포면이 매끄러운 특징이 있지만 요철을 타고 가기 때문에 가급적 사용하지 않는 것이 좋다.

③ 쇠주걱

편평한 넓은 면을 도포할 경우 사용하는 주걱으로 딱딱한 재질이므로 요철을 메우는데 가장 좋지만 자동차 보수 도장 현장에서는 사용하지 않고 있다.

④ 스프레터(spreaders)

3M에서 나오는 제품으로 6인치, 5인치, 4인치 3가지가 있으며 상당히 유연하고 사용 후 퍼티를 닦아둘 필요가 없는 특징이 있다. 제거할 경우에는 건조 후 손으로 가볍게 떼어 낼 수 있다.

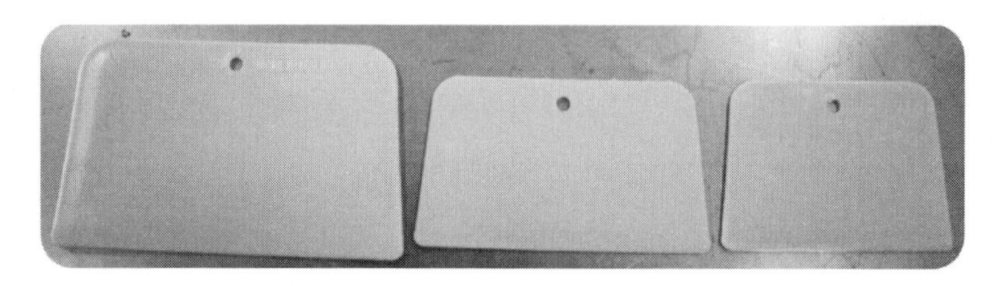

(2) 퍼티 이김판

퍼티를 혼합할 때 사용하는 판으로 사용 후 잔량의 퍼티를 세정하지 않고 바로 버릴 수 있도록 만들어진 1회용 종이 타입이 있으며 대부분 쇠나 플라스틱 제품을 사용한다. 주걱을 쥔 손으로는 퍼티를 혼합하고 다른 손으로는 이김판이 움직이지 않도록 지지 하면서 퍼티를 혼합한다.

(3) 핸드블록

연마 과정에 사용하는 제품으로 손 연마할 경우 사용한다.

(4) 스크레이퍼

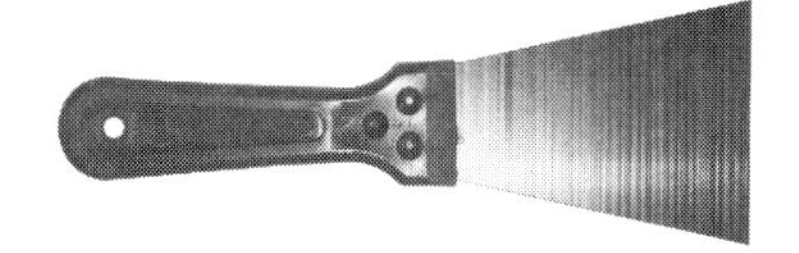

퍼티 이김판이나 주걱의 잔여분 정리에 사용한다. 또한 페인트 통을 열거나 퍼티 도포 후의 퍼티를 정리한다.

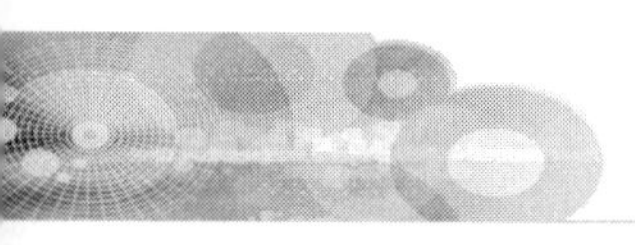

(5) 교반봉

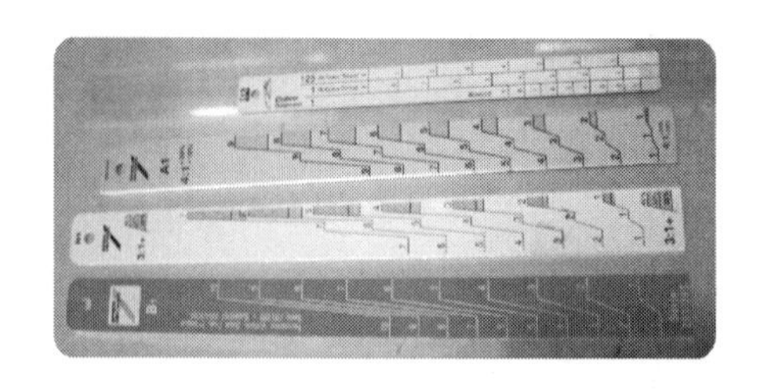

페인트 통 교반 및 퍼티를 덜어낼 때 사용한다. 나무재질과 금속재질이 있으며 금속재질의 경우 대부분 알루미늄 재질을 주로 사용하며 눈금이 그려져 있어 혼합 시에 편리하게 사용할 수 있게 만들어져 있다. 나무재질의 경우 나무가 페인트를 흡습하기 때문에 자동차 도장에서는 퍼티를 덜어낼 경우 사용하며 페인트를 교반할 경우 사용하지 않는다.

(6) 펀치

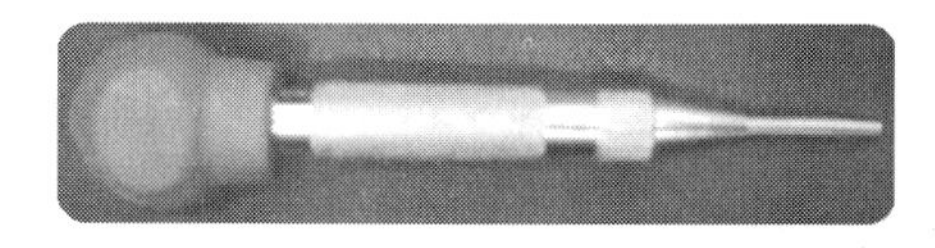

판금정형이 완료 된 철판의 돌출된 부분을 기준도장면보다 들어가게 하는 기구이다. 철판이 기준 도막보다 튀어나와있으면 도장 완료 후 표면이 매끄럽게 되지 않기 때문에 하도공정에서 망치나 펀치를 이용하여 요철을 수정한 후 퍼티를 도포한다.

2 중도공정

중도공정은 중도 프라이머서페이서의 도장에 사용되는 스프레이건과 연마에 사용되는 샌더기, 마스킹에 사용되는 것들을 들 수 있다. 스프레이건과 샌더기에 대한 사항은 위의 내용을 참고한다.

(1) 스프레이건

점도가 높은 도료를 분사하기 위해서 상도용 스프레이건에 비해서 노즐지름이 큰 특징이 있다. 중도용은 1.6 ~ 2.0 mm의 노즐(nozzle)을 사용한다.

SATA KLC RP 3000	
에어 인입 압력	2 ~ 3 bar
에어소모량	200ℓ /min
스프레이거리	18 ~ 23cm

※ 상기 기술사양은 메이커에서 추천하는 사양이며 실제 작업에서는 스프레이거리가 변동될 수 있습니다.

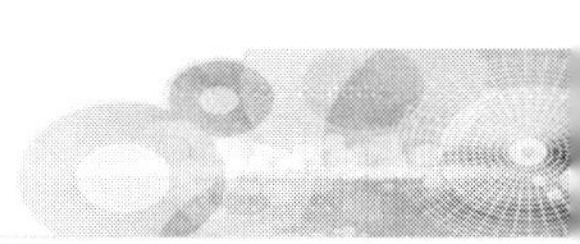

(2) 샌더기

자동차 보수 도장 모든 공정에서 연마 시에 사용하며 특히 중도 공정에서는 중도를 도장하기 위한 면의 부착성을 증가시킬 목적과 중도 도장 후 중도도막의 오렌지필을 제거하여 평편한 면을 만들고 상도와의 부착성을 증가시킬 목적으로 사용한다.

샌더에 대한 자세한 내용은 위의 내용을 참고한다.

(3) 칼라카드

칼라서페이서 조색 시에 참고하는 칼라카드이다.

3 조색공정

조색공정에 사용되는 대표적인 장비로는 시편도장부스와 스프레이건, 시편을 들 수 있으며 도료를 교반할 때 사용하는 도료 교반기, 칼라를 비교할 때 사용하는 데이라이트가 있다. 스프레이건에 대한 내용은 위의 내용을 참고한다.

(1) 시편도장부스

조색 작업 시 표준색과 조색시편을 도장을 하는 곳이다. 대형과 소형이 있다.

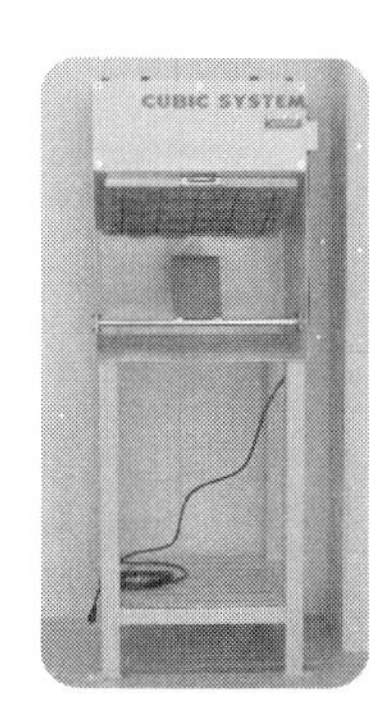

(2) 도료 교반기(mixing machine)

많은 종류의 도료를 장착하여 모터의 힘으로 도료를 회전시킨다. 도료 통 위에 리드기를 장착하여 교반기의 홈에 끼워 사용한다.

특히 수용성조색기의 경우 겨울철 동결 방지를 위하여 히팅장치가 되어 있으며 내부와 외부와의 온도 차단을 위해서 투명한 문이 설치되어 있다.

유성 조색기, 수용성 조색기가 있다.

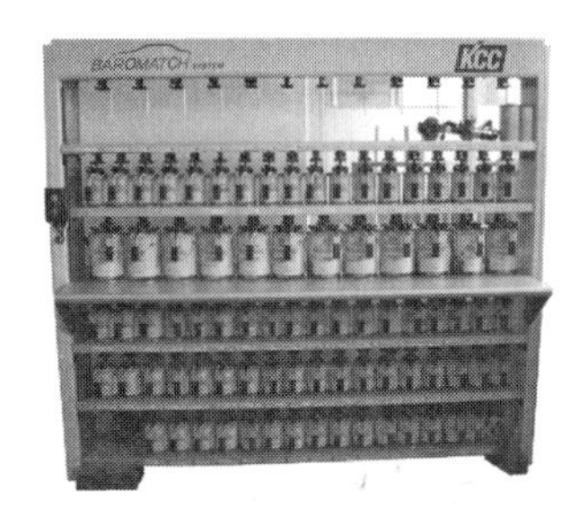

KCC 도료 및 교반기

스피스헥커 도료 및 교반기

센타리 도료 및 교반기

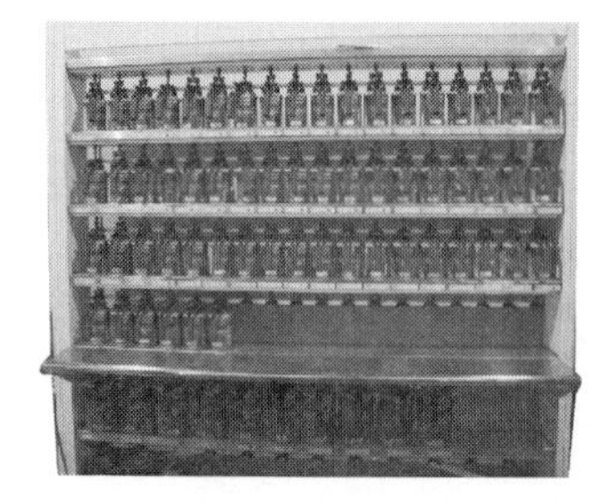

시켄스 도료 및 교반기

글라슈리트 도료 및 교반기

유성도료교반기

수용성 도료교반기

(3) 칼라 측색기

12시간마다 한 번씩 캘리브레이션(0점 조절) 한다.

흰색을 찍고 검정색은 암식에서 찍은 후 흰색을 찍는다. 현재 최신형의 칼라측색기는

흰색과 검정색 외에 녹색의 표준녹색도 있다. 표준 녹색의 경우에는 한 달에 한번 정도 캘리브레이션을 하면 된다.

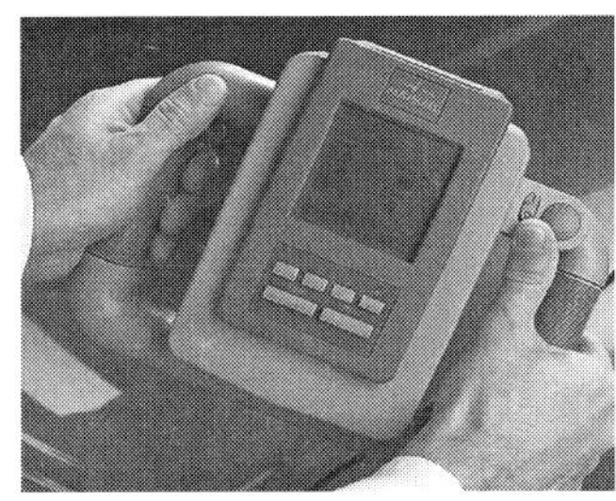

+ 칼라측색기

(4) 전자저울

대부분 자동차 보수 도장 업계에서 사용하는 전자저울의 경우 최대 계량 5kg 정도를 사용하며 보통 최소 단위가 0.1g을 사용하고 있지만 현재 수용성 도료와 펄 컬러의 조색배합의 정밀화로 인하여 최소 단위 0.01g을 사용하고 있다.

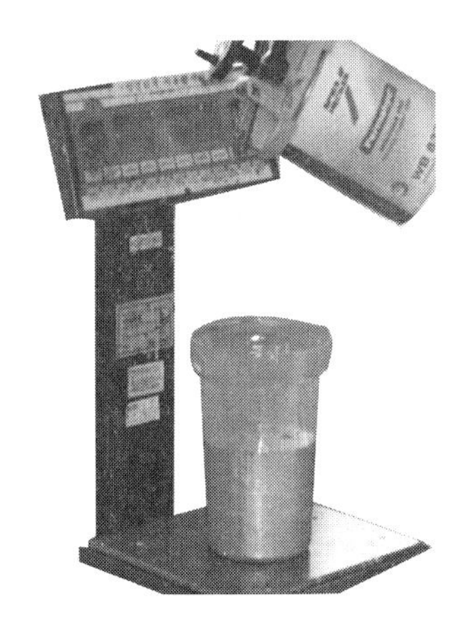

+ 전자저울의 예

정확한 도료 계량을 위해 0.01까지 측정하는 기구로서 설치 할 장소가 흔들리지 않아야 하며 바람이 불지 않는 곳을 선택한다. 계량 시 바람이나 바닥의 진동이 있을 경우 전자저울의 눈금이 흔들려 정확한 계량이 불가능 하므로 항상 계량할 때는 위의 내용과 작업자의 숨 쉬는 방향도 전자저울 쪽으로 향하지 않도록 한다.

(5) 데이라이트(daylight)

조색 및 색상비교에 사용한다. 주변의 불을 끄고 데이라이트 조명만을 이용하여 색상 및 도료속의 안료 등이 맞는지를 판별한다.

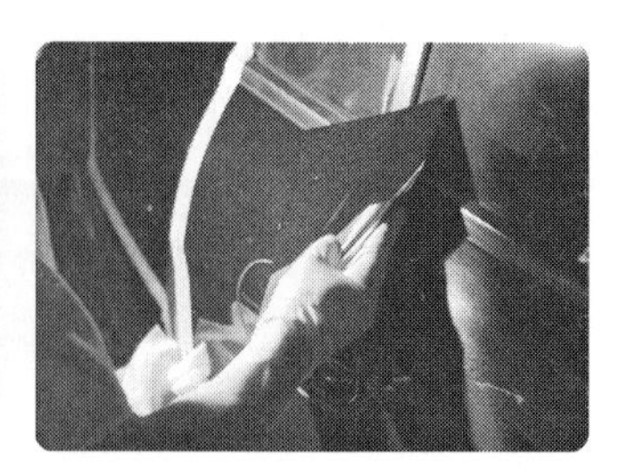

(6) 칼라카드 및 칼라북

① 칼라카드(color card)

조색 시 차량과 비교하여 조색배합을 선정할 때 사용한다.

유성계 국내차 칼라카드

(7) 시편

시편 도장에 사용되는 시편의 크기는 대략 10 × 20cm 정도이다. 폴리프로필렌재질에 코팅이 되어 있어 금속감이 나며 뒤가 비치지 않는다. 도장 시 은폐지를 붙여서 사용한다.

색상에 따라 은폐가 되지 않았지만 인간의 시각으로 보면 은폐가 된 것처럼 보이기 때문에 은폐지를 붙여서 사용한다. 하지만 사람에 따라서는 은폐지를 붙인 곳을 다른 곳에 비교하여 더 많이 도장하는 일이 없도록 하자.

컬러조색시편

은폐지

(8) 시편건조기

시편을 도장 한 후에 건조를 시키기 위한 기기로서 작은 시편을 건조시키기 최적이다.

(9) 교반 기구

리더기라고 하며 도료 교반기에 도료를 장착하여 지정된 장소에 넣어 교반기의 스위치를 넣으면 자동으로 교반이 될 수 있도록 설계되어 있다. 0.5ℓ, 1ℓ, 3~4ℓ(도료 통의 용량 표시 외국제품은 3ℓ, 국내제품은 4ℓ)가 있다.

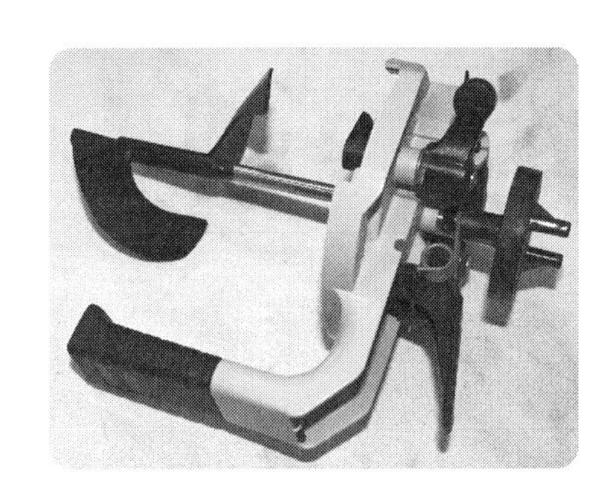

시편건조기

교반 기구

4 상도공정

상도공정에서 사용하는 대표적인 기기로는 스프레이건을 들 수 있다. 또한 도장 시에 사용하는 지그가 있다. 패널거치대(jig)와 스프레이건에 대한 내용은 위의 내용을 참고한다.

5 광택공정

(1) 광택기

광택작업시 광택기에 붙여서 사용하는 각종 버프류에 대한 내용은 광택작업에 대한 부분에서 다루도록 하겠다.

- 회전수 : 900 ~ 2,500rpm
- 최대 폴리싱 패드 크기 : 150mm
- 무게 : 2.7kg

중형광택기

- 회전수 : 800 ~ 2,400rpm
- 최대 폴리싱 패드 크기 : 180mm
- 무게 : 3.6kg

대형광택기

※ 광택기를 사용할 때 저회전으로는 광택 후의 스월마크를 제거하며 고회전에서서는 도막면의 결함이나 기타의 상처를 제거한다.

(2) 칼라샌딩용 샌더기

- 회전수 : 6,000 ~ 13,000rpm
- 오버다이어 : 2.5mm
- 무게 : 1.1kg

(3) 홀로그램제거용 다기능 샌더기

오버다이어의 조정이 가능하여 그라인딩작업, 샌딩, 광택작업을 할 수 있는 기기이다.

- 회전수 : 3,000 ~ 6,000rpm
- 오버다이어 : 3.6mm
- 무게 : 1.9kg

(4) 스폿연마용

고무성분으로 작업 부위 주변의 손상을 방지하고 작은 잡티 제거에 사용하여 연마지는 별모양의 형태로 코너부분의 작업까지 용이하며 1,000 ~ 4,000까지의 4가지 종류가 있다.

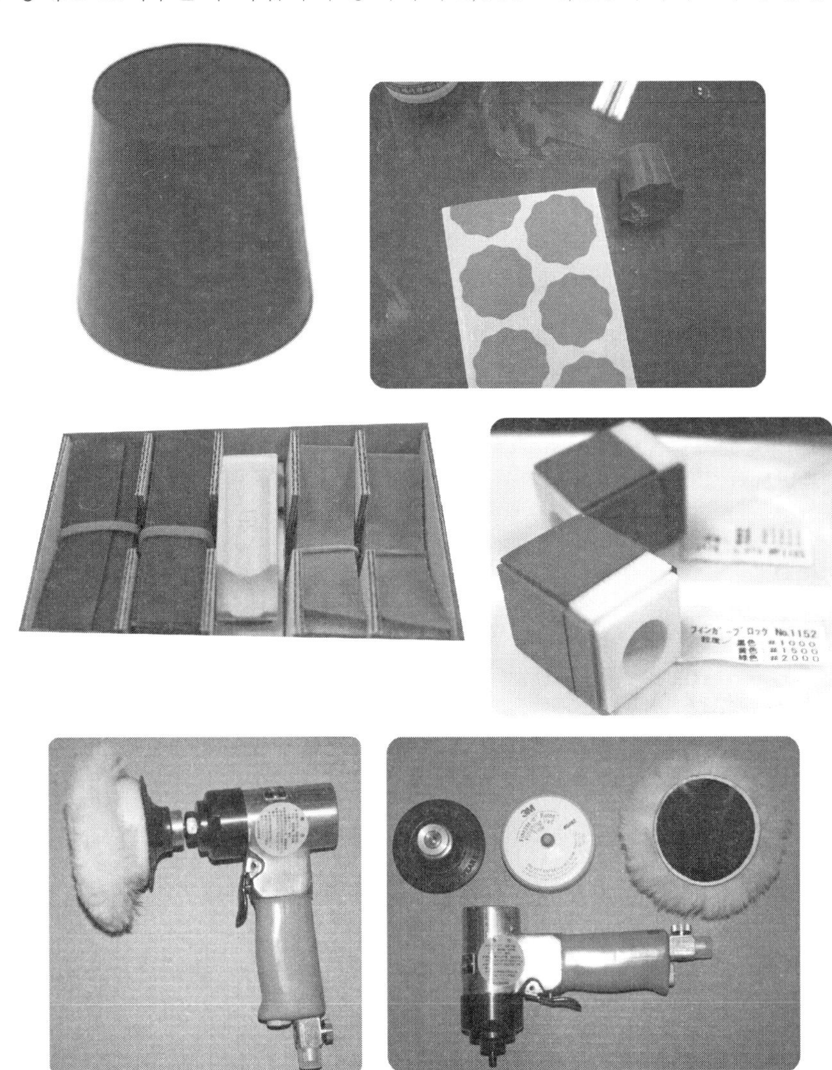

(5) 기타

① 버프(buff)

- **양모버프** : 털의 길이에 따라 분류 되며 털의 길이가 길어지면 털의 허리 부분으로 연마하기 때문에 연삭력이 떨어진다. 장모의 경우 8mm 정도이며 단모의 경우 5mm

정도이다. 연삭력이 좋아 거친 표면의 연마자국 제거 및 표면 고르기에 사용한다.

- **스펀지버프(흰색)** : 양모버프의 사용 후 거친 광택을 제거하기 위하여 사용하며 현재는 광택관련 샌딩기구와 광택연마지의 다양한 선택으로 대부분 광택작업 시 첫 공정에 사용되고 있다.
- **스펀지버프(흑색)** : 흰색 제품에 비해 연삭력이 떨어진다. 흰색 버프 사용 후의 광택작업을 하기 위하여 사용하며 홀로그램 제거용이나 마무리 광택 내기로 사용한다.

양모 버프

스펀지 버프(흰색)

스펀지 버프(흑색)

※ **종류별 패드**

- 오렌지 평면 : 도장 흡집 제거
- 흰색평면 : 모든 콤파운딩 및 먼지 제거
- 노란색 평면 : 중고차의 거친 콤파운딩
- 양모 : 오렌지 필, 샌딩 흡집 제거

오렌지평면 패드

흰색평면 패드

노란색평면 패드

양모 패드

- 베이지 평면 : 도장 흡집 제거
- 검정 평면 : 신차 및 마무리 미세 광택
- 흰색 엠보 : 신차 및 홀로그램 제거
- 검정색 엠보 : 홀로그램 제거

베이지평면

검정평면

흰색엠보

검정색엠보

② 콤파운드(compound)

- 유기용제의 함유가 많은 콤파운드(현재 VOC 배출규제에 따라 사용이 감소)

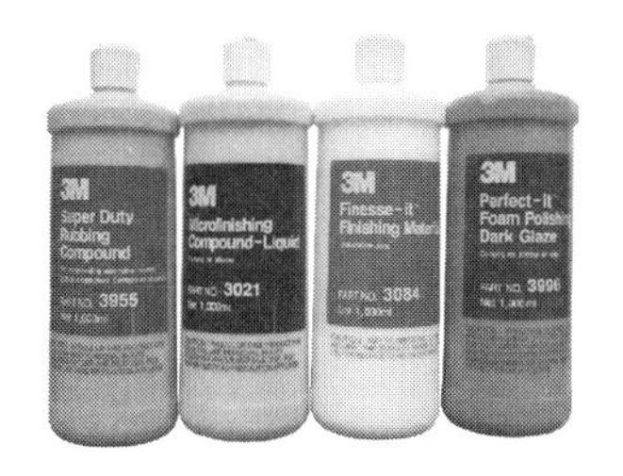

- 유기용제 함유량이 적은 콤파운드

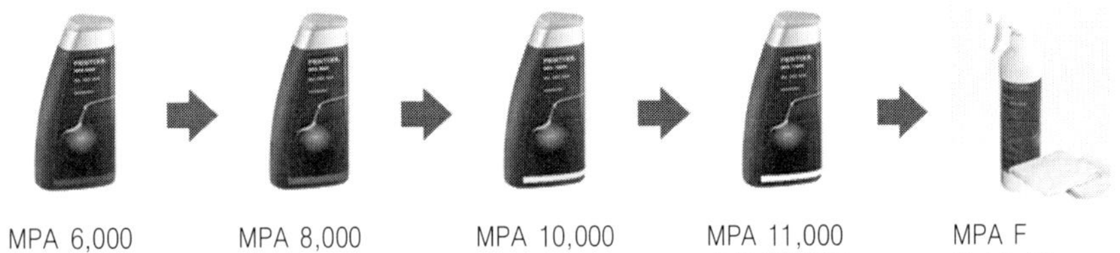

MPA 6,000 거친 콤파운드 → MPA 8,000 고운 콤파운드 → MPA 10,000 중고차용 광택 → MPA 11,000 신차/FRESH PAINT용 광택 세라믹용 광택 → MPA F Finish Cleaner 초 극세사

6 | 기타 재료

모든 공정에 골고루 사용하는 부자재들이 있다.

1 마스킹(masking) 관련 재료

마스킹 테이프(masking tape)와 마스킹 페이퍼(masking paper)를 들 수 있으며 작업의 편리성을 높이기 위하여 전차마스킹, 비닐 테이프 등이 있다.

마스킹 테이프의 기본구조는 다음과 같다.

	역할 및 재료
처리제	사용 전 테이프끼리 달라붙는 것을 방지
기초재료	종이, 플라스틱
프라이머	접착물이 잔류하는 것을 방지
접착제	접착제

(1) 마스킹 테이프(masking tape)

대부분 종이식 마스킹 테이프를 사용하며 상도나 중도 스프레이 도장 시 종이를 붙여서 사용할 때 많이 사용한다.

① 종이테이프

가장 일반적이고 많이 사용되고 있는 마스킹 테이프로 마스킹 페이퍼를 붙여서 사용한다. 다른 도장용으로 사용하는 테이프에 비해서 잔사가 적게 남는 것이 특징이다. 테이프의 길이는 50m이며 폭은 12mm, 15mm, 24mm, 48mm의 4가지가 있다.

② 고온용 마스킹테이프

종이식 일반 마스킹 테이프와 비교하여 솔벤트에 대한 저항성이 크며 100℃ 이상의 고온에서도 잔사가 남지 않으며 깨끗한 페인트라인 및 곡선작업이 가능한 테이프다. 또한 마스킹테이프의 기초재료인 종이의 두께가 두꺼워 잘라내기가 약간 힘들며 표면은 기본재료인 종이가 신축되기 쉽도록 주름모양으로 된 크레이프 테이프(crape tape)인 것이 특징이다. 테이프의 길이는 50m이며 폭은 12mm, 15mm, 24mm의 3가지가 있다.

③ 고온용 평면 마스킹 테이프

고온에서도 잔사가 남지 않는 고급형 테이프로서 평면 종이 재질로 정확한 직선을 얻을 수 있으며 테이프의 두께가 얇아 페인트의 선이 깨끗하기 때문에 깨끗한 마무리가 가능한 테이프이다. 또한 접착제도 미세하게 골고루 도포되어 있어 작업 후 제거하기가 쉽고 선의 길이가 길어도 가운데가 처지지 않기 때문에 투톤 칼라 작업에 많이 사용되고 있다. 가격의 여유가 있으면 사용 할 경우 최상의 품질을 얻을 수 있는 종류이다. 테이프의 길이는 50m이며 폭은 12mm, 15mm, 100mm의 3가지가 있다.

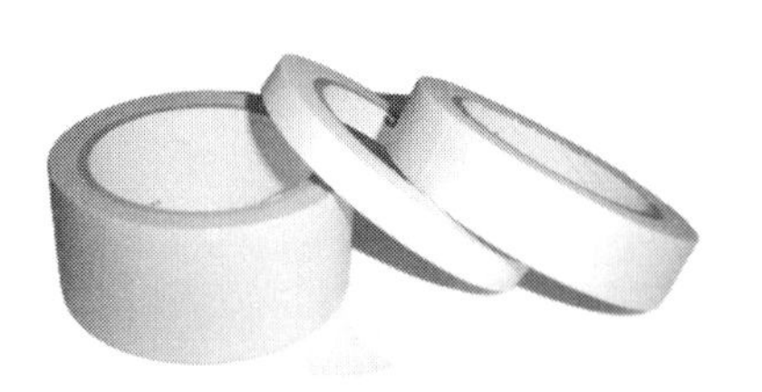

종이 테이프

고온용 마스킹 테이프

고온용 평면 마스킹 테이프

④ **플라스틱 마스킹 테이프**

종이 재질의 마스킹 테이프에 비해 유연성이 좋기 때문에 심한 굴곡이나 요철 작업 시 사용하며 고무 몰딩에 부착하여도 잔사가 남지 않으며 곡선 테이핑 작업에 사용한다. 테이프의 길이는 32m이며 폭은 6.35mm이다.

노란색과 파란색 두 가지 종류가 있다.

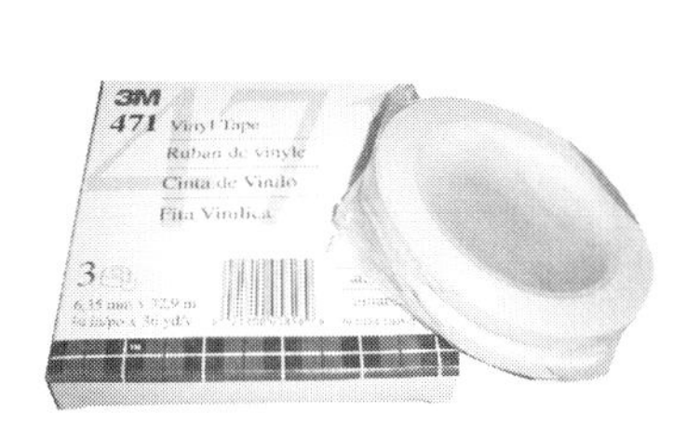

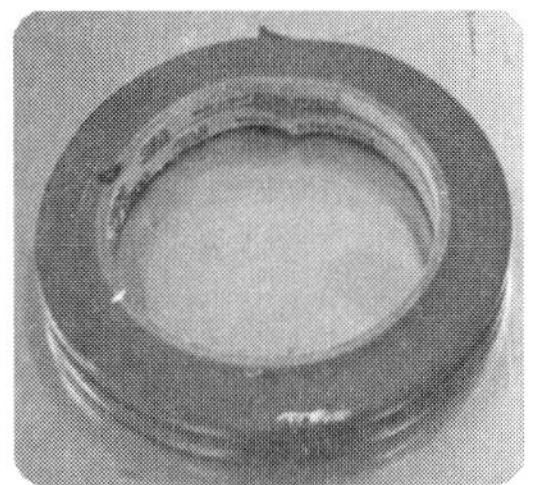

플라스틱 마스킹 테이프

플라스틱 마스킹 테이프 사용 예

⑤ **트림 마스킹 테이프**(trim masking tape)

유리 고무 몰딩의 정밀한 마스킹 작업을 하기 위한 종류이며 특히 유리를 탈착해야 하는 작업에 탈착을 하지 않고 탈착한 효과의 작업을 발휘할 수 있는 제품이다. 위의 파란색 부분이 틈새로 들어가 있는 부분이며 아래쪽 흰색 부분에 접착제가 묻어 있어 붙이는 부분이다.

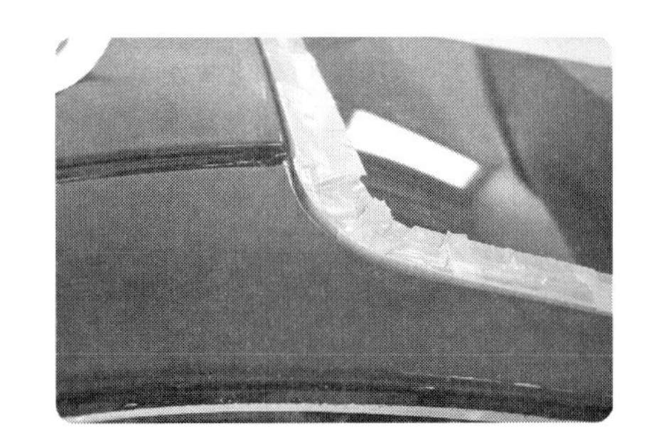

트림 마스킹 테이프 작업 예

⑥ **마스킹 스펀지**(soft edge foam masking tape)

도어, 후드, 트렁크 내부의 굴곡진 부분에 적용하여 마스킹을 하는 시간을 절약시켜 주며 마스킹 턱이 발생하지 않기 때문에 깨끗한 마무리가 가능 제품으로 마스킹 제거 후 다시 사용할 수 있다.

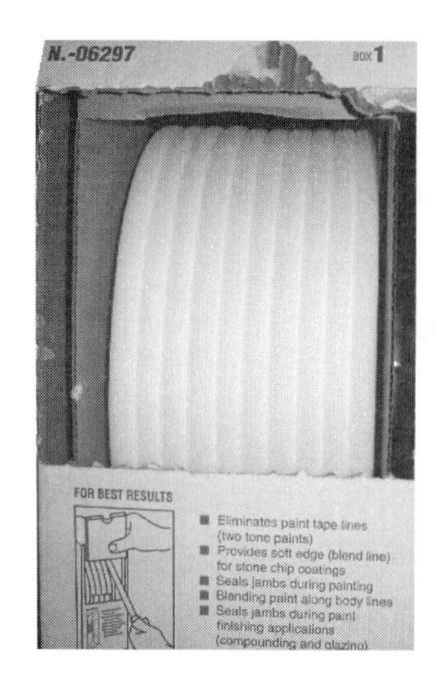

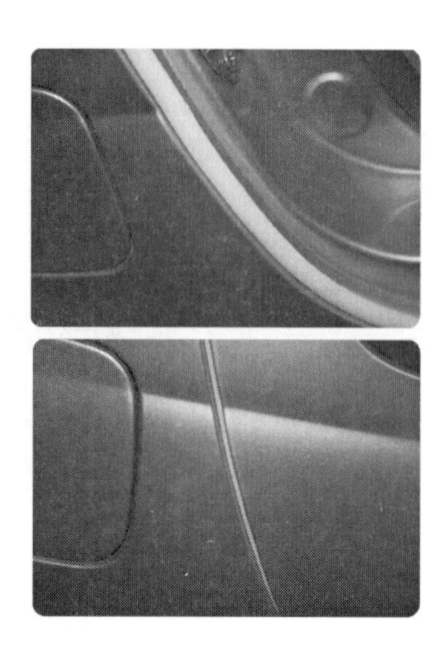

트림 마스킹 테이프 작업 예

⑦ 전차 마스킹 필름(overspray protective sheeting)

특수 정전기 처리로 필름이 차량에 밀착되기 때문에 작업자 혼자서 자동차 한 대를 그대로 덮을 수 있는 제품이다.

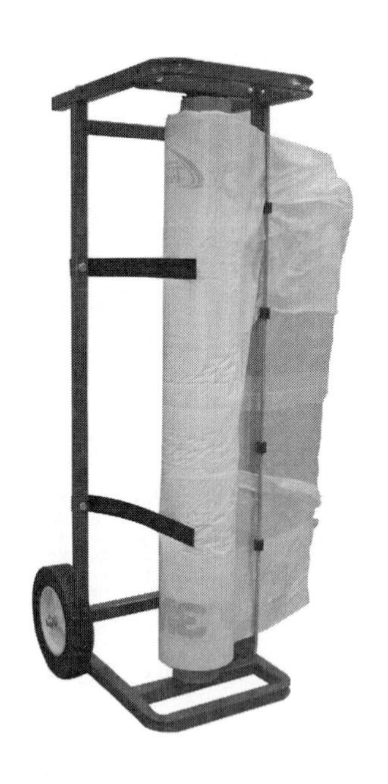

⑧ 마스킹 페이퍼(masking paper)

마스킹용 페이퍼로 솔벤트 침투 방지가 매우 우수하며 종이 입자가 날리지 않아 도장면을 오염 시키지 않으며 두께가 얇고 찢김성이 좋고, 솔벤트에 강해 페인트가 스며

들지 않는다. 특히 현장에서 마스킹 페이퍼 대용으로 신문을 사용하지만 수용성 도료를 사용 할 경우에는 필수적으로 사용해야 하는 제품이라고 할 수 있다.

길이는 750인치이며 폭은 6인치, 12인치, 18인치 3가지 종류가 있다.

현재 국내에서 사용되는 제품으로는 화이트 마스킹 페이퍼를 사용되고 있다.

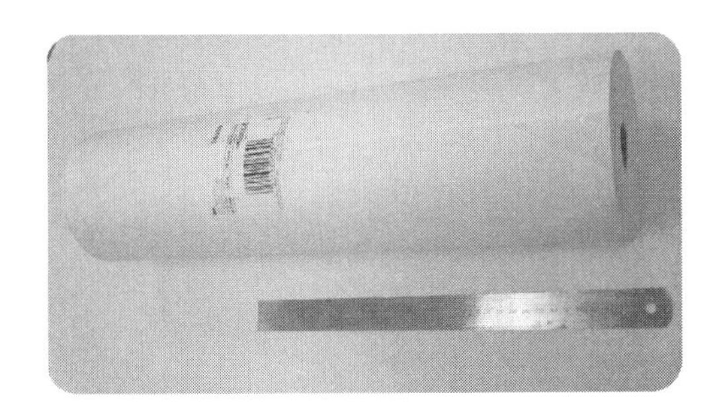

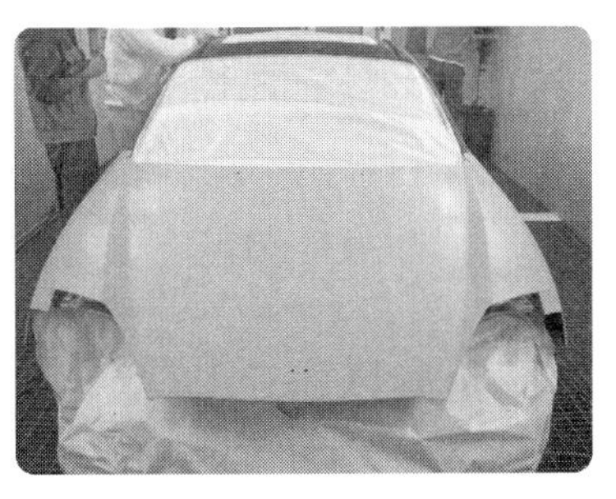

마스킹 페이퍼 작업 예

⑨ 비닐테이프

작업 시간 단축을 위해서 나온 제품이며 비닐의 끝단에 마스킹 테이프가 있어 사용이 편리하며 비닐에는 엠보싱처리가 되어 있어 비닐위에 도료가 묻어도 쉽게 떨어지지 않는다. 하지만 3코트(3coat)처럼 오랜 시간 동안 도장을 해야 하는 작업의 경우에는 비닐에 묻어 있던 도료가 완전 건조되어 스프레이 도장 중 바람에 의해 비닐이 펄렁거려 건조 된 도료가 떨어져 다시 도장 중인 면에 묻게 되고 제거 시에도 완전 건조 된 도료가 떨어져 건조 되지 않은 도장 면에 묻게 되어 결함이 발생되므로 가능한 사용할 경우 도장 면 주변은 마스킹 페이퍼를 이용하여 마스킹을 한 후 주변부를 마스킹 할 때 사용하는 것을 추천한다.

비닐의 길이가 다양하므로 작업자가 사용 목적에 따라 선택하여 사용한다. 특히 중도 도장공정 마스킹으로 사용하면 작업 시간을 단축할 수 있어 편리한 제품이다.

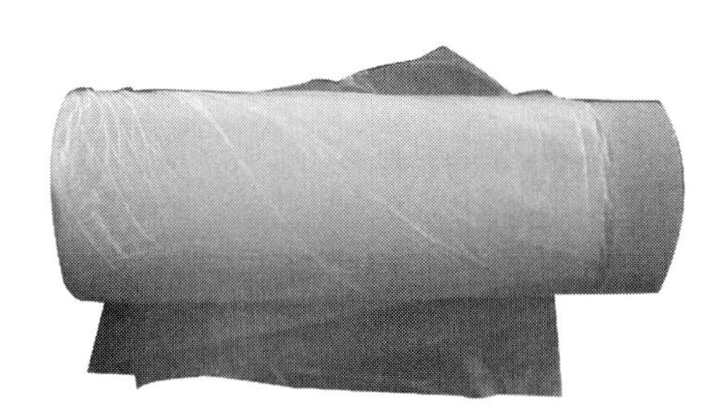

⑩ **편리기(masking paper dispenser)**

마스킹 페이퍼와 마스킹 테이프의 사용을 편리하기 위해서 페이퍼를 거치해 두고 마스킹테이프를 페이퍼에 첨부시켜 사용할 수 있도록 제작하는 공구이다.

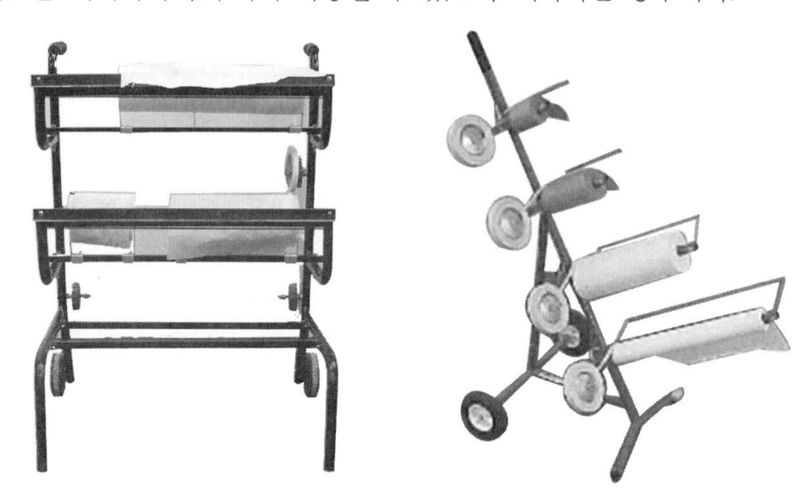

(2) 마스킹 테이프와 마스킹 페이퍼의 구비요건

마스킹 테이프

① 접착성이 좋아야 한다.

② 제거할 때 쉽게 제거 되어야 한다.

③ 잘라내기가 용이해야 한다.

④ 용제침투가 일어나지 않는 재질이여야 한다.

⑤ 높은 온도에서 잘 견디는 재질이여야 한다.

⑥ 유연성이 좋아야 한다.

마스킹 페이퍼

① 도료나 용제 침투가 되지 않아야 한다.

② 도구를 이용하여 재단 할 경우 자르기가 용이해야 하고 작업 중 잘 찢어지지 않아야 한다.

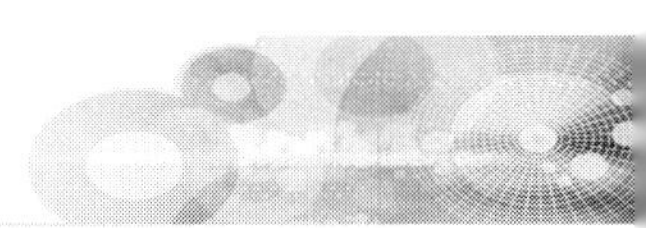

③ 높은 온도에 견디는 재질이여야 한다.

④ 먼지가 발생하지 않는 재질이여야 한다.

⑤ 마스킹 작업이 편리해야 한다.

2 연마지(sand paper)

자동차 보수 도장공정 중 표면 만들기 및 부착을 위해서 연마작업을 할 경우 샌더나 핸드블록에 부착하여 사용하거나 그대로 손으로 연마할 때 사용한다. 연마지는 여러 가지 종류와 형태가 있으며 작업 중 적절한 연마지를 선택하여 사용함으로 작업시간을 단축할 수 있으며 작업 품질도 향상되게 된다. 또한 좋은 연마재의 선정에 있어 해당 연마지의 그리드(grade)에 해당하는 연마재가 많이 함유되어 있어야 하며 연마 후 요구하는 면을 얻을 수 있을 것이다.

연마지의 수명을 결정짓는 요소로는 연마입자의 끼임, 탈락, 마모가 있다. 따라서 좋은 연마지는 연마지의 해당 그레이드의 연마입자가 가장 많이 분포되고 작업 중 연마가루가 연마입자 사이에 잘 끼지 않고, 연마가루는 백킹에서 잘 떨어지지 않아야 하며, 단단한 재료를 연마하더라도 연마입자가 마모되지 않고 견딜 수 있는 구조이여야 한다.

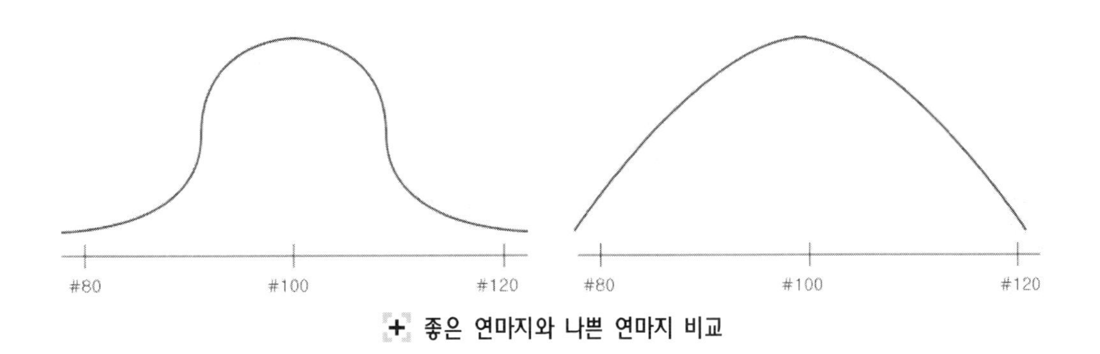

좋은 연마지와 나쁜 연마지 비교

(1) 연마지의 구조

연마지는 연마제의 부착방식에 따라 크게 두 가지로 분류된다.

① 오픈 코트(open coat)

입자 간격이 넓어 발생 분진이 끼는 것을 방지하고 백킹에 연마제 도포율은 50 ~ 70% 정도이며, 건식연마에 주로 사용한다.

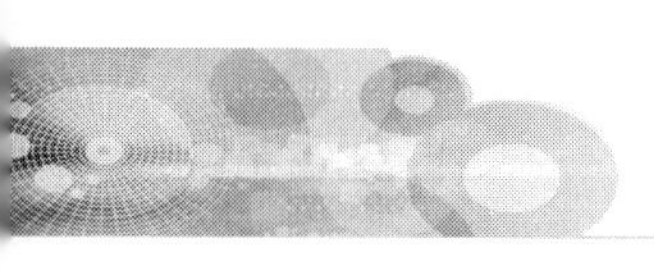

② 클로스 코트(closed coat)

연삭력이 필요한 연마작업에 사용하며 백킹에 연마제 도포율은 100 %이며, 습식연마에 사용한다.

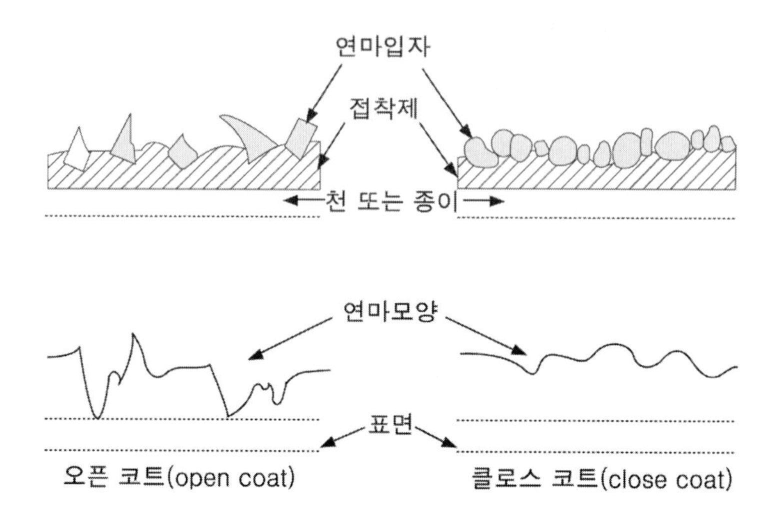

(2) 연마 입자

백킹에 붙어 있는 연마입자는 실리콘 카바이트 재질과 알루미늄 옥사이드 재질, 큐비트론 재질로 나눌 수 있다.

① 실리콘 카바이트

- 탄화규소를 주성분으로 하여 검정색을 띄며 날카로운 쐐기 모양이다.
- 경도가 높으며 절삭성이 우수하며 파쇄성이 좋은 특징이 있다.
- 사용용도로는 나무, 플라스틱, 알루미늄 등의 연마에 사용된다.
- 연마지의 뒷면에 CC－000로 적혀져 있다.

② 알루미늄 옥사이드

- 산화알루미늄을 주성분으로 하여 갈색을 띄며 끝이 뭉툭하다.
- 내마모성이 우수하고 지속성이 있어 오래 사용 가능하다.
- 사용용도로는 나무나 금속의 연마에 사용된다.
- 연마지의 뒷면에 AA－000로 적혀져 있다.

③ 큐비트론

- 금속과 플라스틱 화이버글라스를 합성하여 만든 것으로 백색을 띈다.
- 사용용도로는 금속 절단이나 그라이딩에 사용된다.

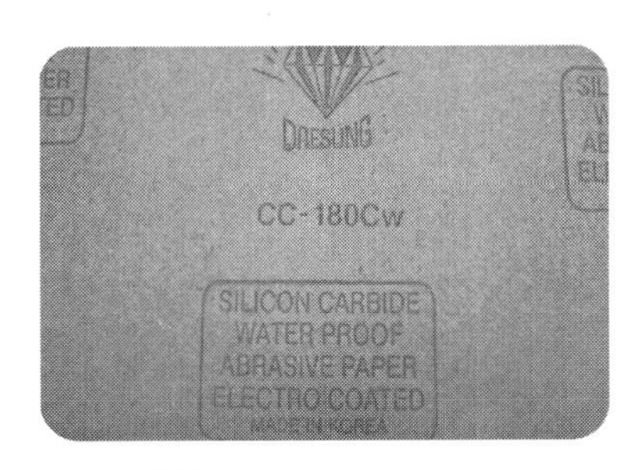

실리콘 카바이트

알루미늄 옥사이드

(3) 백킹의 종류

종이 재질, 천 재질, 화이버 재질, 종이와 천을 혼합한 재질, 폴리에스터 필름 재질이 있다.

(4) 접착제 부착 종류

백킹에 연마재를 붙일 때 사용하는 방법으로는 두 가지 종류가 있다.

접착제로 아교를 사용하는 방법으로 백킹과 연마재를 붙일 때 연마 입자끼리의 접착 강도를 높이기 위해서 둘 다 아교를 사용한 방법으로 연마지를 유연하게 만들 수 있지만 열과 습기에 약하며 다른 하나는 백킹과 연마재를 붙일 땐 아교를 연마재 입자와 입자를 접착 할 경우 레진(resin)을 사용하는 방법으로 열과 습기에 대한 저항성이 강하다.

(5) 연마 입자 규격

가로, 세로 각각 1인치의 면적에 격자를 두어 그 구멍에 연마가루가 통과하면 연마지의 그리드(grade)로 표시한다.

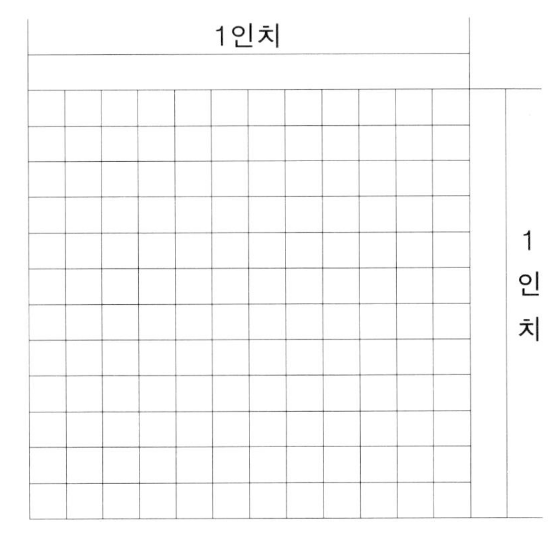

12 GRADE

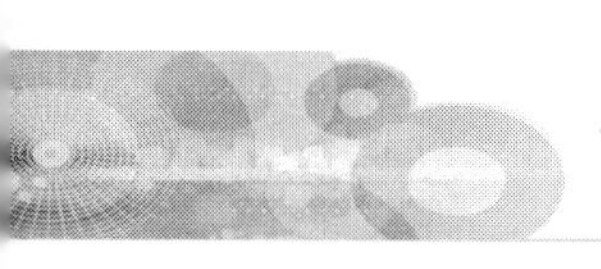

※ 연마재 입자 등급 비교

U.S. CAMI(Coated Abrasive Manufacturers Institute)

European P(Federation of European Produces of Abrasives)

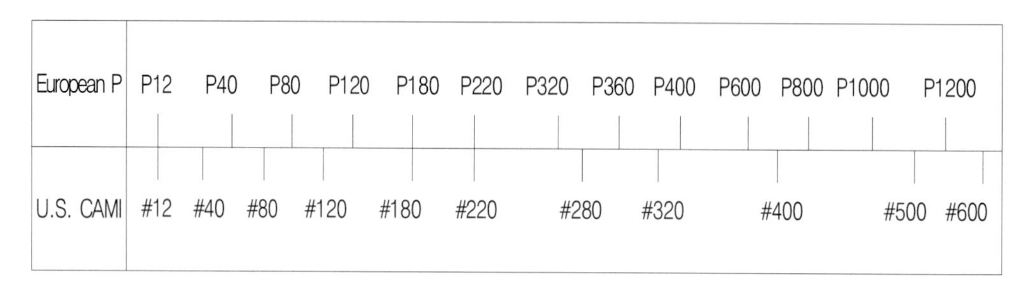

European P	P12	P40	P80	P120	P180	P220	P320	P360	P400	P600	P800	P1000	P1200
U.S. CAMI	#12	#40	#80	#120	#180	#220	#280	#320	#400	#500	#600		

(6) 연마지 부착방식

연마지를 샌더나 핸드블록에 부착하여 사용하실 경우 붙이는 방식으로 매직식과 풀접착식 두 가지 종류가 있다. 딱딱한 패드를 사용할 경우 매직식의 털 부분에서 완충작용을 하여 정확한 연마가 풀 접착식에 비해서 좋지 않다. 풀 접착식의 경우 정확한 연마가 가능하다. 따라서 딱딱한 패드에는 풀 접착식을 권장하며 부드러운 패드를 사용하는 연마 작업의 경우에는 매직식을 사용하는 것이 좋다.

① 매직식

깔깔이라고도 하며 샌드페이퍼 뒷면에 접착털이 있어 샌더기의 패드와 탈부착이 용이한 방식이다. 샌더 패드의 경우 잔털이 붙을 수 있도록 되어 있다.

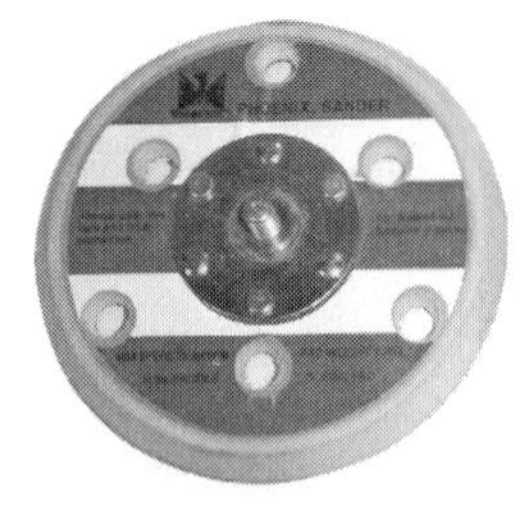

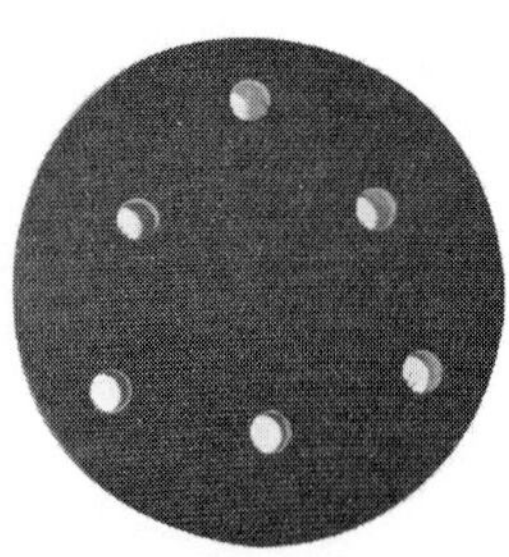

② 풀 접착식

샌드페이퍼 뒷면에 접착제를 발라 놓아 샌더기의 패드와 부착하는 방식으로 한 번 부착한 후 다시 뜯어서 재사용하기가 어렵다.

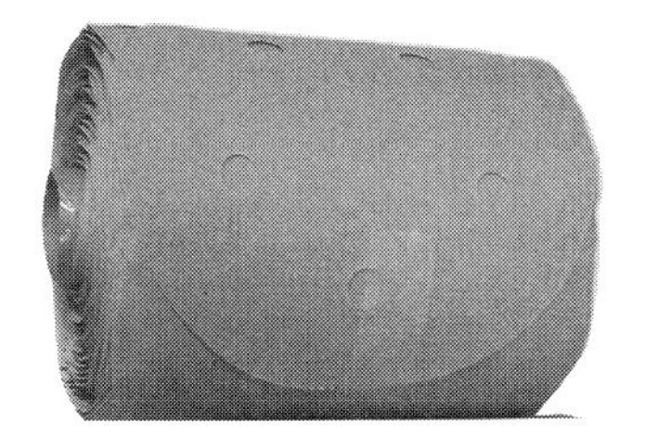
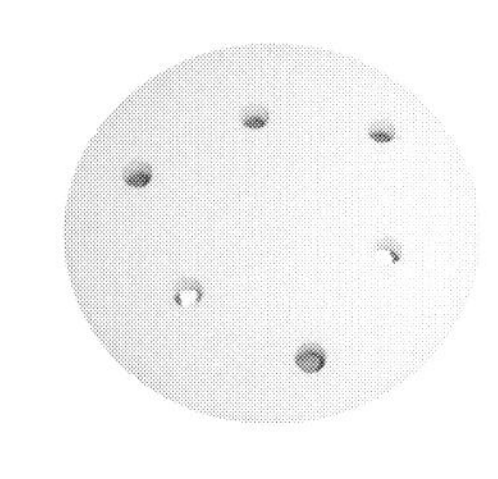
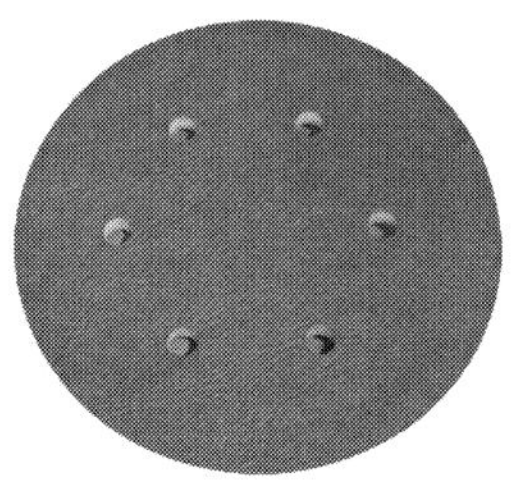

(7) 연마지의 종류

① 샌더용 연마지

P400까지의 연마지는 대부분 두꺼우면서 집진 구멍이 있지만 P600이상의 연마지들은 얇으면서 집진 구멍이 없는 것이 특징이다. 또한 연마지 뒷면 전체가 망사재질로 되어 있어 집진성능을 높인 제품들도 있다.

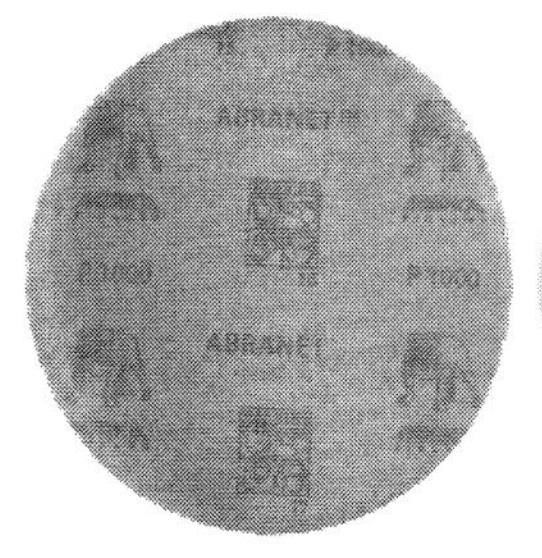

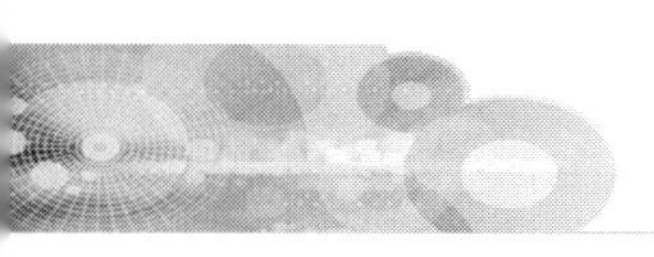

② 부직포 연마지

곡면 부위 및 연마가 어려운 부분의 작업이 용이하며 습식, 건식 연마에 사용된다.

스펀지 연마지 그레이드(grade)별 사용 용도

종 류	해당 그레이드	사용 용도
미디움	P120 ~ 180	거친 연마(퍼티)
파 인	P320 ~ 400	중도도장 전 연마
수퍼 파인	P500 ~ 600	중도연마
울트라 파인	P800 ~ 1,000	블랜딩 작업
마이크로 파인	P1,200 ~ 1,500	컬러샌딩, 클리어연마

3 송진포(tack cloth)

스프레이 도장 전 피 도장물에 묻어 있는 먼지를 제거하기 위하여 사용하며 천이나 스펀지에 송진이 묻어 있어 송진포라고 한다.

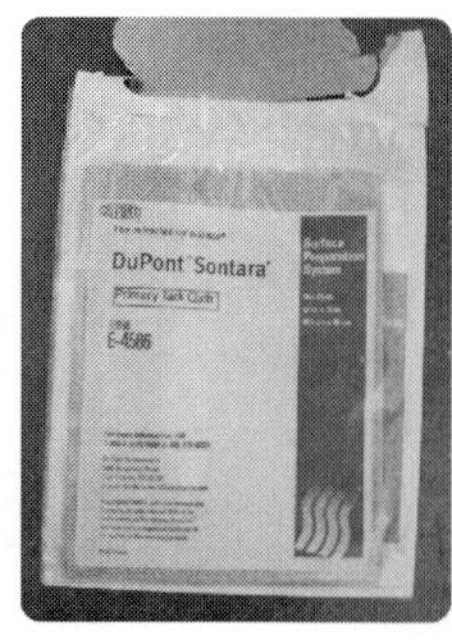

4 필터

도료 중에 있는 불순물을 제거하여 도장 중 결함이 발생하지 않도록 한다. 도료를 도료 용기에 넣기 위해서 거를 때 사용하는 것과 걸러진 도료를 스프레이건 내부로 들어가기 전에 거르는 형태가 있다.

종이 재질의 하단에 여과망으로 되어 있고 일회용으로 사용하며 여과망은 가로 · 세로 1인치길이 안에 들어 있는 눈금으로 메시를 사용하며 보통 100메시에서 200메시 크기를 사용한다. 특히 수용성 도료는 물을 함유하고 있기 때문에 종이 재질의 여과지는 녹을 수 있기 때문에 가능하면 플라스틱 재질의 여과지를 사용하는 것을 추천하며 여유가 되지 않을 경우 종이 재질의 여과지를 2장 겹쳐서 사용하여 여과망이 떨어져 여과되지 않은 도료가 바로 흘러 들어가는 것을 방지한다.

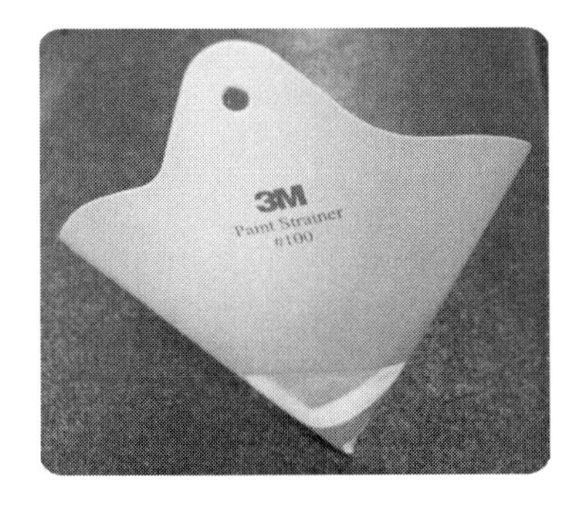

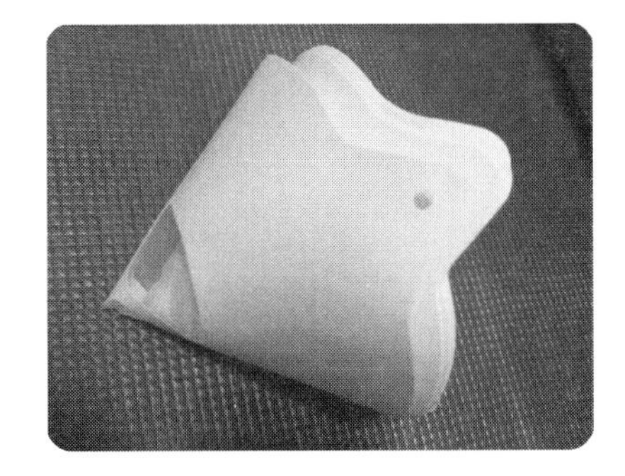

5 용기

대부분 1회용 타입으로 도료의 조색과 혼합에 사용된다.

현재에는 도료의 용기와 스프레이건의 도료 용기를 같이 겸비하여 세척 시 신너의 절약과 작업의 편리성을 도모하는 제품들이 있다.

PPS와 RPS 용기는 그냥 도료 용기로도 사용 가능한다.

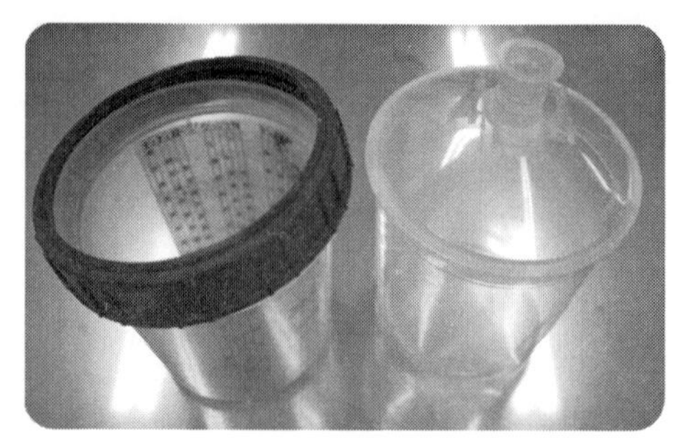

3M사의 PPS용기

SATA사의 RPS 용기
스프레이 컵과 조색용 용기가 일체인 타입

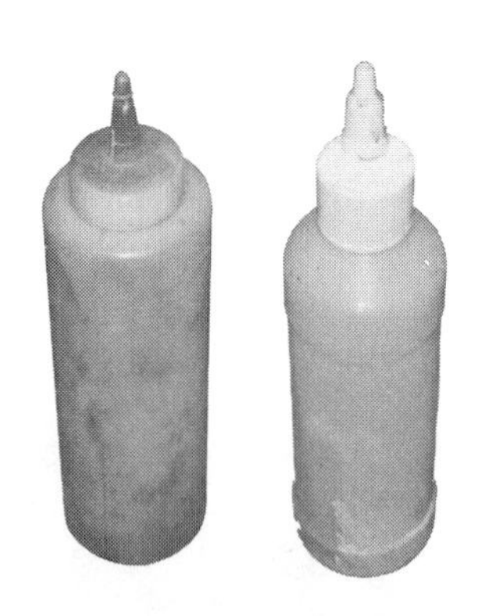

신너를 담아두는 용기

6 에어블로건(air blow gun)

도장 공정 중 연마 분진이나 먼지 등을 불어내거나 도장 면에 묻어 있는 수분을 건조시킬 때 사용하는 기구이다. 용도에 따라 적당한 건을 선택하여 사용한다.

일반 에어블로건

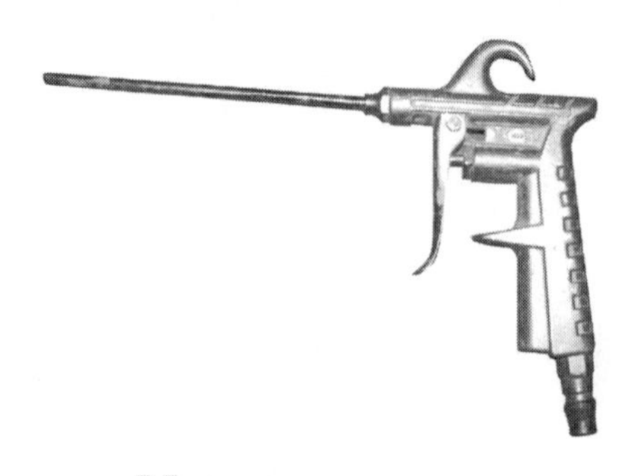

롱 노즐 타입 에어블로건

다른 형식의 에어블로와 비교하여 토출구가 크기 때문에 공기가 토출될 때 주변의 먼지가 빨려 들어가는 경우가 적어 도료를 건조시킬 때 이상적이다. 손으로 들고 건조시킬 수 있으며 아래의 사진과 같이 거치대에 거치하고 건조시킬 수 있다.

7 스프레이건 거치대

사용 후 에어캡에 도료가 고착되는 것을 방지하며 스프레이건을 거치할 수 있도록 설계되어 있다.

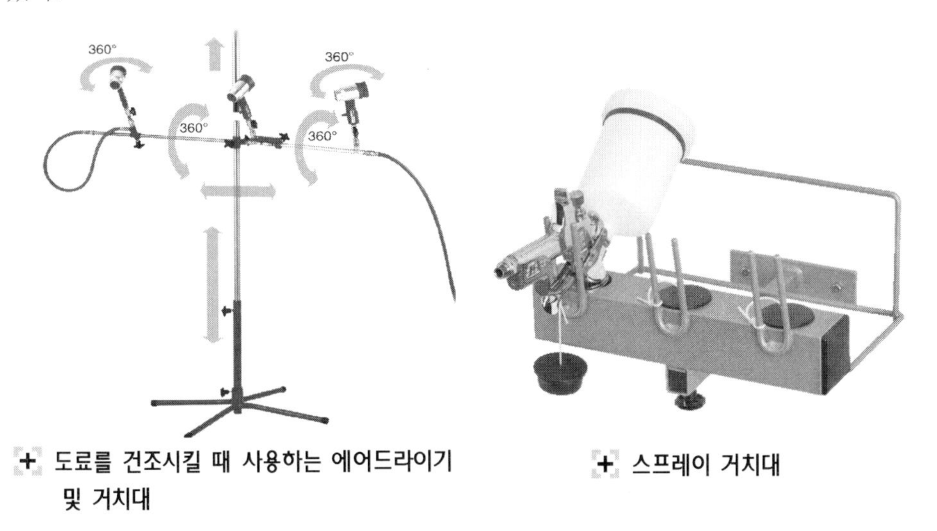

+ 도료를 건조시킬 때 사용하는 에어드라이기 및 거치대

+ 스프레이 거치대

8 걸레

도장 작업 중 탈지 공정에서 탈지할 경우 사용하며 페인트나 기타 오염물질을 닦아 내야 할 때 사용하며 광택 공정 때 도장 면에 스크래치를 발생시키지 않는 제품들도 있다.

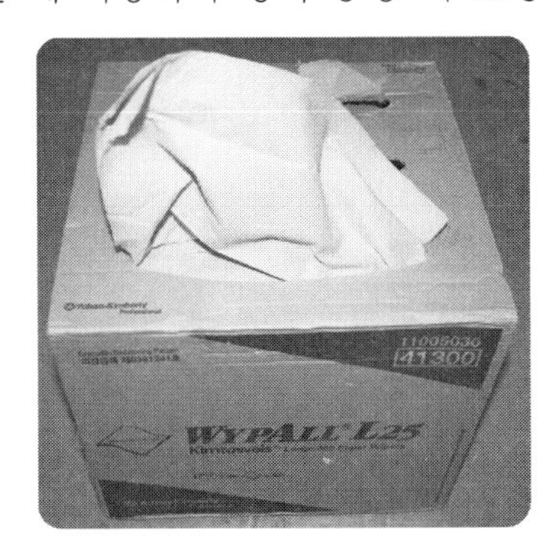

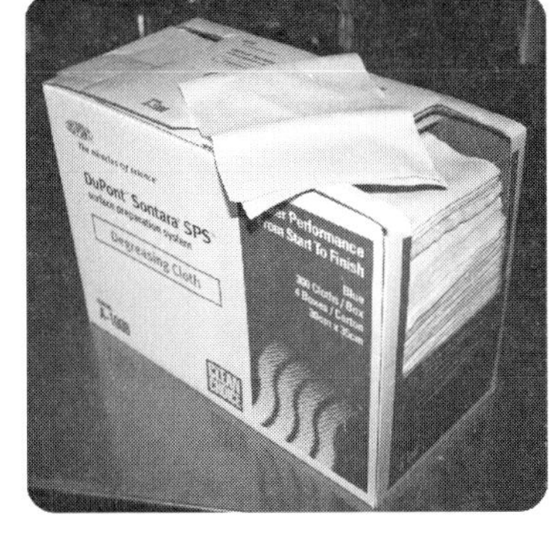

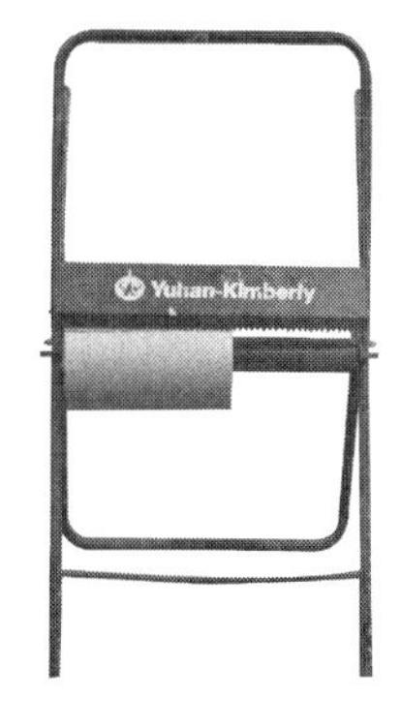

+ 각종 걸레의 예

9 세척용 기구

스프레이건을 사용한 후 깨끗이 세척하고 세척작업 중 작업자가 유기용제에 노출되지 않도록 설계되어 있다. 또한 수용성 세척기의 경우에는 세척에 사용했던 물과 수용성도료가 혼합되어 있기 때문에 분리시키기 위해서 탱크에 모았다가 약품처리를 하여 도료만 응고시키는 방식으로 되어있다.

제3장 조 색

1 | 색의 기본원리

1 색을 지각하는 기본원리에 관한 일반 지식

(1) 색을 지각하는 기본원리

① 색

빛이 물체에 비추었을 때 생겨나는 반사, 흡수, 투과, 굴절, 분해 등의 과정을 통해 인간의 시신경을 자극하여 감각되는 현상으로써 그 파장에 따라 서로 다른 느낌을 얻게 되는데 그 신호를 인식하게 되는 것을 색이라고 한다. 즉, 색이란 빛이 눈을 자극함으로써 생기는 시감각이다.

② 빛

빛은 우리 인간이 물체를 지각하는 근본이 되며, 물체의 형태, 색채, 질감 등을 우리 눈에 보이도록 전달해 주는 역할을 한다. 사람의 눈에 보이는 전자파를 빛(가시광선)이라고 한다. 전자파의 파장은 수천 m에서 10억 분의 1m까지 광범위한 파장의 영역을 가지고 있다. 가시광선의 파장 단위는 nm(나노미터)이며, 이것은 10억 분의 1m, 즉 10^{-9}m가 된다.

※ 빛의 종류

- **가시광선** : 380 ~ 780nm, 사람이 볼 수 있는 광선의 범위를 말한다.
- **적외선** : 780 ~ 400,000nm, 빨간색보다 긴 광선으로써 레이저, 공업용 등에 사용된다.
- **자외선** : 400 ~ 10nm, 보라색보다 짧은 광선으로써 화학용, 과학용 등에 사용된다.
- **r(감마)선, X(엑스)선** : 아주 짧은 파장으로 의료용으로 사용된다.

③ **빛의 분광에 의한 스펙트럼**

스펙트럼(spectrum) : 1666년 뉴턴(Newton)이 발견한 것으로 태양광선을 프리즘에 통과시키면 380 ~ 780nm 범위의 가시광선들이 파장의 길이에 따라 다른 굴절률로 분광되어 무지개색과 같이 연속된 색의 띠로 나타나게 된다. 즉, 태양광이 프리즘을 통과하면 각 파장별로 분광되는 것을 알 수 있는데, 이것은 백색광이 혼색광이기 때문이며, 이를 복합광이라도 한다.

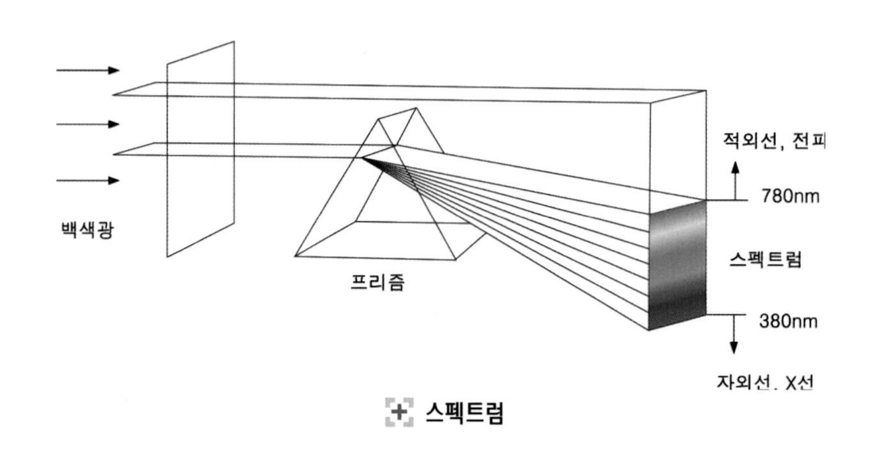

스펙트럼

(2) 물체의 색(색채)

색채란 색과는 달리 물체 자체가 발광하지 않고, 빛을 받아 반사에 의하여 직접 눈에 보이는 색을 말한다. 빛을 받아서 반사, 흡수 또는 투과하는가에 따라 그 물체의 색채가 결정된다.

빛을 모두 반사하면 흰색으로 보이고, 모두 흡수하면 검정색으로 보인다.

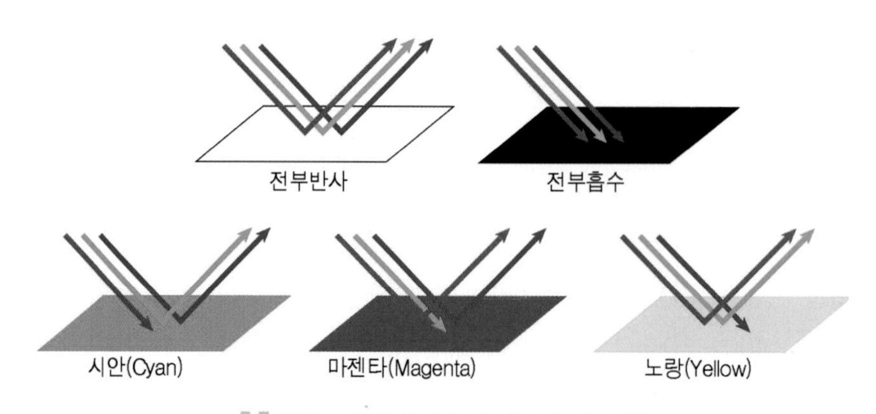

물체의 색(빛의 흡수와 반사에 의한 색)

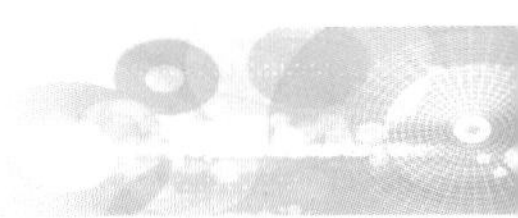

(3) 눈의 구조와 특성

① 빛과 시각의 관계

빛에 의해 반사된 물체의 색은 눈에 들어와 수정체에서 빛을 모아 망막에 전달되면 시신경을 통하여 뇌에서 색을 판단하게 된다.

빛 → 안구의 망막 → 시세포(간상체, 추상체) → 시각의 흥분 → 중추신경 → 뇌의 색 식별

※ 시세포

- **간상체** : 약한 빛에도 작용하며 어두운 곳에서 물체를 볼 수 있게 하는 시세포로써 명암을 인식한다.
- **추상체** : 색을 느끼게 하는 시세포로서 색각과 시력에 관련 있다.

② 눈의 구조

- **각막(cornea)** : 안구를 보호하는 방어막의 역할과 광선을 굴절시켜 망막으로 도달시키는 창의 역할을 한다.
- **동공(pupil)** : 홍채의 중앙에 구멍이 나 있는 부위로 빛이 여기를 통과한다. 동공은 안구 안으로 들어가는 광선량을 조절한다.
- **수정체(lens)** : 양면이 볼록한 돋보기 모양의 무색투명한 구조, 각막과 함께 눈의 주된 굴절기관으로 눈으로 들어오는 빛을 모아 망막에 초점을 맞춘다.

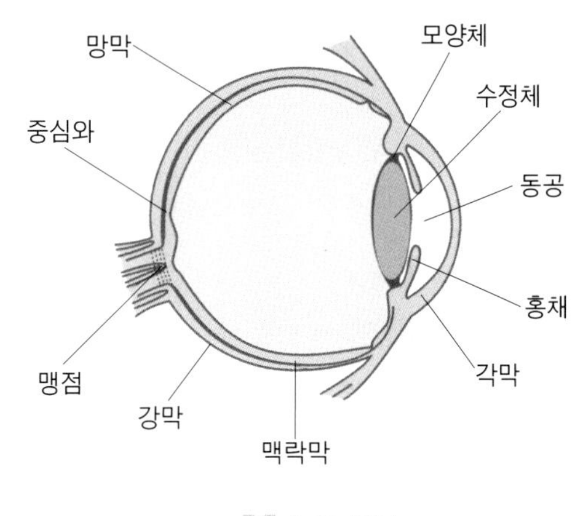

눈의 구조

- **홍채(iris)** : 각막과 수정체 사이에 위치하며 인종별, 개인적으로 색의 차이가 있으며, 눈에 들어오는 빛의 양을 조절해준다.
- **망막(retina)** : 안구 뒤쪽 2/3를 덮고 있는 투명한 신경조직으로 카메라의 필름에 해당되는 부분으로 망막의 시세포들이 시신경을 통해 뇌로 신호를 보내는 기능을 한다.
- **황반부** : 망막 중 빛이 들어와서 초점을 맺는 부위를 말한다. 이 부분은 망막이 얇고 색을 감지하는 세포인 추상체가 많이 분포되어 있어 시신경을 통해 뇌로 영상신호를 전달한다.

③ 눈의 기능과 카메라 비교

눈	카메라	기　능
수정체	렌즈	빛의 굴절(초점 맺힘/굴곡률 조정)
홍채	조리개	빛의 양 조절
망막	필름	상이 맺힘

④ 빛에 대한 감도

- **시감도** : 똑같은 에너지를 가진 단색광에 의하여 생기는 밝기의 감각을 말하는데 같은 에너지를 가진 단색광일지라도 그 밝기는 다르게 느껴진다.
- **비시감도** : 최대 시감도에 대한 특정 시감도의 비를 말한다. 최대 시감도는 파장이 555nm일 때 가장 밝게 느껴지며, 507nm일 때 가장 어둡게 느껴진다.

(4) 색채자극과 인간의 반응

◆ 순응(adaptation)

순응이란 적응과 비슷한 의미로서 수용하는 개체가 환경조건에 잘 적합하는 현상을 말한다.

① 명암순응

- **암순응** : 밝은 곳에 있다가 갑자기 어두운 곳에 들어가면 갑자기 아무 것도 보이지 않지만 시간이 지나면서 차차 정상으로 보이는 현상이다.
- **명순응** : 어두운 곳에 있다가 갑자기 밝은 곳으로 나왔을 때 처음에는 잘 보이지 않지만 시간이 지나면서 밝은 빛에 순응하는 상태로 돌아가 정상적으로 보이는 현상이다.
- **명소시** : 밝기가 어느 정도 이상 높은 상태 또는 명순응 아래서의 시각으로 낮의 밝은 장소에서의 눈의 보통 상태를 일컫는다. 세부적인 부분에 대한 식별이 우수하고 색에 대한 판별이 이루어진다.
- **시감도** : 빛의 강도를 느끼는 능력이다.
- **박명시 현상** : 밝은 곳에 있다가 갑자기 어두운 곳에 들어가면 갑자기 아무것도 안 보이는 현상을 말한다. 추상체와 간상체가 함께 활동하는 시기로써 밝은 곳에서는 노랑, 어두운 곳에서는 청록색을 가장 밝게 느낀다.
- **푸르킨예 현상** : 어두운 곳에서는 간상체가 작용하므로 빨간색 계통은 어두워 보이고,

파란색 계통의 색은 밝아 보이는 현상이다. 비상구 표시를 파란색 계통으로 표시하는 이유도 푸르킨예 현상을 응용한 것이다.

② **색순응** : 색광에 대하여 순응하는 것으로 색광이 물체의 색에 영향을 주어 순간적으로 물체의 색이 다르게 느껴지지만 나중에는 물체의 원래 색으로 보이게 되는 현상을 말한다.

◆ 연색성과 조건 등색

① 연색성

조명의 빛에 의하여 물체의 색이 보이는 상태가 결정되는 광원의 성질을 말한다. 예를 들면 정육점에 진열된 빨간색의 고기가 적색성분이 적은 수은 램프나 형광등에서는 칙칙해 보이지만 적색 성분이 많은 백열등 아래에서는 싱싱하게 보이는 현상을 말한다.

② 조건 등색

특수한 조명 조건 아래에서 서로 다른 색의 물체가 같은 색으로 보이는 현상을 말한다(백열등).

◆ 색각 이상

① 색각

빛의 파장 차이에 의해서 색을 분별하는 감각이다.

② 색맹

- **전색맹** : 추상체의 기능은 없고, 밝고 어두움을 구별하는 간상체의 기능만이 존재한다.
- **부분색맹** : 적록색맹이 가장 많고, 일상생활에는 별 지장이 없지만 색의 판별과 관련한 전문직에는 적절하지 못하다.

③ 색약

색조는 느낄 수 있지만 그 감수능력이 낮아서 비슷하거나 무리지어 있는 색조의 구별이 어려운 상태를 말한다.

2 색의 분류 및 색의 3속성

(1) 색의 분류

◆ 무채색

① 흰색과 검정색을 포함하여 그 사이에 나타나는 회색 단계이다.

② 색상과 채도가 없는 색으로 명도만 가지고 있다.

③ 무채색을 neutral 이라 하며 머리글자를 따서 N으로 표시한다.

◆ **유채색**

① 무채색을 제외한 모든 색을 말한다.

② 색상, 명도, 채도를 모두 가지고 있다.

(2) 색의 3속성

① 색상(Hue)

색 자체의 명칭으로 명도와 채도에 관계없이 빨강, 노랑, 파랑과 같이 각 색에 붙인 명칭 또는 기호를 그 색의 색상이라고 한다.

② 명도(Value)

물체색의 밝고 어두운 정도. 색을 모두 흡수하면 완전한 검정으로 N0로 하고, 모든 빛을 반사하면 순수한 흰색으로 N10으로 표시하고 그 사이를 정수로 표시한다. 명도는 흰색에서 검정색까지 11단계로 구분된다.

③ 채도(Chroma)

색의 선명하고 탁한 정도를 말하며, 색의 맑기, 색의 순도(색의 강하고 약한 정도)라고도 한다. 색의 선명도에 따라 순색, 청색(clear color), 탁색(dull color)으로 구분한다.

※ 채도에 따른 분류

- **순색** : 채도가 가장 높은색
- **청색** – 명청색 : 순색+흰색
  – 암청색 : 순색+검정색
- **탁색** : 순색+회색

(3) 색입체

색의 3속성인 색상, 명도, 채도를 3차원의 공간에서 입체로 만들어 놓은 것으로서 색상은 원, 명도는 수직축, 채도는 중심에서 방사선으로 표시한다.

① 가로로 절단등명도면이 된다.

② 무채색 축을 따라 올라갈수록 명도가 올라가고 내려가면 명도가 내려간다.

③ 무채색 축에서 멀리 나올수록 고채도가 된다.

2 | 색의 혼합

1 색의 혼합

(1) 가산혼합

빛의 3원색 빨강(Red), 녹색(Green), 파랑(Blue)을 모두 혼합하면 백색광을 얻을 수 있는데 이는 혼합 이전의 상태보다 색의 명도가 높아지므로 가법혼합이라고 한다.

G + B = C
R + B = M
R + G = Y
R + G + B = W

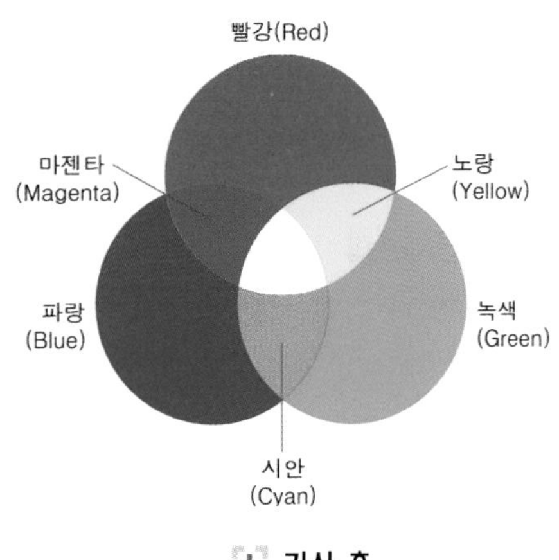

가산 혼

(2) 감산혼합

자주(Magenta), 노랑(Yellow), 시안(Cyan)을 모두 혼합하면 혼합할수록 혼합 전의 상태 보다 색의 명도가 낮아지므로 감법혼합이라고 한다.

M + Y = R
C + Y = G
C + M = B
C + M + Y = K(Black)

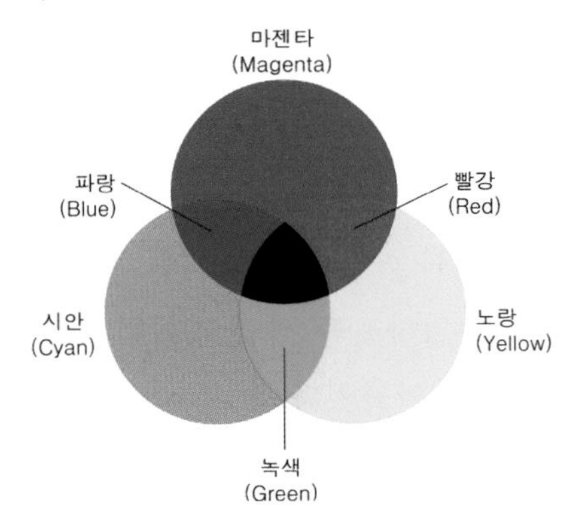

감산 혼합

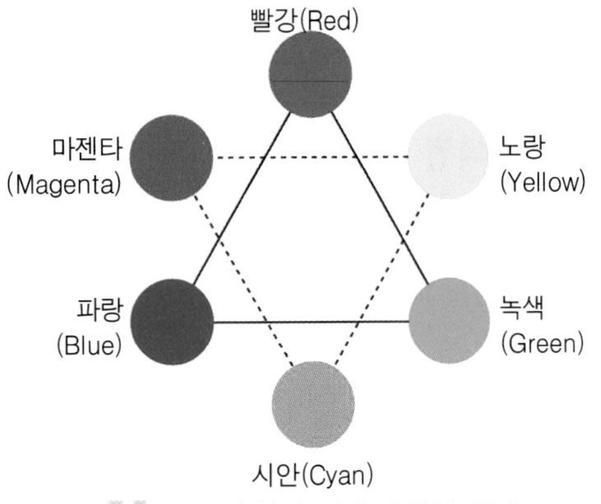

가산 혼합과 감산 혼합의 관계

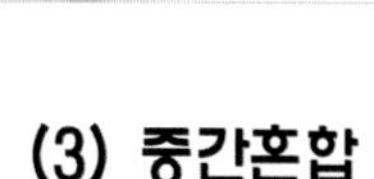

(3) 중간혼합

중간혼합은 시각적으로 혼합되어 보이는 것으로 색 주변의 환경적인 요인에 따른 결과이다.

① 회전혼합

- 계시가법혼합에 속한다.
- 색팽이와 같은 빠른 회전에(1초에 40 ~ 50회 이상의 속도로 회전할 때) 의해 일어나는 혼합이다.
- 혼합된 색의 명도는 혼합되기 전 두 색의 중간색이 된다.
- 영국의 물리학자 맥스웰에 의해서 발견되었다,

② 병치혼합

- 선이나 점이 서로 조밀하게 병치되어 있어 시각적으로 혼합되어 보이는 현상을 말한다.
- 모자이크나 직물, TV의 영상, 신인상파의 점묘화, 옵아트 등에서 예를 찾아 볼 수 있다.
- 면적 또는 거리에 비례하는 눈의 망막에서 혼합되는 현상이다.
- 면적이 작서나 좁을수록 혼색이 잘되어 보인다.
- 병치 감법혼합 : 직물, 인쇄, 점묘작품
- 병치 가법혼합 : 컬러 TV의 혼색

3 | 색의 표시

1 관용색명, 일반색명

(1) 관용 색명

옛날부터 전해오는 습관적인 색 이름이나 고유한 이름을 붙여놓은 색을 말한다. 지명, 장소, 식물, 동물 등의 고유한 이름을 붙여 놓은 색을 말하지만 색을 정확히 구별하기가 힘들기 때문에 보다 체계화 시킨 방법으로 계통색명을 만들었다.

① **기본색에 의한 색명** : 적(赤), 황(黃), 녹(綠), 청(靑), 청록(靑綠), 자(紫), 자주(紫朱) 등으로 표현되어 왔다.

② **동물의 이름에 따른 색명** : 살색, 쥐색, 낙타색, 갈색, 베이지색 등 동물의 이름이나 가죽 등에서 색명이 유래하였다.

③ **식물의 이름에 따른 색명** : 녹두색, 홍매화색, 가지색, 밤색, 살구색, 딸기색, 복숭아색, 팥색, 계피색 등 식물의 이름이나 열매 등에서 유래하였다.

④ **광물과 원료에 따른 색명** : 황토색, 금색, 은색, 에메랄드 그린, 세피아(오징어 먹물), 호박색, 고동색 등 광물이나 원료에 따라서도 색 이름이 유래하였다.

⑤ **인명이나 지명에 따른 색명** : 프러시안블루, 하바나, 보르도, 마젠타 등 지역적 특성이나 특산물, 자연조건 등에서 유래하였다.

⑥ **자연현상에 따른 색명** : 하늘색, 물색, 풀색, 눈색, 무지개색, 땅색 등 기후나 환경적인 요소에서 유래하였다.

- 네이비블루(navy blue) : 영국 해군 수병의 제복에서 생긴 색 이름(곤색) 어두운 청색 (dark blue 6.0PB 2.5/4.0)
- 라벤더(lavender) : 라벤더의 꽃의 색 연한보라(light violet 5.5P 6.0/5.0)
- 마젠타(magenta) : 이탈리아 북부 도시의 이름. 새뜻한 자주(vivid red purple 9.5RP 3.0/9.0)
- 세피아(sepia) : 오징어의 먹(sepia)으로 만든 물감. 회색기미의 짙은 갈색(dark grayish brown 10YR 2.5/2.0)
- 시안(블루)(cyan(blue)) : 그리어그어의 kyanos(어둠, 검정)에서 유래된 말. 시안은 시아닌(cyanine)계로서 약간의 녹색기미를 띤 청색으로 원색판인쇄의 3원색의 하나로 쓰인다. 감법혼색의 원색으로 녹색기미의 새뜻한 파랑(vivid greenish blue 5.5B 4.0/8.5)

(2) 일반 색명

계통색명이라고도 하며 색채를 부를 때 색의 3속성인 색상(H), 명도(V), 채도(C)를 나타내는 수식어를 특별히 정하여 표시하는 색명으로 빨강기미의 노랑, 검파랑, 연보라 등으로 부르는 것을 말한다. 관용색명의 애매한 표현에 비해 정확한 색의 표시가 가능하다.

2 먼셀의 표색계

(1) 먼셀 색채계의 구조와 속성

1905년 미국 화가 먼셀에 의하여 창안되고 발전시킨 표색계이다. 현재 한국공업규격

(KS)으로 제정되어 있다.

① **구성**

- **색상(Hue) 〈H〉** : 기본 5색인 빨강, 노랑, 녹색, 파랑, 보라를 나누고 다시 중간색 주황, 연두, 청록, 남색, 자주를 기본으로 한다. 등간격으로 10개의 색 단계를 가지고 있어 100색상을 만들 수 있다.
- **명도(Value) 〈V〉** : 빛에 의한 색의 밝고 어두움을 나타내는 것으로 무채색의 명도를 흰색을 N10으로 검정을 N0으로 규정하여 11단계로 구분하고, 유채색 명도를 2에서 9까지 나눈다(실제로 N0, N10은 존재하지 않음).
- **채도(Chroma) 〈C〉** : 색의 순도나 포화도를 의미하고, 무채색 축을 0으로 하고, 수평 방향으로 번호가 커질수록 채도가 높게 구성되어 있다. 가장 높은 채도를 14로 규정하였다.

※ 표시기호 : HV/C(색상, 명도/채도)

(2) 색상환, 색입체

① **색상환**

- 색상이 유사한 것끼리 둥글게 배열하여 만든 것이다.
- 가까운 색들을 유사색, 인접색이라고 하고 거리가 먼 색은 반대색이라 한다.
- 색상환에서 정반대의 색을 보색이라고 한다(보색을 혼합하면 어두운 무채색이 됨).

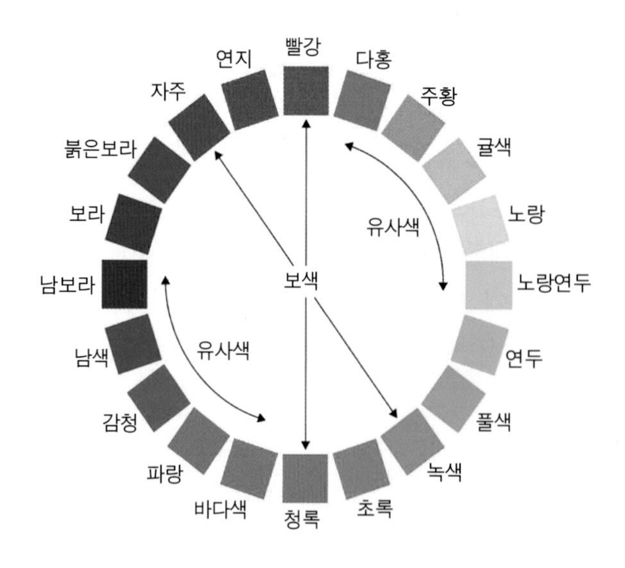

먼셀의 20색상환

② 색입체

- 색의 3속성인 **색상**(H), **명도**(V), **채도**(C)를 3차원 공간속에 표현한 것을 말한다.
- 색상은 원, 명도는 수직중심축으로 위로 갈수록 고명도, 아래쪽으로 갈수록 저명도가 된다.

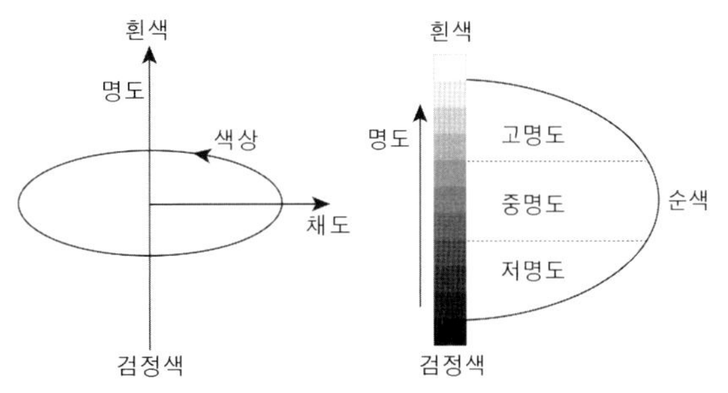

- 등명도면 : 색입체를 수평으로 절단하면 같은 명도를 가진 모든 색상이 나타난다.
- 색의 계통적 분류가 가능하며, 색을 조직적으로 사용하는데 도움이 된다.

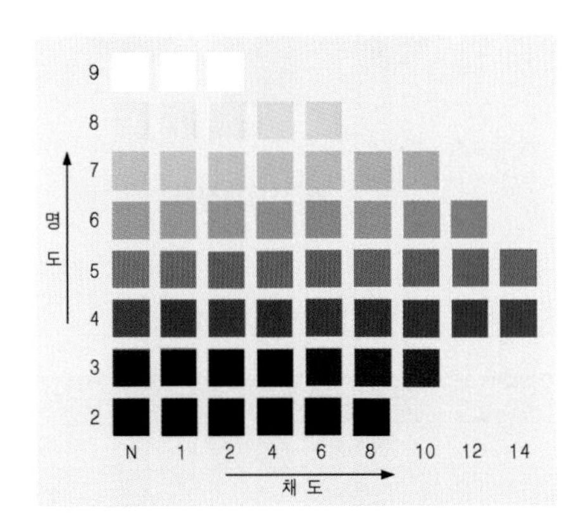

색 입체 구조 및 수직 단면도

③ 먼셀의 색 표기법

눈	기본색명	영문이름	기호	먼셀색상기호
1	빨강	Red	R	5R4/14
2	주황	Orange, Yellow Red	YR	5YR6/12
3	노랑	Yellow	Y	5Y9/14
4	연두	Green Yellow, Yellow Green	GY	5GY7/10
5	녹색	Green	G	5G5/8
6	청록	Blue Green, Cyan	BG	5BG5/6
7	파랑	Blue	B	5B4/8
8	남색	Purple Blue, Violet	PB	5PB3/12
9	보라	Purple	P	5P4/12
10	자주	Red Purple, Magenta	RP	5RP4/12

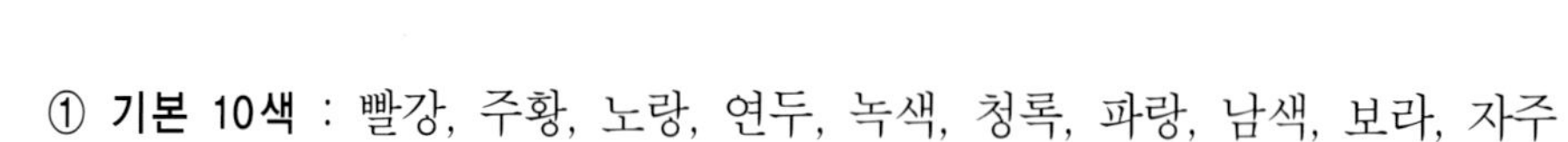

① **기본 10색** : 빨강, 주황, 노랑, 연두, 녹색, 청록, 파랑, 남색, 보라, 자주

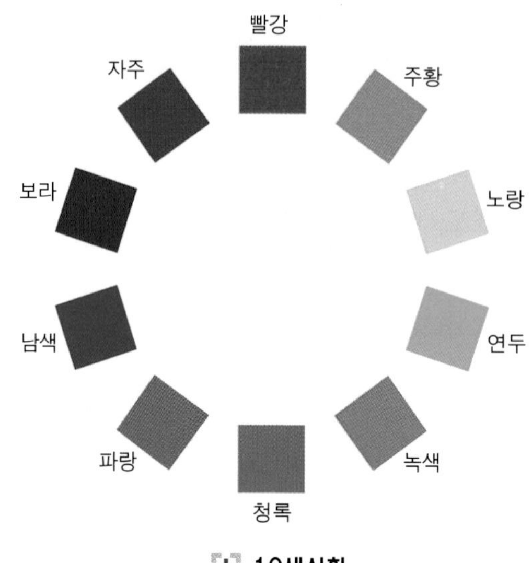

10색상환

② **기본 20색** : 기본 10색에 중간색10색 포함한다.

	기본색명	영문이름	기호	기호
1	빨강	Red	R	5R4/14
2	다홍	Pale Yellow Red	yR	10R6/10
3	주황	Orange, Yellow Red	YR	5YR6/12
4	귤색	Pale Red Yellow	rY	10YR7/10
5	노랑	Yellow	Y	5Y9/14
6	노랑연두	Pale Green Yellow	gy	10Y7/8
7	연두	Green Yellow, Yellow Green	GY	5Y9/14
8	풀색	Pale Yellow Green	yG	10Y6/10
9	녹색	Green	G	5G5/8
10	초록	Pale Blue Green	bG	10G5/6
11	청록	Blue Green, Cyan	BG	5BG5/6
12	바다색	Pale Green Blue	gB	10B5/6
13	파랑	Blue	B	5B4/8
14	감청	Pale PurPle Blue	pB	10b/4/8
15	남색	Purple Blue, Violet	PB	5PB3/12
16	남보라	Pale Blue Purple	bP	10Pb3/10
17	보라	Purple	P	5P4/12
18	붉은보라	Pale Red Purple	계	10P4/10
19	자주	Red Purple, Magenta	RP	5RP4/12
20	연지	Pale Purple Red	pR	10RP5/10

4 | 색의 지각적인 효과

1 색의 대비

서로 견주어 비교하여 어떤 색이 다른 색의 영향으로 말미암아 실제와는 다른 색으로 보이는 현상을 말한다.

(1) 동시 대비

가까이 있는 두 가지 이상의 색을 동시에 볼 때 일어나는 현상이다.

① 색상대비

서로 다른 두 가지 색을 서로 대비했을 때 각 색상의 차이가 더욱 크게 느끼는 현상으로써 색상이 서로 다른 색끼리 배색되었을 때 각 색상은 그 보색 방향으로 변해버린다.

② 명도대비

명도가 다른 두 색이 서로의 영향에 의해서 명도 차가 더욱 크게 일어나는 현상으로써 명도 차이가 클수록 대비가 강해지며, 밝은 배경의 어두운 색은 어두운 배경의 어두운 색보다 좀 더 어둡게 보인다. 밝은 색은 더욱 밝게, 어두운 색은 더욱 어둡게 보인다. 동시대비 중 가장 예민하게 눈에 지각된다.

③ 채도대비

채도가 높은 색은 더 선명하게, 낮은 색은 더 탁하게 보이는 대비 현상을 말한다. 동일한 색이라도 주위의 색 조건에 따라서 채도가 더욱 높아 보이거나 낮아 보이는 것으로써 색상대비가 일어나지 않는 무채색에서는 채도대비가 일어나지 않는다.

④ **보색대비**

색상환의 반대색으로 보색끼리 대비 되었을 때 서로의 색이 더욱 뚜렷해 보이는 현상을 말하며 보색잔상이 일치하기 때문에 3속성의 차이가 크게 나서 더욱 뚜렷하게 보인다. 색의 대비 중 가장 강한 대비를 나타낸다.

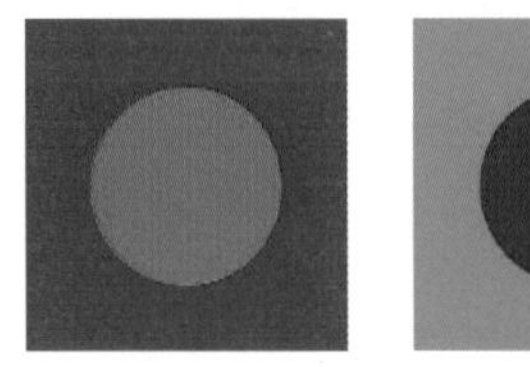
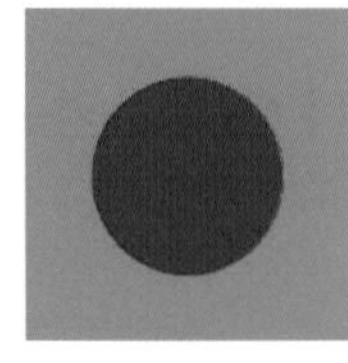

※ 보색 : 색상환에서 정반대에 있는 색으로 서로 마주보게 되며, 가장 거리가 멀고 색상차가 많이 나게 되며 혼합시 무채색이 된다.

(2) 계시대비

시간적 차이를 두고 일어나는 대비를 말한다. 어떤 색을 보고 난 후에 시간차를 두고 다른 색을 보았을 때 먼저 본 색의 영향으로 뒤에 본 색이 다르게 보이는 현상이다.

(3) 기타대비

① **면적대비**

색이 차지하고 있는 면적의 크고 작음에 의해서 색이 다르게 보이는 대비 현상이다.

면적이 큰 색은 명도와 채도가 높아져 실제보다 좀더 밝고 맑게 보이고, 반대로 면적이 적어지면 실제보다 어둡고 탁하게 보인다.

② 한난대비

색의 차고 따뜻함에 변화가 오는 대비 현상으로 중성색 옆의 한색은 더욱 차게 보이고 중성색 옆의 난색은 더욱 따뜻하게 느껴진다.

③ 연변대비

색과 색이 접하는 경계부분에서 강한 색채대비가 일어나는 현상으로 두색의 차이가 본래의 상태보다 강조된 상태로 색상, 명도, 채도대비현상이 더 강하게 나타나는 현상이다.

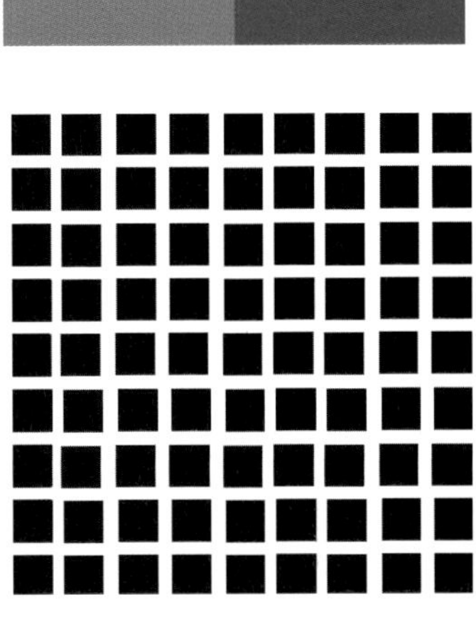

2 색의 동화, 잔상, 명시도와 주목성, 진출, 후퇴, 수축, 팽창 등

(1) 색의 동화

특정 색이 인접되는 색의 영향을 받아 인접색에 가까운 색이 되어 보이는 현상으로 인접색이 유사색일 경우, 명도 차이가 적을 경우, 변화되는 색의 면적이 아주 작을 경우에 일어난다. 자극이 오래 지속되는 색의 긍정적 잔상에 의해서 생겨나고 색상, 명도, 채도 동화가 동시에 일어난다.

※ **베졸트 효과** : 면적이 작거나 무늬가 가늘 경우에 생기는 효과가 있다. 배경과 줄무늬의 색이 비슷할수록 그 효과가 커진다.

(2) 색의 잔상

망막에 주어진 색의 자극이 생긴 후 자극을 제거하여도 시각 기관에 흥분 상태가 계속되어 시각작용이 잠시 남아 있는 현상을 말한다. 망막의 피로현상으로 인해 어떤 자극을 받았을 경우 원자극을 없애도 상이 그대로 남아 있거나 반대상이 남아 있는 현상이다.

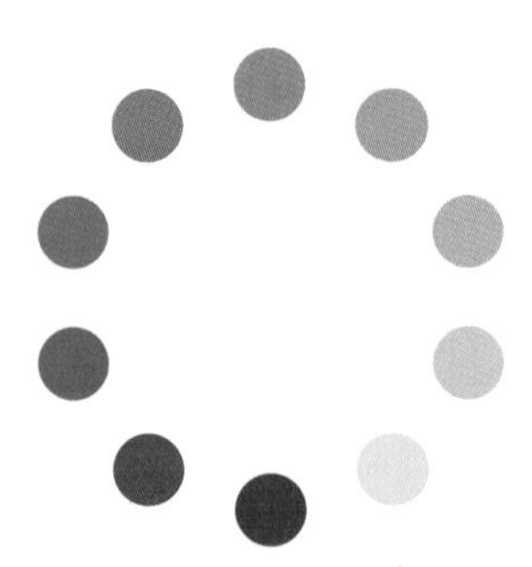

① **정의 잔상**

자극이 사라진 뒤에도 망막의 흥분상태가 계속적으로 남아있어 본래의 자극광과 동일한 밝기와 색을 그대로 느끼는 현상이다. 예로 들면 형광등을 응시한 후 천정을 보았을 경우 나타나는 그림자를 볼 수 있다.

② **부의 잔상**

음성 잔상이라고도 하며 일반적으로 가장 많이 느끼는 잔상으로써 자극이 사라진 뒤에 보색으로(색상, 명도, 채도가 정반대로) 느껴지는 현상을 말한다. 그림에서 좌측을 주시하다가 우측의 원을 보면 뚜렷한 음성 잔상을 느낄 수 있다. 부의 잔상을 활용한 예로는 수술실의 바닥이나 벽면을 청록색계통으로 칠하거나 수술복을 적색의 보색을 사용하여 수술도중 생기는 음성적 잔상을 막는 방법을 사용한다.

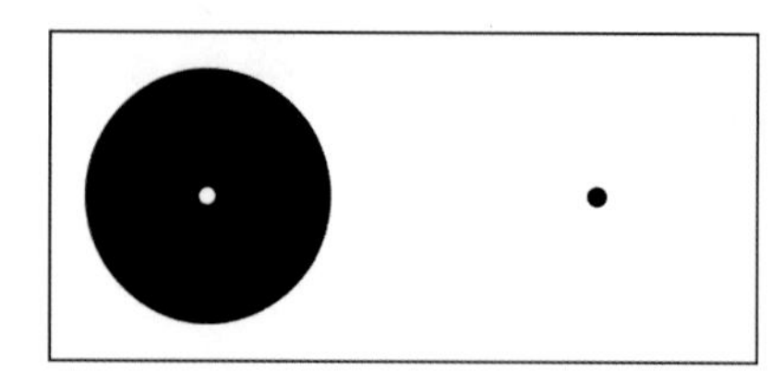

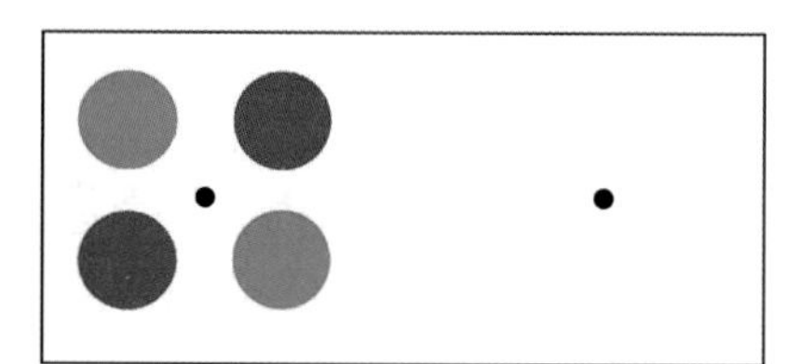

(3) 명시도와 주목성

① **명시도(시인성)**

같은 거리에 같은 크기의 색이 있을 때 잘 보이거나, 잘 보이지 않거나에 따라 그 색이 '명시도가 높다 또는 명시도가 낮다' 라고 한다. 일반적으로 흑색 배경에는 노랑, 주황 등의 난색이 시인성이 높고, 백색 배경에는 초록색, 파랑 등의 한색이 시인성이 높다.

	글씨색	배경색
1	검정	노랑
2	노랑	검정
3	초록	하양
4	빨강	하양

명시도

명시도

명시도

명시도

- **흰색 바탕색일 경우** : 검정, 보라, 파랑, 청록, 빨강, 노랑 순

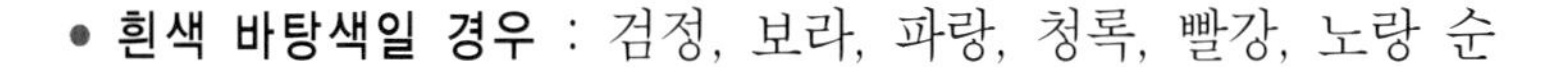

검정 보라 파랑 빨강 노랑

- **검정색 바탕색일 경우** : 노랑, 주황, 빨강, 녹색, 파랑 순이다.

노랑 주황 빨강 녹색 파랑

- **명시도가 높은 배색** : 검정과 노랑의 배색으로 노랑은 유채색 중에서 명도와 채도가 가장 높은 색이기 때문에 흰색보다 명시도가 높아진다.
  표지판, 중앙선, 전신주등 주의를 요하는 부분에 많이 활용한다.

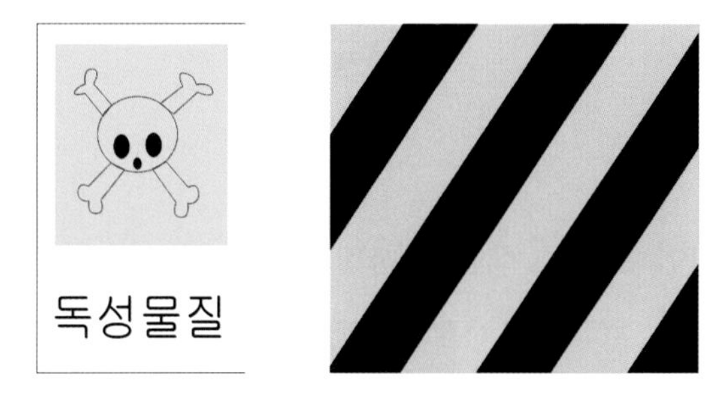

② 주목성(유목성)

색이 사람의 눈을 이끄는 힘을 말하며 고명도, 고채도의 색과 따뜻한 색이 저명도, 저채도, 차가운 색보다 주목성이 높다.

시인성이 높은색은 주목성도 높아진다.

(4) 진출, 후퇴, 팽창, 수축

① 진출색

가까이 있는 것처럼 앞으로 튀어나와 보이는 색으로, 고명도의 색과 난색은 진출성향이 높고, 유채색이 무채색에 비해 진출되어 보인다.

② 후퇴색

뒤로 물러나 보이거나 멀리 있어 보이는 색으로 저명도, 저채도, 한색 등이 후퇴되어 보인다.

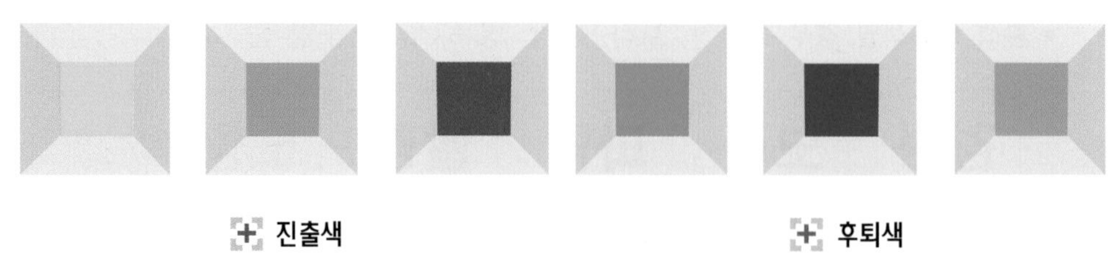

진출색 후퇴색

③ 팽창색

실제보다 더 크게 보이는 색을 말한다.

진출색과 비슷하여 난색이나 고명도 고채도의 색은 실제보다 확산되어 보인다.

팽창색

④ 수축색

실제보다 축소되어 보이는 색을 말하며 후퇴색과 비슷하다.

수축색

진출, 팽창	난색, 고명도, 고채도, 유채색
후퇴, 수축	한색, 저명도, 저채도, 무채색

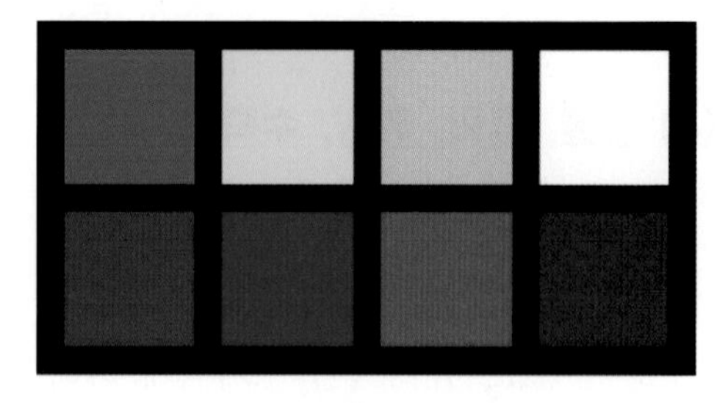

수축색과 팽창색

5 | 색의 감정적인 효과

1 온도감, 중량감, 흥분과 침정, 색의 경연감 등 색의 수반감정에 관한 사항

(1) 온도감

색을 보고 느낄 수 있는 따뜻함과 시원함 등의 느낌을 말한다.

① 난색

색 중에서 따뜻하게 느껴지는 색으로서 빨강, 노랑 등이 있다. 유채색에서는 빨강 계통의 고명도, 고채도의 색일수록 더욱 더 따뜻하게 느껴지지만, 무채색에서는 저명도의 색이 더 따뜻하게 느껴진다.

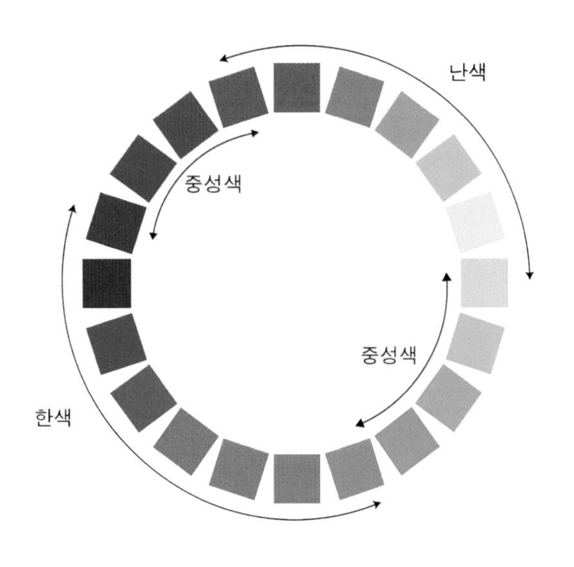

② 한색

색 중에서 차갑게 느껴지는 색으로 청록, 파랑, 남색 등이 있다. 유채색에서는 파랑 계통의 저명도 저채도의 색이 차갑게 느껴지지만, 무채색에서는 고명도인 흰색이 더 차갑게 느껴진다.

③ 중성색

색 중에서 난색과 한색에 포함되지 않은 색으로 연두, 녹색, 보라, 자주 등이 있다. 중성색 주위에 난색이 있으면 따뜻하게 느껴지고, 한색 옆에 있으면 차갑게 느껴진다.

난색	빨강, 주황, 노랑	따뜻함
한색	파랑, 청록	차가움
중성색	연두, 자주, 보라	중간적

(2) 중량감

색의 3속성 중 명도에 의해서 좌우된다.

가장 무겁게 느껴지는 색은 검정색, 가장 가볍게 느껴지는 색은 흰색이다.

검정, 파랑, 빨강, 보라, 주황, 초록, 노랑, 하양 순으로 중량감이 느껴진다.

명도에 의해 좌우	
고명도	가볍게 느껴짐
저명도	무겁게 느껴짐

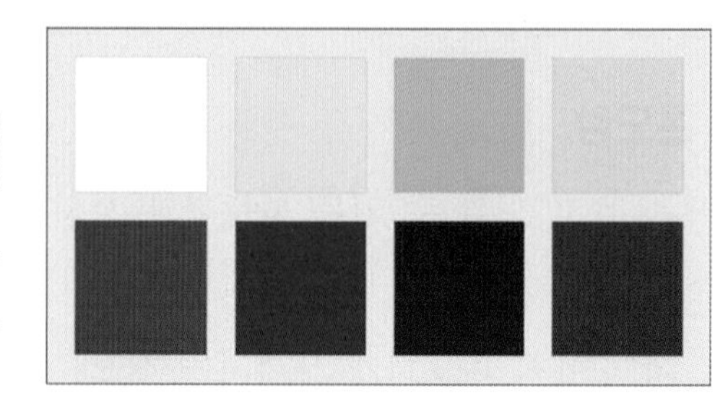

(3) 경연감

딱딱하게 느껴지거나 부드럽게 느껴지는 효과로서 명도와 채도에 영향을 받게 되고, 명도가 높고 채도가 낮은 난색의 색들은 부드러운 느낌을 느끼게 하고, 중명도 이하가 되는 명도가 낮고 채도가 높은 한색의 색들은 딱딱한 느낌을 준다.

경감	고채도, 저명도, 한색
연감	저채도, 고명도, 난색

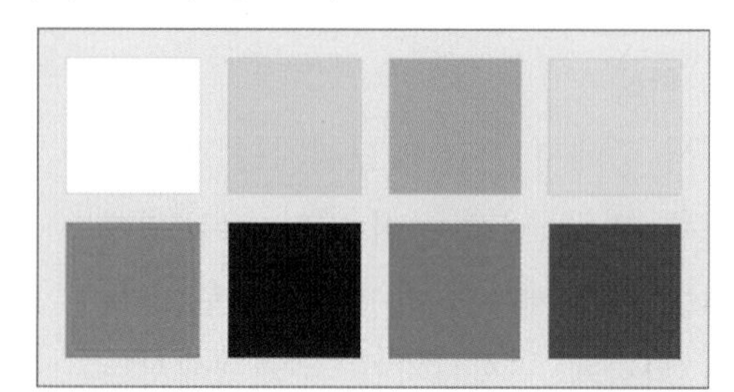

(4) 강약감

색의 강하고 약함을 나타내는 말로서 대부분 순도를 나타내는 채도에 의해서 좌우된다. 빨강과 파랑 등과 같은 원색은 강한 느낌을 주며, 회색이나 중성색은 약한 느낌을 주게 된다.

채도에 의해 좌우	
고채도	강한 느낌
저채도	약한 느낌

(5) 흥분색과 진정색

① 흥분색

난색 계통의 색, 명도와 채도를 높게 하면 흥분감을 느끼게 된다.

② 진정색

흥분상태를 가라앉히는 색, 한색 계통의 명도가 낮은 색을 말한다.

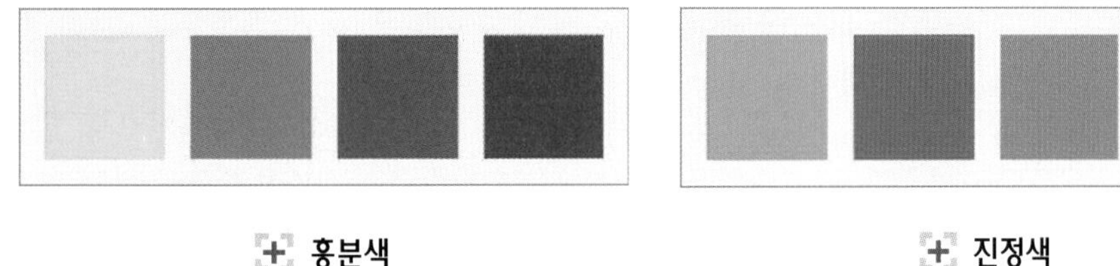

흥분색　　　　진정색

(6) 시간의 장단

장파장 계통의 빨강, 주황, 노랑 등의 난색은 시간이 길게 느껴지고, 단파장 계통의 파랑, 청록 등의 한색은 시간이 짧게 느껴진다. 버스대기실은 한색을 주로 사용한다.

시간이 길게 느껴짐	빨강, 주황, 노랑
시간이 짧게 느껴짐	초록, 청록, 파랑

2 색의 연상과 상징에 관한사항

(1) 색채의 연상과 상징 및 효과

색채의 연상은 생활양식, 문화, 지역, 환경, 계절, 성별, 연령 등에 따라 차이가 있다. 상징은 하나의 색을 보았을 때 특정한 형상이나 뜻이 상징되어 느껴지는 것을 말한다.

	연상, 상징	치료, 효과
마젠타	코스모스, 복숭아, 애정, 연	우울증, 저혈압, 월경불순
빨강	자극적, 열정, 능동적, 화려함	빈혈, 황담, 발정, 정지, 적혈구강화
주황	만족, 기쁨, 즐거움, 만족	무기력, 공장위험표시, 소화계에 영향
노랑	명랑, 환희, 희망, 광명, 초여름	염증, 신경제, 완화제, 신경계 강화
연두	위안, 친애, 청순, 젊음	위안, 피로회복, 방부, 골절

	연상, 상징	치료, 효과
녹색	평화, 고요함, 나뭇잎	안전색, 해독, 피로회복, 신체적 균형유지
청록	청결, 냉정, 이성, 질투	기술 상담실의 벽, 면역성분 증강
파랑	차가움, 바다, 추위, 무서움	염증, 눈의 피로 회복, 침정제, 호흡계
남색	천사, 숭고함, 영원, 신비	살균, 정화, 출산, 마취성
보라	창조, 우아, 고독, 외로움	종교, 방사선물질, 예술, 신경진정
흰색	청결, 소박, 순수, 순결	고독, 비상구
회색	겸손, 우울, 무기력, 점잖음	우울한 분위기
검정	밤, 부정, 절망, 정지, 침묵	예복, 상복

6 | 색채 응용

1 색채의 조화와 배색에 관한 일반지식

(1) 색채의 조화

◆ 유사 조화

비슷한 성격을 가진 색들끼리 잘 어우러져 조화를 이룬다.

① 명도의 조화

같은 색상의 색에 단계적으로 명도에 변화를 주었을 때 조화를 이룬다.

② 색상의 조화

비슷한 명도의 색상끼리 배색 하였을 때의 조화를 말한다.

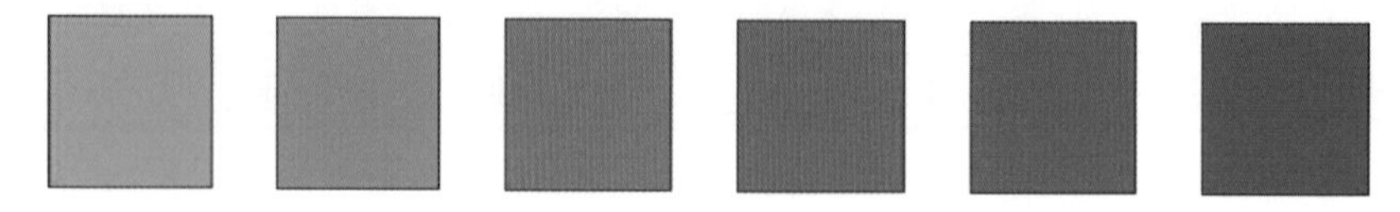

③ **주조색의 조화**

일출이나 일몰처럼 여러 색 중에서 한 가지 색이 주조를 이룰 때 조화를 말한다.

◈ 대비 조화

반대되는 성격을 가진 색들끼리 배색되었을 때의 조화를 말한다.

① **명도 대비의 조화** : 같은 색상을 명도차이를 주었을 때의 조화를 말한다.

② **색상 대비의 조화** : 색상환에서 등간격 3색끼리 배색 하였을 때의 조화를 말한다.

③ **보색 대비의 조화** : 색상환에서 가장 먼 거리에 있는 보색들끼리 배색 하였을 때의 조화를 말한다.

④ **근접 보색 대비의 조화** : 한 색과 그 보색의 근접색을 같이 배색했을 때의 조화를 말한다.

◈ 색채조화의 공통원리

미국의 색채학자 저드(Judd)가 주장한 4가지 원칙을 기준으로 삼아, 가장 보편적이며 공통적으로 적용할 수 있는 색채조화의 원리를 말한다.

① **질서의 원리**

시각적으로 같은 색 체계 위에서 고려된 것으로 규칙적으로 선택된 색은 질서 있는 조화가 이루어지며, 이에 따라 효과적인 반응을 일으킬 수 있다.

② **동류성의 원리(유사성의 원리)**

일반적으로 2가지 색이 조화되지 않았을 경우에 서로의 색을 적당하게 섞어 배합하면 두 색의 차가 적어져 공통성이 인식되는데, 이러한 원리를 이용하여 색의 공통된 상태와 성질이 내포되어 있을 때 색채군이 조화될 수 있다는 원리이다.

③ **친근성의 원리**

사람들에게 익숙한 배색이 서로 잘 조화할 수 있다는 원리로, 그 근본은 자연환경이며, 이러한 익숙한 자연의 색감에서 친근한 조화감을 느낄 수 있다.

④ **명료성의 원리(비모호성의 원리)**

색의 조합이나 면적의 배분 등에서 애매함이 없고 명료하게 선택된 배색이 성공한다는 원리로 색상차나 명도차, 채도차, 면적차를 두어 대비 효과를 주려는 원리를 말한다.

⑤ **대비의 원리**

동일 색상이나 유사 색상의 조화의 경우가 무난하지만 변화가 적기 때문에 명도차, 채도차를 두어 대비 효과를 주려는 원리이다.

◆ **조화 이론**

① **셔브뢸** : 색의 3속성에 근거한 독자적 색채 체계를 만들어 유사성과 대비성의 관계에서 조화를 규명한 것이다. 색채의 조화는 유사성의 조화와 대조에서 이루어진다.

② **오스트발트** : 대표색상을 24색으로 분할하고 명도를 8등분 한다. 조화는 질서와 동일하다고 주장하고 채도가 높을수록 면적을 좁게 해야 한다고 주장하였다.

③ **저드** : 질서의 원리, 친근성의 원리, 공통성의 원리, 명백성의 원리를 주장하였다.

④ **문과 스펜서** : 색 공간에 있어서 기하학적 관계, 면적 관계, 배색의 아름다움의 척도 등에서 조화를 강조하였다.

⑤ **베졸드, 브뤼케** : 유사색상의 배색과 보색의 배색이 조화를 이룬다.

⑥ **비렌** : 창조적 조화론이라 하며 미는 인간의 환경에 있는 것이 아니라 우리 인간의 머리 속에 있다고 주장하였다.

(2) 색채의 배색

두 가지 이상의 색이 서로 어울려서 한 가지 색으로 얻을 수 없는 효과를 만들어 내는 것을 말한다.

◆ **배색의 심리**

① **동일 색상의 배색** : 색상에 의해 부드러움이나 딱딱함 또는 따뜻함이나 차가움 등의 통일된 느낌을 형성하여 같은 색상의 명도나 채도의 차이를 둔 배색에서 느낄 수 있다.

② **유사 색상의 배색** : 동일 색상의 배색과 비슷하며 색상의 차이가 적은 배색이다. 온화함, 친근감, 즐거움 등의 감정을 느낌이 있다.

③ **반대 색상의 배색** : 조색 관계에 있는 색들의 배색으로써 화려하고 강하며 생생한 느낌을 준다.

④ **고채도의 배색** : 동적이고 자극적이며, 산만한 느낌을 준다.

⑤ **저채도의 배색** : 부드럽고, 온화한 느낌을 준다.

⑥ **고명도의 배색** : 순수하고, 맑은 느낌을 준다.

⑦ **저명도되 배색** : 무겁고, 침울한 느낌을 준다.

◆ **배색의 명도 효과**

① **명도와 면적** : 명도가 낮은 색은 넓은 면적에 명도가 높은 색은 좁은 면적에 배색하면 명시도가 높아진다.

② **채도와 면적** : 채도가 낮은 색은 넓은 면적에 채도가 높은 색은 좁은 면적에 배색하면 명시도, 주목성이 높아져 화려한 느낌을 주며 저채도의 색을 많이 사용하면 수수한 느낌을 준다.

③ **온도감과 면적** : 난색 계통의 색은 넓은 면적에 한색 계통의 색은 좁은 면적에 배색하면 자극적이고 강렬한 느낌을 주고 반대로 배색하면 차분한 느낌을 준다.

2 조색방법에 관한 사항

(1) 조색

여러 가지 색료(물감, 페인트, 잉크 등)를 혼합하여 자신이 원하는 색을 만드는 작업이다.

◆ CCM(Computer Color Matching)

컴퓨터 자동배색으로 사용되는 색료의 양을 정확히 지정할 수 있다.

◆ 육안 조색

계량조색과 미조색의 2단계 작업으로 이루어진다.

① 기본원칙

- 광원을 일정하게 유지한다.
- 사용량이 많은 원색부터 혼합한다.
- 가능한 보색은 혼합하지 않아야 한다.
- 많은 종류의 색을 혼합하면 명도, 채도가 낮아진다.
- 견본색과 근접한 색상을 혼합하는 것이 채도가 높다
- 견본 색상과 동일하게 조색 하였더라도 작업조건에 따라 색상차이가 생길 수 있다.

② 조색 작업 순서

- 색상 배합표 검색
- 견본색과 결과색의 대조
- 계량조색
- 테스트 칠을 통한 확인 및 색상 비교
- 미조색 확인
- 조색 작업 완료

제4장 자동차 보수도장 조색

1 | 조색이란

조색을 함에 있어 하루 종일 조색만 하고 있거나 많은 량의 도료를 낭비하면 기업의 궁극적인 목적인 이윤추구에 어긋나게 된다.

따라서 조색 기술자가 되기 위해서는 아래의 요소들을 만족시켜야 한다.

첫째는 항상 주변의 정리정돈의 생활화해야 한다.

둘째는 작업하기 전 충분히 생각하고 작업을 시작한다.

셋째는 재료를 적절히 사용한다.

넷째는 현장조색기 메이커별 칼라시편을 적절하게 사용한다.

다섯째는 장시간 조색하지 않는다.

1 색상차이의 원인

색상차이의 원인은 자동차를 만든 제작사, 자동차의 생산년도, 페인트 메이커, 보수도장 도료, 보수 도장하는 작업자 등의 원인으로 색상이 틀려지게 된다. 또한 신차 도장 면이 외부의 오염물이나 산성비 등에 노출되면서 색상이 변색되거나 퇴색되어 처음의 색상을 유지하지 못하는 경우도 있다.

(1) 자동차 생산라인(OEM)에서의 원인

① 동일한 모델의 생산 공장의 차이 때문이다.

자동차 생산라인에 따라 출고되는 신차의 경우에도 색상차이가 나는 경향이 있다. 예를 들면 이전의 소나타Ⅲ의 경우 아산공장과 울산공장에서 이원화되어 생산되었다. 레디믹스(ready-mix)로 출고되는 색상에도 울산공장에서 생산되는 차종은 (2)라고 적혀저 있으며, 아산공장은 (7)이라고 적혀있는 사례가 있다.

② 도료 제조업체가 틀리기 때문이다.

도료 제조업체가 틀려지면 같은 색상의 안료도 색상이 조금 상이한 경우가 있기 때문에 똑같은 배합표에 따라 조색을 하더라도 색상이 틀려지는 경우가 있다.

③ 도료의 생산일자에 따라 칼라가 다르기 때문이다.

도료의 생산일자가 틀릴 경우 조색 시 안료의 교반정도나 안료의 생산일자에 따라 색상이 조금씩 틀리기 때문에 칼라의 편차가 생길 수 있다.

④ 상도도료 도장 전의 유색 중도의 색상차이 때문이다.

유색 중도의 경우 상도도장 후 은폐나 빛의 투과에 의해 색상이 틀려 보이는 경우가 있다.

⑤ 탑코트(top coat)의 은폐 불량 때문이다.

마지막에 도장되는 탑코트의 은폐가 불량하여 이전의 도료 색상이 상도의 색상에 영향을 주기 때문이다. 또한 은폐력이 약한 색상의 경우에는 중도도료를 비슷한 계열의 색상으로 하여 도장하면 은폐력이 떨어지는 것을 방지하고 있다.

(2) 자동차 보수 도장에서 발생하는 원인

① 현장 기술자의 잘못된 칼라를 선택하였을 경우

도장 직전 현장 기술자가 실수로 인하여 색상을 잘못 인식하여 틀린 색상으로 도장하였을 때 발생한다. 하지만 대부분의 경우 이런 현상은 잘 나오지 않는다.

② 도료교반기의 교반불충분이다.

도료를 매일 교반하지 않고 방치하게 되면 안료가 바닥에 침전되어 교반기를 적정시간동안 교반하여도 잘 섞이지 않아 틀린 색상이 발생하게 된다. 따라서 유성계 도료 교반기의 경우 1일 2회 정도로 5분정도 가동시켜 도료의 침전을 막아야 하며 수용성 도료는 유성계 도료와 달리 사용하지 않을 경우 교반기를 가동시키지 말며 사용 시에 5분정도 가동시켜 사용한다. 수용성계 도료는 도료교반기의 리드기의 날개에 의해 안료코팅이 깨지게 되므로 가급적 많이 구동시키지 않도록 한다.

③ 혼합된 칼라를 충분히 교반하지 않고 사용한 경우

다양한 종류의 안료를 전자저울에 정확히 계량하여 만들었지만 여러 가지 안료를 골고루 잘 섞어서 사용해야한다.

④ 잘못된 방법으로 사용하였을 경우

제조회사의 기술 자료집이나 페인트 통의 사용설명서를 참고하여 작업하여 색상이 틀려지는 것을 방지해야 한다.

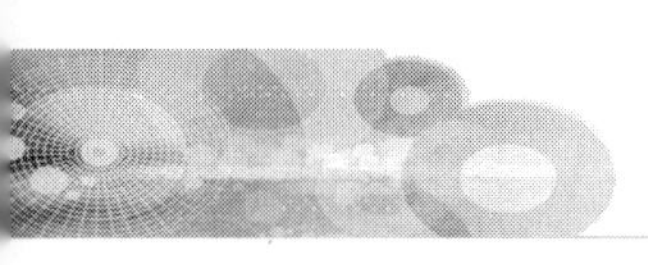

⑤ **유색 중도를 도장면의 일부분만 도장하였을 경우**

중도도료를 일부분만 도장할 경우 밝은 색의 중도 후 상도를 도장하면 밝은 색 중도를 도장한 부분이 상도도장 전체면 중에서 밝아 보이고 어두운 색의 중도를 도장하면 상도도장 전체면 중에서 일부분이 어두워 보인다. 하지만 중도도료의 명도가 상도도료와 일치하면 상도의 색상에 영향을 미치지 않고 좋은 품질의 도장 면을 얻을 수 있다.

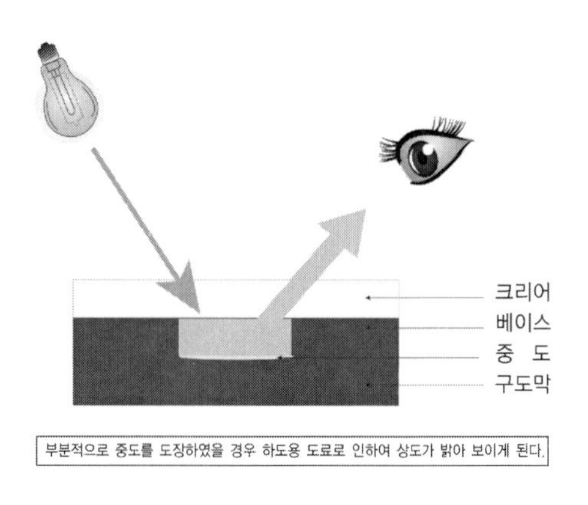

부분적으로 중도를 도장하였을 경우 하도용 도료로 인하여 상도가 밝아 보이게 된다.

(3) 사용재료로 인하여 발생하는 원인

① **오래된 도료의 사용이다.**

제조일자가 오래된 도료는 안료가 엉켜져 있어 교반을 충분히 하여도 수지상에 분산이 되지 않아 발생하게 된다.

② **클리어코트의 차이이다.**

대부분의 경우에는 투명하지만 황색기미가 있는 클리어가 있다. 특히 밝은 색상의 상도를 도장 후 황색기미의 클리어를 도장하면 원했던 색상에 황색기미가 약하게 띄는 경우가 발생하여 색상이 틀려 보이게 된다.

③ **작업 부위 및 온도에 맞는 신너를 사용하지 않았다.**

여름철과 같이 기온이 높거나 도장범위가 넓을 경우 신너의 증발속도를 늦은 것으로 선택하여 사용한다. 신너의 증발 속도에 따라 색상이 틀려지기 때문이다.

(4) 색상비교 시의 광원의 종류에 따른 원인

빛의 파장에 따라 색상이 틀려 보이게 된다(조건등색). 따라서 가능한 자연광아래에서 색상을 대조하는 습관을 갖자. 예를 들면 형광등에서 비교할 경우 색상이 푸른빛이 강해지며 수은등에서는 노란빛이 강해진다.

※ 조건등색으로 색상이 틀려 보이는 것을 방지하는 방법

① 가능한 태양광에서 색상을 비교한다.

② 실내에서 색상을 비교할 경우 적절한 광원에서 비교한다.

③ 실내의 벽면이나 물건들은 가능한 흰색 계열로 하여 주변의 색상으로 인하여 색상 비교 시 간섭을 받지 않도록 한다.

2 색상의 비교

색상을 비교할 경우에는 비교차량의 패널(panel)을 폴리싱(polishing) 작업을 하여 기준이 되는 도장면의 스크래치(scratch)나 오염물을 제거한 후 비교하도록 한다.

(1) 색상비교 각도 및 거리

일반적으로 정면과 측면을 확인하여 정면색과 측면색을 맞추도록 한다.

① 조색시편의 비교

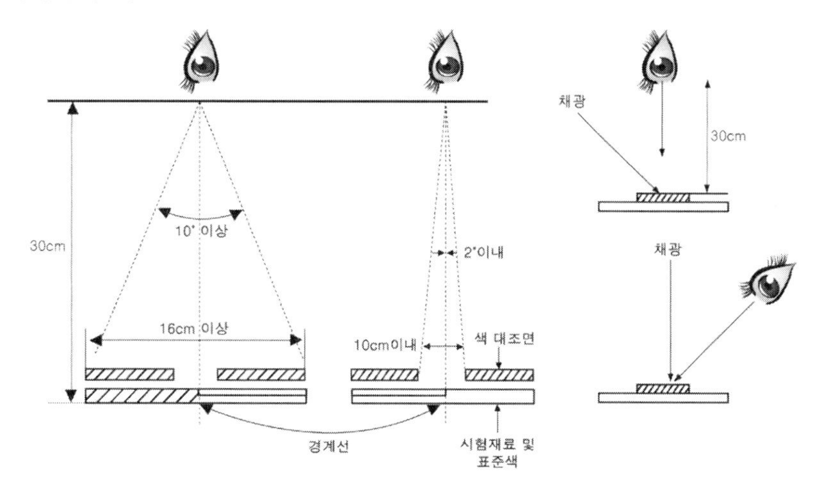

② 차체 색상의 비교

③ 광원에 대한 색상 관찰각도

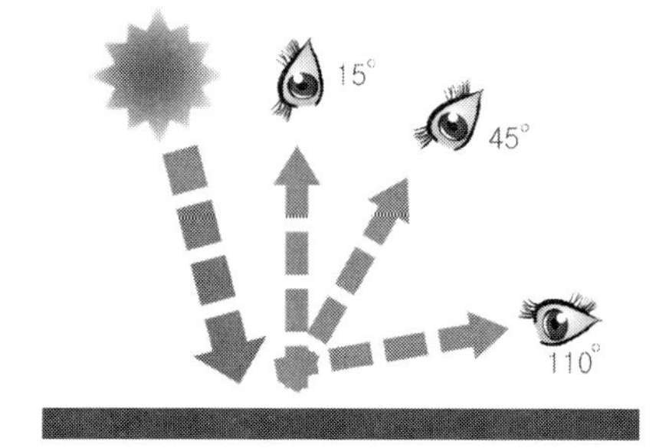

(2) 비교가능 시간 및 조건

색상을 비교하기에 가장 좋은 광원은 태양광이지만 상황에 따라 실내에서 비교하기도 한다. 실내에서 비교할 경우 태양광에 가까운 램프로는 필립스(philips) TL84, 95, 96, 950, 965 등이 있으며 오스람(osram) TL 13 램프가 있다. 램프의 교환 주기는 약 2,000시간이다.

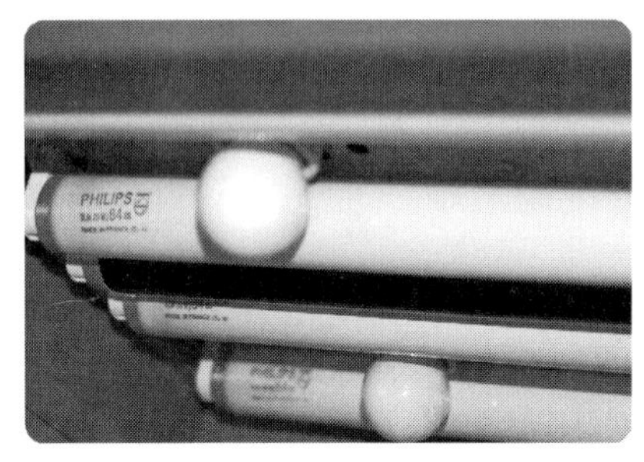

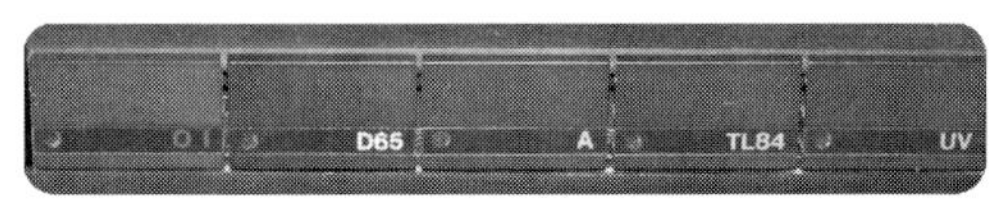

색상을 비교할 경우에는 아래의 조건들을 충족시켜 다시 작업하는 경우를 줄이도록 한다.

① 일출 3시간 후, 일몰 3시간 전에 한다.

② 빛에 따라 색상이 틀려지기 때문에 벽에서 50Cm 떨어진 북쪽 창가에서 주변의 다른 색의 반사광이 없는 곳에서 한다. 가능하면 주변을 무채색으로 하면 좋다.

③ 견본과 비슷한 크기와 광택을 유지한다.

④ 직사광선을 피하고 실내에서 관찰할 경우에는 최소 500Lux이상 되어야 하며 1,000Lux 정도를 권장한다.

⑤ 색상을 비교하는 관찰자는 40세 이하의 젊은 사람으로 색맹이나 색약이 아니어야 하며 시신경이나 망막질환이 없는 건강한 사람이여야 한다.

2 | 솔리드 컬러 조색

색상에 메탈릭, 펄 등의 안료 등이 함유되어 있지 않는 도료의 조색으로 감산혼합의 원리에 따라 색상을 조색하며 감산혼합의 1차색인 마젠타(magenta), 노랑(yellow), 시안(cyan) 3가지 색상은 다른 컬러를 이용하여 조색할 수 없다. 하지만 2차색인 빨강(red), 녹색(green), 파랑(blue) 색상은 1차 색상의 혼합으로 조색할 수 있다. 솔리드 조색의 경우 색상환을 완벽하게 이해하고 있어야 한다.

위의 내용을 기본으로 하여 색상환의 반대의 색상을 첨가하게 되면 탁해지면서 어두운 갈색(dark brown)계열로 색상이 가게 된다. 이와 동시에 채도는 떨어지고 조건 등색의 원인이 되기 때문에 색상환을 먼저 숙지하고 솔리드 조색에 들어가기 바란다. 또한 솔리드 조색이 가능해진 후 메탈릭이나 펄 조색에 입문하면 메탈릭이나 펄 조색이 그리 어렵게 느껴지지 않을 것이다.

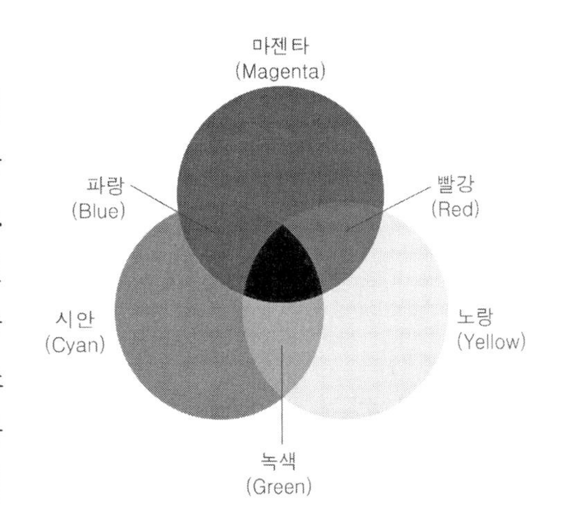

따라서 이 부분의 앞에 있는 색채의 일반적인 내용을 완벽하게 숙지하고 조색을 시작하면 많은 연습을 통해 훌륭한 조색사가 되는 길이 가까워 질 것이다.

1 조색의 목적

자동차의 일부분만 도장을 할 경우 자동차의 색상과 일치하도록 조색하며 전체도장이나 자동차의 색상을 교체의 경우에는 자동차 소유주의 취향에 따라 색을 만들어 도장한다.

2 조색공정

조색을 시작하기 전에는 사용하는 기구와 장비를 점검하고 청결하게 유지하며 생산한지 오래 되지 않은 도료를 사용하고 온도와 작업범위에 따라 희석제 선정을 올바로 하며 만들어진 도료를 확실히 교반해야 한다. 미조색시에는 조색데이터 내에서 가감하여 조색하는 것이 색상을 쉽게 맞출 수 있다.

① 기준이 되는 마스터시편을 확인하고 원색을 결정한다.

② 보조 원색을 선정한다.

③ 색상의 밝고 어두움을 조절한다.

④ 색상의 맑고 탁함을 조절한다.

색상 : 색은 혼합하면 할수록 떨어진다.
빨강 + 흰색 = 명도는 올라가고 채도는 떨어진다.
빨강 + 검정 = 명도는 내려가고 채도는 올라간다.

3 | 2coat 메탈릭·펄 컬러 조색

자동차 보수용 도료 중 메탈릭(metalic)이나 펄(pearl)을 함유하고 있는 도료의 조색으로 현재 생산차종의 대부분이 2coat 방식의 도료이다.

1 메탈릭 컬러(metalic color)

조색 작업 시 메탈릭 입자의 정렬을 맞추는 것이 중요하다. 메탈릭 입자가 불규칙적으로 배열되어 있을 경우 색상이 틀려 보이기 때문에 조색 판별 시 메탈릭 입자정열을 일정하게 스프레이 하는 것이 중요하다.

표준도장

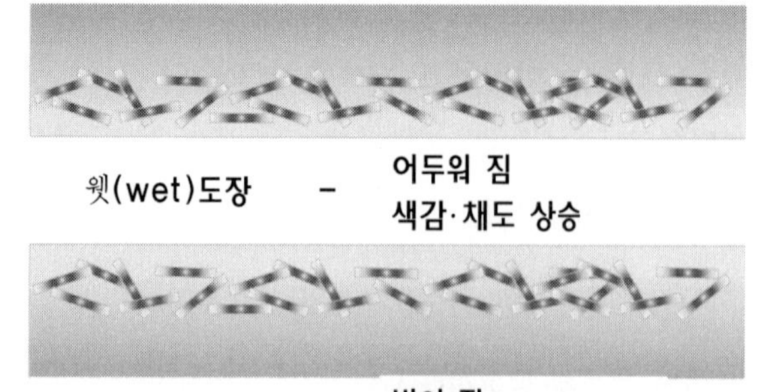

날림(dry)도장 - 밝아 짐
입자감 상승
채도 감소

또한 스프레이 방법에 따라 같은 도료를 도장하더라도 틀리게 된다. 대부분의 메탈릭 컬러는 표준도장으로 메탈릭의 정열을 전체적으로 골고루 배열하여야 같은 색상이 나오나 웻트(wet)방식이나 날림(dry)방식으로 도장 할 경우 색상이 틀려지게 되므로 스프레이 도장 중 도료의 색상을 미세하게 수정할 수 있으므로 작업 시에 참고하여 도장하도록 한다.

마지막으로 피도면과 스프레이건과의 각도에 따라서 색상이 틀리게 된다. 시편을 도장할 경우에도 패널에 도장하는 것과 유사하게 도장을 해야만 시편색상과 실제 패널에 도장할 때 색상을 같게 만들 수 있다. 패턴의 겹침 폭도 일정하게 해야 하며 압축공기의 압력, 도료의 점도, 도장온도, 이동속도, 사용 스프레이 건의 노즐 지름, 플래시 오프 타임(flash off time), 패턴의 폭 등에도 색상이 미세하게 변화하기 때문에 항상 같은 조건 하에서 도장 후 표준시편과 도장한 시편을 비교해야 함을 잊지 말아야 한다.

날림(dry)도장 표준도장 웻(wet)도장

피도체와의 스프레이건과의 각도를 가능한 직각을 유지하여 도장하여 웻(wet)도장이나 날림(dry)도장이 되지 않도록 한다.

① 작업 조건에 따라 색이 변하는 메탈릭컬러와 펄컬러

전날 전체 도장한 차의 보닛에 먼지가 많이 떨어져 사용하고 남은 도료로 후드만 부분도장 했을 때 전날 도장한 부분과 색상차이를 가끔 느낄 수 있다. 이것은 도료의 색상이 달라진 것이 아니라 처음 작업조건과 다음날 작업한 조건이 다르기 때문이다.

메탈릭과 펄컬러는 배합된 원색에 의해서 뿐만 아니라 알루미늄입자의 배열상태, 보는 각도에 따라서도 색이 달라진다. 따라서 메탈릭과 펄도장을 할 경우 색을 정확히 맞추기 위해서는 조색때와 실제 도장때의 도장조건을 정확히 맞출 필요가 있다.

스프레이건 노즐의 크기, 도료 토출량, 공기압력, 패턴의 형태 등에 의해서 색상이 민감하게 변화한다. 물론 이러한 변화가 스프레이건의 조절 상태에 의한 것만은 아니고 신너량, 작업시의 온도, 습도 등의 작업 환경에 의해서도 변화하는데 이러한 도장조건을 크게 둘로 나누어 젖음 도장 조건과 날림 도장 조건이라 한다.

② 젖음 도장(wet coat)과 드라이 도장(dry coat)의 색상차

젖음과 날림 두 도장 방식은 표준 도장 조건을 조금 벗어난 도장 방식으로서 젖음 도장은 도료가 촉촉하게 도장되는 조건으로 안료 입자가 안정감 있게 배치되어 전체적으로 표준보다 어둡게 보이고 날림 도장은 건조하게 느껴지도록 도장되는 조건으로 입자의 배열이 불규칙해 색이 연하게 보이므로 조색 시와 실제도장 작업 시 똑같은 도장 조건을 유지해야 색상이 정확하게 맞아진다.

따라서 실제 차의 미조색 작업 시 한 개의 조색판에 날림 방식과 젖음 방식으로 칠해 비교해 보면서 작업하면 다소간의 색상 차는 도장 방법에 따라서 극복할 수 있으므로 시간을 절약할 수 있다.

스프레이 조건에 색상차이
날림 도장 : 표준보다 밝게 나타난다.
젖음 도장 : 표준보다 어둡게 나타난다.

(1) 조색의 목적

메탈릭 입자의 크기, 배열위치, 메탈릭 안료이외의 색상을 맞추어 기존의 색상과 거의 똑같은(똑같은 색상은 만들기 불가능함)색상을 만들어 도장하게 된다. 그리고 메탈릭 컬러의 경우에는 베이스코트만 도장 후 색상을 비교할 경우 기존의 색상과 비교하여 어둡게 보이기 때문에 정확한 컬러판별을 위해서는 클리어를 도장한 후 비교하여 조색하도록 한다.(클리어 도장 후 메탈릭 색상은 아주 조금 어두워진다.)또한 도장 조건에 따라 조정이 가능하기 때문에 도장 조건에 대한 내용도 이해하여 조색 작업 시 적용하도록 한다.

대부분의 컬러는 정면과 측면이 다른 방향으로 보인다. 기존의 색상보다 정면이 조금 밝아지면 측면이 약간 어두워지며 정면이 약간 어두워지면 측면 색상보다 약간 밝아 보이게 된다.

① 날림 도장(dry spray)

표준도장과 비교하여 색상이 밝아지며 도장 후 메탈릭 입자는 도막의 표면층에 분포한다.

② 젖은 도장(wet spray)

표준도장과 비교하여 색상이 어두워지며 도장 후 메탈릭 입자는 도막의 하부층에 분포한다.

도장 조건	밝은 방향으로 수정	어두운 방향으로 수정
도료 토출량	도료량 조절나사를 조인다	도료량 조절나사를 푼다
희석제 사용량	많이 사용 한다	적게 사용 한다

건 사용 압력	압력을 높게 한다	압력을 낮게 한다
도장 간격	시간을 길게 한다	시간을 줄인다
건의 노즐 크기	작은 노즐을 사용 한다	큰 노즐을 사용 한다
패턴의 폭	넓게 한다	좁게 한다
피도체와 거리	멀게 한다	좁게 한다
신너의 증발속도	속건 신너를 사용 한다	지건 신너를 사용 한다
도장실 조건	유속이나 온도를 높인다	유속이나 온도를 낮춘다
참고사항	날림(dry)도장이 되도록 한다	젖은(wet)도장이 되도록 한다

③ 메탈릭 입자의 방향성

메탈릭 도장은 관찰자의 보는 각도에 따라 명암이 틀려 보이는 특징이 있다. 그러므로 작업자는 정면과 측면의 명암차이를 인지하여 조색작업 시에 접목시켜야 한다. 일반적으로 플립 톤(flip tone)은 플롭 톤(flop tone)보다 밝은 경향이 있다.

- 플립 톤(flip tone)은 색상을 확인할 때 정면에서 관찰하였을 때의 색상으로 가장 밝게 나타나는 특징이 있다.
- 플롭 톤(flop tone)은 색상을 확인할 때 측면에서 관찰하였을 때의 색상으로 가장 어둡게 나타나는 특징이 있다.

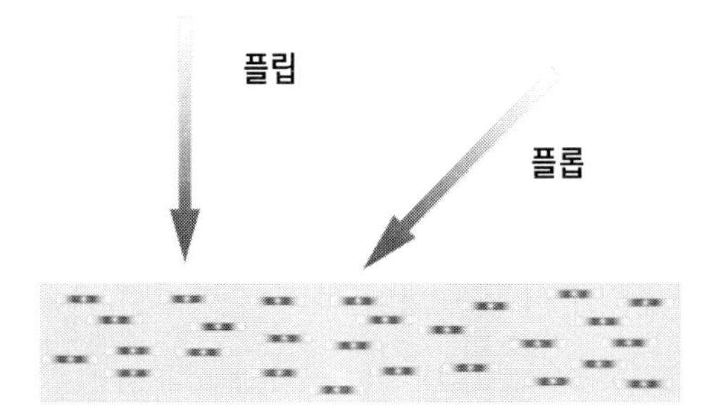

(2) 2coat 컬러 확인 방법

자동차의 경우 태양광이나 데일라이트 등을 이용한다.

① 정면 컬러 확인 방법

광원을 등 뒤에서 컬러 비교 패널의 90°에서 관찰한다. 이때 컬러의 위치, 컬러의 방향, 채도를 확인한다.

② 측면 컬러 확인 방법

측면에서 관찰하며 색상변화 및 측면 밝기를 확인하다. 특히 광원에 대하여 45° 로 관찰할 경우 원래의 색상에 비해 어둡게 보일 수 있기 때문에 주의한다.

(3) 조색공정

솔리드 컬러 조색공정을 충분히 이해하고 조색을 할 수 있는 작업자이면 메탈릭 조색을 함에 거리감이 없이 쉽게 할 수 있을 것이다. 항상 기본을 튼튼하게 갖추어 어려운 컬러를 조색할 경우 쉽게 다가갈 수 있도록 색의 기초와 솔리드컬러를 정복해야 할 것이다. 메탈릭 조색을 할 경우 가장 먼저 선행되어야 하는 것은 메탈릭 입자의 크기를 맞추는 것이다. 미조색시에는 조색 배합비 내에서 가감하여 조색하는 것이 색상을 쉽게 맞출 수 있다. 그리고 2coat에는 메탈릭 안료만 함유된 메탈릭 컬러, 색상과 메탈릭이 함유된 메탈릭 컬러, 메탈릭 컬러와 펄이 같이 들어가 있는 컬러가 있다. 이 색상들 모두 베이스코트를 도장 후 클리어를 도장하는 컬러이기 때문에 색상 비교 시 클리어를 필히 도장한 후 색상을 비교해야 한다.

◈ 메탈릭 컬러 조색 순서

유색이 들어가지 않은 컬러의 경우 메탈릭 안료와 흰색, 검정색으로 구성되어 있으며 유색이 들어가 있는 컬러의 경우 솔리드 컬러 조색법과 메탈릭 조색법 두 가지를 모두 조색하여야 한다. 후자의 경우에는 메탈릭 감을 먼저 한 후 유색을 조색한다.

① 메탈릭 안료를 선정한다.

- 도료 중의 메탈릭 입자감을 맞춘다.

무엇보다 선행되어야 하는 것이 메탈릭 안료 입자를 선정하는 것이다. 입자감이 맞지 않을 경우 이색현상이 많이 발생되기 때문에 정확한 크기를 파악하고 해당하는 안료를 선정하여 색상을 맞추어 나간다.

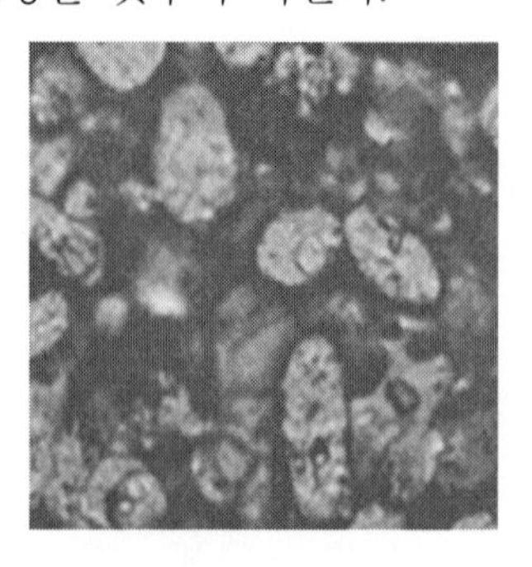

광휘형 메탈릭 안료

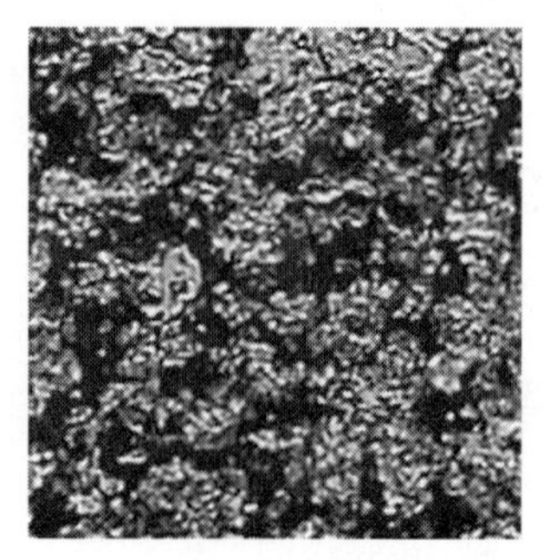

일반형 메탈릭 안료

• **정면 톤(tone)과 측면 톤을 맞춘다.**

※ 각조정제

정면과 측면의 메탈릭 입자감이나 색감의 변화를 주는 첨가제로서 도장 후 누운 메탈릭 입자를 세워서 밝게 하는 것이다. 정면 톤은 약간 어두워지고 측면 톤은 약간 밝아진다. 또한 메탈릭의 입자감은 조금 커지게 된다.

• **채도를 맞춘다.**

② 명도를 조절한다.

◆ 펄 컬러의 조색

2coat 펄 조색에 대한 내용이다.

솔리드 컬러의 조색과 유사하기 때문에 솔리드 컬러의 조색방법 이외의 펄의 특징만 서술하도록 하겠다.

도료 중에 펄(pearl)이 함유된 도료로서 정면 톤(tone)에만 영향을 주고 측면 톤에는 영향을 주지 않는다. 또한 펄 안료의 도료 중의 특징으로는 펄 안료를 첨가하면 측면 밝기가 어두워진다.

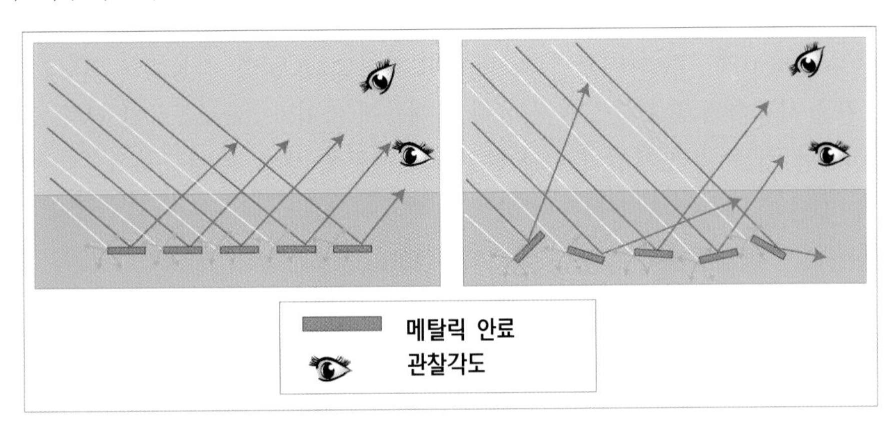

메탈릭 컬러의 측면작용

4 | 3coat 펄 도료의 조색

자동차 보수용 도료 중 바탕색을 도장하고 은폐력이 없는 펄(pearl)을 도장하는 도료로서 바탕의 색이 보이고 다른 각도에서 자동차의 색상을 확인할 때 펄이 반사되어 보이는 도료의 조색이다. 스프레이 도장 방법과 조색법이 다른 조색에 비해서 고도의 난이도가 필요한 조색이라고 할 수 있다.

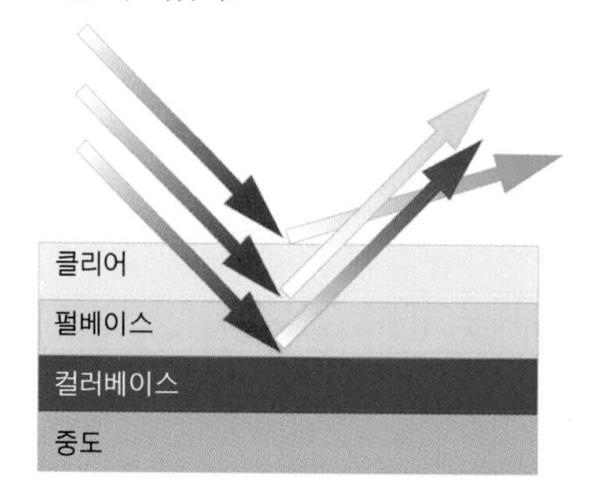

1 펄 컬러(pearl color)

펄(pearl)안료는 진주의 영롱한 빛을 나타낸다. 하지만 가격이 비싸기 때문에 공업용에서는 운모(mica)에 이산화티탄(TiO_2)이나 산화철(Fe_2O_3)을 이용하여 코팅한 것을 사용한다. 펄을 사용하지 않고 운모를 사용하기 때문에 마이카(mica)도료라 한다. 운모를 사용하는 이유는 광물 중 쪼개짐이 가장 완전하기 때문에 깨질 때 불규칙적으로 깨지는 것이 아니라 밑면에 대하여 편평하게 쪼개지는 특징이 있다. 메탈릭은 불투명하지만 마이카(mica)안료는 반투명하여 일부는 반사, 흡수한다.

※ 이산화티탄 : 빛(380~385nm이하)을 흡수하여 활성화된다.

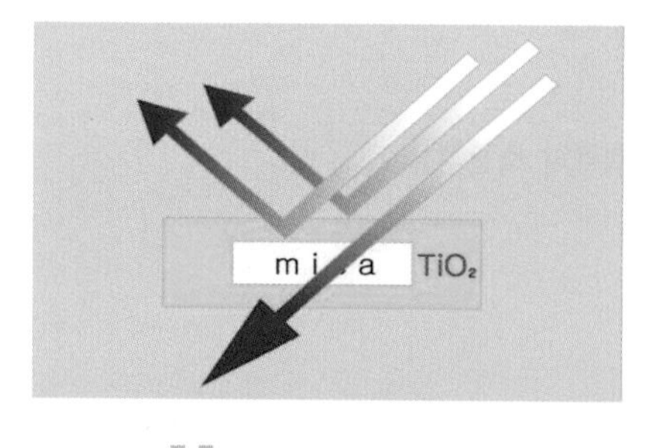

일반, 간섭마이카

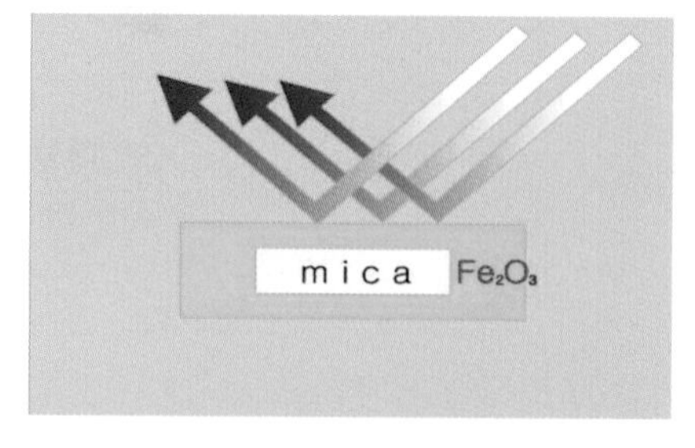

착색, 은색마이카

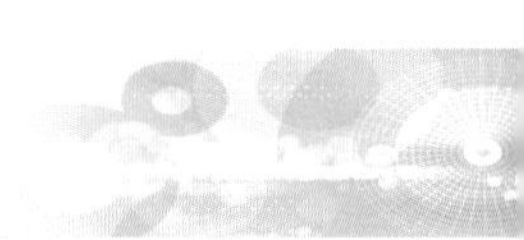

(1) 마이카(mica)의 종류

마이카(mica)는 크게 화이트마이카, 간섭마이카, 착색마이카, 은색마이카가 있다.

① 화이트마이카는 반투명으로 은폐력이 약하다. 또한 안료의 입자가 큰 것은 메탈릭 안료와 비슷하게 번쩍거리며 입자가 적은 것은 매끈하고 부드럽게 보인다.

② 간섭마이카는 마이카에 이산화티탄의 코팅 두께에 따라 색상이 변한다. 코팅 두께가 두꺼우면 두꺼울수록 노랑계열에서 적색계열, 파랑계열, 초록계열로 만들어지며 바탕에 있는 컬러베이스가 보이도록 투과성이 높은 것과 색상가지고 있지 않고 각도를 바꾸어 관찰하면 다른 색이 보이는 것이 특징이다.

③ 착색마이카는 이산화티탄에 유색 무기 화합물인 산화철을 착색한 것으로 은폐력이 있다.

④ 은색마이카는 이산화티탄에 은을 도금한 것이다.

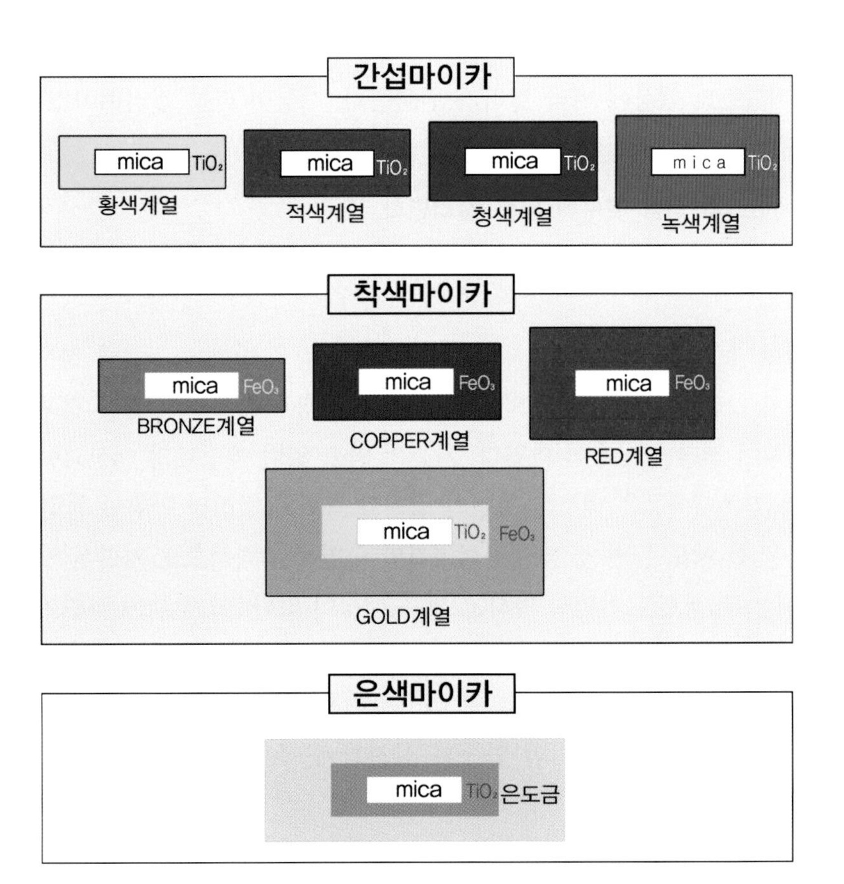

2 펄(pearl) 조색법

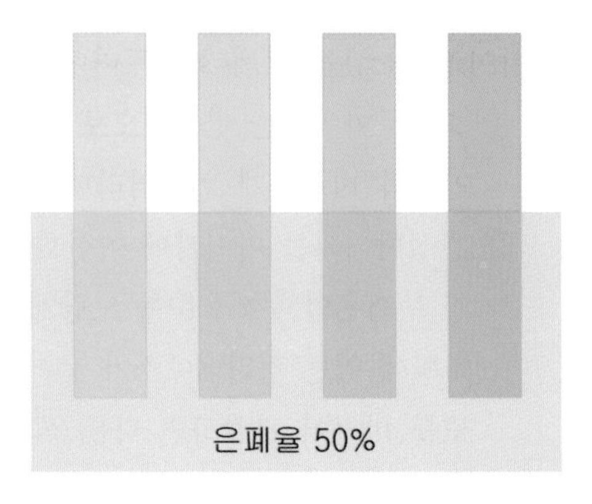

펄 컬러(pearl color)는 컬러베이스(color base)색상과 펄 베이스(pearl base)의 도장 횟수에 따라 색상의 변화가 보이는 도료로서 컬러베이스의 조색법은 솔리드 컬러의 조색법과 일치한다. 하지만 펄 베이스의 경우에는 도장횟수에 따라 색상을 비교하여 가장 알맞은 횟수의 시편 도장법대로 도장하여 색상을 맞추도록 한다.

또한 펄 도장을 할 경우에는 스프레이건의 압축공기 압력과 피도체와의 거리, 토출량, 도료의 점도 등을 항상 일정하게 해야 한다. 조건에 따라 색상의 편차가 아주 크기 때문에 스프레이건의 경우에는 압력게이지를 달아서 항상 일정한 압력으로 도장해야 한다.

① 컬러베이스의 색상에 따른 컬러변화

컬러베이스의 색상에 따라 컬러가 변화한다. 색상이 다른 컬러베이스 위에 펄 베이스를 도장할 경우 색상이 틀려진다.

② 펄 베이스의 도장 횟수에 따른 컬러변화

컬러베이스의 색상은 같지만 펄 베이스의 도장횟수가 증가하면 할수록 색상이 틀려진다.

③ 동일한 색상에 정면의 색상과 측면의 색상이 같은 방향으로 틀릴 경우 펄 입자감은 변하지 않으며 정면과 측면의 색상이 같은 방향으로 틀리지 않을 경우 펄 베이스를 조색하여 색상을 맞추어 나간다. 기존의 알고 있던 페인트의 색상과는 달리 자동차용 유색 조색제들은 대부분 정면의 컬러와 측면의 컬러의 방향이 틀린 특징이 있다. 청색을 한 예로 들면 정면은 청색이지만 측면에서 적색으로 가면서 탁한 색상과 밝은 색상, 녹색으로 가면서 탁하고 밝은 색상이 있다. 이 청색은 정면이 똑같은 청색이 아니며 몇 종류이며 색상환의 청색 주변에 여러 가지 청색이 있다고 보면 된다.

끝으로 서두에서 언급하였지만 연습과 실전의 반복으로 컬러를 보는 능력을 키워야 한다.

제5장 자동차도장공정 [표준도장]

도장 공정에는 크게 **전체 도장**(all spray), **패널도장**(panel spray), **부분 도장**(blending spray), **터치업 도장**(touch up spray)으로 크게 나뉜다.

패널 표준 도장을 충분히 이해하고 작업 공정을 완벽하게 숙지한다면 전체 도장이나 부분 도장은 패널 도장 공정에서 범위의 차이이기 때문에 패널 도장에 대해서 자세히 설명하도록 하겠다.

1 | 자동차 보수 도장의 범위

1 전체 도장(all spray)

자동차의 내·외관의 색상을 모두 도장하는 것으로 기존의 색상에 맞추어 도장을 하거나 고객의 기호에 따라 기존 자동차의 색상을 다른 색상으로 바꾸어 도장하게 된다. 크게 외관만 도장하는 전체 도장과 후드·도어·트렁크 안쪽과 전체 안쪽을 도장하는 방법이 있다. 후자의 경우에는 대부분 기존색상과 달리 색상을 교체하는 경우에 하는 전체 도장 방법이다. 또한 현재에는 자신만의 고유한 자동차의 색상을 원하는 고객층의 증가로 특수한 도장을 하는 고객층이 증가하고 있다. 특수한 도장에 대해서는 이후에 특수도장에서 다루도록 하겠다.

※ 전체 도장 순서도

운전석 쪽 루프 패널 → 조수석 쪽 루프 패널 → 조수석 후 펜더 → 트렁크 → 후 범퍼 → 운전석 후 펜더 → 운전석 도어 → 운전석 사이드 실 → 운전석 전 펜더 → 운전석 쪽 후드 → 조수석 쪽 후드 → 조수석 전 펜더 → 전 범퍼 → 조수석 도어 → 조수석 사이드 실

2 패널 도장(panel spray)

자동차가 운행이나 주차 중에 외부의 응력에 의해 자동차의 패널이 손상되어 원래의 모습으로 복원하기 위하여 패널을 교환 또는 도장 작업에 의해 패널로 구분한 범위의 도장으로 교환하는 부품의 경우에는 자동차에 부착하지 않고 패널 하나만 도장하고 도장 완료 후 자동차에 부착하는 방식으로 도장하고 있다. 그리고 기존의 패널을 수정, 복원해서 사용하는 경우에는 패널의 도장 부위 이외의 부분은 마스킹 공정을 거치고 상도작업에 이루어진다.

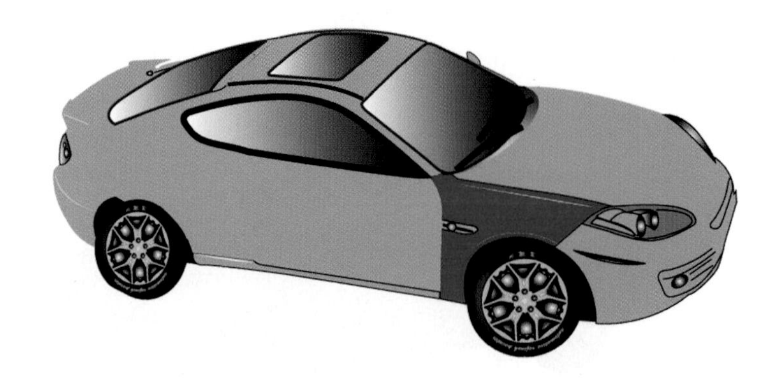

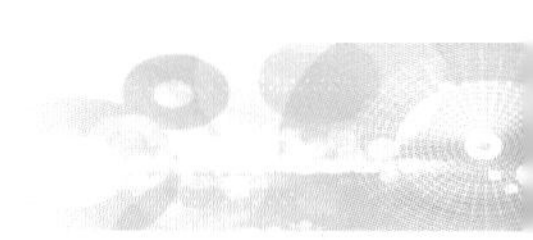

3 부분 도장(blending spray)

자동차의 일부분이 손상이 되어 패널 전체를 도장하지 않고 일부분만 도장할 때를 말한다. 패널의 일부분을 도장하여도 소비자가 알아볼 수 없도록 도료를 날려 도장하고 건조 후 광택작업을 통해 기존 도막과의 단차를 제거하고 유사한 광택이 나도록 한다. 또한 리어 펜더(rear fender) 교체 작업의 경우 해당 패널과 루프 패널(roof panel)과의 경계 부분에 베이스코트(base coat), 클리어코트(clear coat), 블랜딩 신나(blending thinner)를 날려서 경계면이 나지 않도록 작업한다. 이 작업 법은 패널 도장과 비교하여 조금 더 높은 난이도를 갖기 때문에 패널 도장을 열심히 연습하고 부분 도장에 임하도록 하자. 현재 부분 도장업체에서는 법률로 패널도장을 못하게 하고 있으며 고객이 조금 더 적은 보수를 지급하고 깨끗하게 만들고자 할 경우와 자동차의 색상이 잘 맞지 않아 부분도장하는 경우가 있다.

4 터치업 도장(touch up spray)

운행 중이나 정차 중 아주 작은 범위에 도장 면이 손상되었을 때 터치업 페인트나 붓 등을 이용하여 도장 상처 부위에 발라서 수정한다. 스프레이 건을 사용하지 않으며 가장 쉽고 간단하게 자동차에 녹이 발생하는 것을 예방할 수 있다.

2 | 표준 도장 공정

각각의 공정들에 대해서 자세히 알아보도록 한다. 사용하는 재료와 장비는 앞에서 소개하였으므로 장비나 재료의 특성은 앞부분을 참고한다. 이장에서는 해당 장비나 재료의 사용법 및 작업방법에 대해서 설명하도록 하겠다. 작업공정 중에 해당 작업의 포인트를 완전히 이해하고 실무에 적용할 수 있도록 하며 1coat 솔리드도장, 2coat 메탈릭 · 펄도장, 3coat 펄도장은 도료의 종류와 도장 횟수만 다르기 때문에 이장의 마지막에 간단히 다루도록 하겠다.

3 | 탈지공정과 에어블로

도장 공정에서 공정 공정마다 빠지지 않는 공정이다. 특히 탈지공정의 경우 하지 않고 지나가서 작업 중 결함이 발생하는 경우가 많기 때문에 공정 공정별로 꼭 하도록 한다.

1 탈지공정

탈지공정은 작업물의 표면에 있는 유분이나 이물질 등을 퍼티도포면 연마공정이 들어가지 전에 작업하여 유분이나 이물질이 연마자국 안으로 들어가서 도장중이나 완료 후에 결함이 발생할 수 있는 요소를 제거하기 위하여 하는 공정이다.

좌측에서부터 탈지용 걸레, 탈지제, 내용제 장갑

깨끗한 걸레 하나에 탈지액을 묻힌다.

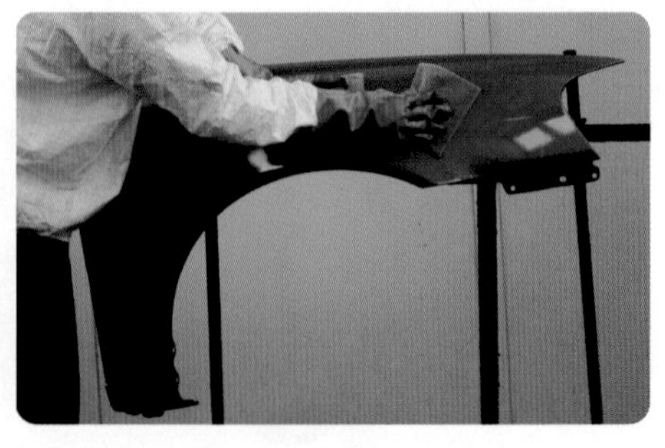
탈지액이 묻어 있는 걸레를 이용하여 먼저 패널을 닦고 패널에 탈지액이 마르기 전에 탈지액이 묻어 있지 않은 걸레를 이용하여 깨끗이 닦아낸다.

2 에어블로(air blow)

자동차나 패널에 묻어있는 먼지를 제거할 때 사용한다. 표면에 대해서 45° 정도의 각도로 불어낸다.

특히 기공 속에 있는 먼지나 수분을 완벽하게 제거하여 층간 부착불량이나 블리스터 등의 결함이 발생하지 않도록 한다.

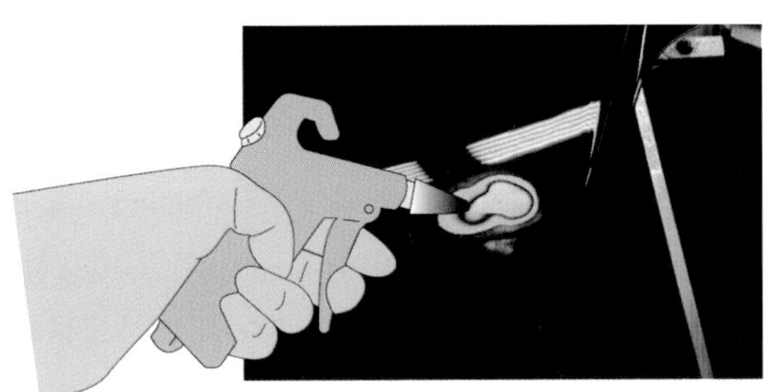

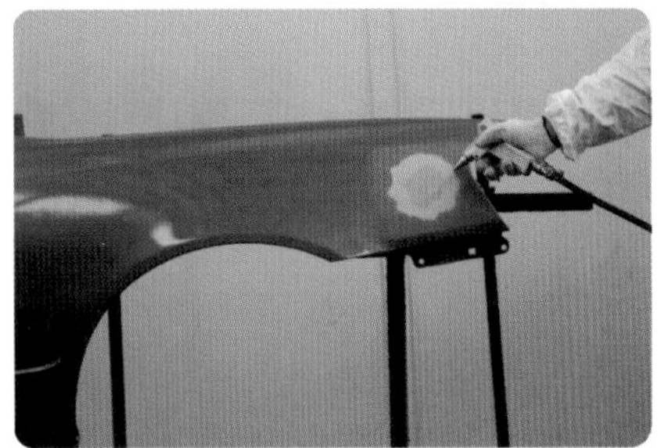

4 | 하도 공정

하도 공정은 퍼티도포면 연마공정, 퍼티도포공정, 퍼티연마공정으로 나뉜다. 하도 공정은 전체 도장 공정 중 60~70% 정도의 시간과 비중을 차지하는 가장 중요한 공정으로 하도 작업이 불충분 할 경우 중도 · 상도 공정까지 나타나기 때문에 많은 노력과 기술이 필요한 공정이라고 할 수 있겠다. 또한 중도나 상도 공정은 쉽게 익힐 수 있는 공정이지만 하도 공정을 어느 정도 이상의 품질을 만들어 내기 위해서는 수년의 시간이 걸리는 공정이라고 볼 수 있다. 현장 기술자들도 역시 경력이 얼마 되지 않은 기술자들이 가장 힘들어하는 작업이기 때문에 많은 연습으로 빠른 시간에 정복하도록 노력하자.

1 퍼티도포면 연마 공정

퍼티를 도포하기 전 퍼티와 패널과의 부착을 위해서 연마를 하게 된다. 특히 자동차 보수 도장의 경우 기존의 도막 위에 퍼티를 도포하여 평활성을 확보한 뒤 다음 공정으로 순차적으로 진행되기 때문에 가장 중요한 공정이라고 볼 수 있다.

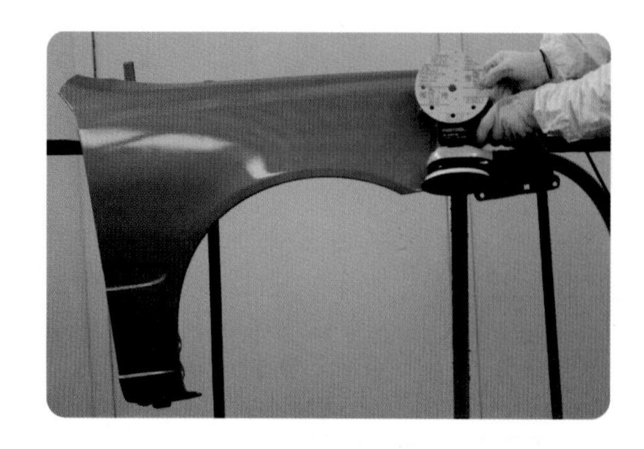

(1) 탈지공정이 완료 된 패널에 연마지를 이용하여 단낮추기 작업을 한다.

탈지공정이 완료 된 패널에 P80 ~ P120 연마지를 이용하여 단낮추기(feather edging) 작업을 한다. 핸드블록을 사용하거나 더블액션샌더기(오버다이어 5mm이상)를 이용한다. 전기식 더블액션샌더기의 경우에는 오버다이어가 5mm를 사용하며 에어식 더블액션샌더기는 7mm를 사용한다. 또한 예전과 비교하여 샌더기와 연마지가 좋아지면서 현재에는 P80보다는 P120 연마지를 많이 사용하고 있는 추세이다. 샌더의 패드는 부드러운 패드를 사용하지 않고 딱딱한 패드를 사용함으로 요철을 타고 넘지 않도록 한다.

그리고 연마지를 샌더에 부착할 경우 연마지의 구멍과 샌더의 구멍을 일치시켜 연마 분진이 집진기로 쉽게 들어갈 수 있도록 구멍과 구멍을 일치시킨다.

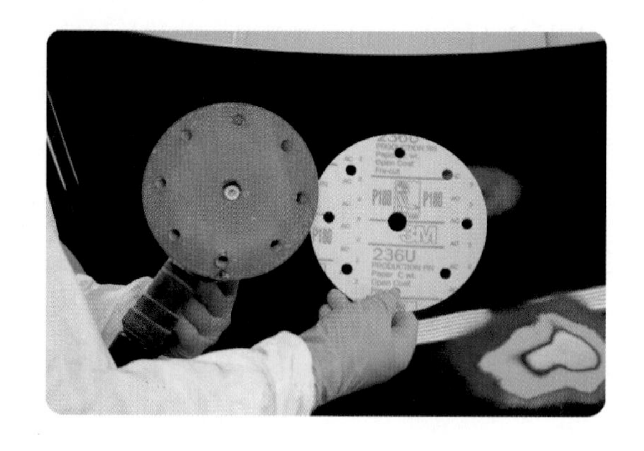

◆ 단낮추기(feather edging)

자동차의 패널에 사고나 판금 정형을 하게 되면 도막의 턱이 발생하게 된다. 이러한 턱이 발생되면 이 턱을 넓게 만들고 그 위에 퍼티를 도포해야 한다. 따라서 턱을 없애고 넓게 완만한 경사를 만드는 것을 단낮추기(feather edging)라 한다. 또한 단낮추기를 하면 기존의 도장이 몇 번 되었는지가 보이기 때문에 구도막의 상태를 확실히 파악할 수 있다.

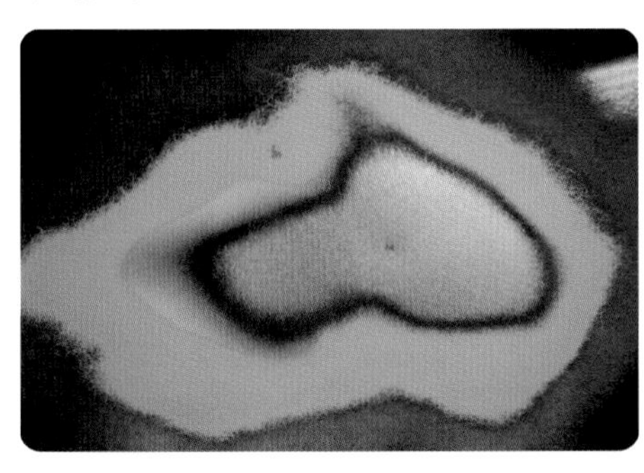
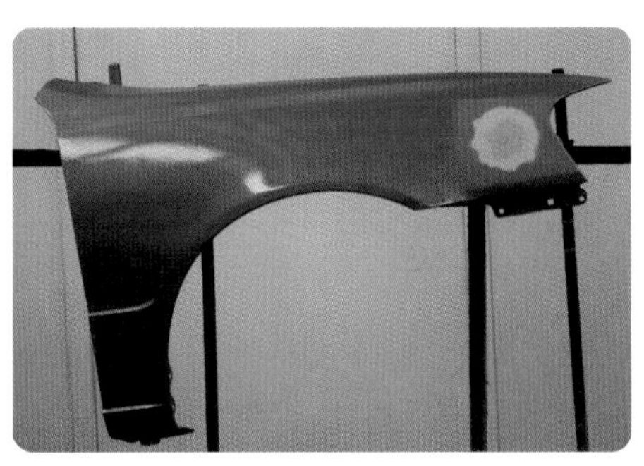

도막의 두께에 따라 단낮추기의 길이는 길어져야 한다. 신차도막의 경우에는 철판과 단낮추기 끝과의 거리를 3cm 정도로 하며 보수 도장 후 재 보수하는 도막의 경우에는 3 ~ 5cm 정도로 넓게 해주는 것이 좋다. 단낮추기를 하지 않을 경우 퍼티가 완전 건조되면 기존의 사고에 생긴 자국이나 판금 그라이딩 작업 후 생겨있던 자국들이 보이게 되기 때문에 도막의 두께가 두꺼우면 두꺼울수록 넓게 작업해 주는 것이 좋다.

◆ 단낮추기 만드는 방법

① 더블액션 샌더를 사용할 때에는 힘을 주지 않도록 하며 샌더의 무게로만을 이용하여 연마한다.

② 샌더 패드의 중심으로 연마하는 느낌으로 연마를 한다. 절대 샌더의 일부분을 들지 않도록 한다.

③ 내부에서 외부로 연마한다. 철판에서 외부 쪽으로 이동하면서 연마를 해야만 단낮추기의 경사각이 깨끗하게 만들어진다.

◆ 단낮추기의 장점

① 퍼티나 프라이머 서페이서의 부착력 향상

② 도장결함 방지

단낮추기의 범위가 좁을 경우 먼지나 이물질 또는 용제가 침투되어 도장 공정 완료 후 도막 외부로 나오게 된다. 이렇게 되면 내부에 틈새가 생겨 부풀음이 생기게 된다.

③ 작업공정의 단축

상처의 깊이가 적을 경우 단낮추기를 넓게 하고 프라이머 서페이서를 두껍게 도장 후 중도 연마 평활성을 잘하면 퍼티공정이 없이 바로 중도공정으로 갈 수 있기 때문에 작업시간을 단축시킬 수 있다.

◆ 작업시 주의사항

- 반드시 방진마스크, 장갑 등의 안전보호구를 착용한다.
- 오래 사용하여 연마가 잘 되지 않는 연마지는 신품으로 교체하여 작업속도를 높이도록 한다.
- 샌더는 가볍게 파지하고 패널 쪽으로 힘을 주지 말며 샌더의 무게만을 이용하여 연마하는 기분으로 가볍게 연마한다.
- 홈이진 부분이나 샌더가 들어가지 않는 부분을 무리하게 샌더기를 연마하여 샌더의 패드가 손상되거나 샌더기가 고장 나지 않도록 주의한다.
- 가능한 단낮추기의 폭을 넓게 하며 경사가 완만하도록 만든다.
- 샌더는 비스듬히 사용하지 않고 패널에 대하여 평행을 이루도록 한다.

(2) 단낮추기 된 부분의 외부를 P180 ~ P220 연마지를 이용하여 연마

주변부위와 P80 ~ P120 연마자국을 제거하면서 연마한다.

퍼티를 도포할 경우 단낮추기가 된 부분만을 도포할 수 없기 때문에 가급적이면 단낮추기가 완료 된 부분 주변부위를 사각형으로 만들어 퍼티 도포 후 연마할 경우 부착력이 나오지 않아서 평활성을 잡기 힘들 것을 방지할 수 있다.

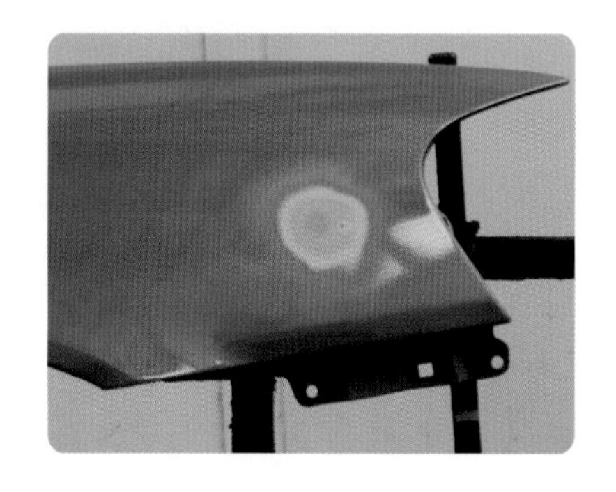

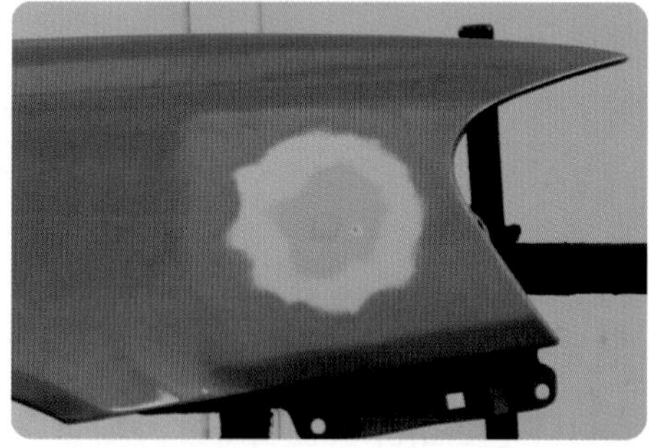

(3) 에어블로 실시

먼지나 이물질이 있을 경우 퍼티를 도포하면 층간밀착불량이 발생하기 때문에 압축공기를 이용하여 연마가루나 먼지를 제거한다.

에어블로를 할 경우에는 45° 로 하여 불어내며 더욱 깨끗이 제거하기 위해서는 블로우건을 들고 있지 않는 손을 연마부위에 대고 털어내면서 불어내면 더욱 빠른 시간 안에 먼지를 제거할 수 있다.

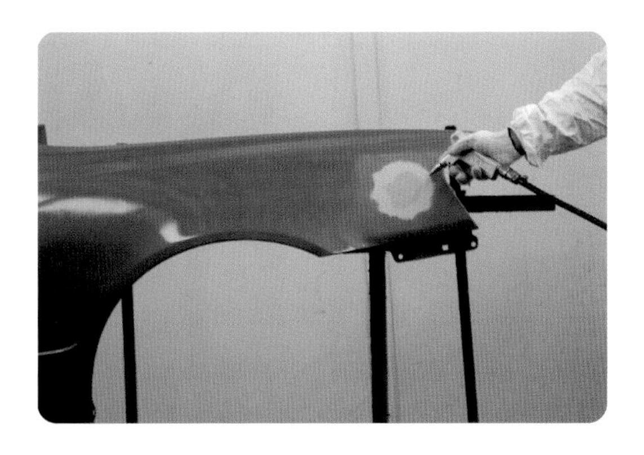

(4) 탈지

에어블로가 끝난 후 탈지를 한다. 이물질이나 먼지 등이 잔존해 있을 경우 층간부착이 잘 나오지 않기 때문에 탈지를 한다. 하지만 현장에서 근무하는 기술자들의 경우 이 공정을 생략하고 넘어가지만 가급적 탈지공정을 생략하지 말고 필히 작업 후 퍼티를 도포하는 습관을 갖도록 하자.

2 퍼티 도포 공정

자동차 보수 도장에서 사용하는 퍼티는 2액형 폴리에스테르 퍼티를 사용한다. 주제 단독으로는 절대 건조 되지 않으며 경화제를 혼합하고 일정한 가사시간 후에 경화건조되는 타입의 도료를 사용하고 있다.

퍼티도포공정에는 퍼티교반공정과 퍼티도포공정, 퍼티건조공정으로 크게 나뉜다.

(1) 퍼티교반공정

퍼티 이김판, 주걱, 퍼티주제, 퍼티경화제가 사용된다. 그 외 여분의 퍼티를 제거하기 위한 스크레이퍼와 걸레가 있다.

① 주제의 뚜껑을 연다.

② 교반봉을 이용하여 주제를 골고루 섞는다.

③ 퍼티 주제 적당량을 퍼티 이김판에 먼저 덜어둔다.

④ 경화제를 혼합비율에 맞게 주제 옆에 짠다.

뚜껑을 개방

주제를 교반

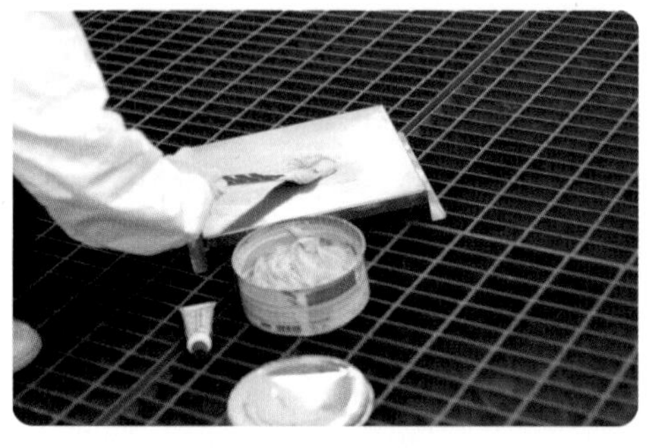

이김판에 덜어둔다

경화제 첨가

⑤ 주걱에 먼저 주제를 묻힌다.

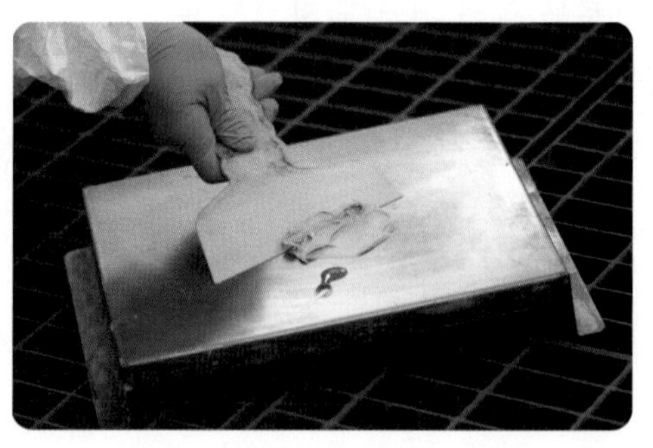

⑥ 이김판의 한쪽 구석에 모아둔다.

나머지 부분은 퍼티를 도포할 경우 주걱의 뒷면을 닦거나 퍼티 주걱을 깨끗이 만들기 위해서 사용한다.

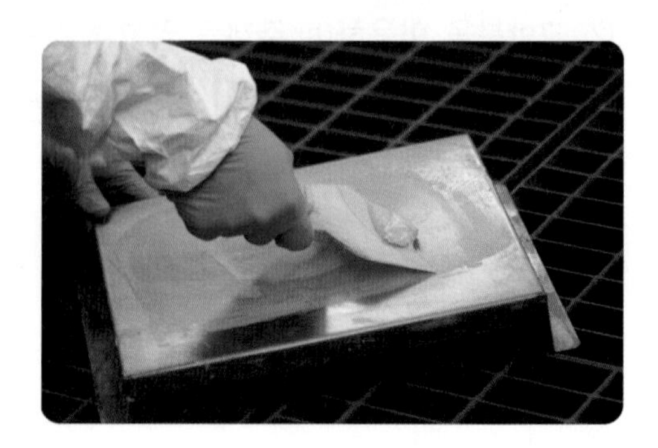

(2) 퍼티도포공정

주걱을 잡는 방법과 도포각도를 참고한다.

① 주걱에 퍼티를 묻히고 60° 정도의 각도를 유지하면서 도포하고자 하는 면에 퍼티를 바짝 당긴다.

처음 도포하는 퍼티를 바짝 당겨서 연마자국에 퍼티가 들어갈 수 있도록 도포하는 것이 핵심이다. 이렇게 도포해야만 퍼티 내부의 기공이 생기지 않고 층간 부착이 향상된다. 반드시 홈을 메우도록 한다.

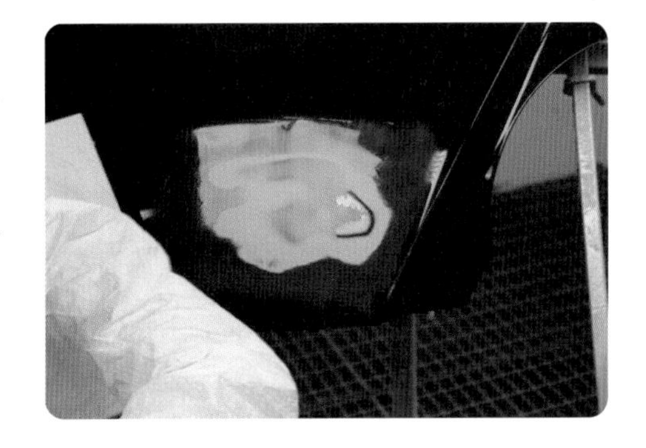

② 살을 채운다.

주걱의 각도를 60°에서 시작하여 중앙부분에서는 15° 정도로 하고 끝나는 부분에서는 다시 60° 정도로 하여 끝낸다. 주걱의 각도가 낮으면 낮을수록 퍼티의 도포 두께가 결정된다. 또한 한 번에 두껍게 도포하면 퍼티 내부에 기공이 잔존하게 되어 결함의 요소가 되기 때문에 얇게 여러 번 도포하여 기공이 생기지 않도록 도포하는 것이 중요하다.

3 퍼티 도포 작업

(1) 퍼티 주걱 잡는 법

2손가락으로 잡는 법과 3손가락을 이용하여 잡는 방법이 있다. 3손가락으로 주걱을 잡기는 힘들지만 주걱 날 끝에 힘이 균일하게 가기 때문에 2손가락으로 잡는 것에 비해서 평면에 도포하기가 용이하다.

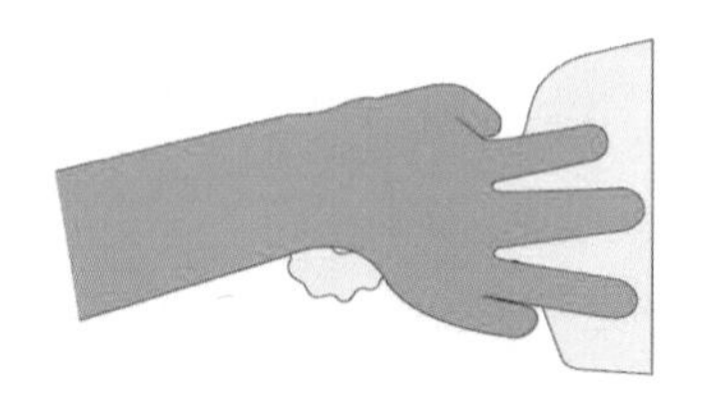

3손가락 잡는법

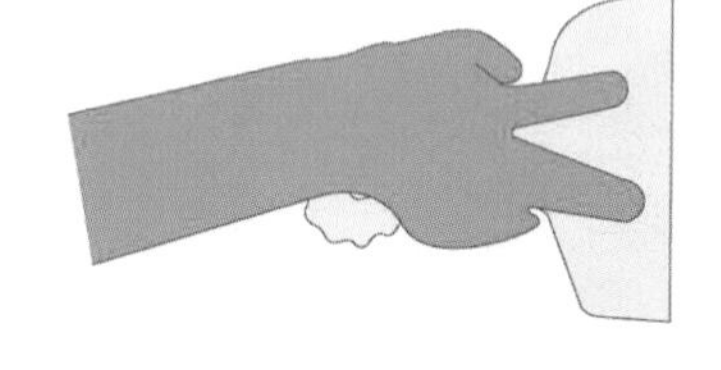

2손가락 잡는법

(2) 퍼티 도포 각도

피도체에 대하여 각도를 세우면 퍼티가 얇게 도포되며 주걱의 각도를 눕히면 퍼티의 살이 채워진다.

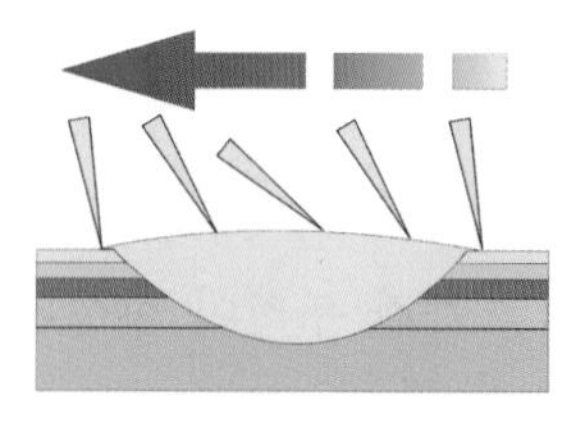

퍼티 도포 각도

(3) 퍼티 도포 순서

◆ 주걱 사용법

① 샌딩이 완료 된 패널에 먼지를 제거하고 탈지한다.

② 혼합된 퍼티를 주걱을 이용하여 덜어낸다.

퍼티도포면 표면조정 완료

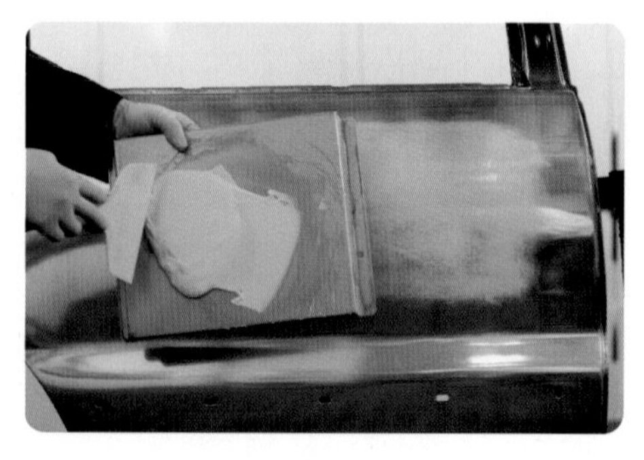

퍼티 덜어내는 법

③ 덜어낼 때는 주걱의 각도를 70° 정도로 하여 덜어낸다.

④ 퍼티를 덜어낸 모습으로 주걱의 양옆에는 묻히지 않도록 한다.

퍼티 덜어내는 법

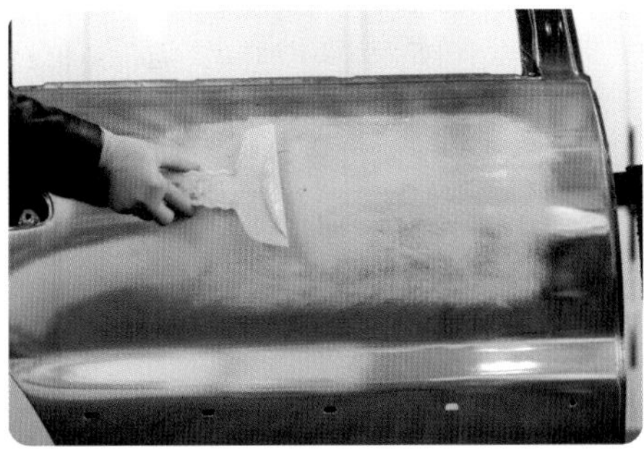

퍼티 덜어내는 법(좋은 예)

• 주걱의 양옆에 퍼티가 묻어 있을 경우 아래의 사진과 같이 퍼티가 도포된다. 퍼티의 산을 제거하면서 도포해야 하는데 제거할 수 없게 된다.

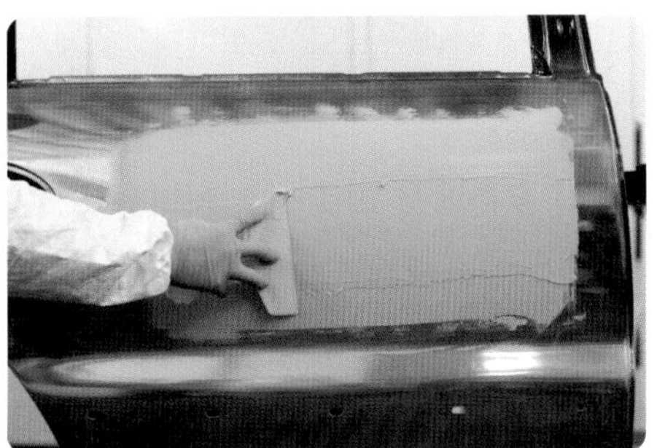

퍼티 덜어내는 법(나쁜 예)

◆ 평편한 면 퍼티 도포하기

위쪽에서 출발하여 아래쪽으로 도포한다. 그림의 순서를 참고한다.

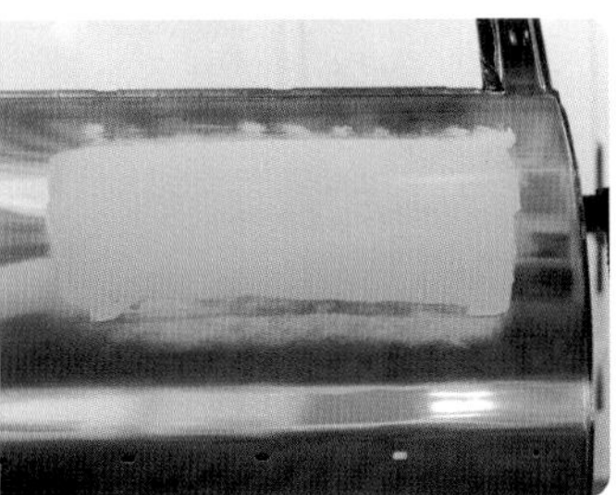

◆ 프레스 라인 퍼티 도포하기

① 먼저 위부분에 퍼티를 도포한다.

우측에서 좌측으로 이동한다.

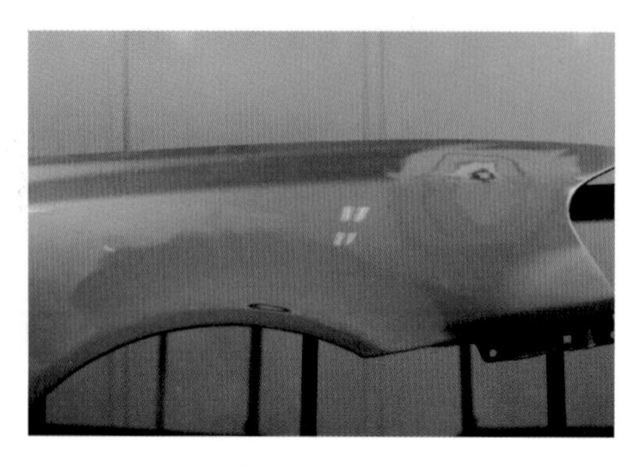

연마 완료

위쪽부분 퍼티도포

② 아랫부분 퍼티를 도포한다.

위쪽에서 아래쪽으로 도포한다. 프레스 라인 부분의 많은 퍼티를 아래쪽으로 긁어낸다.

③ 다시 우측에서 좌측으로 퍼티를 도포한다.

이때 프레스 라인 부분의 퍼티를 남기기 위해서 엄지손가락에 힘을 빼고 살짝 드는 느낌으로 당긴다. 이와 동시에 시작은 주걱의 각도를 60° 정도로 세우며 서서히 각도를 낮추면서 이동한다. 가장 낮은 부분은 각도를 30° 정도 낮추고 다시 서서히 각도를 높이면서 이동하다가 최종 끝나는 부분에서는 각도를 60° 정도로 하여 마무리한다.

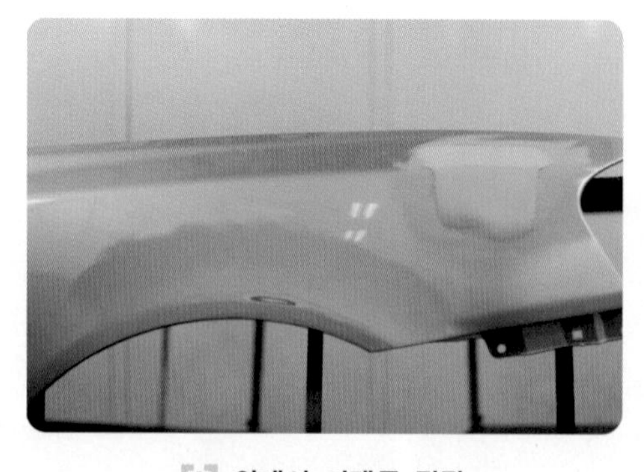

위에서 아래로 당김

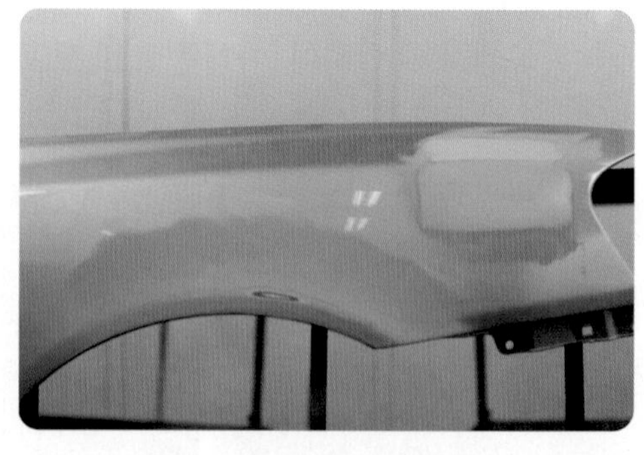

좌우로 당겨서 마감

④ 프레스 라인 부분의 퍼티를 깎아낸다.

◆ 라운드부분 퍼티 도포하기

라운드와 프레스 라인이 같이 있는 부분 퍼티 도포하기 순서이다.

① 위에서 아랫방향으로 퍼티를 도포한다.

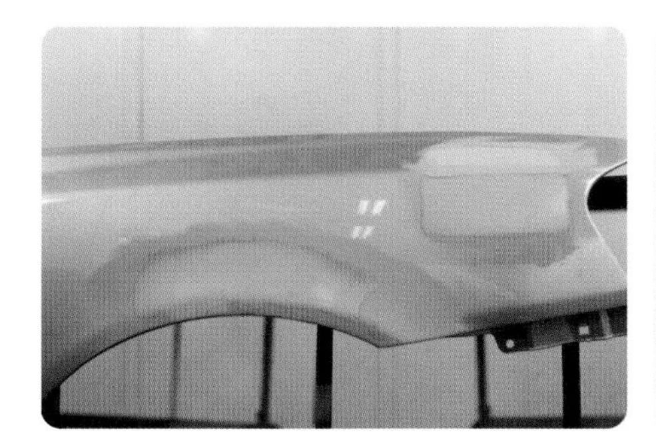

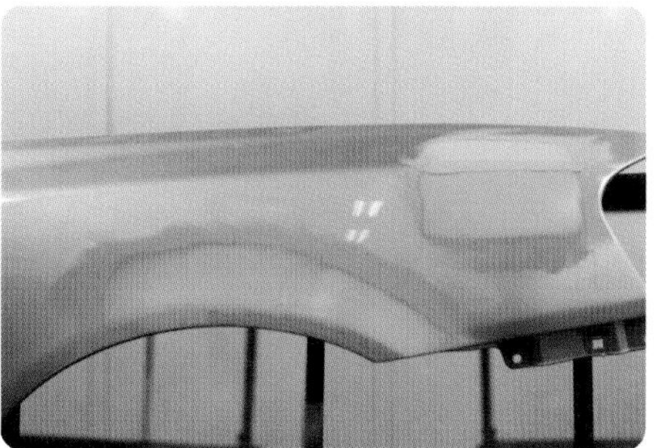

안쪽으로 들어간 부분을 먼저 도포

② 프레스 라인 아랫부분 평편한 부분에 퍼티 살을 채운다.

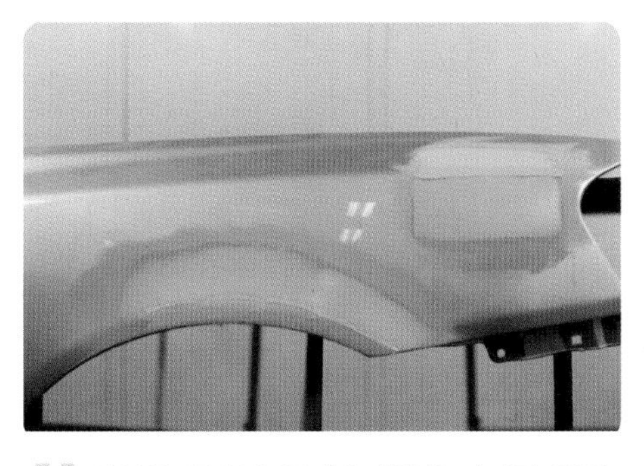

외부로 돌출된 프레스라인에 퍼티를 도포

③ 주걱의 왼쪽부분에 힘을 많이 주고 오른쪽에는 힘을 빼며 각도는 60° 정도로 하여 우측에서 좌측으로 주걱을 당긴다. 이 후 45° 정도로 하여 두께를 조절하며 마무리 부분에서 다시 주걱 각도를 60° 정도로 하여 마무리한다. 왼쪽 주걱에 힘을 많이 주어 퍼티의 도포 경사가 완만하게 될 수 있도록 하는 것이 건조 후 연마 때 좋다.

안쪽 부분에 도포된 퍼티를 좌우로 당겨 매끈하게 만든다

④ 프레스 라인 아랫부분 퍼티의 면을 만든다. 그림과 같이 주걱을 잡고 도포한다. 이때 패널 방향으로 힘을 주지 않도록 한다.

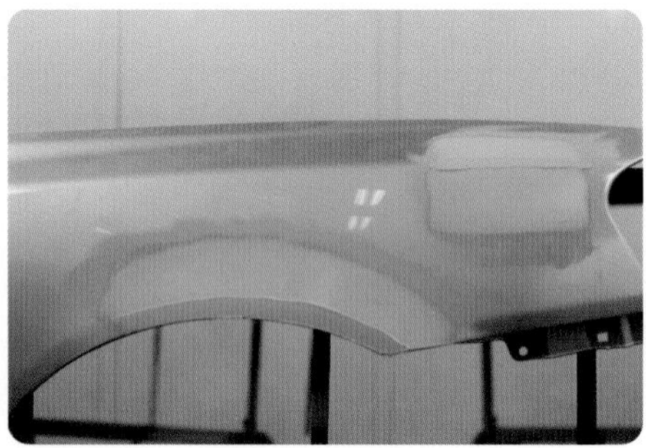

프레스라인 아래로 내려와 있는 퍼티를 정리

⑤ 퍼티 도포가 완료된 후 가열 건조한다.

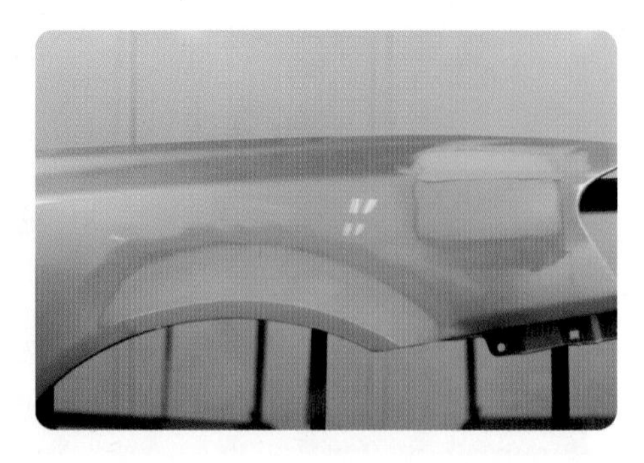

연마하기 어려운 부분을 나중에 당겨서 퍼티의 산이 연마하기 쉬운 외부 각 쪽으로 쌓이게 도포

◆ 면을 만든다

적당한 두께를 만들기 위하여 주걱을 60°에서 시작하여 45°로 다시 끝나는 지점에서는 60° 정도로 하여 마무리한다. 시작과 끝나는 지점은 주걱의 각도를 세워서 평활성을 확보하기 위한 연마를 할 경우 단이 적도록 하는 것이 중요하다.

◆ 퍼티 이김판과 주걱은 깨끗이 청소한다

◆ 가열건조 시킨다

고온으로 가열건조 시키면 퍼티가 들뜨는 경우가 있기 때문에 철판의 온도가 너무 올라가지 않도록 가열한다.

신너를 이용하여 청소

고온으로 가열건조

◆ 퍼티의 건조를 확인한다.

① 퍼티의 가장자리 부분을 손톱으로 긁어본다. 건조가 완료되면 손톱으로 긁힌 자국이 난다.

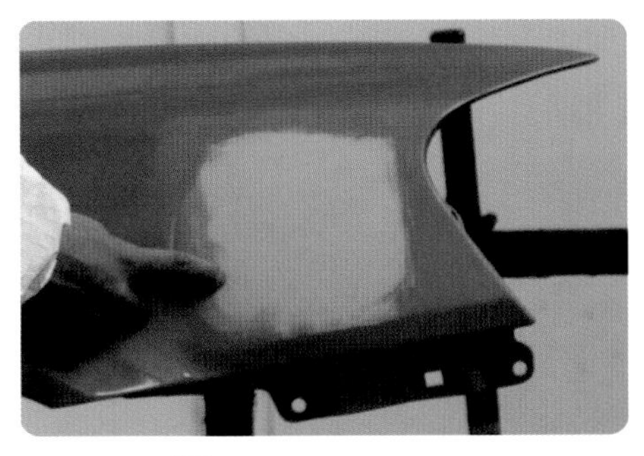

외부에 건조를 파악

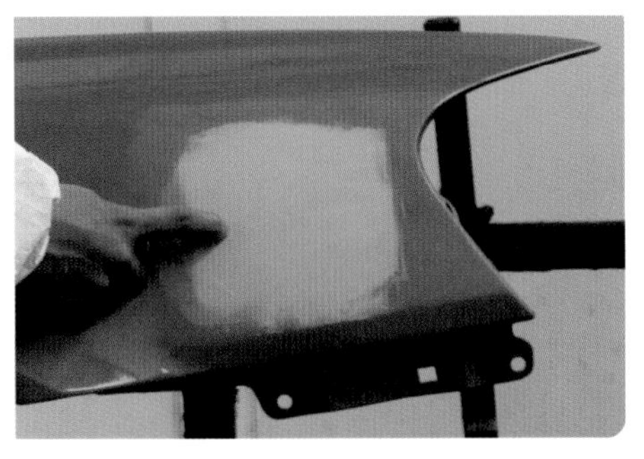

점차 안쪽으로 가면서 건조확인

② 중앙부분을 손톱으로 긁어본다.

처음부터 중앙부분을 긁으면 퍼티가 건조되었을 경우에는 문제가 없지만 건조가 되지 않았을 경우에는 다시 퍼티를 도포해야 하는 경우가 있기 때문에 항상 퍼티의 건조 확인하는 방법은 외부를 먼저 외부를 긁어보고 난 후 내부를 확인하는 습관을 가져야 한다.

4 퍼티 연마 공정

경험과 감각이 많이 필요한 공정이다. 이공정이 도장 후의 도장면의 품질을 좌우하기 때문에 평활성을 완벽하게 맞추어 상도도장 후 좋은 품질이 될 수 있도록 많은 연습을 하도록 한다.

건식 연마 방법

- 샌더기는 피도물에 대하여 수평으로 유지한다.
- 피도물에 대하여 많은 힘을 주지 않고 샌더의 무게만을 이용하여 연마한다.
- 고회전으로 연마하기 보다는 저회전으로 연마한다.
- 곡면부위 연마할 경우 평면을 먼저 연마하고 곡면부위를 연마한다(가급적 곡면부위 연마를 피한다. 꼭 필요할 경우 인터페이스 패드 부착하여 샌딩한다).

◆ 딱딱한 패드를 부착한 더블액션 샌더나 오비털 샌더에 P80 ~ P120연마지를 부착하여 연마한다. 샌더를 잡는 방법도 참고하도록 한다.

① 처음에는 가장 높은 부분인 중앙부분에서 출발한다.

② 중앙을 중심으로 퍼티도포 방향의 45°의 십자 방향으로 이동하면서 연마한다.

오비털샌더 파지법

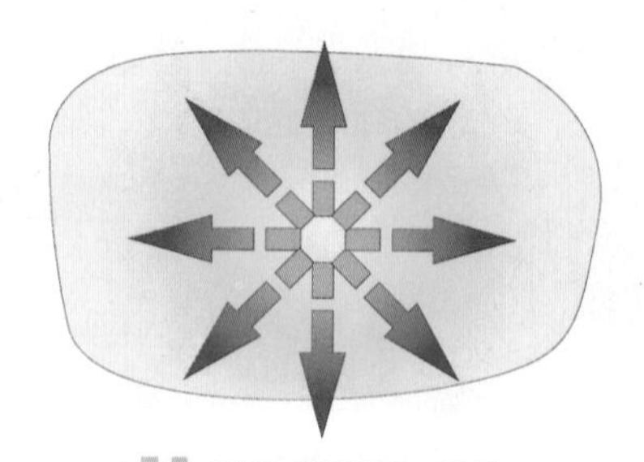
연마 움직이는 방향

절대 힘을 패널의 방향으로 힘을 주지 않도록 하며 가볍게 샌더를 움직인다.

패널 방향으로 힘을 많이 주면 급격한 연마로 기준면보다 낮아지기 때문에 주의한다.

12시 방향 연마

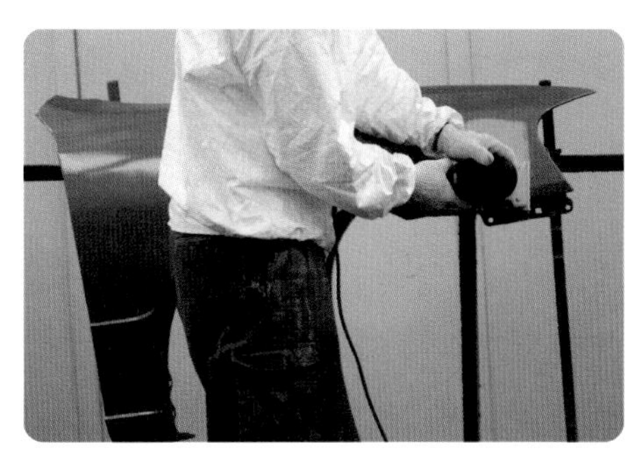

6시 방향 연마

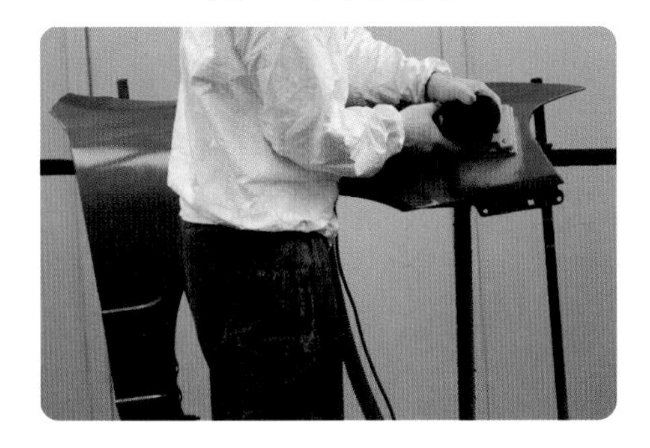

10시 방향 연마

4시 방향 연마

프레스라인이 있는 경우 연마방법

연마할 경우 프레스 라인의 양쪽 면의 평활성을 확보한 후 프레스 라인을 기준면과 같이 연마한다.

퍼티도포 완료

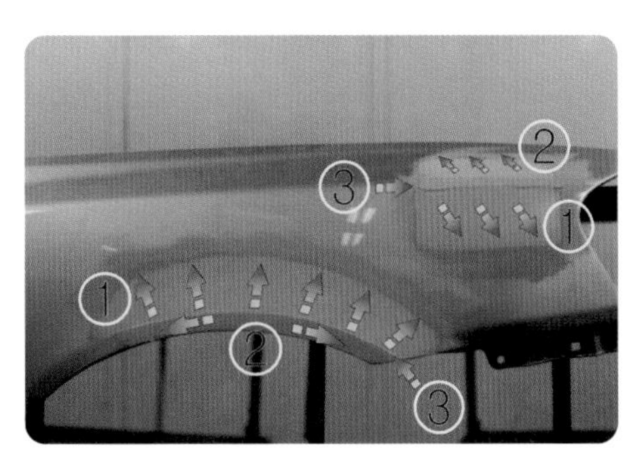

프레스라인 샌딩순서

◆ 연마 과정 중 중간 중간 퍼티 면을 확인한다.

면을 확인할 경우에는 손가락을 가지런히 모으고 손바닥과 손가락 전체로 느끼도록 한다. 면이 어느 정도 잡히기 시작하면 P180 ~ 220 연마지를 이용하여 연마하기 시작한다. 거친 연마자국이 있을 경우 중도 도장 후 연마자국이 남게 된다. 중도 도료는 P120 연마자국을 감출수가 없기 때문이다.

연마면 확인법

도장면의 요철 확인 법

① 손바닥 감촉부위

노란색 부분은 작은 요철을 감지되는 부분이며 적색 부분은 큰 요철을 감지하는 부분이다. 맨손으로 요철을 감지하는 것보다는 장갑을 끼고 요철을 감지하는 것이 좋으며 반지나 기타 장신구는 없는 것이 도장 면에 상처를 주지 않는다.

② 요철을 만지는 방법

확인하는 부분의 외부에서 출발하여 내부를 지나고 확인 부분 외부까지 나간다. 이때 손바닥은 패널위에 힘을 주지 않고 올려놓으며 손목이 꺾이지 않도록 해야 한다. 또한 십자 방향으로 만져 요철의 크기와 모양을 느끼도록 한다.

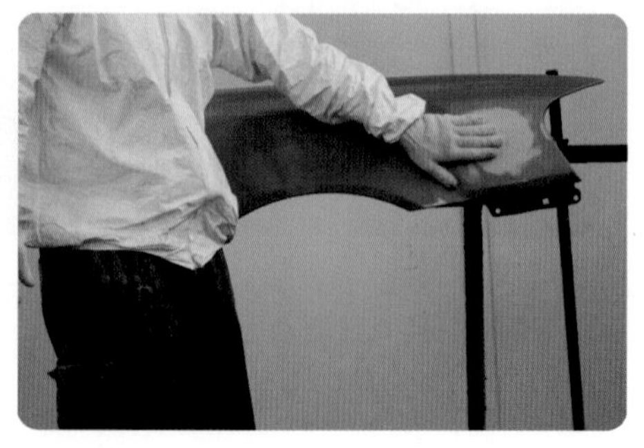

요철 만지는 방법 - 퍼티부분의 외부에서부터 퍼티를 지나 반대쪽 외부까지 손바닥 전체로 감지한다.

직선자를 이용하여 관찰하는 방법이 있지만 현장에서는 사용하지 않는다. 그리고 시각적으로 관찰하는 다른 방법은 가이드코트(guide coat)를 이용하는 방법이 있다. 가이드코트를 퍼티 도포면에 발라두고 연마를 하면 낮은 부분은 가이드코트가 남고 높은 부분은 연마되어 없어지게 되는 것을 이용하는 것으로 중도도장에서 자세히 설명하도록 하겠다.

항상 많이 만지고 전체적인 패널의 라인을 생각하여야 하고 자동차 패널은 직선이 아닌 은근히 올라와 있거나 내려가 있는 것을 염두 해두고 있어야 하며 손감각과 많은 경험이 필요한 공정이다.

5 퍼티 면에 기공이나 거친 연마자국이 있을 경우 마무리 퍼티 도포

에어블로를 이용하여 먼지를 제거하고 탈지한 후에 마무리 퍼티를 도포한다.

현재 대부분의 현장 기술자들이 공정을 생략하고 중도도장 후 기스 제거용 퍼티를 도포하고 연마한 후 바로 상도를 도장하는 경우가 있지만 도장 공정 면에서 보면 퍼티위에 중도가 도장되지 않고 바로 상도가 올라가는 것이 된다. 아무리 기공만 제거한다고 하지만 그 일부분에서는 중도도장이 없이 바로 상도가 올라가기 때문에 시간이 경과한 후에 결함

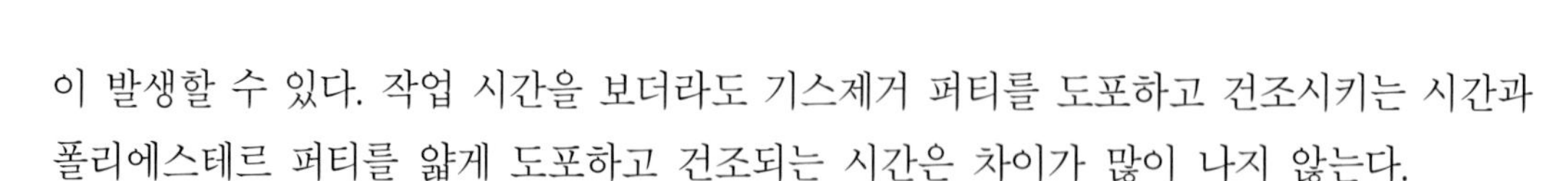

이 발생할 수 있다. 작업 시간을 보더라도 기스제거 퍼티를 도포하고 건조시키는 시간과 폴리에스테르 퍼티를 얇게 도포하고 건조되는 시간은 차이가 많이 나지 않는다.

6 건조 된 도장 면에 P320연마지를 이용하여 연마

P220 연마자국의 경우 중도 도장 후에 연마자국이 보이게 된다. 연마 후에 보이지 않더라도 중도도료가 완전히 건조되지 않았기 때문에 오랜 시간이 경과한 후에 색상에 따라 연마자국이 다시 나타나게 된다. 이러한 이유로 가급적이면 P320 연마지를 이용하여 연마하도록 한다.

(1) 소프트한 재질의 패드에 더블액션샌더(오버다이어 3mm)에 P320 연마지를 부착하여 연마를 한다

① 가급적 연마는 한 곳에서 출발하여 시작한 곳의 연마를 완벽하게 한 후 다음 부분으로 이동하면서 연마한다. 전체 면을 한꺼번에 연마할 경우 일부분의 연마가 빠져서 빠진 곳을 다시 연마할 때 다른 면에 비교하여 낮을 수 있기 때문에 좁은 면을 완벽하게 연마하고 조금씩 이동하면서 연마한다.

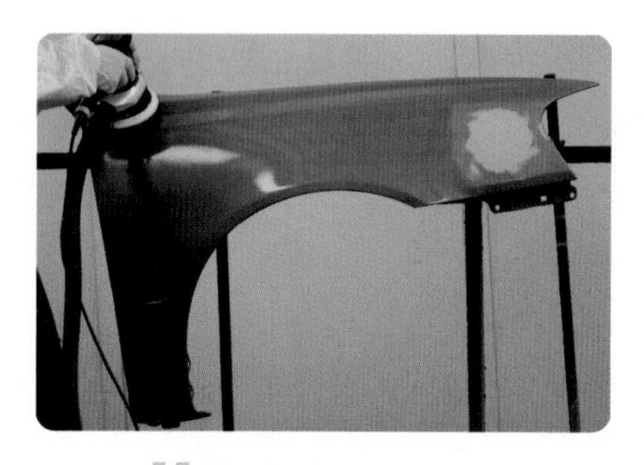

한쪽구석에서 시작한다.

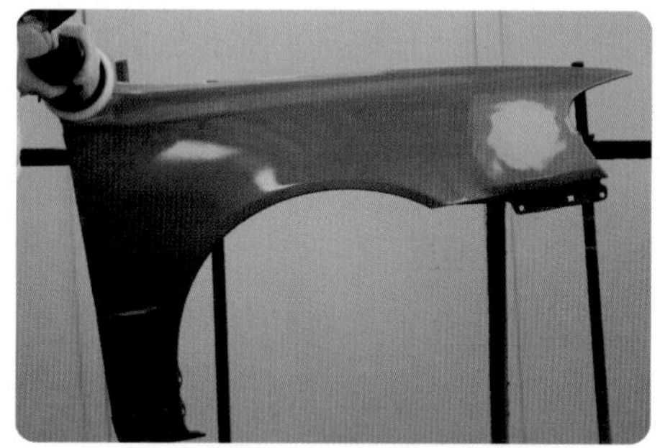

일부분을 완전히 연마한다.

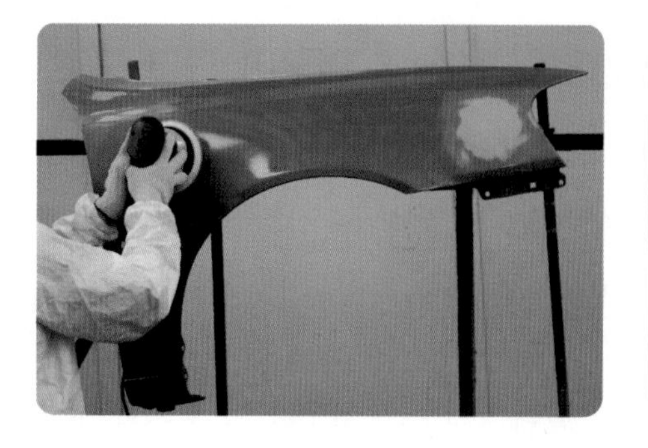

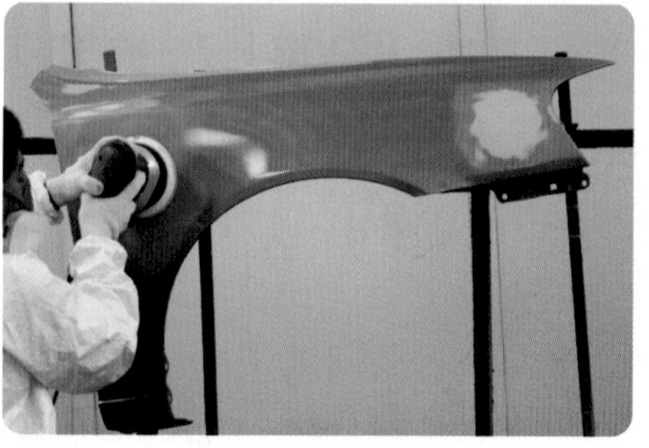

점진적으로 연마

② 샌더를 이용하여 프레스 라인을 연마하지 않도록 한다.

높은 부분은 쉽게 연마되기 때문에 가급적 샌더를 이용하여 연마하는 것보다는 손으로 연마하는 것을 추천한다.

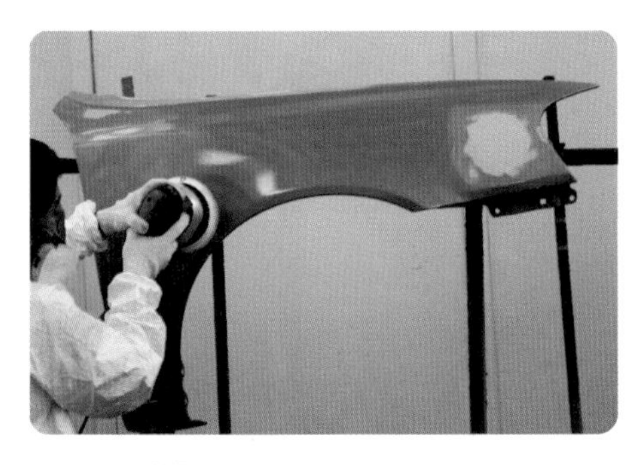

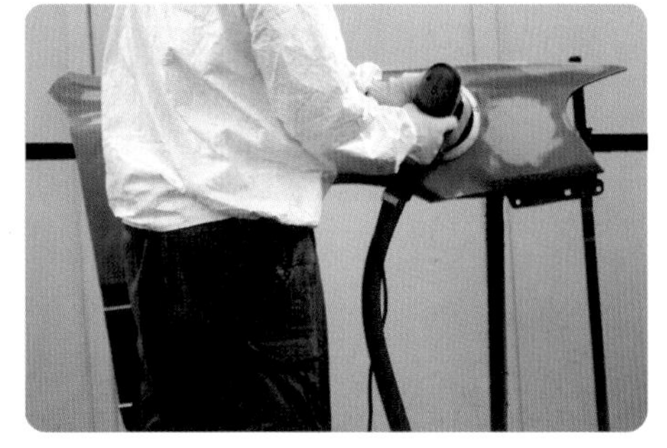

프레스라인은 연마 금지

점진적으로 연마

③ 퍼티가 도포되고 연마한 부분도 P320연마지를 이용하여 살짝 연마한다.

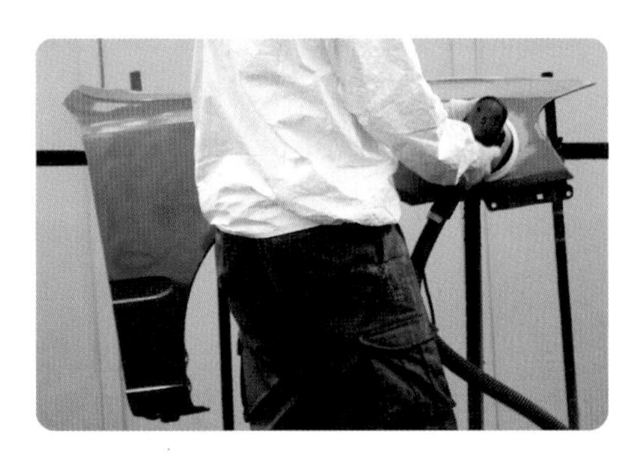

퍼티부분 과도한 연마금지

④ 프레스 라인의 도장이 연마되지 않도록 항상 주의하면서 연마한다.

⑤ 하단 부위도 연마를 꼼꼼히 하도록 한다.

⑥ 거친 부직포 연마지를 이용하여 프레스 라인과 패널의 턱 부분을 연마한다. P320 정도의 부직포연마지나 FINE 연마지를 이용하여 연마한다.

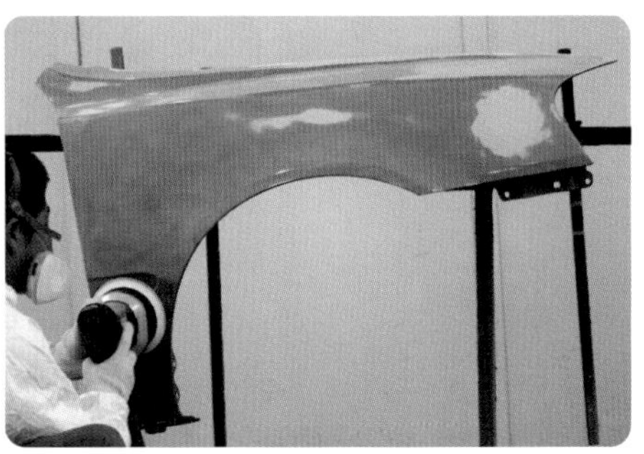

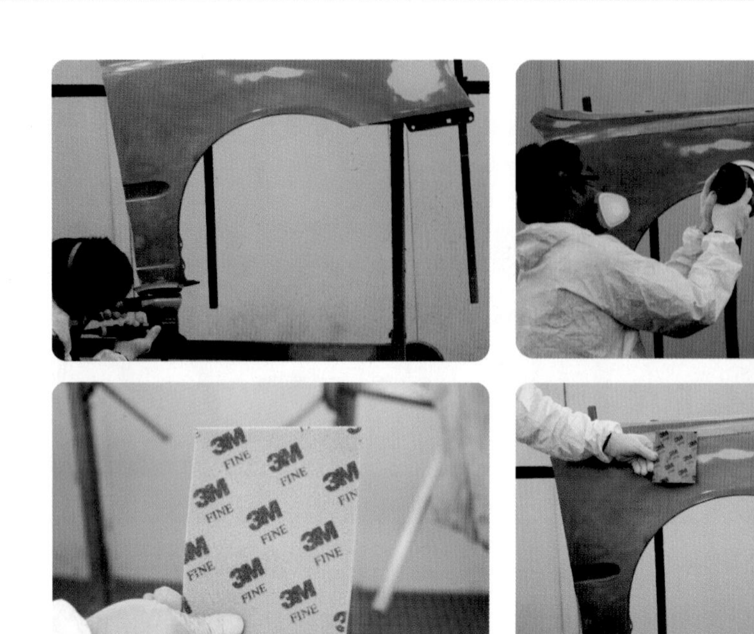

⑦ 연마 자국이 빠지는 곳이 없도록 한다.

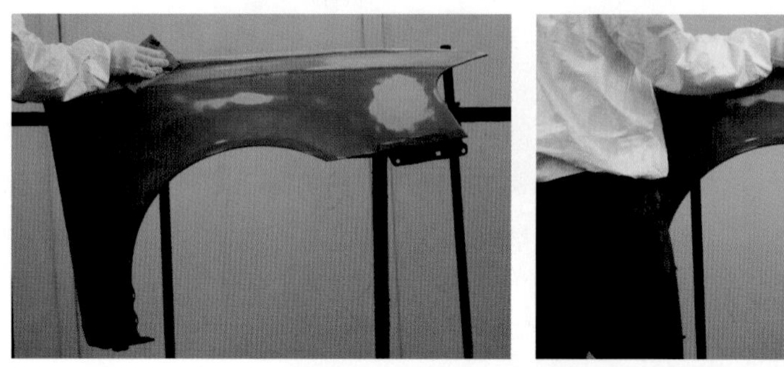

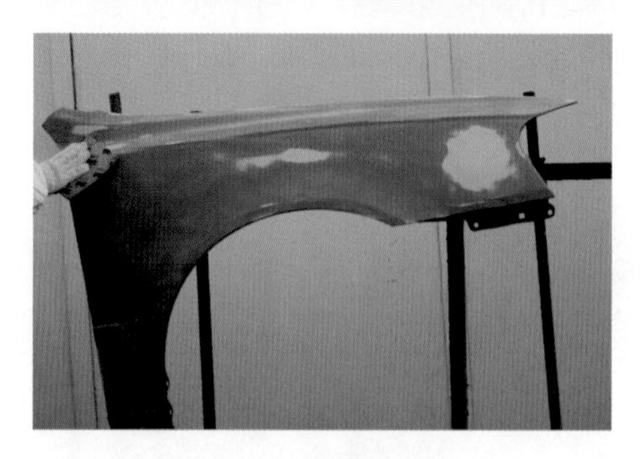

프레스라인 연마

⑧ 특히 샌더기로 연마할 수 없는 요철에 신경을 써서 연마한다.

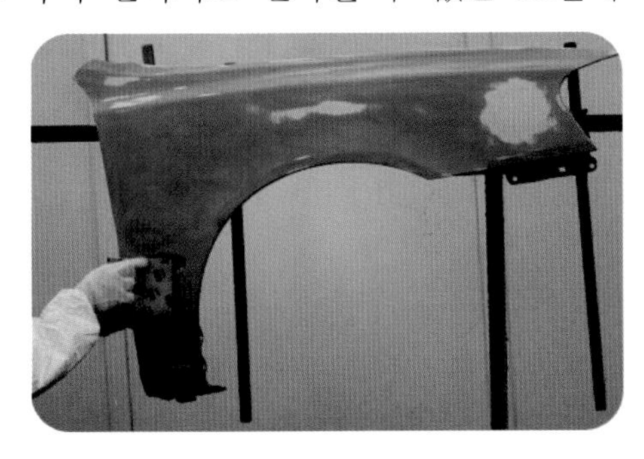
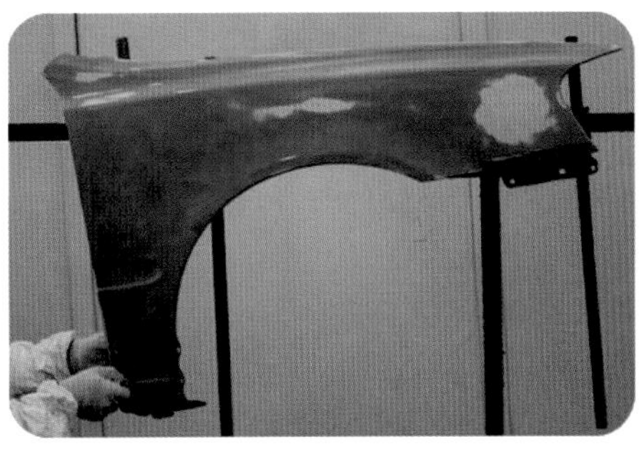

보이지 않는 부분 연마 철저

⑨ 프레스 라인 전체를 연마한다.

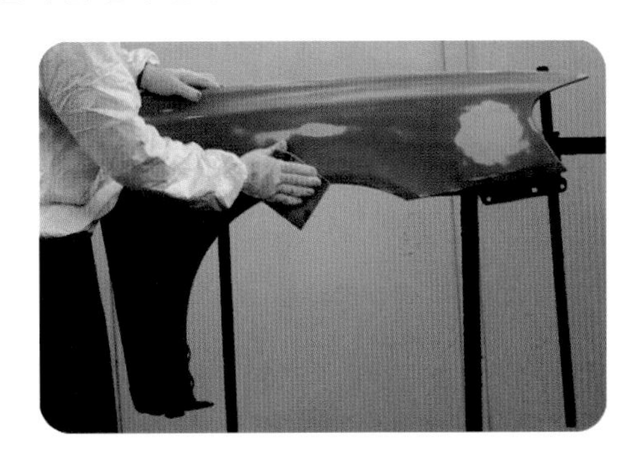

⑩ 패널의 턱 부분을 연마한다.

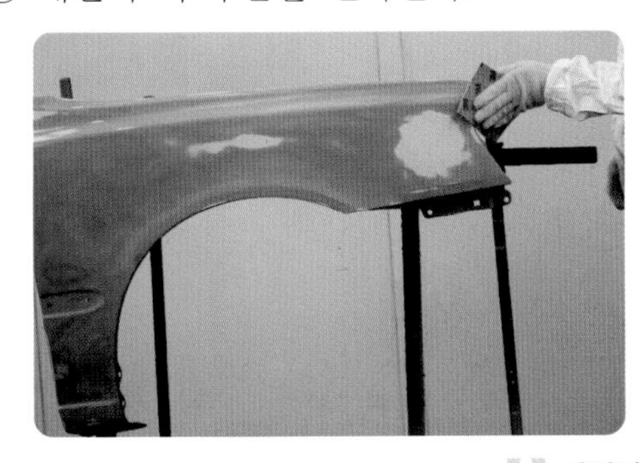

가장자리 연마 A

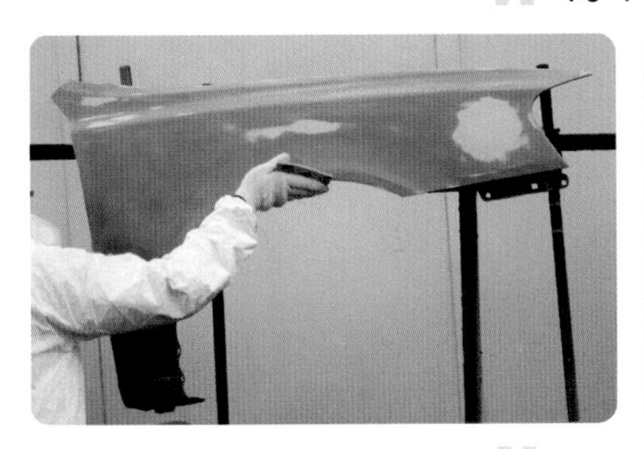
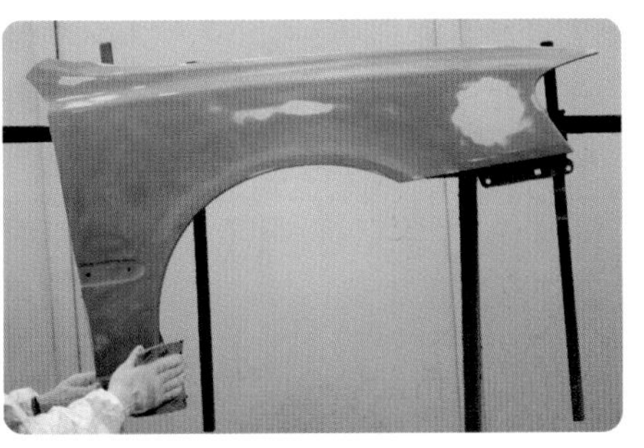

가장자리 연마 B

연마 시에는 항상 한곳에서 출발하여 자신만의 이동경로를 만들어 빠지는 곳이 없도록 연마하자.

도장 공정별 적정 사용연마지는 아래와 같다.

16 60 80 120 180 320 600 800 1000 1200 1500

녹 제거 구도막 제거	퍼티연마	중도연마	상도연마 및 수정	광택

- 구도막 제거 및 1차 퍼티 연마 : P80~120
- 2차 퍼티 연마 : P180~220
- 중도 도포면 연마 : P320~400
- 중도 연마 : P400~800
- 상도 연마 및 수정 : P800~1,500
- 컬러샌딩 및 광택 : P1,500이상

7 에어블로를 실시한다

압축공기를 이용하여 연마가루를 패널에서 제거한다.

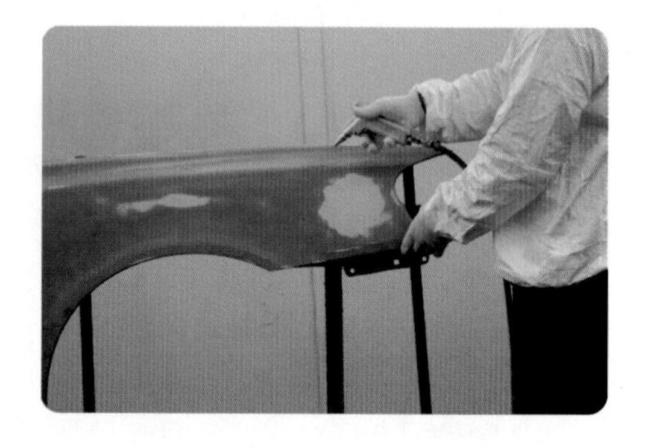

8 작업 시 주의사항

- 항상 안전보호구는 착용한다.
- 과도한 연마가 되지 않도록 주의한다.
- 손연마 경우 손목으로 연마하는 것이 아니며 팔과 온몸을 이동하면서 연마해야 한다.
- 연마지는 가능하면 핸드블록에 부착하여 사용하는 습관을 갖는다.

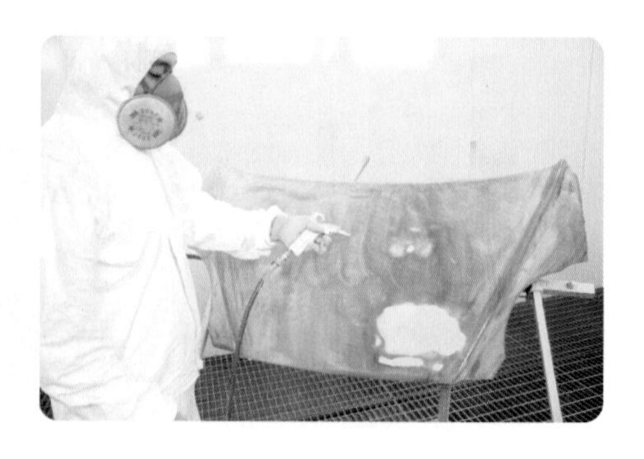

습식연마(water sanding)와 건식연마(dry sanding)의 차이점

예전에는 하도공정부터 물을 이용하여 연마를 하였다. 하지만 현재에는 물의 사용량이 현저하게 감소하였다. 근래에는 중도연마 공정에 사용하고 있으며 퍼티 연마할 경우에는 습식연마를 하고 있지 않다. 건식연마의 경우에는 물을 사용하지 않으며 손연마로 이루어지는 작업보다는 기계를 이용하여 하는 기계연마를 뜻하며 구도막 박리공정부터 마지막 광택공정까지의 공정에 물을 사용하지 않는 것을 말한다.

하지만 건식연마의 경우 습식연마에 비해서 장비구입비와 집진관련 시설 및 장비가 있어야 하는 단점이 있지만 작업능률이 향상되고 마무리 연마 상태가 고르기 때문에 현재에 많이 사용하고 있다.

구 분	습 식 연 마	건 식 연 마
작업성	보 통	양 호
연마상태	마무리가 거칠다	마무리가 곱다
연마속도	늦 다	빠 르 다
연마지 사용량	적 다	많 다
먼지발생	없 다	있 다
결 점	수분완전제거 해야 함	집진장치 필요함
현재작업추세	건식연마에 밀리고 있음	많이 사용하고 있음

5 | 중도 도정

1 준비 공정

(1) 탈지 공정

먼지가 제거된 패널을 탈지를 한다. 탈지 방법은 다음의 사진을 참고한다.

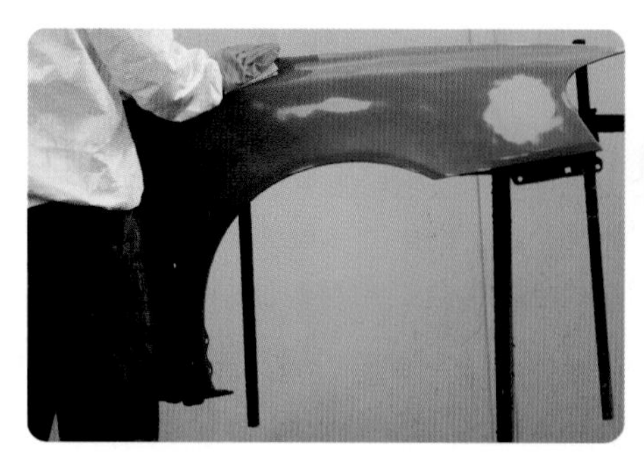

탈지공정

(2) 준비된 도료를 페인트통에 넣는다

주제와 경화제, 신너가 혼합된 중도인 2액형 프라이머 서페이서를 페인트 통에 넣는다.

- 도장점도 : 16 ~ 20초 (Ford Cup #4, 20℃ 기준)

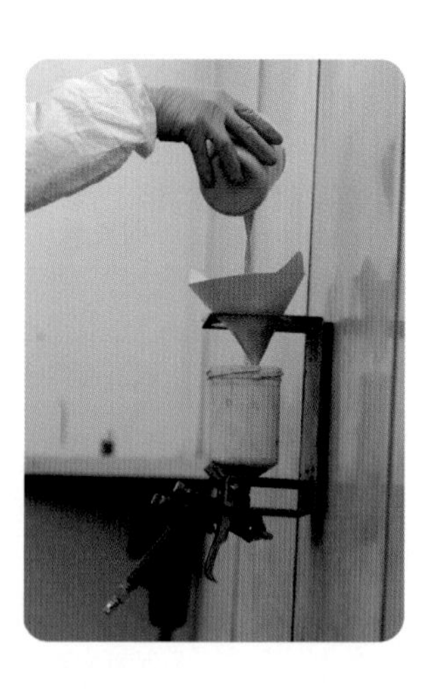

스프레이건 스텐드

(3) 송진포로 먼지를 제거한다

항상 먼지를 제거할 경우에는 위에서부터 시작하여 아래로 실시한다. 도장실의 공기 유동이 위에서 아래로 이동하기 때문에 먼지의 오염을 막기 위함이다. 항상 한 곳에서 출발하여 점진적으로 이동하면서 공정을 수행한다.

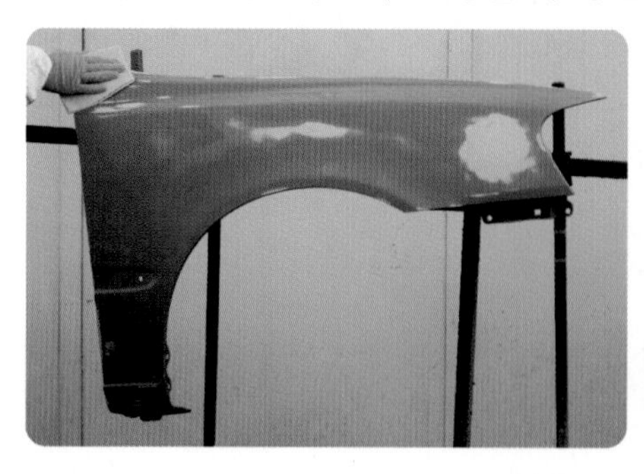
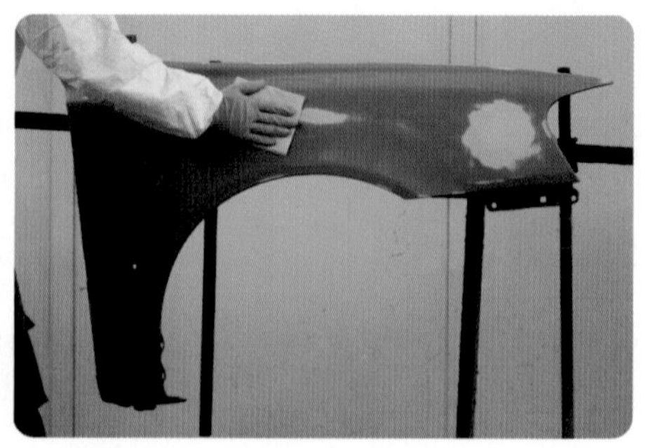

먼지제거 공정

2 도장 공정

KCC e-프라서페를 사용한다.

SATA KLC RP 스프레이건을 사용한다.

- **사용공기압** : 2bar
- **노즐지름** : 1.6mm
- **패턴조절** : 360° / 400° 좌측으로 개방
- 2액형 프라이머 서페이서를 도장한다.
- 3회 도장을 완료한다.
- 도료나 스프레이건에 따라 작업방법이 약간 상이하다.

(1) 1차 날림도장(dry coat)을 한다

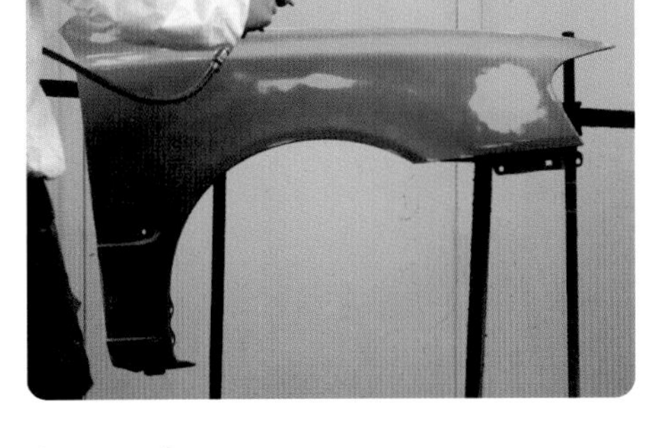

- 외부만 도장한다.
- 좌측상단에서 출발하여 패널과 직각을 유지한다.
- 이동속도 : 60cm / sec
- 피도체와의 거리 : 12 ~ 15cm
- 도료량 : 3회전 / 10회전
- 패턴 겹침폭 : 1 / 2
- 도장완료 후 플래시 오프 타임을 3 ~ 5분 정도 준다.

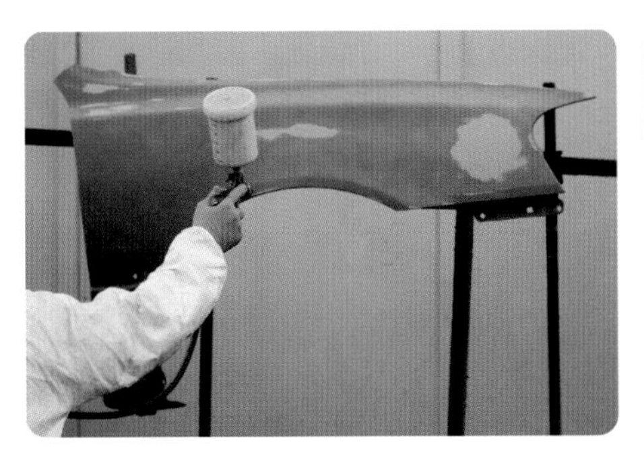
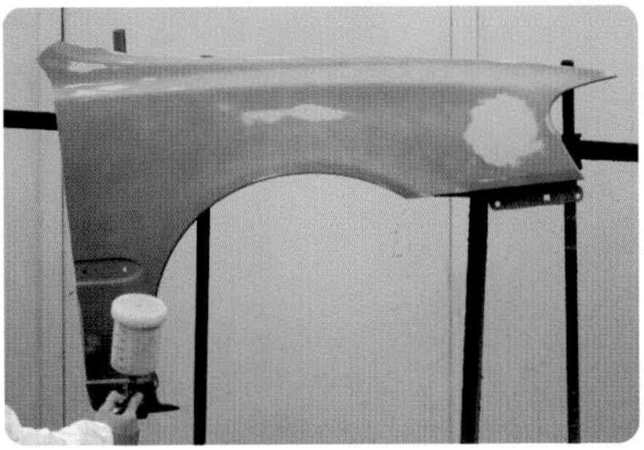

드라이코트

(2) 2차 미디움 코트(medium coat) 한다

- 측면을 먼저 도장하고 전면부를 도장한다.
- 좌측상단에서 출발하여 패널과 직각을 유지한다.
- **이동속도** : 50cm / sec
- **피도체와의 거리** : 12 ~ 15cm
- **도료량** : 5회전 / 10회전
- **패턴 겹침폭** : 2/3

① 측면을 도장한다.

한부분에서 먼저 시작하여 한 바퀴를 도장한다.

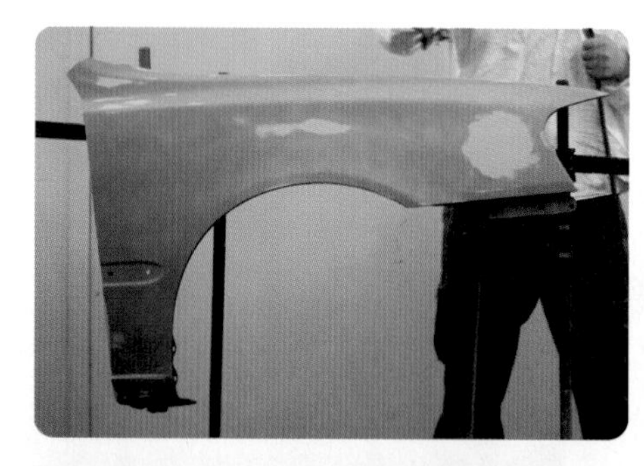
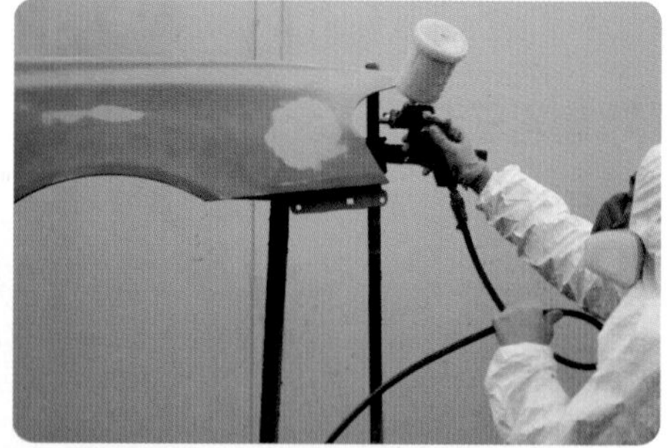

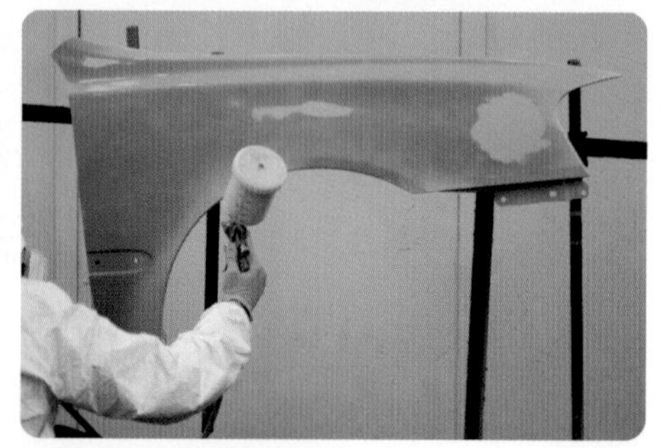
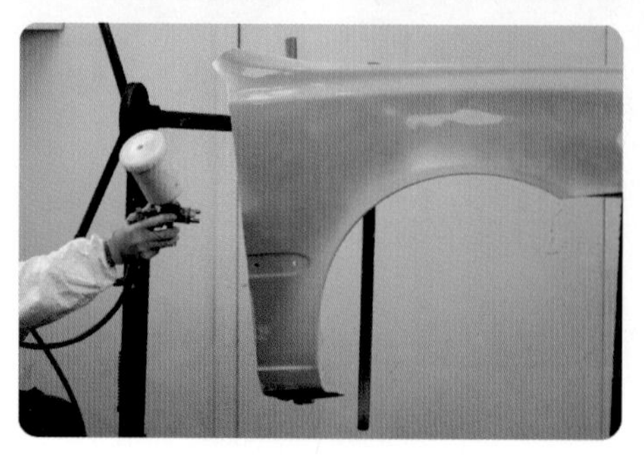

미디움코트 측면도장

② **전면부를 도장한다.**

측면을 도장 후 즉시 전면부를 도장한다.

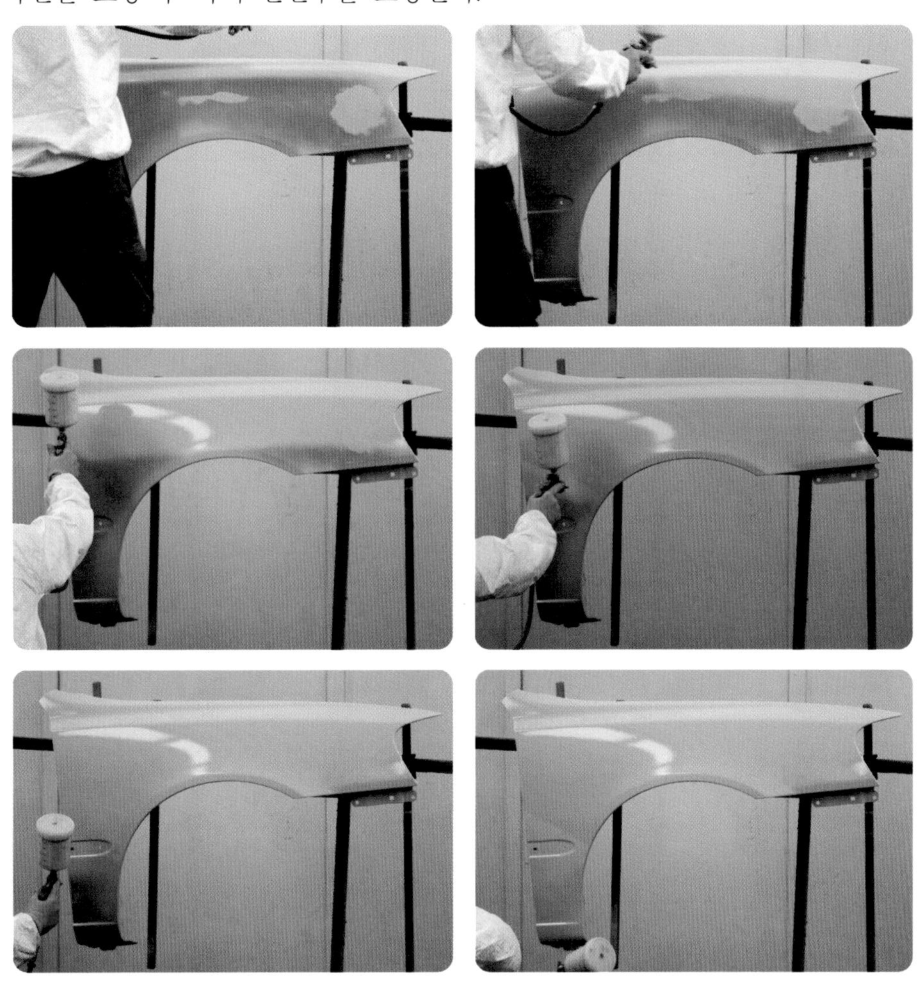

미디움코트 전면도장

- 도장완료 후 플래시 오프 타임을 3~5분 정도 준다.

(3) 3차 젖음 도장(wet coat)한다.

- 측면을 먼저 도장하고 전면부를 도장한다.
- 좌측상단에서 출발하여 패널과 직각을 유지한다.
- 이동속도 : 50cm / sec
- 피도체와의 거리 : 10 ~ 13cm
- 도료량 : 8회전 / 10회전
- 패턴 겹침폭 : 3 / 4

① 측면을 먼저 도장한다.

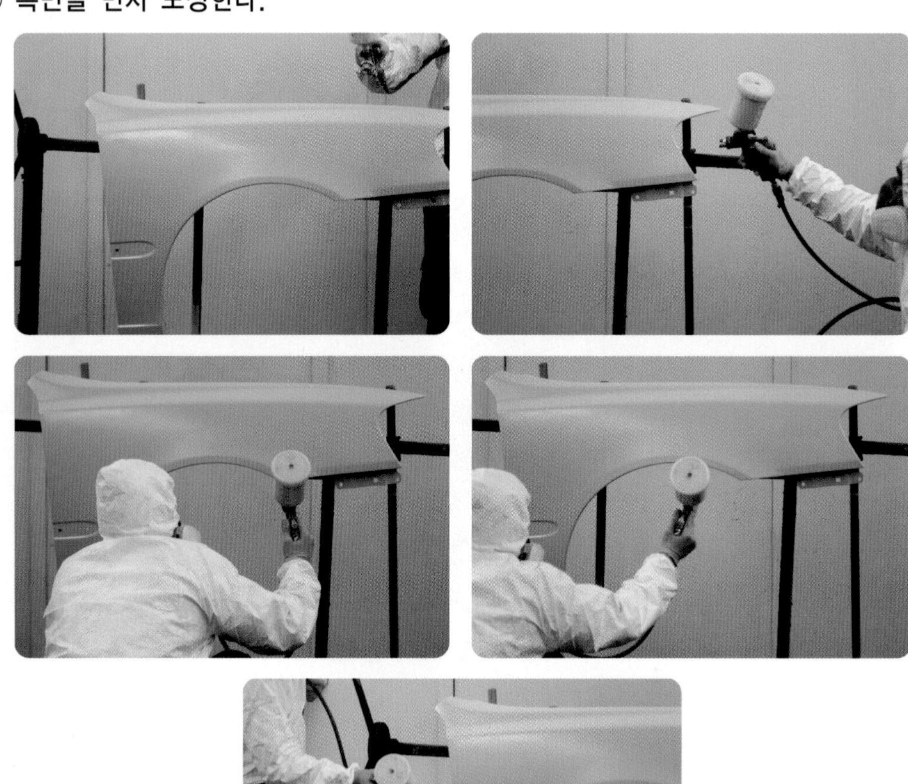

웻코트 측면도장

② **전면부를 도장한다.**

측면 도장 완료 후 즉시 전면부를 도장한다.

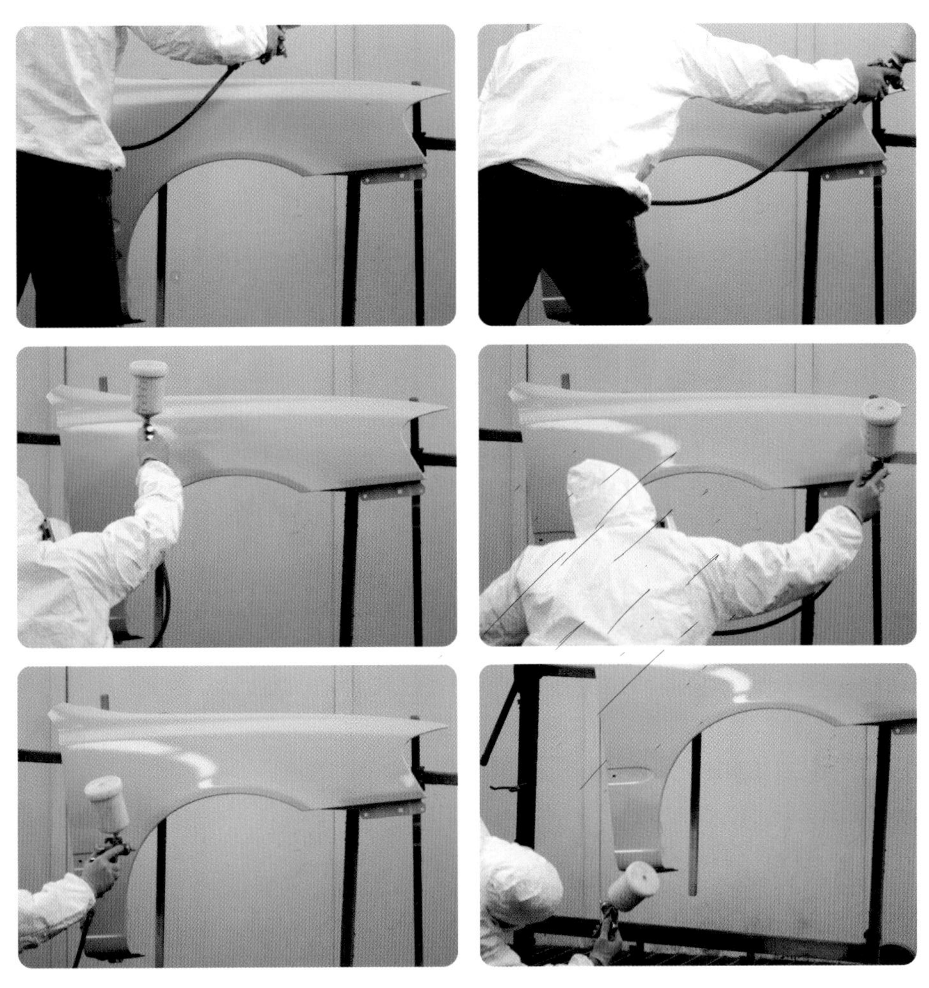

웻코트 전면도장

사이드 실 부분을 도장할 때에는 자세를 낮추어 하단부를 바라본다.

- 세팅 타임을 10분 정도 준다.
- 사용한 공구 및 기구는 도료가 건조되기 전에 깨끗이 세척한다.

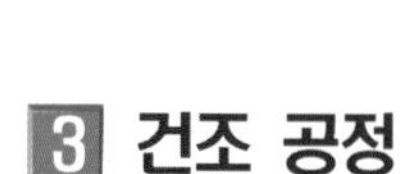

3 건조 공정

가열 건조시킨다. 적외선 건조기나 도장실의 열처리 기능을 이용하여 가열건조 시킨다. 가열건조 시간은 페인트 통의 참고자료나 해당 도료의 기술자료집을 참고한다.

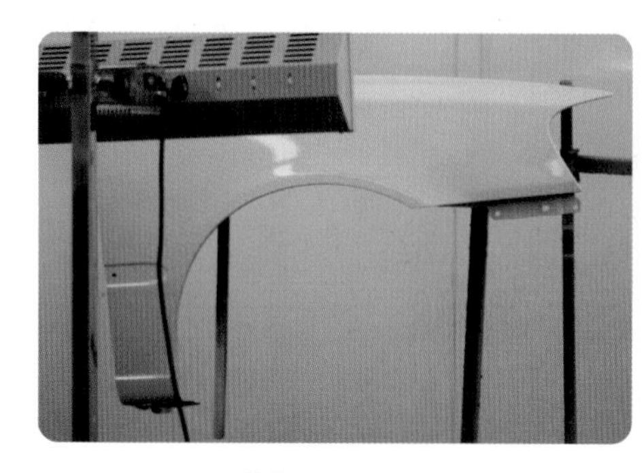

가열 건조

건조 완료된 패널

4 연마공정

건조가 완료 된 중도도료를 연마한다.

간단한 건조 완료 확인방법으로는 손톱으로 살짝 긁으면 도장 면의 긁힌 자국이 하얗게 나타나면서 박리되지 않는 정도를 확인하면 된다.

(1) 가이드 코트(guide coat)를 도포한다

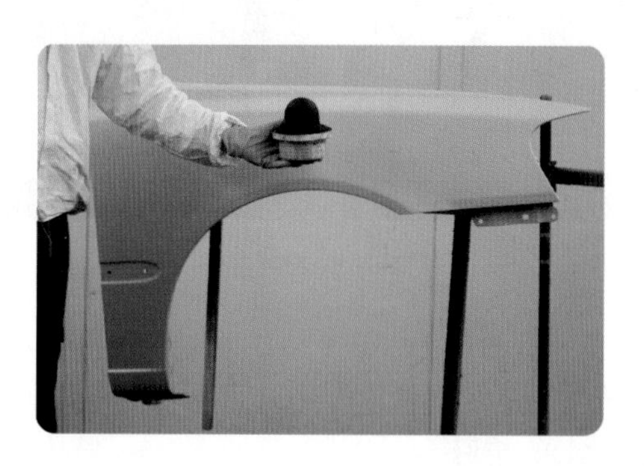

※ **가이드 코트(guide coat)** : 보수 도장 면의 상태를 작업자가 손쉽게 육안으로 확인할 수 있도록 하며 도장 후의 오렌지필(orange feel)이나 스크래치(scratch), 굴곡(round)부위의 수평상태를 확인할 수 있다. 종류로는 드라이 타입(dry type), 스프레이 타입(spray type)이 있다.

드라이 타입의 경우 건 연마나 습식 연마 시 연마지에 끼지 않지만 도포하는 시간이 오래 걸리며 스프레이 타입의 경우에는 도료에 신너를 300%이상 희석하여 도장한다. 드라이 타입과 비교하여 연마지에 끼기 때문에 연마지를 자주 교환해 주어야 하고 마스킹을 해야 하는 단점이 있다. 하지만 마스킹 작업이 되어 있을 경우 스프레이 타입이 작업속도는 빠르다.

① **패널의 한 부분에서 시작해서 한 바퀴 도포한다.**

측면 부분은 도포하지 않는다.

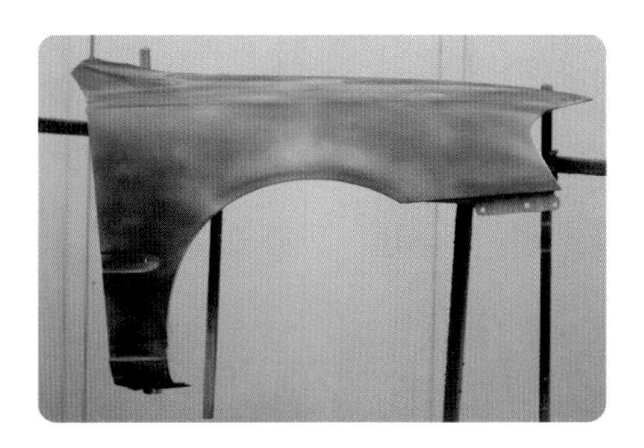

드라이 코트가 완료된 사진

(2) 중도 프라이머 서페이서를 연마한다

① **샌더를 이용하여 연마한다.**

굴곡부분이나 홈이진 부분은 연마하지 않는다.

- **사용 기구** : 더블액션샌더 소프트패드(오버다이어 : 3mm)
- **사용 연마지** : P400 ~ 600

인터페이스 패드 붙여서 사용한다. 인터페이스 패드를 붙여서 연마하면 도장면의 평활성 확보는 힘들지만 패드의 쿠션이 있기 때문에 굴곡이나 요철이 쉽게 연마되지 않아 중도도료가 남아 있게 된다. 굴곡진 부분은 연마하지 않도록 한다.

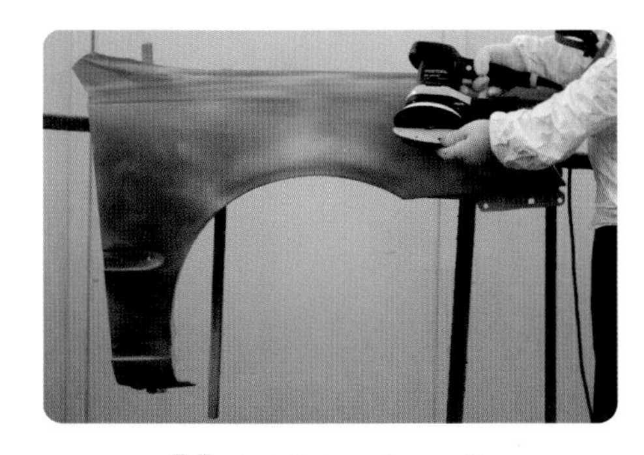

인터페이스 패드 부착

중도 건식연마

② 스카치 브라이트를 이용하여 연마한다.

수퍼파인(P500)으로 굴곡진 부분을 연마한다. 패널에 대하여 가볍게 힘을 주고 연마한다. 전면부의 굴곡진 부분을 먼저 연마하고 턱 부분을 연마한다.

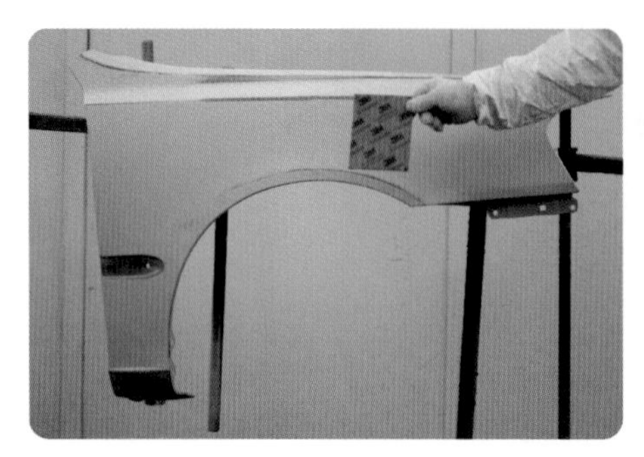

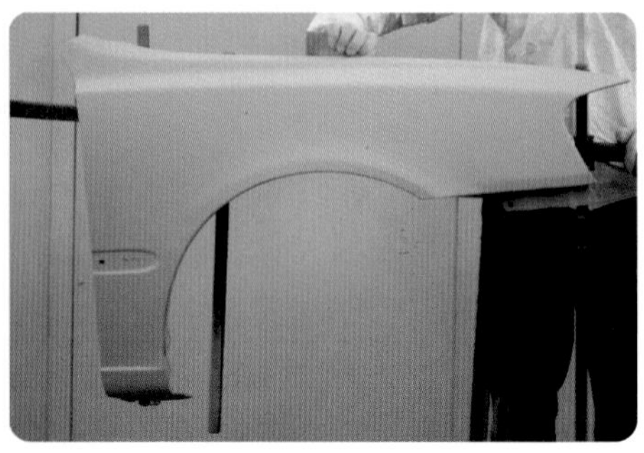

프레스라인 및 패널가장자리 부직포 연마

※ 힘을 많이 가하면서 연마하게 되면 연마자국이 크게 남게 되므로 항상 작업 시에는 힘을 적게 가해서 연마한다.

(3) 먼지를 제거한다

압축공기를 이용하여 중도도료의 연마가루를 패널에서 불어낸다.

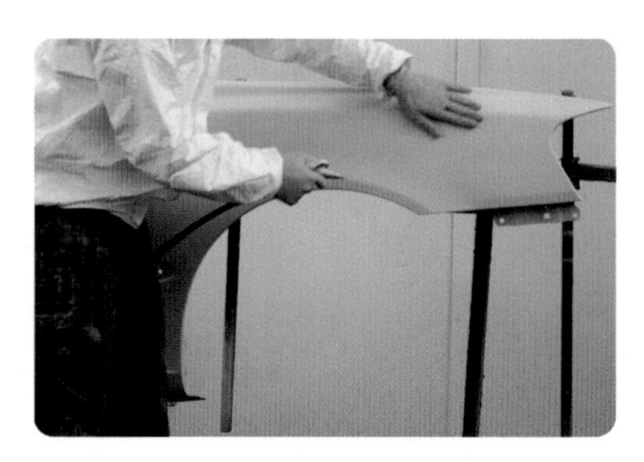

에어블로

6 | 상도 공정

2coat 도장 공정

1 준비 공정

(1) 탈지 공정

먼지가 제거된 패널을 탈지를 한다. 탈지 방법은 다음의 사진을 참고한다.

탈지공정

(2) 도료 만들기

① 차량의 컬러코트를 확인한다.

대부분의 국산차는 후드를 개방하면 차량인식표에 적어져 있다. 하지만 외국자동차의 경우 위치가 후드에만 있는 것이 아니므로 도료회사에서 제공하는 컬러위치를 확인한다.

② 페인트를 계량한다.

컬러 배합비에 따라 전자저울 계량한다. 국내의 도료회사의 경우 미리 계량하여 판매되고 있으며 페인트 통을 개방하여 희석제를 넣고 바로 사용할 수 있다.

- 컬러 배합비에 따라 계량한다.
- 도료 리드기 사용법 : 저울의 눈금을 확인하면서 해당 조색제를 정량 계량한다.
- 신너 첨가 : 대부분의 도료는 도료에 50 ~ 60% 정도 희석하면 추천하는 점도가 나오게 된다. 해당 도료의 점도는 도료통의 참고자료나 기술자료집을 참고하여 희석한다.

컵을 저울에 올림

조색제 정량 계량

신너 첨가

- 간이 포드컵을 사용하여 점도를 측정한다.
- 도료가 흘러내리다가 연결이 끝나는 시점까지 시간을 측정한다.

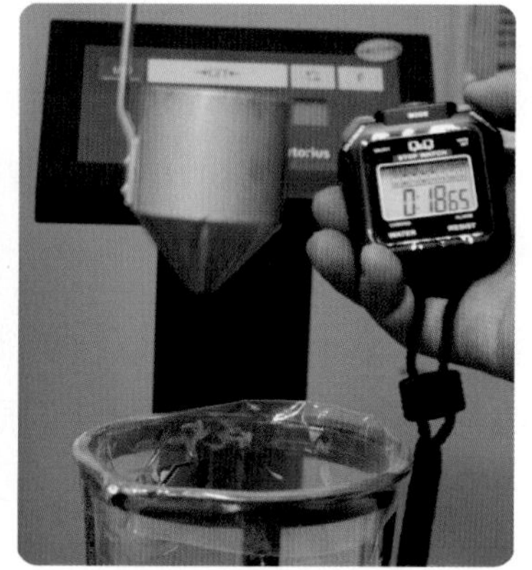

도료 점도측정

(3) 먼지 제거

상도 베이스코트를 도장하기 직전에 패널의 먼지를 제거한다. 송진포를 사용하며 위에서부터 시작하여 아래로 닦아낸다.

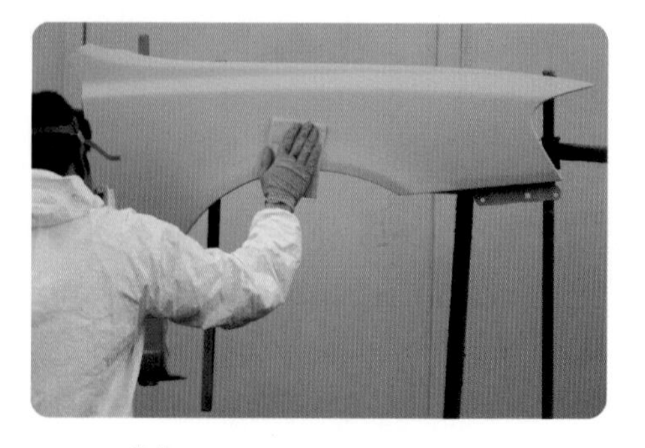

송진포를 이용한 먼지제거

2 도장 공정

- 1coat 2액형 우레탄 도료의 경우 1차 날림도장, 2차 젖음도장, 3차 풀도장을 한다. 도장 후 도료가 광택이 나기 때문에 클리어코트 도장 공정은 하지 않는다.
- 2coat 메탈릭 · 펄 도장의 경우 베이스코트 도장을 1차 날림도장, 2차 젖음도장, 3차 중간도장을 하고 장시간 방지하지 말고 클리어코트를 1차 날림도장, 2차 젖음도장, 3차 풀도장을 한다.
- 3coat 펄 도장의 경우 컬러베이스코트 도장을 1차 날림도장, 2차 젖음도장, 3차 중간도장을 하고 장시간 방지하지 말고 펄 베이스 도장을 1차 젖음도장, 2차 젖음도장, 3차 젖음도장을 하고 장시간 방지하지 말고 클리어코트를 1차 날림도장, 2차 젖음도장, 3차 풀도장을 한다.

(1) 베이스 코트(base coat) 도장

준비된 도료를 스프레이건에 넣어서 사용한다.

SATA HVLP 3000 스프레이건을 사용한다.

- **사용공기압** : 1.8bar
- **노즐지름** : 1.4mm
- **패턴조절** : 360° / 400° 좌측으로 개방
- 3회 도장 완료한다.
- 도료나 스프레이건에 따라 작업방법이 약간 상이하다.

① 1차 날림도장(dry coat)을 한다.

- 외부만 도장한다.
- 좌측상단에서 출발하여 패널과 직각을 유지한다.
- 이동속도 : 60cm / sec
- 피도체와의 거리 : 12 ~ 15cm
- 도료량 : 1회전 / 5회전
- 패턴 겹침폭 : 1 / 2

도료가 묻는 부분의 시선을 맞추어서 자세를 낮춘다.

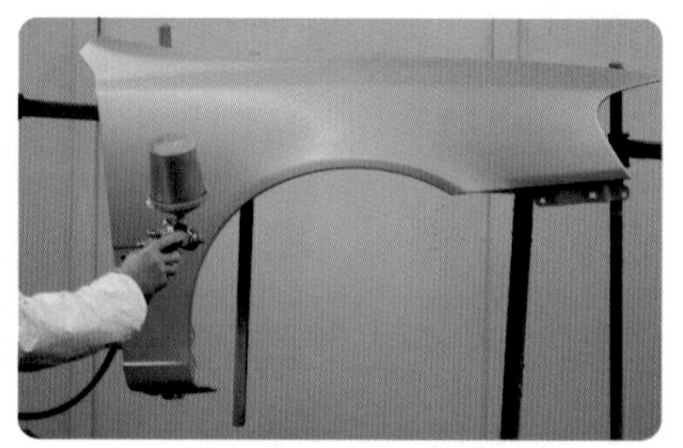

드라이코트

- 도장완료 후 플래시 오프 타임을 3~5분 정도 준다.

※ 1회 때 날림 도장을 하지 않고 젖음 도장을 할 경우 크레타링이 결함 발생이 높아진다.

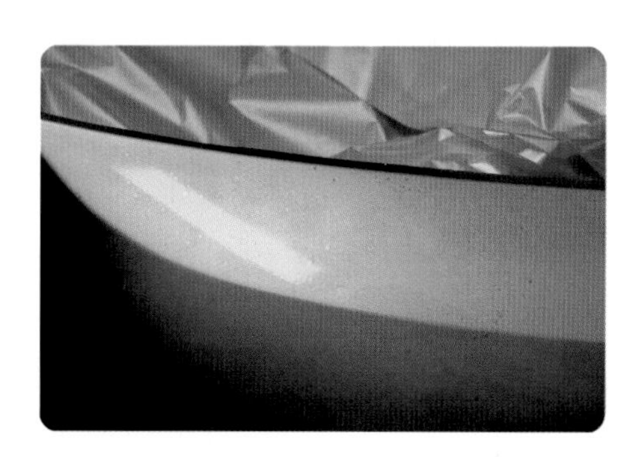

크레타링 발생사진

② 2차 젖음 도장(wet coat) 한다.

- 측면을 먼저 도장하고 전면부를 도장한다.
- 좌측상단에서 출발하여 패널과 직각을 유지한다.
- **이동속도** : 50cm / sec
- **피도체와의 거리** : 12 ~ 15cm
- **도료량** : 3.5회전 / 5회전
- **패턴 겹침폭** : 3 / 4

㉮ 측면을 도장한다.

한부분에서 먼저 시작하여 한 바퀴를 도장한다.

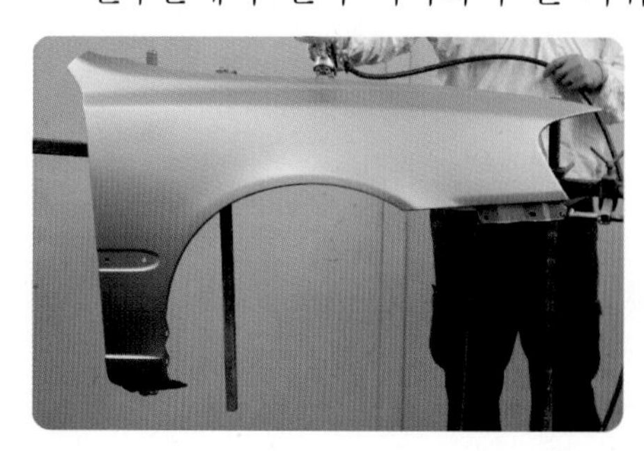

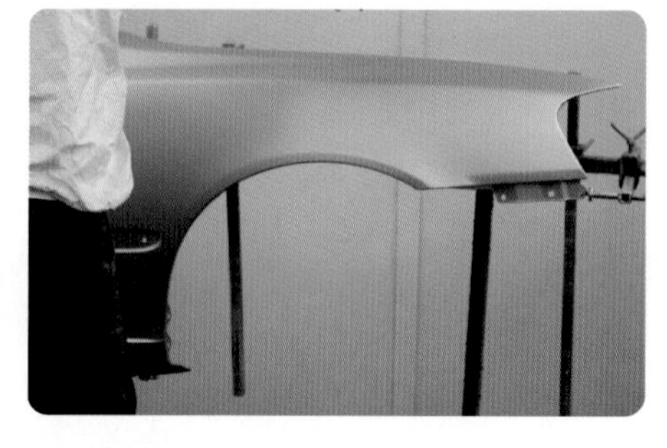

가장자리부분 웻코트

㉯ 전면부를 도장한다.

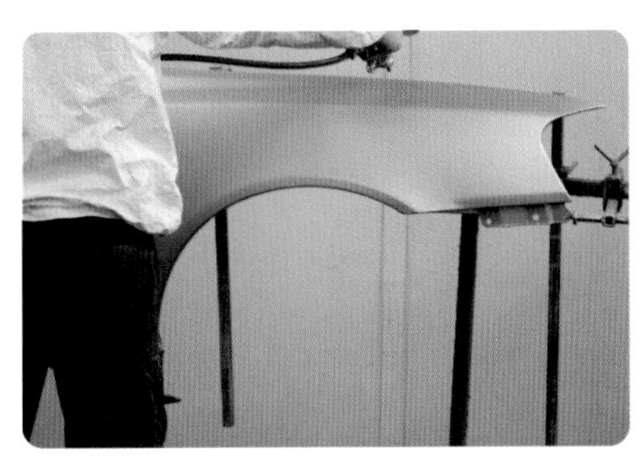

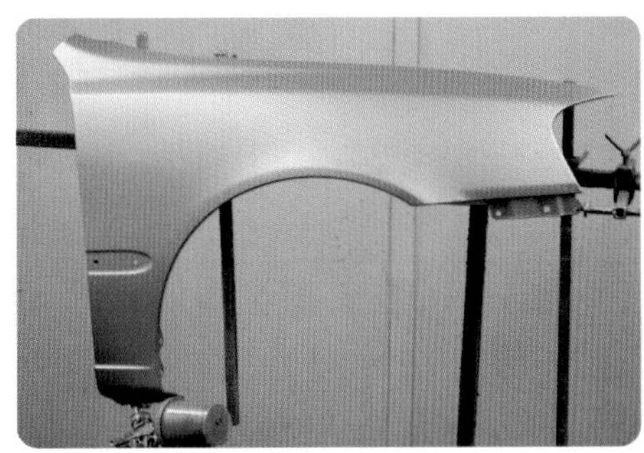

전면부 웻코트

- 도장완료 후 플래시 오프 타임을 3~5분 정도 준다.

③ **3차 중간 도장(medium coat) 한다.**

2차 도장은 색상을 은폐시키기 위한 공정이기 때문에 얼룩이 존재해 있다. 하지만 적당한 플래시 오프 타임을 준 후 3차 도장을 하면 기존의 얼룩을 커버하기 때문에 사라지게 된다. 따라서 3차 도장 때 색상을 맞추도록 하며 얼룩이 생기지 않도록 주의해서 도장한다.

메탈릭 얼룩이 발생된 사진이므로 참고한다.

- 측면을 먼저 도장하고 전면부를 도장한다.
- 좌측상단에서 출발하여 패널과 직각을 유지한다.
- **이동속도** : 60cm / sec
- **피도체와의 거리** : 12 ~ 15cm
- **도료량** : 2.5회전 / 5회전
- **패턴 겹침폭** : 2 / 3

측면을 도장하고 전면부를 도장한다. 한부분에서 먼저 시작하여 한 바퀴를 도장한다.

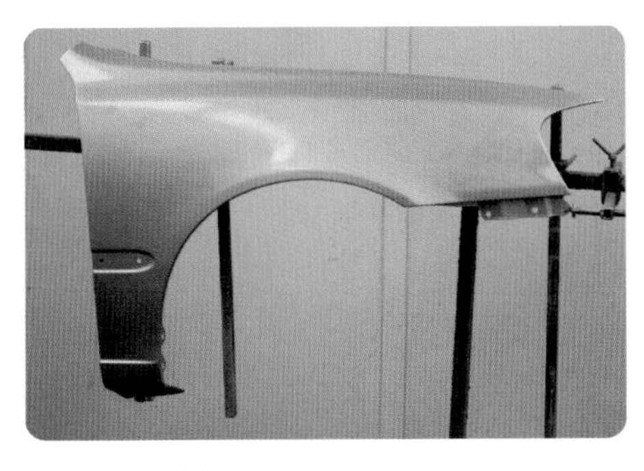

메탈릭 얼룩이 발생

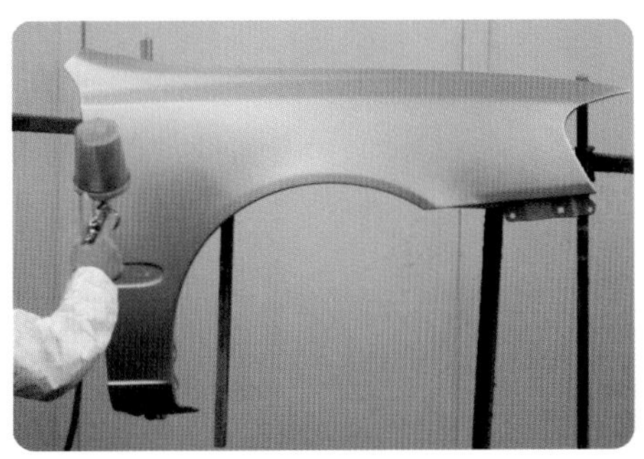

미디움 코트

- 도장완료 후 플래시 오프 타임을 3 ~ 5분 정도 준다.

  베이스 도료를 도장한 후 클리어코트를 도장하지 않고 장시간 방치하게 되면 도료중의 왁스 성분이 표면층으로 올라와 클리어코트를 도장한 후 부착이 생기지 않는 경우가 있기 때문에 오랜시간 동안 방지하지 말고 클리어코트를 도장한다.

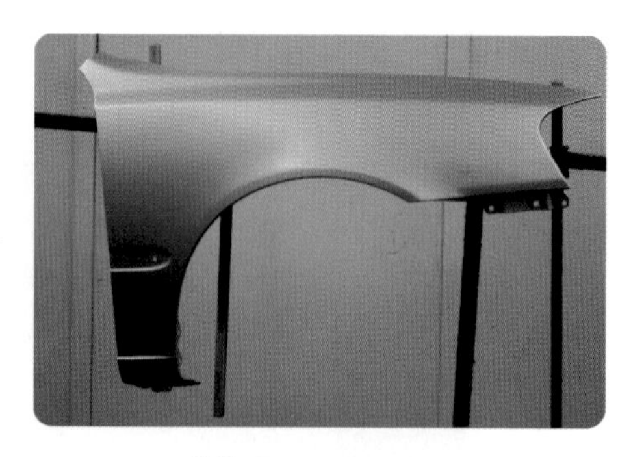

베이스코트 완료

(2) 클리어코트(clear coat) 도장

준비된 도료를 스프레이건에 넣어서 사용한다.

SATA RP 3000 스프레이건을 사용한다.

- **사용공기압** : 2.3bar
- **노즐지름** : 1.3mm
- **패턴조절** : 360° / 400° 좌측으로 개방
- 3회 도장 완료한다.
- 도료나 스프레이건에 따라 작업방법이 약간 상이하다.

① 주제와 경화제를 혼합한 클리어 도료를 여과지에 걸러서 스프레이건에 담는다.

클리어 도료 여과 및 스프레이건 거치대

② 1차 날림도장(dry coat)을 한다.

- 측면은 도장하지 않는다.
- 좌측상단에서 출발하여 패널과 직각을 유지한다.
- **이동속도** : 60cm / sec

- **피도체와의 거리** : 12 ~ 15cm
- **도료량** : 1회전 / 5회전
- **패턴 겹침폭** : 1/2

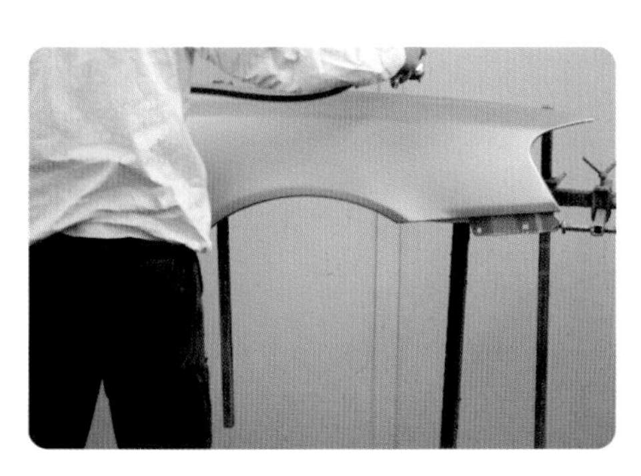
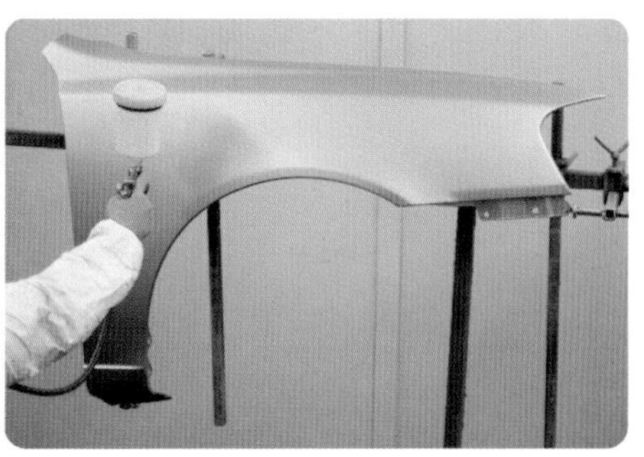

드라이 코트

- 도장완료 후 플래시 오프 타임을 3 ~ 5분 정도 준다.

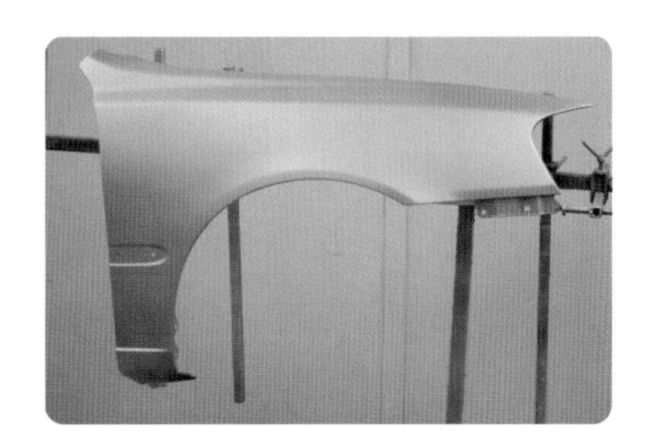

플래시 오프 타임 중

③ 2차 젖음 도장(wet coat)을 한다.

- 측면을 먼저 도장하고 전면부를 도장한다.
- 좌측상단에서 출발하여 패널과 직각을 유지한다.
- **이동속도** : 50cm / sec
- **피도체와의 거리** : 10 ~ 13cm
- **도료량** : 3.5회전 / 5회전
- **패턴 겹침폭** : 3/4

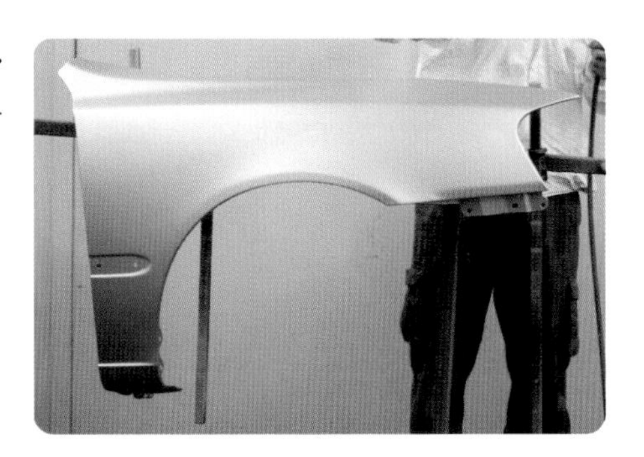

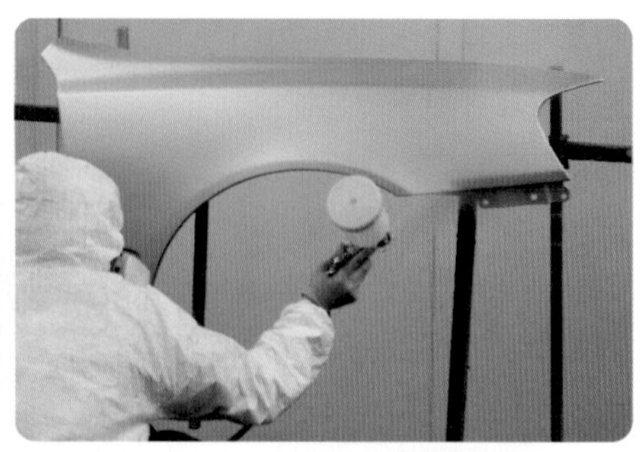

가장자리 부분 웻코트

- 도장완료 후 플래시 오프 타임을 3~5분 정도 준다.

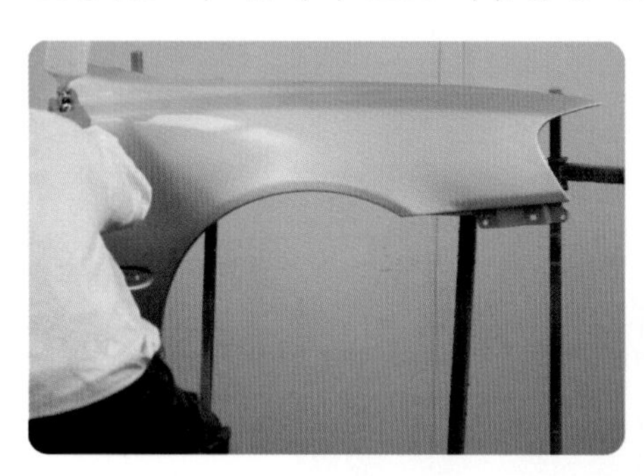
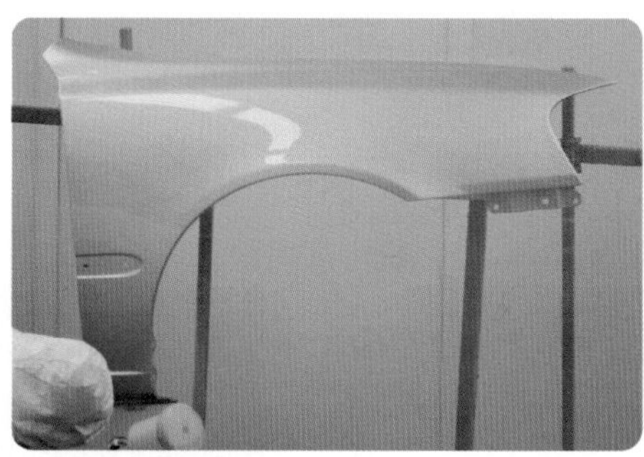

전면부 웻코트

도장 후 도막 두께가 얇아야 하고 오렌지필이 없으면서 광택이 나도록 도장해야 한다.

④ 3차 풀 도장(full coat)을 한다.

- 측면을 먼저 도장하고 전면부를 도장한다.
- 좌측상단에서 출발하여 패널과 직각을 유지한다.
- **이동속도** : 40cm / sec
- **피도체와의 거리** : 7 ~ 10cm
- **도료량** : 4.5회전 / 5회전
- **패턴 겹침폭** : 3 / 4

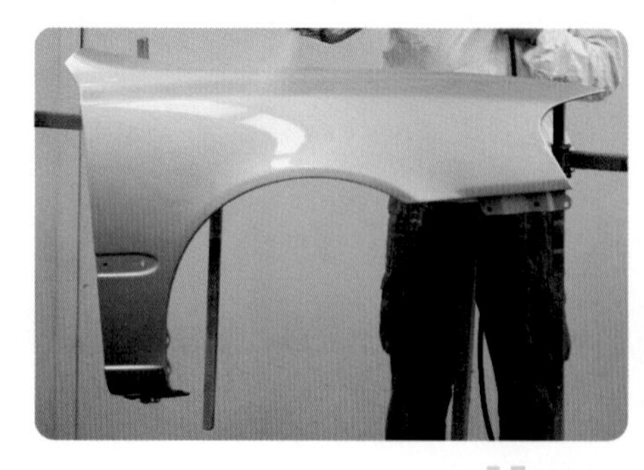
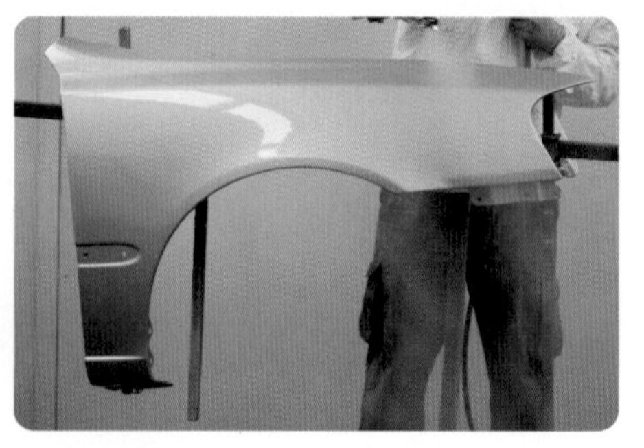

가장자리부분 풀코트

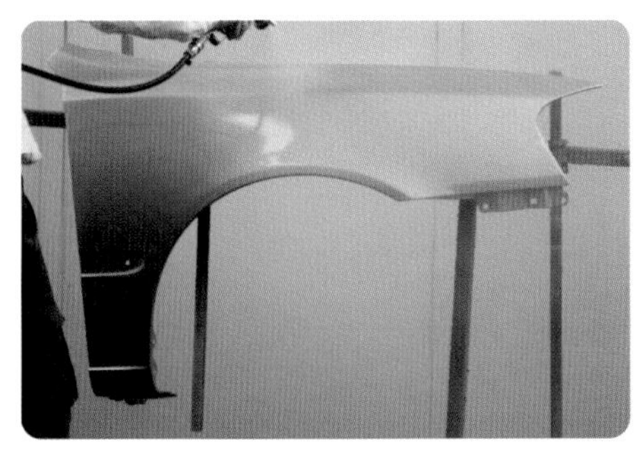
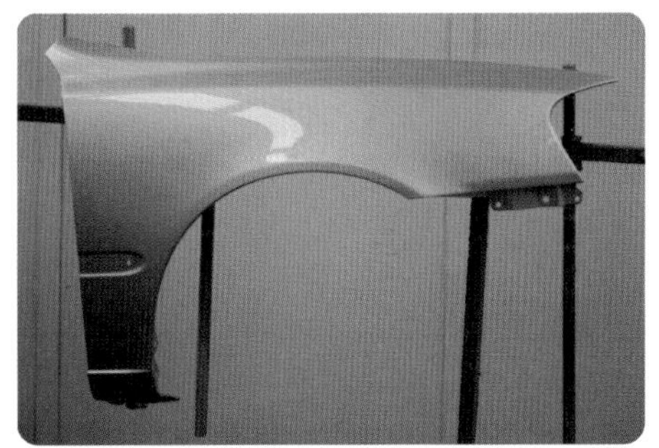

전면부 풀코트

세팅타임을 10분 정도 준 후 가열 건조시킨다.

3coat 도장 공정

1 준비 공정

탈지가 완료 된 패널을 송진포를 이용하여 먼지를 제거한다.

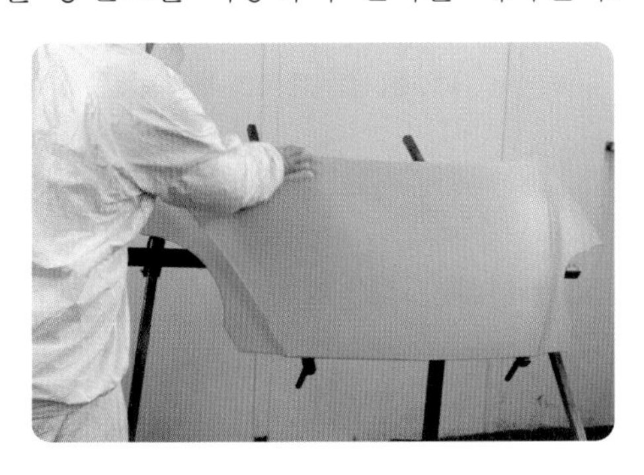

2 도장 공정

3coat 도장법은 2coat 도장 공정을 참고한다. 도장 후 플래시 오프 타임과 세팅 타임을 준다.

(1) 컬러 베이스 도장 공정

3coat 컬러 베이스를 도장한다. 준비된 도료를 스프레이건에 넣어서 사용하며 SATA HVLP 3000 스프레이건을 사용한다.

- **사용공기압** : 1.8bar
- **노즐지름** : 1.4mm
- **패턴조절** : 360° / 400° 좌측으로 개방
- 3회 도장 완료한다.
- 도료나 스프레이건에 따라 작업방법이 약간 상이하다.

① 1차 날림도장(dry coat)을 한다.

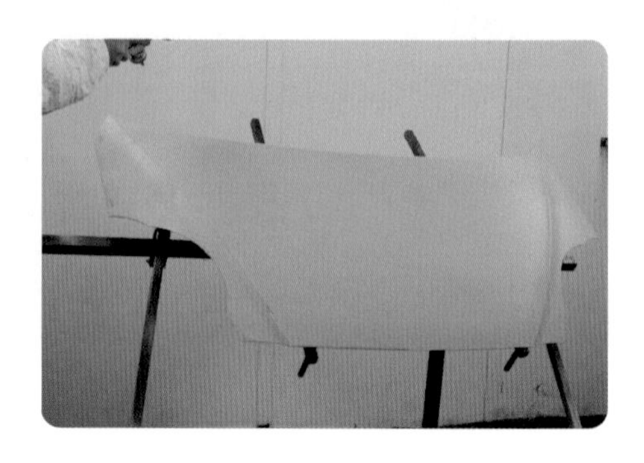

- 외부만 도장한다.
- 좌측상단에서 출발하여 패널과 직각을 유지한다.
- **이동속도** : 60cm / sec
- **피도체와의 거리** : 12 ~ 15cm
- **도료량** : 1회전 / 5회전
- **패턴 겹침폭** : 1 / 2

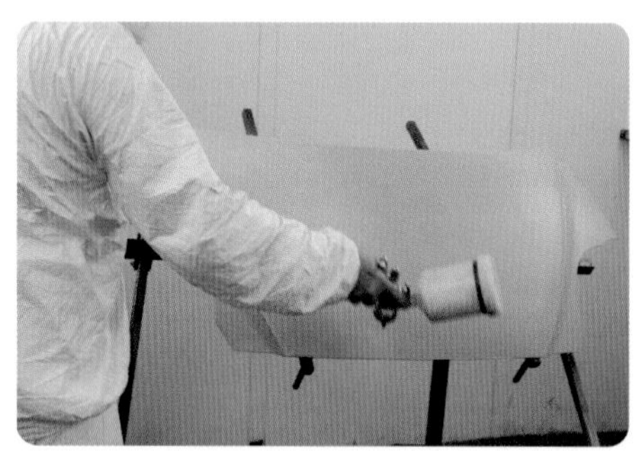

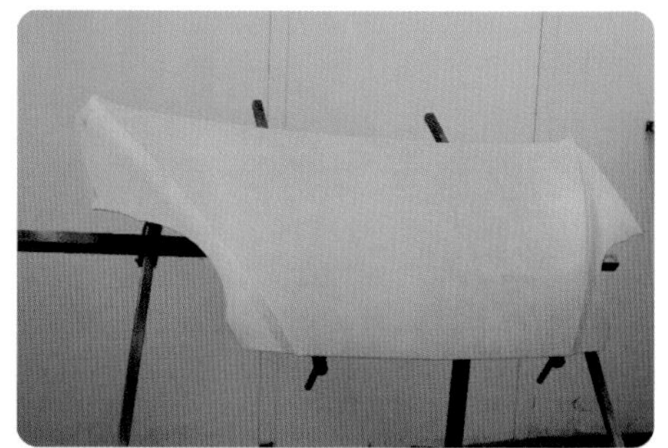

3coat 컬러베이스 드라이코트

② 2차 젖음 도장(wet coat) 한다.

- 측면을 먼저 도장하고 전면부를 도장한다.
- 좌측상단에서 출발하여 패널과 직각을 유지한다.
- **이동속도** : 50cm / sec
- **피도체와의 거리** : 12 ~ 15cm
- **도료량** : 3.5회전 / 5회전
- **패턴 겹침폭** : 3 / 4

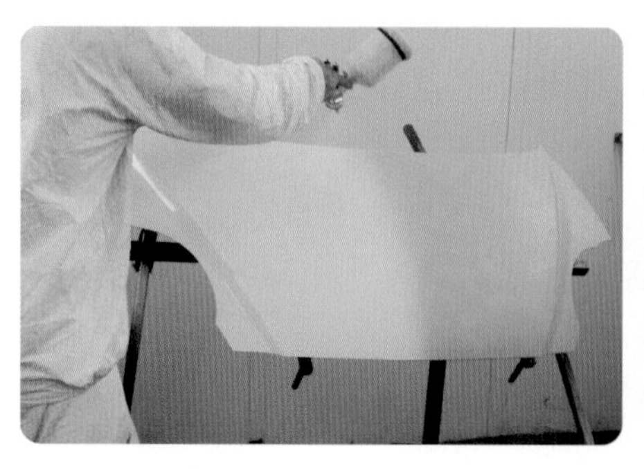

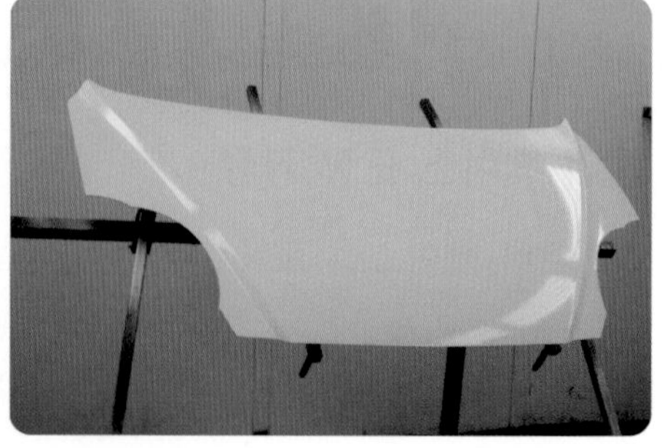

3coat 컬러베이스 미디움 코트

③ 3차 중간 도장(medium coat) 한다.

중도 도료가 보이지 않도록 은폐시킨다.

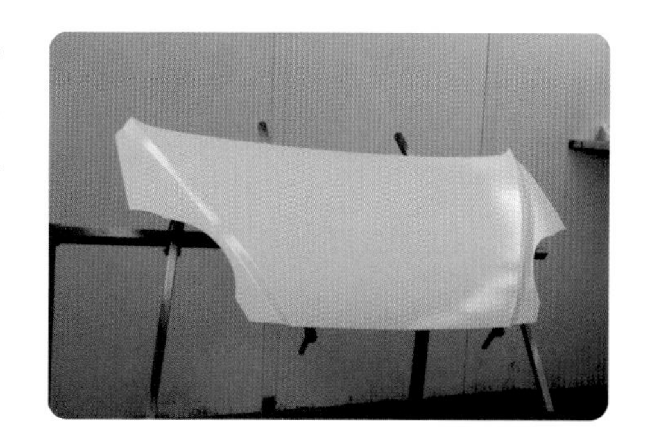

- 측면을 먼저 도장하고 전면부를 도장한다.
- 좌측상단에서 출발하여 패널과 직각을 유지한다.
- **이동속도** : 60cm / sec
- **피도체와의 거리** : 12 ~ 15cm
- **도료량** : 2.5회전 / 5회전
- **패턴 겹침폭** : 2 / 3

(2) 펄 베이스를 도장한다

3회 젖음 도장을 실시한다.

- 측면을 먼저 도장하고 전면부를 도장한다.
- 좌측상단에서 출발하여 패널과 직각을 유지한다.
- **이동속도** : 50cm / sec
- **피도체와의 거리** : 12 ~ 15cm
- **도료량** : 3.5회전 / 5회전
- **패턴 겹침폭** : 3 / 4

① 1차 도장

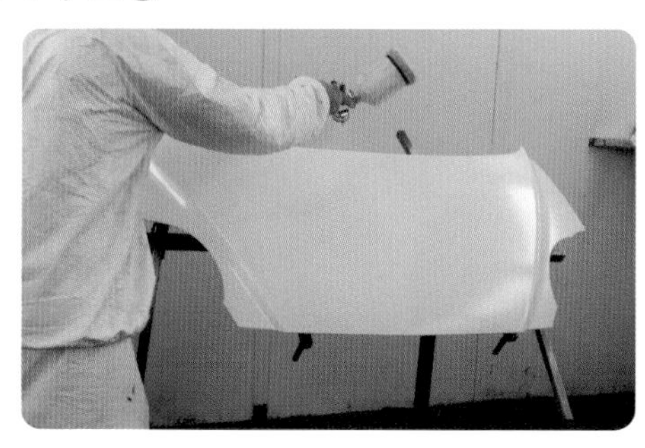

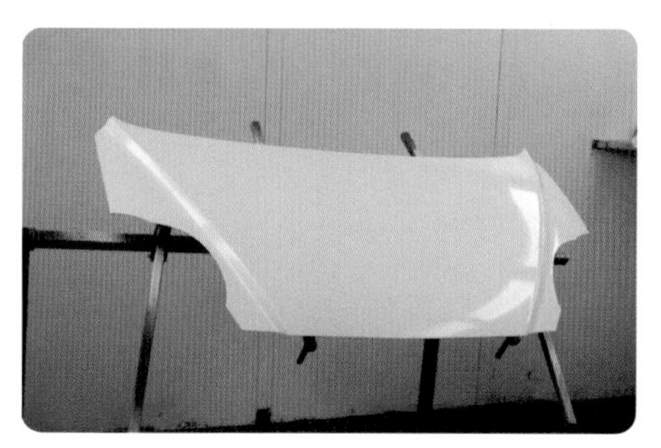

② 2차 도장

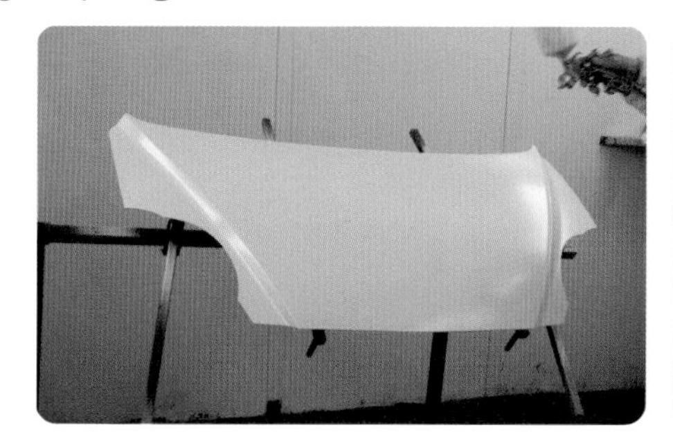

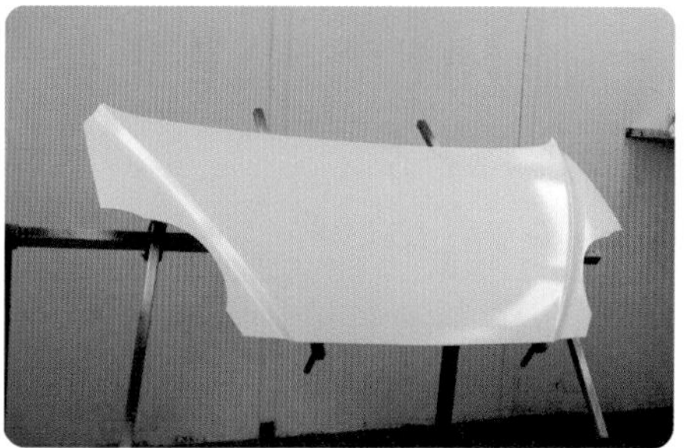

③ 3차 도장

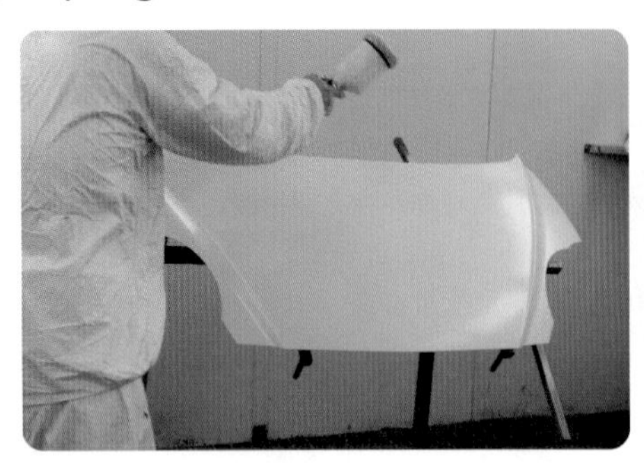
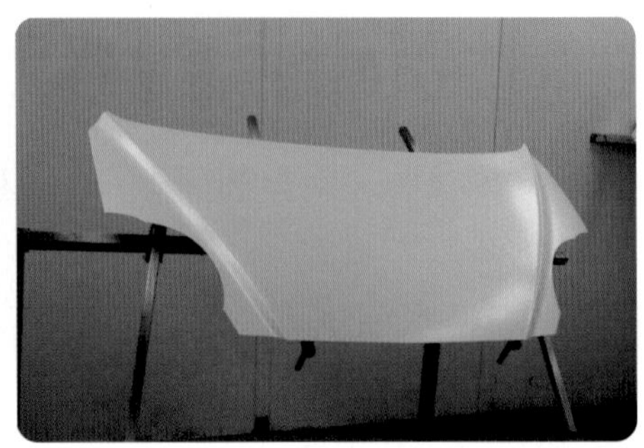

얼룩이 생기지 않도록 주의해서 도장해야 하고 펄 베이스는 도장 횟수에 따라 색상이 변하기 때문에 색상이 일치할 수 있도록 도장한다.

(3) 클리어코트를 도장한다

표준도장공정의 클리어코트 도장 법과 일치하므로 참고한다.

베이스코트를 도장 한 후 클리어코트를 도장하지 않고 오랜 시간 방치하게 되면 베이스코트의 왁스성분이 표면층으로 올라와 클리어코트의 부착력이 떨어지기 때문에 장시간 방치하지 않고 클리어코트를 도장한다.

① 1차 날림도장(dry coat)을 한다.

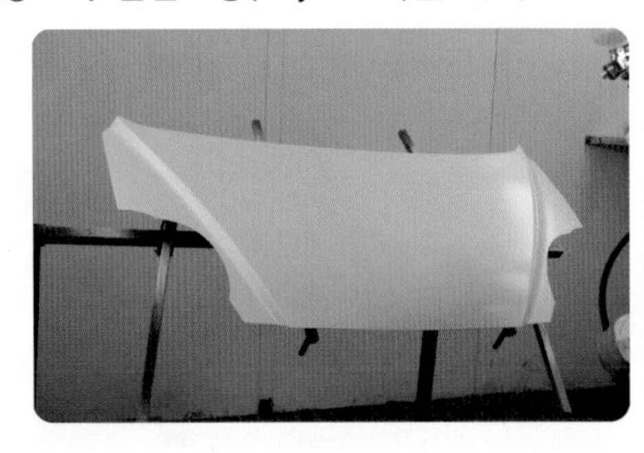
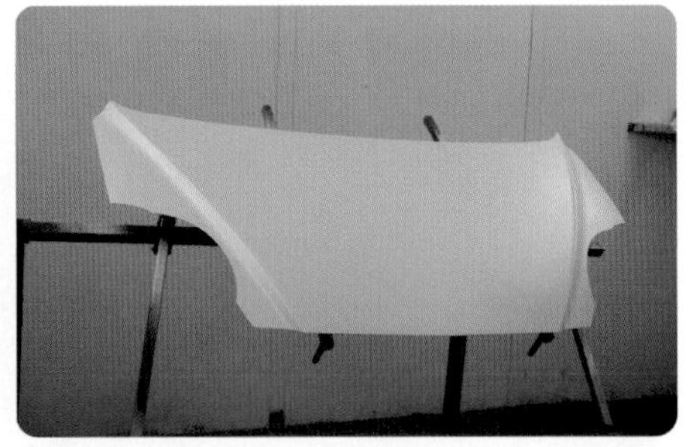

② 젖음 도장(wet coat)을 한다.

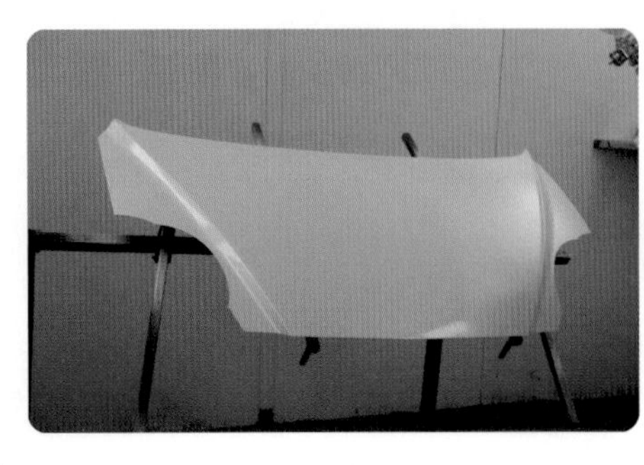
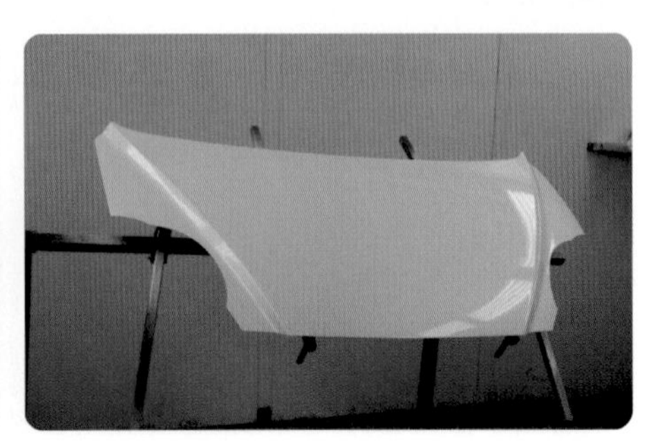

③ 풀 도장(full coat)을 한다.

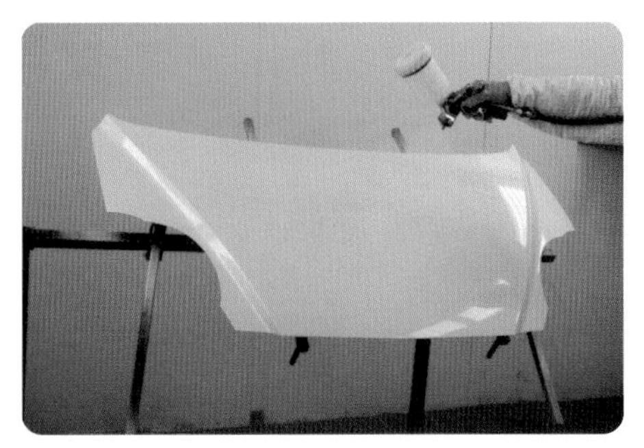

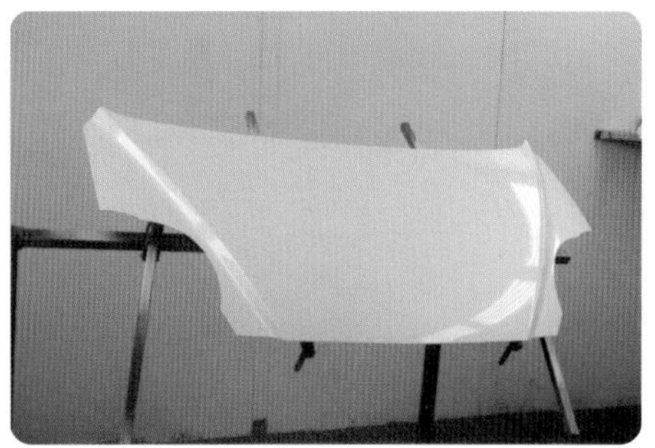

세팅 타임을 준 후 가열 건조시킨다.

수용성 도료(water borne paint) 도장 방법

수용성 베이스코트의 경우 2회 도장으로 베이스코트 도장을 완료한다.

2coat 수용성 도장을 예로 들겠다. 3coat의 경우 베이스 도료의 도장 방법은 2coat와 같고 다만 컬러베이스를 도장하고 펄베이스 도장한 후 클리어를 도장하는 방법만 틀리다.

1차, 2차 젖음 도장을 실시하며 베이스코트의 수분이 완전히 증발한 후 표준도장 클리어코트 도장법과 같은 방법으로 실시한다.

1 준비 공정

(1) 도료를 준비

① 수용성 조색제를 이용하여 컬러 배합비를 참고 계량 조색한다.

② 수용성 희석제를 10% 첨가한다.

도료를 계량

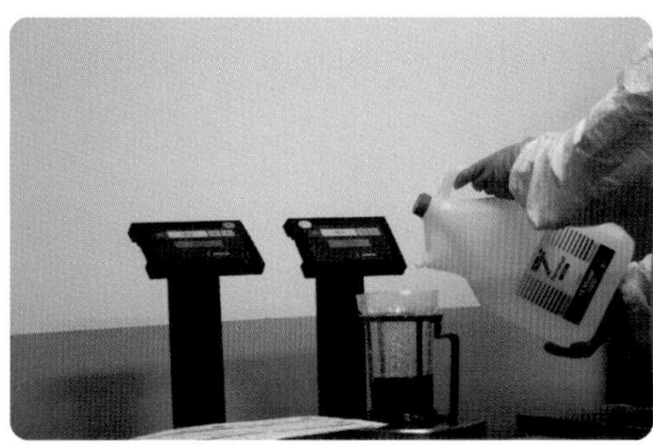

희석제 10%첨가

(2) 탈지공정

① 유성계 탈지제를 이용하여 탈지한다.

② 수용성계 탈지제를 이용하여 탈지한다.

유성계 탈지

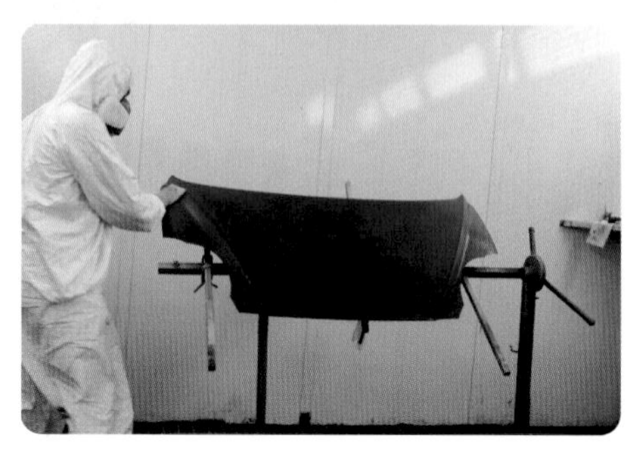
수용성계 탈지

(3) 먼지제거 공정

송진포를 이용하여 패널의 먼지를 제거한다.

2 도장 공정

(1) 베이스코트(base coat) 도장

준비된 도료를 스프레이건에 넣어서 사용한다.

SATA HVLP 3000 스프레이건을 사용한다.

- **사용공기압** : 1.8bar
- **노즐지름** : WSB
- **패턴조절** : 360° / 400° 좌측으로 개방
- 3회 도장 완료한다.
- 도료나 스프레이건에 따라 작업방법이 약간 상이하다.

① 1차 젖음 도장(wet coat)을 한다.

- 측면 도장 후 전면부를 도장한다.
- 좌측상단에서 출발하여 패널과 직각을 유지한다.
- **이동속도** : 50cm / sec
- **피도체와의 거리** : 12 ~ 15cm
- **도료량** : 3.5회전 / 5회전
- **패턴 겹침폭** : 3 / 4

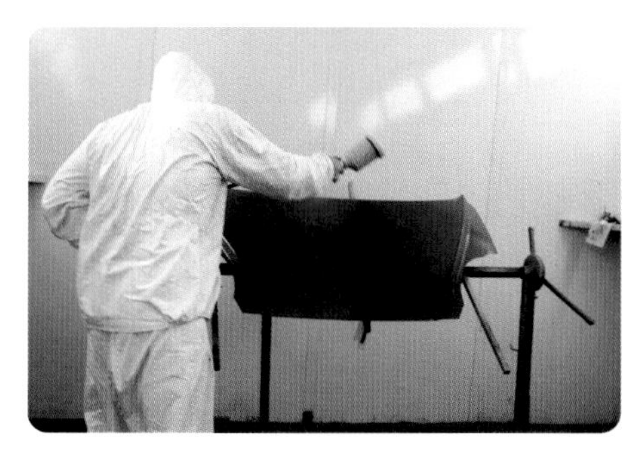
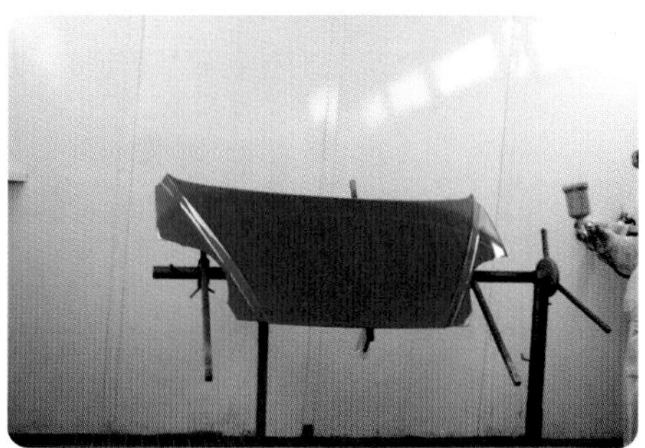

1차 웻코트

② 2차 젖음 도장(wet coat)을 한다.

1차 도장 후 플래시 오프 타임이 없이 즉시 도장한다.

- 측면 도장 후 전면부를 도장한다.
- 좌측상단에서 출발하여 패널과 직각을 유지한다.
- **이동속도** : 50cm / sec
- **피도체와의 거리** : 12 ~ 15cm
- **도료량** : 3.5회전 / 5회전
- **패턴 겹침폭** : 3 / 4

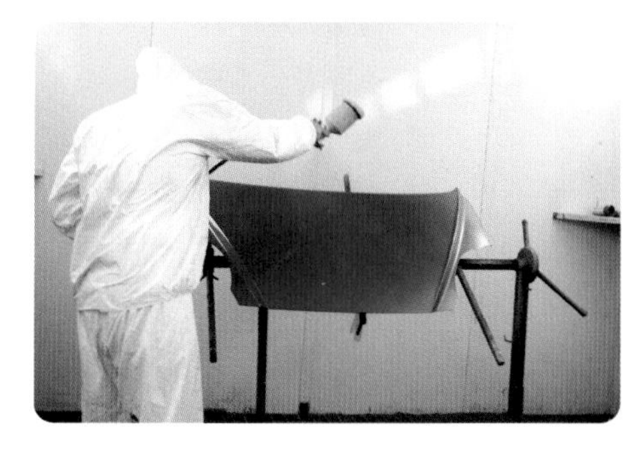
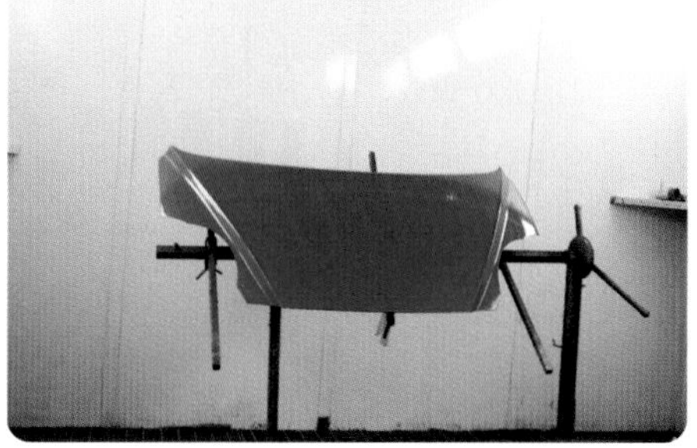

2차 웻코트

③ 에어블로워 건이나 도장실의 바람으로 수분을 완전히 증발시킨다.

완전 건조된 수용성 베이스코트

※ 수용성 베이스코트의 경우 유성계 베이스코트와 비교하여 메탈릭 얼룩이 잘 발생하지 않는 특징이 있다. 그 이유는 수용성 베이스코트의 건조속도가 느리기 때문에 도료 중의 메탈릭 안료가 자리를 잡을 수 있는 시간을 충분히 부여하기 때문에 얼룩이 잘 발생하지 않는다. 또한 2회 연속으로 도장하여도 잘 흐르지 않는 이유는 물 분자 간에 당기는 응력이 크기 때문이다.

(2) 클리어코트 도장

유성계 클리어코트 도장 방법과 일치하기 때문에 유성계 클리어코트 도장 조건을 참고한다. 하지만 고형분이 많은 하이솔리드타입(high solid type)의 클리어의 경우 1.5회로 추천하는 도막 두께가 나오는 도료가 있기 때문에 1.5회 도장 방법을 참고한다.

① 1차 날림도장(dry coat)을 한다.

- 측면은 도장하지 않는다.
- 좌측상단에서 출발하여 패널과 직각을 유지한다.
- **이동속도** : 60cm / sec
- **피도체와의 거리** : 12 ~ 15cm
- **도료량** : 1회전 / 5회전
- **패턴 겹침폭** : 1 / 2
- 도장완료 후 플래시 오프 타임을 3 ~ 5분 정도 준다.

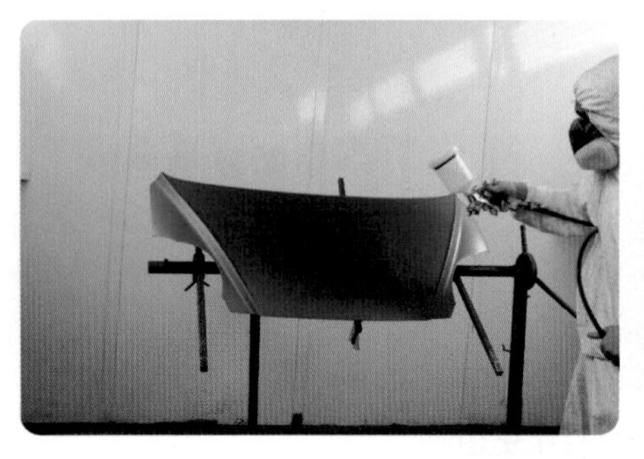

하이솔리드타입 클리어 1차 드라이코트

② 2차 풀 도장(full coat)을 한다.

- 측면을 먼저 도장하고 전면부를 도장한다.
- 좌측상단에서 출발하여 패널과 직각을 유지한다.
- **이동속도** : 40cm / sec
- **피도체와의 거리** : 7 ~ 10cm
- **도료량** : 4.5회전 / 5회전
- **패턴 겹침폭** : 3 / 4

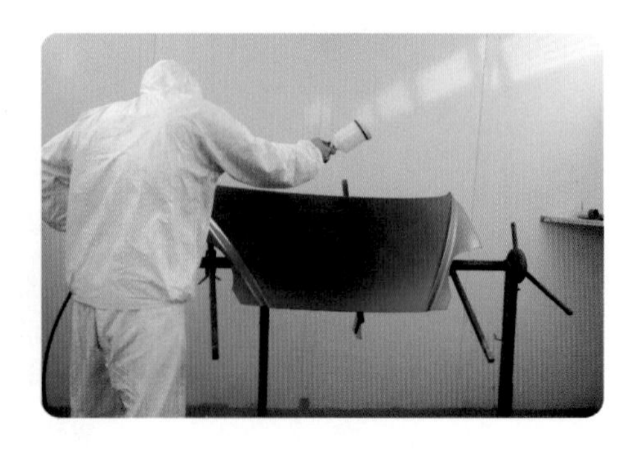

하이솔리드타입 클리어 2차 드라이코트

세팅타임을 10분 정도 준 후 가열 건조시킨다. 현재 수용성 클리어코트도 시판되고 있으며 도장 직 후 우유빛처럼 표면 뿌옇게 보이다가 시간이 경과하면서 도료가 맑아진다.

제6장 자동차도장공정 [부분도장]

현장 기술자들은 보카시라고 하며 자동차가 운행이나 정지 중에 생긴 작은 요철을 수정하는 방법으로 패널(panel) 전체를 도장하지 않고 일부분만 도장하고 흠집 부위에서 조금씩 넓혀 나가면서 하도, 중도, 상도의 공정을 거치고 건조 후 광택작업으로 단차를 수정해 나가는 도장 방법으로 날려 뿌려 도장하기 때문에 부분(blending)도장(spot repair spray)이라고도 한다.

부분 도장 작업 핵심은 작업 부위를 넓게 만들지 말고 보수 부분에서 멀어질수록 도막이 얇아지게 만드는 것이다.

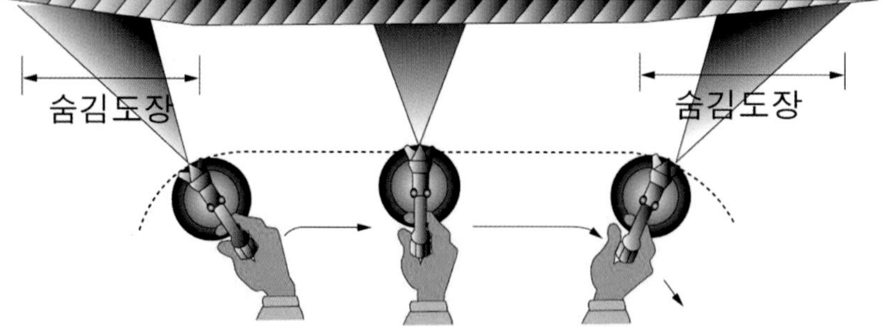

숨김도장시 스프레이건과 피도체의 각도

1 | 도장 범위

1 차체의 중앙에 상처 발생

(1) 클리어를 패널 일부 도장

대부분 소규모 부분도장 업체에서 하는 방법으로 클리어 블랜딩 신너가 날린 부분을 광택작업을 하여야 한다.

① 베이스코트 도장부위

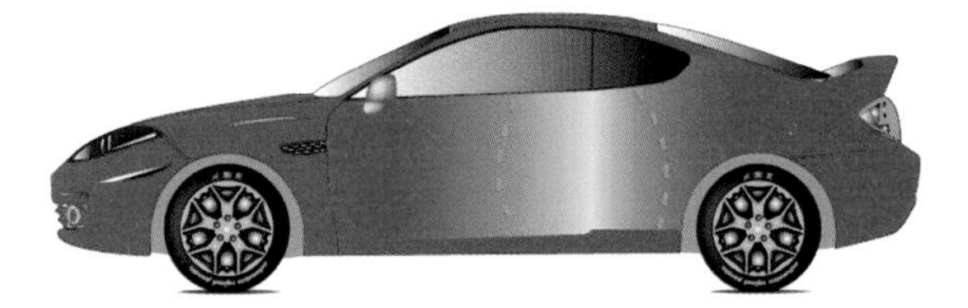

② 클리어코트 도장부위

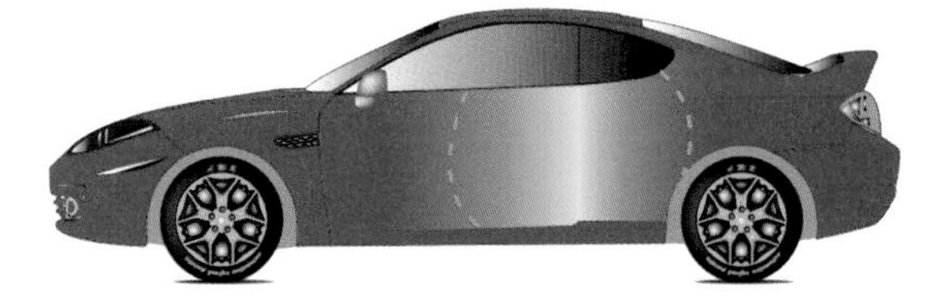

③ 블랜딩 신너 도장부위

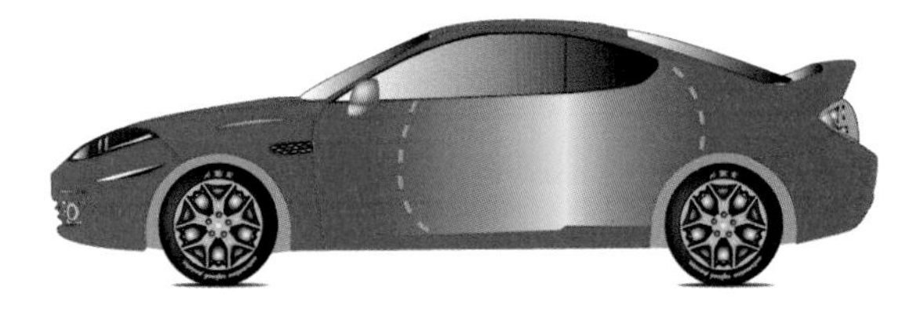

(2) 클리어 패널 전체도장

대부분의 자동차 도장을 하는 정비공장에서 실시하는 부분도장으로 블랜딩한 부분을 클리어가 덮고 있기 때문에 도장이 떨어질 문제를 줄이며 광택작업을 하지 않아도 된다. 하지만 클리어 도료를 많이 사용하게 된다.

① 베이스코트 도장부위

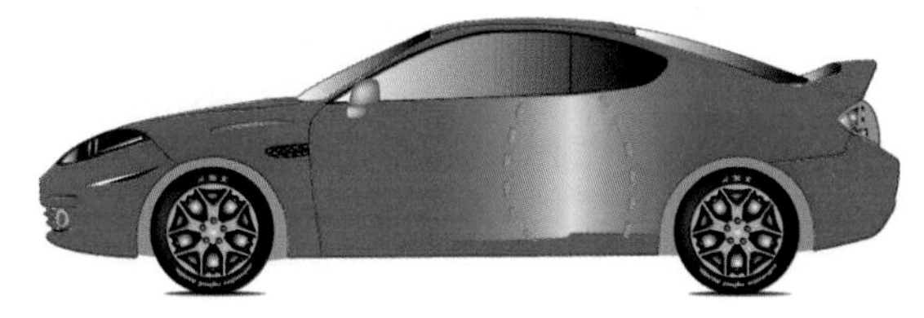

② 클리어코트 도장부위

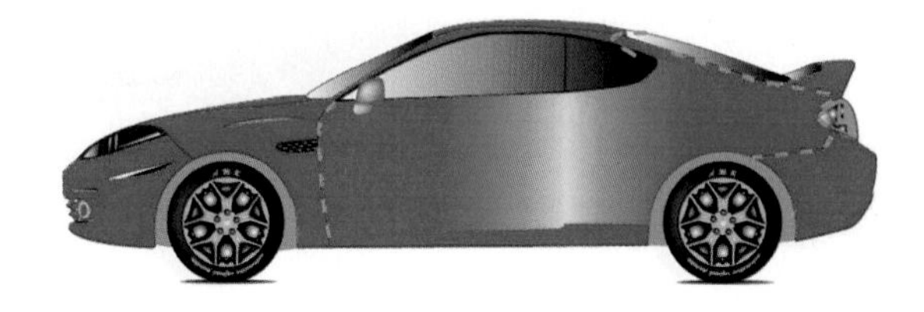

2 패널의 모서리 부분의 상처 발생

(1) 클리어를 패널 일부 도장

대부분 소규모 부분도장 업체에서 하는 방법으로 클리어 블랜딩 신너가 날린 부분을 광택작업을 한다.

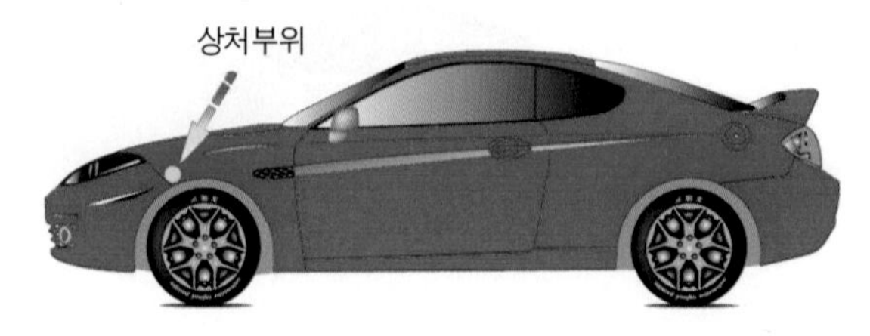

① 베이스코트 도장부위

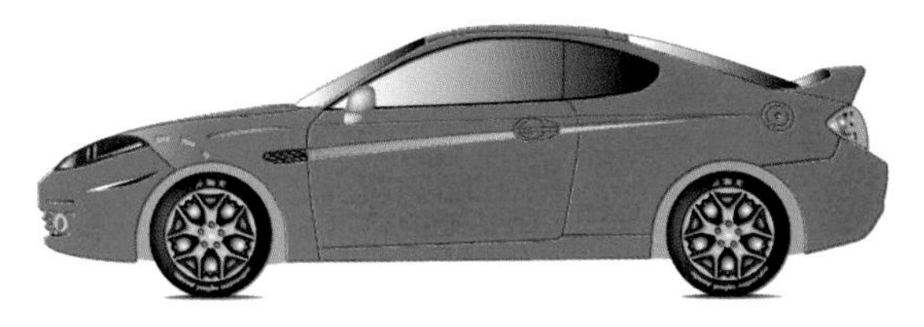

② 클리어코트 도장부위

③ 블랜딩 신너 도장부위

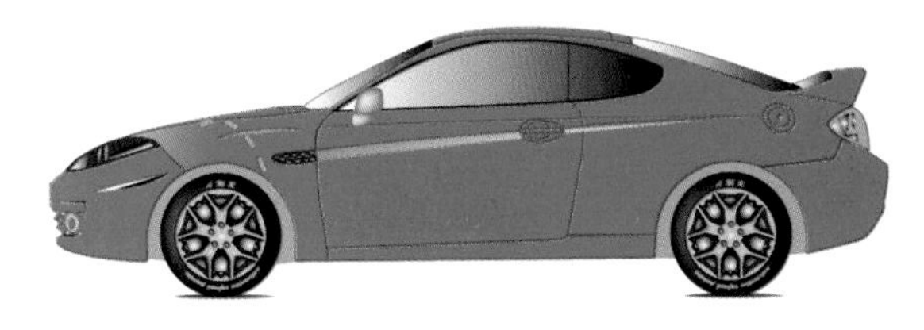

(2) 클리어 패널 전체도장

중앙부위 상처 작업을 참고한다.

3 후드의 부분도장

일반적으로 후드의 경우에는 부분도장을 하지 않고 패널 전체를 도장한다.

2 | 부분도장공정

하도와 중도까지는 공통작업이다.

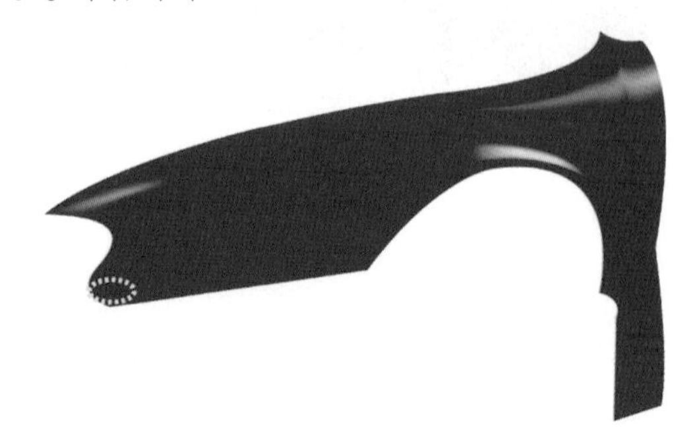

상처부분

① **하도공정** : P80 ~ 320 연마지를 사용

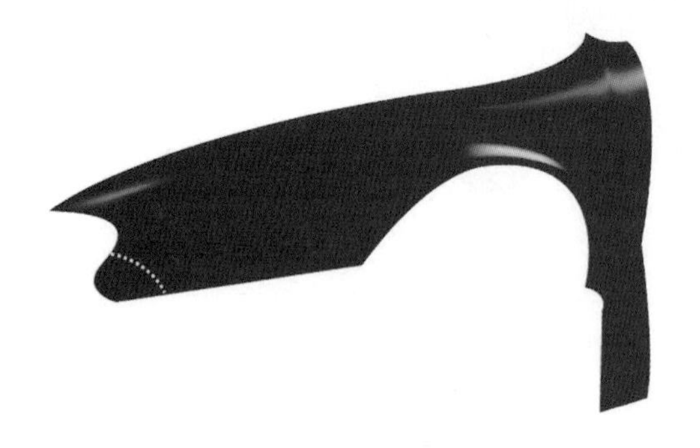

② **중도공정** : P400 ~ 600연마지를 사용

(1) 패널에 상처가 발생

상처가 깊지 않을 경우 단낮추기를 넓게 하여 중도도장 후 부분도장을 실시한다. 하도공정을 시행할 경우에는 퍼티공정을 실시한다.

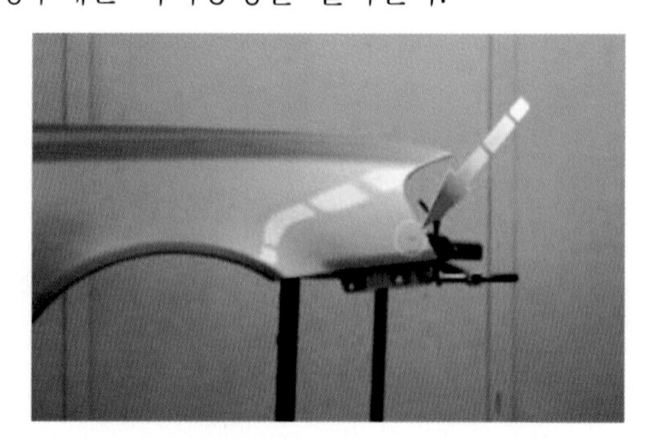

① 도장면의 상처가 퍼티를 도포해야 하는 상처인지 단낮추기만을 하여 제거 가능한 흠집인지를 파악한다.
② 퍼티가 도포되어야 하는 상처일 경우 최대한 퍼티와 중도도료를 중앙 쪽으로 날리지 않도록 작업해야 한다.

상처부분

(2) 탈지공정

작업할 부분의 오염물이나 유분을 탈지를 통해 제거한다.

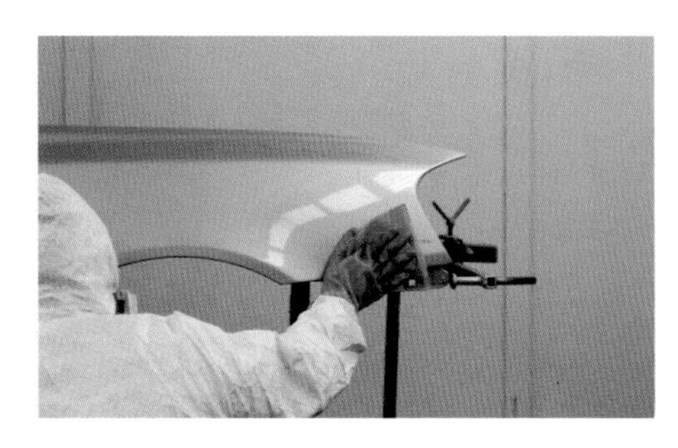
탈지공정

(3) 단낮추기를 실시한다

더블액션 샌더(오버다이어 : 5mm, 딱딱한 패드)에 P400 연마지를 부착하여 단낮추기를 한다.

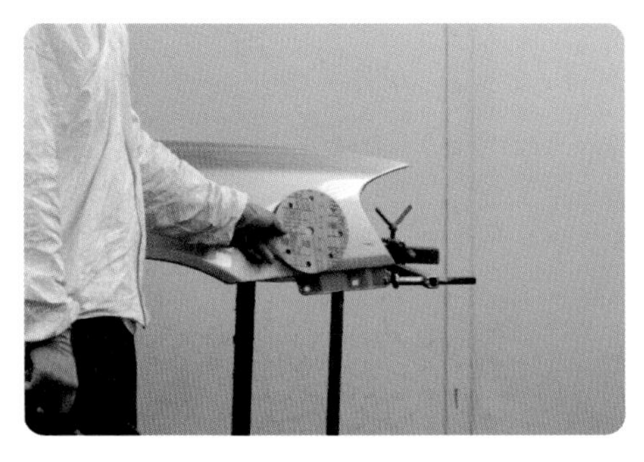
P400연마지 사용

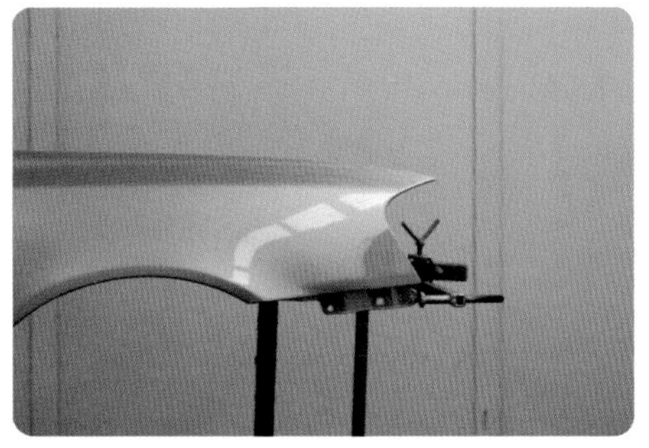
연마 완료

(4) 중도도장 경계면을 연마한다

더블액션 샌더(오버다이어 : 3mm, 부드러운 패드)에 P600연마지를 부착하여 중도도장 후 상도가 도장되는 부분을 연마한다.

P400으로 연마한 부분보다 조금 더 넓게 연마하고 패널의 턱 부분도 연마한다.

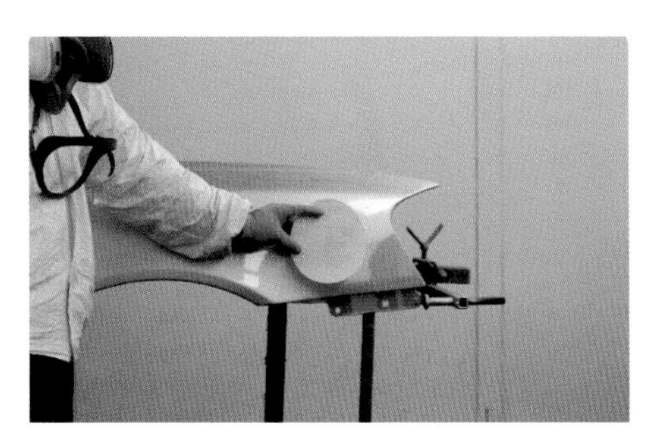

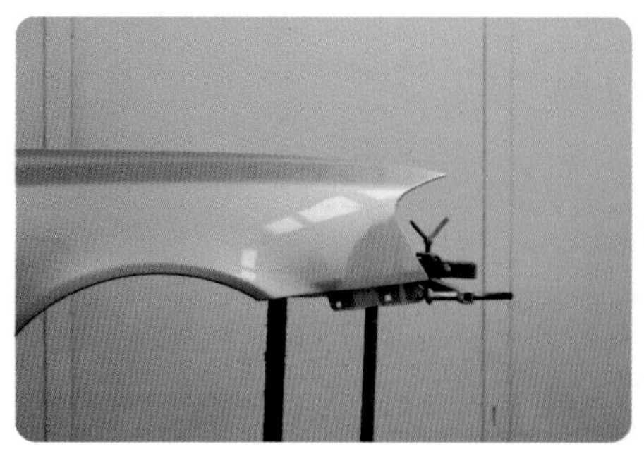
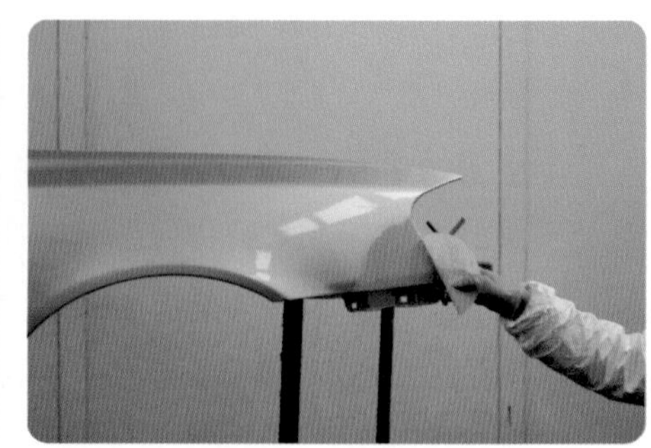

(5) 먼지를 제거한다

단낮추기 공정에서 발생한 먼지를 패널에서 불어낸다.

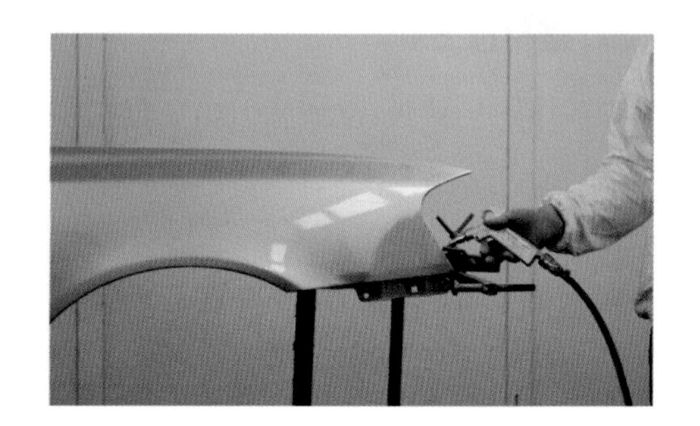

(6) 중도도장 할 부분을 탈지한다

오염물이나 기름성분을 제거하여 중도 도장 시 발생하기 쉬운 크레타링 발생을 감소 시킨다.

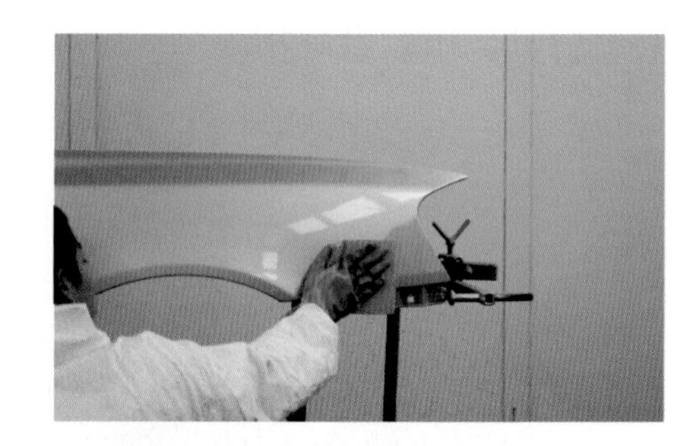

(7) 중도 마스킹을 실시한다

리버스 마스킹(reverse masking)을 한다. 리버스 마스킹에 대한 자세한 내용은 마스킹 작업의 부분을 참고한다.

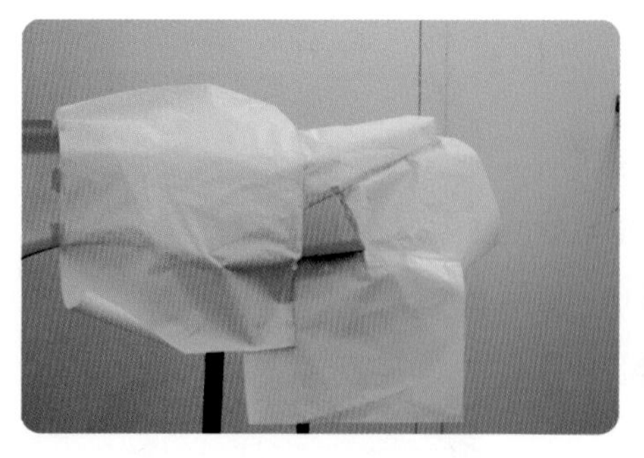
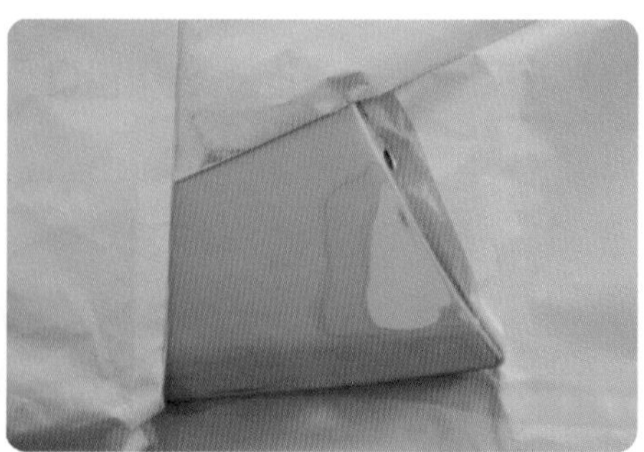

(8) 중도도장을 실시한다

단낮추기 한 부분만 도장하되 리버스 마스킹 턱 부분까지 도료가 날리지 않도록 주의해서 도장한다. 한꺼번에 많은 량의 도료를 도장하려고 하지 말아야 하고 표준도장을 했던 도장횟수보다 가급적 더 많은 횟수를 도장하며 도료는 조금씩 토출되도록 한다.

- SATA KLC RP 1.6mm
- 외부만 도장한다.
- 단낮추기 한 부분에서 마스킹 턱 부분으로 45° 정도 손목을 꺾어준다.
- **피도체와의 거리** : 12 ~ 15cm
- **도료량** : 1회전/5회전
- **패턴 겹침폭** : 1/2
- **도장 횟수** : 5회 이상

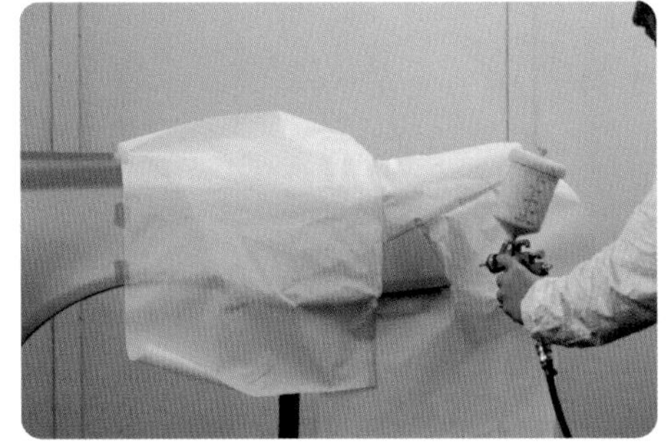

1차 도장 - 드라이코트

중도 부분도장 완료

(9) 가이드 코트를 도포한다

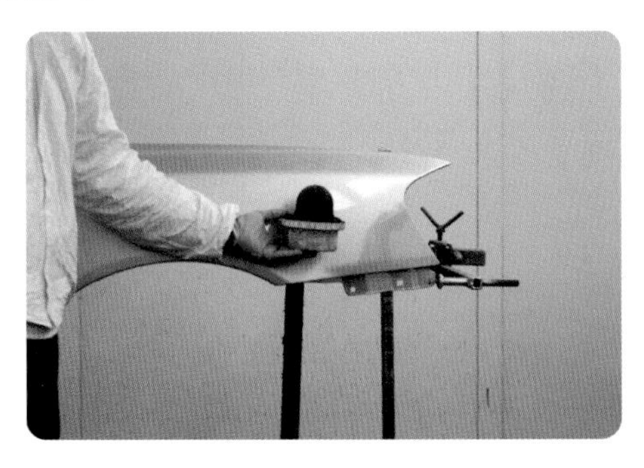

가이드코트 도포

(10) 중도연마를 실시한다

더블액션 샌더(오버다이어 : 3mm, 부드러운 패드)에 인터페이스패드를 부착하여 P600 연마지로 연마한다.

연마공정시 가급적 중앙쪽으로 가지 않도록 주의해서 연마한다. 전면부 연마 완료된 사진이다. 패널의 측면부도 연마한다.

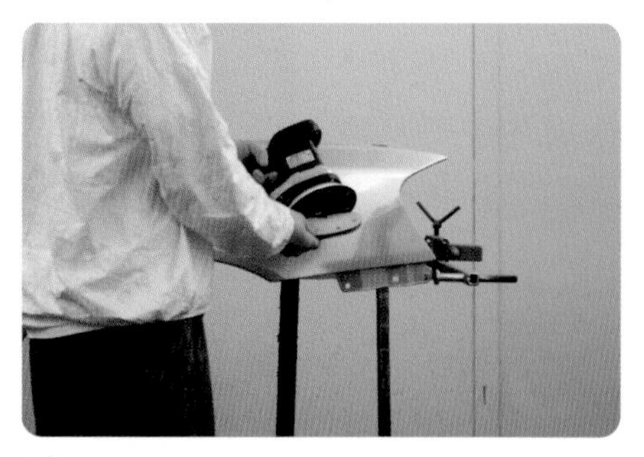

P600 연마지를 인터페이스 패드가 부착

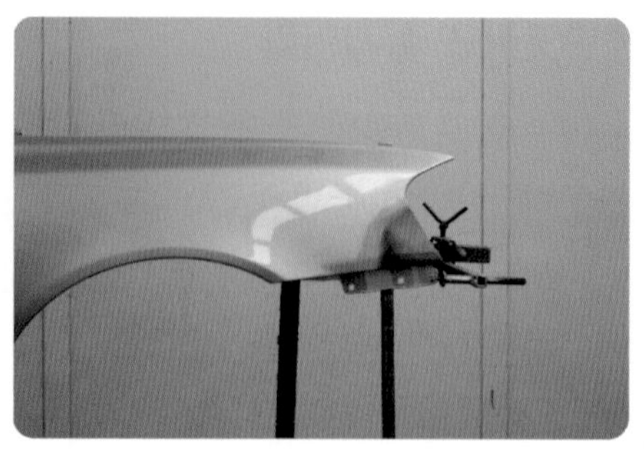

가이드코트 도포

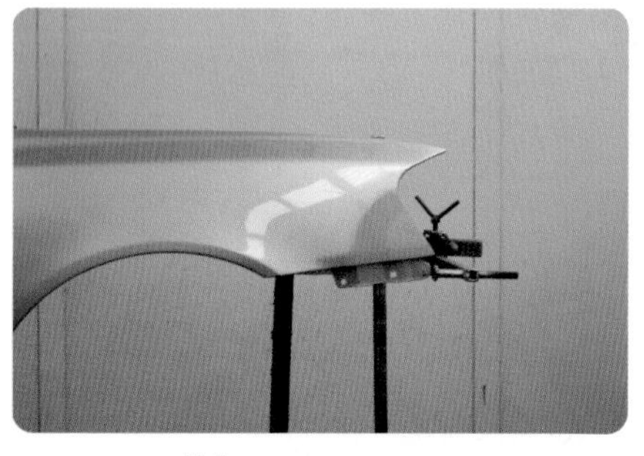

샌더 연마 완료

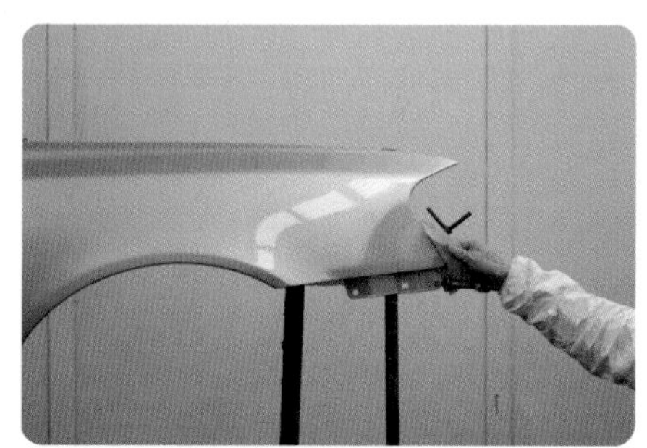

모서리 부분 손연마

(11) 먼지를 제거한다

P600 연마가 완료된 사진에서 주변의 5cm 정도를 P1,200연마지를 이용하여 연마한다. 에어블로건을 이용하여 패널에 붙어있는 먼지를 불어낸다.

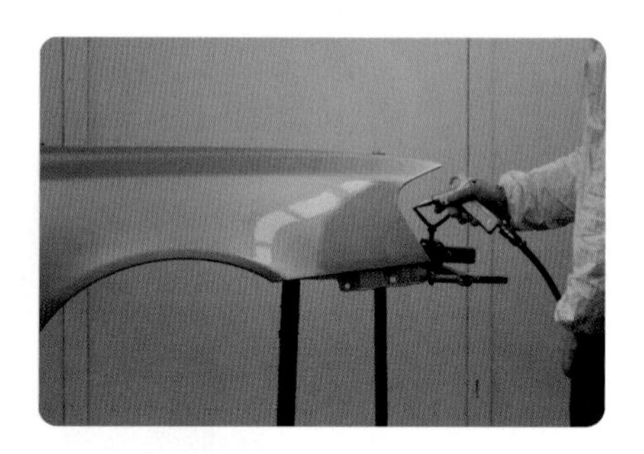

(12) 광택기를 이용하여 클리어 도장면과 블랜딩 신너 도포부위를 연마한다

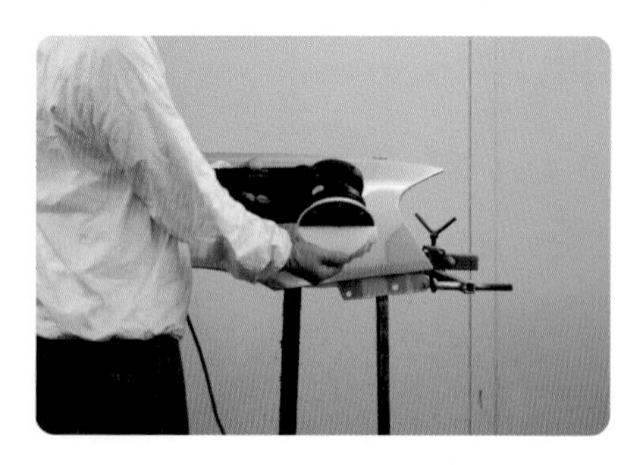

(13) 남아있는 광택약재를 광택타월을 이용하여 제거한다

(14) 탈지를 하고 송진포를 이용하여 먼지를 제거한다

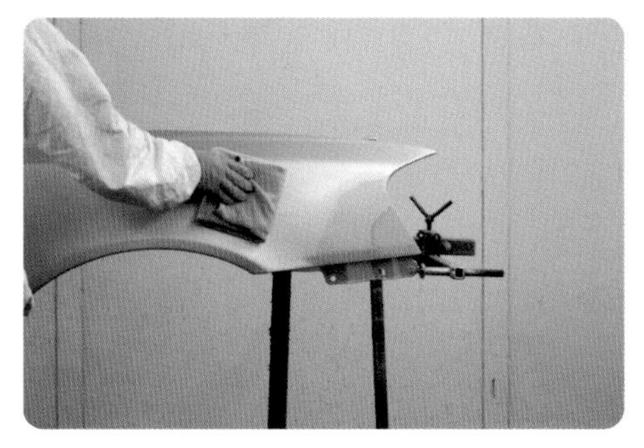

광택약재 제거

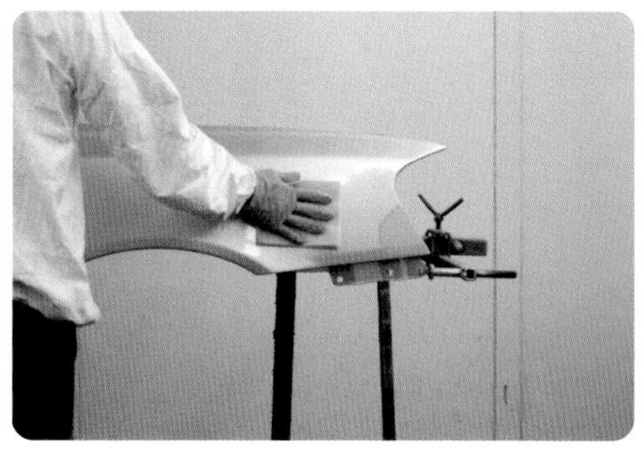

송진포로 먼지 제거

(15) 상도공정

준비된 도료를 스프레이 건에 담는다. 이장에서는 2coat 도장을 실시하였다.
1coat와 3coat는 아래의 내용을 참고한다.

- 1coat 2액형 우레탄 도료의 경우 1차 날림도장, 2차 젖음도장, 3차 풀도장을 한다. 도장 후 클리어는 도장하지 않으며 블랜딩 신너를 이용하여 경계면의 날린(mist)부분을 녹여준다.
- 2coat 메탈릭 · 펄 도장의 경우 베이스코트 도장을 1차 날림도장, 2차 날림도장, 3차 날림도장, 4차 중간도장을 하고 장시간 방지하지 말고 클리어코트를 1차 날림도장, 2차 젖음도장, 3차 풀도장한 후 블랜딩 신너를 이용하여 클리어코트가 날린(mist)부분을 녹여준다.
- 3coat 펄 도장의 경우 컬러베이스코트 도장을 1차 날림도장, 2차 날림도장, 3차 날림도장을 하고 장시간 방지하지 말고 펄 베이스 도장을 1차 젖음도장, 2차 젖음도장, 3차 젖음도장을 하고 장시간 방지하지 말고 클리어코트를 1차 날림도장, 2차 젖음도장, 3차 풀도장을 한 후 블랜딩 신너를 이용하여 클리어코트가 날린(mist)부분을 녹여준다.

1coat 블랜딩 도장

① 1회 도장은 건의 이동속도를 빠르게 하면서 날림 도장(dry coat)한다.
② 플래시 오프 타임을 준다.
③ 2회 도장은 건의 이동속도를 표준으로 하면서 80~90% 정도의 은폐를 시킨다. 1차 보다 조금 넓게 도장한다.
④ 플래시 오프 타임을 준다.
⑤ 3회 도장은 2회 도장과 같은 방식으로 도장하면서 완전히 은폐를 시키고, 광택과 오렌지필이 생기지 않도록 한다. 2차 보다 조금 넓게 도장한다.

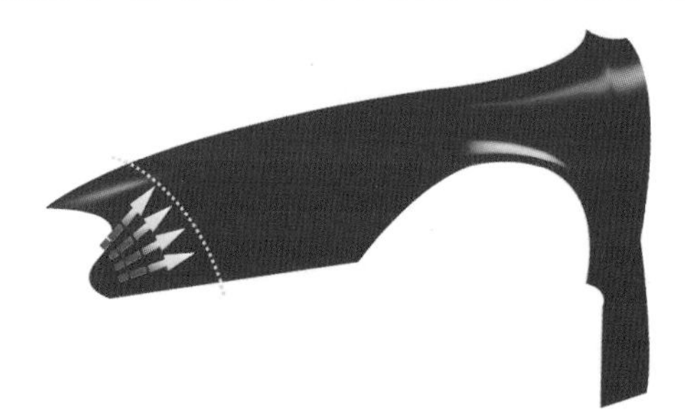

⑥ 도료에 블랜딩 신너를 약 50% 정도 넣어서 블랜딩을 시행한다. 외부쪽으로 스프레이건을 살짝 꺾으면서 도장한다.

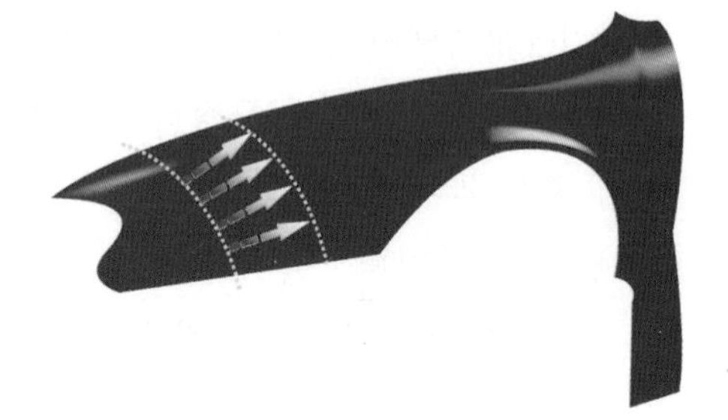

※ 보다 확실하게 블랜딩을 하기 위해서는 블랜딩 신너의 첨가량을 조금씩 증가시키면서(블랜딩 신너의 첨가량 75%, 100%) 블랜딩을 시행하면 블랜딩 시 생긴 미스트(mist)를 줄일 수 있다.

⑦ 세팅 타임을 준 후 가열 건조 시킨다.
⑧ 건조 후 광택작업을 실시한다(광택 작업을 할 경우 블랜딩 작업을 실시한 곳에서 기존 구도막 방향으로 실시해야 한다. 반대 방향으로 실시할 경우 블랜딩 작업을 한 도막이 벗겨질 수 있다).

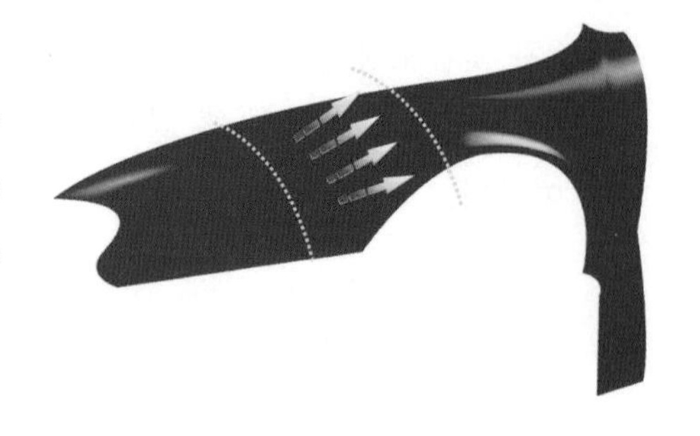

2coat 블랜딩 도장

① 베이스코트 도장

- 1회 2회 도장은 건의 이동속도를 빠르게 하면서 날림 도장(dry coat)한다.
- 압축공기를 이용하여 건조시킨다.
- 3회 도장은 날림도장을 하면서 80 ~ 90% 정도의 은폐를 시킨다. 2차 보다 넓게 도장한다.
- 플래시 오프 타임을 준다.
- 먼지나 이물질이 있을 경우 #1,200 ~ 1,500연마지로 가볍게 털어낸다.
- 4회 도장은 완전히 은폐를 시키고, 광택과 오렌지필이 생기지 않도록 한다. 3차 보다 넓게 도장한다.
- 베이스 도료에 블랜딩 신너를 약 50%정도 넣어서 블랜딩을 시행한다. 외부쪽으로 스프레이건을 살짝 꺾으면서 도장한다.

※ 보다 확실하게 블랜딩을 하기 위해서는 블랜딩 신너의 첨가량을 조금씩 증가시키면서(블랜딩 신너의 첨가량 75%, 100%) 블랜딩을 시행하면 블랜딩시 생긴 미스트(mist)를 줄일 수 있다.

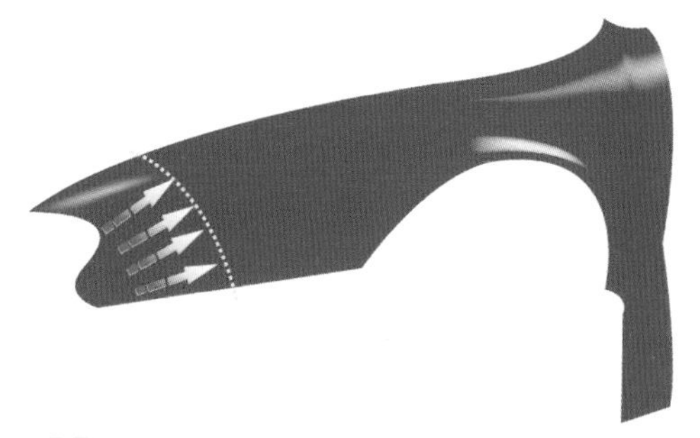

4회도장은 은폐시키고 3차보다 넓게 도장

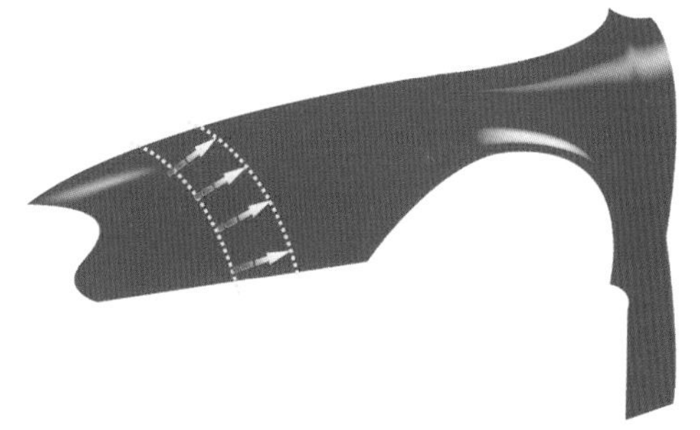

외부쪽으로 스프레이건을 살짝 꺾으며 도장

② 클리어코트 도장

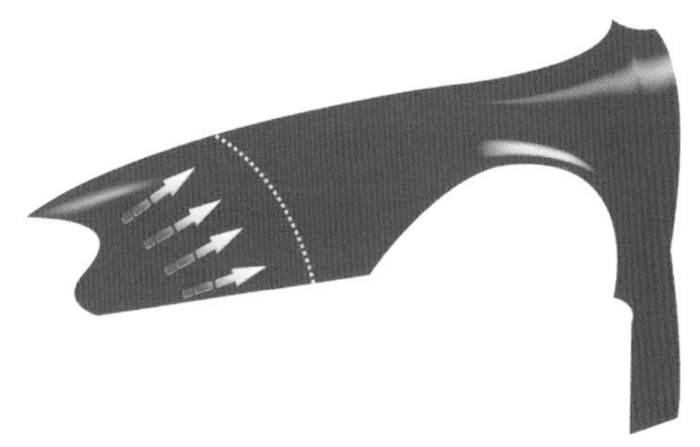

- 1회 도장은 건의 이동속도를 빠르게 하면서 날림 도장(dry coat)한다(wet coat시 베이스 코트 도장시에는 없었던 메탈릭 얼룩이 발생하므로 주의한다).
- 플래시 오프 타임을 준다.
- 2회 도장은 광택이 나도록 젖음 도장(wet coat)을 한다. 1차 도장부위보다 조금 넓게 도장한다.

- 플래시 오프 타임을 준다.
- 3회 도장은 오렌지필이 생지지 않고 평활성을 유지하면서 광택이 나도록 도장한다. 2차보다 조금 넓게 도장한다.
- 클리어 도료에 블랜딩 신너를 약 50%정도 넣어서 블랜딩을 시행하며 외부쪽으로 스프레이건을 살짝 꺾으면서 도장한다.

※ 보다 확실하게 블랜딩을 하기 위해서는 블랜딩 신너의 첨가량을 조금씩 증가시키면서(블랜딩 신너의 첨가량 75%, 100%) 블랜딩을 시행하면 블랜딩시 생긴 미스트(mist)를 줄일 수 있다.

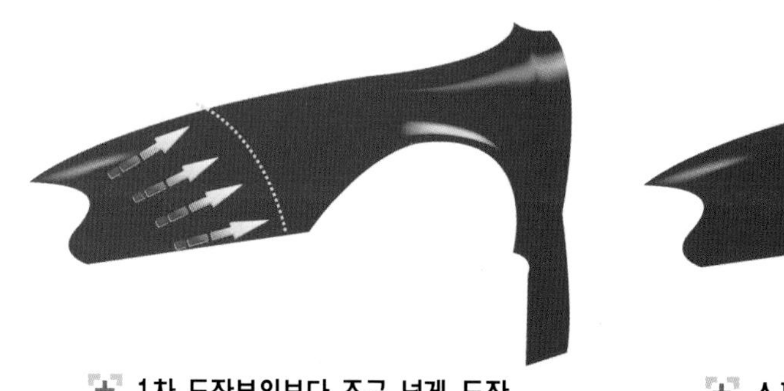
1차 도장부위보다 조금 넓게 도장

스프레이건을 살짝 꺾으면서 도장

3coat 부분 도장

① 컬러 베이스 도장

- 1회 2회 도장은 건의 이동속도를 빠르게 하면서 날림 도장(dry coat)한다.
- 압축공기를 이용하여 건조시킨다.
- 3회 도장은 날림도장을 하면서 80 ~ 90% 정도의 은폐를 시킨다. 2차 보다 넓게 도장한다.
- 플래시 오프 타임을 준다.
- 먼지나 이물질이 있을 경우 #1,200 ~ 1,500연마지로 가볍게 털어낸다.
- 4회 도장은 완전히 은폐를 시키고, 광택과 오렌지필이 생기지 않도록 한다. 3차보다 넓게 도장한다.

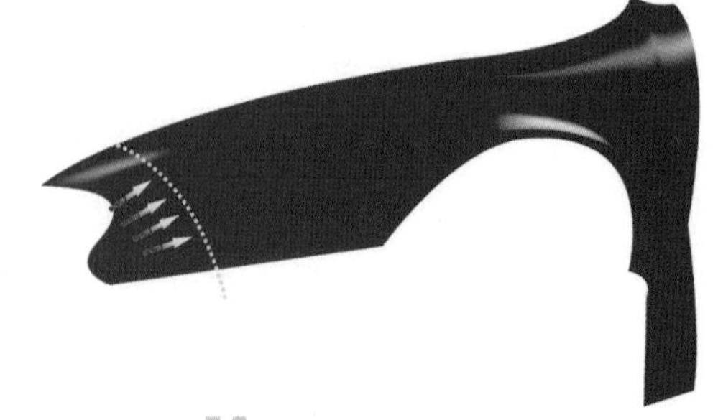
3차 보다 넓게 도장

② 펄 베이스 도장

- 1회 도장은 베이스 코트 도장 면 보다 조금 넓게 하여 젖음 도장(wet coat)한다.
- 압축공기를 이용하여 건조시킨다.
- 2회 도장은 젖음 도장을 하고 1차 보다 넓게 도장한다.
- 플래시 오프 타임을 준다.
- 3회 도장은 젖음 도장을 하고 3차 보다 넓게 도장한다.
- 블랜딩 신너를 이용하여 블랜딩을 한다.

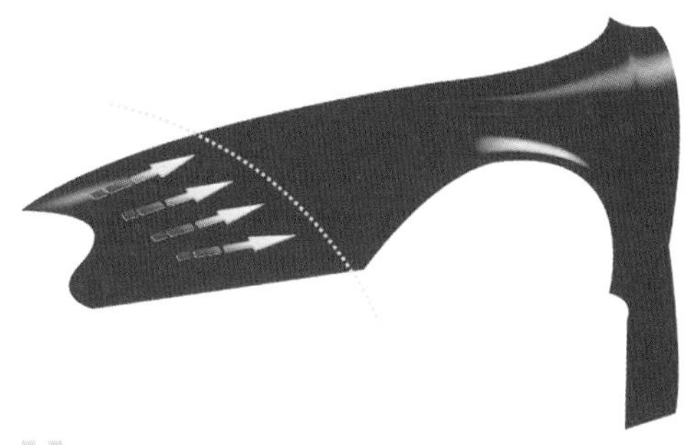

3회 도장은 젖음 도장하고 3차 보다 넓게 도장

블랜딩 신너를 이용하여 블랜딩

③ 클리어코트 도장

2coat 클리어 도장과 일치한다.

- 1회 도장은 건의 이동속도를 빠르게 하면서 날림 도장(dry coat)한다(wet coat시 베이스 코트 도장시에는 없었던 메탈릭 얼룩이 발생하므로 주의한다).
- 플래시 오프 타임을 준다.
- 2회 도장은 광택이 나도록 젖음 도장(wet coat)을 한다. 1차 도장부위보다 조금 넓게 도장한다.

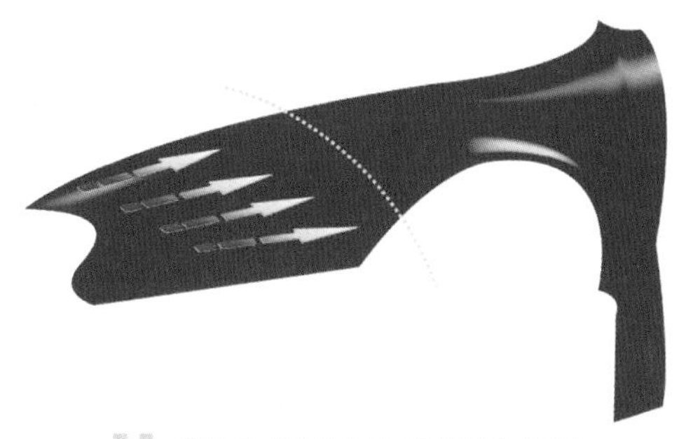

메탈릭 얼룩이 발생하므로 주의

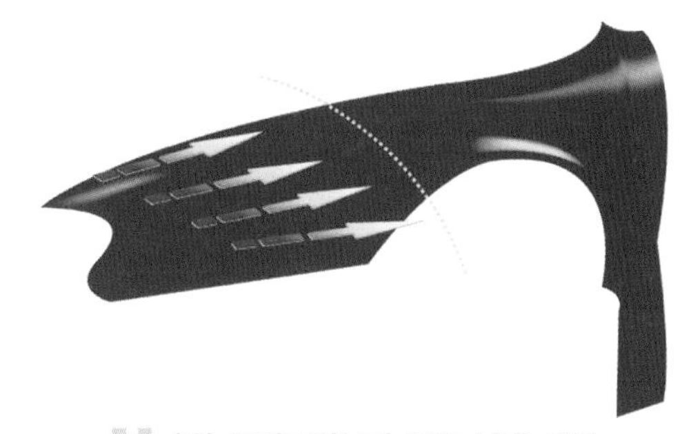

1차 도장부위보다 조금 넓게 도장

- 플래시 오프 타임을 준다.
- 3회 도장은 오렌지필이 생지지 않고 평활성을 유지하면서 광택이 나도록 도장한다. 2차보다 조금 넓게 도장한다.
- 클리어 도료에 블랜딩 신너를 약 50%정도 넣어서 블랜딩을 시행한다. 외부쪽으로 스프레이건을 살짝 꺾으면서 도장한다.

※ 보다 확실하게 블랜딩을 하기 위해서는 블랜딩 신너의 첨가량을 조금씩 증가시키면서(블랜딩 신너의 첨가량 75%, 100%) 블랜딩을 시행하면 블랜딩시 생긴 미스트(mist)를 줄일 수 있다.

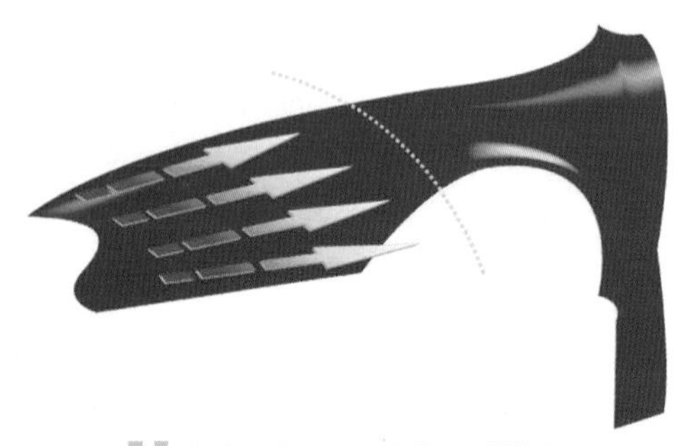

2차보다 조금 넓게 도장한다.

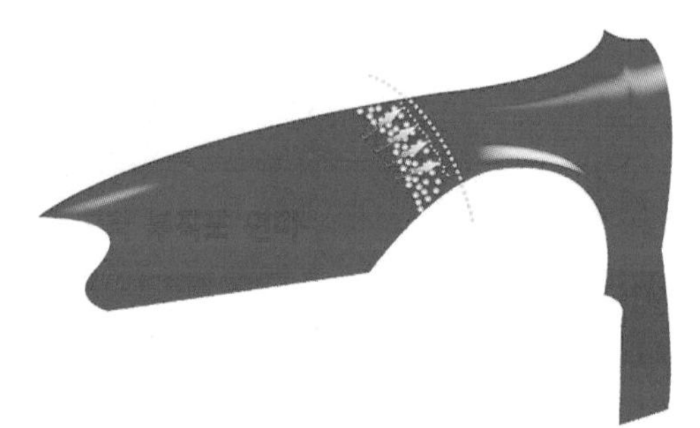

살짝 꺾으면서 도장한다.

◆ 베이스코트(base coat)를 도장한다.

준비된 도료를 스프레이건에 넣어서 사용하며 SATA mini jet HVLP 스프레이건을 사용한다.

- **사용공기압** : 1.8bar
- **노즐지름** : 1.4mm SR(※ SR노즐은 기본노즐과 비교하여 패턴 폭이 조금 넓다)
- **패턴조절** : 360° / 400° 좌측으로 개방
- **도료점도** : 표준도장보다 조금 묽게 한다(포드컵 No.4 13 ~ 15초).
- 도료나 스프레이건에 따라 작업방법이 약간 상이하다.

① 1차 날림도장(dry coat)을 한다.

- 외부만 도장한다.
- 중도 도장된 부분에 스프레이건을 직각으로 유지하며 팔은 움직이지 않고 손목을 중앙쪽으로 45° 정도 꺾어준다(도료가 너무 멀리 비산되지 않도록 주의한다).
- **피도체와의 거리** : 12 ~ 15cm
- **도료량** : 1회전 / 5회전
- **패턴 겹침폭** : 1 / 2

압축공기를 이용하여 건조를 시킨다. 도장면 주변에 도료가 많이 날려있을 경우 송진포를 이용하여 닦아준다. 이때의 송진포는 새것을 사용하지 않도록 한다.

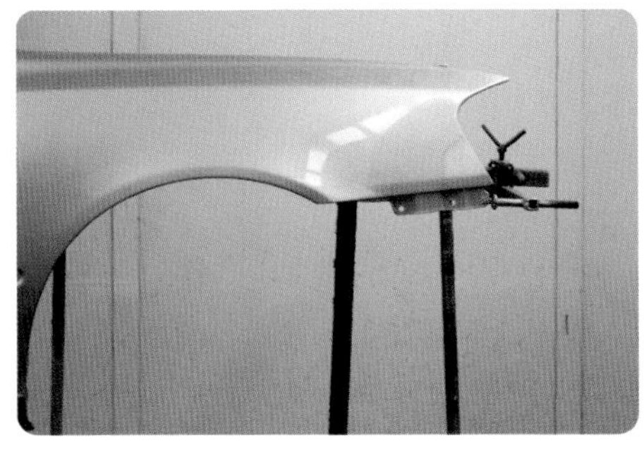

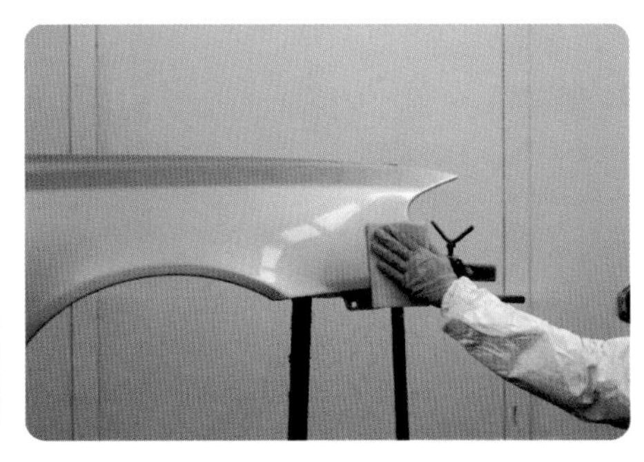

압축공기를 이용하여 건조를 시킨다.

송진포로 닦아주며 새것은 사용하지 않는다.

② 2차 날림도장을 한다. 1차와 같은 방법으로 실시한다.

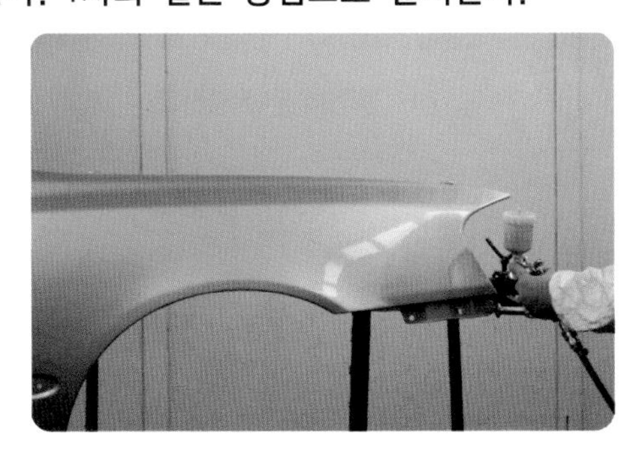

베이스도장

③ 3차 날림도장을 실시한다.

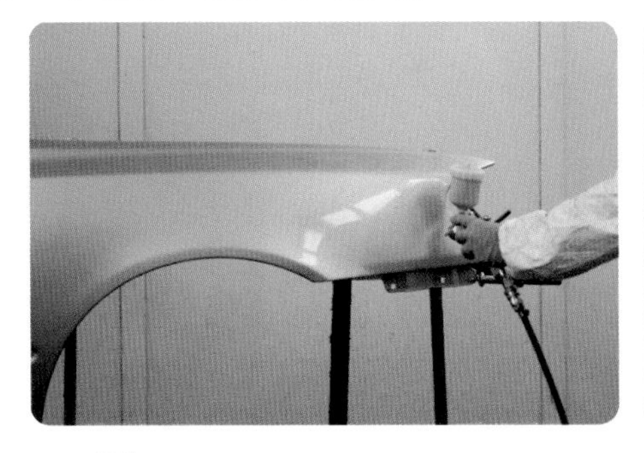

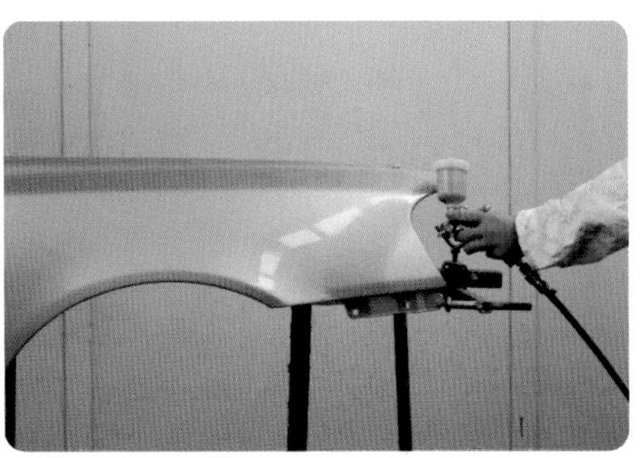

내부에서 외부로 스프레이 한다.

외부로 손목을 꺾는다.

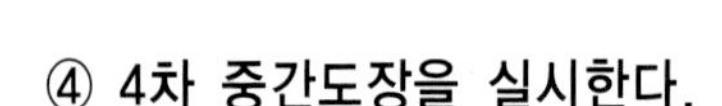

④ 4차 중간도장을 실시한다.

- 피도체와의 거리 : 12 ~ 15cm
- 도료량 : 3회전 / 5회전
- 패턴 겹침 폭 : 2 / 3

※ 부분도장시 경계면은 가급적 45° 로 하는 것이 좋다. 베이스 코트를 작업 후 직각으로 경계면이 생기면 쉽게 보이기 때문에 45° 정도로 작업한다.

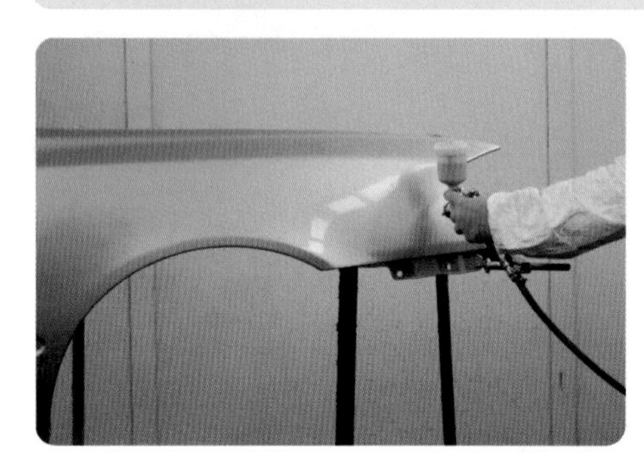

완전히 건조시킨다.

◆ 베이스코트 블랜딩을 실시한다.

경우에 따라 완벽한 블랜딩을 하기 위하여 베이스코트의 날린 도료 녹여주기 위해서 블랜딩을 실시한다.

① 표시 부분만 블랜딩한 후 송진포를 이용하여 닦아낸다.

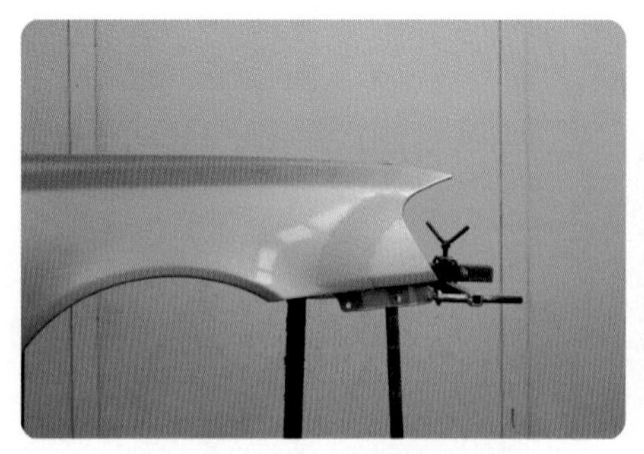

표시 부분만 블랜딩한다.

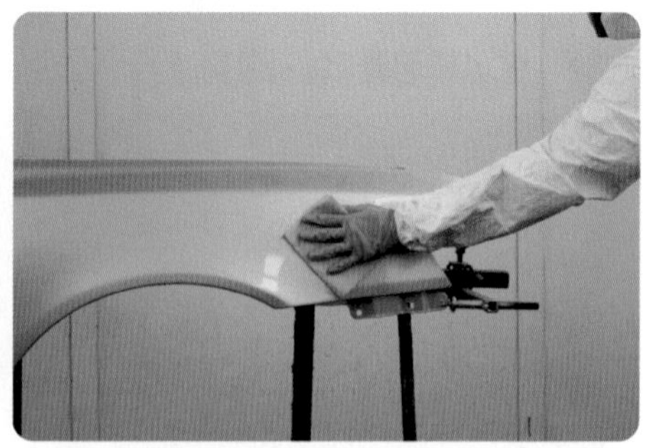

송진포로 닦아낸다.

② **블랜딩을 실시한다.**

도료와 블랜딩신너의 비율은 50 : 50 정도로 한다.

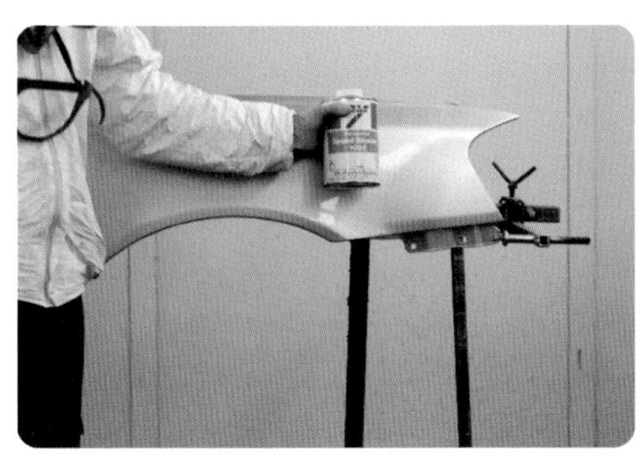

블랜딩신너

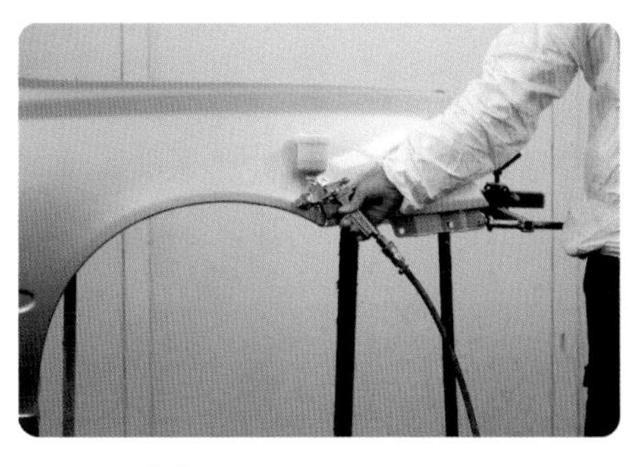

건 컵에 남아있는 도료

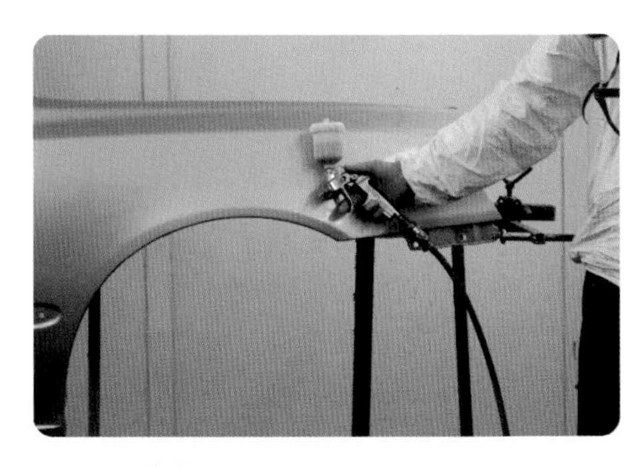

블랜딩신너 100% 첨가

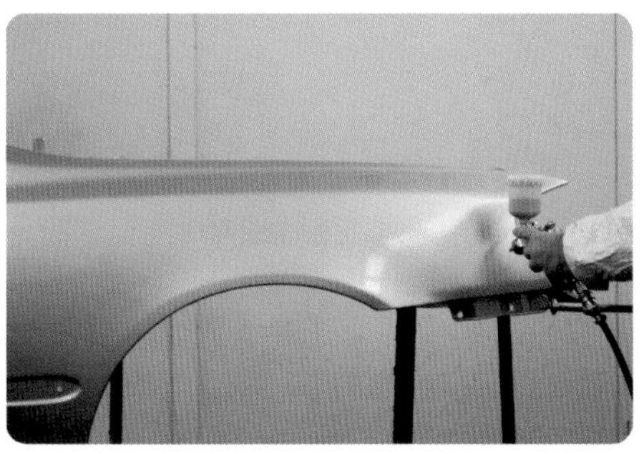

내부에서 외부로 도장한다.

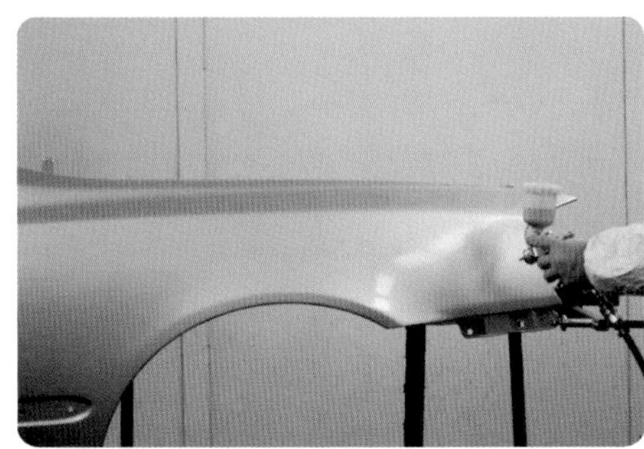

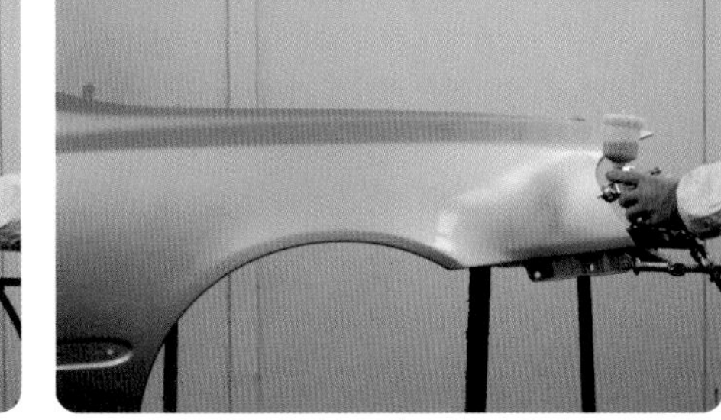

피도체와 각도를 45° 정도로 한다.

◆ 클리어코트(clear coat)를 도장한다.

준비된 도료를 스프레이건에 넣어 SATA mini jet HVLP 스프레이건을 사용한다.

- **사용공기압** : 1.8bar
- **노즐지름** : 1.4mm SR(※ SR노즐은 기본노즐과 비교하여 패턴 폭이 조금 넓다)

- **패턴조절** : 360° / 400° 좌측으로 개방
- 3회 도장 완료한다.
- 도료나 스프레이건에 따라 작업방법이 약간 상이하다.

① 주제와 경화제를 혼합한 클리어 도료를 여과지에 걸러서 스프레이건에 담는다.

② 송진포를 이용하여 패널전체를 닦아준다.

클리어 도료 스프레이건에 담기

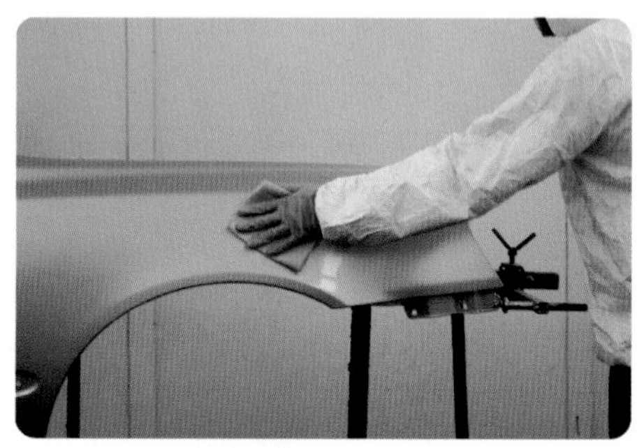

송진포로 패널 닦아주기

③ 1차 날림도장을 실시한다.

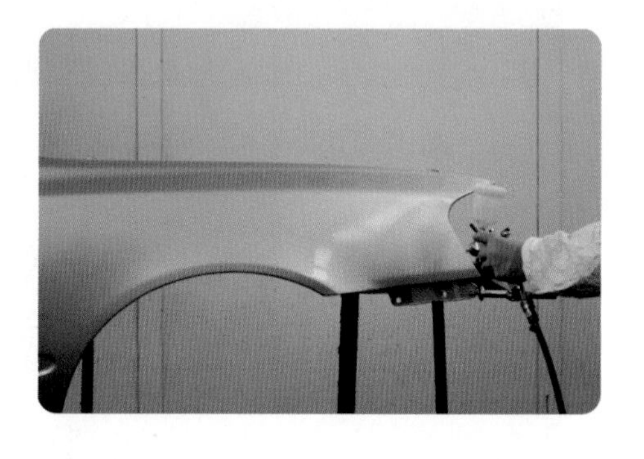

- 외부만 도장한다.
- 중도 도장된 부분에 스프레이건을 직각으로 유지하며 팔은 움직이지 않고 손목을 중앙 쪽으로 45° 정도 꺾어준다(도료가 너무 멀리 비산되지 않도록 주의한다).

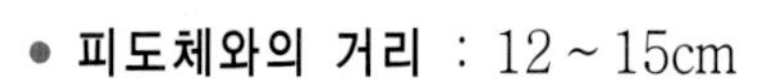

- **피도체와의 거리** : 12 ~ 15cm
- **도료량** : 1회전 / 5회전
- **패턴 겹침폭** : 1 / 2

④ 2차 젖음도장(wet coat)을 실시한다.

- 전면부 도장 후 측면부를 도장한다.
- 중도 도장된 부분에 스프레이건을 직각으로 유지하며 팔은 움직이지 않고 손목을 중앙 쪽으로 45° 정도 꺾어준다(도료가 너무 멀리 비산되지 않도록 주의한다).

- **피도체와의 거리** : 10 ~ 13cm
- **도료량** : 3.5회전 / 5회전
- **패턴 겹침 폭** : 3 / 4

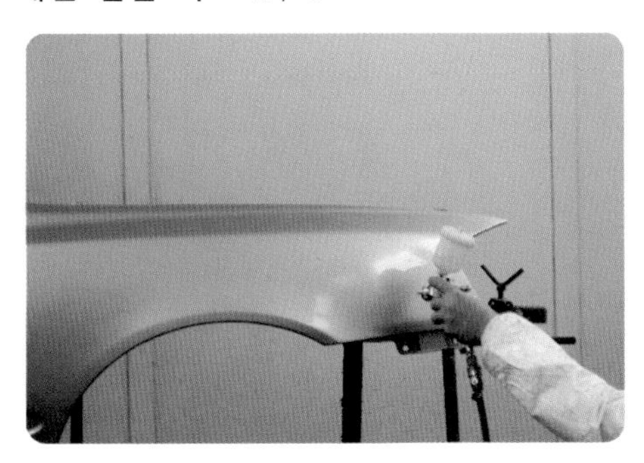
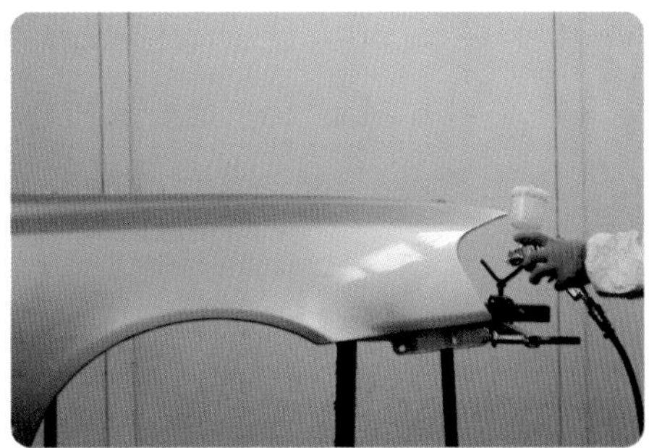

⑤ **3차 풀도장(full coat)을 실시한다.**

- 전면부를 도장한다.
- 중도 도장된 부분에 스프레이건을 직각으로 유지하며 팔은 움직이지 않고 손목을 중앙 쪽으로 45° 정도 꺾어준다.(도료가 너무 멀리 비산되지 않도록 주의한다.)
- **이동속도** : 40cm / sec
- **피도체와의 거리** : 7 ~ 10cm
- **도료량** : 4.5회전 / 5회전
- **패턴 겹침 폭** : 3 / 4

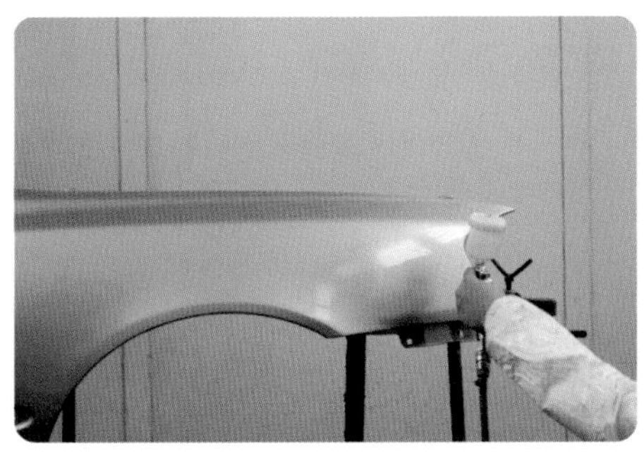
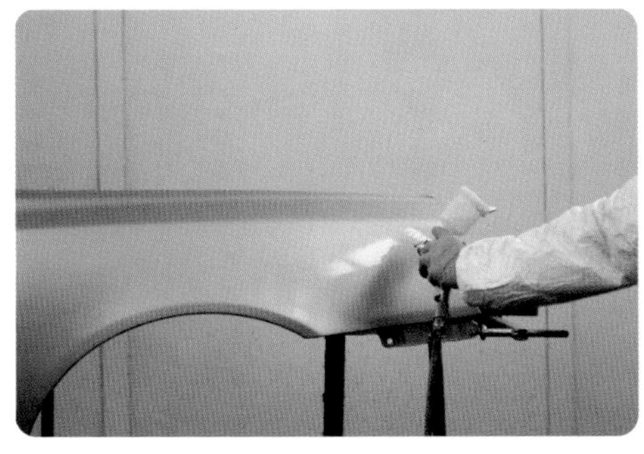
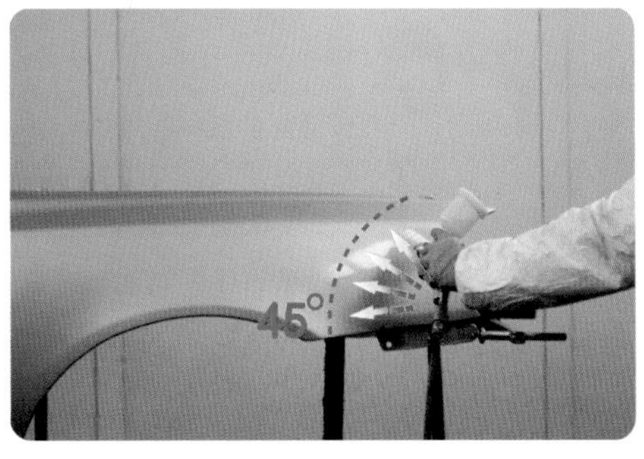

클리어코트의 경우에도 베이스 코트와 같은 방법으로 45° 로 한다.

◆ 클리어코트 블랜딩을 실시한다.

베이스 코트와 달리 송진포를 절대 사용하지 않는다. 클리어코트는 건조되는 시간이 오래 걸리기 때문에 송진포를 이용하여 도장면에 묻으면 도장면에 많은 량의 먼지가 묻게 된다.

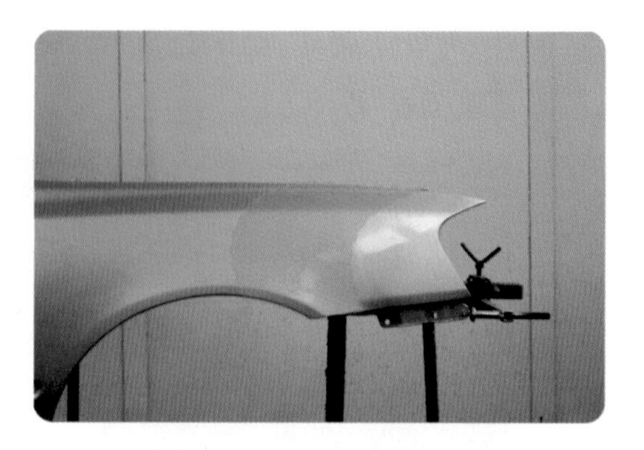

클리어 블랜딩 실시 부분

① 클리어 50%에 블랜딩 신너 50%를 혼합하여 클리어가 날린 부분까지 작업한다.

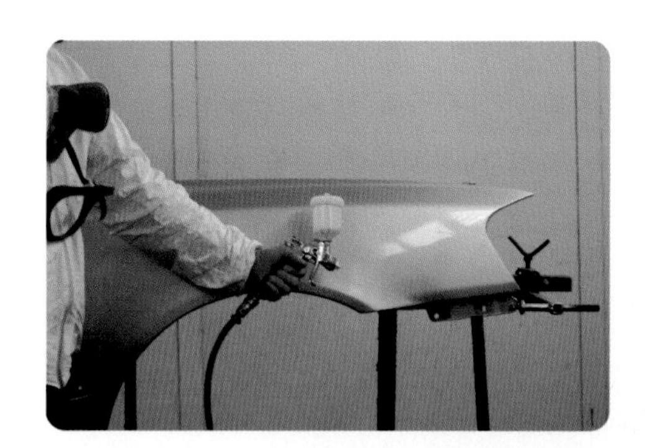

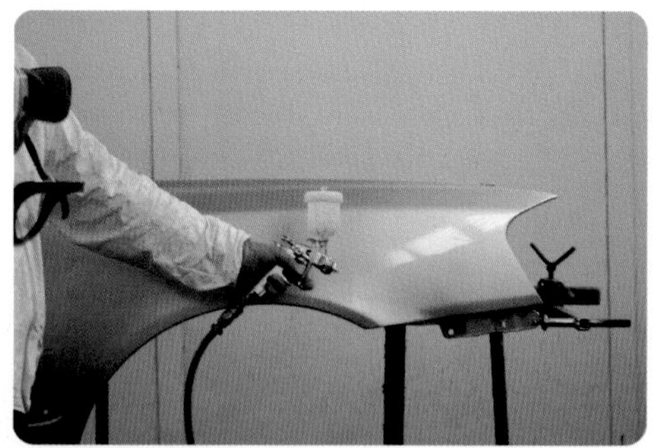

클리어에 블랜딩 신너를 1:1로 혼합

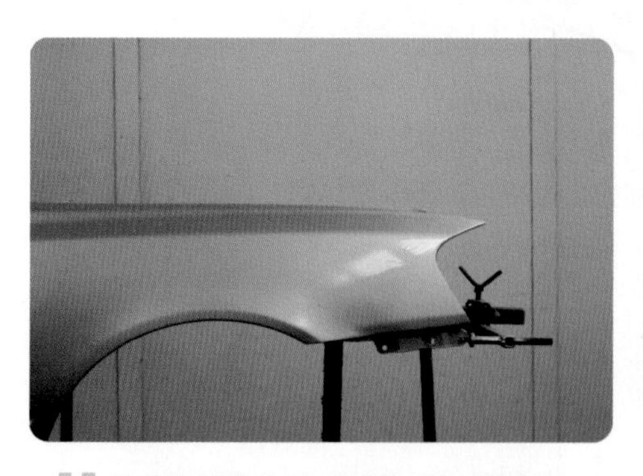

클리어 블랜딩 전 광택이 없는 경계부분

클리어 블랜딩 완료 사진

도장이 완료된 사진

◈ 광택작업을 실시한다

부분 도장한 면에서 구도막쪽으로 광택을 실시한다.

기존의 광택작업처럼 구도막쪽에서 보수한 도막쪽으로 광택을 실시하면 블랜딩 부분이 박리되는 경우가 발생하므로 블랜딩한 면에서 구도막쪽으로 실시한다.

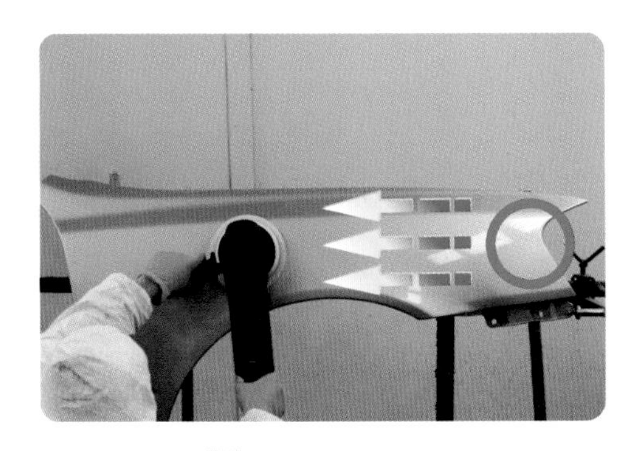

올바른 광택방향

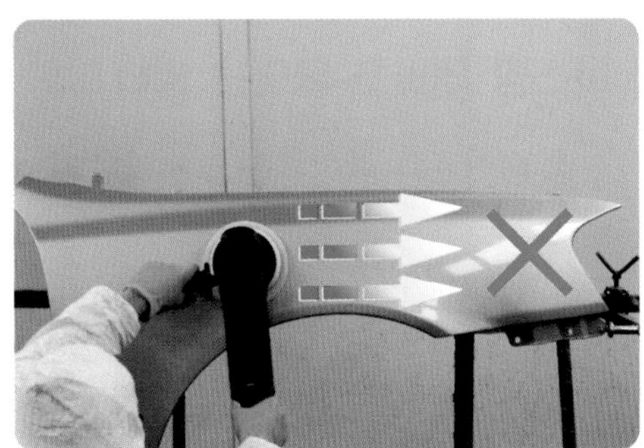

올바르지 못한 광택방향

제7장 자동차도장공정 [마스킹작업]

자동차 보수 도장 전 공정에 빠짐없이 행하여지는 작업으로 하도에서는 퍼티도포나 연마공정시 주변의 퍼티가 묻거나 연마자국이 발생하는 것을 방지하기 위해서 하고, 그 외 스프레이 공정시 도료가 도장부분 이외에 묻지 않도록 하기 위해서 행하여진다. 즉, 서로 다른 색상의 도료를 도장하거나 패널의 일부분만을 도장할 경우 도장이 되어야 하는 부분을 제외한 부분에 도료나 이물질 등이 묻지 않도록 가려주는 것을 말한다.

1 마스킹 테이프 붙이는 방법

마스킹 테이프와 페이퍼는 50%정도 종이에 붙이고 50%정도는 도장면에 붙일 수 있도록 붙인다.

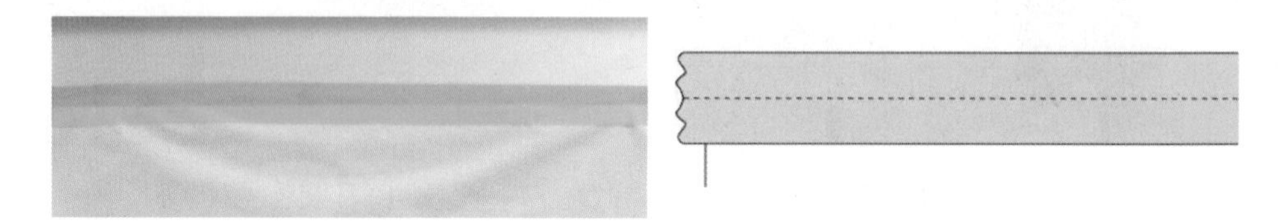

2 마스킹 테이프 제거 방법

통상 90~130° 정도로 제거하며 상황에 따라 유동적으로 제거 각도는 변한다. 겨울철과 여름철의 경우에는 잔사가 남을 가능성이 높으며 마스킹 테이프를 천천히 제거할 경우 잔사가 남을 수 있지만 붙인 방향으로 당기면서 제거하면 잔사가 조금 남으면서 제거할 수 있으면 빠르게 제거할 경우 마스킹 테이프가 찢어지는 현상이 발생할 수 있다.

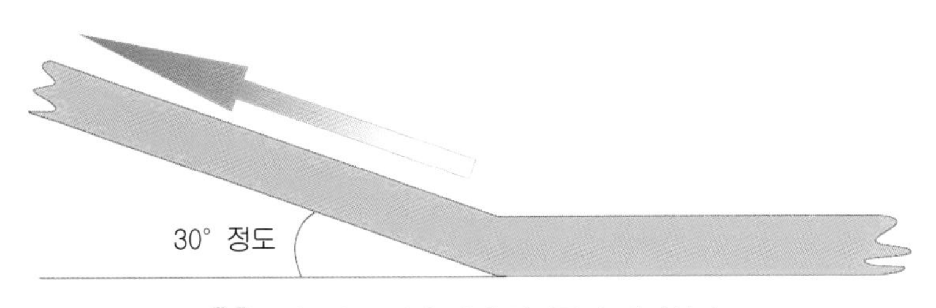

추울 경우 위와 같이 당기면서 제거한다.

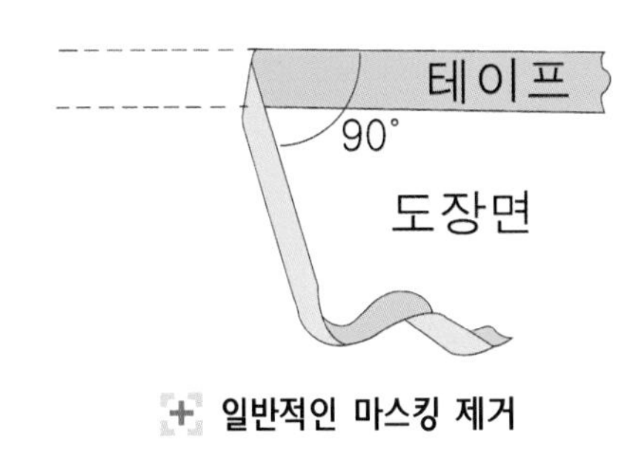

일반적인 마스킹 제거

3 마스킹 작업요령

① 마스킹 작업 시 내부부터 마스킹한 후 외부를 마스킹한다.
② 작업하기 어려운 부분부터 마스킹하고 쉬운 곳으로 한다.
③ 페이퍼와 테이프는 테이프의 50%정도 붙여서 사용한다.
④ 마스킹 작업부분에 적합한 크기의 테이프를 사용한다.
⑤ 완전히 건조된 후 제거할 경우 테이프에 묻어 있던 도료가 떨어져 다시 붙지 않도록 주의해서 제거한다.
⑥ 마스킹과 도장면과 경계부분에 도막이 남아 있을 경우 칼을 이용하여 제거한다.
⑦ 제거시간은 도장 후 가열건조 하기 전 경계부분만 제거하여 도막턱이나 경계가 매끈하게 나오도록 한다.
⑧ 파이널 라인 테이프를 사용하여 작업 후 마스킹 테이프와 페이퍼 전체를 제거하다가 결함을 만들지 않도록 한다.

4 마스킹 테이프 넓이에 따른 작업부위

대부분 현장에서는 15mm나 24mm 정도의 마스킹테이프를 사용하며 7mm이하의 제품은 파이널 라인 테이프(final line tape)로 사용한다.

- 7mm 이하 : 라인잡기 및 도안마스킹
- 12mm 이하 : 마스킹 페이퍼 붙이기 및 작은 몰딩
- 24mm : 마스킹 페이퍼 붙이기 및 굵은 몰딩
- 48mm : 내부 마스킹 및 종이를 붙일 경우 안 되는 부분

파이널 라인 테이프 사용 예

① 몰딩부분을 마스킹 할 경우

② 몰딩 끝부분에서 약 3～5mm 정도 남기고 마스킹 테이프와 페이퍼를 붙인다.

③ 파이널 라인 테이프를 붙인다.

④ 도장완료 후 가열건조 전 파이널 라인 테이프만 제거한다.

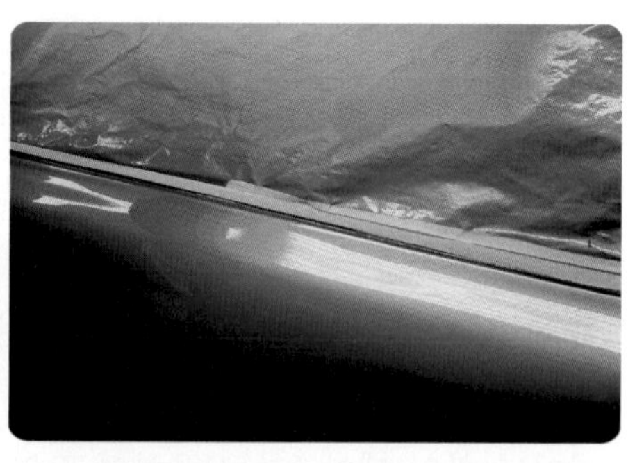

※ 비닐 마스킹 사용시 완전 건조 후 제거할 경우 비닐에 건조된 도료가 떨어져 도장면에 묻게 된다. 이러한 이유로 가급적 비닐 마스킹은 하지 않는 것이 좋으며 중도의 경우에는 연마공정이 있기 때문에 연마를 하면 제거하는 하지만 상도공정에서는 심할 경우 재도장해야 하므로 가급적 상도도장에서는 사용하지 않도록 한다.

5 마스킹 작업

(1) 중도도장 마스킹

① 패널의 일부분만 도장할 경우 리버스 마스킹을 한다.

리버스 마스킹은 도장면의 턱 발생을 완만하게 하여 연마공정 시 단낮추기를 원활하게 하기 위하여 행하여지는 방식으로 잘못 마스킹 할 경우 도막의 단차가 발생하게 되면 단차를 제거할 때 주변부의 구도막이 연마되는 경우가 있으므로 리버스 마스킹 경계부위까지 가급적 도장하지 않도록 주의해서 작업한다.

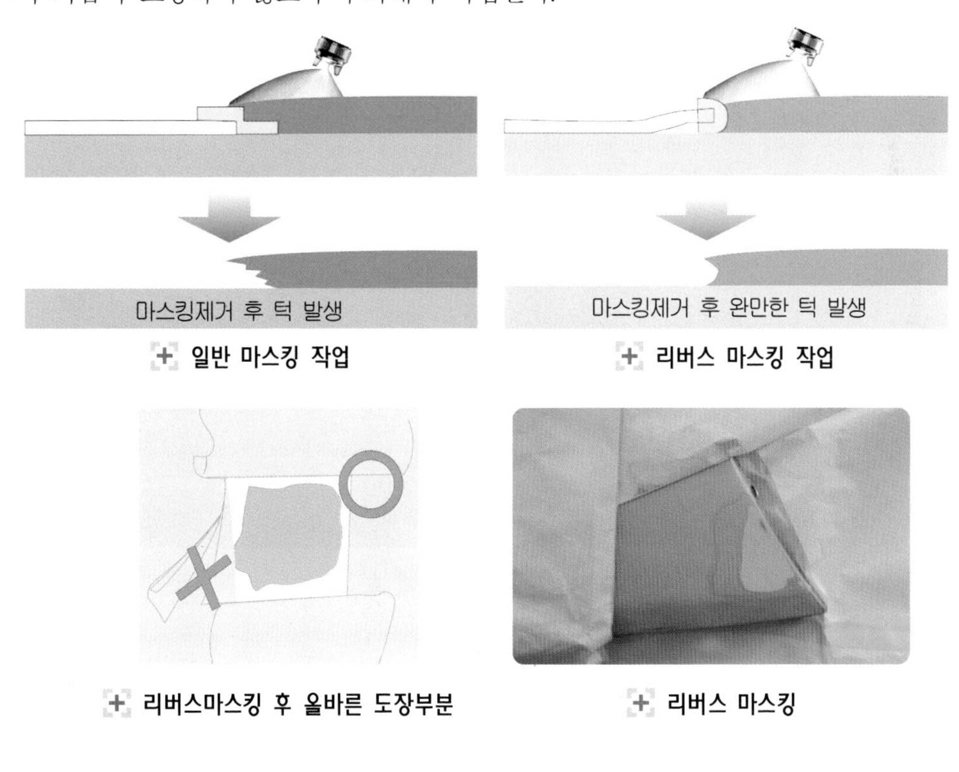

+ 일반 마스킹 작업
+ 리버스 마스킹 작업
+ 리버스마스킹 후 올바른 도장부분
+ 리버스 마스킹

올바른 리버스 마스킹

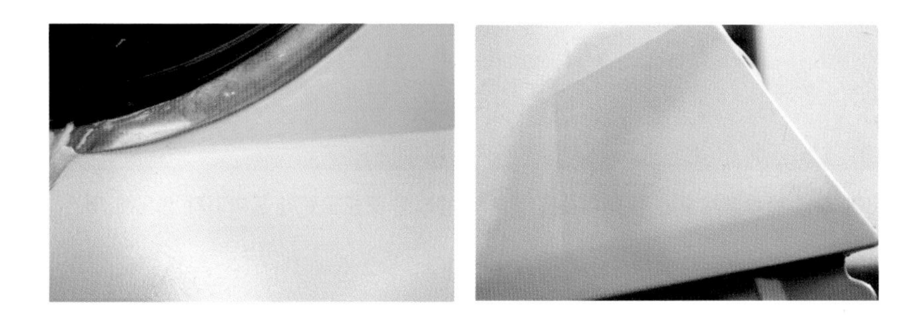

단차가 적고 경계면이 완만하게 만들어진다.

올바르지 못한 중도마스킹으로 인한 단차발생

마스킹 경계면 까지 도장하여 도막 턱이 발생하였을 경우 연마하다가 구도막을 박리하게 되는 경우가 있다.

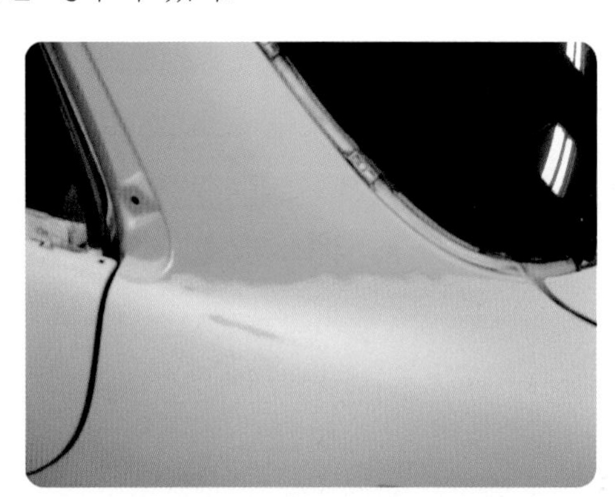

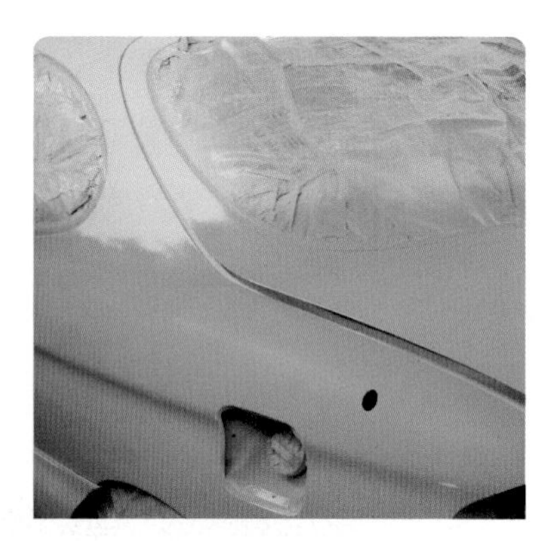

리버스 마스킹 연마 후

② 패널 전체를 마스킹 할 경우

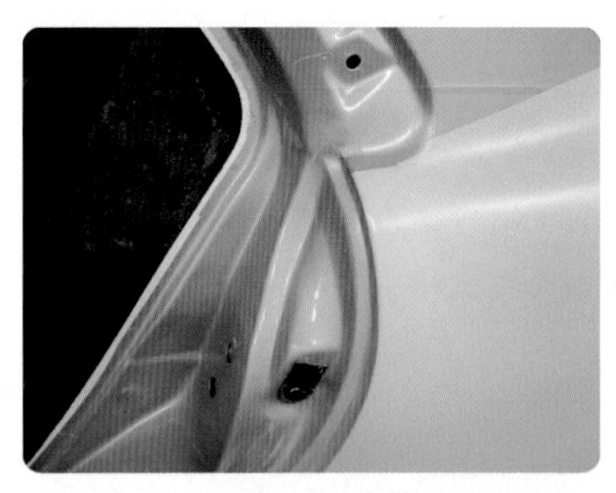

사진과 같이 패널 턱부분에 마스킹 테이프를 붙여서 내부로 중도도료가 들어가지 않도록 마스킹 해야 한다.

③ 전체 도장할 경우

퍼티 작업이 없을 경우 루프패널은 도장하지 않는 것이 일반적이다. 타이어와 휠가이드에 도료가 날리지 않도록 마스킹을 꼼꼼히 한다.

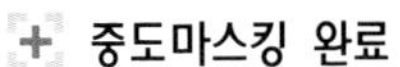

중도마스킹 완료

중도도장 완료

(2) 상도마스킹

중도 마스킹과 비슷하지만 패널의 안쪽도 도장할 경우 뒤로 붙인다.

내부까지 도장할 경우 그림과 같이 부착한다.

터널마스킹

리어 펜더의 경우 필러부분이 루프와 경계가 없는 차종이 많다. 이런 경우 사용하는 마스킹 방법으로 블랜딩 도장 할 경우 많이 사용된다.

제8장 자동차도장공정 [기타재질도장]

자동차의 재질로는 철로 된 재질을 많이 사용하고 있으며 플라스틱재질로 범퍼나 몰딩류에 사용되고 있다. 최근에는 자동차를 경량화 하기 위해 섬유강화 플라스틱(FRP)재질, 그라파이트(graphite) 재질, 알루미늄 합금재질이 사용되고 있다. 플라스틱 부품들은 도장이 꼭 되어야 하는 것은 아니지만 현재에는 보디컬러와 같은 색상이나 멋을 내기 위해서 도장이 되고 있다.

1 | 플라스틱 도장

자동차에 주로 사용되는 재질로는 ABS수지재질과 폴리우레탄수지재질, 폴리프로필렌재질이 있으며 플라스틱프라이머를 도장하고 작업이 진행되어야 한다.

1 목 적

(1) 장식

① 표면착색이 가능하다.
② 다색 생산에 경제적이다.
③ 수지 도금과 진공 증착에 의해 금속 질감을 낼 수 있다.
④ 색과 광택의 조정이 용이하다.
⑤ 성형할 때 생긴 불량을 감춘다.

(2) 표면 성질 개선

① 내후성을 향상 시킨다.
② 내약품성, 내용제성, 내오염성을 향상 시킨다.

③ 대전에 의한 먼지 부착을 방지 시킨다.

④ 경도를 향상 시킨다.

2 플라스틱 소재의 종류

열가소성 수지와 열경화성 수지가 있다.

(1) 열가소성 수지

① 열을 가하면 용융유동하여 가소성을 갖게 되고 냉각하면 고화하여 성형되는 것으로서 이와 같은 가열용융, 냉각고화 공정의 반복이 가능하게 되는 수지이다(리사이클이 가능하다).

② **종류** : 폴리에틸렌(PE), 폴리프로필렌(PP), 폴리스티렌(PS), 메타크릴(PMMA), 폴리염화비닐(PVC), 폴리염화비닐리덴(PVDC), ABS 수지 등이 있다.

③ 자동차 부품에 많이 사용된다.

④ 태우면 연기가 나지 않는다.

⑤ 불을 대면 녹는다(recycle).

(2) 열경화성 수지

① 경화된 수지는 재차 가열하여도 유동상태로 되지 않고 고온으로 가열하면 분해되어 탄화되는 비가역적 수지이다.

② **종류** : 초산비닐(PVAC), 불포화폴리에스테르(UP), 폴리우레탄(PUR), 페놀수지(PF), 우레아수지(UF), 멜라민수지(MF), 에폭시수지 등이 있다.

③ 자동차 범퍼나 시트에 많이 사용된다.

④ 태우면 연기가 발생한다.

⑤ 불을 대면 타버린다.

3 플라스틱 도장공정

신품의 경우 맨 소재에는 플라스틱프라이머(PP)를 도장하고 표준도장과 같이 작업이 진행되고 보수인 경우 상처부위만 퍼티를 도포하고 중도를 도장 후 상도로 이어진다.

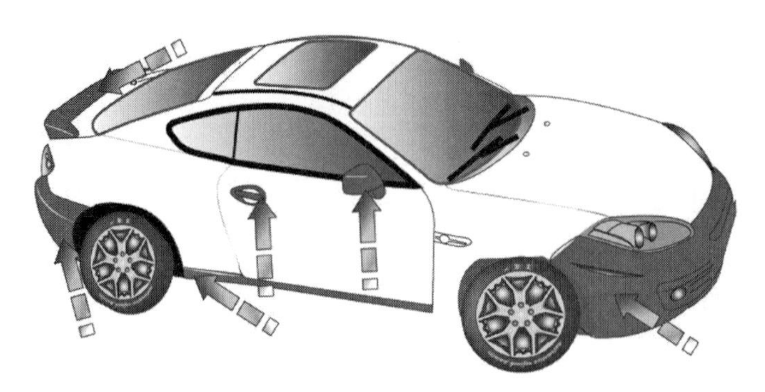

자동차에 사용되는 플라스틱 부품들

(1) 전처리 공정

① 성형품 표면의 이형제와 불순물을 제거한다(크레타링, 부착불량, 먼지불량 등).
② 성형품 표면의 결함을 제거한다.
③ 연마하여 도막의 부착성을 증가시킨다.
④ 피도물이 대전하고 있으면 먼지가 부착하여 도장 불량을 발생시키므로 정전방지액 등으로 제거한다.

(2) 하도 공정

① 내후성 향상과 상도의 정전도장이 가능하도록 도전성을 부여한다.
② 부착성을 향상시킨다(프라이머를 도장하지 않을시 부착이 나오지 않는 재질도 있다).
③ 은폐력을 향상시키고, 평활한 도막 형성에 기여한다.

(3) 상도 공정

① 일반적이 자동차 보수공정과 동일하다.
② 상도 도료에 플라스틱 유연제를 첨가 도장하여 소재의 유연성에 부합되도록 한다 (소재의 재질이 유연하므로 약한 충격에 도막 면이 갈라지지 않도록 한다).

(4) 건조 공정

자동차 보수 표준도장공정의 건조 과정과 동일하다. 하지만 건조하는 과정에 재질 전체가 골고루 받치고 있지 않을 경우 높은 온도에 재질이 휘어지는 경우가 있기 때문에 주의한다.

4 플라스틱 사출 성형불량 현상

플라스틱 재질의 사출불량 원인으로는 금형의 결함 및 플라스틱 수지의 결함, 제품 설계상의 문제, 성형기 기능의 과대평가, 주변 환경의 변화를 들 수 있다.

① 미성형(shot short)

성형품의 일부가 부족하여 제품이 올바르지 못한 상태로서 사출압력과 수지온도가 낮아 유동성이 저하되므로 사출압력과 플라스틱 수지 온도를 높이고 금형의 온도를 높이고, 사출량이 부족할 경우 금형내의 공급량을 늘린다.

② 바리(burr)

성형품의 여분의 수지가 붙는 현상으로 금형의 강도가 부족하면 금형이 수지의 사출압에 의해 휘고 제품이 두꺼워지거나 압절면을 따라 발생하며 형체압력이 부족할 경우 성형품의 투영면적에 비해서 형체력이 작으면 사출압력에 의해 발생한다.

③ 싱크마크(sink mark)

성형품의 표면에 발생하는 오목현상으로 고화가 늦은 경우, 유효보압시간이 짧은 경우, 금형내의 유동저항이 너무 높기 때문에 충분한 보압이 전달되지 못한 경우에 발생되고, 금형온도의 조절이 부적합한 경우나 사출압이 낮고 사출압 유지시간이 짧은 경우 발생한다.

④ 성형수축(shrinkage)

제품의 치수가 적어지는 현상으로 보압과 사출압력이 높을수록 발생하기 쉽다.

⑤ 웰드라인(weld line)

용융수지가 금형 내를 분기해서 흐르다가 합류한 부분에 가는 선이 생기는 현상으로 원재료의 충분한 건조를 시킨다.

⑥ 탄화(burn)

수지나 가열성 휘발분 혹은 윤활제가 연소하여 제품에 검은 줄이 생기거나 금형내 휘발분이 빠져 나가지 못하고 내부에서 수지가 탄화하여 검게 변하는 현상이다.

⑦ 플로우 마크(flow mark)

성형 재료의 유동 궤적을 나타내는 줄무늬가 생기는 현상으로 제품 형상이 전체적으로 고르게 냉각라인의 위치를 바꾸거나 유량을 증가시켜 사출속도를 빠르게 한다.

⑧ 크랙(crack)

성형품의 일부가 금이 가는 현상으로 잔류응력에 의한 경우, 외부응력에 의한 경우, 환경에 의한 경우가 있으며 온도가 불균일할 경우 냉각차에 의해 금이 간다.

2 | 알루미늄 재질 도장

최근의 고급자동차의 경우 경량화와 녹을 방지하기 위하여 알루미늄 재질을 도입하기 시작하였다.

표준 도장 작업방법과 틀린 것은 도료와 소재와의 부착성이다. 부착성이 철에 비해 낮기 때문에 하도공정에서 사용되는 도료가 틀린 것이 특징이며 중도공정과 상도공정은 표준도장과 같은 방법으로 도장을 한다.

퍼티는 알루미늄에 부착력을 가지는 퍼티를 사용해야 하며 요철이 없는 부분은 워시프라이머를 도장하여 소재와의 부착력을 올려야 한다.

제9장 자동차도장공정 [광택]

자동차 보수도장의 마무리 단계인 광택작업은 자동차의 도장면의 상태가 오렌지 필(orange peel)이나 상도 도장시 결함으로 먼지나 티, 흐름 같은 오염물을 제거하며 도장완료 후 페인트가 날린 도장면이나 잦은 자동세차와 외장관리의 소홀로 소멸 된 도료 고유의 광택이 나도록 하는 공정으로 칼라 샌딩(color sanding), 콤파운딩(compounding), 폴리싱(polished) 후 표면의 연마자국 등을 제거하기 위한 코팅 작업으로 이루어진다. 광택 작업을 시작하기 전 광택작업으로 제거가 가능한 요소인지를 판별하는 것이 중요하다.

광택작업의 기본적인 7단계의 과정은 **세차**, 도장상태의 **확인**, **작업준비**, 도장면의 **결함제거**, **콤파운딩**(compounding), **폴리싱**(polished), **검사**로 이루어진다.

1 광택(gloss)의 정의

광택(gloss)이란 빛을 정반사하는 물체 표면의 능력으로서 페인트(paint) 표면의 오염물이나 이물질은 빛을 흡수·산란시켜 광택을 감소시킨다. 이러한 이유로 자동차의 도장면의 경우도 광택작업(polish)을 하게 된다. 자동차의 광택작업은 차량 외부의 표면을 기존의 색상과 깨끗한 면으로 복원시키는 기술을 말한다. 즉, 신차 출고시 오염물이나 스크래치(scratch)를 제거하여 자동차의 원래 상태가 되도록 복원시키는 작업을 말한다.

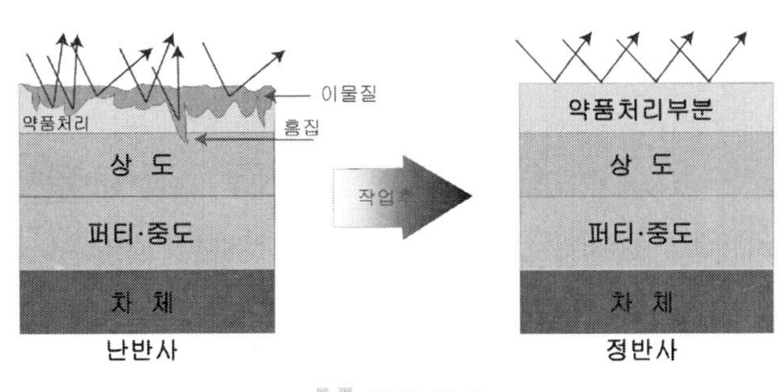

+ 광택 원리

(1) 광택

광택의 수명을 결정짓는 요소로는 첫째 오렌지필(orange peel)을 완벽하게 제거하여 유리와 같은 면을 확보하는데 있다. 이렇게 완벽하게 제거하기 위해서는 샌딩작업에 많은 정성과 표면을 판별할 수 있는 능력을 갖추고 있어야 한다.

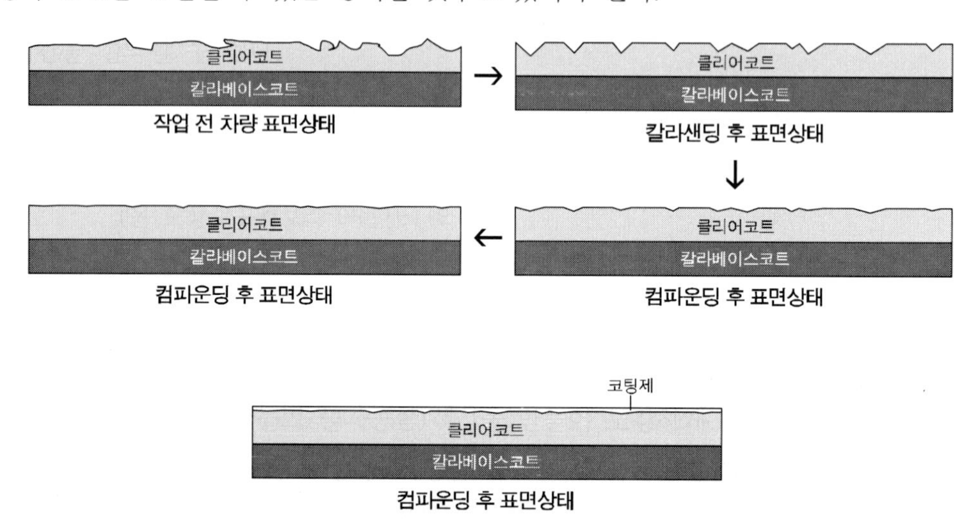

2 | 광택작업 공정

1 세차(car washing)

고압의 물을 사용하여 먼저 도장면에 묻어 있는 불순물 등을 제거하고 상처가 나지 않도록 전용 스펀지를 전용세제를 이용하여 세차를 실시하며 세차 후 남은 물은 얼룩발생을 방지하기 위하여 가능하면 그늘에서 세차를 하며 물은 완전히 건조시킨다. 물은 위에서 아래로 흐르기 때문에 세차시에는 위에서부터 시작하여 아래로 하며 세차 후 물을 완전히 건조시키기 위해서는 압축공기를 이용하여 틈새에 남아있는 물을 제거한다.

작업차량 세척장면

2 도장상태의 확인

태양광선 하에서나 형광등이 있는 밝은 곳에서 자동차를 측면(약 45°)에서 광택작업 할 부위의 표면 상태를 파악하며 손을 뻗어 손바닥을 차체 표면에 살짝 대고 당기면서 차체 표면의 낙진이나 기타 오염물을 확인한다. 그 외 도막두께 측정기를 사용하여 보수한 도장면인지 아닌지를 판별한다.

표면을 손으로 느끼고 눈으로 보아서 작업의 방향을 결정한다.

3 작업 준비

광택작업을 시작하기 전에 작업부위 주변의 몰딩이나 작업하지 않는 부분은 마스킹을 하고 제거하기 쉬운 부품은 제거하여 광택작업이 쉽게 이루어 질 수 있도록 한다. 그리고 칼라샌딩을 할 부분과 클레이샌딩이 필요한 부분을 파악하여 작업이 원활히 이루어지도록 한다.

(1) 도장면 파악

현재의 대부분의 차량은 페인트가 산화되는 것을 방지하기 위하여 칼라베이스코트(colorbase coat)를 도장하고 클리어코트(clear coat)를 도장하는 우레탄도장방식으로 도장하고 있다. 클리어코트의 경우 칼라베이스코트의 변색을 방지하기 위하여 UV 차단 성분이 포함되어 있지만 환경오염으로 인해 산성비(국내 PH4.4정도로서 포도산 보다 약간 강한 산성 띔) 및 오염된 공기와 오염물질이 차체 표면에 부착하여 변색이 발생하게 된다.

페인트 층에 산성 또는 알칼리성분이 스며들어 도장면에 부식을 시켜 도장면의 광택도를 떨어뜨리는 경우가 발생하게 된다.

이러한 이유와 스크래치(scratch)와 환경적인 요소에 대한 광택작업을 시행하게 된다.

(2) 마스킹(masking)작업

차량의 몰딩류나 고무 재질부위는 차체 표면에 비해 돌출되어 있기 때문에 광택작업을 할 때에 패드에 의해 손상되기 쉽다. 샌딩 자국이나 광택 패드에 의해 손상 된 부품의 경우 교환해야 하기 때문에 꼭 마스킹 작업을 한 후에 작업에 들어가도록 한다.

① 패널 일부분만 작업할 경우

작업부위 양 옆의 패널을 마스킹하여 손상이 가지 않도록 하며 해당 패널의 유리몰딩이나 보디 사이드 몰딩(body side molding)은 마스킹작업 후에 시행한다.

② 전체 면을 작업할 경우

자동차 전체도장 시 외부 마스킹 하는 것과 동일한 방법으로 외부 전체 유리 및 보디 사이드 몰딩, 워셔액 노즐, 엠블렘(emblem), 라디에이터 그릴, 전조등, 안개등 등을 완벽하게 마스킹한다.

마스킹작업

※ **제거 불가능한 스크래치** : 도장면을 손톱으로 긁어서 손톱에 걸리는 스크래치는 완전히 제거할 수 없고 샌딩 또는 광택작업을 통해 단낮추기식으로 넓게 만들어 인간의 착시현상으로 숨길 수 있을 뿐이다.

클레이 바(clay bar)

차량에 붙어있는 수액/철분가루 등을 제거해주는 고무찰흙 같은 재질의 세차용품으로 차량 표면의 도장 면에 붙어 있지만 눈에 잘 보이지 않는 오염물질을 제거하는데 사용한다. 특히 차량에 녹을 발생 시킬 수 있는 아주 미세한 철분 등을 제거하는데 효과적이다. 세차 후에 사용한다.

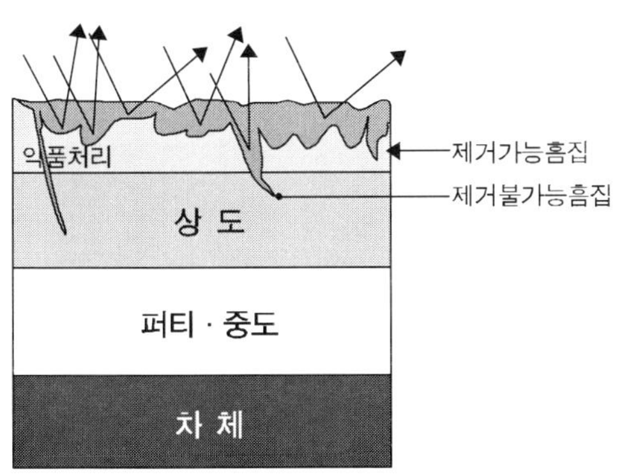

제거 불가능 흠집(스크래치)

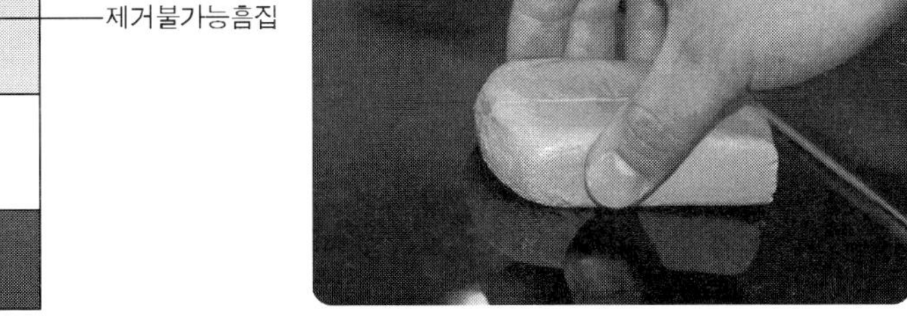

차량면의 이물질 제거를 위한 클레이 바

극소부위 연마용 스켈로퍼

MEMO

4 작업 용품

연마지류

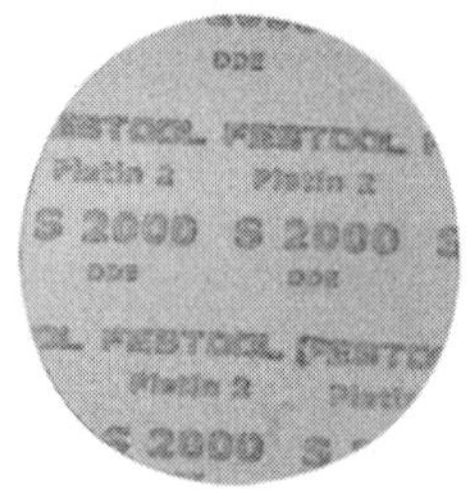

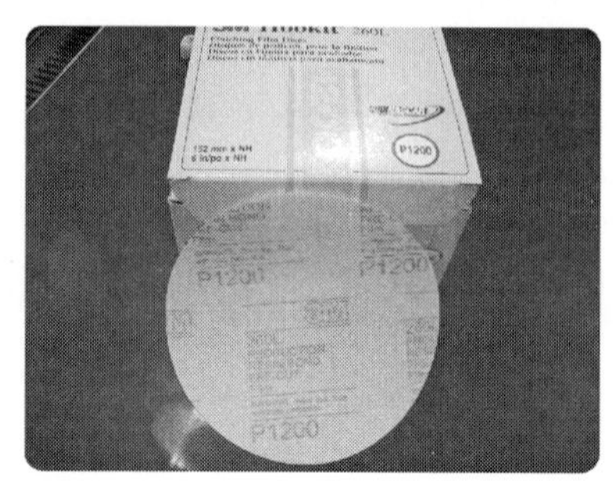

광택연마지(샌더용)

광택용 내수연마지

버프류

양모패드

스펀지패드(흰색)

스펀지패드(검정)

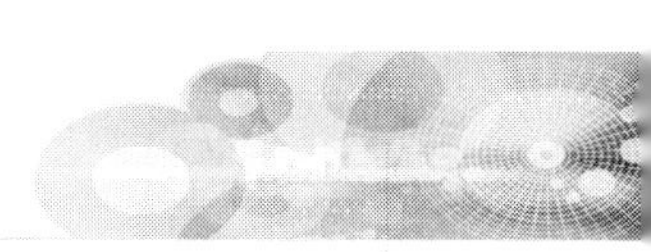

+ 광택용 핸드블록 및 내수연마지

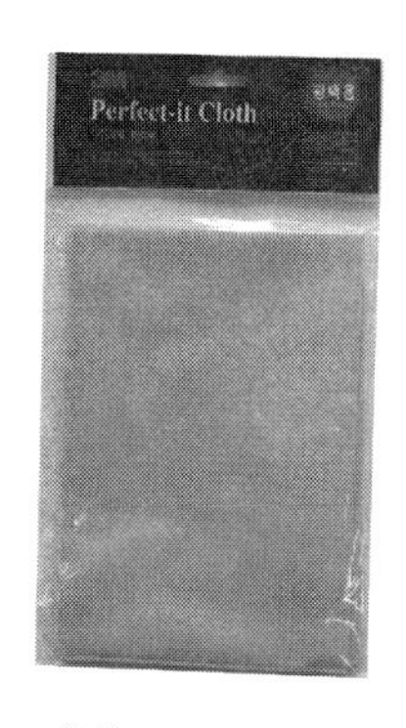

+ 광택용 걸레

초보자에게 편한 광택약재로서 유기용제가 조금 첨가되어 있다.

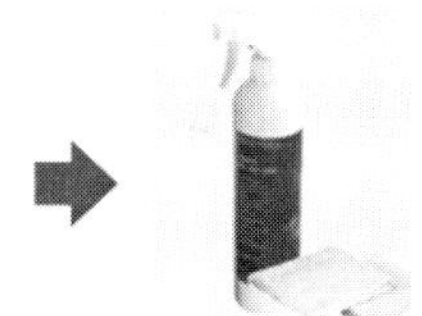

MPA 6,000
거친 콤파운드

MPA 8,000
고운 콤파운드

MPA 10,000
중고차용 광택

MPA 11,000
신차/FRESH PAINT용 광택
세라믹용 광택

향후 환경규제에 따라 규제될 가능성이 있으나 광택작업이 가장 쉬운 제품
콤파운드에 유기용제 성분이 많으면 많을수록 초보자가 작업하기 편하며 적은 시간으로 광택의 효과도 크게 볼 수 있다.

+ 콤파운드

+ 왁 스

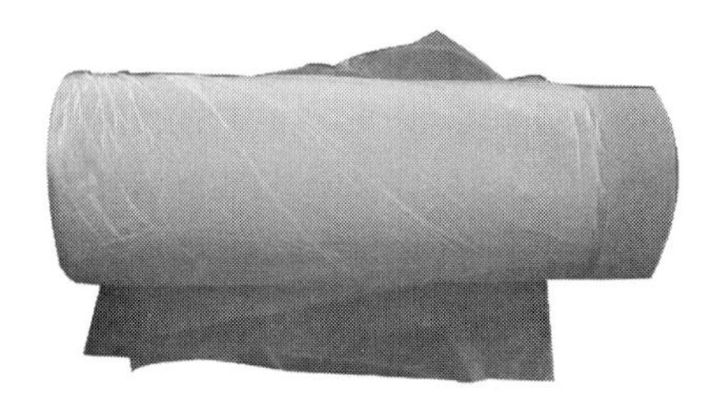

+ 마스킹 비닐

+ 마스킹 테이프

5 도장면의 결함제거

차량 표면의 나무수액이나 새의 분비물, 콜타르, 페인트, 시멘트 등을 파악 먼저 탈지제나 세제를 이용하여 제거를 한다. 이 후 제거되지 않은 오염물은 낙진제거제(클레이 바)를 사용한다.

(1) 노후 된 차량 및 도장 후 오렌지필(orange peel)이 심한 차량의 광택작업

① 건식샌딩(dry sanding)

P1,200 ~ P1,500연마지를 오버다이어가 적은 홀로그램제거용 샌더 또는 광택용 샌더에 부착하여 전체면의 오염요소나 오렌지필(orange peel)을 제거한다. 전체 면을 한꺼번에 샌딩을 하지 말 것이며 일부분(약 가로60cm, 세로60cm)을 연마하고 연마가 완료되면 옆의 장소로 넘어간다.

② 습식샌딩(wet sanding)

#1,200 ~ #1,500연마지를 스펀지타입의 핸드블록(아데방)에 부착하여 물을 뿌려가면서 전체면의 오염요소나 오렌지필(orange peel)을 제거한다.

오렌지필(orange feel)이 제거 된 도장면은 연마스크래치(sanding scratch)로 인해 광택이 나질 않고 우유 빛을 띠게 된다. 이후 콤파운딩 작업을 통해 고유의 광이 나기 시작한다. 전체 면을 한꺼번에 샌딩을 하지 말 것이며 일부분(약 가로 60cm, 세로 60cm)을 연마하고 연마가 완료되면 옆의 장소로 넘어간다.

(2) 관리가 잘되고 도장 후 일부분에 티나 흐름이 발생한 차량의 광택작업

① 건식샌딩(dry sanding)

P2,000 ~ P3,000연마지를 오버다이어가 적은 홀로그램제거용 샌더 또는 광택용샌더에 부착하여 일부분의 결함요소나 스크래치를 제거한다.

건식연마작업

② 습식샌딩(wet sanding)

#1,500 ~ #2,000연마지를 스펀지타입의 핸드블록(아데방)에 부착하여 물을 뿌려가면서 오렌지필을 제거하며 경우에 따라서는 스캘로퍼를 이용하여 극소부위 샌딩을 한다. 오렌지필이 제거 된 도장면은 연마스크래치로 인해 광택이 나질 않고 우유 빛을 띠게 된다. 이후 콤파운딩 작업을 통해 고유의 광이 나기 시작한다.

습식연마장면

콤파운딩 후의 도장면 모습

샌딩작업 후의 도장면 모습

샌딩작업 후의 우유 빛이 도는 도장면과 콤파운딩 후의 장면

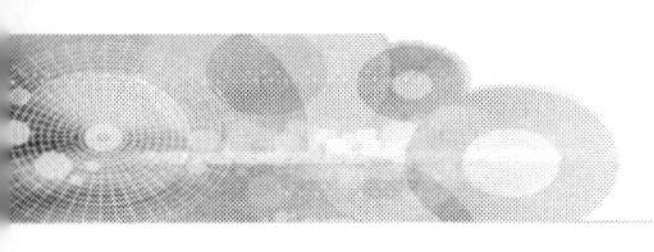

※ 습식연마시 핸드 블록으로 연마시에는 굴곡이나 프레스라인이 없는 부분인 평편한 부분연마시에 연마면에 핸드블록 전체가 골고루 도장면에 힘이 가도록 하여 연마를 하며 도장면의 먼지나 흐름 등을 제거시에 사용한다. 맨손으로 할 경우는 세밀하고 굴곡이 많은 곡면 부위나 핸드블록으로 연마하기 힘든 좁은 부분 연마 시 사용하고 손바닥의 근육이 많은 새끼손가락 밑 부분으로 연마해야한다. 손가락이나 손바닥의 뼈가 있는 부분으로 연마할 경우 특정부위에 너무 많은 힘이 가해져 평면유지가 힘들기 때문에 손연마시에는 특히 주의해야한다.

6 콤파운딩(compounding)작업

오렌지필(orange peel)을 제거하기 위하여 샌딩한 도장면을 콤파운드로 연마자국을 제거하여 광택이 나도록 하는 작업이다.

콤파운딩 작업

(1) 순차적인 광택약재 사용 시

① 1,000번 콤파운드(compound)작업

도장면의 상태가 노후하여 전체 샌딩 작업이 이루어진 도장면에 적용한다.

버프 중 연삭력이 가장 좋은 양모버프를 폴리셔(polisher)에 부착하여 가로 세로 약60cm 정도의 면에 약재(약 4 ~ 6g 정도)를 묻혀 광택작업을 시행한다. 전 공정의 연마자국이 없어질 때까지 확인하면서 작업한다.

② 2,000번 콤파운드(compound)작업

1,000번 콤파운드 작업이 끝난 후 1,000번 콤파운드 연마자국을 제거하기 위하여 행하는 공정으로 바로 3,000번의 광택제를 사용하여 제거하면 시간이 너무 오래 소요되며 연마자국도 작업 후에 나타날 수 있으므로 2,000번 콤파운드를 이용하여 제거한다. 이 때 폴리셔(polisher)에 흰색 스펀지버프를 부착하여 1,000번 작업과 동일한 방법으로 1,000번 연마자국을 제거한다. 전 공정의 연마자국이 없어질 때까지 확인하면서 작업한다.

③ 3,000번 콤파운드(compound)작업

2,000번 콤파운드 작업이 끝난 후 2,000번 콤파운드 연마자국을 제거하기 위하여 행하는 공정으로 이 작업이 진행되면서 비로소 차량 본연의 광택이 나오기 시작한다. 작업약재를 폴리셔의 양털패드에 묻혀 도장면(가로·세로 약 60cm)에 묻혀 무리한 힘을 가하지 않은 상태에서 폴리셔(polisher)에 흰색 스펀지 버프를 부착하여 구동시켜 작업

을 진행한다.

④ 주의사항

공정이 끝나면 항상 전 공정의 약재는 광택용 타월을 이용하여 제거하고 샌딩에 의한 연마자국이 없어질 때가지 확인하면서 광택작업을 진행하면서 한 곳을 너무 집중적으로 콤파운딩 작업을 진행하면 마찰열에 의해 콤파운드가 굳어 고체가 되어 연마성을 상실하기 때문에 주의를 요한다.

(2) 공정단축 콤파운드 광택약재 사용 시

현재 생산 판매되는 광택약재의 대부분은 유기용제 함량을 줄이고 1,000 ~ 3,000까지의 광택약재를 한 번에 끝내기 위한 제품들이 출시되어 시판되고 있다.

이러한 콤파운드 약재는 한가지의 약재만으로 처음에는 거칠게 연마되다가 작업이 진행이 되면서 약재의 알갱이가 부셔지면서 점차 고운 콤파운딩 작업이 되도록 만들어지고 폴리싱(polishing)작업 중 스월 마크(swirl mark) 발생이 적고 광택 분진이 적게 비산되며 고형분 높고 내스크래치 특성이 제품의 콤파운딩이 뛰어난 제품들이 있다.

① 콤파운딩(compound) 작업

작업약재를 폴리셔의 양털패드에 묻혀 도장면(가로, 세로 약 60cm)에 묻혀 무리한 힘을 가하지 않은 상태에서 폴리셔(polisher)에 흰색 스펀지 버프를 부착하여 구동시켜 작업을 진행한다. 전 공정의 연마자국이 없어질 때까지 확인하면서 작업한다.

② 주의사항

항상 공정이 끝난 후 전 공정의 약재는 광택용 타월을 이용하여 제거하며 칼라 샌딩에 의한 연마자국이 없어질 때가지 확인하면서 광택작업을 진행하면서 한 곳을 너무 집중적으로 콤파운딩 작업을 진행하면 마찰열에 의해 콤파운드가 굳어 고체가 되어 연마성을 상실하기 때문에 주의를 요한다.

7 폴리싱(polishing)작업

콤파운딩(compounding)작업의 스월마크(swirl mark)를 제거하는 공정으로 글레이즈(glaze)를 이용한다. 순차적인 약재 사용에서는 스월마크(swirl mark)을 제거하기 위하여 색상에 따라 짙은 색상에 사용되는 다크글레이즈(dark glaze)나 밝은 색상에 사용하는 화이트글레이즈(white glaze)를 사용하게 된다. 전 공정의 연마자국이 없어질 때까지 확인하면서 작업하며 공정단축 콤파운딩에서는 머신 글레이즈를 사용하여 제거한다. 이러한 약재들을 작업약재를 폴리셔의 양털패드에 묻혀 도장면(가로, 세로 약 50cm)에 묻혀 무리한 힘을 가하지 않은 상태에서 폴리셔(polisher)에 검정색 스펀지 버프를 부착하여 구동시켜 작업을 진행한다. 작업 후 약재 가루는 광택용 타월을 이용하여 완벽하게 제거한다. 하지만 지금까지의 작업 후 제거되지 않은 스크래치가 있다면 다시 처음으로 되돌아가서 다시 작업해야 하므로 작업이 이루어지는 공정에 전공정의 연마자국이 완벽하게 제거한 후 다음 공정으로 넘어가도록 한다.

이 작업이 끝난 후 코팅제나 왁스를 도포하여 눈에 보이지 않는 스크래치와 도장면에 코팅막을 형성시켜 오염물 등이 묻지 않게 하여 광택을 오랫동안 지속시킬 수 있다.

※ 보수 도장 후 및 신차라인 도장 후 약 90일정도가 지나지 않은 경우에는 왁스성분이 포함된 광택약재의 사용을 하지 않도록 한다. 이 기간 중에 왁스성분이 포함 된 약재를 이용하여 작업을 했을 경우 페인트 건조과정에서 완전히 휘발되지 않은 용제가 대기 중으로 휘발되지 않고 코팅막 내부에 쌓이게 되어 도장 면이 얼룩이 지게 된다.

3 광택 작업시 주의 사항

① 광택 작업 시 직사광선을 피하고, 도장면이 뜨거울 경우에는 도장면을 식혀서 작업을 진행한다.

② 샌딩(sanding), 콤파운딩(compounding), 폴리싱(polishing) 작업 중에는 필히 마스크를 착용해야 한다.

③ 작업 전 도장 면에 묻어 있는 이물질은 세차, 클레이바 또는 탈지제로 제거 가능한 오물은 제거하며 광택약재로 제거 하지 않도록 한다(이러한 오염물을 광택약재나 샌딩으로 제거할 경우 깨끗한 부분에 비해 연마가 되지 않기 때문에 요철이 발생할 수 있으므로 주의한다).

④ 광택용 약재들은 항상 상온에는 보관한다.

⑤ 사용한 패드는 미지근한 물에 깨끗이 세척하여 다음 작업에 사용할 수 있도록 깨끗이 세척해 둔다(세제를 사용하지 않는다).

⑥ 작업 전 광택약재는 충분히 흔들어 사용한다.

⑦ 광택작업을 하지 않는 부분은 마스킹하여 손상을 방지하기 위해 필히 마스킹을 한다.

⑧ 일부분만 작업 하고 작업부위는 가로, 세로 약 60cm 정도로 한다.

FESTOOL 광택시공 방법 참고

- 새차광택

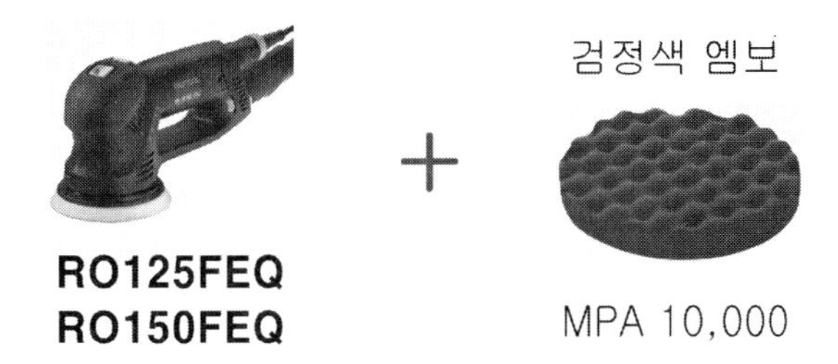

- 중고차 광택

- 오렌지필 제거

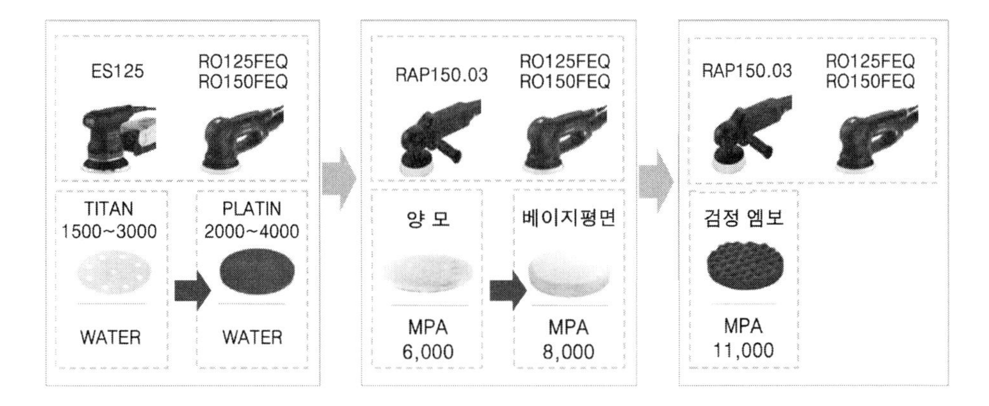

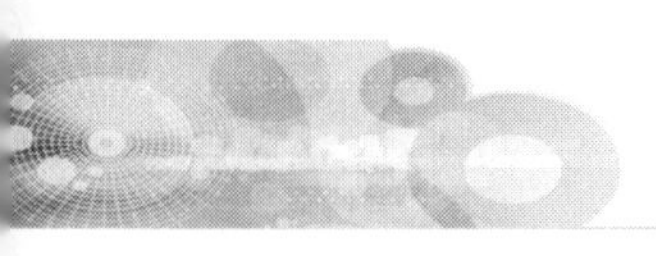

- 보수도장 후 소량 결함제거

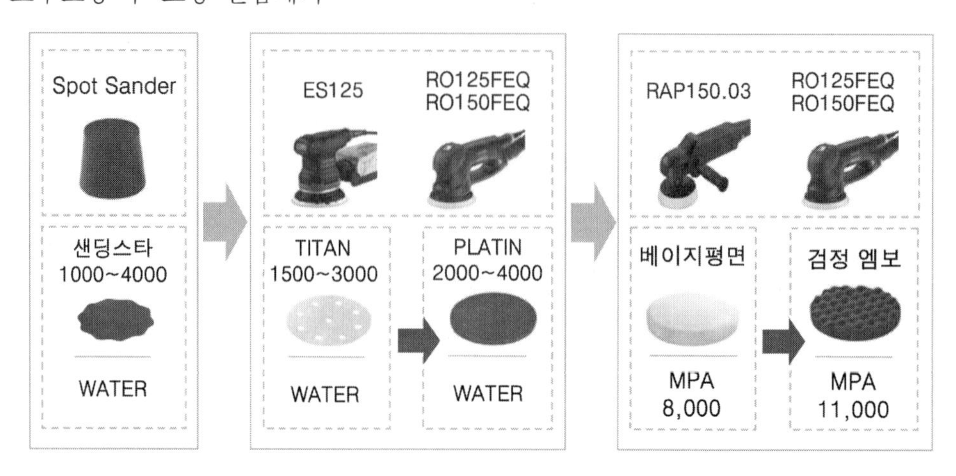

- 보수도장 후 대량 결함제거

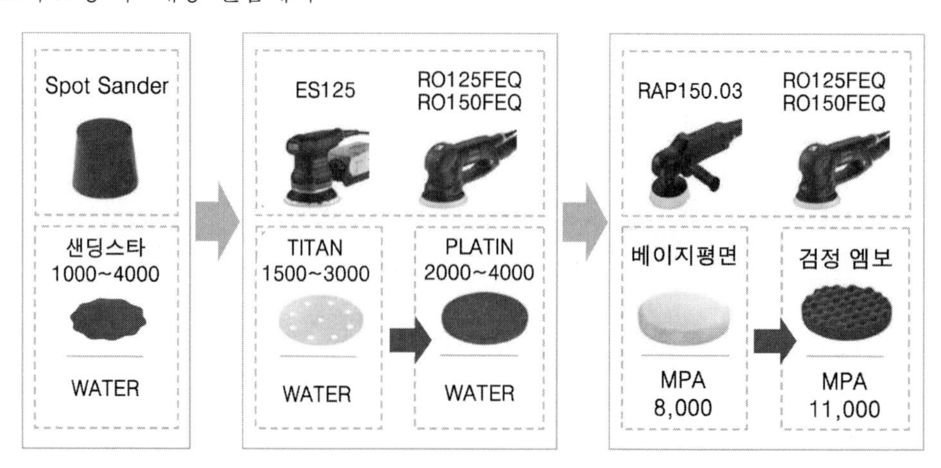

- 홀로그램이나 스월마크 제거

Old Paint / 중고차

Fresh Paint / 신 차

제10장 안 전

1 안전기준 및 재해

1 안전기준

(1) 안전(safety)

사고가 없는 상태 또는 사고의 위험이 없는 상태

(2) 안전관리(safety management)

재해로부터 인간의 생명과 재산을 보호하기 위한 계획적이고 체계적인 활동

① 안전관리 목표

- 인간존중(안전제일 이념)
- 경영의 합리화(생산손실예방)
- 사회적 신뢰성 확보(기업이미지 실추 예방)

② 안전관리 효과

- 직장의 신뢰도 증가
- 품질향상 및 생산성 확보
- 기업의 경비 절감
- 이직률 감소
- 인간관계 개선

(3) 산업재해

사업장에서 우발적으로 일어나는 사고로 인한 피해로 사망이나 노동력을 상실하는 현상 천재지변1%, 물리적 재해10%, 불안전 행동89%

(4) 하인리히(W.H.Heinrich) 이론

- 사회적 환경과 유전적 요소
- 개인적 결함
- 불안전 상태 및 불안전 행동
- 사고
- 상해

① 재해 발생 과정

선천적 결함 ⇒ 원인 결함 ⇒ 불안전 행동, 상태 ⇒ 사고 ⇒ 재해

② 불안전한 동작이 일어나는 원인

- 착각을 일으키기 쉬운 외부 조건이 많을 때
- 감각 기능이 정상을 이탈했을 때
- 두뇌의 명령에서 근육 활동이 일어날 때까지 전달하는 시신경의 저항이 클 때
- 올바른 판단에 필요한 지식이 부족할 때
- 의식 동작을 필요로 할 때까지 무의식 동작을 행할 때
- 시간적이나 수량적으로 세밀한 능력을 발휘하는데 필요한 신경계의 저항이 클 때

(5) 산업재해 발생원인

① 인적 요인(man factor)

- 심리적원인 : 망각, 고민, 집착, 착오, 생략
- 생리적원인 : 피로, 음주, 고령
- 직장적원인 : 인간관계, 조직, 분위기

② 설비적 요인(machine factor)

- 기계설계 결함
- 비표준화
- 방호장치 불량
- 정비·점검불량

③ 작업적 요인(media factor)

- 작업정보 부적절
- 작업자세, 동작 결함
- 작업공간 부족

④ 관리적 요인(management factor)

- 관리조직 결함
- 교육 부족
- 규정미비
- 지도감독 소홀
- 건강관리 불량

(6) 산업재해예방 4원칙

① **예방 가능의 원칙**

천재를 제외한 인재는 사전에 예방이 가능하다

② **손실 우연의 법칙**

사고 발생시 손실의 유무 및 대소는 우연으로 정해지므로 예측할 수 없다.

③ **원인 연계의 원칙**

사고에는 반드시 원인이 있고 그 원인은 대부분 복합적으로 연계되어 있다.

④ **대책선정의 원칙**

직접, 간접 사고의 원인과 불안전 요소가 발견되면 반드시 대책 선정이 가능하고 대책이 실시되어야 한다.

2 재해

(1) 산업 재해의 종류

① **화학적 위험** - 화재, 폭발
② **물리적 위험** - 방사선 장해, 화상, 동상, 난청, 손 절단
③ **전기 위험** - 감전
④ **건설 위험** - 추락, 붕괴, 침하, 낙반
⑤ **수공구 위험** - 공구, 운반

(2) 산업 안전 사고

① **감전** - 전기 사용량이 많아져 감전 사고도 매년 늘고 있다.
② **화재** - 기름, 가스, 전기, 목재, 종이, 섬유류 등에 불이 붙어 발생
③ **폭발** - 도시 가스, LP 가스, 석유 제품, 화학 약품 등이 폭발
④ **추락** - 사다리에서 떨어지는 사고 등
⑤ **기계설비** - 기계 장치에 손물림, 벨트 장치에 손물림
드릴링 머신에 넥타이 감김, 절단기 및 굽힘 기계에 손끼임 등

(3) 교통 안전 사고

자동차, 철도 차량, 선박, 항공기 등 교통수단에 의한 사고

(4) 학교 안전 사고

① **활동 시간별** – 체육 시간, 휴식 시간, 과외 활동, 교과 수업, 실험 실습 시간순

② **발생 원인별** – 학생 부주의, 시설 미비, 교사의 과실, 학생들 간의 다툼 순

③ **학교급별** – 중학교와 고등학교에서 많이 발생

(5) 가정 안전 사고

감전, 화재, 가스 폭발, 욕실에서 미끄러짐, 사다리나 옥상에서 추락, 물체를 이동시킬 때 등

3 소화기

① **A급 화재** : 일반가연성 물질(백색)

② **B급 화재** : 액체 연료, 유류(황색)

③ **C급 화재** : 전기, 기계기구(청색)

④ **D급 화재** : 금속

4 안전 색채

(1) 적색(red) : 위험, 방화, 방향

① **위험표시** : 고압선, 폭발물 등

② **적색등** : 차폐물, 방해물 등

③ **운반용 안전통** : 인화성 물질 등

④ **비상 정지 스위치** : 위험한 기계류 등

⑤ **방화설비** : 소화기, 화재 경보 장치, 소화전, 소화용 기구 등

(2) 황색(yellow) : 주의

충돌, 추락, 전도 및 기타 유사 사고의 방지를 위해 물리적 위험성을 표시하며 보통 황색과 흑색의 무늬를 적용 사용

(3) 녹색(green) : 안전, 구급

안전에 직접 관련된 설비와 구급용 치료 설비를 식별하기 위해 사용

(4) 청색(blue) : 조심, 금지

수리, 조절 및 검사 중인 기타 장비의 작동을 방지하기 위하여 사용

(5) 자색(purple) : 방사능

방사능의 위험을 경고하기 위해 사용

(6) 오렌지색(orange) : 기계의 위험 경고

기계 또는 전기 설비의 위험 위치를 식별하고 기계의 방호장치를 제거함으로써 노출되는 위험성을 인식하기 위해 사용

(7) 흑색 및 백색(black &white)

건물 내부 관리, 통로 표시, 방향지시 및 안내표시로 사용

5 유기용제

(1) 유기용제 정의

일반적으로 비점이 낮고 휘발성을 가지며 가연성물질로서 용해력과 탈지 세정력이 높기 때문에 화학제품 제조업, 도장관련산업 등 여러 업종에서 광범위하게 사용되고 있으며 페인트 제조 과정에서 첨가되고 자동차 보수 도장 현장에서는 페인트 도장 전에 도장기술자에 의하여 첨가되어 공기 중에 노출된다.

(2) 유기용제의 성질

물리 · 화학적으로 대부분 기름과 잘 섞이는 친유성이다.

(3) 인체에 미치는 영향

점막과 호흡기관에 자극을 주며 신장, 간, 중추신경계에 기능장애를 일으키며 정신적인 증후군을 유발시키기도 한다.

(4) 유기용제표시

① **제1종 유기용제** : 빨강(25ppm)

② **제2종 유기용제** : 노랑(200ppm)

③ **제3종 유기용제** : 파랑(500ppm)

(5) 신너(thinner)

자동차 보수 도장 작업하기 직전 페인트의 점도를 낮추기 위해서 첨가되는 탄화수소를 함유하고 있는 용매이다.

① **구성** : 벤젠계, 케톤계, 알코올계 등으로 구성되어 있다.

② **사용용도** : 희석제, 세척제

③ **증상** : 현기증, 불면증, 선천적 기형, 시력 상실, 혈뇨, 요로 결석 등

6 도장 작업시 발생하는 손상

① **분진** : 분진이 폐에 침입하면 치료가 어렵고 혈액의 산소 교환을 방해한다.

② **이소시아네이트** : 코가 건조해지고 가슴이 답답해지며 두통과 호흡 곤란을 일으킨다.

③ **솔벤트** : 간, 뇌, 신경 조직에 영향을 준다.

2 안전보건표지

(1) 금지표지

(2) 경고표지

(3) 안내표지

응급구호

(4) 소방표지

비상전화

3 도장 작업시 사용되는 안전보호구 종류

1 방진복

도장 작업시 분진의 발생을 줄이고 도료가 신체에 직접 접촉하는 것을 방지한다.

2 마스크

① **방진마스크** : 연마나 광택 작업시 분진을 막아준다.

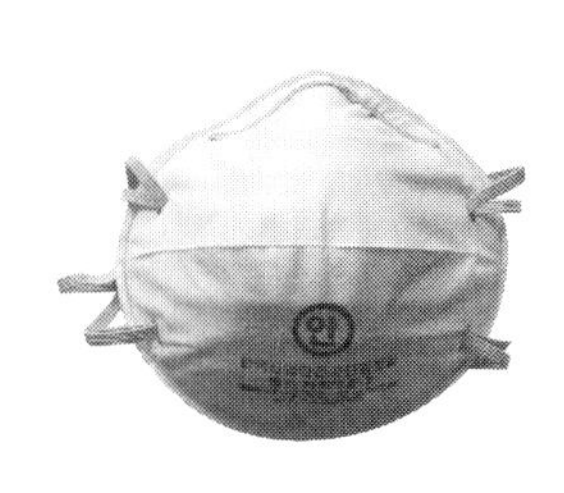

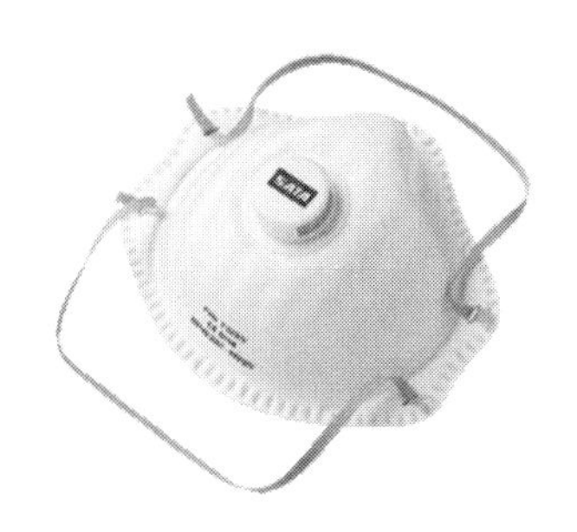

② **도장용 유기용제 마스크** : 유기용제 냄새 및 악취 발생 분진을 막아준다.

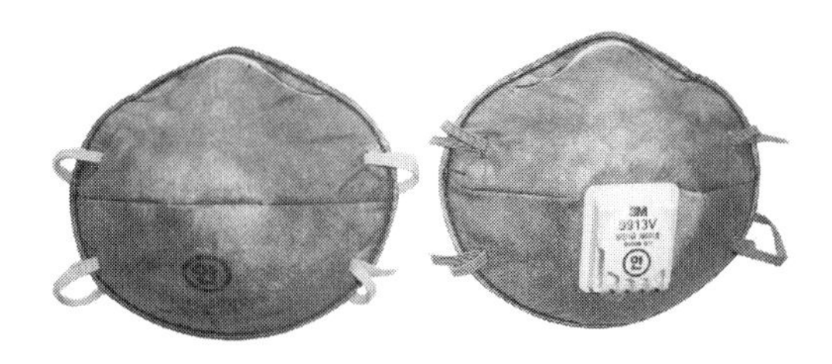

③ **방진, 방독마스크**

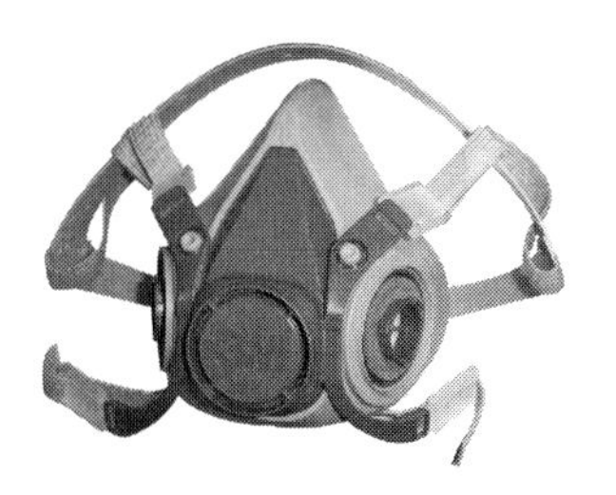

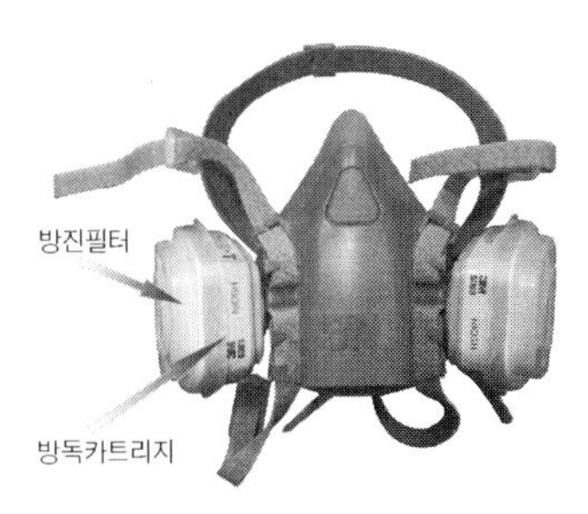

④ **공기 급기식 마스크**

⑤ **내용제 장갑** : 동물성지방, 유기용제 등에 우수한 내화학성이 있으며 작업 시 손을 보호하기 위해서 착용한다.

⑥ **도장장갑** : 일회용으로 잘 찢어지지 않으며 신너와 잠깐 동안의 접촉도 가능하며 손이 직접적으로 유기용제에 접촉되는 것을 막아준다.

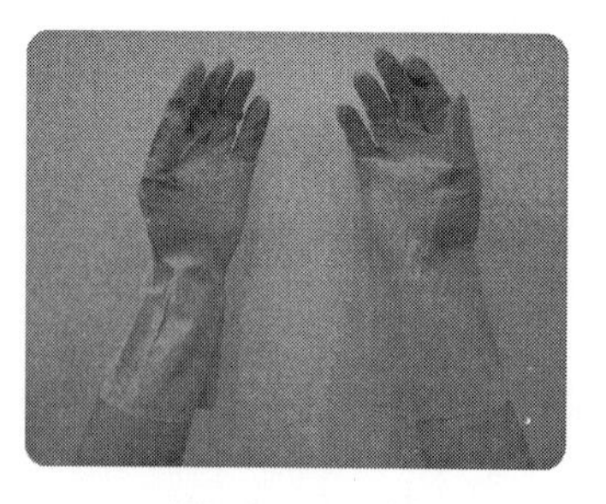

내용제 장갑

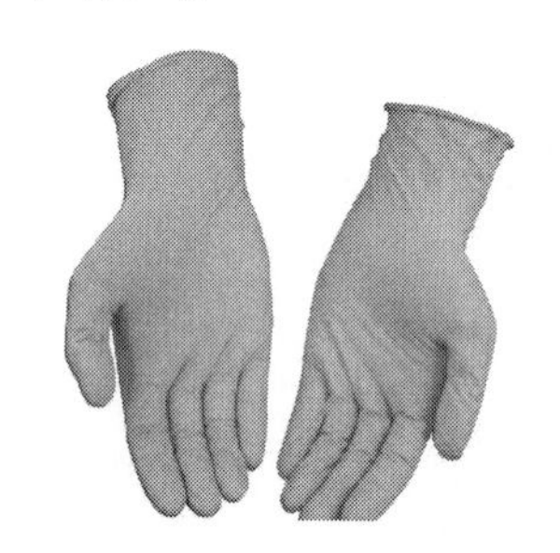

도장 장갑

⑦ **보안경** : 작업 중 분진이나 도료가 눈에 들어갈 위험이 있기 때문에 착용해야 한다.

⑧ **안전화** : 작업 중 낙화물에 대한 저항과 미끄럼 방지 기능이 있다.

보안경

안전화

제11장 도장 결함

1 도장작업 전 도장 결함

1 침전(setting)

(1) 현상

수지와 안료가 분해되어 안료가 도료용기의 바닥에 가라앉아 있다.

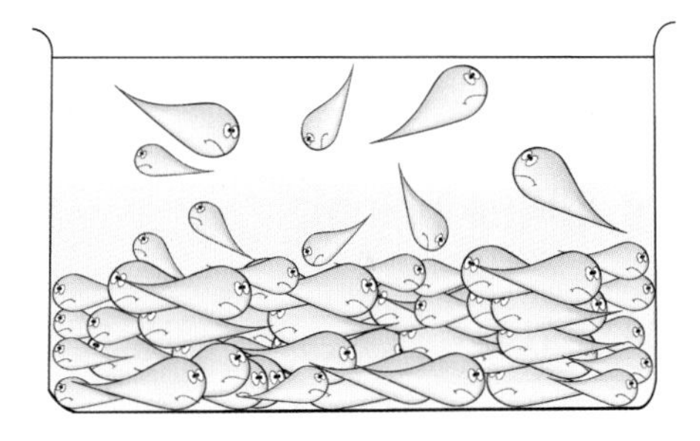

(2) 발생원인

① 희석을 많이 하였을 경우

② 저장기간이 오래 되었을 경우

③ 수지가 안료에 대한 습윤성이 적을 경우

④ 하도, 중도 도료는 안료의 비중이 커서 가라앉기 쉽다.

⑤ 상도도료 중 펄 안료도 다른 안료에 비해서 가라앉기 쉽다.

(3) 예방대책

① 장기간 보관을 피하고, 정기적으로 교반 혹은 뒤집어서 보관

② 희석제를 과잉으로 희석하지 말 것

③ 습윤성이 큰 희석제를 사용

④ 충분히 교반하여 사용할 것

2 겔화(gelling, livering)

(1) 현상

유동성이 없어지고 서서히 겔(gel)화

(2) 발생원인

① 저장기간이 오래된 도료에서 반응이 일어났을 경우

② 래커도료에 에나멜 신너를 희석하였을 경우

③ 2액형 도료에 주제와 경화제를 혼합 후 가사시간이 경과하였을 경우

④ 용제가 휘발 하였을 경우

(3) 예방대책

① 장기간 저장을 피한다.

② 도료에 적합한 지정 신너를 사용

③ 가사시간 전에 사용한다.

④ 밀봉을 확실히 하고 도료저장 창고에 보관할 것

3 피막(skinning)

(1) 현상

도료의 표면이 말라붙은 피막이 형성

(2) 발생원인

① 도료의 첨가제중 피막방지제의 부족이나 건조제가 너무 많았을 경우

② 도료 통의 뚜껑을 완전히 밀봉하지 않고 보관하였을 경우

③ 증발이 빠르고, 용해력이 약한 용제를 사용하였을 경우

(3) 예방대책

① 건조제 사용을 줄이고, 피막방지제를 사용

② 도료 통의 뚜껑을 완전히 밀봉하여 보관한다.

③ 증발이 느리고, 용해력이 강한 용제를 사용한다.

2 | 도장작업 중 도장결함

1 연마자국(sander scratch)

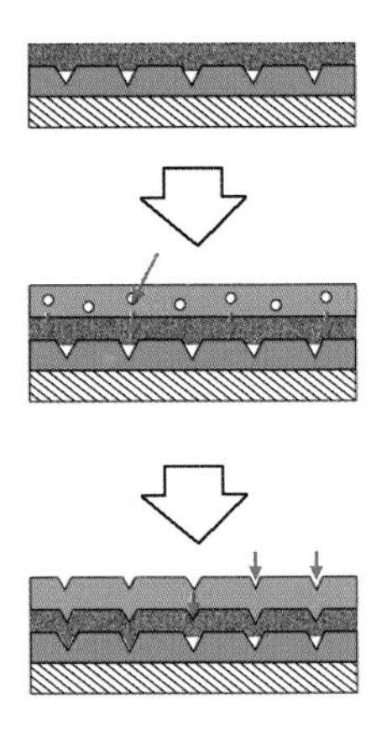

(1) 현상

상도 도료의 용제가 도막 경계면이나 구도막의 연마자국에 침투하여 연마자국을 확장시켜 피도면에 연마자국이 나타나는 현상

(2) 발생원인

① 공정에 맞지 않는 거친 연마지 사용
② 재도장하기 전 도막이 충분하게 건조되지 않았을 경우
③ 점도가 낮은 도료를 두껍게 도장
④ 용해력이 강한 신너나 지건성신너를 사용
⑤ 건조 도막의 두께가 너무 얇은 경우

(3) 예방대책

① 공정에 맞는 연마지 사용(굵은 것부터 고운 것 순으로 단계적으로 사용)
② 완전 건조 후 연마한다.
③ 적정 신너를 사용한다.
④ 점도 조절을 적절히 유지한다.

(4) 조치사항

① 건조 후 미세한 결함부위는 정교하게 연마한 후 광택작업

② 자국이 깊을 경우 연마한 후 재 도장

2 퍼티자국(putty mark)

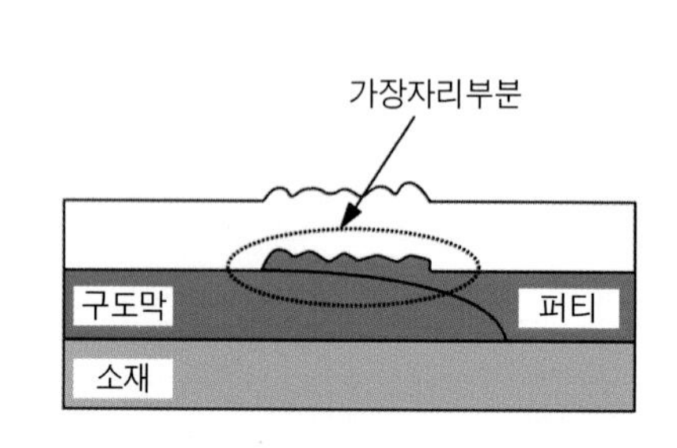

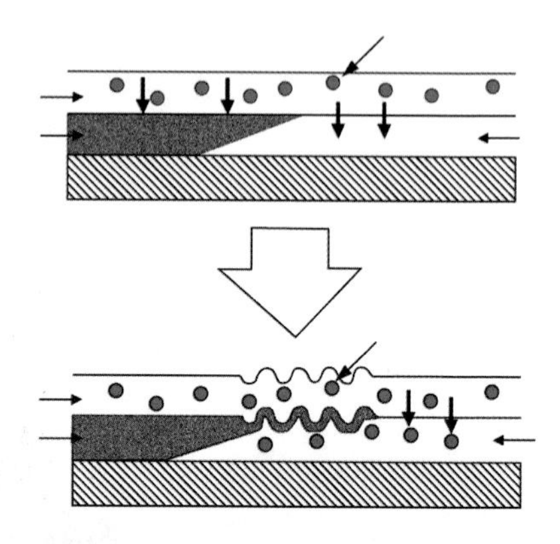

(1) 현상

퍼티 작업 부위에 주름이 지는 현상

(2) 발생원인

① 퍼티 작업 후의 불충분한 건조

② 래커 도막위에 폴리퍼티를 도포

③ 도료의 점도가 너무 낮을 경우

④ 퍼티면의 단 낮추기 및 평활성이 불충분한 경우

(3) 예방대책

① 퍼티의 완전 건조

② 래커도막위에 폴리퍼티 작업을 하지 않도록 한다.

③ 도료의 점도를 적절히 유지한다.

(4) 조치사항

① 건조 후 결함부위를 연마한 후 우레탄 프라이머 서페이서로 도장

3 퍼티 기공

(1) 현상

퍼티 작업 부위에 작은 기공이 발생된 현상

(2) 발생원인

① 퍼티 작업에 한 번에 두껍게 퍼티를 도포하였을 경우

② 퍼티의 점도가 너무 높을 때

(3) 예방대책

① 퍼티 도포시 얇게 여러 번 도포

(4) 조치사항

① 건조 후 기공퍼티 및 폴리퍼티를 얇게 재 도포하여 기공을 제거

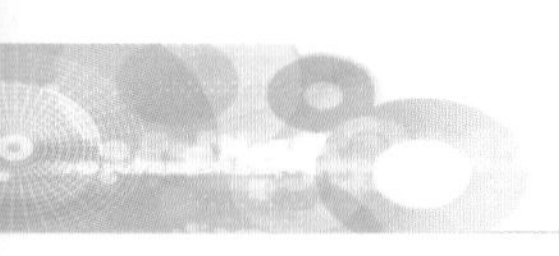

4 메탈릭 얼룩(blemish)

(1) 현상

메탈릭이나 펄 입자가 불균일 혹은 줄무늬 등을 형성한 상태

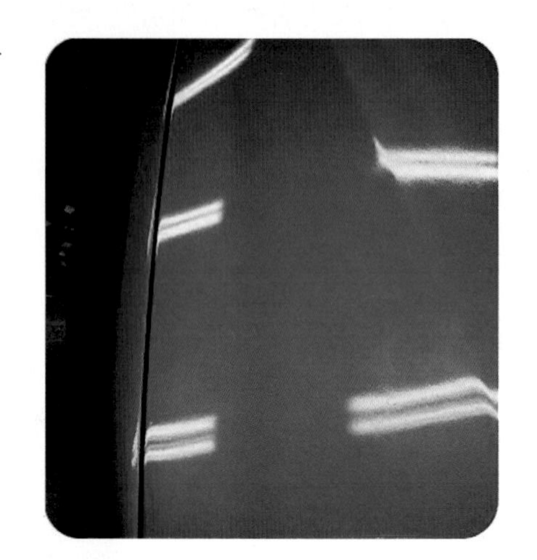

(2) 발생원인

① 과다한 신너량
② 스프레이건의 취급 부적당
③ 도막의 두께가 불 균일
④ 지건 신너 사용
⑤ 도장 간 플래시 오프 타임 불충분
⑥ 클리어코트 1회 도장 시 과다한 분무

(3) 예방대책

① 적당한 점도조절
② 스프레이건의 사용 시 표준작업시행
③ 적정 신너를 사용한다.
④ 도장 간 플래시 오프 타임 준수
⑤ 클리어 1회 도장시 얇게 도장

(4) 조치사항

① 베이스 코트 도장 시 발생한 얼룩은 충분한 플래시 오프 타임을 준 후 얼룩제거 한다.
② 건조 후에 발생 한 얼룩은 완전 건조 후 재 도장

5 먼지 고착(seeding)

(1) 현상

먼지나 이물질이 부착하여 도장 면에 볼록한 부위가 생기는 것

(2) 발생원인

① 도장 시 먼지가 피도체에 부착

② 압축 공기중에 먼지가 부착
③ 작업장의 먼지
④ 부적절한 도료 여과지 사용
⑤ 스프레이건의 세척 불충분

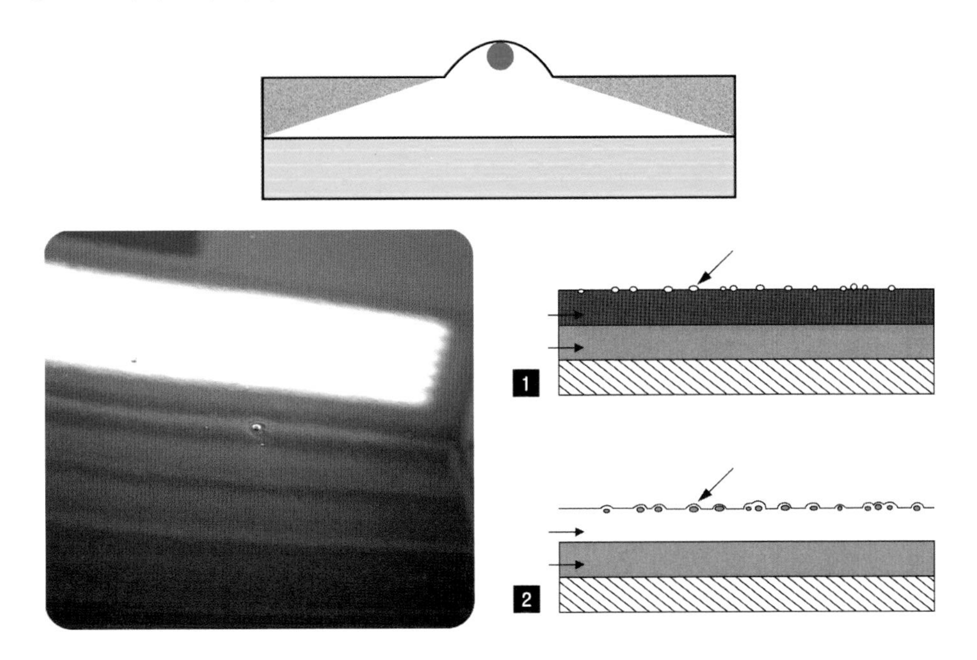

(3) 예방대책

① 피도체의 충분한 세정 작업
② 에어트렌스포머 설치
③ 작업장 청소 철저
④ 적절한 도료 여과지 사용
⑤ 스프레이건 세척 철저

(4) 조치사항

① 도장 작업 중 : 니들(먼지제거용 바늘), 뾰족한 바늘 혹은 마스킹테이프로 제거
② 도장 작업 후 : 건조 후 광택용 내수 연마지를 이용하여 제거 후 광택 작업 시행

6 크레타링(cratering)

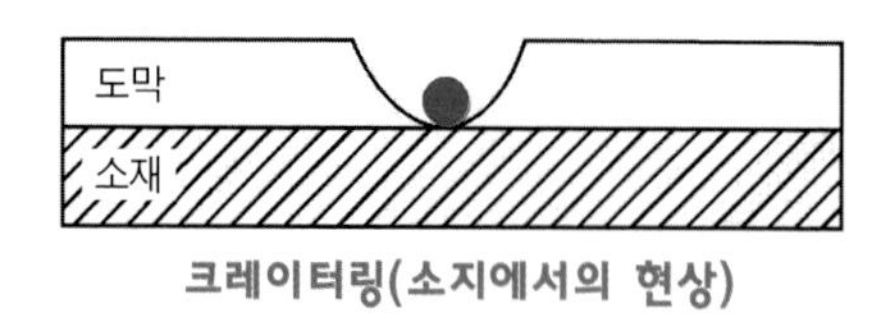

크레이터링(소지에서의 현상)

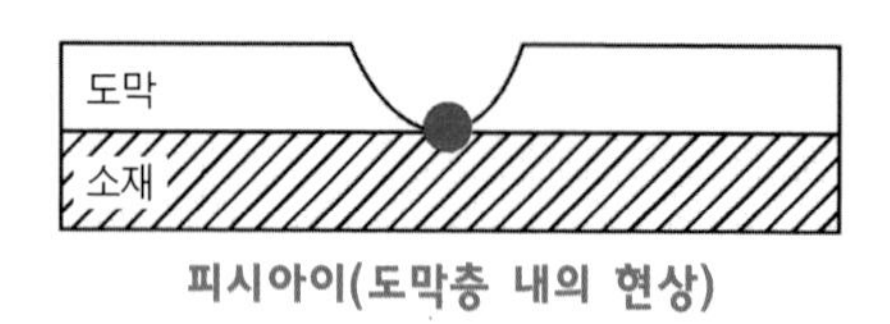

피시아이(도막층 내의 현상)

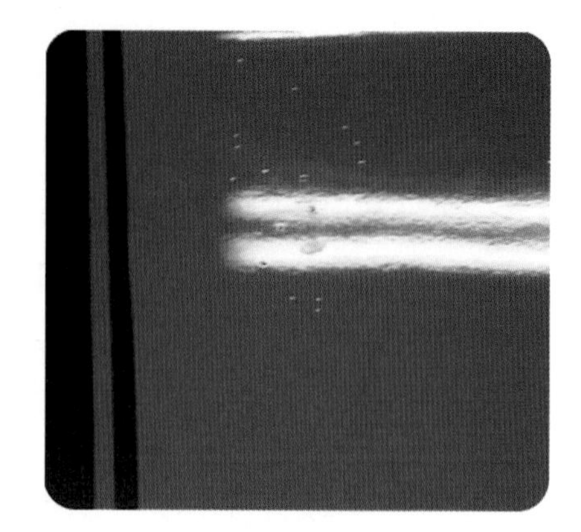

(1) 현상

도장면이 분화구 모양으로 움푹 패인 현상

(2) 발생원인

① 탈지 불충분
② 압축 공기 중에 수분이나 유분이 도료에 포함되어 분사
③ 유수분리기(에어트랜스포머)의 오염

(3) 예방대책

① 전용 탈지제를 이용하여 유분이나 실리콘성분 완전 제거
② 깨끗한 걸레의 사용
③ 공기배관에 대한 정기적인 유지보수

(4) 조치사항

① 도장 작업 중 : 불량부위에 공기압과 토출량을 낮추어 드라이(dust)도장 후 전체 도장
② 도장 건조 후
㉠ 심하지 않을 경우 광택용 내수 연마지로 연마 후 광택
㉡ 심할 경우 서페이서 도장

7 오렌지 필(orange peel)

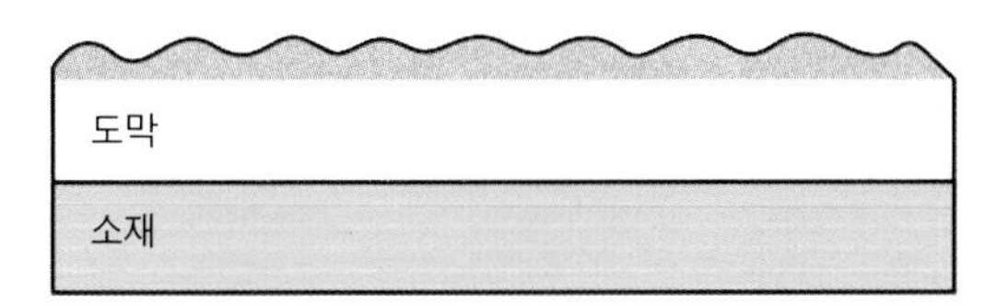

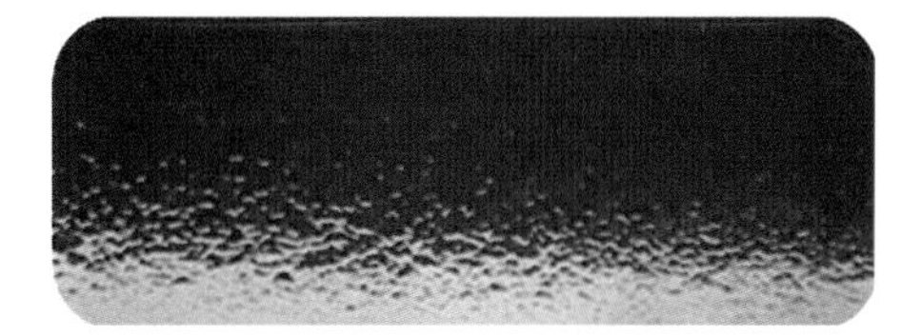

(1) 현상

스프레이 도장 후 표면에 오렌지 껍질 모양으로 요철이 생기는 현상

(2) 발생원인

① 도료의 점도가 높을 경우
② 신너의 증발이 빠를 경우
③ 도장실의 온도나 도료의 온도가 너무 높을 때
④ 스프레이 건의 이동속도가 빠르거나, 공기압이 높거나, 피도체와의 거리가 멀거나, 패턴 조절이 불량 할 때

(3) 예방대책

① 도료의 점도를 적절하게 맞춘다.
② 온도에 맞는 적정 신너를 사용한다.
③ 표준작업 온도에 맞추어 작업한다.(온도 : 20~25℃, 습도 : 75%이하)
④ 스프레이건의 이동속도, 공기압, 거리, 패턴을 조절하여 사용한다.

(4) 조치사항

① 건조 후 결함부위는 광택용 내수 페이퍼로 정교하게 연마한 후 광택작업
② 심할 경우 연마 후 재도장

8 흘림(sagging)

(1) 현상

한번에 너무 두껍게 도장하여 도료가 흘러내려 도장면이 편평하지 못한 상태

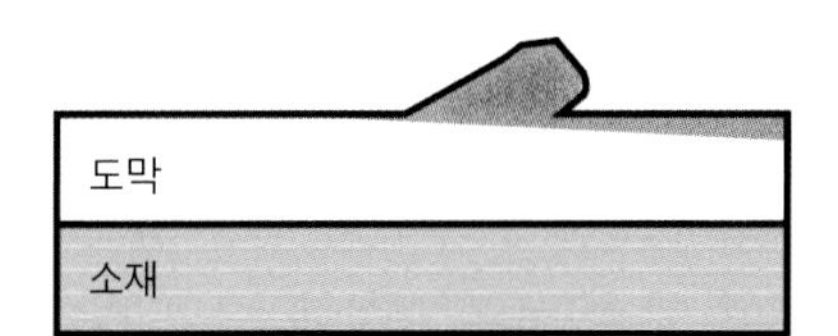

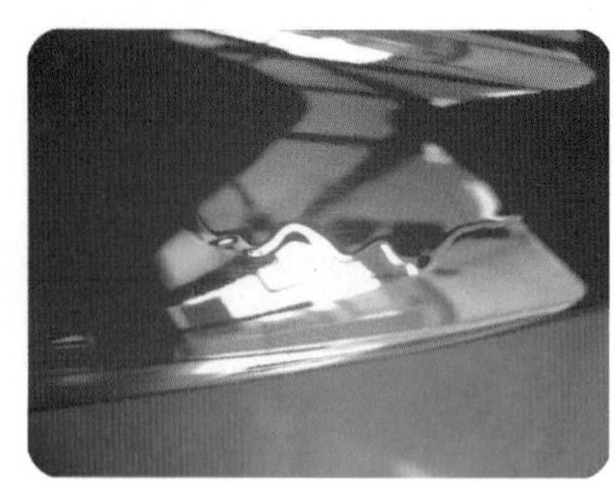

(2) 발생원인

① 한번에 너무 두껍게 도장 하였을 경우
② 도료의 점도가 너무 낮을 경우
③ 증발속도가 늦은 지건 신너를 많이 사용 하였을 경우
④ 저온도장후 즉시 고온에서 건조시킬 경우
⑤ 스프레이 건의 운행 속도의 불량이나, 패턴 겹치기를 잘 못 하였을 경우

(3) 예방대책

① 여러번에 나누어서 도장간 플래시 오프타임을 주면서 도장한다.
② 적절한 점도의 도료의 사용
③ 적절한 신너를 사용
④ 저온에서 도장을 피하고 세팅타임을 준 후 도장한다.
⑤ 스프레이 건의 사용을 규정대로 한다.

(4) 조치사항

① 건조 후 광택용 내수 페이퍼로 연마 후 광택작업
② 심하여 없어지지 않을 경우 재도장

9 백화 (blushing)

(1) 현상

도장시 도장 주변의 열을 흡수(증발잠열)하여 피도면에 공기 중의 습기가 응축되어 안개가 낀 것처럼 하얗게 되고 광택이 없는 상태

(2) 발생원인

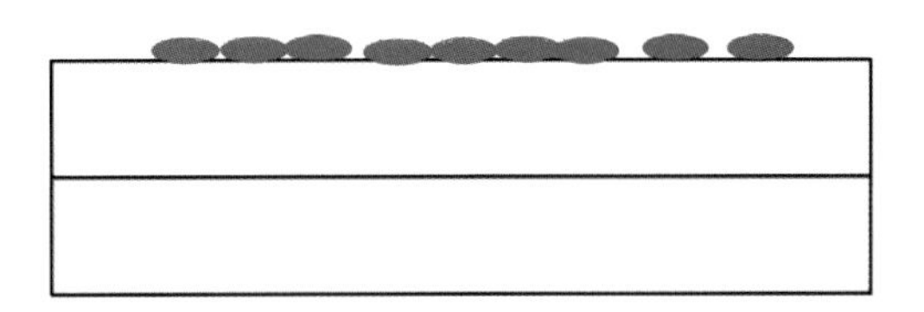

① 도장실의 높은 습도

② 건조가 빠른 신너를 사용 하였을 경우

③ 스프레이 건의 사용 압력이 높을 경우

(3) 예방대책

① 도장실의 습도를 조절한다.

② 지건성 신너를 첨가한다.

③ 스프레이 건의 압력을 낮춘다.

(4) 조치사항

① 건조 후 상태가 약할 경우 광택작업

② 심할 경우 재도장

10 번짐(bleeding)

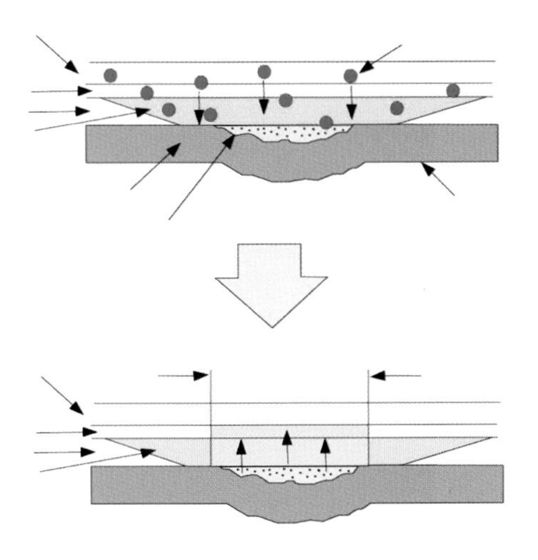

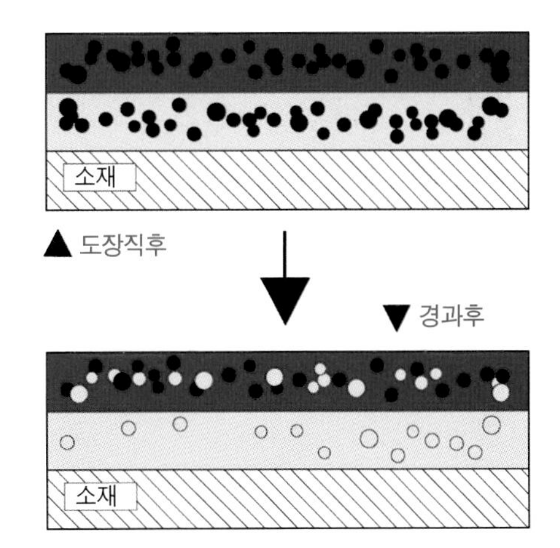

(1) 현상

용제가 구도막에 침투하여 도막의 색상이 녹아 번지며 얼룩이 지는 현상

(2) 발생원인

① 구도막을 도료 신너가 용해

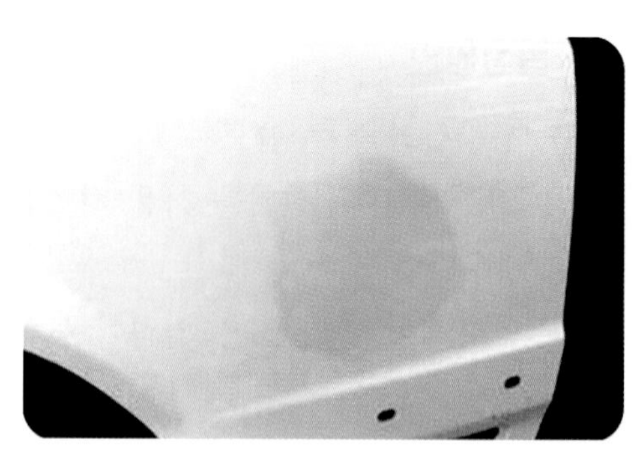

(3) 예방대책

① 2K 우레탄 프라이머 서페이서 도장

(4) 조치사항

① 건조 후 2K 우레탄 프라이머 서페이서 도장 후 상도 재도장

② 심할 경우 구도막 완전 박리 후 재도장

3 | 도장 작업 후 작업 불량

1 부풀음(blister)

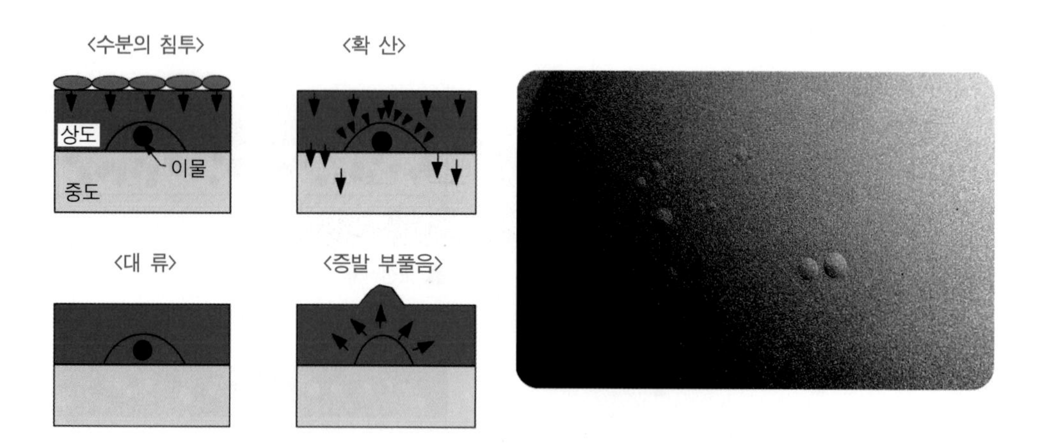

(1) 현상

피도면에 습기나 불순물의 영향으로 도막사이에 틈이 생겨 부풀어 오른 상태

(2) 발생원인

① 피도체에 수분이 흡수되어 있을 경우

② 습식연마 작업 후 습기를 완전히 제거하지 않고 도장 하였을 경우
③ 도장 전 상대 습도가 지나치게 높을 경우
④ 도장실과 외부와의 온도차에 의한 수분응축현상
⑤ 도막 표면의 핀홀이나 기공을 완전히 제거 하지 않았을 경우

(3) 예방대책

① 폴리에스테르 퍼티 적용시 도막면에 남아있는 수분을 완전히 제거하고 실러 코트적용
② 핀홀이나 기공 발생 부위에 눈메꿈작업 시행
③ 도장 작업시 수시로 도장실의 상대습도를 확인

(4) 조치사항

① 결함 부위를 제거하고 재도장

2 리프팅(lifting)

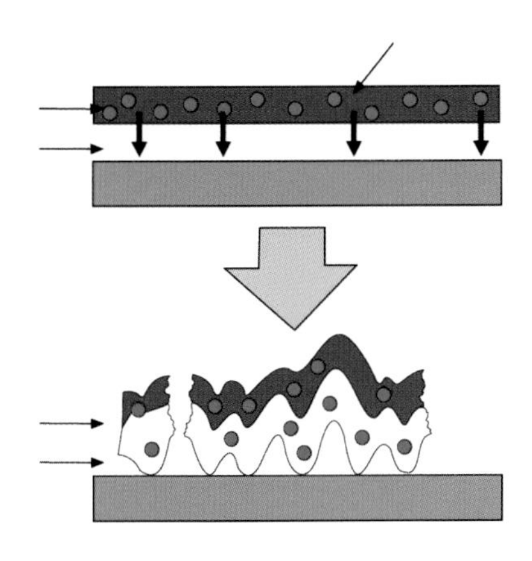

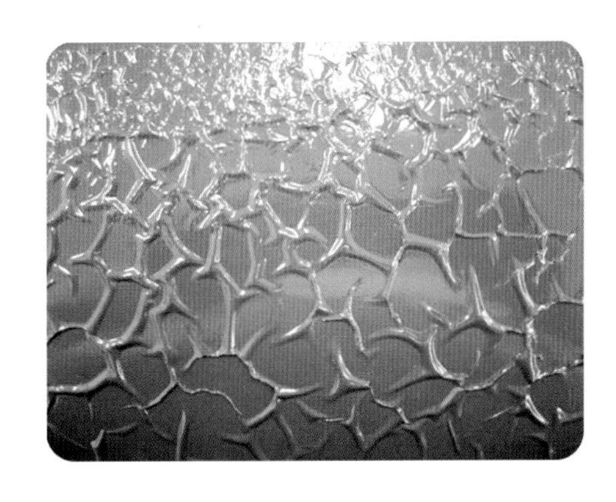

(1) 현상

상도 도료가 하도 도료를 용해하여 도막내부를 들뜨게 하여 주름지게 하는 현상

(2) 발생원인

① 상도신너가 구도막을 용해한 경우
② 우레탄 도료가 완전 경화되지 않았을 때 재보수 했을 경우
③ 에나멜 도료가 완전히 건조 되지 않은 상태에서 래커도료를 도장한 경우
④ 에나멜 도료에 래커 신너를 혼합한 경우

(3) 예방대책

① 열화되어 있는 구도막을 완전히 제거 한다.
② 작업하기 전에 구도막의 상태를 정확히 파악하고 작업한다.
③ 하도 건조를 충분히 시키고 후속 도장으로 넘어간다.

(4) 조치사항

① 구도막을 제거 하고 재 도장한다.

3 핀홀(pin hole)

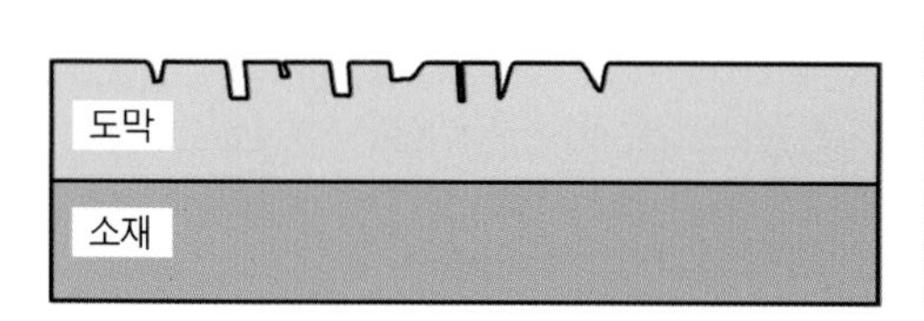

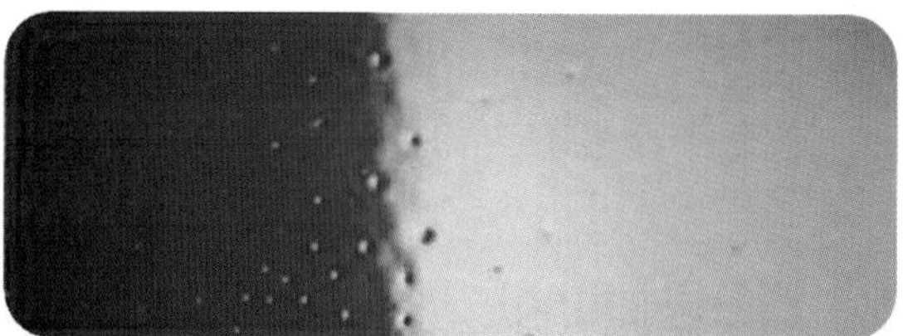

(1) 현상

도장 건조 후에 도막에 바늘로 찌른듯한 조그만한 구멍이 생긴 상태

(2) 발생원인

① 도장 후 세팅타임을 주지 않고 급격히 온도를 올린 경우
② 증발 속도가 빠른 신너를 사용 하였을 경우
③ 하도나 중도에 기공이 잔재해 있을 경우
④ 점도가 높은 도료를 두껍게 도장 하였을 경우

(3) 예방대책

① 도장 후 세팅타임을 충분히 준다.
② 적절한 신너 사용을 한다.
③ 도장전 하도, 중도 기공의 유무를 확인하고, 발견시 수정하고 후속 도장을 한다.
④ 도료에 적합한 점도를 유지하여 스프레이 한다.

(4) 조치사항

① 심하지 않을 경우 완전 건조 후 2K 프라이머 서페이서로 도장 후 후속도장 한다.
② 심할 경우 퍼티공정부터 다시 한 후 재 도장한다.

4 박리현상(peeling)

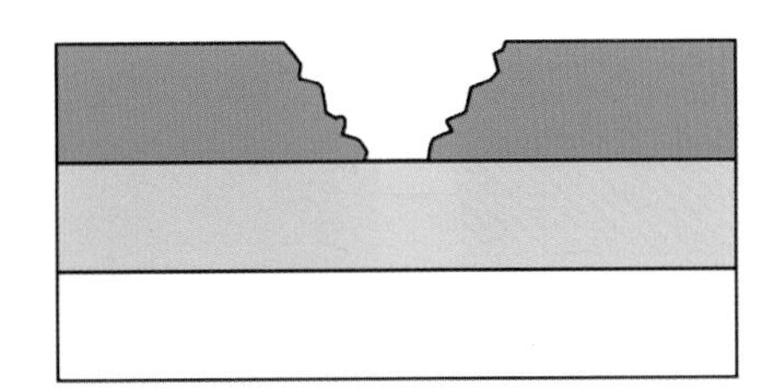

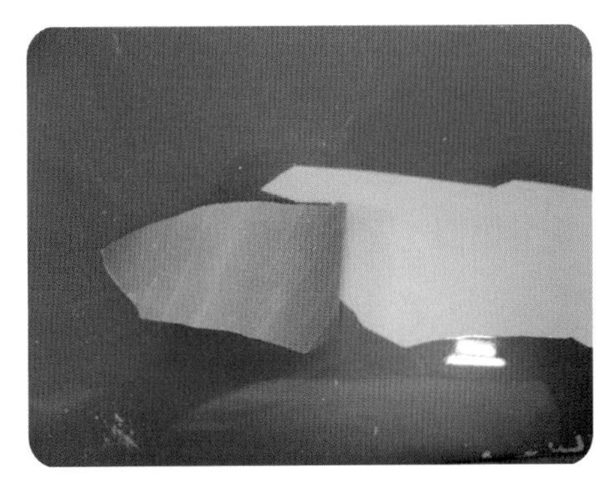

(1) 현상

층간 부착력의 부족으로 도장 피막이 벗겨지는 것

(2) 발생원인

① 소지 전 전처리 상태가 양호하지 않았을 경우

② 부적합한 폴리퍼티를 사용 하였을 경우

③ 건조시 건조 작업을 정확히 하지 않았을 경우

(3) 예방대책

① 소지면 탈지를 완벽하게 한다.

② 아연도금 강판의 경우 적절한 퍼티를 사용한다.

③ 건조사항 준수를 해야 함

(4) 조치사항

① 결함 발생 부위 연마 후 재도장

5 광택저하(fading)

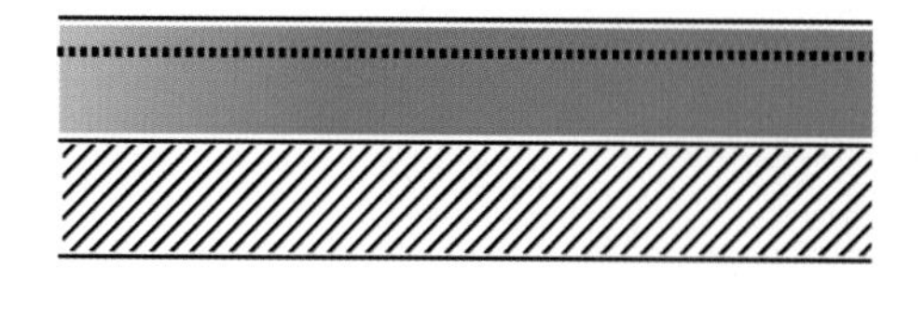

(1) 현상

도료 자체의 광택이 나질 않는 현상

(2) 발생원인

① 하도의 완전한 건조가 이루어 지지 않은 상태에서 상도 작업을 했을 경우
② 2coat, 3coat 도료의 경우 베이스 코트의 도막 두께가 너무 두꺼울 경우
③ 완전 건조 되지 않은 상도를 광택 작업한 경우
④ 오염된 경화제를 사용한 경우

(3) 예방대책

① 완전 건조 후 후속 도장을 한다.
② 베이스 코트를 적정 도막두께만큼 도장한다.
③ 완전건조 후 광택 작업 시행
④ 경화제 사용 후 경화제는 공기의 혼입이 되지 않도록 밀봉한다.

(4) 조치사항

① 심하지 않을 경우 광택작업을 한다.
② 심할 경우 가볍게 연마 후 재도장

6 균열(checking)

(1) 현상

도장면이 금이 가는 현상

(2) 발생원인

① 도막을 너무 두껍게 도장 하였을 경우

② 우레탄 도료의 경화제를 과다 사용 하였을 경우

(3) 예방대책

① 도장시 두껍게 도장 하지 않도록 한다.

② 경화제 사용시 규정 비율 준수(비율자 사용)

(4) 조치사항

① 결함 부위를 제거하고 재도장

7 물자국 현상(water spoting)

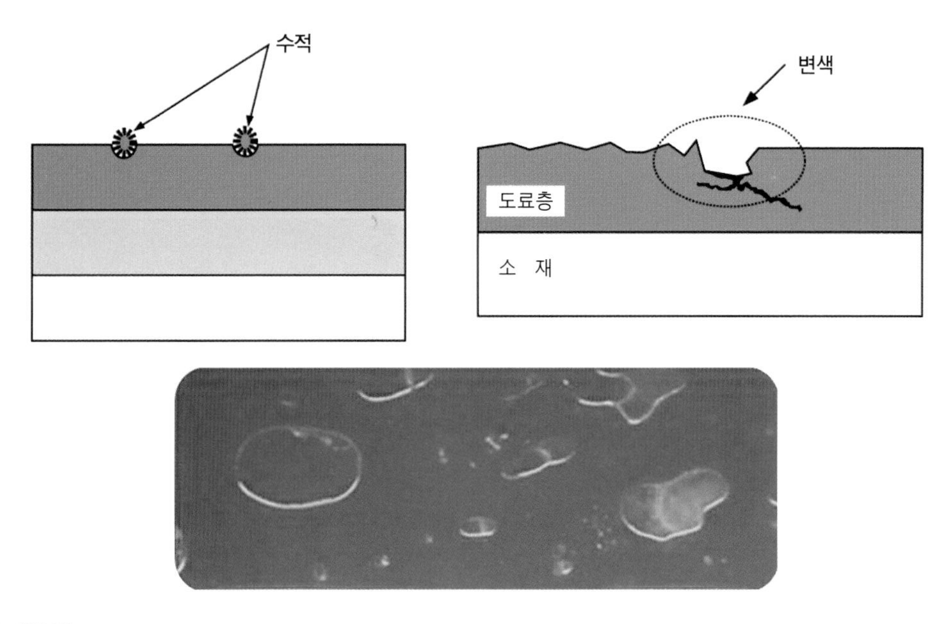

(1) 현상

도막 표면에 물방울 크기의 자국 혹은 반점이나 도막의 패임이 있는 상태

(2) 발생원인

① 불완전 건조 상태에서 습기가 많은 장소에 노출 하였을 경우
② 베이스 코트에 수분이 있는 상태에서 클리어 도장을 하였을 경우
③ 오염된 신너를 사용 하였을 경우

(3) 예방대책

① 도막을 충분히 건조 시키고 외부 노출시킨다.
② 베이스코트에 수분을 제거하고 후속 도장을 한다.

(4) 조치사항

① 가열건조하여 잔존해 있는 수분을 제거하고 광택 작업을 한다.
② 심할 경우 재도장

8 크래킹(cracking)

(1) 현상

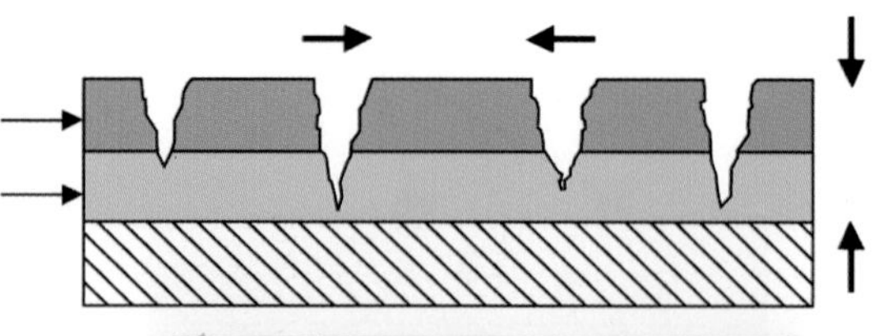

가뭄에 논 바닥이 갈라지는 것처럼 갈라지는 것처럼 보임

(2) 발생원인

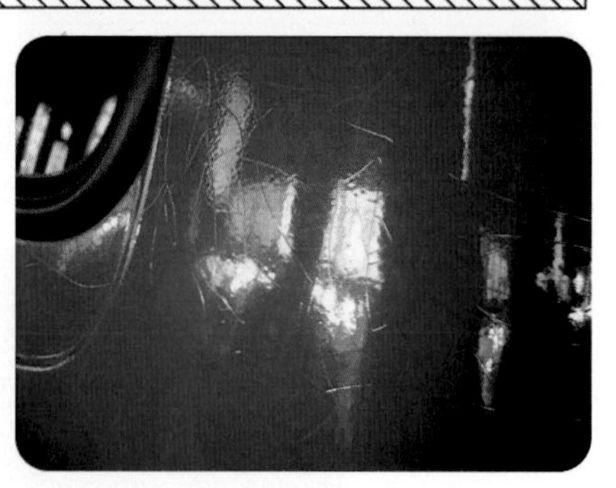

① 도료가 충분히 혼합 되지 않을 경우
② 저급의 프라이머서페이서를 사용한 경우
③ 부적절한 첨가제 사용
④ 플래시 타임이 충분하지 않을 경우
⑤ 상도를 윗트(wet)도장 하였을 경우

(3) 예방대책

① 도료를 충분히 혼합하고 사용한다.
② 첨가제 사용을 줄인다.
③ 플래시 타임을 충분히 주고 도장한다.
④ 상도를 너무 두껍게 하지 않는다.

(4) 조치사항

박리 후 재 도장한다.

9 변색(discoloration)

(1) 현상

도막이 외부로의 영향을 받아 다른 색으로 변하는 현상

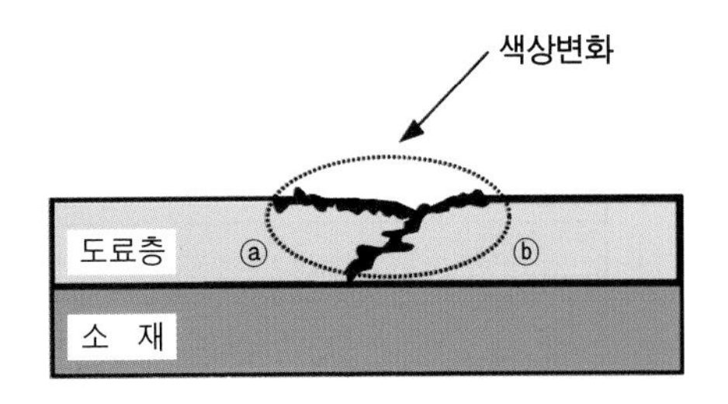

(2) 발생원인

① 안료의 내후성이 안 좋을 경우

(3) 예방대책

① 내후성이 강한 도료를 사용

(4) 조치사항

① 심하지 않을 경우 광택작업
② 심할 경우 재도장

10 녹(rusting)

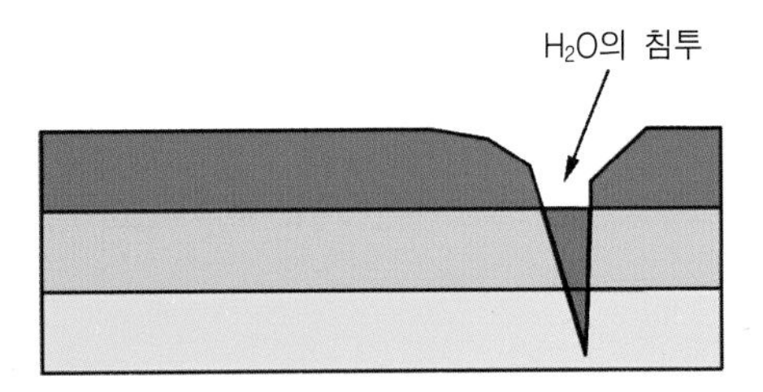

(1) 현상

도막 내부에서 발청에 의한 도막 손상

(2) 발생원인

① 운행 중 외부충격으로 대기 중의 염분이나 수분이 반응한 경우
② 표면조정 작업 불량한 경우
③ 금속면 연마를 잘 못한 경우

(3) 예방대책

① 완벽한 표면조정작업 시행을 한다.

(4) 조치사항

① 결함 부위 녹 제거 후 재도장

11 화학적 오염

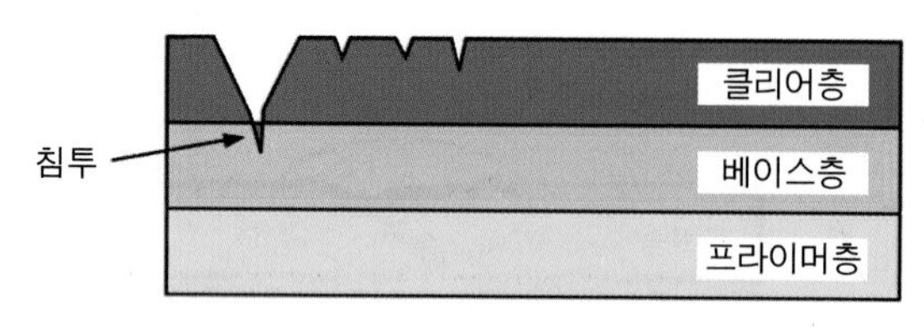

(1) 현상

도장면이 부분적으로 변색이나 탈색이 생긴 상태

(2) 발생원인

① 완전 건조되기 전 용제나 석유 화합물이 묻었을 경우
② 산업지대에 오랜 기간 방치 한 경우

(3) 예방대책

① 기타 오염물이 묻을 경우 즉시 세척한다.

(4) 조치사항

① 오염물이 묻으면 즉시 세척하고 심할 경우 재도장한다.

저자약력 및 Q&A

◆ **김 재 훈** (現) 한국폴리텍II대학(화성캠퍼스)
http://cafe.naver.com/licenceautopaint.cafe

◆ **김 순 경** (現) 동의과학대학

◆ **도 영 민** (現) 두원공업대학

◆ **박 종 건** (現) 대림대학

◆ **신 언 영** (現) 근로복지공단

◆ **정 순 영** (現) 신성대학

◈ **판금**[차체수리] & **도장** 정가 25,000원

2009년 1월 20일 초 판 발 행
2021년 3월 25일 제1판3쇄발행

엮 은 이 : 김재훈·김순경·도영민·박종건
신언영·정순영
발 행 인 : 김 길 현
발 행 처 : (주) 골든벨
등 록 : 제 1987-000018호

I S B N : 978－89－7971－823－2－93550

㊌ 04316 서울특별시 용산구 원효로 245 (원효로1가 53-1) 골든벨 빌딩
TEL : 영업부 (02) 713-4135 / 편집부 (02) 713-7452 • FAX : (02) 718-5510
E-mail : 7134135@naver.co.kr • http : // www.gbbook.co.kr
※ 파본은 구입하신 서점에서 교환해 드립니다.